“十四五”国家重点出版物出版规划项目

集约·低碳·再生

Integration, Low-Carbon & Regeneration

城市建筑的一体化设计

Holistic Design of Urban Architecture

韩冬青　著

东南大学出版社　南京

内容提要

城市建筑的一体化设计是对包括建筑在内的城市微观物质空间形态及其场所特征进行的系统性整体设计。本书以科学认知、策略方法及路径机制为架构。第1章基于城市建筑学视野和我国城市建设面临的突出问题，提出城市建筑的一体化设计理念。第2章以“街区—地块—建筑”层级结构为基础，构建以“网络/区块”为对象、“几何/构型”为视角的形态解析矩阵，建立“形—量—性”一体表述方法；演化机理、演变周期和迭代形式构成了城市建筑形态历时性分析方法。在认知基础上，结构与场所、范式与变形、传承与演化成为一体化设计的基本策略。第3、4、5章相继讨论了城市建筑一体化设计的三个当代议题——集约、低碳、再生。第3章从网络与区块的层级连接、构型的层级组合、建筑与城市的跨层级交叠三方面提出集约导向的一体化设计方法。第4章从形态适变性、气候适应性、循环复合性三方面提出低碳导向的一体化设计方法。第5章从历史网络的叠合与延续、区块形态的保护与重塑、文化地层的揭示与呈现三方面，提出历史环境下保护再生的一体化设计方法；从土地集约化效率、公共空间品质、路径连接效率三方面，提出需求牵引的改造再生一体化设计方法。第6章讨论了专业协同与社会协同的组织构成与模式，提出“空间・主体・政策”一体化协同机制的发展方向。

本书兼具城市建筑学理论探索和一体化设计实践指导性，案例丰富，图文并茂，适合建筑设计、城市设计、城市空间规划、城市建设管理及相关领域人士阅读，也可作为高等院校建筑、土木、市政等专业高年级学生、研究生相关课程及专业人员培训的参考教材。

图书在版编目(CIP)数据

集约·低碳·再生：城市建筑的一体化设计/韩冬青著. — 南京：东南大学出版社，2025.2. — ISBN 978-7-5766-1287-5

Ⅰ. TU984.11

中国国家版本馆CIP数据核字第20254F0U92号

集约·低碳·再生：城市建筑的一体化设计

Jiyue·Ditan·Zaisheng：Chengshi Jianzhu De Yitihua Sheji

著　　者：韩冬青
责任编辑：戴　丽
责任校对：子雪莲
封面设计：李斓珺
责任印制：周荣虎
出版发行：东南大学出版社
出 版 人：白云飞
社　　址：南京市四牌楼2号　　邮编：210096　　电话：025-83793330
网　　址：http://www.seupress.com
邮　　箱：press@seupress.com
印　　刷：上海雅昌艺术印刷有限公司
开　　本：889 mm×1194 mm　1/16　印　张：23　字　数：700千字
版 印 次：2025年2月第1版　2025年2月第1次印刷
书　　号：ISBN 978-7-5766-1287-5
定　　价：280.00元

经　　销：全国各地新华书店
发行热线：025-83790519　83791830

---

*本社图书若有印装质量问题，请直接与营销部联系，电话：025-83791830。

序

城市建筑学是建筑学与城市形态学交叉并融合形成的一门专业领域。环顾世界，城市建设发展正呈现出日益加剧的复合化、立体化和系统化趋势，于是城市建筑学成为建筑科学研究和建筑实践创新中的一个重要领域，是经典建筑学知识边疆拓展的突出呈现。

18世纪工业革命以来，城市的功能、规模、交通、尺度和布局模式与之前的时代相比发生了很大的变化，城市建筑的发展也面临诸多前所未有的矛盾和冲突，催生了众多关于城市和建筑的革命性思想和实践探索。19世纪后半叶，城市规划逐渐从建筑学中分离出来，但关于城市与建筑的关联探索从未停息。1950年代后期，现代城市设计的兴起延续了建筑学在城市方向的新探索和新实践，并首先在美国费城、旧金山和波士顿等城市取得突破性成果。经历了近40年的理论探索和实践寻路，中国城市设计在2015年中央城市工作会议后成为一门显学。今天城镇化发展已经进入“下半程”，中国的城市空间发展已进入以增量存量并存并逐渐以存量为主的高质量转型发展新时期。新时期的城市建设发展不仅面向结构优化、功能拓展、品质提升等多重目标，也面临着文化保护、生态修复、节能降碳等新的挑战。城市物质空间环境综合目标的实现，迫切需要一种将城市空间营造与建筑工程设计融贯起来的系统性理论和方法的指引。包括建筑在内的物质空间诸要素，应置于城市空间环境的连续统一体中被认知、设计和建设。城市建筑的一体化设计，体现了城市与建筑在空间上彼此共存、在时间上互动演进的系统观和动态观，适应了当代城市空间环境演进和发展的新趋势。

韩冬青教授长期从事建筑设计及其理论的研究、教学和实践，曾先后师承钟训正院士、鲍家声和卢济威教授等学者，是我国最早开始城市建筑学研究的知名学者之一。1999年，我曾策划和组织“城市规划与建筑设计丛书”，韩冬青作为第一作者编著的《城市・建筑一体化设计》是该系列丛书中非常重要的一本，也是我国第一部明确提出城市建筑一体化设计的理念和方法的著作。20余年来，他带领团队持续深化城市建筑学的理论研究与实践。这部《集约・低碳・再生：城市建筑的一体化设计》汇聚了作者近年来一系列研究的新成果，与1999年的版本相比，进一步明确了城市建筑一体化设计的对象范畴和内涵，在理论研究的视野、架构、内容及实践验证等方面都有了显著的拓展和深化。

我认为，《集约・低碳・再生：城市建筑的一体化设计》的创新性表现在两个方面：其一，首次架构了城市建筑形态系统的认知理论。在共时维度，以“街区—地块—建筑”

的层级结构为基础，构建了以“网络 / 区块”为对象、“几何 / 构型”为视角的形态解析矩阵，建立了城市建筑“形—量—性”关联一体的形态表述方法；在历时维度，提出了由演化机理、演变周期和迭代形式构成的城市建筑动态演进的形态分析路径。其二，系统建立了新的“城市建筑的一体化设计”策略与方法体系。面向城市建设在集约发展、低碳发展和再生发展三方面所面临的突出问题，有针对性地提出了以形态结构为核心线索，整体建构与局部渗透互动、保护传承与创新发展相统一的一体化设计方法谱系。此外，本书还讨论了一体化设计所依托的“空间 · 主体 · 政策”协同机制，展现了一体化设计在城市设计和建筑创作领域的广泛应用场景。

韩冬青教授是我的好友，我与他相识并共事 40 余年，彼此相知相惜，在一起合作完成过很多研究课题及城市设计和建筑工程设计实践。今天看到凝聚他多年心血的研究成果即将出版面世，尤为欣慰。《集约 · 低碳 · 再生：城市建筑的一体化设计》的出版，对于拓展建筑学及城市设计的知识领域、指导城市建筑的一体化创作实践具有重要的现实意义，对推动我国未来城市空间环境的高质量发展具有十分重要的实践指导价值。

是为序！

中国工程院院士

2024 年 12 月 16 日于东南大学城市设计研究中心

目 录

4 低碳导向的一体化设计 \ 175

Low-carbon-oriented Holistic Design

5 再生导向的一体化设计 \ 229

Regeneration-oriented Holistic Design

1 城市建筑学与一体化设计

Holistic Design in the Perspective of Urban Architecture

1 城市建筑学与一体化设计

建筑学是研究建筑及其环境的理论和关于设计及营建方法的学问。建筑实践始于人类对自然环境的改造，以使其适于居住，建筑理论在人们对实践对象和实践方法的认知中不断发展。城市是随着人类社会经济文化的发展而产生的具有中心辐射性的聚居环境。18 世纪下半叶工业革命后，现代意义的城市规划从传统建筑学中逐渐分离出来，成为侧重社会经济发展规划与基于土地利用的物质环境规划的综合性学科。传统建筑学中的“设计”，其对象原本完整覆盖了建筑、城市与大地景观，但在城市规划渐趋独立的进程中，关于城市的设计却一度式微，以致城市形体空间环境出现各种割裂与混乱。建筑学、城市规划、风景园林在学科分设的道路上各自得到了释放和发展，但彼此间的孤立和隔阂也开始结出始料未及的苦果。1960 年，哈佛大学首开“城市设计”课程，被认为是现代意义的城市设计开始受到学科关注的重要节点。20 世纪 80 年代后，现代城市设计的思想被引入中国，并得到积极发展。城市设计是关于城市物质空间形态建构机理与场所营造的综合，在尺度上覆盖了区域、城市到建筑，并与不同的学科背景相关联而展现出多样的研究和实践维度。然而，痴迷于壮丽图景的视觉描绘一直是城市设计实践中普遍且危险的误区。如果把视野稍作扩展，土木建筑类学科和行业的不断分化与城市建设领域中成就与不足并存的现实图景如影随形。

1.1 背景与挑战

中国改革开放后，于 20 世纪 80 年代后进入城镇化高速发展时期，城市的规模、结构和面貌经历了前所未有的大蜕变，从而有力促进了社会经济发展，个人居住水平和公共服务水平迅速大规模提升。据住房城乡建设部2024年数据统计，我国城镇存量建筑面积已达650亿平方米。过去30余年来，中国成为世界上最强健的建设工地。但在波澜壮阔的城市建设热浪之下，也逐渐暴露出一些比较普遍和突出的问题：

一是粗放的城市形态难以支撑城市的集约化发展。城市外部边界的急速拓展和内部结构的松散低效，形成了大边缘与粗颗粒孪生共存的格局。宏观上，城市的大规模开疆拓土使耕地和地区生态安全面临危机，低效的长距离通行产生大量碳排放，并助推气候变暖；微观上，单纯机动车通行效率主导的道路格网、规模失度的街区、组织失序的地块划分，既造成土地资源浪费，也导致了许多新城区稀疏的建筑肌理和背离人性尺度的空旷场所。独善其身的建筑工程形成城市中星罗棋布的孤岛；特立独行的基础设施加剧了城市空间的割裂。

二是局部的物质技术难以实现绿色低碳整体目标。城市建设中节能降碳的整体成效与30年来绿色技术的快速发展尚难相提并论。城市或区段尺度的形态结构和形体空间组织缺乏地域气候的适应性；城市建筑的组织布局与物质能源的供应和消耗形态彼此独立，降低了能源利用效率；在纯粹的平面分区主导下，多样功能属性的建筑和市政设施均独立占据城市用地、独立建设，加剧了城市用能的源头需求。

三是粗暴的城市建设与建成遗产的保护与再生相冲突。保护与发展长期徘徊在被动的纠结之中。单纯经济效益导向的土地开发（或再开发）切断了城市的历史文脉，而许多得以留存的城市建筑遗产却又陷入风烛残年、门可罗雀的窘境；城市建设时常被推向文化保护舆论的风口浪尖，局限于样式语言的风格之争在大地景观的急速变迁中显得无足轻重；大量既有的老旧建筑设施面临着成为废弃垃圾的命运。

这些不足和弊端的形成，既有价值导向偏于单一的问题，也有方法技术不足的原因。其中，我们对城市建筑的认识局限是非常关键的问题所在。长期以来，城市建设相关专业（城市规划、建筑设计、市政设计、风景园林等）追求本专业的最优解，但城市综合环境的目标并非各专业最优解的简单相加，而是取决于价值共识前提下的高度互动与协同。

在专业分类架构下，建筑的场地边界似乎已成为城市到建筑的门栏。建筑工程设计以业主和使用者的功能需求为导向，趋于按照建筑内部运行的规律和规则来探讨和解决设计问题。工程设计对法定规划要点的执行成为其联系城市的唯一保障，一些具有城市意识的建筑师，主要还是基于个人的视野和兴趣。作为控制和引导建设行为的控制性详细规划，偏重于对土地资源的分配及对建设指标的控制，重分配而轻组织，对城市未来的建成形态缺乏预判。城市设计作为联系城市规划与建筑设计和市政设计的桥梁，是综合解决城市物质空间形态的有效路径。必须警惕的是，城市设计如果只局限于形体空间的创意，甚至沦为规划的直观形象图示，就难以真正成为贯穿规划全过程并催化城市物质空间形态生成的科学工具。同时，我们应该认识到，不同尺度层级的城市设计既有共性和关联，又有明显差异。趋于微观尺度的城市设计既要处理形态结构的整体组织，又与形体空间及场所塑造的“形—量—性”密切关联，并受到建筑及市政的工程技术约束。

随着可持续发展思想在全球的传播和普及，1990年代起，绿色建筑的理念在中国得到关注和发展。绿色城市设计的理论探索在世纪之交起步。从整体状况看，绿色建筑的研究在一段时期内仍局限于以构造和设备为核心的物质技术。2010年代末，建筑师主导的绿色设计才开始成为一种显学。一些绿色城区的实验局限于绿色建筑的数量积累，忽视了城市形态组织结构的节能减排潜力。先局部技术后整体设计、重要素累积轻组织结构，这种思维方式并不利于整体实现城市建筑领域绿色低碳的系统目标。

我国城市与建筑领域的历史文化保护于20世纪20年代起步，1950—1960年代初步形成遗产保护体系，1980年代初创历史文化名城制度，此后逐步形成了以历史文化保护区为重心的多层次保护体系，成就显著。而城市建设过程中时常出现的“破坏性建设”甚至酿成了尖锐的矛盾，催人反思。保护规划和建设规划并行，缺失实施路径的目标控制使规划目标难以落地；相关专业人员缺乏遗产保护的知识、方法和法规意识，不深入现实的生活和建设场景，都会严重影响保护的落实成效。遗产保护横跨文物保护、城市规划与建设等相关部门、学科和行业。不同条块的观念侧重、工作路径、管理程序既交叉又割裂，也不同程度导致许多事与愿违的结局。专业之间的知识割裂和协同机制的不健全，严重影响了城市建筑遗产在保护中发展、在发展中保护的落实。

中国城市建设的转型发展势在必行。2015年12月，习近平总书记在中央城市工作会议上提出“坚持以人民为中心的发展思想”。会议指出，“要坚持集约发展，框定总量、限定容量、盘活存量、做优增量、提高质量，立足国情，尊重自然、顺应自然、保护自然，改善城市生态环境，在统筹上下功夫，在重点上求突破，着力提高城市发展持续性、宜居性”。会议强调“要加强对城市的空间立体性、平面协调性、风貌整体性、文脉延续性等方面的规划和管控，留住城市特有的地域环境、文化特色、建筑风格等‘基因’”，“树立‘精明增长’‘紧凑城市’理念，科学划定城市开发边界，推动城市发展由外延扩张式向内涵提升式转变”。2020年9月，习近平主席在第七十五届联合国大会上宣布，中国力争2030年前二氧化碳排放达到峰值，努力争取2060年前实现碳中和。2020年10月，党的十九届五中全会通过“十四五”规划和2035年远景目标建议，明确提出实施城市更新行动。2021年，“城市更新”首次写入政府工作报告，正式提升为国家战略。2023年，中国的常住人口城镇化率突破65%。

在城市建设进入增量存量并存，并逐渐以存量为主的新进程中，增效、提质、降碳成为城市空间高质量发展的重要内涵。随着新的国土空间规划对城镇开发边界的严守，以及对新增城镇建设用地的严控，城市空间的集约化发展比以往任何时期都更加必要和迫切。有限土地资源的综合挖潜、地上地下空间的复合利用、新型基础设施的系统建设等，对城市空间形态的集约化水平提出了新要求。双碳目标为绿色城市建筑注入了新内涵。城市更新担负着保护历史文化遗产、激活存量土地和空间、提升城市环境品质、催化社会经济活力的新使命。在这种新的转型发展形势下，增效、提质、降碳并非独立并行的目标要素，而是彼此关联、互含、共塑。我们迫切需要改变过去那种单一的目标效益观念，而转向高效率、高品质、低排放、融合互促的可持续系统目标；迫切需要改变城市建设相关专业彼此并行甚至割裂的线性作业模式，而转向以问题和目标为导向的系统集成机制；迫切需要改变建设系统中封闭的条块分割局面，而转向一种开放的、多主体参与的、系统协同路径。

不同要素的高度集聚及其相互间复杂的组织结构是现代城市的重要特征。城市的演进又总是在既有的地脉上发生发展、累积或更替、衰败或再生，这种非均质性的动态演进进一步增加了城市物质空间形态的复杂性。学科专业的分工是现代城市建设行为复杂性的必然要求。但必须认识到，分的目的在于合。城市中各种层类结构和组织要素的有机协配和进化，是这种复杂系统对抗熵增而走向有序的关键所在。城市需要规划的远见卓识，城市又是日常性建设行为的结果；建筑是局部的微观建设行为，建筑又必然参与城市的整体构造进程。因此，设计就成为跨越、渗透、链接城市与建筑的一体化创造行为。城市与建筑的交互性及其相应设计思想的思辨和进化，正是百余年来城市建筑学生发演进的基本主题。

1.2 城市建筑学百余年回溯

城市建筑学是研究城市微观尺度物质空间的组织机理与建筑（群）主动参与城市形态和场所建构的学问。城市建筑学是现代以来建筑学学科边界拓展的重要方向之一，并与城市规划、城市形态学和城市设计等学科有着密切的联系与交织。19 世纪后的一百余年来，城市建筑学在城市建设实践的矛盾与挑战中孕育、演进和发展，在系统思想和协同思想的影响下，不断汲取和融合城市设计、市政设计、城市形态学、遗产保护学、生态学等学科的成果，形成了传承赓续与革故鼎新互博互鉴、思想观念与实践方法互生互促的演进过程。城市建筑的一体化设计在这一进程中成为城市建筑学在空间生产实践上的重要特征。

空间开始成为联系城市与建筑的共通语言

1853—1870 年间的奥斯曼巴黎改造可说是 19 世纪欧洲快速城市化的一个缩影。该计划以城市干道的规划建设为核心，在密集的既有肌理上切出连通城市重要空间节点的宽阔街道（图 1.1）。街道网络的变革同时伴随着沿线街区、地块和建筑之间形态组织的重塑（图 1.2）。对沿街建筑高度及形式的控制，形成了连续的街道界面。改造后的街道、下水道系统和公园奠定了巴黎城市基础设施的格局。该改造计划带来的结构性变革及其伴生的城市建筑风貌，为“世界之都”的美誉奠定了基础，但其对建筑遗产的破坏也遭到了强烈地批评。

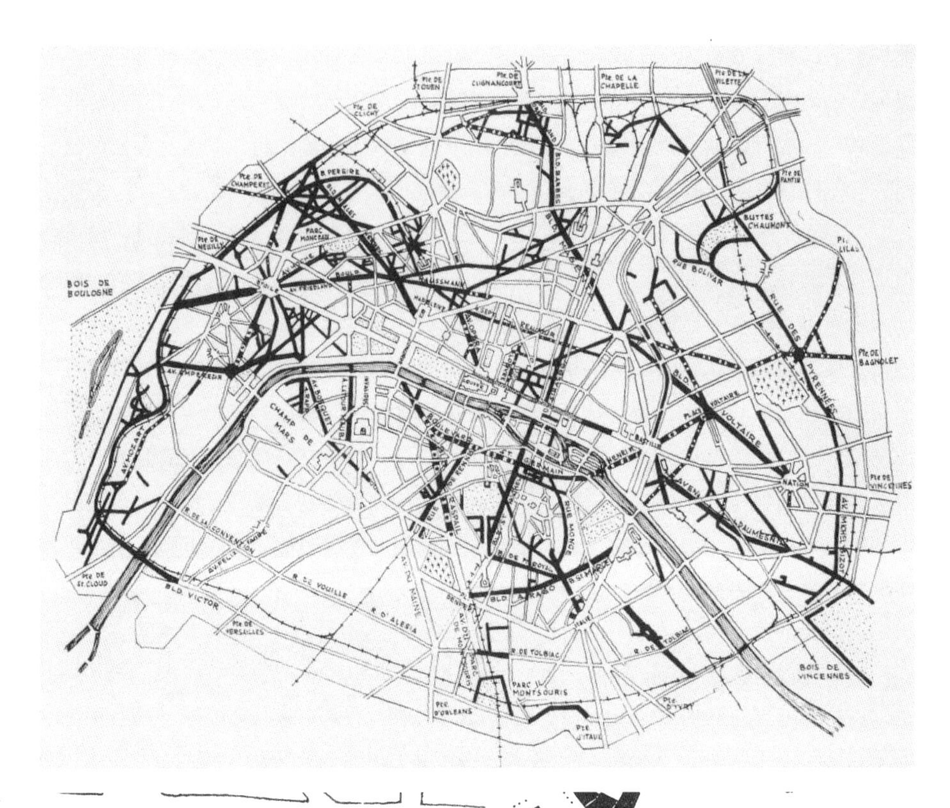

▷ 图 1.1 奥斯曼巴黎改造计划中新开辟的道路[1]

BOULEVARD DE LA CHAPELLE
RUE DU FBG SAINT DENIS
RUE LOUIS BLANC
RUE PHILIPPE DE GIRARD
RUE PERDONNET
RUE CAIL

（a）

RUE RAMPON
BOULEVARD VOLTAIRE
RUE AMELOT
RUE JEAN PIERRE TIMBAUD
RUE DE CRUSSOL

（b）

▷ 图 1.2 奥斯曼巴黎改造计划中的街道、地块、建筑形态重塑示例：（a）在 Saint—Denis 街区，Philippe de Girard 街和 la Chapelle 大道形成的早期方形街区的基础上，斜向分为四个街区；（b）新增的 Voltaire 大道斜向干扰了先前的建筑肌理，但新与旧地块的缝合非常完美

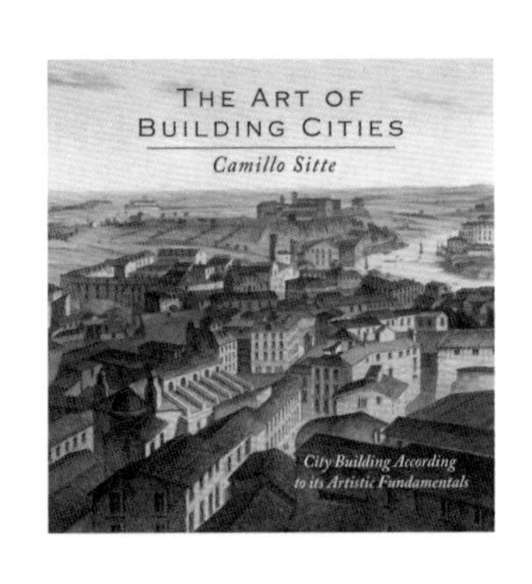

▽ 图 1.3 《遵循艺术原则的城市设计》封面

19 世纪欧洲的城市建设以伦敦、巴黎、维也纳等为代表，贯通道路、扩展城区、开辟新城、新建居住区。城市空间得到空前发展的同时，传统的城市形态及其人文格局也被肢解。出于对工业化时代城市建设的反思，奥地利建筑师卡米洛·西特（Camillo Sitte）于 1889 年出版《遵循艺术原则的城市设计（*The Art of Building Cities*）》，他提出城市的设计应符合“艺术原则”（图 1.3、图 1.4），以三维城市空间体量的概念，对抗仅限于使用功能、道路交通和建筑类型的二维平面的规划思想，认为连接街道的

1　因专业需要，本书引用的部分插图中的英文不翻译成中文。

广场才是城市与历史和生活相通的所在，建筑应该清晰地围合出城市广场。

1900 年前后的欧洲德语区，以西奥多·费舍尔（Theodor Fischer）等为代表的建筑师在城市建设的权力博弈中，取代了市政工程师的主导地位，提出并实践了关于城市建筑艺术的理论和方法。其突出成就在于将城市与建筑均统一于空间（Raum）的架构之下，由此导向对建筑与城市两个层面的双向解读：不同类型的建筑通过城市的视野检验其所具有的城市性；借助建筑及其要素的分析，城市空间可以得到生动且细致的设计和表达。以图则管控（以道路界面控制为主旨）和建筑肌理类型为基本载体的城市建筑规则，对此后德语地区的城市空间塑形产生了广泛且深远的影响（图 1.5）。

△ 图 1.4 中世纪广场图解

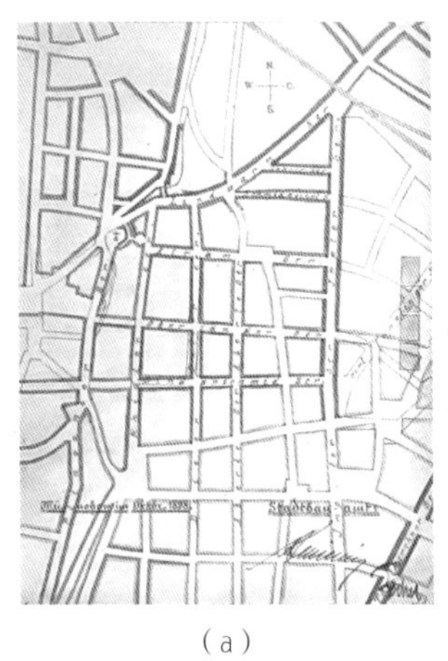

（a）

（b）

◁ 图 1.5 （a）费舍尔在 Sendlinger-Unterfeld 街区设计中所作的沿街建筑控制线；（b）由沿街建筑控制线形成的街道界面（Lindwurmstrasse）

现代主义城市建筑及其批判

20 世纪 20 年代的现代主义者普遍信奉对传统的革命。勒·柯布西耶（Le Corbusier）认为在工业时代，卫生、阳光与通风是城市和建筑必备的责任。1930 年他提出了“光辉城市”理论，构想了以 400 m × 400 m 的配以高层建筑或条式建筑的街区网格，覆盖容纳 150 万人口的城市（图 1.6）。1933 年国际现代建筑协会（CIAM）第四次会议通过的《雅典宪章》提出居住、工作、游憩与交通四大活动空间类型的改革之路，与功能主义的建筑观同出一辙。尽管现代主义关于大规模城市重建的快刀斩乱麻式的模式主张在日后遭遇诸多批评，绿地或停车场包围的高层塔楼、切割城市的快速干道和超大间距的街道网络仍在全球复制，然后又不断被诟病，但《雅典宪章》中关于城市空间重构与土地权属分割的矛盾的揭示、技术进步所带来的速度意识，以及建筑的增高潜力，仍是后来许多城市建筑主张的重要源头。

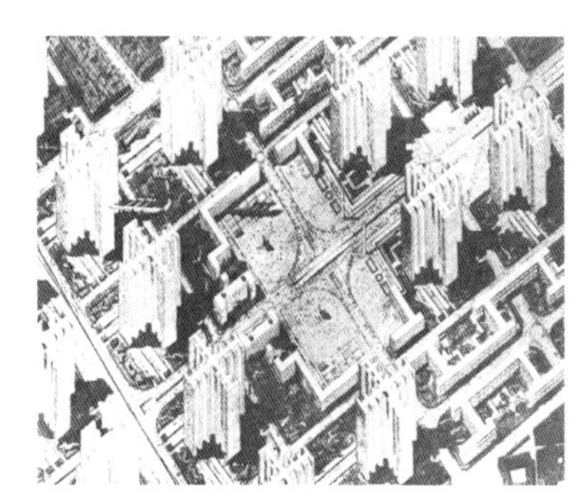

△ 图 1.6 光辉城市构想

1953 年 CIAM 第九次会议上，史密森夫妇（Alison and Peter Smithson）提出以房屋、街道、地段、城市的层级性“都市格网重构”（Urban Re-identification Grid）取代居住、工作、游憩与交通的分类体系。“十次小组”（Team 10）以结构主义思想为武器，批判了现代主义的功能决定论。具有支撑意义的结构在城市中相对持久稳定，可以支持低层级要素的多样性和可变性。城市建筑由此形成恒量与变量的制衡机制，以适应社会生活的共时差异与历时变化。阿尔多·凡·艾克（Aldo van Eyck）提出对立统一的概

△ 图 1.7 阿尔多·凡·艾克设计的阿姆斯特丹孤儿院（通过建筑单元组织呈现出微型城市的复杂特征）

▷ 图1.8 “十次小组”提出的：(a)“茎干”；(b) 簇群城市；(c) 典型的毯式建筑——柏林自由大学

念群，如内与外、局部与整体、个体与社区、封闭与开放、建筑与城市等等（图 1.7）。他认为城市与建筑具有同构特征，其真正价值在于形成一种具有跨界黏合和多接口互动的中间（In-between）领域。“十次小组”成员史密森夫妇、沙德拉赫·伍兹（Shadrach Woods）和阿尔多·凡·艾克等提出了茎干（Stem）、簇群城市（Cluster City）、毯式建筑（Mat-building）、空中街道（Street in the Air）、构型（Configuration）等新的城市建筑形态概念，其影响至今不衰（图 1.8）。

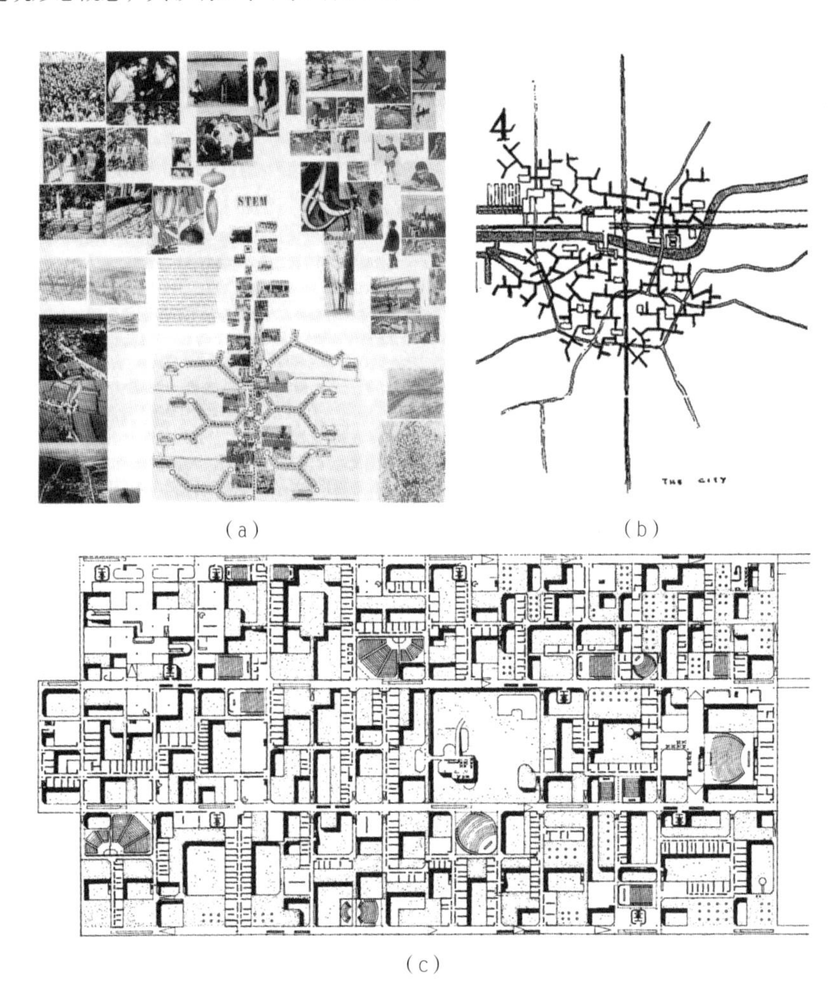

(a)　(b)

(c)

1977 年，一批城市规划师和设计师在秘鲁利马（Lima）发表《马丘比丘宪章》，提出人是城市的主体，并强调了城市环境的综合性和连续性，以及对历史保护的关注。功能决定论导致“城市里建筑物成了孤立的单元，否认了人类的活动要求流动的、连续的空间这一事实”。《马丘比丘宪章》指出：“在我们的时代，近代建筑的主要问题已不再是纯体积的视觉表演而是创造人们能生活的空间。要强调的已不再是外壳而是内容，不再是孤立的建筑，不管它有多美、多讲究，而是城市组织结构的连续性。”[1]

1　The Charter of Machu Picchu[J]. Journal of Architectural Research, 1979, 7(2): 5–9.

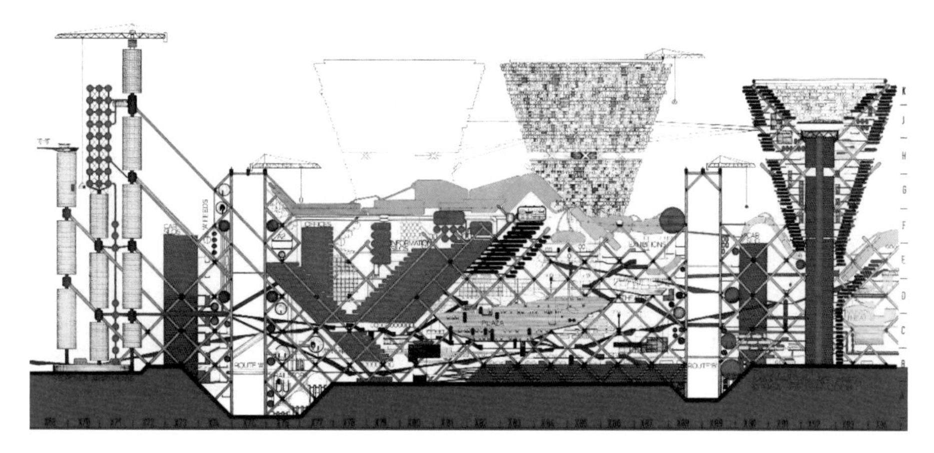

◁ 图 1.9 彼得 · 库克提出的“插入城市”理念

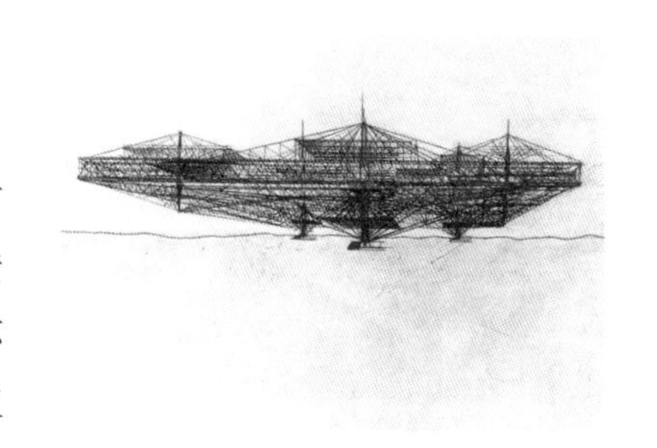

▽ 图 1.10 康斯坦特 · 纽文惠斯的新巴比伦设想

城市建筑的未来实验

1960 年代是一个新思想、新实验激荡的时代。城市建筑领域亦不例外。在英国，以彼得 · 库克（Peter Cook）为核心的建筑电讯派（Archigram）试图在新技术的支持下使城市建筑摆脱土地的束缚。“插入城市”（Plug-in City）以可移动的金属仓为要素组成移动社区，插入到由超大尺度结构（Megastructure）形成的城市中（图 1.9），不同的插入方式组成可变的交通、生产和社会生活组织。在荷兰，艺术家康斯坦特 · 纽文惠斯（Constant Nieuwenhuys）的“新巴比伦”（New Babylon）设想，提出了一种以巨型建筑（Hyper-Architecture）为组块（Sector），通过相互连接而形成的架空于地面的超级网状结构，由此可以无限延伸为未来城市的漂移网络（图 1.10）。在日本，新陈代谢派（Metabolism）主张城市和建筑必须引入时间概念，在长久性结构上装置短周期单元可以适应工业技术革命时代的社会生长与变化。丹下健三通过“结构轴”和“中核系统”（Core System）来驾驭从城市到建筑的连续空间组织。山梨县文化会馆和东京湾规划都是体现新陈代谢派思想的著名案例（图 1.11）。槙文彦认为“结构”是聚落中由个体发展到整体的一种生发性机制，由此发展出“群造型”（Group Form）的有机形态。群造型并不恪守“先结构后要素”的组织次序，而是强调个体要素通过建立某种可操作的品性与他者建立微妙的平衡与联系，在自下而上的累积过程中，循序渐进地组织成一种体系化的群体[1]。历时 25 年完成的东京代官山集合住宅是其最具代表性的城市建筑作品（图 1.12）。

1 Maki Fumihiko. Investigations in Collective Form[M]. Washington: School of Architecture, Washington University, 1964.

(a)

(b)

△ 图 1.11 （a）山梨县文化会馆；（b）东京湾规划概念方案

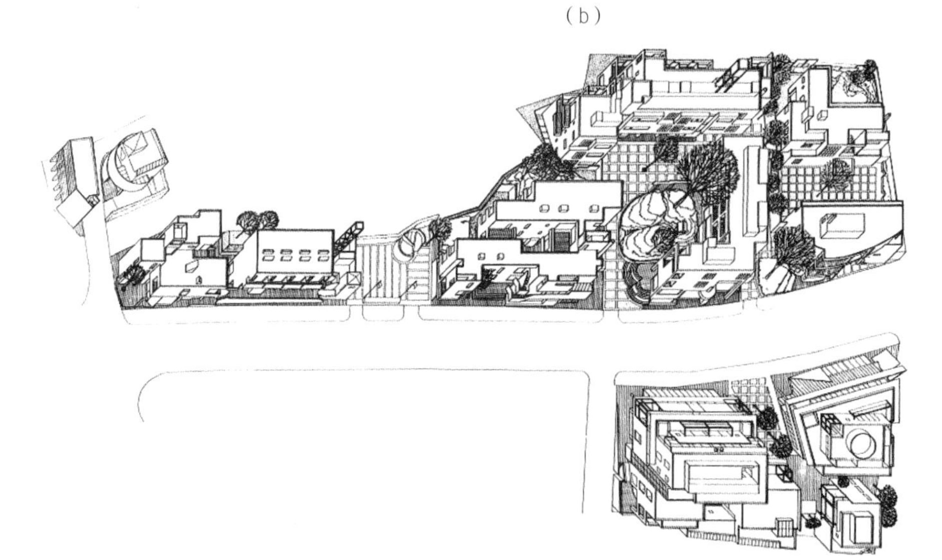

▷ 图 1.12 东京代官山集合住宅

▷ 图 1.13 （a）1954 年斯文·马克利乌斯与 Norrmalm 项目模型；（b）1964 年建设中的 Norrmalm 项目

(a)

(b)

瑞典建筑师斯文·马克利乌斯（Sven Markelius）主导的Normalm规划项目，以五栋办公塔楼、步行街道和购物广场、连接屋顶平台的人行天桥开创了立体化城市建筑的新范式（图1.13）[1]。1961年随着纽约区划法的修订，容积率奖励制度开创了高层建筑与城市公共空间结合的法规先例。始于20世纪70年代早期的巴黎拉德芳斯（La Defense）地区一体化开发形成了巴黎乃至法国迄今为止最大的城市综合体（图1.14、图1.15）。其继承了柯布西耶的人车分流的理念，通过架空层板建设实现立体化功能布局：层板以下空间整合道路、停车、物流等配套设施，层板之上为人行活动及建筑场地空间。因此，拉德芳斯计划又被称为“大板都市项目”，引发了持续的关注和争议。

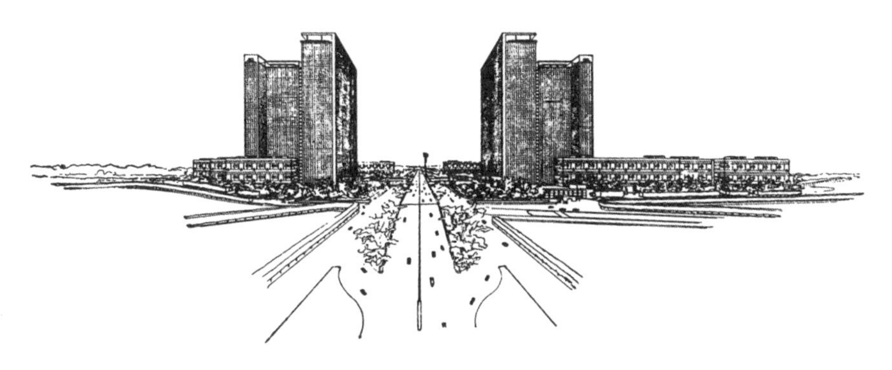

◁ 图1.14 勒·柯布西耶的人车分流设计方案

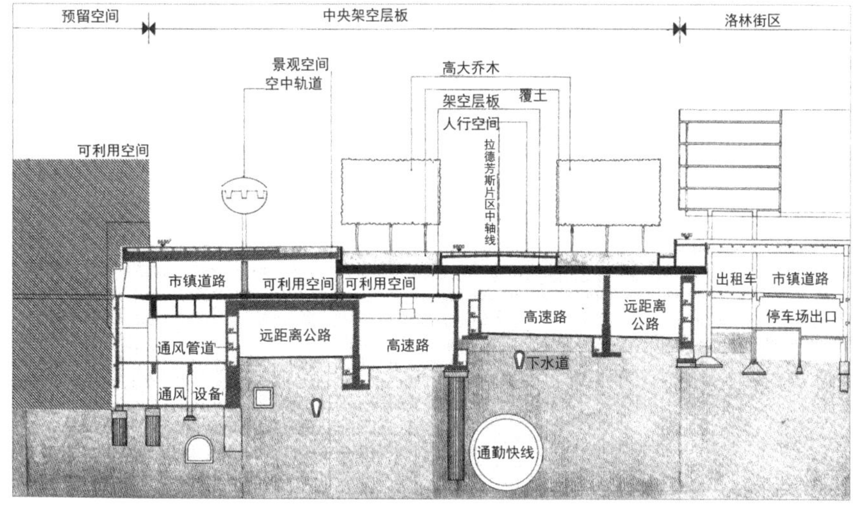

◁ 图1.15 拉德芳斯片区高架层板上下功能布局剖面图

城市建筑中的历史议题

1960年代又是一个重新探寻城市历史足迹并使之启迪未来的时代。意大利学者基于对历史建成环境的分析，形成了关注历时性的类型学理论。萨维里奥·穆拉

1 Rudberg E. Sven Markelius, arkitekt[M]. Stockholm: Arkitektur Förlag, 1989.

托里（Saverio Muratori）提出“可操作的历史”，认为从既有形态学结构的历史和逻辑中可以找到城市建筑问题的答案。乔凡尼弗兰科·卡尼吉亚（Gianfranco Caniggia）继承其衣钵，在1970年代末提出要素、结构、系统、系统有机体作为城市形态分析的四个尺度层级，形成了理解城市建筑及其演化的时空架构[1]（图1.16）。阿尔多·罗西（Aldo Rossi）于1966年出版的《城市建筑学》影响巨大（图1.17、图1.18），他指出“没有一个将城市建筑体联系起来的总体框架，我们就无法关注城市建筑即建筑本身”。继而，他提出了城市人造物（Urban Artifact），“不仅是指城市中的某一有形物体，而且还包括它所有的历史、地理、结构以及与城市总体生活的联系”[2]。

▷ 图1.16 卡尼吉亚的有机体理论：（a）威尼斯局部平面呈现了街道、运河、广场、地块和教堂的肌理；（b）放大的局部平面显示了房间、流线和院落的组织

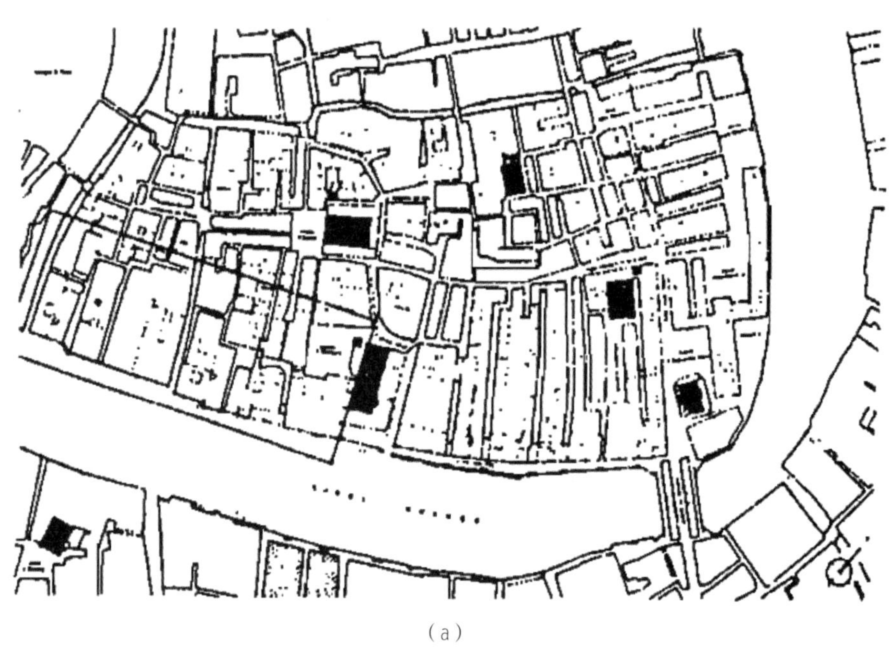

（a）

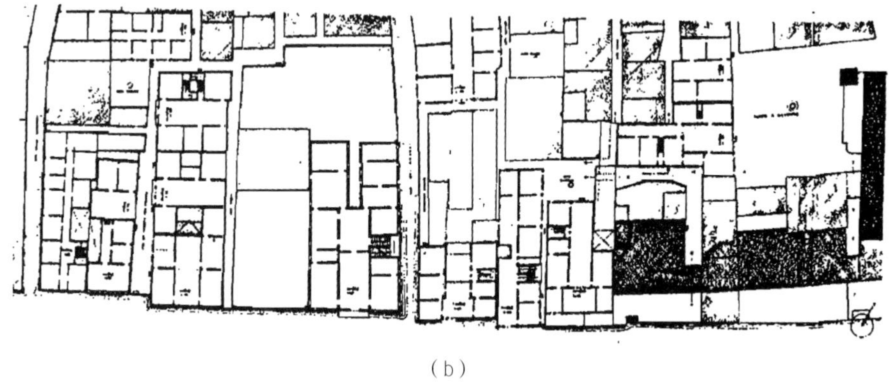

（b）

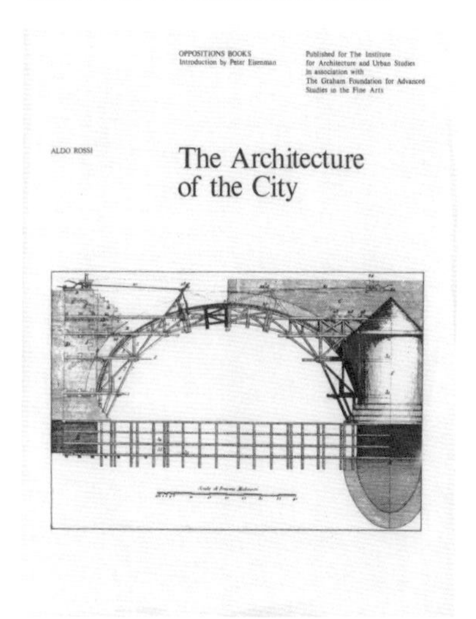

△ 图1.17 《城市建筑学》封面

▽ 图1.18 抽象的城市

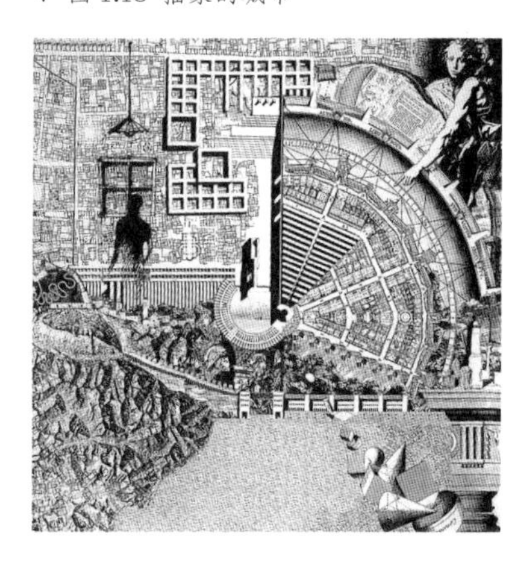

1 Caniggia G, Maffei G L. Composizione Architecture E Tipologia Edilizia I: Lettura Dell'Edilizia di Base[M], Venezia, Italy: Marsilio, 1979.

2 罗西 . 城市建筑学 [M]. 黄士均，译 . 北京：中国建筑工业出版社，2006：24-101.

地理学家康泽恩（Conzen）开创性地提出了城镇平面分析法。该方法一方面提出了具有多层级特征的平面要素，即街道系统、地块分布和建筑覆盖——建筑包含在地块中，而地块又嵌套在街道/街区系统之中，基于三者的复合关系可以识别形态单元（Morphological Region）格局（图 1.19、图 1.20）；另一方面，通过不同年代城市地图和测绘图揭示城市中整体和局部的结构关系，以及街道、地块、建筑的历史演变规律[1]。

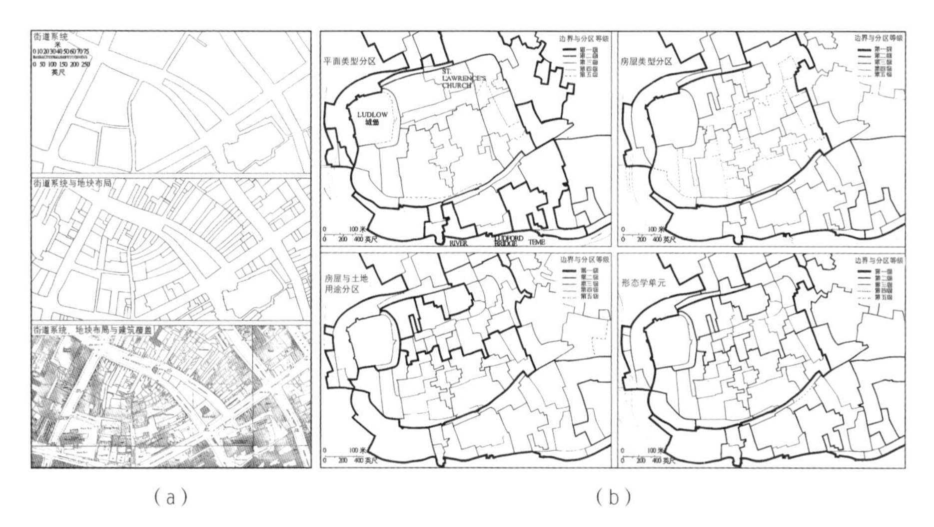

(a)　　　　　　　　(b)

◁ 图 1.19 (a) 城镇平面的三种元素复合；(b) 拉德洛的三种形态复合分区与形态学单元

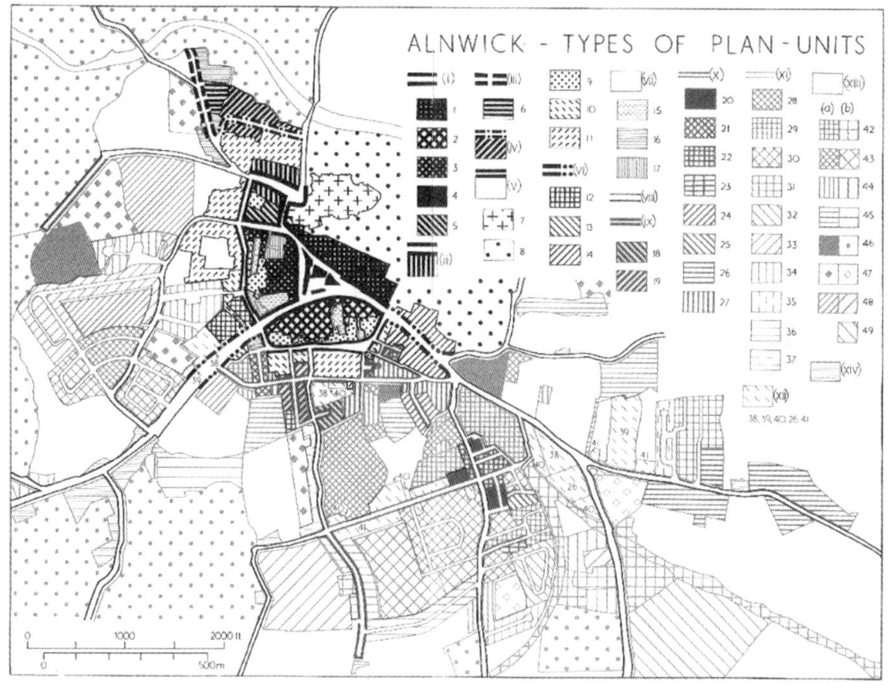

◁ 图 1.20 诺森伯兰郡安尼克的城镇平面分析图

1 Conzen M R G. Alnwick, Northumberland: A Study in Town-plan Analysis[M]. London: Institute of British Geographers, 1969.

1975 年，美国康奈尔大学教授柯林・罗（Colin Rowe）第一次发表了他的名著《拼贴城市》（图 1.21、图 1.22）。他在书的前言中指明："其目的就是驱除幻想，与此同时，寻求秩序与非秩序、简单与复杂、永恒与偶发的共存，私人与公共的共存，创新与传统的共存，回顾与展望的结合。"[1]"拼贴"是理解城市的思考方法，也是一种设计操作的策略，诚如柯林・罗在书中所说："科学家通过结构创造事件，而'拼贴匠'借助事件来创造结构。"[2]

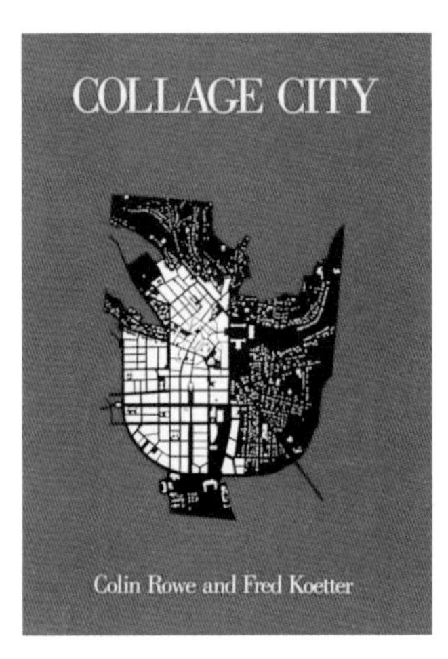

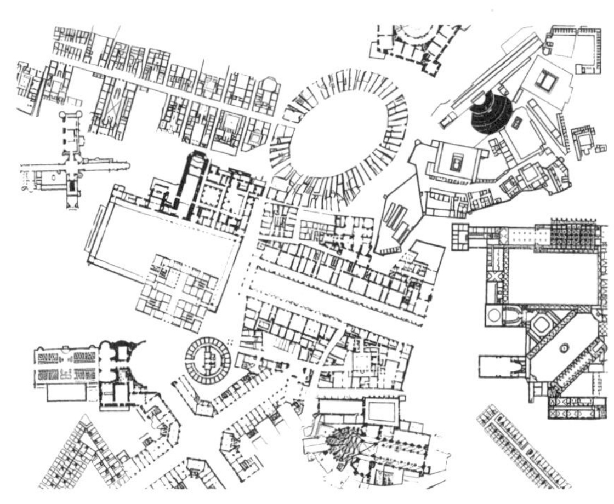

▷ 图 1.21 《拼贴城市》封面

▷ 图 1.22 大卫・格里芬（David Griffin）和汉斯・科尔霍夫（Hans Kollhof）的《合成之城（*City of Composite*）》（柯林・罗在《拼贴城市》第一章开头引用这幅图像来表达其核心理论）

城市与建筑的辩证生成

德国建筑师奥斯瓦尔德・马蒂亚斯・昂格尔斯（Oswald Mathias Ungers）从 1970 年代开始他的建筑实践和教学，面对城市形态的碎片化趋势，他提出"大形"（Grossform）概念，从而寻求多样的个体和片段参与到整体之中的策略方法。所谓"大形"，就是在城市人工建设要素中可以延续且持久保留的深层结构。1997 年，昂格尔斯发表了他的著作《辩证的城市》（图 1.23）。城市已不再是"单一、均衡、纯粹的系统"，而大形通过"类"（公共性形态要素与私有性形态要素）与"层"（道路交通、基础设施、绿地水域、建筑物等）形成的结构性秩序可包容多元性与差异性，从而实现异质的共存与差异的协同。诺伊斯－哈姆菲尔德（Neuss-Hammfeld）和柏林蒂尔加滕地区的城市设计都是他代表性的设计实验（图 1.24）。库哈斯（Rem Koolhaas）将密度、规模与建筑单体尺度相关联，探索建筑的城市性。建筑不再只是人类生存空间的容器，而是无数社会事件交互碰撞的反应堆。1978 年发表的《疯狂的纽约》对当代大都市高密度文化现实进行了超现实主义的批评（图 1.25）。他的研究试图回应当代社会层出不穷的新问题，从而超越传统的城市或建筑理论脉络。西雅图图书馆通过五个平台（办公、书籍及相关资料、交互交流区、商业区、公园地带）在建筑内部创造出一种流动

1　罗，科特 . 拼贴城市 [M]. 童明，译 . 上海：同济大学出版社，2021：13.
2　罗，科特 . 拼贴城市 [M]. 童明，译 . 上海：同济大学出版社，2021：344.

△ 图 1.23 《辩证的城市》封面

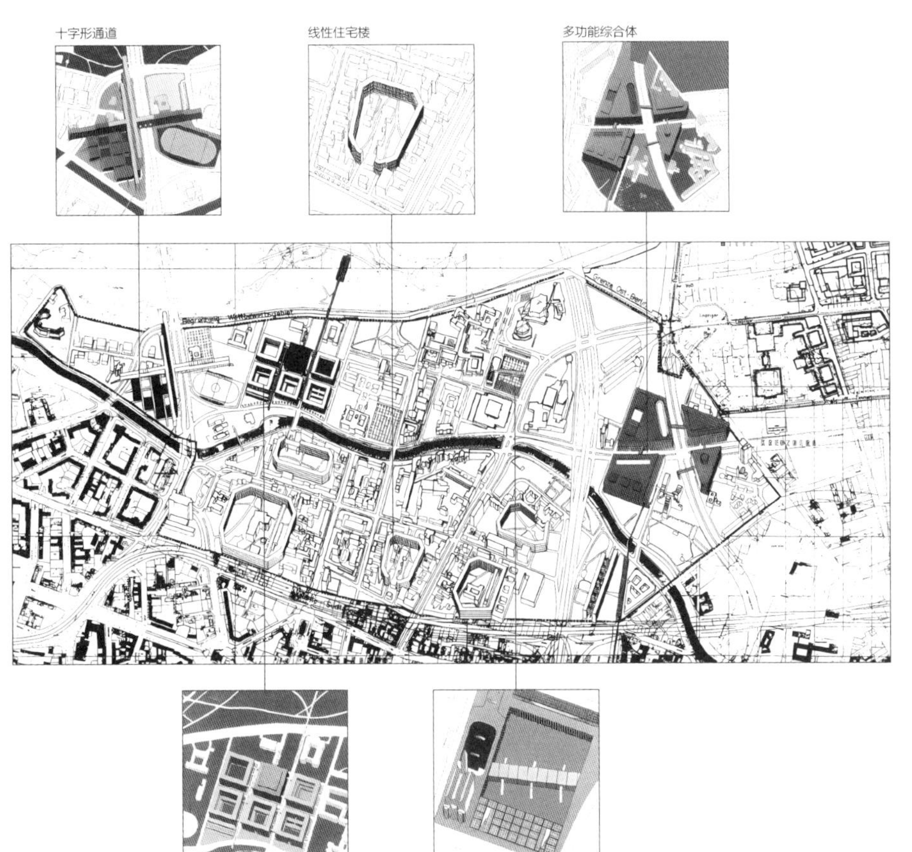

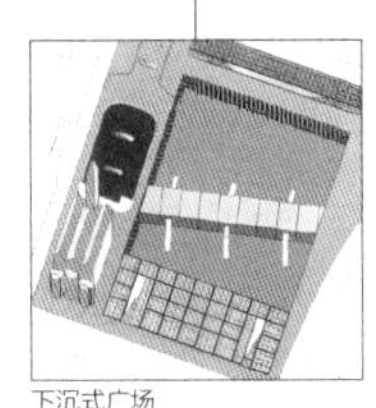

◁ 图 1.24 柏林蒂尔加滕地区城市设计

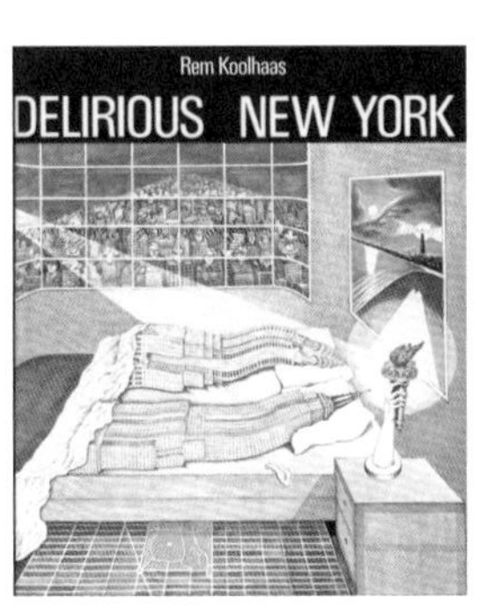

△ 图 1.25 《疯狂的纽约》封面

◁ 图 1.26 西雅图图书馆的概念模型

△ 图 1.27 《复合城市行为》封面

和交互的城市场景（图 1.26）。汤姆・梅恩（Thom Mayne）认为当代城市呈现为一种分散式的城市形态，其中的建筑是以基础设施作为移动矢量的网络。继而，他提出“复合城市行为（Combinatory Urbanism）”，指向一种不同的城市创造方式（图 1.27）。这种方式设计出灵活的关联式系统框架，在这些框架中，各种活动、事件和项目能够有机地发生，土地、建筑、基础设施、水等曾经被清晰界定的界线逐渐模糊和融合。复合城市主义赋予传统城市的静态形式以连续过程的前提，由此展现了激活城市的新途径[1]。

城市形态研究中的复杂系统科学

复杂性理论及其相关的进化论、适应性学习等理论于 20 世纪 50~70 年代发展起来，并于 20 世纪 80 年代形成高潮，其中诸多颠覆性的理念和方法为城市建筑的形态结构研究提供了支撑。

1960 年代，简・雅各布斯（Jane Jacobs）认为现代城市规划“洗劫”了城市，而具有“有序复杂性”（Organized Complexity）特征的传统城市却更具活力。克里斯托弗・亚历山大（Christopher Alexander）将城市视为一个系统，并解释了“半网络形”结构的自然城市为何比“树形”人工城市更具魅力[2]（图 1.28）。他揭示了结构关系是造成两种城市模式出现巨大反差的本质原因，并证明，通过科学的图解方法，可以认识和描述这种结构。自此，网络系统理论逐渐成为描述与研究城市空间要素之间拓扑关系及运动方式的重要工具。

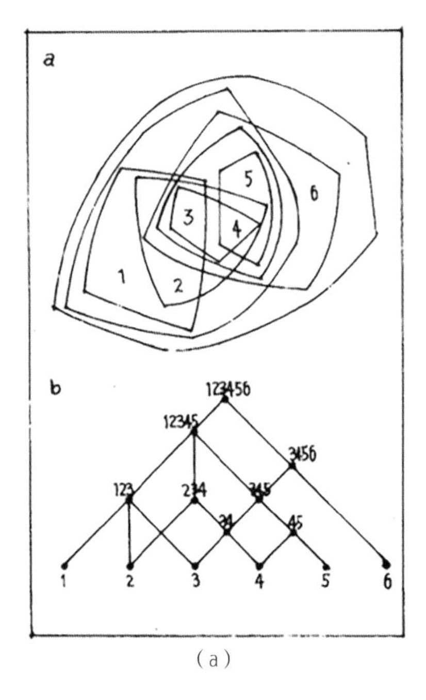

（a）

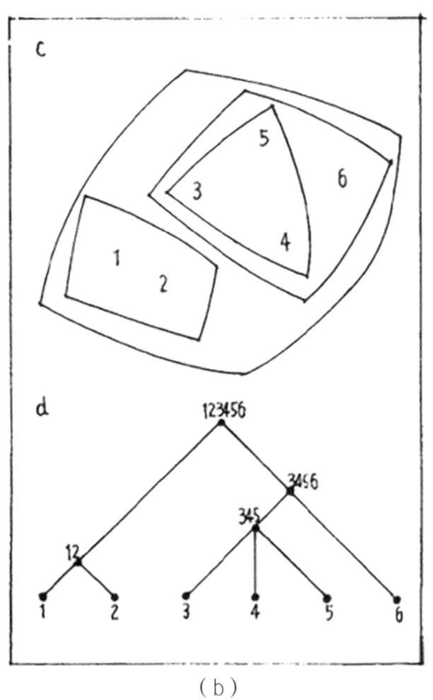

（b）

▷ 图 1.28 亚历山大将自然城市与人工城市的结构分别抽象为：（a）半网络形；（b）树形结构

1 Mayne T. Combinatory Urbanism: the Complex Behavior of Collective Form[M]. Stray Dog Cafe, 2011.

2 Alexander C. A City is not a Tree[J]. Design, 1966(206): 45–55.

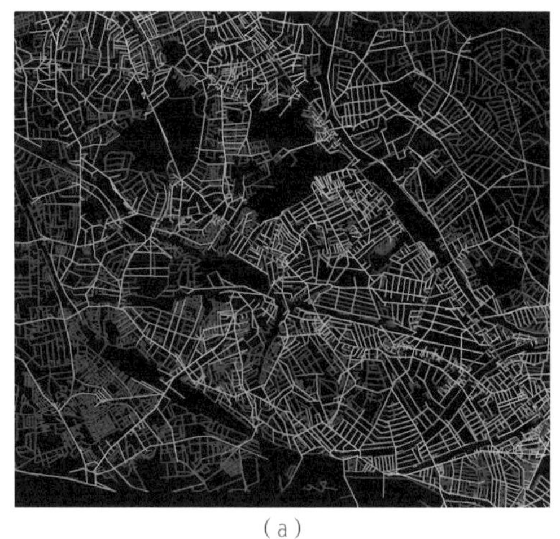

(a)

(b)

◁ 图 1.30 用空间句法分析和呈现 Ludstown 多尺度中心：(a)全局中心，计算半径 $r=n$；(b)局部中心，计算半径 $r=300$ m

△ 图 1.29 《空间的社会逻辑》封面

迈克·巴蒂（Michael Batty）基于复杂性系统理论，提出了分形城市的概念。在此基础上，尼科斯·A·塞灵格勒斯（Nikos A. Salingaros）认为具有分形特征的城市形态应该是由多个层级要素经过复杂连接而成，并引入了小世界网络（Small World Networks）和尺度层级等概念描述这一特征[1]。

20 世纪 70 年代，由英国学者比尔·希列尔（Bill Hillier）提出的形态分析方法“空间句法”，开创了研究城市形态的一个新视角。它是基于经济和社会过程空间化的结果（表现为城市物质空间形态）来发现经济和社会过程的印记，并将联系物质城市与经济、社会过程的纽带——空间构型（Configuration）作为研究对象，摆脱了片面侧重物质空间形态或社会经济形态的研究思路。他提出一种直观且综合的研究方法：通过对城市空间相互关系和结构的数量化建模分析，来研究空间组织与人类社会之间的关系[2]（图 1.29、图 1.30）。

史蒂芬·马歇尔（Stephen Marshall）在《街道与形态》中建立路径结构分析法，通过连续性、连接性及深度三个指标对街道构型特征进行量化描述与分析。他将无规划（历史街网模式）和有规划的街道网络按连接度和复杂度两个象限进行分类，发现常见于历史古城中心的“特征型”路网反映出较高水平的连接性与复杂性，在长期使用中受到大众和学界的青睐（图 1.31）[3]。

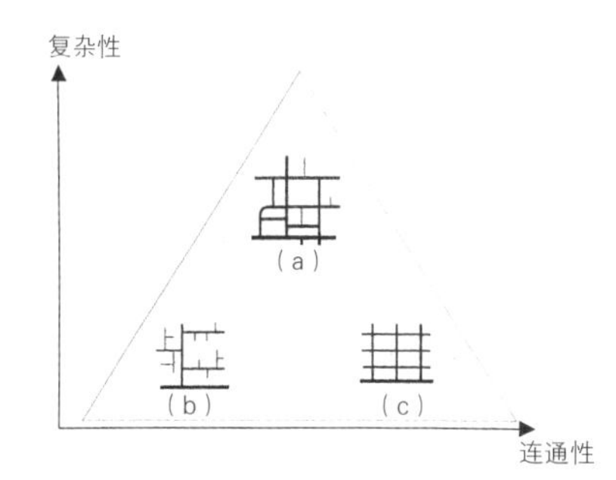

△ 图 1.31 按连接性和复杂性两个象限将路网分成：(a)特征型；(b)支流型；(c)格网型

走向可持续发展的城市建筑

1970 年代能源危机引起关于现代以来发展模式的普遍反思。英国设计师伊恩·伦诺克斯·麦克哈格（Ian Lennox McHarg）发表《设计结合自然》，基于人与自然的依赖关系，提出以生态原理进行规划和设计的方法（图 1.32）。1987 年，世界环境与发

1 塞灵格勒斯 . 连接分形的城市 [J]. 刘洋，译 . 国际城市规划 , 2008,23(6): 81-92.

2 Hillier B. Space Is the Machine: A Configurational Theory of Architecture[M]. Cambridge: Cambridge University Press, 1996.

3 Marshall S. Streets & Patterns[M].London: Spon Press, 2005.

△ 图 1.32 《设计结合自然》封面

展委员会发表《我们共同的未来》，给出了可持续发展的定义："既满足当代人的需要，又不损害后代人满足需要的能力的发展。" 1997 年 12 月，联合国气候变化框架公约的第三次缔约方大会在京都召开，并通过了《京都议定书》。可持续发展思想逐步深入人心，新城市主义、生态城市、绿色城市、人文城市等思想应运兴起[1]。近年来，城市物质空间形态与气候环境、能源利用、碳排放的关联研究也渐成热点，尤其中微观尺度形态的关联议题亟待开拓（图 1.33）。

21 世纪以来的新实践

2000 年代前后，全球化（Global City）与地方主义交织碰撞，通过建筑或局部地段重塑城市结构的主动性实践越加普遍和多样。西班牙建筑师胡安・布斯盖兹（Joan Busquets）在 2010 年出版《多元路线化都市》，从多个侧面反映了新世纪国际范围的城市建筑新潮流。该书聚焦四组议题，即组织基础设计和系统程序的新方法、设计师作为更宽泛的公共或私属领域代理人的角色、由后工业环境所激发的新技术、文脉主义操作的新理念（图 1.34）。他将当代的城市空间实践归纳为十种路径：综合的姿态、多重地面、灵巧的操作、地面改装、碎片的聚合、传统的视角、循环利用的地域、核心区更新、相似的合成、推导的程序。这些路径呈现了局部与整体、空间与时间、公共与私有、继承与发展的多样辩证姿态，而其共性则是每个路径都游走于城市与建筑的交织尺度之间。

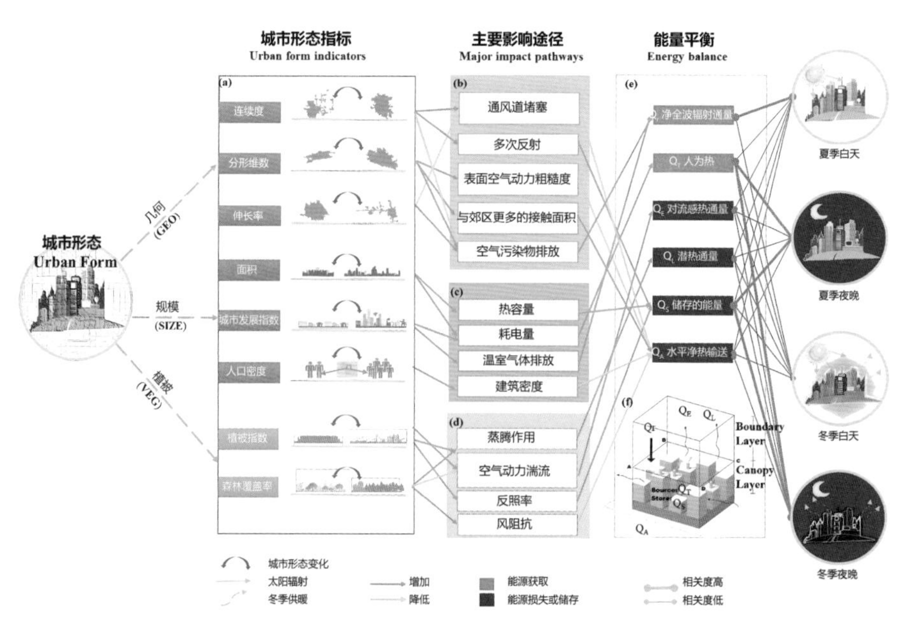

▷ 图 1.33 城市形态与能耗关联图解

△ 图 1.34 《多元路线化都市》封面

1 Zulfiqar M U, Kausar M. Historical Development of Urban Planning Theory: Review and Comparison of Theories in Urban Planning[J]. International Journal of Innovations in Science and Technology, 2023: 37–55. DOI: 10.33411/ijist/2023050103.

在土地资源紧缺、人口高密集聚的东京、大阪、香港等亚洲城市，城市建筑一体化的探索更为突出，并普遍与轨道交通站点结合。日本是世界上最早探索 TOD 的国家之一。战后，为了重建公共交通系统，日本开始鼓励私营企业参与轨道交通建设，形成了“运输服务业 + 商业 + 不动产业务”的 TOD 模式。1950—2000 年，日本进入高速发展期，经济的高速增长推动了城市规模的急剧扩大。不仅是城市中心区域，周边地区也开始了大规模的住宅建设和城市再开发。这些项目依托轨道交通的发展催生了众多新城镇的崛起，例如东京的多摩新城。到了 2000 年至今的更新发展阶段，日本的 TOD 项目开始回归城市中心区域，注重车站与周边城区的一体化综合开发。东京车站、大阪车站等超大型车站枢纽，以及新宿车站、涩谷车站等城市热点地区的枢纽，都在原有的车站功能基础上进行了多次改造（图 1.35）。东京涩谷站周边地区更新以轨道交通站点为中心，划定受“地区促进特别区”政策指导的特别区域。设计因地制宜地建立了一个地下至地上共四层的立体步行系统，联通了地下街、地面、空中连廊及“城市核”建筑，旨在通过轨道交通等城市基础设施与城市建筑功能的一体化融合，提升城市土地价值的同时，带动中心区发展（图 1.36）。香港的城市建筑一体化实践起源于 20 世纪 70 年代，采用“轨道 + 物业”发展模式，在金钟、九龙、青衣、大围等站点周边成功实现了地铁上盖开发（图 1.37）。其充分利用轨道基础设施，包括对车辆段的上方进行物业开发，并通过销售或长期经营的途径来获得巨大的经济收益，以平衡公共交通系统运营的亏损。

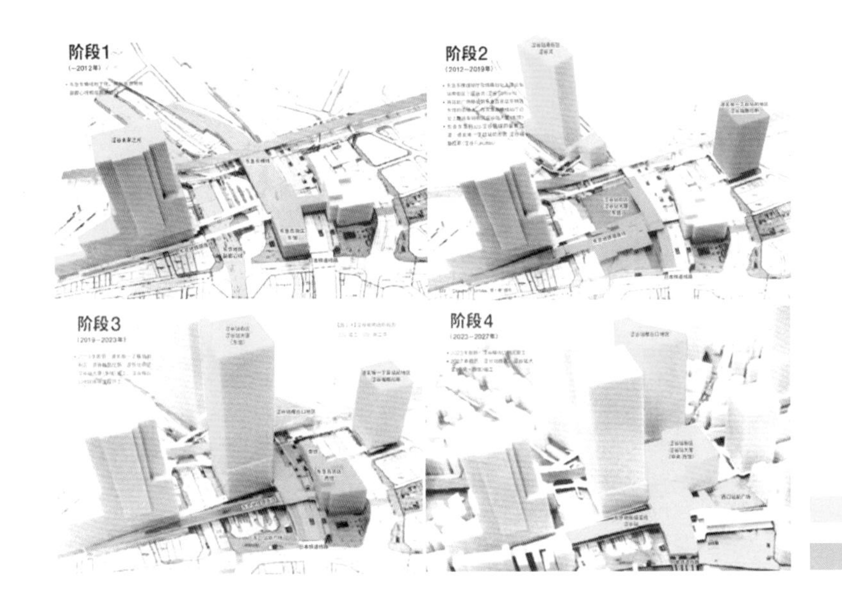

◁ 图 1.35 至 2027 年涩谷站经历四个主要的开发建设阶段

▷ 图 1.36 涩谷站周边的开发建设项目

▷ 图 1.37 （a）香港九龙站街区的轨道＋物业模式；（b）香港金钟地区影像图

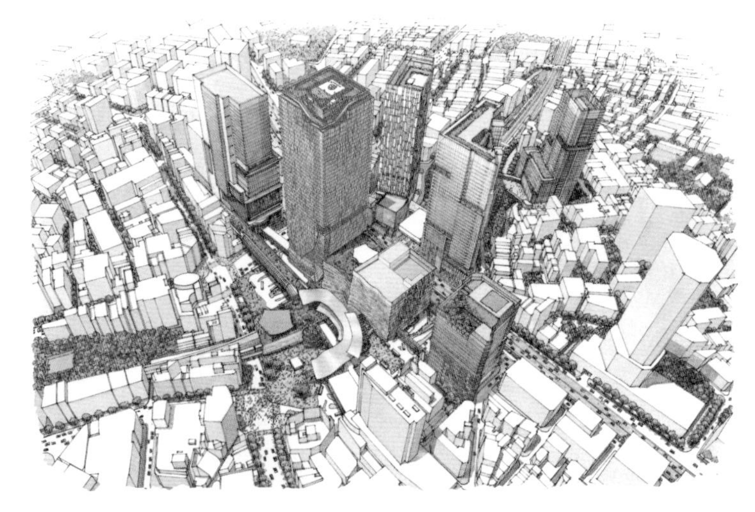

（a）

（b）

工业革命催化了快速的城市化进程。从 19 世纪末到 20 世纪 30 年代，城市与建筑领域的首要责任，是为激增的城市人口和新功能提供房屋，和清晰的城市土地划分及交通组织。功能优先的变革主张与艺术主导的秩序申诉在激辩中前行。1950 年代后，现代主义在诸多方面开始遭遇批判。1960 年代后，各种致力于探索未来空间的乌托邦构想，与现实场景中缝合建成环境及其历史遗存的努力各领风骚。能源危机和环境危机催发了城市可持续发展思想，深刻影响了 20 世纪 90 年代以来以“生态”和“绿色”为主题的设计新思维。世纪之交，全球的流动与交互促进了城市建筑思潮的传播；基于地域文化自觉的多元化城市建筑思想与策略各展风姿；复杂建成环境条件下以局部塑造整体的积极探索，大大拓展了城市建筑学的实践场景。在城市建筑百余年的激流涌动中，城市的议题与建筑相伴相随，难以分割。一批引领时代主题的大师，超越了物质工程尺度的局限而游走于城市与建筑之间，他们既是思想者也是实践家。关于城市与建筑的认识，从形体空间的组合论，走向内部与外部的连续论；城市物质空间的组织结构与个体建筑的关系也正在从自上而下的决定论，走向上下之间的交互与反转；空间的共时性与历时性正在走向合一的综合实践。

城市建筑学在中国的发展

城市与建筑的有机联系在中国具有悠久的传统。傅熹年的《中国古代城市规划、建筑群布局及建筑设计方法研究》（2001、2015 两版）展现了我国古代城市建筑的规划设计原则、方法和组织规律（图 1.38）。近代以来，国际现代主义城市与建筑思想的植入一方面促进了城市建筑现代化的进程，另一方面也打断了传统城市营建一脉相承的既有体系。改革开放后城市建设的快速推进中，建筑设计与城镇整体环境的割裂现象引起学界的警惕。1985 年，项秉仁的博士学位论文《城镇建筑学基础理论研究》，从城镇环境形态的历史演变、城镇环境的具形要素及其构成、行为环境及城镇环境的传统文化内涵等方面构建了“城镇建筑学”的基本架构，提出要基于城镇环境的整体价值，探索建筑设计的路途。

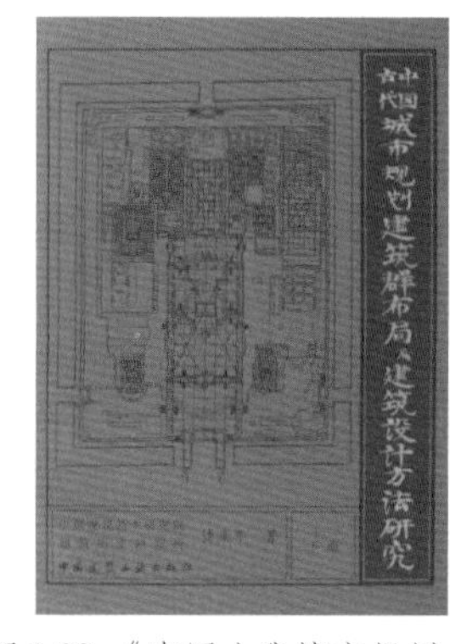

△ 图 1.38《中国古代城市规划、建筑群布局及建筑设计方法研究》(2001 版）封面

1980 年代末，我国开始现代城市设计思想和方法的研究。王建国于 1991 年首次出版《现代城市设计理论和方法》（图 1.39）。2015 年中央城市工作会议后，城市设计在中国渐成显学。韩冬青在 1999 年出版的《城市・建筑一体化设计》中，提出将城市与建筑作为整体进行研究和设计的思想和方法（图 1.40）。王建国指出城市与建筑在同时性维度上的实质并存、历时性维度上的物化拼贴的相互关系，体现了对城市设计与建筑设计相互促进关系的认识[1]。齐康在 2001 年主编出版了《城市建筑》，认为城市建筑学是研究城市的建筑设计与建筑群的规划设计及其环境的科学，从“轴、核、群、架、皮”五个方面提出了城市建筑设计的基本形式架构[2]

△ 图 1.39《现代城市设计理论和方法》封面

1 王建国 . 现代城市设计理论和方法 [M]. 南京：东南大学出版社，1991.
2 齐康 . 城市建筑 [M]. 南京：东南大学出版社，2001.

（图 1.41）。张永和提出城市建筑学应关注城市与建筑的连续性与一致性，并建立设计单体建筑与整体城市共同基础的观点。丁沃沃提出建筑学作为建造城市的学问，应关注城市的问题和需求。张伶伶探讨了在交互关联化的社会背景下的区域建筑学设计理论。诚如吴良镛所言，“一个良好的人居环境的取得，不能只着眼于它各个部分的存在和建设，还要达到整体的完满”，他提出的广义建筑学是对建筑学学科在广度和深度上的延伸和扩展，是把建筑学与文化、科技、政法等相关领域进行的融合[1]。

▷ 图 1.40 《城市·建筑一体化设计》封面

▷ 图 1.41 《城市建筑》封面

1990 年代中期，中国在高密度城市的快速发展中，展开了一系列城市建筑一体化实践探索。由卢济威主持的上海静安寺广场城市设计，充分考虑了静安寺地区的历史文化背景、地形条件以及城市发展需求，不盲目追求尺度的广大和气魄，而是回归绿色生态化、多功能高效化和地上地下一体化的特色塑造[2]（图 1.42）。深圳福田中心区地下步行系统伴随多个轨道交通站点和商业综合体的建设逐步形成，其发展过程历时接近 30 年，目前可步行的地下连通主通道长约 4 km，有效疏解人行交通，弥补地面空间城市功能配套的不足（图 1.43）。深圳前海通过多年的实践探索，提出以“三维地籍”为核心的土地立体化管理模式，即建设用地地上、地表、地下可分别设立使用权。广州琶洲西区通过营建地面骑楼、2 层连廊，及控制适度有限的地下公共空间，通过城市与建筑的“中间领域”实现城市、建筑、环境的共生[3]。

1　吴良镛 . 人居环境科学导论 [M]. 北京：中国建筑工业出版社，2001.

2　卢济威 , 顾如珍 , 孙光临 , 等 . 城市中心的生态、高效、立体公共空间：上海静安寺广场 [J]. 时代建筑 , 2000(3):58–61.

3　方素 , 夏晟 . 集约紧凑的城市空间立体化设计：广州琶洲西区实践 [J]. 建筑技艺 , 2021, 27(3): 30–34.

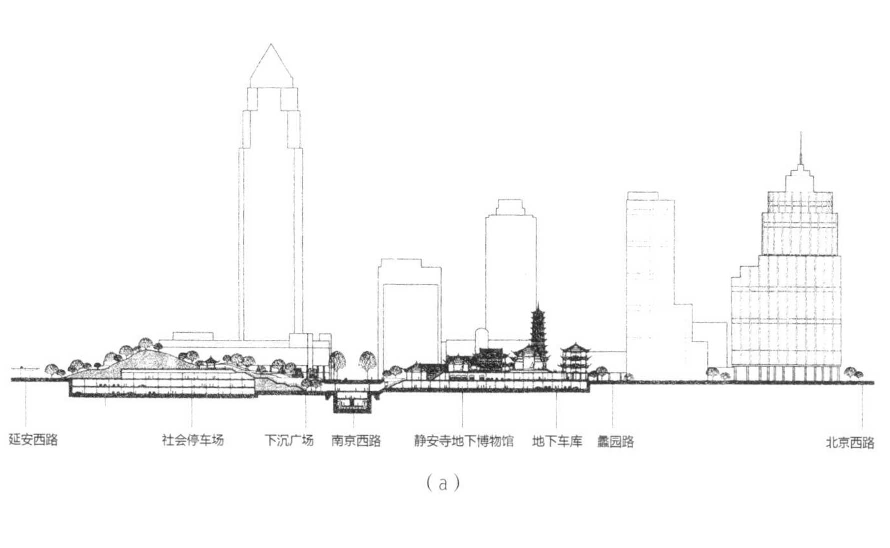
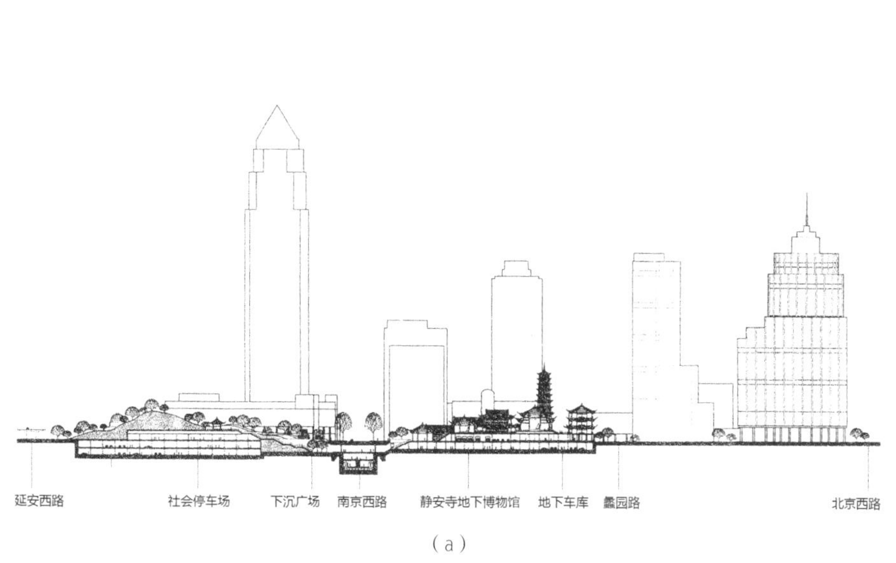

（a）

（b）

（c）

△ 图 1.42 上海静安寺广场城市设计：（a）南北向横剖面；（b）模型布局；（c）地铁 2 号线静安寺站出入口及下沉广场

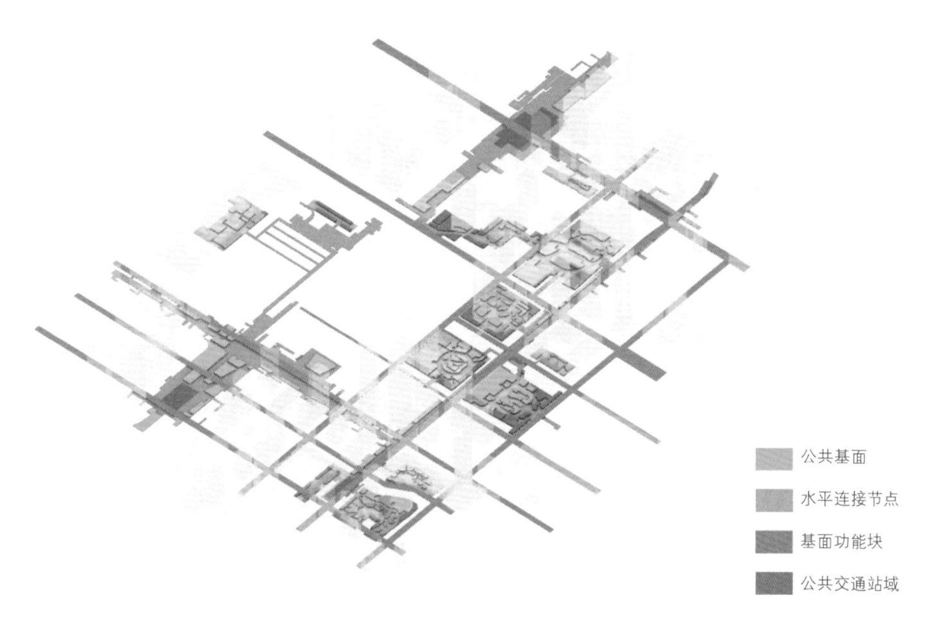

◁ 图 1.43 深圳福田中心区地下公共空间网络模型

经过 30 余年的探索，城市建筑学的相关研究在中国取得了很大的进展，带动了城市建筑创作实践的进步。从整体看，城市建筑学理论与方法的研究和实践状况，距离当代城市空间发展所面临的新挑战依然任重而道远。

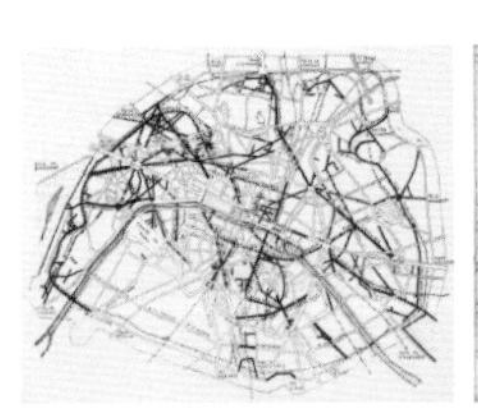

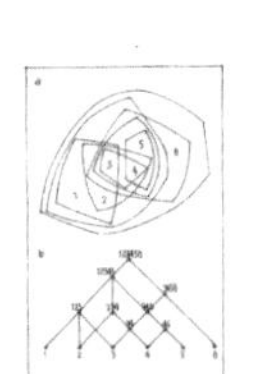
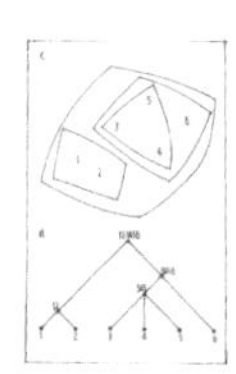

奥斯曼巴黎改造

费舍尔 将城市与建筑均统一于空间的架构之下

史密森夫妇「都市格网重构」

CIAM《雅典宪章》

十次小组凡·艾克 对立统一的概念群

萨林加罗斯 小世界网络和尺度层级

克里斯托弗·亚历山大 自然城市

雅各布斯「有序复杂性」

康斯坦特 新巴比伦设想

斯文·马克利乌斯 Normalm 规划项目

1853 1900 1910 1920 1930 1940 1950 1960

卡米洛·西特《遵循艺术原则的城市设计》

勒·柯布西耶《光辉城市》

「十次小组」茎干、簇群城市、毯式建筑、空中街道等

建筑电讯派「插入城市」

日本新陈代谢派

丹下键三「结构轴」和「中核系统」

槙文彦「群造型」的有机形态

纽约区划法 容积率奖励制度

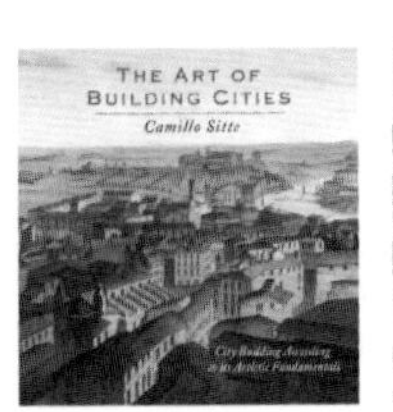

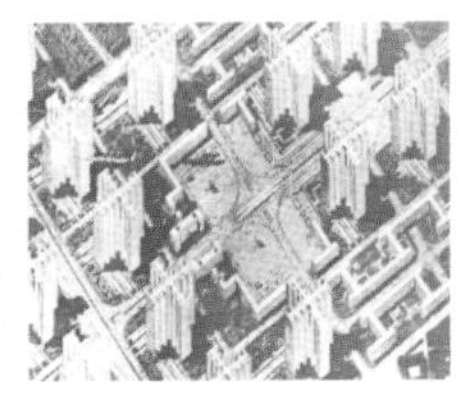
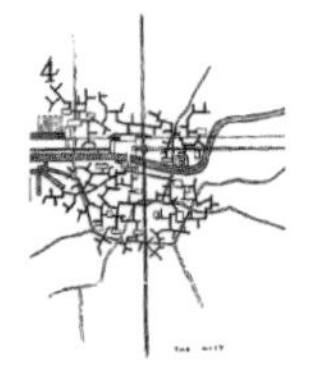
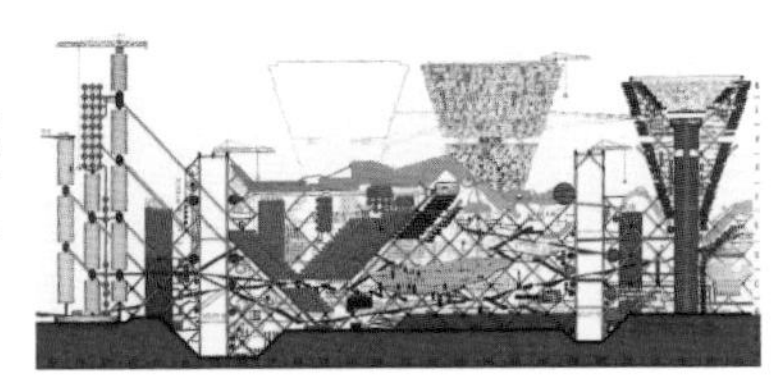
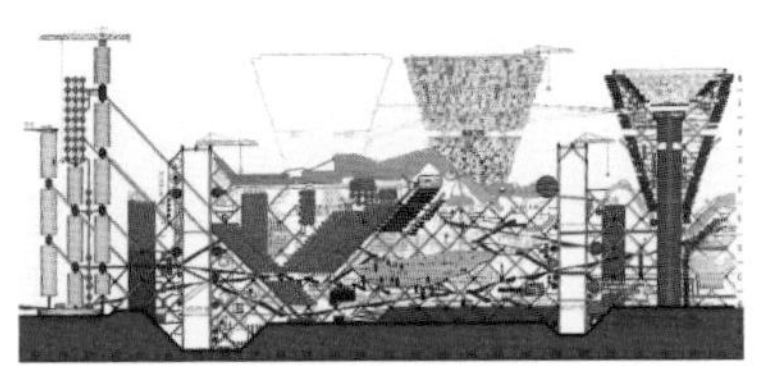
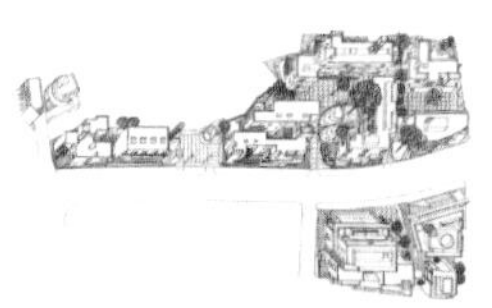

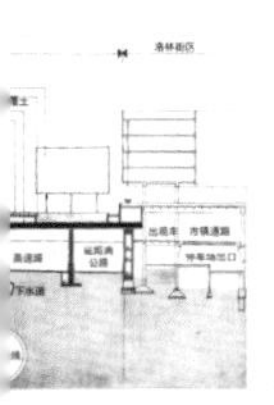

卡尼吉亚要素、结构、系统、系统有机体

柯林·罗《拼贴城市》

《马丘比丘宪章》

比尔·希利尔《空间的社会逻辑》

昂格尔斯《辩证的城市》

傅熹年《中国古代城市规划、建筑群布局及建筑设计方法研究》

马歇尔《街道与形态》

汤姆·梅恩《复合城市行为》

1970 1980 1990 2000 2010 **2025**

麦克哈格《设计结合自然》

康泽恩《城镇平面格局分析》

库哈斯《疯狂的纽约》

项秉仁《城镇建筑学基础理论研究》

世界环境与发展委员会 定义可持续发展

王建国《现代城市设计理论和方法》

《京都议定书》可持续发展思想

联合国气候变化框架公约的第三次缔约方大会

韩冬青《城市·建筑一体化设计》

齐康《城市建筑》

布斯盖兹《多元路线化都市》

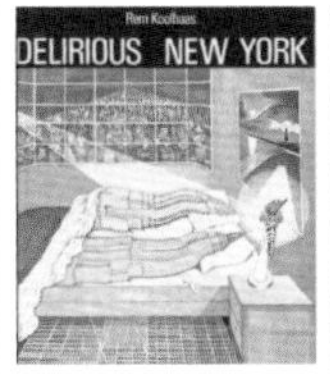

1.3 城市建筑一体化设计的内涵与意义

城市与建筑相互塑造、相互成就。城市是包括但比建筑更大的系统。城市的诸种功能主要是通过一系列组织关系中的建筑实现的，建筑物、地块、街区、街道的组合构成了城市微观尺度的基本形态架构。城市中的建筑从来都难以独善其身。建筑对于城市的价值不仅在于其自身的功能，更在于其在城市形态组织的生发和进化中所发挥的作用。因此，建筑学应把建筑所置身的城市物质空间形态纳入其研究的本体范畴，并贯彻于建筑学的空间实践之中。城市建筑学的理论核心就在于，揭示城市微观物质空间形态的组织构造，及其与建筑的城市性相互衔接、渗透和互动的内在机理。城市建筑的一体化设计是城市建筑学在实践方法上的一种体现。

1.3.1 城市建筑一体化设计的概念内涵

城市建筑的一体化设计，是对包括建筑在内的城市微观物质空间形态及其场所特征所进行的系统性整体设计。一体化设计旨在突破城市与建筑之间的层级界限，促进两者在功能行为上的紧凑联系；在形态结构上的有序衔接；在空间场所上的连续体验；在资源利用上的节约共享；在动态变化中的持续再生。

城市建筑的一体化设计是城市性认知在设计实践上的反映。城市性（Urbanism）最早出自芝加哥学派的社会学研究。其原意是指城市因人口规模、密度及其个体或群落的异质性所导致的，与乡村社会和文化相区别的生活方式及其特性[1]。同时，城市性也可以用于不同城市或城市内部不同领域和不同时态之间的差异性比较。1960 年代，城市性的概念被引入城市设计领域，以表征物质空间与社会空间之间的密切互动与张力。简・雅各布斯（Jane Jacobs）认为，以高密度、多样化和功能混合为前提的良好形态和街道生活就是城市性[2]。扬・盖尔（Jan Gehl）认为城市性反映了城市生活的活力[3]。1980 年，*Architectural Design* 杂志刊发 *Urbanity* 专刊，标志着"城市性"（Urbanity）被纳入建筑设计研究的视野。"Urbanism"主要从意识形态上反映了城市的社会学本质及特征，"Urbanity"则更加侧重于承载城市文化的物质空间形态的特性，本书后文中的"城市性"与"Urbanity"相对应。在城市尺度上，城市性的意涵在于自上而下地建构诸要素之间的系统联系；在建筑尺度上，城市性则意味着建筑在满足自身功能的同时，又自下而上地参与城市形态及场所的塑造过程，从而促成城市功能的系统整合和城市空间公共性连续互融的组织秩序。

城市建筑的一体化设计是城市空间发展计划落实于现实环境的必然要求，是微观尺度环境实现系统性营建的关键环节。城市不仅依赖于规划，也是街道、建筑、市政基础设施等一系列建造行为过程的结果。城市中的工程设计，不应将城市物质空间环境视为建筑、市政、景观等要素的机械组合，而需要努力创造一种有机的循序进化的

---

1 Wirth L. Urbanism as a Way of Life [J]. American Journal of Sociology, 1938, 44(1):1−24.

2 Jacobs J. The Death and Life of Great American Cities [M]. New York: The Modern Library, 1961.

3 Gehl J. Life Between Buildings: Using Public Space [M]. Copenhagen: Danish Architectural Press, 1971.

综合环境，从而支持城市的整体发展目标和动态变化的日常生活。这种充满了组织结构与要素密切交互的综合环境，不能单纯地、被动地依赖自上而下线性传递的规划决策，也需要一种跨越层级的主动的创造性统筹。城市建筑的一体化设计不是纯粹的形体空间的视觉表现（无论其是否美丽或精致），而主要是对各种要素间组织结构的创造性系统建构。

城市建筑的一体化设计是建筑与城市内在关联性的必然要求，是建筑实现其城市性价值的关键环节。建筑的城市性是建筑融入城市并与其产生积极互动的一种重要特性和能力。建筑物的外围护不仅对建筑自身负责，也是城市空间的界面。"城市空间"的概念不仅仅是建筑的前场、街道和广场等具有围合特征的场所，还包括了这些场所之间立体的组织结构；不仅仅是建筑形体之间的外部空间，也存在于建筑的内部及其与外部的关系之中。建筑通过功能和交通等组织秩序，而参与城市空间的整体构造之中。建筑只有纳入城市的组织架构之中，其城市性的价值和意义才能被理解。当代城市的高密度发展进一步促发了"建筑中的城市"新形态，催化了各种新型拥挤文化的诞生。

城市建筑的一体化设计有其特定的尺度层级区间。总体、片区、地段、街区、地块、建筑、部件构成了城市物质空间的层级性。在这个梯级序列中，城市建筑学所研究的客体对象主要包括从地段到建筑的层级区间，这也是城市建筑一体化设计的基本层级范围。形体空间肌理和颗粒的可识别性是该层级区间的基本特征，由此向上趋于鸟瞰式的宏观驾驭，由此向下则趋于具体的微观实现（图 1.44）。在人（群）可直观感知的尺度下，自然与人工、整体与局部、结构与要素之间的空间组织秩序是一体化设计的主要关切所在。

▽ 图 1.44 城市建筑一体化设计研究的尺度层级

城市建筑的一体化设计并非某种特别的规划设计或工程设计类型，而是作为一种整体的设计思维和设计策略，广泛存在于包含建筑在内的城市微观尺度的物质空间环境的设计实践中。城市总体规划是对一定时期内城市性质、发展目标、发展规模、土地利用、空间布局以及各项建设的综合部署和实施措施。控制性详细规划是在城市总体规划指导下，用以控制建设用地性质、使用强度和空间环境的规划。修建性详细规划则是用以指导各项建筑和工程设施的设计和施工的规划设计。城市设计贯穿于不同层级的城市规划之中，体现了自上而下逐级传递的主导思维；传统的建筑设计环境观寻求建筑个体与相邻环境的协调性，主要还是局限于形体空间单一层级的思维。与上述规划和设计类型相比较，城市建筑一体化设计的实践类型可以是中微观尺度的城市设计，也可以是单项建筑工程设计，甚至是市政基础设施设计。无论何种设计类型，一体化设计的思维逻辑都是要通过整体结构优化与局部行动的有机衔接和复合，带动整体与局部的互动，这种互动具有自上而下与自下而上双向的跨尺度整合的特征（图 1.45）。

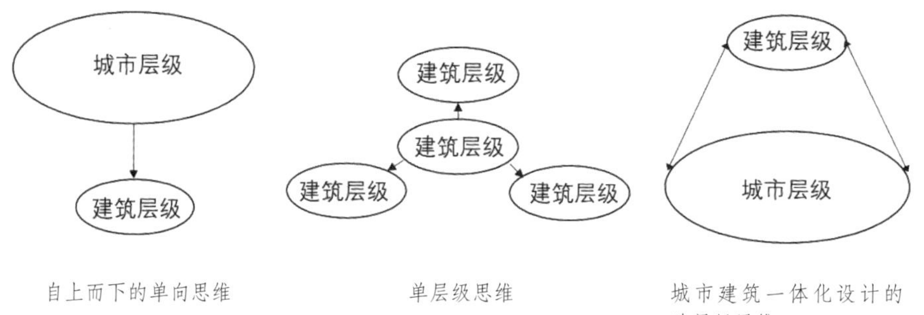

▷ 图 1.45 城市建筑一体化设计的思维方式比较

1.3.2 城市建筑一体化设计的意义

当代城市的要素集聚及其相互间的结构联系正在变得比以往任何时期都更为复杂，整体与局部、资源与需求、保护与发展的关系必须在跨层级的参与、互动和共享中协同推进。城市建筑的一体化设计以跨层级多专业的集成和协同为特征，展开以系统目标为导向的开放性整合设计，对实现以增效、提质、降碳为内涵的城市空间高质量发展具有重要意义。通过城市微观物质空间形态和场所的整体构造，提升土地利用效率，提升城市与建筑功能的整体运行效率和公共空间系统品质，优化绿色低碳城市在微观层级的整体空间架构，促进城市建设中的文化保护和建成环境的再生。

以精细化形态构造实现集约化理念在城市微观层级的落地生根

集约的内涵在于一定资源条件下的增效与提质。集约化是当代城市空间发展的核心导向之一。国际范围的可持续城市、城市形态学、能源环境和环境物理等领域现有的研究已经表明，与边界肆意拓展而内部结构松散的城市相比较，紧凑集约的城市更趋近低碳城市。但是，既有的城市集约化相关研究主要集中于城市的宏观尺度，集约化的形态表征及其实现路径鲜有落实于微观尺度的物质空间。集约化城市并不能单纯依赖地块建筑尺度的高强度开发。城市建筑一体化设计以形态结构作为实现集约性的先导策略，构建从“街区 / 路网”到“地块 / 建筑”的集约化组织结构，引导从城市到建筑的多层级功能空间的交互与共享，提升城市空间的效率、活力与品质。从而以精细化的形态构造实现集约化理念在城市微观层级的落地生根。

以多层级气候适应性设计和资源高效利用实现低碳城市的空间架构

绿色低碳城并非绿色低碳建筑的总和。城市建筑对气候的调节方式对能耗具有重大影响，也由此影响了城市建筑的碳排水平。城市中不同局域的微气候差异，表明微观尺度的物质空间形态与微气候具有密切关联。城市建筑的一体化设计整合不同学科的相关知识和研究成果，通过地段、街区和街道峡谷到建筑的形体空间群落的多层级控制与引导，为大尺度城市气候的系统优化做出贡献，降解高密度紧凑形态可能造成的热岛效应，为建筑个体的气候适应性设计奠定良好的基础。城市中资源流的循环利用和市政基础设施的复合利用，难以在并行甚至割裂的专业内部形成。城市建筑一体化设计通过跨层级专业融合，为资源循环利用和基础设施的复合利用提供空间整合策略。在城市空间集约发展的基础上，一体化设计对城市微观形态的基底架构的优化，可以有效支持城市建筑的源头降碳和系统降碳。

以历时性赓续与共时性整合促进城市建筑遗产的保护与再生

城市作为一种有机生命体，其兴衰更替有着内因和外因共同作用的时空脉络。中国的城市空间发展已基本进入存量时代。在长期的演化兴衰中积淀而成的建成环境，往往陷入各种复杂的纠缠和拼贴状态。历史文化遗产的生存状态不同程度地遭遇物质性衰败、功能性衰败和结构性衰败；既有物质空间的生命周期与其所承载的功能使命彼此错位。触发城市更新的点位往往是在不同的局部尺度显现的，如历史地段或建筑的保护与活化利用、工业遗产利用、低效地块再开发、基础设施更新、既有建筑改造等等。仅仅依赖传统的保护规划、控制性详细规划及市政规划的并行指引，及其向单项工程设计的线性传递，难以充分有效地推动城市更新的现实行动。城市建筑的一体化设计以跨层级多维互动的思维方式，通过对建成环境的共时与历时解析，在综合诊断的基础上，提供历时性赓续与共时性整合相结合的系统解决方案，使局部的更新设计能够适宜于建成环境整体的历史经纬，催化其自身及其环境的可持续再生，保护和传承优秀传统建筑文化，提升城市的人文品质。

1.4 本书的架构与议题

本书基于城市建筑学的视野，提出城市建筑的一体化设计理念。科学认知、设计方法、路径机制构成了本书的内容架构（图 1.46）。

“城市建筑”可以简明扼要地理解为一对辩证的关系：城市的物质空间环境是不断建筑（Build）的过程；建筑的意义则在于其城市性价值的实现。城市微观尺度的物

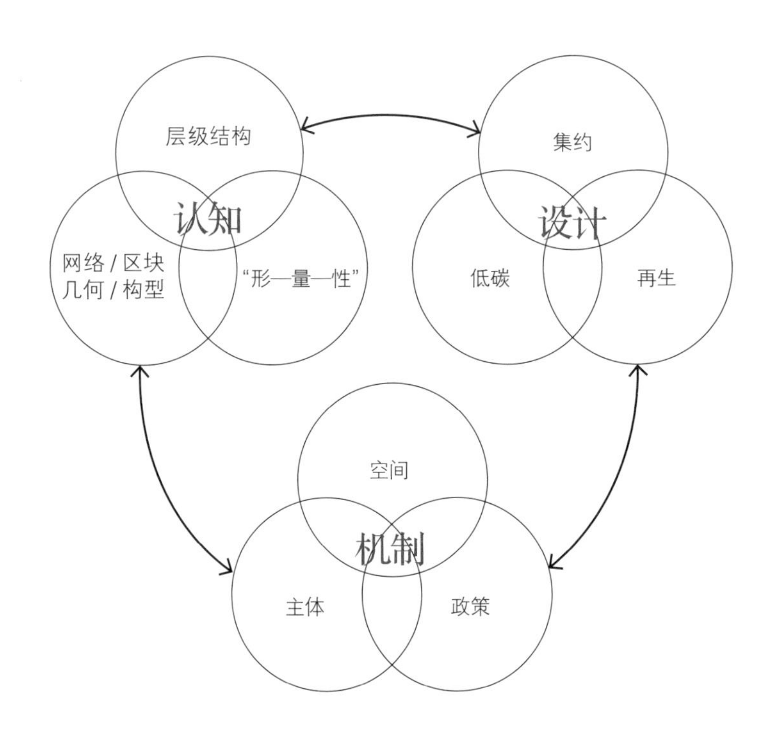

▷ 图 1.46 认知、设计、机制

质空间形态是联结城市与建筑的中间领域。向上看，是城市整体空间形态的末端；向下看，则是建筑（群）、地块、街区逐级向上聚合的顶层。对这一中间领域的科学认知是城市建筑一体化设计的前提。无论设计对象处于这一中间领域的哪个层级或属于何种物质空间类型，都需要瞩目于这种中间领域的系统目标及其组织结构。

第二章“城市建筑形态的系统认知”，以“街区—地块—建筑”的层级结构为基础，构建了以“网络 / 区块”为对象、“几何 / 构型”为视角的形态解析矩阵，建立了城市建筑“形—量—性”一体关联的形态表述方法；提出了由演化机理、演变周期和迭代形式共同构成的城市建筑形态历时性分析方法。在此基础上，阐述了由形态认知转向城市建筑一体化设计的基本策略。

第三、四、五章，相继讨论了城市建筑一体化设计的三个相互关联互嵌的当代议题——集约、低碳、再生。“集约”的价值导向在于城市土地的高效利用和城市建筑功能的高效运行；“低碳”以集约为基础，以环境和谐和资源节约为价值导向；“再生”的价值导向在于城市建筑遗产的保护和建成环境的永续利用。集约、低碳和再生从共时与历时两个维度诠释了城市建筑高质量发展的内涵及其设计实践路径。第三章，首先明确提出了构型组织是城市微观尺度物质空间形态实现集约性的关键前提，继而提出集约导向的一体化设计方法，即网络与区块的层级连接、构型的层级组合、建筑与城市的跨层级交叠；第四章，从形态的适变性建构、气候适应性和能源流循环三个方面提出了低碳导向的城市建筑一体化设计方法；第五章，城市更新的本质在于城市建筑生命体在既有资源与约束下适应新使命的积极再生过程，继而从历史网络的叠合与延续、区块形态的保护与重塑、文化地层的揭示与呈现等方面提出城市建筑遗产的保护与再生一体化方法，并从土地集约化、公共空间品质和路径连接效率三个方面提出了建成环境更新的一体化设计方法。

第六章，从专业领域和社会领域两个圈层，提出城市建筑一体化设计所依托的协同路径，并讨论了以“空间·主体·政策”为架构的协同机制创新取向。

2 城市建筑形态的系统认知

Systematic Understanding of Urban Architecture Morphology

2 城市建筑形态的系统认知

城市建筑的设计不应只限于从建筑内部功能和形式审美角度完成城市规划的落实和物业的开发，当代的城市设计也早已超越对华丽建筑形体的肤浅追求。探寻并建构城市建筑诸要素因各种特定的内在逻辑而形成的丰富的结构性关联，促进城市空间以提质、增效和降碳为内涵的高质量发展，使城市建筑空间贯彻资源节约、环境和谐和文化传承，促进个体间相依互惠，塑造多元公共活力场所，是城市建筑一体化设计的重要目标。

设计是以知识为基础的创造性实践。城市建筑一体化设计因其对象所处的特定尺度层级，其空间环境认知的尺度范畴包含却又明显突破了一般单体建筑，而进入了城市微观尺度的物质空间范围。城市设计学科为此提供了丰富的知识积累，多尺度层类的大量解析方法和模型扩展了学习者关于设计实践的知识视野，但其也可能迷失于堪称浩瀚的信息海洋，因此需要找到一种便于驾驭的知识架构。从执业者的不同专业背景看，其对物质环境的敏感点有着明显差异。例如，许多规划师熟练掌握大尺度的土地布局和以“量”为核心的指标建构，但对于微观的“形”则意识不足；建筑师往往执着于对建筑“形”的探求，但对各种“量”及建筑所关联的更大环境格局却有失判断。再者，建筑类专业者一般对空间场所的直观几何表现比较熟悉，但对其背后隐藏的抽象形态逻辑普遍陌生；对物质环境的共时状态易于掌握，但对其历时的追溯或前瞻却显被动。这些知识和意识的不充分和不平衡，不同程度地影响了设计者的视野。本章基于城市规划、城市设计与建筑设计相互间的知识联系与差异，针对城市建筑一体化设计的环境尺度、要素构成和目标特征，本着勾连学科、弥补不足、删繁就简、整合探新的初衷，提出适用于城市街区（群）以下的物质空间形态认知架构。共时的尺度层级、“对象—视角”、“形—量—性”，与历时的演化机理、演化周期、迭代形式，共同构成了形态认知的基本架构，这一架构是城市建筑学本体形态认知理论的重要组成部分，也是指向一体化设计实践的知识基础。城市建筑的设计实践正是从形态认知开始，经由分析理解而明确背景和问题，进而达到形态与场所设计的综合创造。“结构”作为诸要素赖以成为整体的基本骨骼和脉络，是城市建筑形态认知的关键所在。

2.1 形态认知的尺度层级

城市形态具有多尺度层级性，相邻层级之间自上而下的传递约束与自下而上的反馈实现，形成了彼此建构的多样关联。形态解析根据研究意图具有多种视角类型。从宏观到微观，不同的视野决定了形态要素及其组织结构的可识别程度。城市总体用地的几何轮廓及规模特征、片区及其中心体系构成、生态空间体系、道路交通体系、功能区分布等等，都是宏观形态分析的典型内容。“街区—地块—建筑”则是认识城市建筑形态的三个关键层级（图 2.1）。与平面化的宏观尺度形态相比较，这个层级系列中的三维形体空间已可明显识别，其形态结构对以人为尺度参照的场所塑造具有更直接的影响（图 2.2）。“街区—地块—建筑”的层级化形态构成了城市建筑的一体化设计的基本视野。

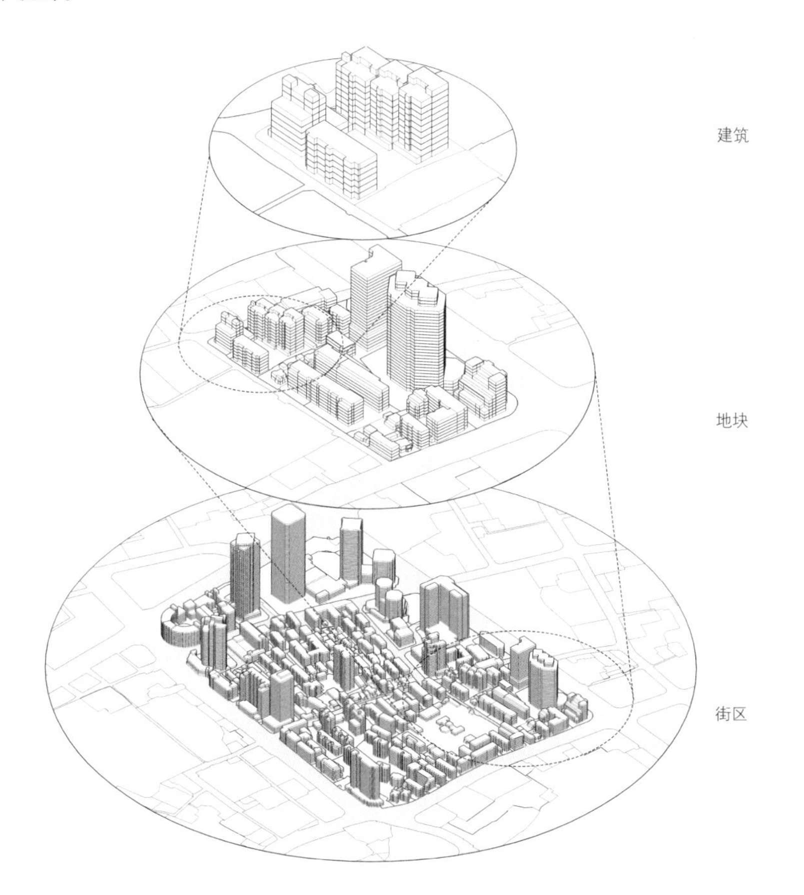

◁ 图 2.1 城市建筑形态的三个尺度层级

(a)

(b)

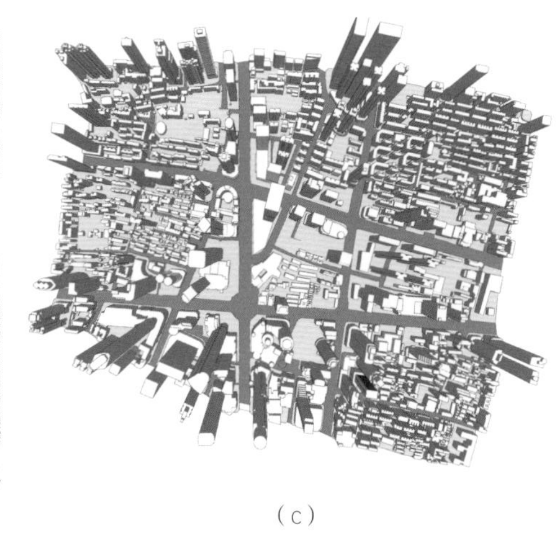

(c)

△ 图 2.2 不同层级形态从宏观到微观颗粒度变化：（a）面域；（b）肌理；（c）形体

2.1.1 街区

街区（Block）是被城市道路所环合的空间范围，是城市的基本组成单元。作为城市物质空间环境的重要组成部分，街区与街道具有孪生关系。街区的形态主要通过其街道网络与建筑群体得以展现。街道网络犹如城市的脉络，以其相应的结构形式引导人们的视线与行动轨迹。建筑物镶嵌在这张脉络上，以其各异的形态、色彩和材质，赋予街区个性与内涵。

街道与广场扮演着界定城市公共空间系统框架的角色，不仅为市民提供日常公共生活的舞台，也是城市社会生活与文化活动的载体。街道如丝带般蜿蜒曲折，或笔直延伸，或交错纵横，形成了城市的骨骼与脉络；广场点缀其间，成为人们聚集和交流的重要场所（图 2.3）。两者共同构成了城市公共空间的基本构架。与此同时，街区内的建筑填充了公共系统之外的剩余空间，形成了城市空间的微观秩序。这些建筑可能是住宅、办公楼，也可能是商铺、学校等公共服务设施，它们依据功能需求、用地条件及形式秩序有序排列，形成一种规则中有变化的空间组织布局。这种组织布局承载了居民的生活需求，也营造出特定的场所氛围，从而形成了街区自身的个性差异。

漫步城市，可以清晰地观察到道路网络与建筑是如何共同塑造街区群的形态特性。例如巴塞罗那，其以 110 m 间距构建的方格网街道格局，展现出一种规整而和谐的城市秩序。沿街而生的围合式建筑群落，如一个个小型社区，紧密阵列又各自独立，保证了居住环境的私密性，沿街布局，则促进了邻里间的互动交流。这种独特的城市形态，使巴塞罗那的城市肌理具有极高的辨识度，成为现代城市规划中的经典范例（图 2.4）。经过奥斯曼改造后的巴黎老城区，其放射状街道布局开创了非正交路网与建筑地标的组合风尚。三角形建筑肌理呼应街道布局，形成一种动态且富有韵律感的城市空间（图 2.5）。这种布局的动机出于交通疏导，同时也赋予巴黎以浪漫而优雅的气质，在全球独树一帜。中国古代唐长安城的里坊制同样堪称典范。里坊之间由宽阔的大道分隔，坊内则是民居。均质严谨的大里坊网格，突显了城市轴线的地位，体现了古代中国都城对礼制秩序与和谐精神的崇尚，成为中国古代营城范式演进中的一个里程碑（图 2.6）。

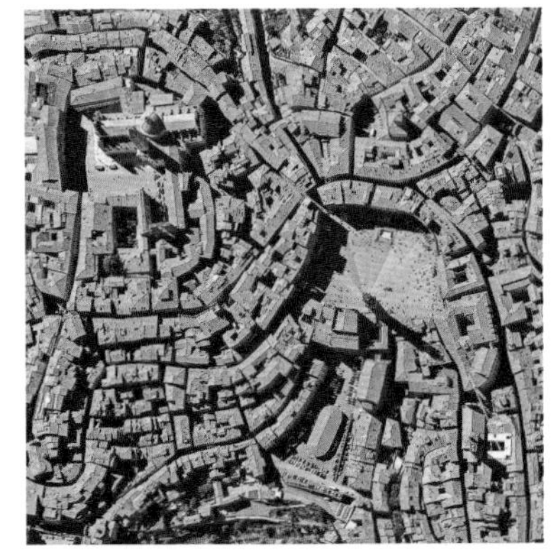

△ 图 2.3 锡耶纳城市鸟瞰图——城市广场与街道构成公共空间系统

随着现代社会的发展，城市系统日益复杂，建筑类型丰富多样，现代城市街区群落的特征呈现出更高的复杂性。快速路、主干道、次干道、支路组成的多层级道路交通体系，如同城市的动脉、静脉与毛细血管，支撑了人流和车流的高效运转。公园广场等自然与人工元素构成的开放空间，为人们提供了休闲娱乐的场所，提升了城市生态环境质量。不同功能类型和规模的建筑透过多样差异的肌理，反映了现代城市生活的多元化需求，也为城市增添了日常活力与创新动力。

◁ 图 2.4 巴塞罗那街区

◁ 图 2.5 巴黎奥斯曼街区

街区的风貌因地域和时代的差异而千姿百态，而街区的形态特性总是由其道路网络架构与建筑组群共同塑造的。它们不仅是城市物质空间的直接体现，更是城市文化、生活方式、社会关系等深层次因素的外在反映。街区的尺度、土地利用状况及其内部的要素构成，造就了彼此的差异。街区在面向街道的一侧形成街廓，并建构了街道的空间界面；街区向内则包含了地块和建筑及其多样的组合方式（图 2.7）。街区的组合形成了街区群，并由此向上参与城市地段的组织建构。均质的街区往往对应于均质的

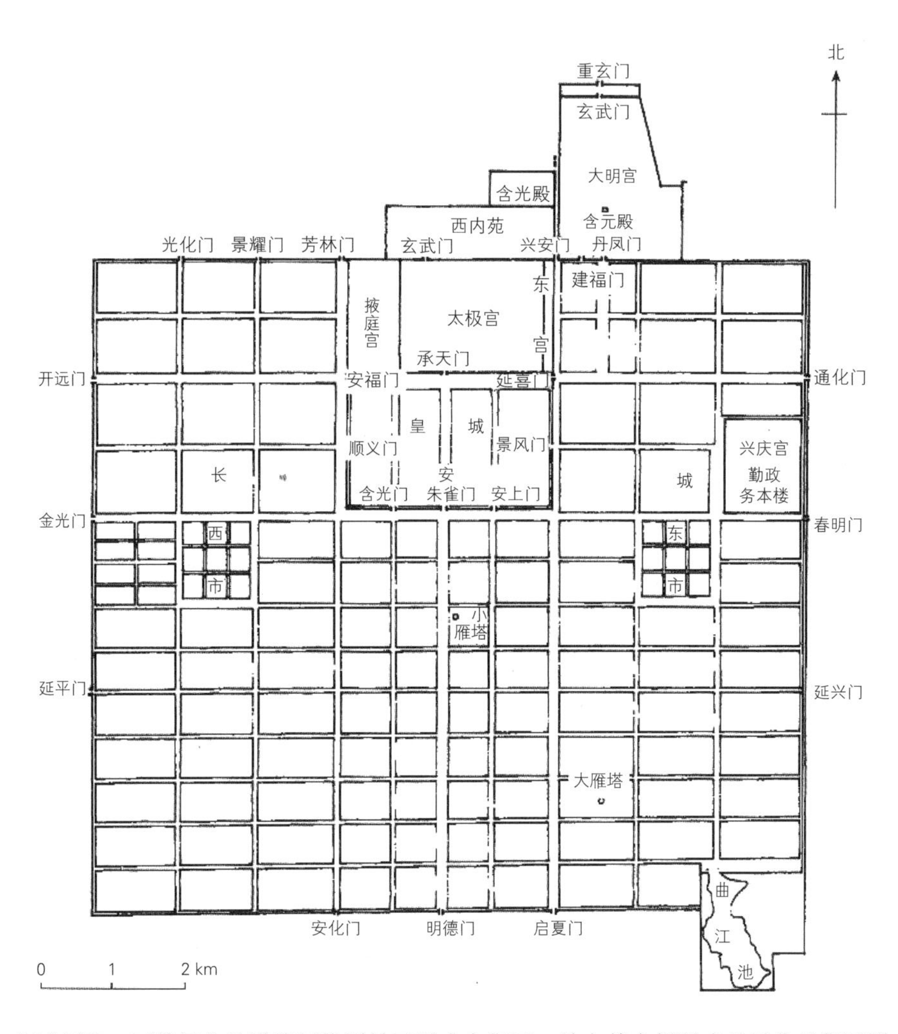

▷ 图 2.6 唐长安城的里坊格局

街道网络，而等级化的道路网络则易于形成大街区，并在其内部形成差异化的街区群（图 2.8）。深入研究并理解街区和街区群落的形态特性，对构建城市建筑一体化设计的视域范围具有重要意义。

2.1.2 地块

地块（Plot）是指街区内部由边界限定的土地使用单元，并与具体的产权（Property Holding）相对应。地块是城市规划管控的最小单元，也是建筑工程设计与建设的场地。地块与地块鳞次组合，形成地块序列，其形态特征是由相互关联的地块群和街道整体塑造出来的。传统城市中，受交通方式、经济力量及建造技艺的约束，以街道为轴，两侧排列尺度较小的密集地块，形成地块序列。一个街区往往由多个地块序列拼贴而成。现代以来，宽阔的机动车道逐渐成为主导城市空间格局的力量，将原本连绵的地块分割开来。同时，街区内的地块尺度明显增大，数量相应减少，地块与街道的联系也开始模糊。当代城市新区中，常常看到多条街道环绕并服务于同一宗大尺度地块。新的地块关系打破了传统街区的线性连接模式，而呈现出多元交汇、立体交织的城市风貌（图 2.9）。

(a)

(b)

◁ 图 2.7 巴塞罗那街区的形态特征：(a) 包含了地块和建筑及其多样组合方式的街区内部；(b) 面向街道的一侧形成街廓并建构了街道空间界面的街区边缘

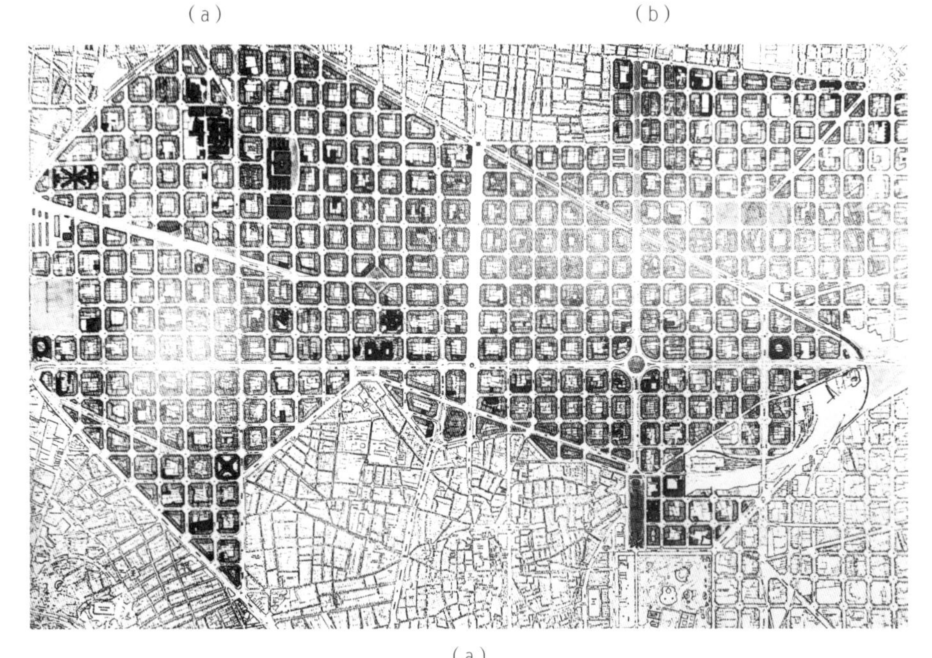

(a)

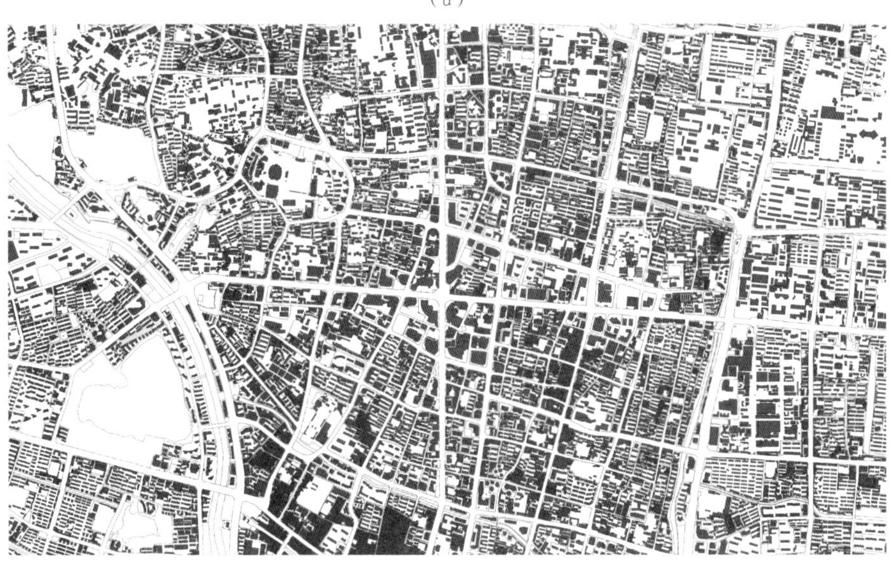

(b)

◁ 图 2.8 同比例尺下的：(a) 均质小街区（巴塞罗那）；(b) 非均质大街区（南京）

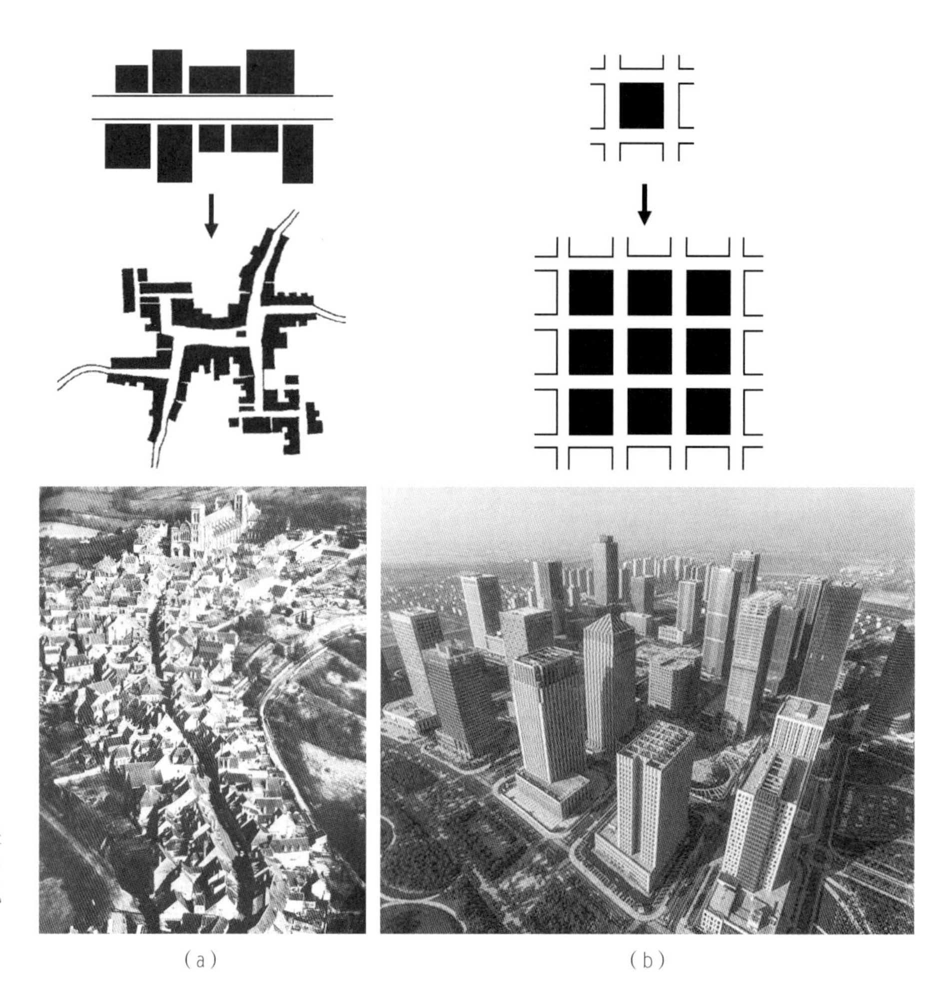

▷ 图 2.9 （a）由与街道密切联系的地块序列形成的历史城市有机模式；（b）由街道切割的大地块（大街区）形成的现代城市格网模式

国内外城市建筑的设计实践都从不同侧面证明，在建筑工程设计之前，地块的划分和地块的组合格局已经在很大程度上决定了城市街区的肌理和空间的效率与品质。无论城市设计或建筑设计，都需要掌握对地块及其组合格局的理解。长期以来，地块问题在我国的规划和建筑两个专业中都缺乏充分重视。在我国城市规划体系中，地块是控制性详细规划编制落实土地使用性质、规划指标和建设规则的终端。计划经济下形成的粗放型土地利用习惯，使控规编制往往忽视地块格局的历史演变及规律。只见街区不见地块，导致地块在保护老城肌理和控制新城形态方面的潜力并未得到充分发掘。与此同时，建筑设计领域更加缺乏对地块概念和机理的认知。地块仅作为设计场地，为建设项目提供边界和规划要点等引导和约束条件。建筑师往往只考虑与相邻建筑的关系，却忽略相邻地块共同形成的格局意义，因而丧失了对建筑城市性的价值挖掘潜力。

从城市微观物质空间的层级看，地块与地块的组合及其与道路的联系，向上建构了街区乃至地段的肌理脉络；向下，地块是建筑的基底，在很大程度上影响了建筑（群）的“形－量－性”品质，地块的操作需要具备相关工程设计知识的支撑。地块是实现城市建筑形态目标的关键转换环节，地块格局的建构则受到多重时空因素的交互影响。与建筑相比，地块及地块格局的演变相对稳定且缓慢，但是在某些时期，特别是社会制度和土地政策发生巨大变化时，地块格局也会随之产生突变。中国土地制度由私有制向公有制的转变，加速了城市地块格局的演变，不同区位演变速度的差异，致使各时期地块格局的拼贴景观形成，也反映了城市变迁的痕迹（图 2.10）。

△ 图 2.10 南京汉中路北侧街区地块划分的拼贴现象

综上，地块是与物权属性、规划管理和工程设计相关联的土地使用单元，是街区与建筑的核心转换环节。不同时期形成的地块格局自上而下地推动建筑物质空间的生产；反之，建筑通过与地块关联，自下而上地建构城市空间。地块是城市形态与建筑形态双向建构的隐性力量。

2.1.3 建筑

建筑是城市物质空间形态的终端颗粒，城市中需要气候庇护的功能基本都是通过建筑实现的。建筑通过地块参与街道和街区的形态建构。作为塑造街道和街区体验与行为秩序的关键要素，地块中建筑与场地的布局影响甚大。在那些充满生活气息的老城区可以看到，高密度的建筑集群、紧贴地块边界的建筑、紧凑的沿街建筑以及良好的街区围合感，共同营造出鲜明的空间凝聚力。这种环境中，空间关系通常表现清晰、整体性强，人们能够直观感受到街道空间的连续性与街区生活的连贯性。每一栋建筑、每一块空地都是街区叙事中不可或缺的角色。而在许多新的开发区域，建筑物远离地块边界，建筑与建筑之间距离稀疏、尺度参差不齐，呈现出与传统老城区截然不同的空间特征。更加崇尚独立与自由的建筑个体，散落于大尺度地块之中，使街区的空间肌理趋于碎片化和松散化（图 2.11）。

建筑对城市物质空间环境产生的影响显而易见。例如，建筑高度的分布和变化影响着城市轮廓线。突出的高层建筑定义了城市的视觉焦点，连绵的低层建筑则有助于保持城市街区尺度的亲和力和宜人性。建筑的沿街界面直接影响街道的视觉连续性和公共生活的日常状态，开放的界面可以增加建筑内外的行为互动，封闭的界面则可以创造私密的空间。建筑的屋顶形式影响城市的第五立面，屋顶或平台花园可以增加城市的生态价值，提供额外的休闲空间，并提升城市空间的整体品质。建筑（群）的形体空间影响了建筑内部及其周边环境的气候性能。

建筑不仅服务其内部功能，其设计布局也可以参与城市公共空间环境的构建。大型车站、购物中心等公共建筑的厅堂不仅组织内部人流，还可能延伸至街道，成为城市公共空间的一部分，为行人提供遮阳避雨、休憩的场所或穿越的路径，增强了城市空间的便捷性和活力度。街区建筑的开放式庭院成为城市中的微型公园或步行通道，从而融入城市公共空间体系。建筑还可能成为连通各公共交通站点的捷径，不仅提高换乘效率，还可能设有零售、餐饮等服务设施，成为城市生活的一部分。如此种种，打破了建筑内外的界限，使建筑与城市有机衔接，提升了城市空间的连续性和便利性（图 2.12）。

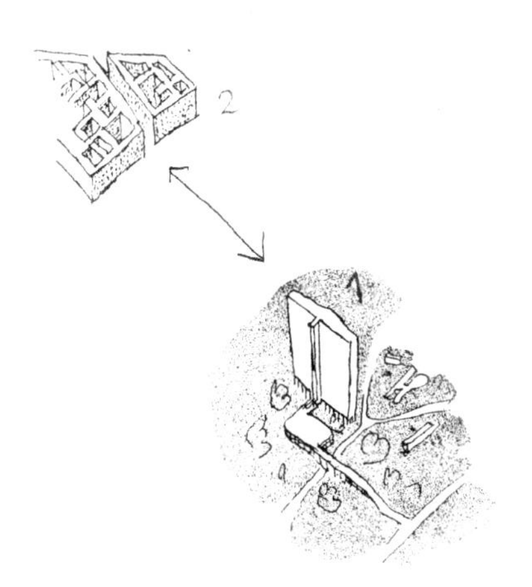

△ 图 2.11 从传统城市到现代城市

总之，建筑作为城市街区中填充地块的基本颗粒，同时也参与城市空间网络和区块形态的连接或叠合。其不仅塑造了城市的视觉形象，也深刻影响了城市公共空间的功能性、舒适度和使用体验，是构建城市环境不可或缺的要素。在城市建筑一体化设计中，需要充分重视建筑与地块和街区街道的形态关联作用，以实现高品质城市空间的整体建构。

（a）京都站大厅

（b）柏林索尼中心庭院

（c）大阪 Grand Front 连廊

△ 图 2.12 建筑设计布局参与城市公共空间环境的构建

2.2 形态认知的对象与视角

城市物质空间环境的构成要素丰富而多样，其相互间的关系错综复杂。层级概念为理解物质空间环境的梯级关系提供了基本方法。物质空间形态的每个层级都包含了特定的本体要素及其相互间的组织结构，观察和解析这些要素和结构的方式方法也随着研究意图而具有广泛的差异性。纵观城市建筑物质空间形态研究中不同学科背景的既有分析方法，其可分为描述性分析、成因分析和诠释性分析三类。其中，描述性分析以本体对象的局部与整体关系的客观呈现为目的，是成因分析和设计诠释的基础。笔者在此侧重形态本体的描述性分析，从分析对象与分析视角两个方面建立分析的方法架构。从对象本体看，可分为区块（Block）与网络（Network）两大类。区块是指城市街区（群）中的各种区域单元和体块单元；网络则是连通这些区块的连续性通道。分析的目的在于揭示诸要素之间的结构组织关系，这种结构组织的机理可以分为几何（Geometry）解析与构型（Configuration）解析两大类。其中，几何解析侧重于描述要素及其结构的几何属性和几何关系，相对直观且可视；构型解析侧重于描述要素间隐秘的拓扑性关联逻辑，相对抽象且难以被视觉感知。

2.2.1 对象：网络与区块

城市的物质空间形态犹如一个复杂的生态系统，由流动的网络化空间与目标性的区块状空间编织而成，二者在互动中共同塑造出城市不同尺度的形态特征与功能秩序。网络与区块的关系构建，体现了城市物质空间系统中动态与静态的辩证统一，也展现了城市空间组织的多层级性和多样性（图 2.13）。

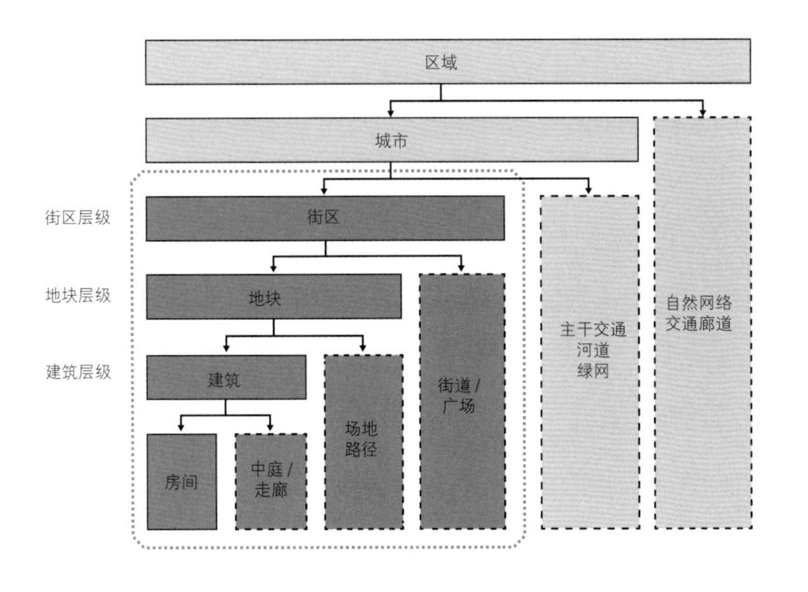

◁ 图 2.13 不同形态层级中的网络与区块

1）网络

道路交通网络、绿色生态廊道、河流水系、市政管网等网络，是城市中连通各个区块、促进物质与信息流动的关键通道（图 2.14）。这些网络如同城市的血脉，以其线性或网状结构贯穿于城市物质空间环境的各个层级，其通常具有以下特点：

（1）连续性：网络化空间通过城市内部及其与外部世界的连续连接，提供高效的交通流通、资源输送、信息传递及废弃排泄途径，保障城市各项功能的正常运转和居民生活的便利性。

（2）动态性：网络化空间作为城市空间发展的骨架，有其自身与时俱进的增拓、收缩和改造过程，并对不同层级区块的建设与发展具有引导或制约作用，极大地影响了城市空间发展的形态、方向和速度。

（3）开放性：街道等部分网络空间是公共的、开放的，允许多元人群和活动的交汇，促进了社会交往、功能互动和文化交流，体现了城市的开放包容精神。

连续性是网络结构的基本特征。网络的结构因其功能和条件可以选择多样的组织类型（图 2.15），如单一的线形或交织的网络、严整或自由、平面或立体。不同功能属性的网络之间具有依附、叠合或分离等具体形式。

2）区块

区块是城市物质空间中的面域或体块单元，承载着城市生活与生产的各种具体功能。区域、城市、街区、地块到建筑，构成了区块的基本层级。区块通常具有以下特点：

（1）与特定功能活动相对应：每个区块通常具有特定的主导功能，如居住、生产、商业等，区块的形态需要适应其所承载的功能要求。同一个区块可以包含不同但相容的功能。

（2）边界清晰的形态整体：物理边界（如道路、河流、围墙等）或功能边界（如

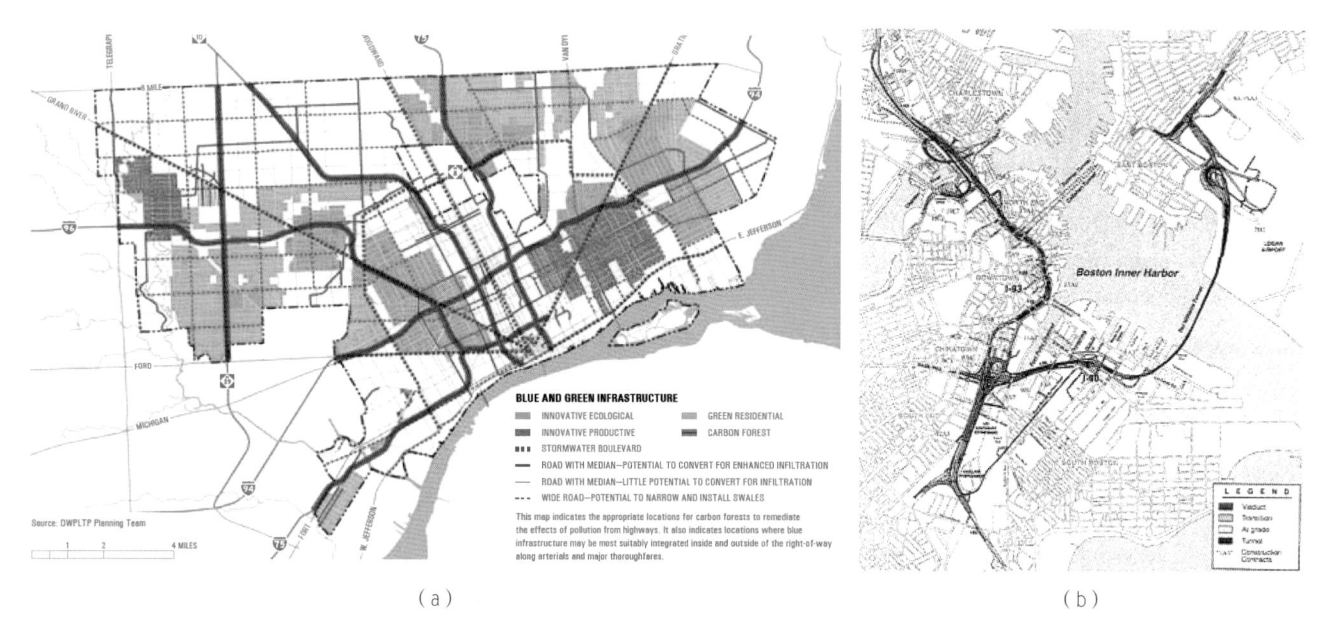

(a)　　　　(b)

△ 图 2.14 城市中的网络：（a）底特律的蓝绿网络；（b）波士顿 Big Dig 项目的基础设施网络

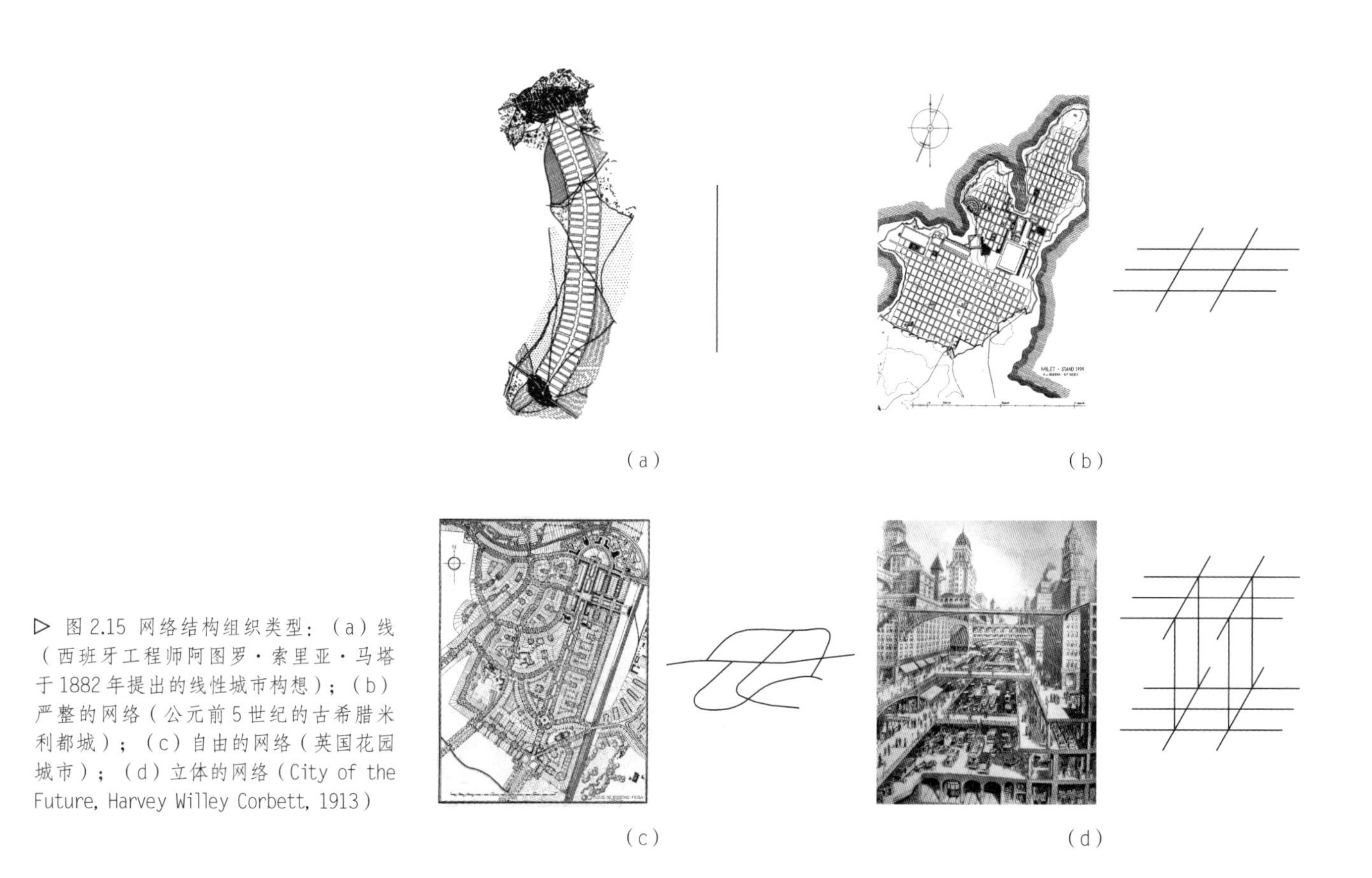

(a)　　　　(b)

(c)　　　　(d)

▷ 图 2.15 网络结构组织类型：（a）线（西班牙工程师阿图罗·索里亚·马塔于 1882 年提出的线性城市构想）；（b）严整的网络（公元前 5 世纪的古希腊米利都城）；（c）自由的网络（英国花园城市）；（d）立体的网络（City of the Future, Harvey Willey Corbett, 1913）

土地利用分区等）界定了区块的范围，形成相对独立且具有整体特征的空间单元。

城市形态的不同层级间通过层层包含与拆解的关系，展现出复杂而有序的形态构建逻辑。在区域层级，市域建成区作为最大的“区块”，被大尺度自然要素（如水域、山脉、农田）和区域性基础设施（如高速公路、铁路）构成的“网络”所限定，展现了城市总体布局与生态环境的关系。在城市层级，地段“区块”与城中的自然与人工（如河道、干道）“网络”构成了一组相对应的关系。

在城市物质空间的微观层级，街区、地块、建筑是与城市建筑形态关系最为紧密的三个层级。街区层级中，街道和绿带等形成“网络”，为居民提供通行路径并兼具日常活动场所，而地块则为相对稳定的“区块”；地块层级中，场地路径构成活动的“网络”，地块内的建筑形体空间则成为“区块”；进一步细化到建筑层级，走廊、中庭等公共流通空间形成“网络”，各功能用房则构成小尺度“区块”。

城市的物质空间形态是在流动的网络与稳静的区块相互对比与限定的过程中逐级形成的。这种多层级的互动结构反映了城市的物质空间构成，也揭示了城市功能组织、社会活动模式以及人与环境互动的内在组织特性。理解这种形态构建机理，是驾驭城市建筑的整体形态建构的重要基础。

2.2.2 视角：几何与构型

从城市物质空间形态的认知视角出发，形态要素及其结构的特征可以通过几何与构型得到描述。

1）几何

形态的几何特征是指直接通过视知觉和测量可以得到的物理特性。几何形态的认知，包括要素本体的几何特征和要素间组织关系的几何特征。

物质要素的几何特征通过其几何形式（如圆形、方形、三角形、组合形等）及其尺度量值得到呈现。长度、宽度、高度和方向、角度、曲率、面积、体积等几何变量，及其对应于不同研究意图的各种计算量值（如形体空间比例等），共同勾勒出物质空间要素的轮廓、尺度与空间分布，从而能够呈现和识别不同要素的形状、比例、占位等视觉特征。

要素间组织结构的几何特征一直是城市设计和建筑设计领域的经典议题，并侧重于几何关系的视觉美学属性，如形式的节奏和韵律、形体组织的构图或构成、城市空间的轴线与对景、实体与空间的图底关系等等（图 2.16、图 2.17）。1960 年代后，结构主义思潮、行为环境科学和新美学取向，进一步促进了城市建筑领域关于物质空间形式与人的行为心理适应性的研究与实践。

物质空间的几何形态研究蔚为大观，广泛应用于城市空间界面、视觉空间序列、城市肌理、眺望景观等一系列研究与实践。其最大优势在于可直接观察、易于度量，因此相对方便于设计实践者的学习、理解与认识。但几何特征并非城市物质空间形态解析的全部视角，物质空间要素间那些隐藏于直观形式背后的组构逻辑，需要通过“构型”才能得到呈现。

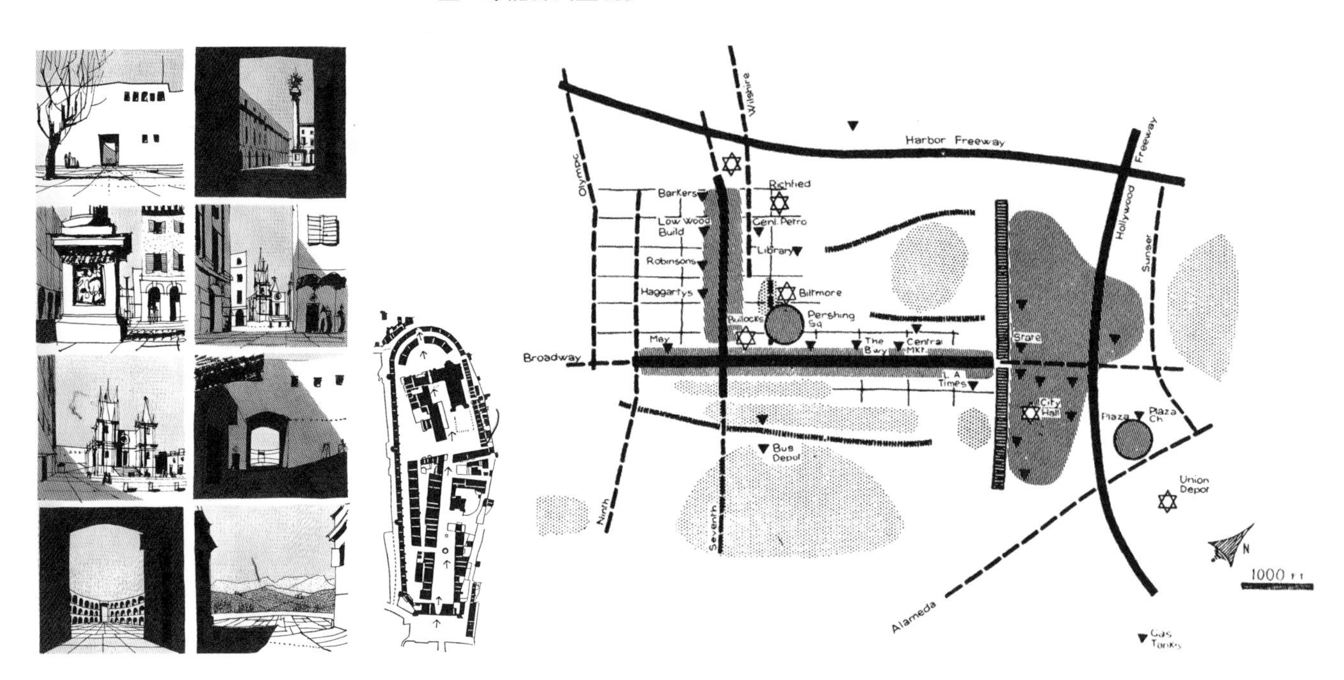

△ 图 2.16 戈登·卡伦（Gordon Cullen）的空间序列

▷ 图 2.17 凯文·林奇（Kevin Lynch）的洛杉矶城市研究

2）构型

形态构型分析方法主要来自城市形态学中的组构学派。形态的构型特征本质上是一系列要素间的某种隐性的拓扑属性，它超越了单纯的几何测度，转而关注形态要素各部分内部及其与整体的深层联系与组织模式。构型的研究不能局限于对单一要素的孤立考察，而是要着眼于由多个空间要素相互连接所形成的复杂结构。其拓扑特征需要通过“深度”与“连接度”这两个关键量得以揭示。

“深度”旨在衡量某形态要素个体与基准要素之间的拓扑距离关系。“基准要素”通常是指某环境层级中最具公共性的要素，如主街、广场或建筑门厅等；“拓扑距离”是指要素之间取得联系的逻辑层级，而非传统意义上的物理长度或直线测距。换言之，深度值的高低直接反映了要素在整体构型中的嵌入层级的深浅以及与核心基准要素的相对远近，是评估其在系统中的地位、作用及影响范围的重要依据。在某构型组织中，每个要素都会直接或间接地与若干其他要素形成稳定的联系，“连接度”指的就是这种联系的量值规模。高连接度意味着该要素处于构型结构的中心位置，扮演着枢纽角色，具有核心影响力和较强的稳定性；而低连接度则可能暗示其处于边缘部位，与主体结构的互动有限，或是作为孤立点存在（图 2.18、图 2.19）。

在一组形态结构中，要素的深度越低、连接度越高，表明该要素在结构中的等级越高；反之，则越低。深度与连接度，两者共同构成了剖析形态构型特征的核心概念，立体、动态地描绘了各要素个体的相对位置，及其共同构成整体结构的特征，为理解复杂系统的组织结构、运行机制乃至演化规律提供了科学的表述方法。

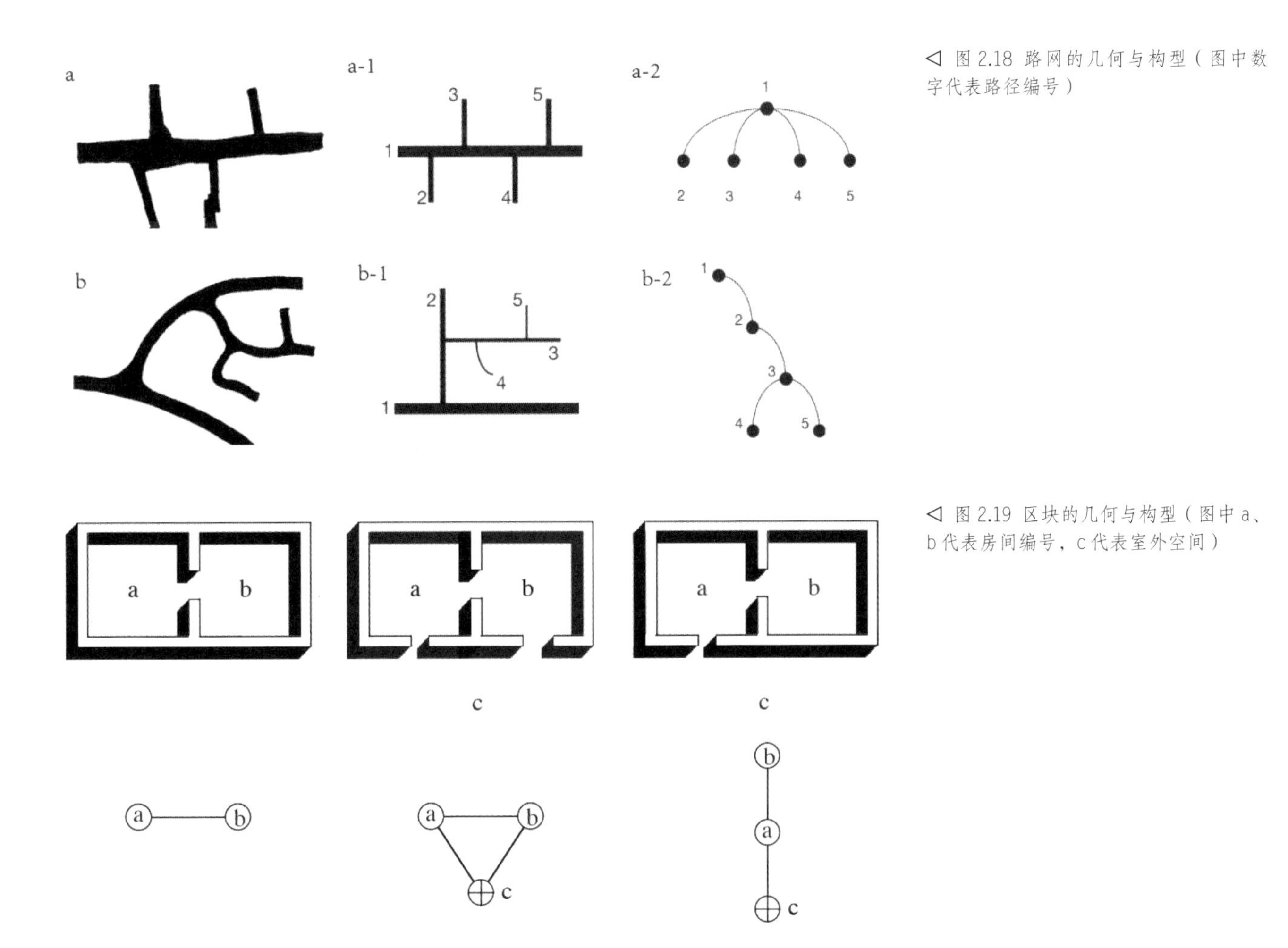

◁ 图 2.18 路网的几何与构型（图中数字代表路径编号）

◁ 图 2.19 区块的几何与构型（图中 a、b 代表房间编号，c 代表室外空间）

“几何”与“构型”分别从外在的几何秩序与内在的拓扑结构综合揭示了物质空间的形态特征，共同塑造了形态各异、类型多样的城市建筑物质世界（图 2.20）。从街区、地块到建筑，均体现出这种组织机理（图 2.21）。

2.2.3 形态认知矩阵

物质空间形态的认知“对象”与认知“视角”相互匹配组合，构成了形态认知的坐标矩阵（Morpho-Matrix）。“对象”坐标的两端分别是网络和区块，前者对应街道和广场、地块内的通道和前场后院、建筑内的廊道和门厅；后者对应街区中的地块、建筑中的功能空间。“视角”坐标的两端分别是几何和构型，前者对应要素及其相互间的各种几何关系，后者对应要素间的连接和深度关系。两个坐标相互交叠，展现了形态结构认知的四个维度：网络几何、网络构型、区块几何和区块构型（图 2.22）。

形态认知矩阵可以用于某个物质空间层级的形态系统解析，也可以用于观察和分

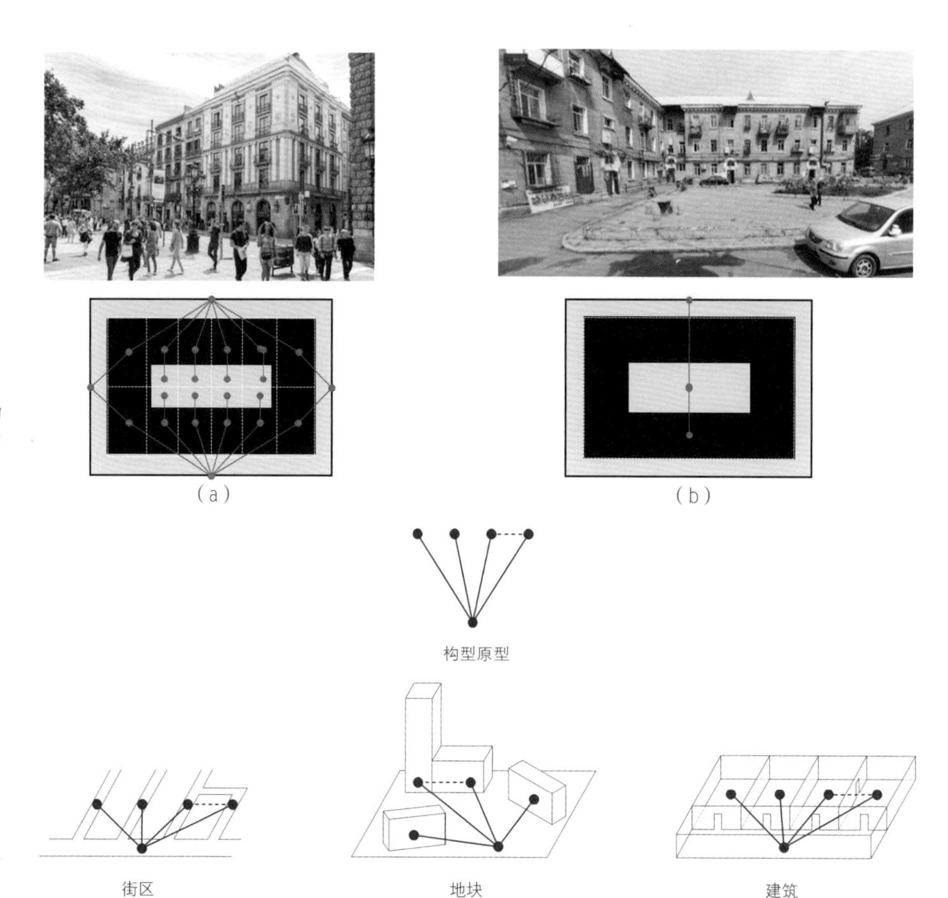

▷ 图 2.20 具有同样几何特征但空间构型不同的两个街区：(a) 欧洲典型的围合式街区；(b) 哈尔滨某围合式街区

▷ 图 2.21 同样的构型原型对应不同层级的物质空间形态组织关系

析层级之间的传递、约束和反馈关系，从而具备了物质空间形态跨层级多维联动的解析功能（图 2.23）。

街区层级中，“网络几何”象限对应的是街道的宽度、长度、曲直及街道相互间的几何组织关系，如果需要揭示街道之间的连接深度等拓扑关系，就需要转换到“网络构型”象限。观察街区中所有地块的形状和规模等级，这属于“区块几何”象限的内容；地块与地块的直接或间接（如通过街道）的流动关系解析，属于“区块构型”象限。

地块层级中，“网络几何”象限对应了地块中场地的形状和尺度；“网络构型”对应地块中通道及其与前场后院之间的流动关系。“区块几何”对应建筑的形体及其尺度特征；“区块构型”对应各建筑之间的直接或间接（如通过场地）的流动关系。

建筑层级中，“网络几何”对应建筑内部门厅、中庭及走廊等交通空间的长宽、高低、形状等特征；“网络构型”对应建筑内部各廊道路径之间的流动关系。“区块几何”对应建筑内部房间的长宽、高低及形状特征；“区块构型”对应房间单元之间的直接或间接（通过走廊）的流动关系。

置于连续梯级中的形态认知矩阵，呈现了诸维度象限中上下层级之间的连续建构关系。例如，在自上而下的网络构型象限中，可以观察“街道 / 广场—场地—走廊 / 门厅”

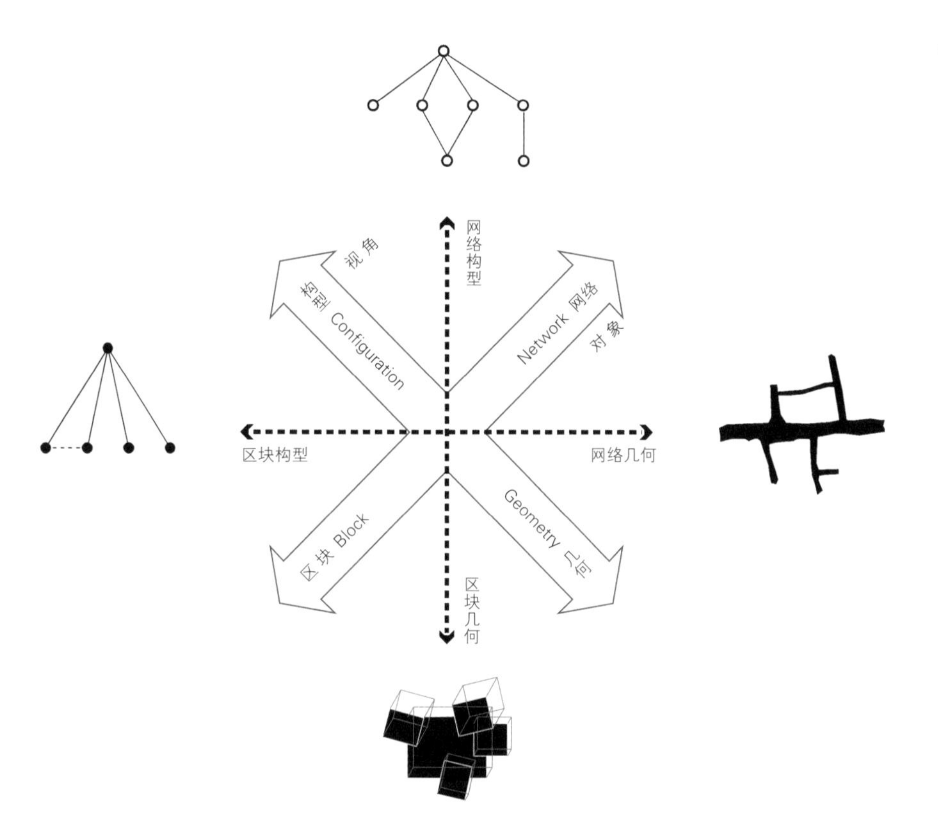

◁ 图 2.22 形态认知矩阵

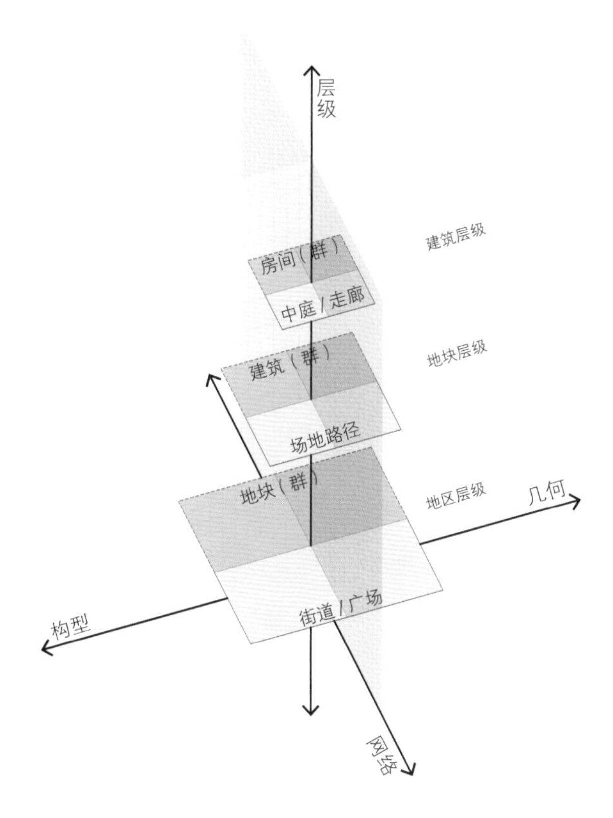

◁ 图 2.23 连续尺度梯级中的形态认知矩阵

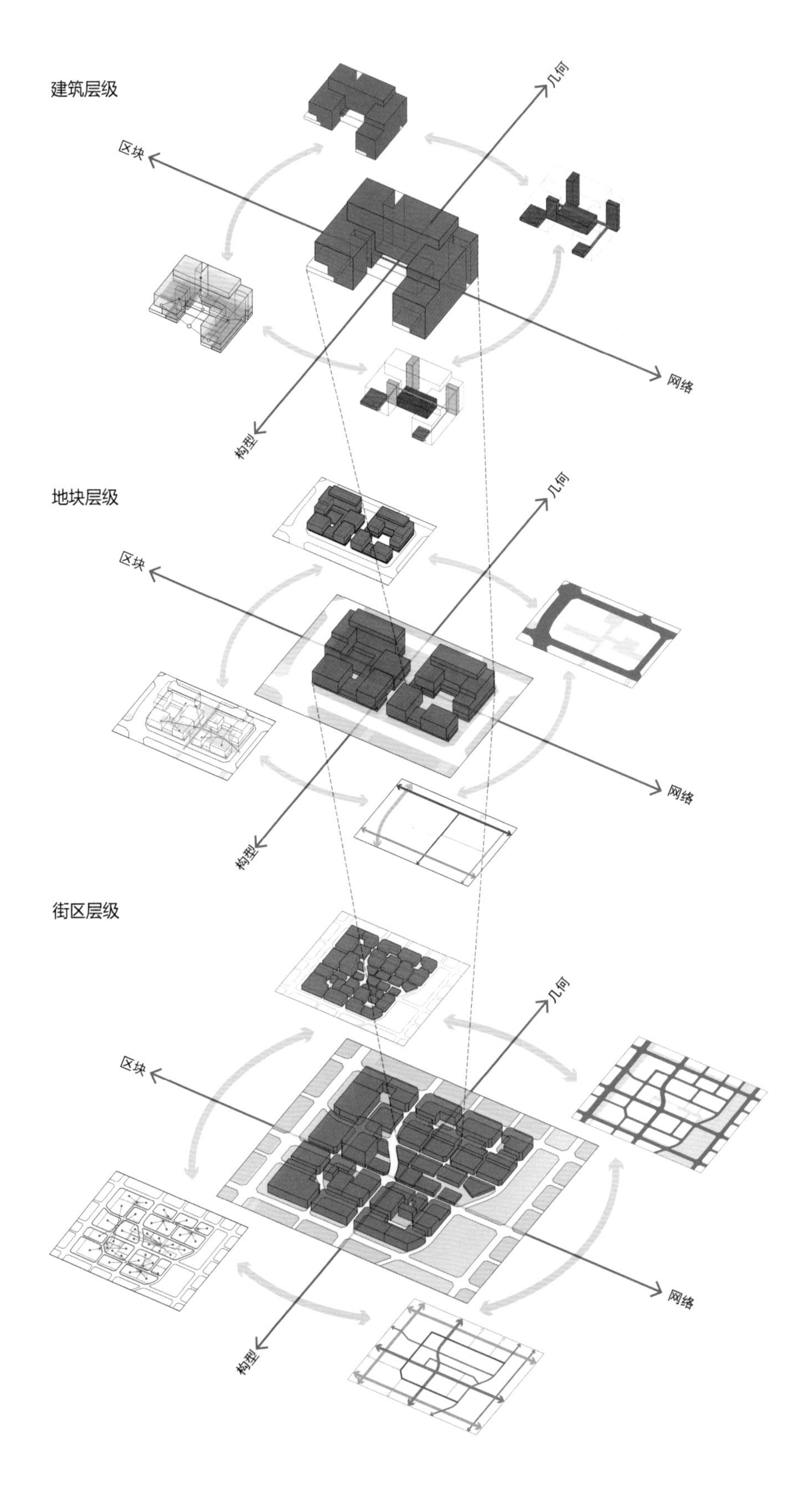

▷ 图 2.24 连续尺度梯级中的形态认知解析

的系列入径关系；而自上而下的区块几何象限，则呈现了“地块—建筑—房间”的系列包含关系（图 2.24）。这种连续梯级的形态认知架构，对把握城市建筑一体化设计中同层级的诸维度的匹配性和跨层级的统筹性具有积极的实践意义。

2.3 形态表述中的“形—量—性”

城市或建筑的形态都有形、量、性，三者相综合可以比较完整地表达物质空间的存在状态。形、量、性也是城市规划、城市设计、建筑设计描述物质空间的一种通用语言，不同尺度层级的物质空间形态中的任何要素及其组织结构都可以通过形、量、性得到客观呈现（图 2.25）。三者之间具有不同程度的交互影响，换言之，不存在没有“形”的“量”或“性”，也不存在没有“性”的“量”和“形”。“形—量—性”的匹配和统筹对城市建筑的一体化设计具有重要的实践价值。

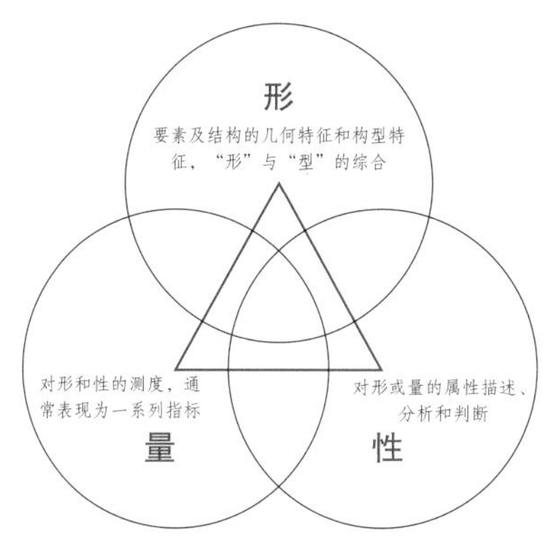

△ 图 2.25 城市建筑形态表述的“形—量—性”

2.3.1 形、量、性的基本表征

形

“形”（Form）包含了要素及其组织结构的几何特征和构型特征，是“形”与“型”的综合，并与物质空间形式的“秩序”概念相关。“形”通常是直观的，容易被感知；“型”则常常是抽象的，不易被感知，需要借助理性的分析方法才能获取。

“形”的观察主要通过几何视角获取，并在不同的形态层级中体现出不同内容。例如：街区的形廓可以分为自由型或规则型、宽阔的或狭长的等等，其内部的区块肌理可能是均质的，也可能是非均质的（图 2.26）；地块的形廓同样具有上述差异，其内部区块肌理又有满铺式、院落式、行列式、有机式等不同类型（图 2.27）；建筑的形的类型更是多样，其内部的区块表现为室内空间的不同组织肌理。不同层级的“形”通常还会展现轴线、格网、放射，或对称与非对称等人为几何观念的差异性（图 2.28）。

“型”的呈现主要通过构型视角获取，在不同的形态层级中可能是同构的，也可能是异构的。例如，北京明清紫禁城展现出从宫城到院落的同构分形特征；而现代新建区域的不同层级之间则采用了不同的构型组合。在“型”的解析中，网络构型描述网络要素之间的拓扑连接关系，如直线型、网格型、树杈型等（图 2.29）；区块构型描述区块与区块或区块与网络之间的拓扑连接关系，如单点接入、多点接入、串联、并联等（图 2.30）。

量

“量”(Quantity) 是指对形和性的测度，通常表现为一系列的指标，旨在量化那些直观可见或只有通过精密测量乃至计算才能揭示的特性，它为形态分析提供了精确的数据支持和定量依据。“量”在不同层级和维度上具有不同的表现内容。例如，网络几何的度量在三个层级中依次表现为街道、地块场地、建筑交通空间的尺度和面积占比等。区块几何在街区层级中表现为街廓的三维尺度、地块数总量、各类用地占比等

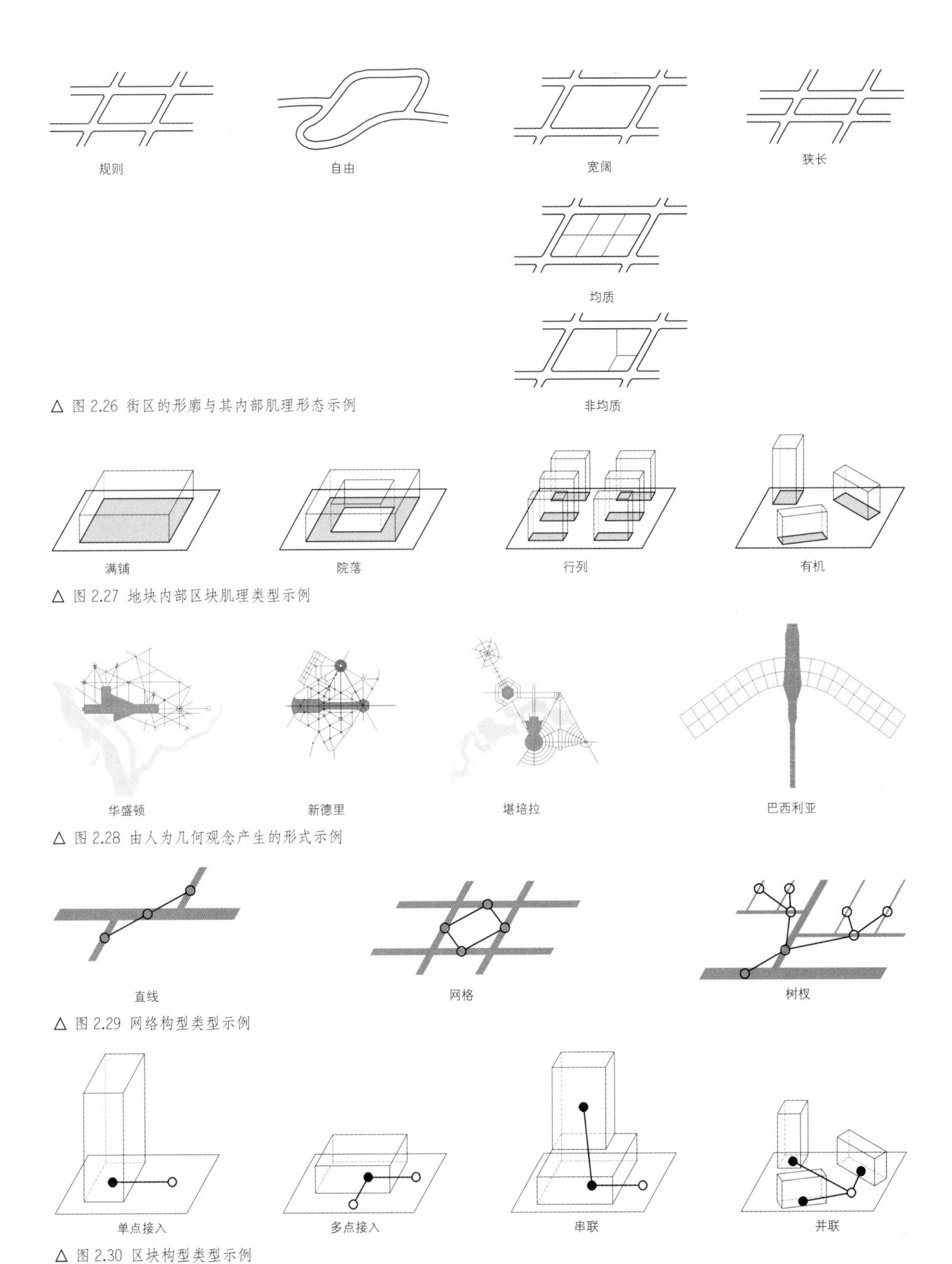

△ 图 2.26 街区的形廓与其内部肌理形态示例

△ 图 2.27 地块内部区块肌理类型示例

△ 图 2.28 由人为几何观念产生的形式示例

△ 图 2.29 网络构型类型示例

△ 图 2.30 区块构型类型示例

等；在地块层级中表现为场地平面尺度、开发强度、建筑沿街贴线率等等；在建筑层级中则表现为建筑的形体尺度、房间尺度、各类功能占比等等。网络构型的特征则主要通过形态要素的连接度、深度及密度等指标表现出来。其中，有许多“量”相互之间具有相关性，尤其同类指标在相临层级之间具有传递和约束关系。例如，街廓的三维尺度表现是通过地块及建筑的三维形体空间逐级建构起来的（图 2.31）；街道密度、连接度与地块所处位置的深度值具有强相关性。

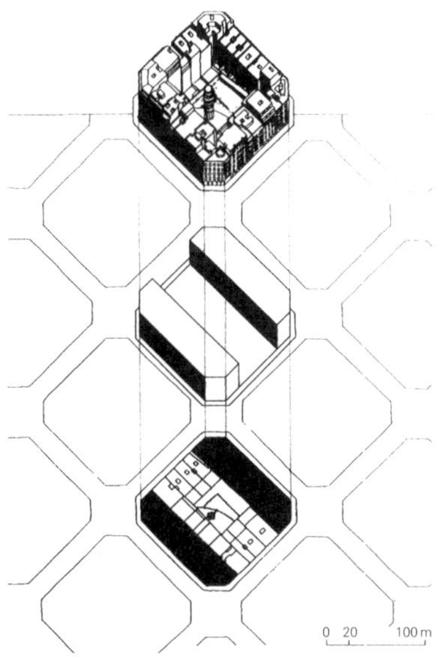

△ 图 2.31 由地块及建筑的三维形体空间逐级建构起来的街廓三维尺度

物质空间本体的“量”大都可以通过观察或仪器测量获取；而物质空间有些相关“量”之间的关系则需要合乎逻辑的计算，例如地块密度、建筑贴线率、道路密度、街道连接度、街道及地块的深度值等等。“量”的计算逻辑反映了不同的关注目标和研究取向。

性

“性”（Attribute）是指对物质空间的形或量的属性描述、分析和判断。物质空间本体的属性大都比较直观。例如，公共性或私密性，是一种社会行为属性的描述；居住、商务、教育等等是对土地利用属性的描述；店铺、影视厅、游戏室、设备间等等是对建筑空间功能属性的描述；主干、次干、支路是对道路等级属性的描述。物质空间相互间的关系判断，常常需要经由量的分析和比较才能获取，所谓“由量变而质变”，例如开发强度的高密度与低密度、城市建筑空间的封闭性与开放性、街道的高连接度与低连接度等等。有些属性需要非常复杂的分析比较才能获取，甚至依然难以精准判断，例如城市空间的集约性、气候性能属性、碳排放属性等等。

物质空间形态的各种属性，在不同的环境层级中的关注重点、量化方式和精准程度既有差异，也有联系，许多属性具有连续的传递和约束关系。例如，街区的总体功能属性与地块的用地性质和建筑功能的微观构成具有强相关性（图 2.32）；街道空间界面的连续性是通过控制临路地块内建筑与街道的距离来实现的（图 2.33）；城市空间场所的开放性是由路径和建筑空间的开放性得到的。值得一提的是，高层级的属性并非下属层级的简单相加或拼合，而是取决于要素间的系统构造及交互作用。

2.3.2 “形—量—性”的交互影响

1）同层级的匹配

城市物质空间形态的形、量、性，彼此具有密切的内在关联（表 2.1）。几何特征上的形，与其建设规模、功能定位及功能要素的配比密切相关。以城市商务街区为例，其经济引擎和活力中心的定位，决定了办公、酒店、零售、公寓等相关的土地和空间使用功能的配伍。道路格网的尺度与商务地块单元规模（平均约为 1 hm^2）的匹配性，很大程度上影响了街区的基本尺度和地块划分。因此，作为商务中心的街区群，通常表现出“密路网—小街区—高密度”的形态特征（图 2.34）。商务街区群的街道连接性强，地块深度浅，这种网络构型和区块构型的特征也是由其有限土地资源所承载的功能和建设规模所决定的。不同的街区功能（如商务商业、居住、教育等）呈现出不同的“形—

▷ 图 2.32 新加坡巴耶利苔公园：（a）项目所在街区性质为商务白地；（b）项目用地性质为商业（红色虚线框）；（c）建筑功能包括零售、停车、工业、办公等复合功能

▽ 图 2.33 由整齐划一的地块建筑界面塑造的罗马鲜花广场（Campo Dei Fiori）周边的街道墙

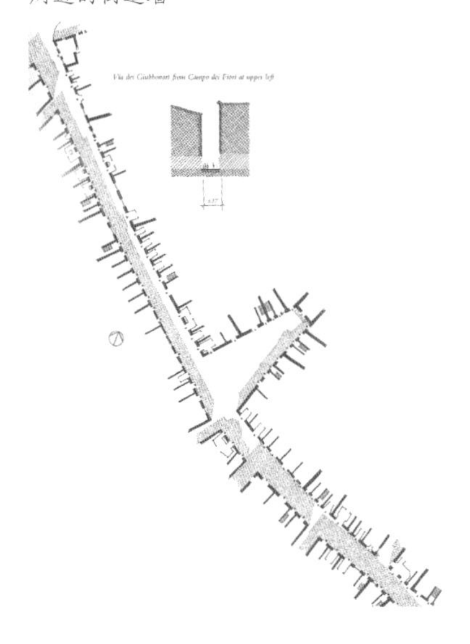

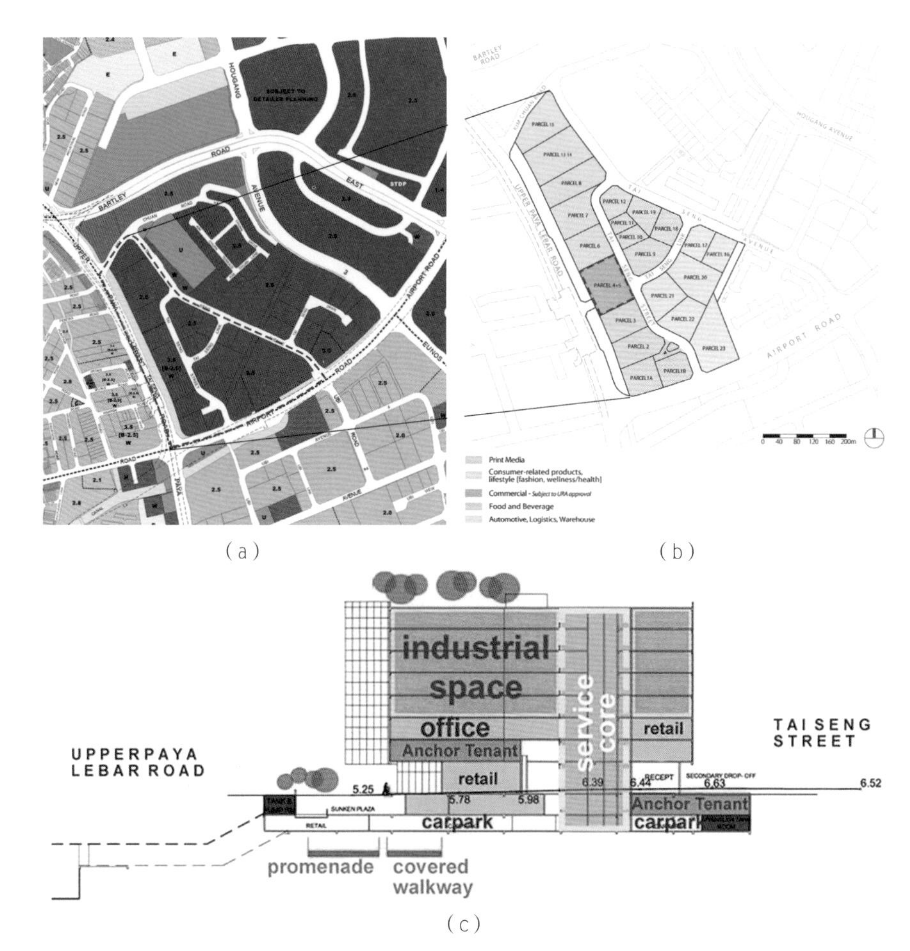

量一性”整体特征；同类功能街区也因其不同的区位条件而呈现出不同程度的差异性（图 2.35）。等级化的城市道路交通与不同功能业态的交互匹配，形成了街区群的等级现象，这正是我国许多城市的大街区形态的内在原因。

地块层级的形、量、性同样具有密切的内在匹配关联。商业、居住或办公，其场地配置、建筑密度和建筑形体尺度等量化特征，需适应各自的功能需求与使用场景。高能级的公共建筑（如大型购物中心和文化设施等）对地块的形状和尺度有较高的要求，往往需要较大的用地规模和容积率；场地的“网络构型”若要保障从街道到建筑的连接效率，也需要相应提高“区块构型”等级；该类建筑需要匹配充足的场地空间，高等级的“网络几何”可以提升人流集聚与疏散的效率。相比之下，住居用地属于低等级的“区块几何”，建筑密度及高度都不宜过大，可以采用更自由的地块形状和宜人尺度的路径设计，以确保私密性与场所品质，其对网络与区块的构型等级要求不高（图 2.36）。

建筑层级同样如此。公共建筑设计中，高能级的公共空间，如中庭、共享大厅、主干走廊等网络，通常匹配需要较高可达性的大中型活动区块，以鼓励人群交流互动，

◁ 图 2.34 具有“密路网—小街区—高密度”形态特征的南京河西新城 CBD

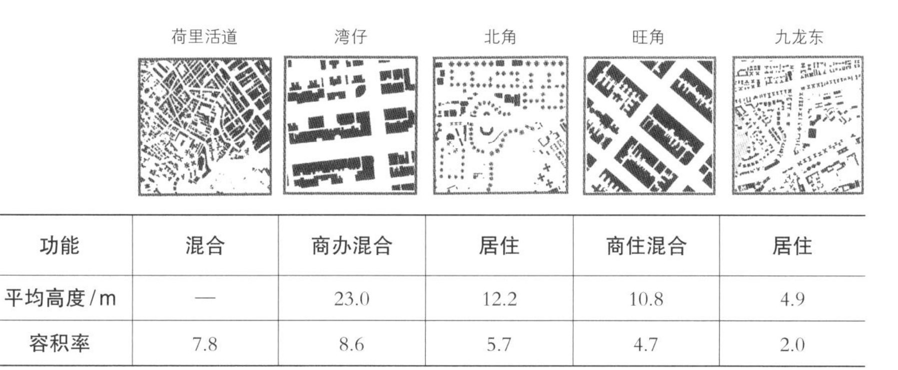

功能	混合	商办混合	居住	商住混合	居住
平均高度/m	—	23.0	12.2	10.8	4.9
容积率	7.8	8.6	5.7	4.7	2.0

◁ 图 2.35 不同功能或同一功能不同区位街区地块的“形—量—性”特征

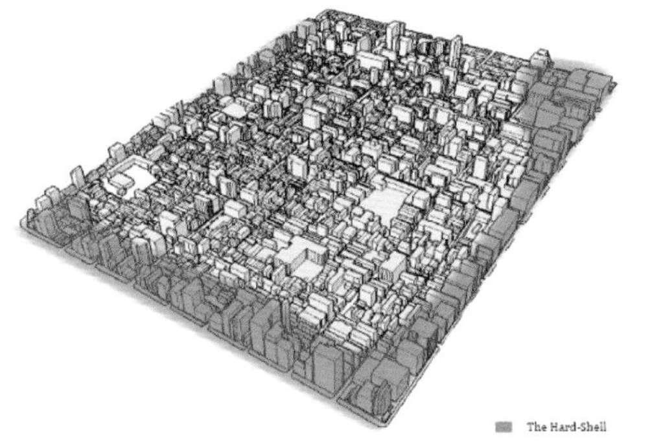

◁ 图 2.36 名古屋超级街区（Gokiso Superblock）3D 模型——“外硬内软的鸡蛋形态”（外围沿干道为高密度办公和商业建筑，内部主要为形态低矮、自由的居住建筑）

表 2.1 不同层级中诸“对象—视角”的“形—量—性”表征示例

		网络几何	网络构型
街区	形	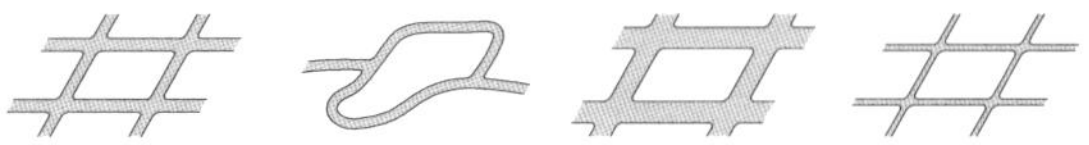 规则　有机　宽马路　窄马路	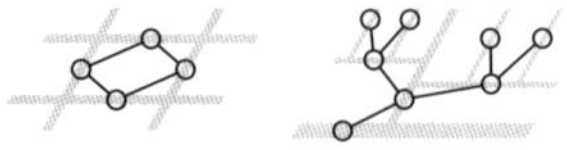 网格　树杈
	量	道路 / 广场面积及占比、尺度等	街道连接性、街道深度、网络密度等
	性	道路等级、交通类型（车 / 人 / 轨道）等	
地块	形	 临街　尽端 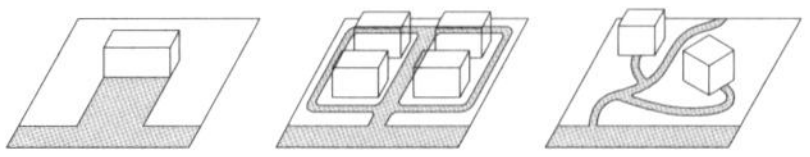　广场　网络　园林	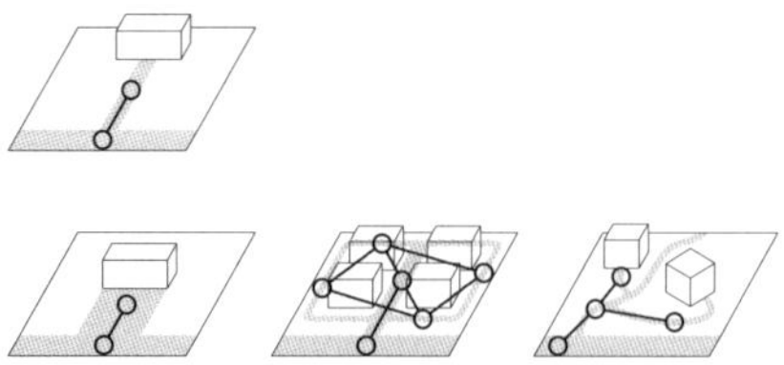 直线　网格　树杈
	量	面积及占比、平面尺度等	场地路径连接性、场地路径深度、场地路径密度等
	性	车行 / 人行、公共 / 私密等	
建筑	形	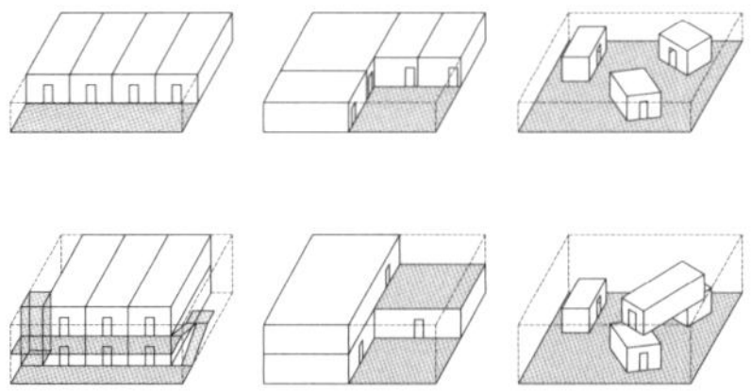 走廊　厅堂　漫游	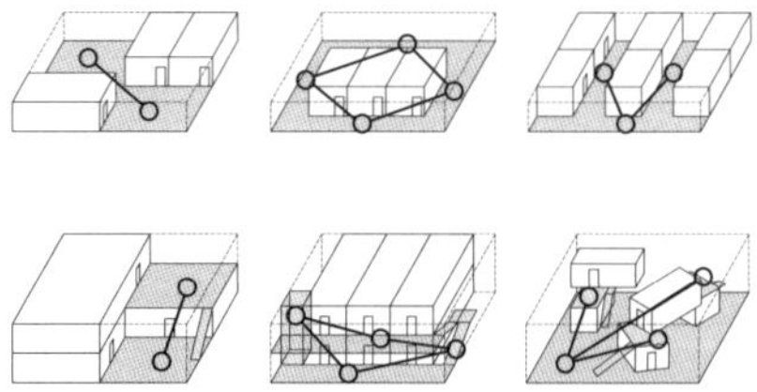 直线　网格　树杈
	量	交通空间面积及占比、尺度等	空间尺度、面积及占比等
	性	公共 / 私密	

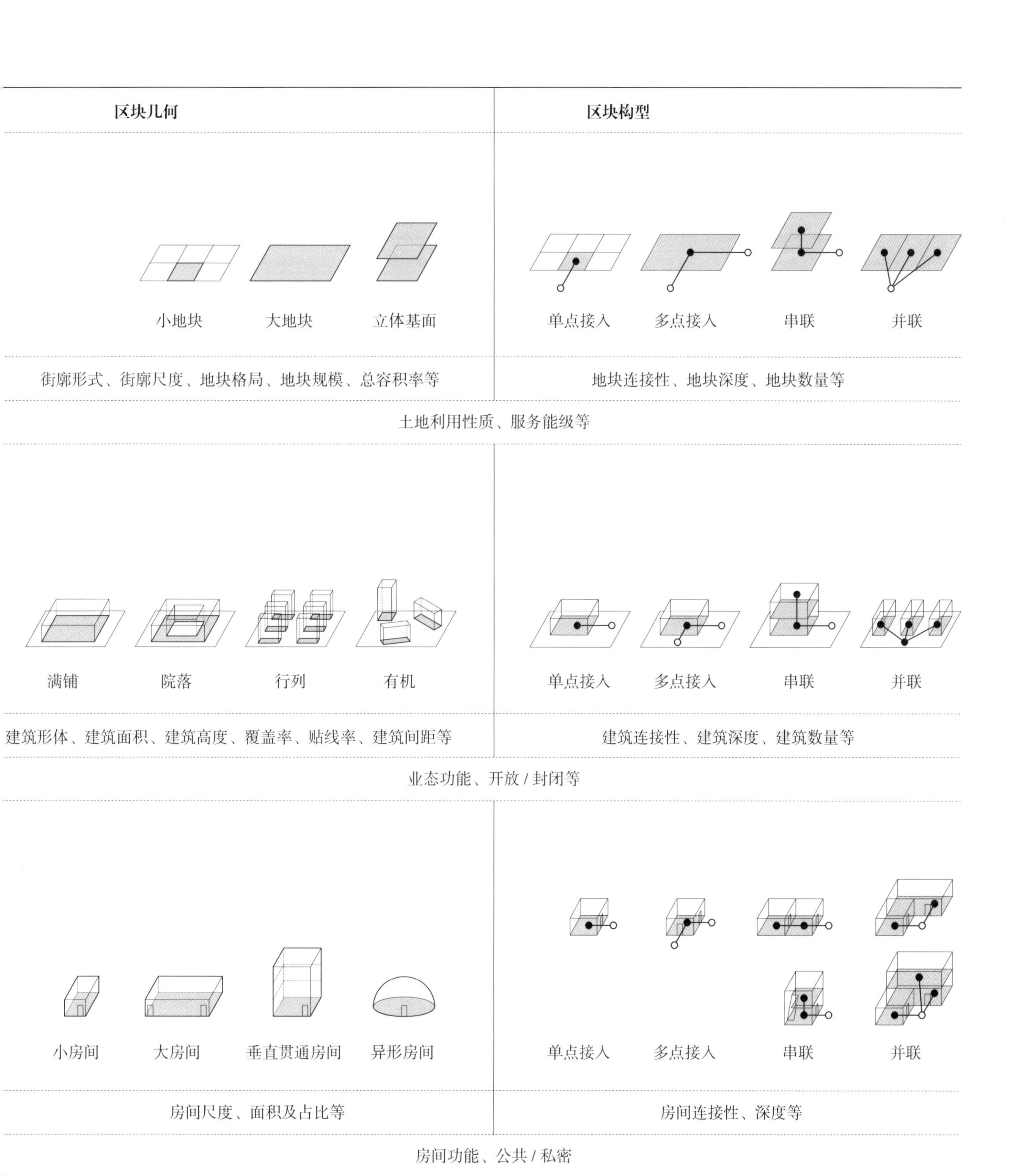
区块几何
区块构型
小地块
大地块
立体基面
单点接入
多点接入
串联
并联
街廓形式、街廓尺度、地块格局、地块规模、总容积率等
地块连接性、地块深度、地块数量等
土地利用性质、服务能级等
满铺
院落
行列
有机
单点接入
多点接入
串联
并联
建筑形体、建筑面积、建筑高度、覆盖率、贴线率、建筑间距等
建筑连接性、建筑深度、建筑数量等
业态功能、开放 / 封闭等
小房间
大房间
垂直贯通房间
异形房间
单点接入
多点接入
串联
并联
房间尺度、面积及占比等
房间连接性、深度等
房间功能、公共 / 私密

提升空间开放性与活力感（图 2.37）。而公共性较低的功能区块或辅助用房，通常不占用公共性较好的空间，并避免对公共空间流线造成干扰。

▷ 图 2.37 横滨皇后广场：(a) 作为“城市核”的中庭；(b) 作为城市公共步行廊道的主干走廊

(a)

(b)

综上，作为同一层级中的物质空间对象，无论网络和区块的几何特征还是构型特征，都有形、量、性，其相互之间具有密切的内在联系与交互性。网络和区块的“形—量—性”匹配关系，是物质空间形态存在与发展的内在机理。不同等级的网络应与相应等级的区块相连接，各种形态要素的几何与构型等级相互匹配。这种匹配性是塑造层次分明、运行高效的城市物质空间构架的重要支撑。当这种匹配性处于良好的状态，物质空间的形态架构就趋于相对稳定；形态要素或结构的局部改变，其影响常常超越自身而波及系统。当这种既有的匹配格局在新的背景和目标下被改变，导致新的不平衡和不匹配，就会酝酿出形态的更新甚至是变革。

跨层级统筹

街区、地块、建筑，自上而下由整体到局部，自下而上由局部到整体。相邻层级之间有着内在的传递和约束、累积和反馈等双向交互作用。对这种层级之间复杂的内在关联性的把握是城市与建筑两个知识领域的交集区，但也因此而更容易被各自忽视，乃至在城市建筑的空间实践中时常出现盲点，由此导致矛盾。

例如，城市商务中心区通常呈现出高而密的外在特征，高层或超高层建筑群矗立，形成高耸的街廓。这类街区中，地块组织序列、地块尺度及其建设指标（高度、密度、容积率）、地块建筑后退道路红线的距离等指标设置，向上与街道网络，向下与各地块建筑的消防组织规则、日照标准、地下空间的安全疏散等约束因素相互牵制。规划建设过程中时常遭遇的“规划指标不闭合”问题，通常是因为上下层级之间的各类形、量、性的设定相互矛盾，或与国家及地方相关技术法规相冲突，造成土地资源的浪费，或因规划编制中的不自洽，而影响审批进度，造成工期拖延（图 2.38）。许多地方采取先方案设计试做，后反馈设置规划条件的做法，常常也是为了梳理和探寻这种复杂街区的上下统筹策略。

◁ 图 2.38 南京江北新区地块规划条件的修正案例

城市建筑的一体化设计是“形—量—性”跨层级统筹的一种重要策略。从街区群到每个街区内部，道路网络的构型可以是同构的，也可能是异构的，需要根据街区的功能定位进行判断。例如，在混合型科创街区内部，选择T型支路网或局部尽端式支路，更有利于街区内部的稳静化，从而形成具有凝聚力的科创社区场所[图2.39（a）、（b）]。开放式街区通常是通过其内部的地块开放秩序实现的，纯粹背靠背、肩并肩的并列组织，不可能实现开放街区[图 2.39（c）、（d）]。地块规模及开发强度、地块建筑的肌理、建筑功能构成、建筑沿街界面的连续性等形态表现，它们彼此之间同样具有唇齿相依的内在联系（图 2.40）。

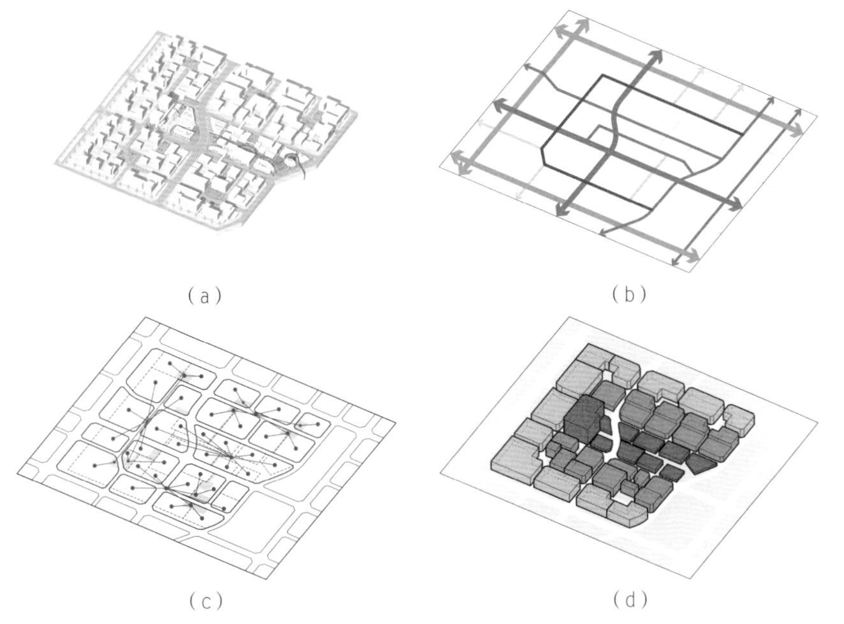

◁ 图 2.39 某大学城科创街区的一体化设计：（a）空间形态；（b）T型支路网为主的稳静式路网构型；（c）相互关联的地块组织形成开放式街区；（d）与路网构型适配的地块性质

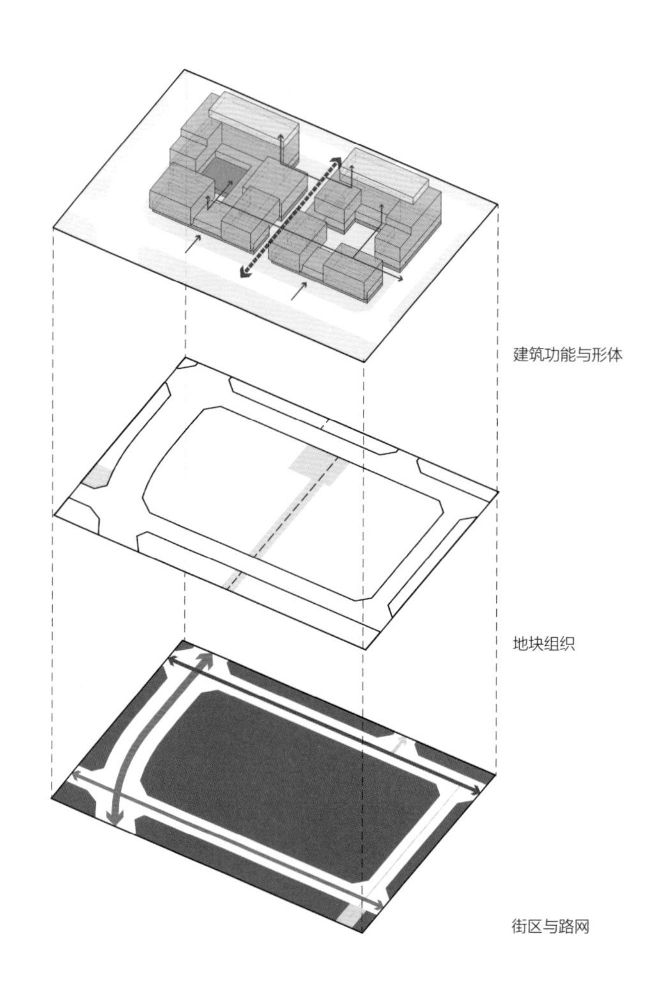

▷ 图 2.40 某大学城科创街区中一个典型混合街区设计

物质空间同层级的匹配和不同层级之间的统筹关系，造就了城市各区段肌理的类似性和差异性，构成了城市建筑的群体形态，并由此转化为不同的城市建筑风貌。如果说传统的城市物质空间形态主要基于土地的平面化组织机理，那么，在土地资源供给日益遭遇瓶颈的现当代城市中，空中、地面、地下空间资源的挖掘，正在催生立体化物质空间形态的新格局。街区、地块、建筑的几何特征和构型特征，其"形—量—性"正趋向一种更为复杂的跨层级组织方式。如何把握这些复杂形态的有序性，成为城市建筑学领域的前沿议题。

2.4 形态的历时性

城市物质空间的存在既体现于空间维度的相互联系，又反映了时间维度的延续与演化。从共时性与历时性两个维度，识别并比较那些跨越时空的形态结构，是准确并深入把握城市建筑形态的时空特征的重要路径。共时性分析是指在同一时间节点上，对不同区位的城市建筑形态所进行的横向比较；历时性分析则是对同一空间领域的城市建筑形态随时间推移的纵向考察（图 2.41）。上文中阐述的形态认知矩阵下的"形—量—性"解析，提供了一种共时性系统认知方法，本节将讨论城市建筑形态的历时演化议题。

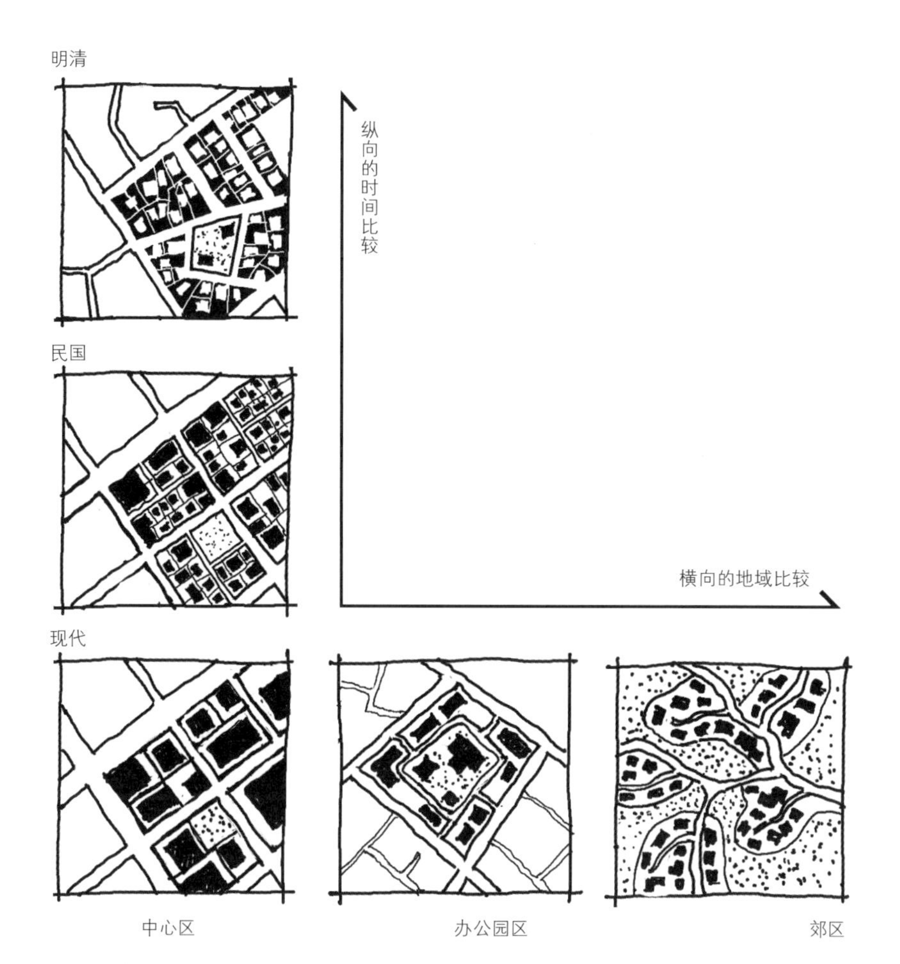

◁ 图 2.41 城市建筑形态的历时性与共时性比较

2.4.1 演化机理

历时性形态分析侧重就某一特定的空间区域，观察城市建筑形态在不同时期的演变轨迹，从中抽丝剥茧，提炼出隐匿于变化背后的深层规律与驱动机制。回溯一处城市中心区的起源，会发现它曾是一片由明清时期小地块中的传统民居院落组成的街区。随着社会经济的发展，这些院落经历了地块合并、道路拓宽、新式建筑的融入等一系列变迁，演变为如今集聚了商业、办公、居住等功能的综合性区域。这个过程中，制度变革、经济发展、文化变迁、技术进步等多元因素交织作用，共同催生了城市建筑形态的演变。通过历时性的溯源，不仅勾勒出城市建筑的演化历程，也揭示了影响形态变化的各种深层动力，明确发展的历时性前提和条件，为城市建筑演化发展的方向及策略提供历史线索与启示。

城市形态学提供了历时性建成形态分析的相关概念及方法。历史地理学派的“地块循环”（Burgage Cycle）与“边缘带”（Fringe Belt）概念都是动态视角下对城市微观与宏观结构的认识。“地块循环”是指从产权内剩余空地被不断填充开始，到地块内建筑被整体清理再重新开发这一过程；“边缘带”指的是伴随城市发展衰落期形成

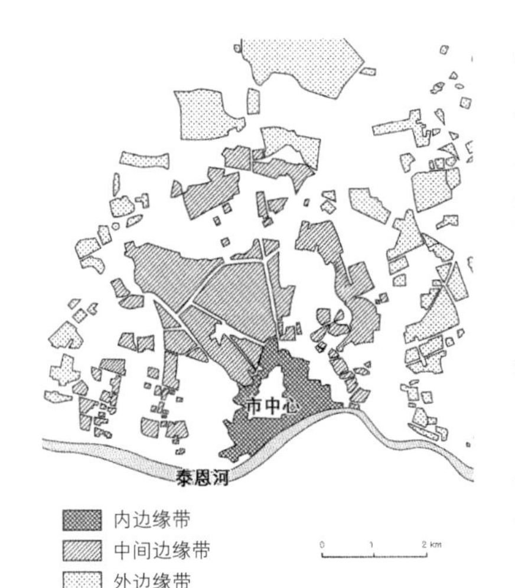

△ 图 2.42 1965 年纽卡斯尔城市边缘带

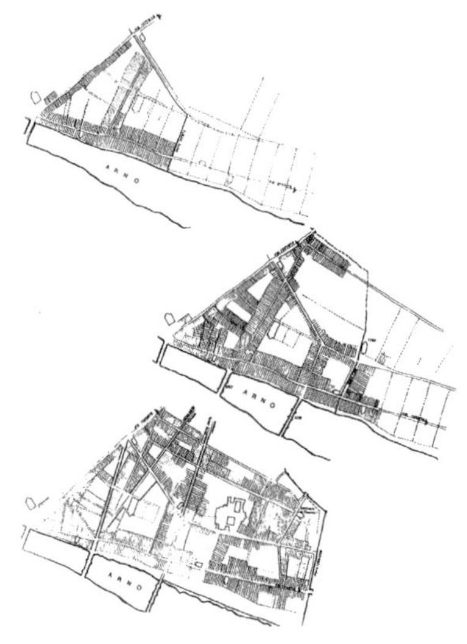
△ 图 2.43 佛罗伦萨某一地区的过程类型图示

的连续开阔地（以绿地为主，住宅与路网稀少），与建筑周期、土地价格及新技术应用等因素紧密相关（图 2.42）。卡吉尼亚将佛罗伦萨某一地区的形态发展分为三个阶段：建筑沿单线街道的自由生长时期，是一个郊区化模式；结合逐渐网络化的街道，建筑一步步巩固与生长；在有力的规划干预下，城市肌理趋于完整，并步入成熟期（图 2.43）。

2.4.2 演化周期

城市作为一种复杂的有机体，在漫长的历史中不断演进和发展。在这个过程中，某些构成要素表现出极高的稳定性，例如自然地貌（山体、河流等）、人造物（城墙、宫殿、庙宇等）以及基础设施（街道、铁路等）。这些结构性要素因其深厚的历史积淀和文化价值，很大程度上塑造了城市的独特风貌，并随时间推移保持相对稳定的状态。那些处于物质空间形态层级末端的非结构性要素，如城市家具、路灯及店铺标识等，则更容易受到时代潮流和社会需求的影响而频繁更换（图 2.44）。

“演化周期”（Morphological Period）就是指城市不同组成部分在其生命周期内的持续时间长度。阿尔多·罗西认为，那些拥有较长持续性的城市元素构成了连接当下与过去的桥梁，帮助人们更好地理解城市的整体发展脉络。

街道与地块的平面格局：这类基础性的城市骨架结构通常具有长达百年的演变周期，在没有遭遇重大破坏的情况下，它们能够长期维持原貌。高等级的干道比低等级的支路，重大公共设施用地比一般的生活生产用地，往往具有更长的演化周期。

建筑物及其所在场地：传统条件下，除了那些重要的宏大建筑外，一般民居建筑的存续期为 50 年左右，其间可能会经历多次修缮或改造。

内部空间与使用功能：相较于建筑物的形体和结构，室内空间布局及具体用途更为灵活多变，平均每 20 年左右就会出现调整。

建筑材料：作为城市物理形态中最易替换的部分，界面材料的更新频率最高，大约每 10 年就会经历一轮迭代。

理解城市各组成要素的演变周期，对于制定合理的规划设计策略至关重要。现代以来，随着人们对城市干预能力的提升，城市物质空间形态的稳定性在很大程度上越来越趋于依赖人的干预意愿及其背后的价值趋向。一方面，需要保持对城市历史形态和风貌的尊重，保持核心区域结构和关键要素的历史连续性和文化认同感；另一方面，面对快速变化的社会经济条件，也要灵活更新城市中不适应发展进程和目标的局部物质空间，使之更好地服务于当代居民的生活需求。通过平衡不同周期要素之间的关系，可以塑造既有历史厚度又具现代活力的城市空间场所。

2.4.3 迭代形式

城市物质空间的整体形态是多重要素依循各自周期动态演变后的阶段性积淀结果。每一地每一次演变的结果就成为下一次演变的起点，形成类似或不同的迭代过程（图

（a）民国时期（根据 1927 年航拍图和 1936 年地籍图叠合绘制）

（b）1950 年代（根据 1951 年南京房地产平面图绘制）

（c）现状（根据现状地籍图和地形图绘制）

△ 图 2.44 南京荷花塘历史地段地块格局的历史变迁

▽ 图 2.45 南京钓鱼台传统风貌区鸟瞰图

2.45）。这种迭代如同树木生长的年轮，每一步变化都反映了特定历史时期的经济、社会、文化以及技术条件。随着时间的推移，新的基础设施网络和建设区块都可能在城市空间中留下痕迹，形成独特的“年轮”。这种年轮特征记录了城市的起伏兴衰历程，也承载了人们的集体记忆，成为城市文化身份的重要组成部分。

城市物质空间的迭代形式是多样多元的。建筑、地块或街区形成了不同的迭代等级。网络调整与区块调整、几何变化与构型变化，则代表了不同的迭代类型。这些不同类型和层级的更替变化，形成了历时进程中复杂的迭代节奏和痕迹。在街道网络和地块结构不变的前提下，局部地块建筑的更替，如果采用了与周边建筑类似的尺度，即便建筑形式风格变化很大，也很难颠覆既有建成环境的整体形态特征（图 2.46）；而地块组织的剧烈变化（如大规模的地块合并），则可能引起与既有肌理的强烈反差（图 2.47）。街道的细微拓宽，如果基本维持既有的街道高宽比，并不会撼动既有的街道形态；而对街道尺度的颠覆，不仅会改变街道空间的几何特征，还可能改变街道在路网中的构型等级（图 2.48）。街道网络系统的变革不仅会改变街区群的几何特征，也会引发建筑、地块、地段乃至城市网络和区块的多层级巨变，进而产生整体肌理的颠覆性变化（图 2.49）。

由此可见，不同的迭代形式，其对建成环境的影响在方向和程度上都大为不同。一般而言，高层级的变化比低层级的变化会产生更大影响；结构性变化的影响远甚于局部的要素替换；量的变化积累也可能最终改变其质的属性。这些不同的迭代形式，背后既有自然的规律，更受到人为干预的影响，造就了城市物质空间的非均质性和历时演化周期的不同节奏。城市与建筑在迭代中彼此交互影响，理解其演化机理、演化周期和迭代形式，对于历时进程中城市建筑设计具有基础性意义。

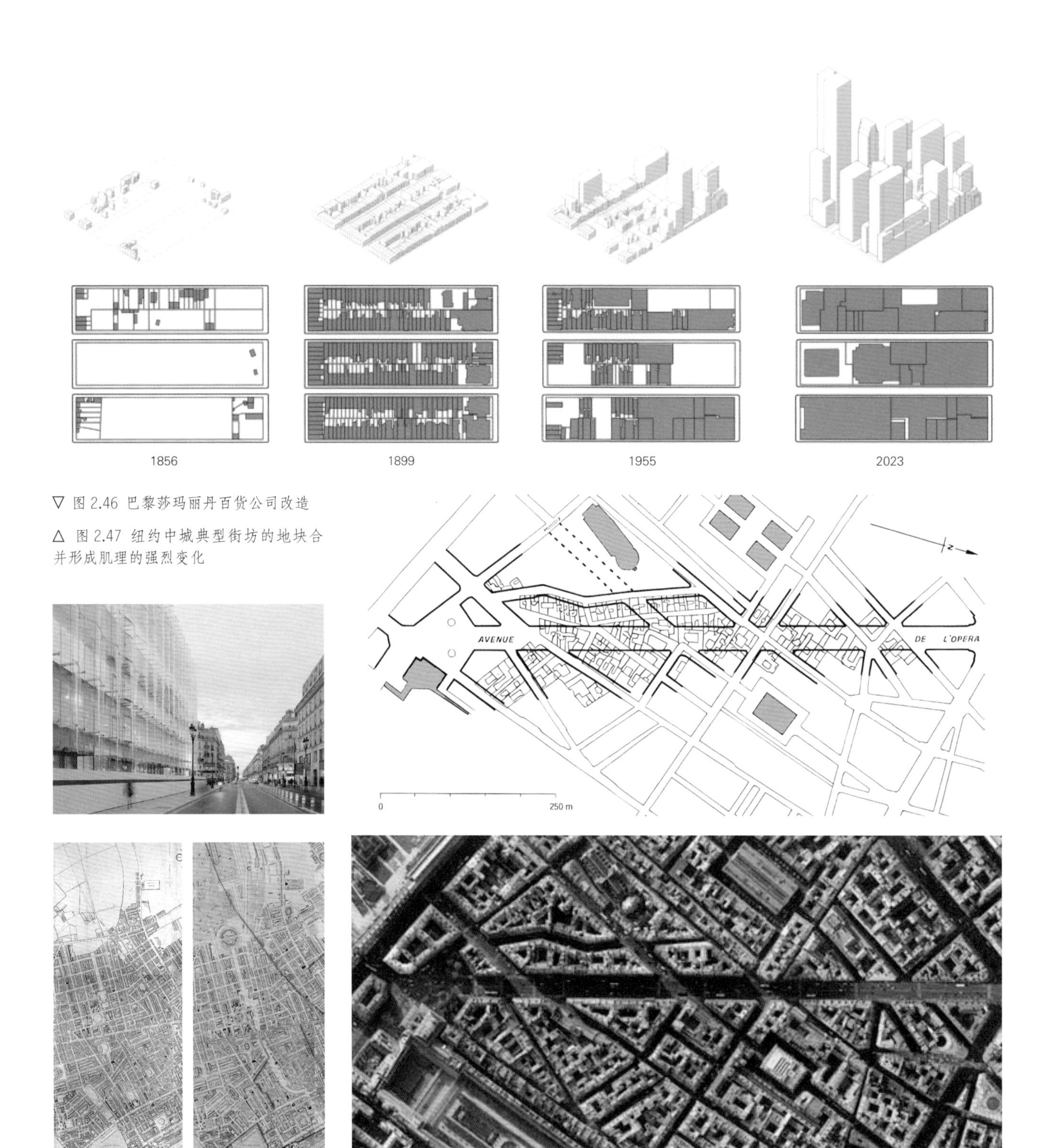

▽ 图 2.46 巴黎莎玛丽丹百货公司改造

△ 图 2.47 纽约中城典型街坊的地块合并形成肌理的强烈变化

△ 图 2.48 伦敦摄政街改造：（a）建设之前的 17、18 世纪城市路网；（b）建设之后的摄政街

△ 图 2.49 奥斯曼巴黎改造对原有地块格局的颠覆性调整

2.5 从认知到设计

2.5.1 认知与设计的循环互动

认知与设计是城市建筑学的两个核心，认知是设计的基础，设计是基于认知的创造性实践。城市物质空间的“形态—场所”是认知与设计的共同对象。形态研究着重于内在的结构，场所是现实场景下的空间形态的具体物化结果。整体着眼、科学理性是认知与设计的共同特征，但由于各自目标导向不同，两者的思维方式既有联系也有差异。

形态认知包括研究与运用两个层面。其一是以知识体系的建构为导向，通过对复杂建成形态的抽象与概括，捕捉物质空间形态的构成要素与组织结构，及其形成与演变的规律。研究的过程和成果随着思想、方法、技术的发展，在相关学科的融合互动中趋于完整、深入、准确。认知研究的逐步深入，也会反馈推动理论方法与技术的进一步发展。其二是以城市建筑的空间实践中的现实诊断为导向，通过认知理论和方法的运用，解析现实空间环境的形态特征，形成对客观条件、资源与约束、问题与矛盾的理性判断，以此作为设计操作的出发点。

形态设计以解决实践问题为导向，设计的目标在于创造或修正某种物质空间形态，并通过这种形态设计有效干预城市建筑环境的健康演进与发展。通过对物质空间本体、技术法规、营造过程及政策制度等条件和问题的综合判断，架构设计操作的方法与程序。形态认知的思维路径，依循层级和象限的“形—量—性”而渐次展开，分解是其显在特征，而形态设计则必须是系统的、综合的，整合是设计思维的本质特征。如果说形态认知是对物质空间环境的客观性发见与解析，那么形态设计则更多地融入了设计师及参与者的主观价值判断，基于客观认知而展开的设计操作可以有效地兼顾科学性与创意性。设计实践中发现的认识性疑惑，为认知研究提供了新的现实样本和问题，从而催化认知研究的深化、修正和拓展。“认知—理解—创造”构成了一条循环之链，推动设计科学的不断发展（图 2.50）。

形态设计是一个由整体向局部逐级控制与落实的过程，随着设计操作尺度的不断深入，物质形态观察的分辨率逐步由粗及细，由抽象转向具体。相比之下，物质空间的形态认知则是一个从局部向整体、由具象到抽象逐级推演的过程，通过抽象概括复杂建成形态，捕捉形态形成和演变的轨迹和规律。形态认知与形态设计恰好构成了彼此相逆的思维过程。这两种思维过程是在整体与局部的层级转化中实现的，形态认知的思维自下而上，形态设计则自上而下。需要注意的是，从形态认知到形态设计的思维转化并不限于同一层级。当面对某一物质空间层级的设计实践时，不能局限于同一层级的形态认知，而必须上升到其上更高的层级，从而把握更为整体的形态结构背景与趋势，并向下引导特定对象层级的形态设计。认知与设计的互动转换呈现出一种“U”形过程（图 2.51）。在城市环境中，建筑设计的操作至少需要置于街道和地块序列的格局之中，街区设计的操作至少需要上溯到相关地段或街区群的形态格局中。设计的

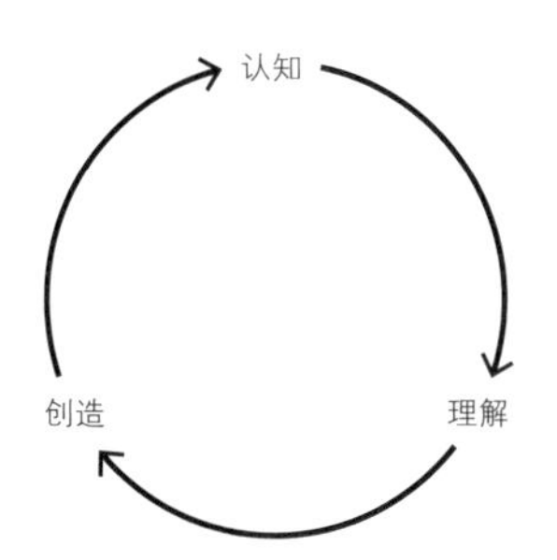

△ 图 2.50 “认知—理解—创造”循环之链

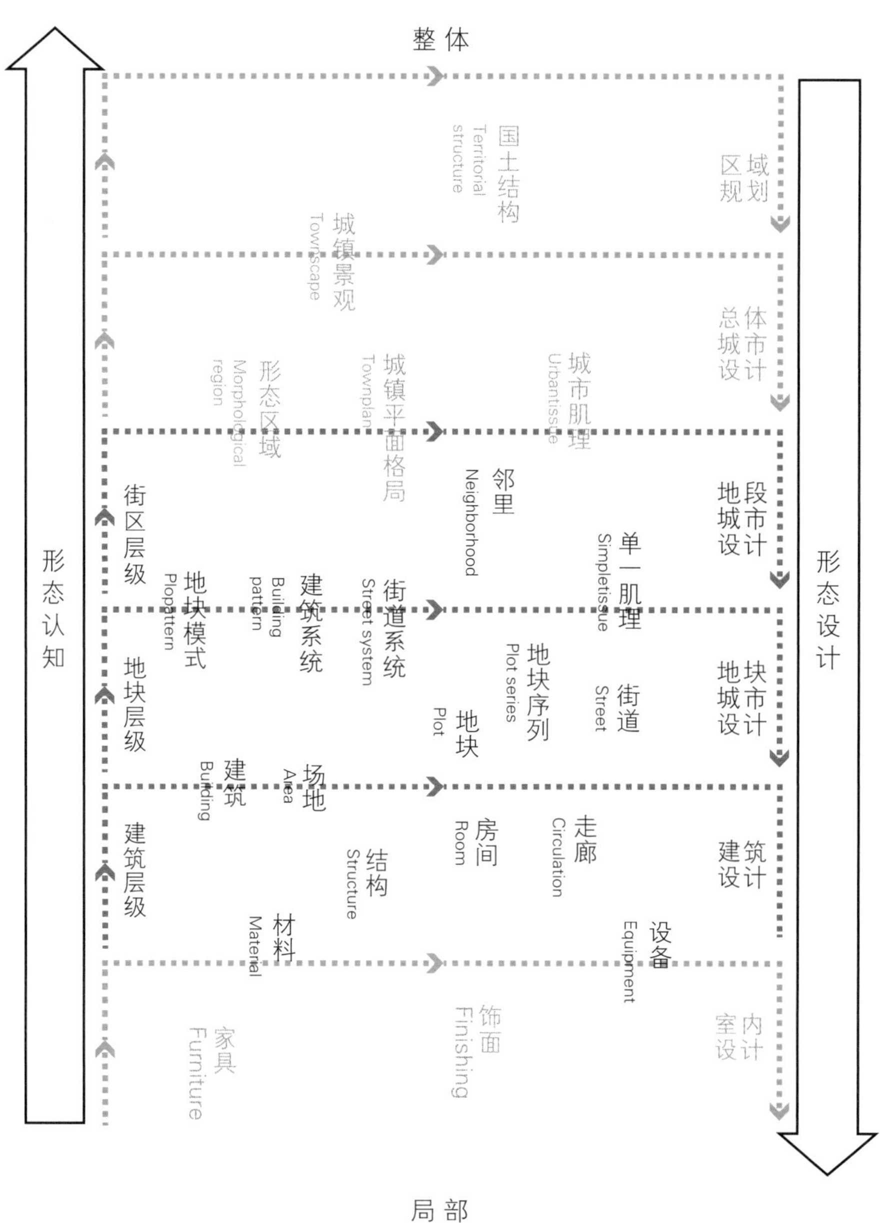

▷ 图 2.51 层级转换的思维图解

启动总是从超越对象本体的更高层级开始的。许多设计决策的失误，其根本缘由往往是因设计视野的局限而引发的。在实际的设计项目中，设计对象往往具有多层次性，这种思维在两个、三个甚至更多的层级中反复转换，这应是一种常态。

2.5.2 一体化设计的基本策略

城市建筑的一体化设计，其最重要的理念就在于城市物质空间环境的跨层级整合。设计视野向上超越对象本体而关照全局，设计视野向下贯穿而利于层层落实。形态是场所的依托，形态结构在物质空间诸层级之间的整体性、连续性及其接转是形态设计的关键所在。不同地域的城市建筑的营造史为我们提供了丰富的范式，范式又在不同时空场景的实践和研究中得到更新发展；建成环境构成了设计对象所置身的时空经纬，设计行为因此而成为传承与发展的结点。作为城市建筑一体化设计操作的基本策略，其关键要处理好三种关系：通过结构与场所的驾驭，在整体秩序中构建富有活力且宜人的城市公共空间；在模式与变形的辩证转化中，理性汲取并灵活应用既有的知识和经验积累；在传承与演化的辩证操作中，守住文化的根脉，有效推动优秀传统文化的创造性转化与创新性发展。

结构与场所

结构是形态要素组织关系中相对稳定且具有全局性作用的骨架，它体现了物质空间形态历时与共时关系的基本格局，是把握有形环境的核心线索。场所是由具体的空间与形体、材质与色彩等组成的特定领域，具有某种与人的心理行为密切相关的特征性氛围。不同的文化传统和环境条件孕育出不同的场所氛围，人们长期置身其中，感受到特定的归属感和认同感。场所是精神的物质化表现，“场所”蕴含了空间形式背后的意义[1]。

相对于形态结构的整体性与稳定性，场所是局部性和阶段性的存在。结构组织起一系列场所，形成人们对社区、城市及日常生活的连续的完整的感知。在早期城市中，如意大利古城锡耶纳，自组织的城市缓慢地形成了丰富多样的街道、广场、建筑，并与地形精密地结合起来，不同的场景也依托步行为主的行为活动而呈现出紧凑、有机、丰富的关系。凯文·林奇通过“城市心智地图”观察对于居民有心理意义的城市结构，路径、边界、片区、节点和地标为连续的场所感知提供了重要提示。与人的行为相关联的复杂空间结构，是多层次、多尺度、多样化场所的发生器，一个个相对独立的场所正是依托系统性的结构而彼此拼接、嵌合形成整体[2]。

赋予物质空间以某种特定的结构，就成为设计中驾驭全局的关键。作为一体化设计中的首要策略，就是要积极探寻、发现和创造那些贯穿全局的结构。无论是单体建筑或某种物质空间组群，跨层级的结构属性都是其城市性表现的最根本的底层构造。在建筑设计中通过动线、视景、多功能开放空间等手段，建立与城市的关联（图 2.52）；在街区设计中通过对各层级网络和区块的几何组织和构型组织，建立街区与地段及街区内部的多维组织架构（图 2.53）。这些设计操作的本质都是为设计对象赋予其在上下层级中的结构联系。

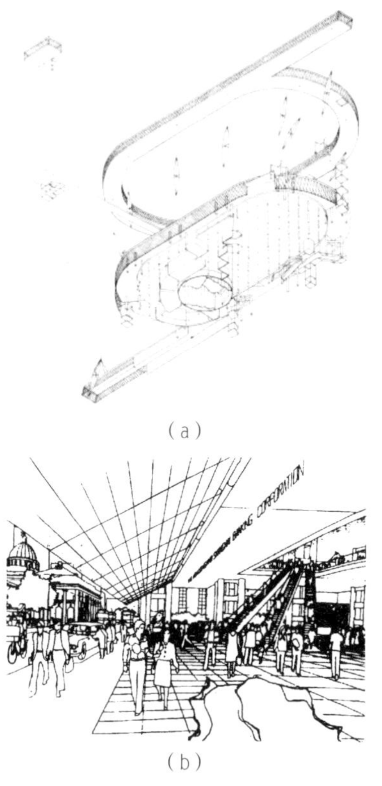

（a）

（b）

△ 图 2.52 （a）伯纳德·屈米（Bernard Tschumi）的法国国家图书馆竞赛作品（1989）（其设想是为其中的学生、书籍和访客提供多种回路和运动，并将这些回路扩展到现有的城市）；（b）香港汇丰银行底层公共空间引入城市动线

1 诺伯舒茨 . 场所精神：迈向建筑现象学 [M]. 武汉：华中科技大学出版社，2010.

2 林奇 . 城市意象 [M]. 北京：华夏出版社，2001.

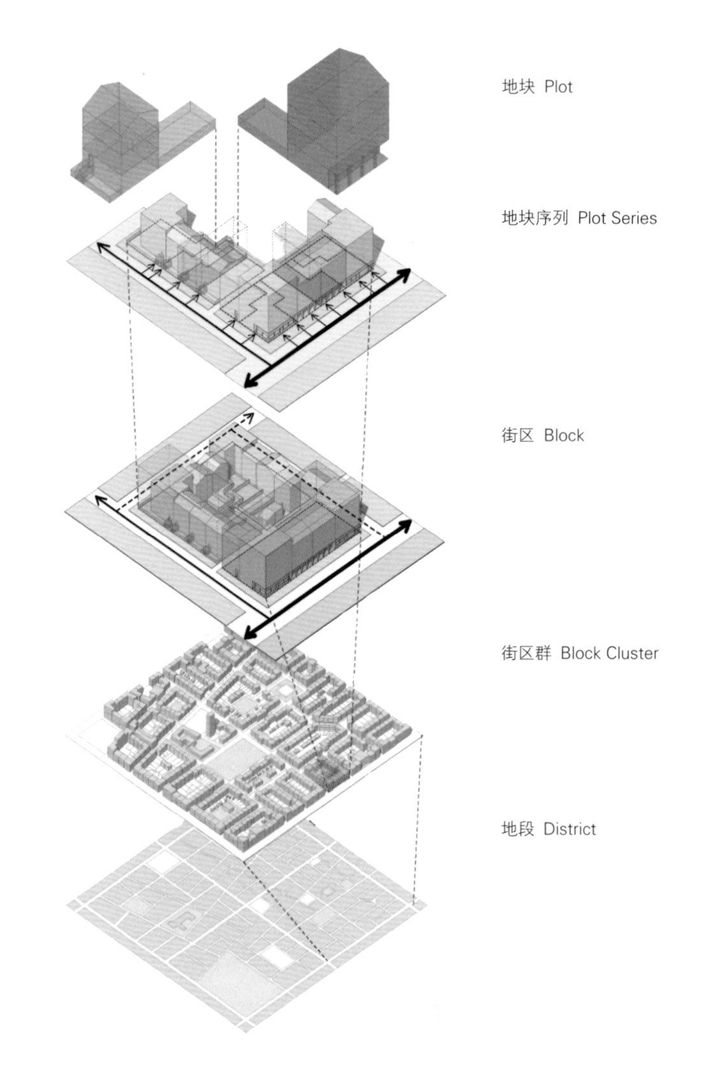

▷ 图 2.53 各层级网络和区块的几何组织和构型组织

范式与变形

范式来源于知识领域长期的理论与实践积累，它超越了具体的空间场景，是一定阶段内类型性实践积淀的结果，也可能是基于对历史和现实的批判而提出的创新性模型。有机城市、格网城市、立体城市，院落式建筑、行列式建筑、塔式建筑、毯式建筑等等，都是从不同的关注点出发，在应对现实矛盾和需求的基础上凝练而成的抽象范式，其基本的结构性特征往往可以通过抽象图解呈现出来。由网络与区块、几何与构型所确立的形态认知矩阵，提供了梳理和总结历时范式的基本方法，也暗示了范式创新的可能路径。

设计始于对场地及其背景的理解，经过对问题的分析和判断，通过范式的选择与变形获得解决之道。形态的认知提供了理解场地的基本框架，而问题则存在于现实与目标之间的差异和距离。范式提供了未来形态的基本原型，范式的选择取决于与目标的对应性，以及与现实场地和背景条件的适应性。城市现实场景的复杂性和城市建筑营造目标的综合性，决定了设计中范式的选择并不是唯一的。多类型范式的组合往往更具实践意义，不同的范式类型对应不同的环境层级和不同的物质对象。同层级的匹配和跨层级的统筹是范式组合运用的基本原则。

在范式转化为具体形态和场所的过程中，功能目标、文化意向与现实的场地条件、资源约束和建造技术等各种主客观因素成为形态调适的修正性因素，这一过程的实质是一种拓扑变形（Transformation）。例如，正交格网经过扭曲变形，可以转变为适应自然地形或视觉趣味的曲线格网（图 2.54）；内向的院落式建筑通过局部开放，可以建立街道与院落的连通（图 2.55）；平面构型在垂直向叠叠和翻转，再结合现实场景进行变形转化，就形成了以多层基面为特征的立体城市（图 2.56）。城市建筑的一体化设计通常是在选择和综合各种范式的基础上，构建城市与建筑的密切关联。

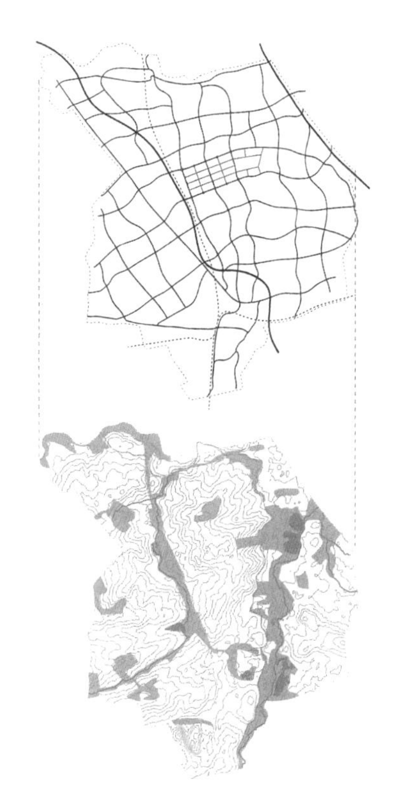

△ 图 2.54 米尔顿·凯恩斯（Milton Keynes）新城规划中基于复杂地形的正交格网进行变形

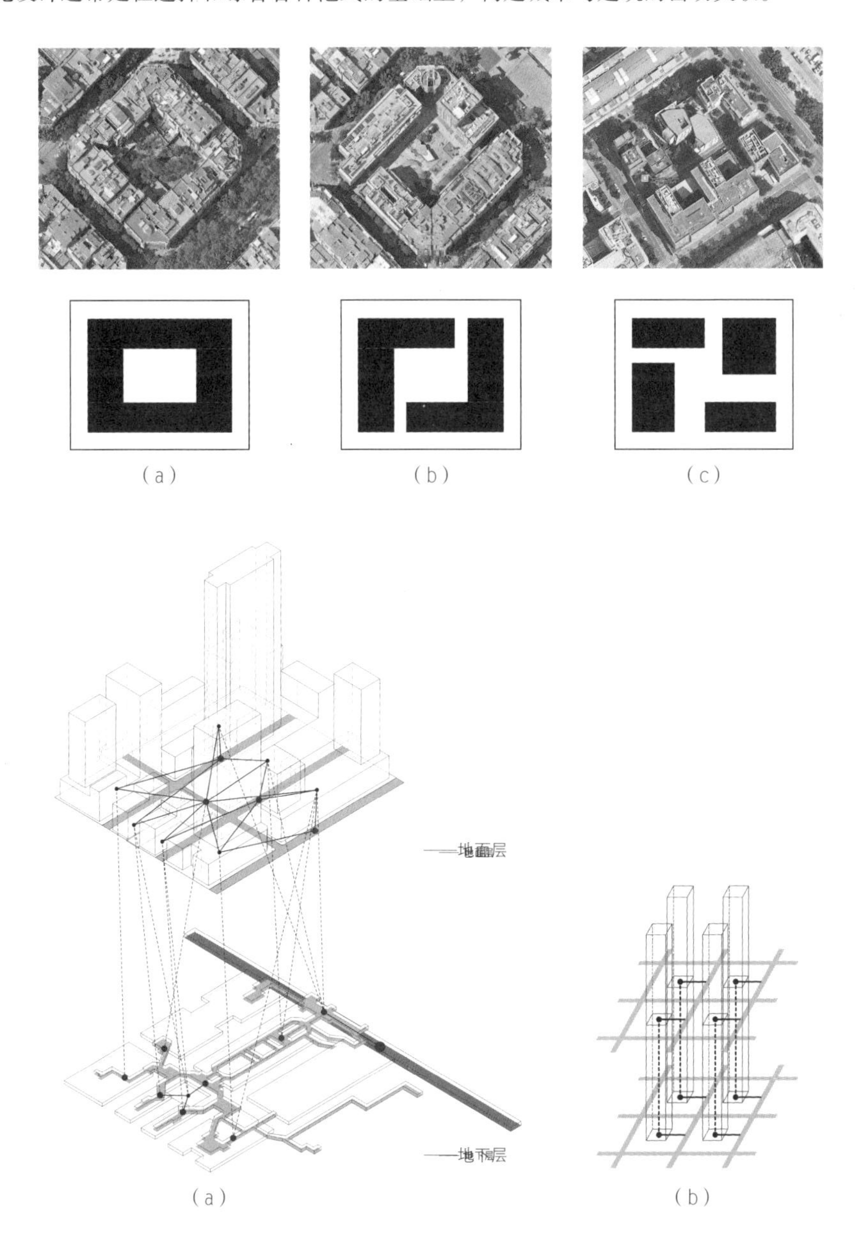

◁ 图 2.55 通过局部建立与街道连通的内向院落式建筑：（a）全围合式内院；（b）保留与街道接口的内院；（c）开放街区

◁ 图 2.56 平面构型叠加、翻转后形成的立体模式：（a）纽约洛克菲勒中心的立体构型；（b）立体模式示意图

传承与演化

如果说“模式与变形”应对的是城市建筑形态设计中的共时性问题，那么“传承与演化”则主要针对形态设计的历时性问题，其对于城市文脉的保护与发展具有重要意义。反观那些对建成遗产破坏严重的案例，往往都是因为缺乏对传承与演化辩证关系的恰当理解。传承以保护为前提，保护则以对建成遗产在历史、艺术、科学等方面的价值认知为基础。建成遗产不仅包含不同等级的不可移动文物，也包含历史建筑、历史街区、历史城区，以及建成环境中凝聚的历史记忆且可继续利用的要素。演化是在历史的根基上，因适应新的时代、新的功能、新的条件而需要做出的适应性改变。城市生生不息，只有保持恰当的新陈代谢，才能促成城市活力的永续。在保护中发展，在发展中保护，是城市建筑历时性传承与演化的基本依循。历史环境中的设计干预，需要建立在深入理解城市建筑形态的历史经纬及其文化、社会、经济成因的基础之上。不同的历史环境、不同的物质空间对象、不同的利用方式，催生了不同的传承和演化策略。

继承：在城市发展过程中，许多具有历史文化价值的街区和建筑应该得到保护与修复，这些珍贵的城市建筑遗产能够在新的时代继续发挥作用。例如，北京的一些胡同和四合院、上海的石库门等传统民居，在保护其形态原貌的同时，可以继续其居住功能，它们也可能局部成为博物馆、餐饮、民俗等服务场所。完整保存历史记忆的同时，也焕发新生。

调适：当原有的物质空间不再适应现代需求时，在审慎分析诊断的基础上，可以通过局部的适应性调整，使其适应现代的需求。例如，在历史地段中，通过局部街巷构型的优化，连通巷道网络，加强街区、地块、建筑的可达性（图 2.57）。对于非文保类建筑，可以按照新的标准调整既有的建筑空间，使之适应新的功能。

更替：随着城市发展和土地价值的相对变化，一些低效用地及废弃建筑可能被拆除，由新的建设项目所取代。更替的本质是一种再开发过程。这是一个城市必然的新陈代谢过程，也是城市更新中的一种重要方式（图 2.58）。

层叠：在原有物质形态遗迹之上再叠加新的物质空间。这种层叠既可以是在同一平面上的上下叠加与共存（如不同时期的城市建筑遗址在不同垂直地层上的分布），也可能是在同一地层上的选择性留存和更替，从而形成一种新旧拼贴的状态（图 2.59）。

传承和演化策略是开放的，既有经验和创新方法的综合运用，使城市建筑形态得以在时间的长河中不断衍生发展，既保留了历史文脉，又适应了不同时代的需求。

(a)

◁ 图 2.57 墨尔本 CBD 内自发生长出的巷道：(a) 街巷平面图；(b) 巷道照片

(b)

▽ 图 2.58 伦敦国王十字地区弗朗西斯克里克研究所：(a) 建成前模型；(b) 建成后模型；(c) 建成后鸟瞰图

(a)

(b)

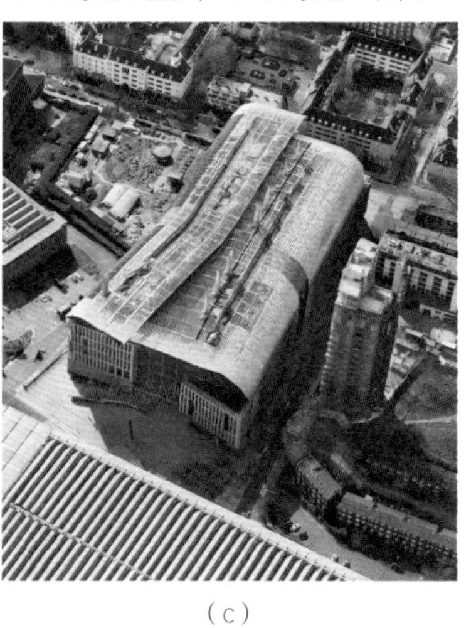

(c)

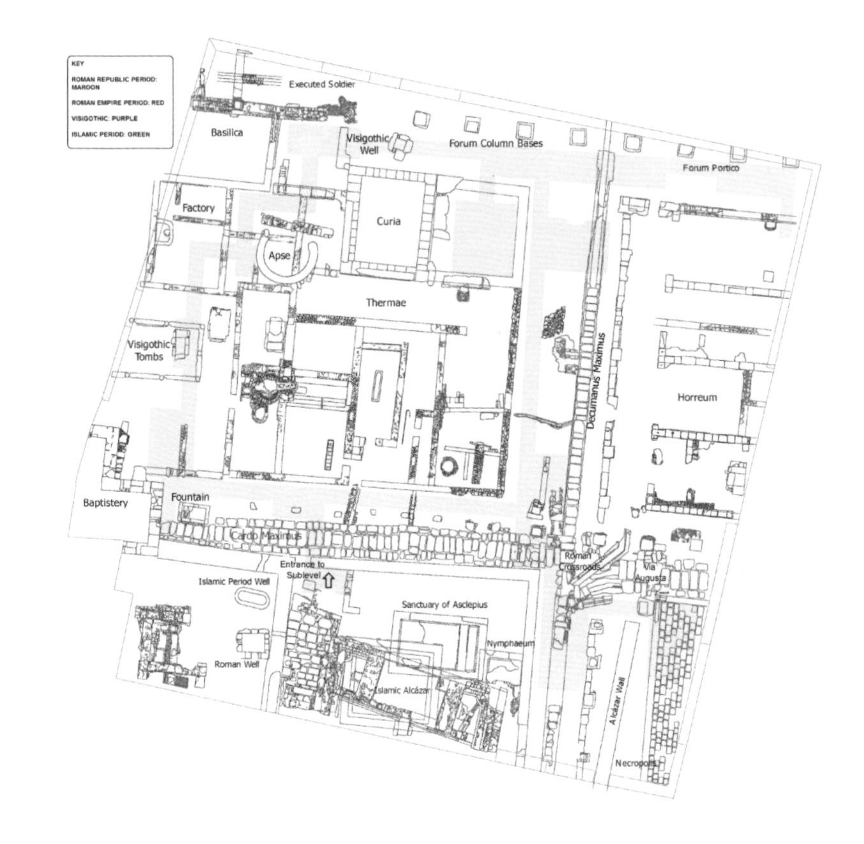

▷ 图 2.59 瓦伦西亚阿尔莫尼那考古中心（La Almoina）
（地下层平面显示了公元前 2 世纪至公元后 14 世纪的丰富层积）

3 集约导向的一体化设计

Integration-oriented Holistic Design

3 集约导向的一体化设计

集约的概念源于农业经营方式的研究，是指在单位面积的土地上，通过投入较多的非土地要素，使用先进的技术和管理方法，以求在单位面积上获得高额产量和收入[1]。在社会经济活动中，集约化是通过要素的质量提高、含量增加、集中投入，以及要素的组合方式来增进效益的经营理念与方式。土地资源的有限性与空间需求增长的矛盾，促进了城市土地利用效益评价中集约化概念的引入。

随着城镇空间发展实践的不断探索，城镇空间集约化发展的内涵也在不断发生变化。初期的集约化概念强调以容积率为表征的土地利用强度和地均产值等经济指标，进而强调依据土地市场价值，通过“合理配置城市土地、进行土地置换”等途径提高土地利用效率。随着可持续发展目标的提出，政府和专业领域普遍认识到：土地集约利用需以资源、环境的承受力为基础，兼顾经济、社会、环境效益三者的统一。城镇空间集约化发展的认识从对用地建设容量的单一追求，逐渐转向多维要素的协配，从而满足更多元的城市需求[2]。当前，城市空间集约化的研究比较集中于宏观尺度的经济地理和规划领域。建筑设计则更多侧重于建筑内部的功能与空间经营。街区尺度的集约化理论方法的不足，影响了微观尺度城市设计和建筑创作对城市空间集约化水平的贡献度。

城市街区中，地块的高强度开发、道路系统的可达性、街区用地的混合利用和建

1 马克伟 . 土地大辞典 [M]. 长春 : 长春出版社 , 1991.
2 陶志红 . 城市土地集约利用几个基本问题的探讨 [J]. 中国土地科学 , 2000(5):1−5.

筑的紧凑布局等是目前普遍采用的集约化途径及评价要素。这些方法解决了某方面问题，但难以充分带动城市建筑整体的集约化发展。宽阔的道路并不能解决高强度开发带来的拥堵问题；建筑被孤立搁置在现代化的方格路网中，缺乏连接性的布局模式造成公共空间割裂和活力丧失；平面化的用地布局束缚了空间利用的潜力，建筑"功能混合"，如果不与人在城市中的活动轨迹相联系，就难以真正激活城市活力。街区形态中单一要素的质量或规模的提高，或要素与要素的简单相加，如果未能把握要素之间的结构关系，就难以实现系统的集约化成效。城市建筑的形态要素应以何种关系来组织，又如何作用于人的行为与活动模式，进而对经济和社会效益产生影响？因此，需要以街区尺度为重点，探寻形态组织逻辑与集约化的内在关联，并由此支持集约导向的城市建筑一体化设计方法。

3.1 构型组织的集约性

街区是城市形态的集约化目标向下传递、向上建构的转换层级。集约型城市街区的核心内涵，就是在既定的街区用地上，通过紧凑有序的形态结构组织，实现功能要素、空间规模、空间意义的增值，从而提升土地利用效率和城市活力，促进城市空间可持续发展。街区的集约性表征并不全是"量"的问题，而是在要素的规模体量、组织结构、场所品质、功能属性和环境性能等方面的匹配和统筹中得到呈现，在比较中得以显现。

基于城市物质空间的形态结构与行为模式、功能组织、空间效能之间的关联，可以发现，街区的构型组织是城市建筑集约发展的关键。集约型街区构型具有以下特征：

连接性：集约的活力首先源自要素间的连接性，要素及其连接的密度很大程度上决定了城市的运行状态。亚历山大推崇的半网格结构[1]、槙文彦从日本村落中提取的组群结构[2]（图 3.1），都具有远超一般现代城市的节点数量和连接密度。恰当的密度不仅为居民提供了高效的交通流动性，还促进了人际交往、信息流通与经济活动，从而赋予城市以生命力与创新动力[3]。

多样性：集约来自要素的多样性。多样而非同质的节点，及其相互间的多重行为交互，构成"总体大于部分之和"的复杂系统。正如简・雅各布斯（Jane Jacobs）所说，城市作为最大的"共有体"（Togetherness），其本质在于能将各种背景、互不相识的人聚集在一起，这是城市区别于乡村的重要资源之一[4]。多样性有利于激发城市活力，提升形态场所的承载力，维持系统韧性（图 3.2）。

交叠性：集约还来自要素及其连接的交叠性。某要素同时与多个要素连接，形成交叠的集合。交叠是复杂性网络的核心特征，即一个要素同时被两组或以上可以独立发挥作用的要素群所共享，发挥出倍增的连接作用，起到了结构黏合的作用。当不同

1 Alexander C. A City is not a Tree [J]. Design，1966(206):45-55.

2 槙文彦，松隈洋 . 槙文彦的建筑哲学 [M]. 南京：江苏凤凰科学技术出版社，2018.

3 童明 . 城市肌理如何激发城市活力 [J]. 城市规划学刊，2014(3):85-96.

4 雅各布斯 . 美国大城市的死与生 [M]. 南京：译林出版社，2006.

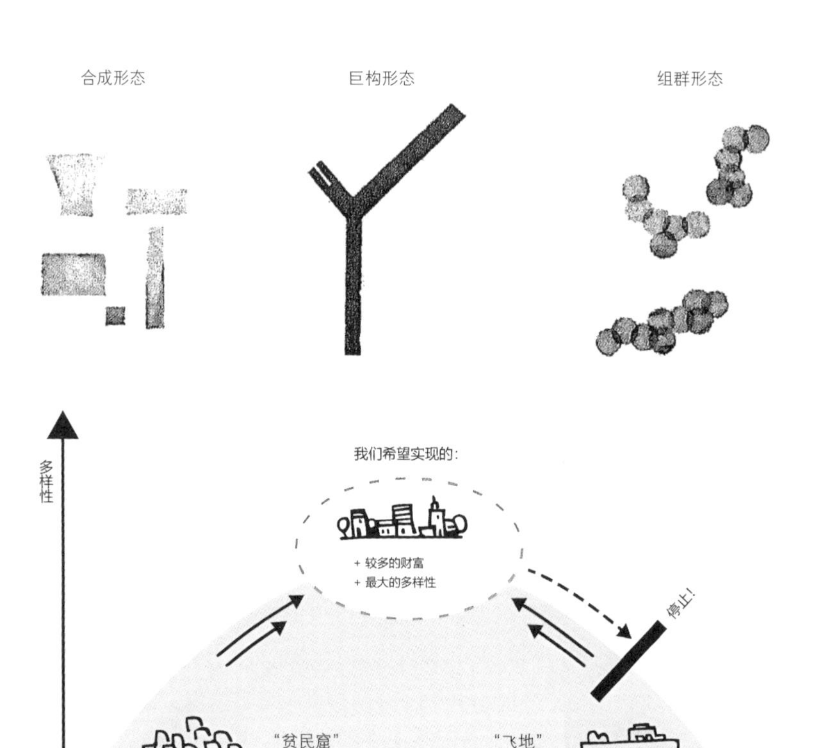

▷ 图 3.1 槙文彦提出的三种集合形态

▷ 图 3.2 “雅各布斯曲线”（该曲线显示了财富与多样性兼顾的最佳区间，在其两侧均对社区不利）

▽ 图3.3 比尔·希利尔提出的“乘数效应”（Multiplier Effect）曲线（该曲线指在人的流动、道路构型和土地利用之间建立了循环关联）

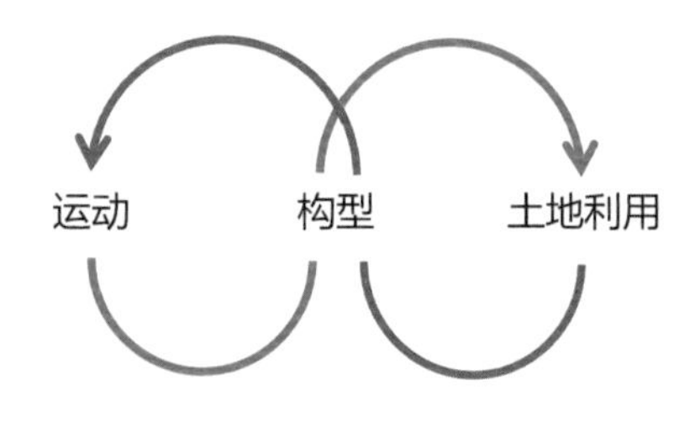

功能、不同权属的区域相互交叠，就形成丰富的节点和边缘空间，从而鼓励各种意想不到的相遇、交流和活动，增强了空间的承载效率。

适配性：几何与构型的形、量、性适配是集约化街区充分发挥效能的重要条件。土地资源的集约化利用，是通过土地和开发建设的形、量、性配置实现的。道路网络的几何与构型，是地块建筑的形体规模和功能属性的必然支撑。如果网络构型等级高于建设项目的几何等级，说明该地块建筑没能达到其所处网络构型的利用潜力，其占据了高等级构型，却没有发挥应有的空间价值。反之，若几何等级高于构型等级，则表明该要素的尺度规模超越了构型等级的支撑能力。换言之，是在低等级的构型中植入了几何尺度过大的要素。例如，人流密集的地点吸引公共性强、高密度的建筑群，继而产生更多的流动并催化功能的持续聚集，构成循环增益的“乘数效应”（Multiplier Effect）（图 3.3）；而在可达性很高的地块配置低密度和非公共性的建筑，反而会抑制由街道构型引发的“自然流动”，甚至导致网络构型中心的转移 [1]。

连接性、多样性、交叠性和适配性，是集约型街区的四个关键性构型特征，又因不同的背景和条件而表现为多种具体形式。在街区群、街区、地块建筑的尺度层级上，彼此影响互动，促进城市空间承载能力的增效和品质提升 [2]。

1 Hillier B. Cities as Movement Economics[J]. Urban Design International, 1996, 1(1): 41–60.
2 韩冬青，宋亚程，葛欣. 集约型城市街区形态结构的认知与设计 [J]. 建筑学报，2020(11):79–85.

3.2 网络与区块的多层级连接

3.2.1 街道与街区

1) 规律与特征

街道和街区是一组具有共生关系的形态要素。以均质路网为例，路网密度与街区尺度可进行换算（表 3.1）。街区尺度越小，路网密度越高，平均步行出行距离就越短，可选择的路径数量也越多（图 3.4、图 3.5）[1]。在满足相关功能要求的基础上，较小的街区尺度、细密的街道网络和有节制的路段长度，能提升街道与街区的系统连接性。

表 3.1 街区尺度与路网密度换算表

街区尺度 /m	600	300	250	200	170	140	120	110	100
路网密度 /（km/km^2）	4	6	8	10	12	14	16	18	20

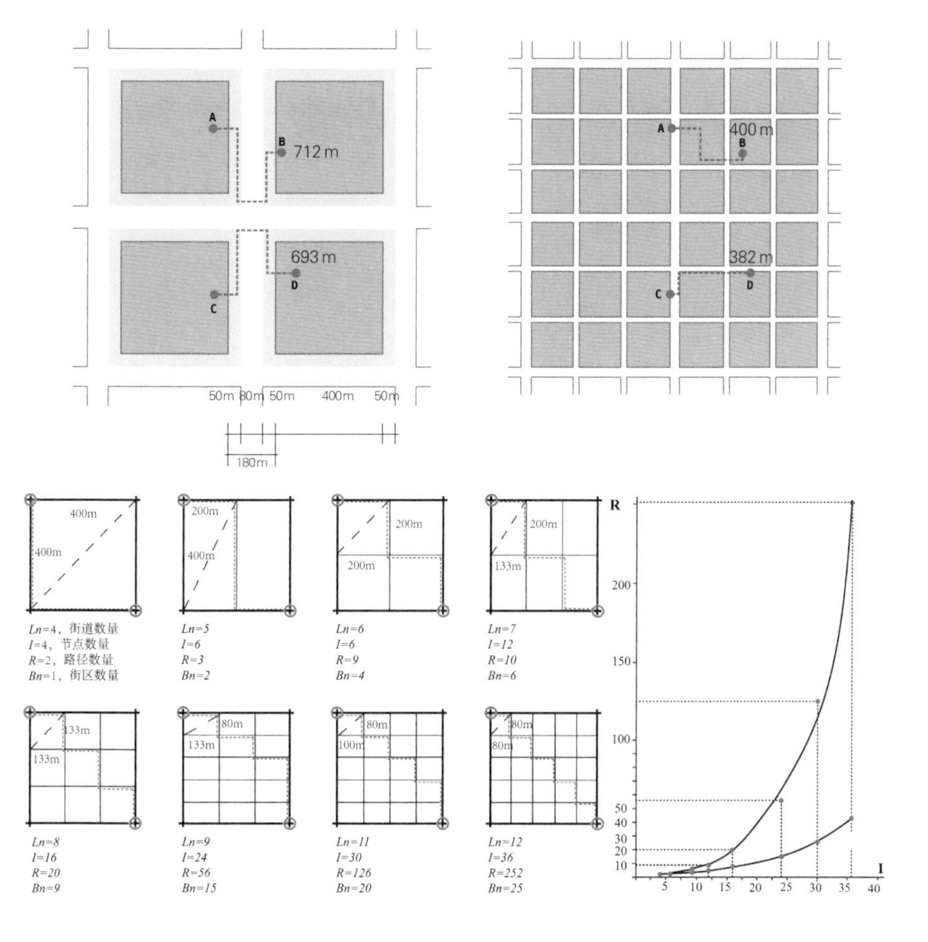

◁ 图 3.4 街区尺度与步行路径距离的关系

◁ 图 3.5 街区大小与可选择路径数量的关系

1 Rowe P G , Guan C H. Striking Balances between China's Urban Communities, Blocks, and Their Layouts[J]. Time + Architecture. 2016, 6: 29−33.

街区尺度是由内而外的地块开发需求与由外而内的交通需求双重约束下的产物。斯卡思那（A. Siksna）系统研究了欧洲、北美和澳大利亚的街区尺度及其内在规律，总结出 3 600~20 000 m^2 的街区比大街区更适合城市中心的使用要求 [1]；通过对 20 多个欧美城市街区尺寸的研究，发现其尺寸均在 200 英尺（约 60 m）到 600 英尺（约 180 m）之间，且其周长一般不超过 1 800 英尺（约 550 m）（图 3.6）。影响地块布局和土地利用效率的还有街区的几何形状。1 : 1.5 左右的地块临街宽度和进深比例，最能发挥基础设施的效率，最容易“裁剪”以配合不同的项目需要。在街区面积和路网密度相同的条件下，长方形街区比正方形具有更高的土地利用效率，更能有效增加沿街面，利于更多小地块的灵活划分 [2, 3]。三角形、非正交四边形等街区几何形状，已被证实其土地利用效率低于正交四边形街区（图 3.7）。

梁江、孙晖对中国城市中心区作了类似比较，推荐理想的街区面积是 1~2 hm^2，即中心区街区短边长度不超过 150 m，长边不超过 200 m[4]。刘森源等考察了深圳市高强度片区的街区面积、周长、长宽比、用地性质等指标，按 50 m 尺度段进行分析统计，结果显示 200 m 是中心区街区尺度的适当界限值，其中非居住街区尤其是商业街区的尺度宜控制在 50~100 m 之间；居住街区规模宜在 2~4 hm^2，单个街区边长不超过 200 m，以保证街道网络的合理密度。

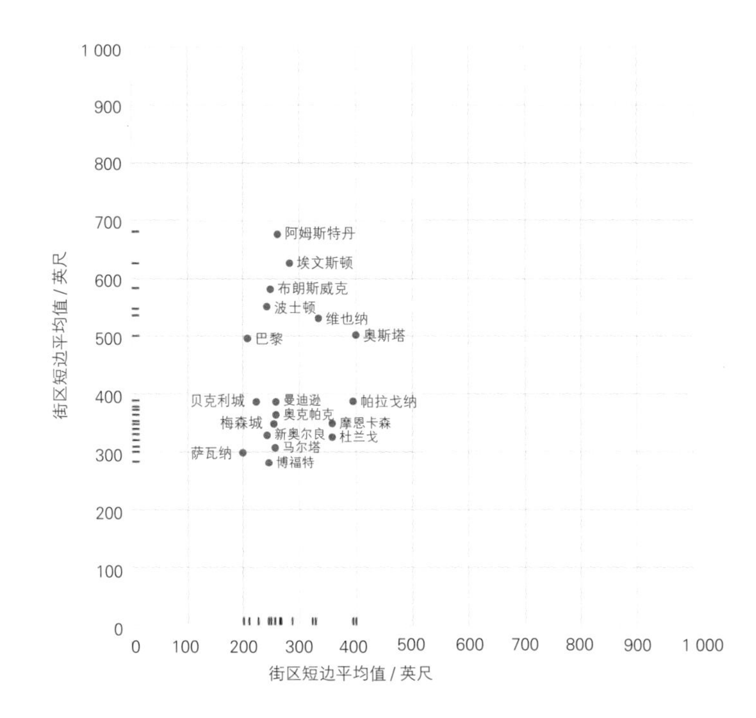

▷ 图 3.6 部分城市中心区街区尺度对比（1 英尺 =0.3048 m）

1 Siksna A. A Comparative Study of Block Size and Form [D]. Queensland: University of Queensland,1990:22
2 赵燕菁 . 从计划到市场 : 城市微观道路 - 用地模式的转变 [J]. 城市规划 , 2002(10): 24–30.
3 童明 . 城市肌理如何激发城市活力 [J]. 城市规划学刊 , 2014(3): 85–96.
4 梁江，孙辉 . 模式与动因：中国城市中心区的形态演变 [M]. 北京 : 中国建筑工业出版社 , 2007.

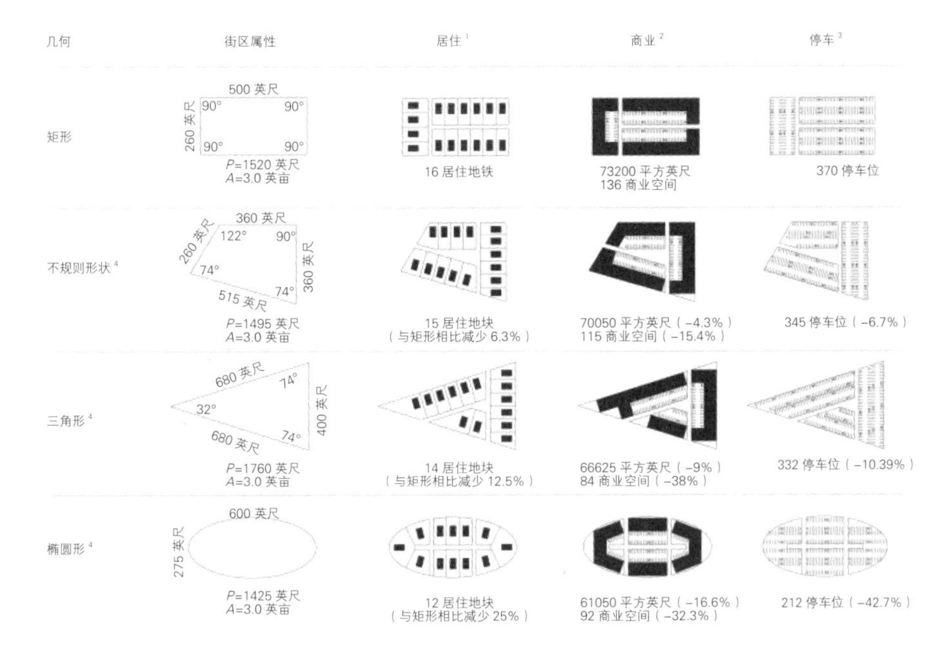

◁ 图 3.7 不同形状的街区承载居住、商业、停车等功能的能力
（1. 地块尺寸：60 英尺 ×120 英尺，含走道入口。
2. 建筑物底部轮廓深度 60 英尺，优先右侧街角布局，但角度不能小于 45%。
3. 停车位 10 英尺 ×20 英尺，含停车位一侧 20 英尺的走道。
4. 括号内数字表示异形街区与矩形街区比较的效率差。
5. 1 英尺 =0.3048m）

2）设计策略

近年来，“小街区、密路网”模式得到倡导和应用，例如 SOM 公司在深圳福田中心区 22、23-1 街坊城市设计中，采用平均 95 m 间距的方格网将原控规中面积高达 4.5 hm^2 的大型街区重新划分为 16 个街区，道路面积比率由 15% 增加至 30%，街区平均面积降至 0.55 hm^2（图 3.8）[1]。东南大学建筑设计研究院城市建筑工作室（下文简称 UAL 工作室）在南京河西新城区南部地区城市设计中，按 150 m 间距植入生活性支路网络，结合用地性质拼合局部网格，使公共街区面积约为 1~1.5 hm^2，居住街区面积约 4 hm^2（图 3.9）。密植的路网创造了更多的临街界面，提高了各街区的可达性和区位均好性。

在一些规划实施过程中发现，街区尺度的变化可能与既有技术法规、街区功能、指标配置、复杂建成环境等相冲突。针对这些问题，本书从弹性网络与功能重构、既有环境更新中的路网加密、“小街区、密路网”模式下的量形匹配、街道网络的立体化设计四个方面提出设计策略。

弹性网络与功能重构

在医疗、教育、工业等特定功能集聚区域，传统规划通常采用封闭内向的大型街区模式，满足了内部功能需求，但也导致地段交通不畅、交往缺失等问题。“创造力来自非正式的网络和偶然的交流”[2]，大型街区难以促成激发创新活力的街区环境，不利于高科技或金融等快速发展行业的创新。该类功能区的规划设计中，路网设计需与

1 孙晖，栾滨 . 如何在控制性详细规划中实行有效的城市设计：深圳福田中心区 22、23-1 街坊控规编制分析 [J]. 国外城市规划 ,2006(4):93-97.

2 Jacobs J. The Death and Life of Great American Cities[M]. New York: Random House,1961.

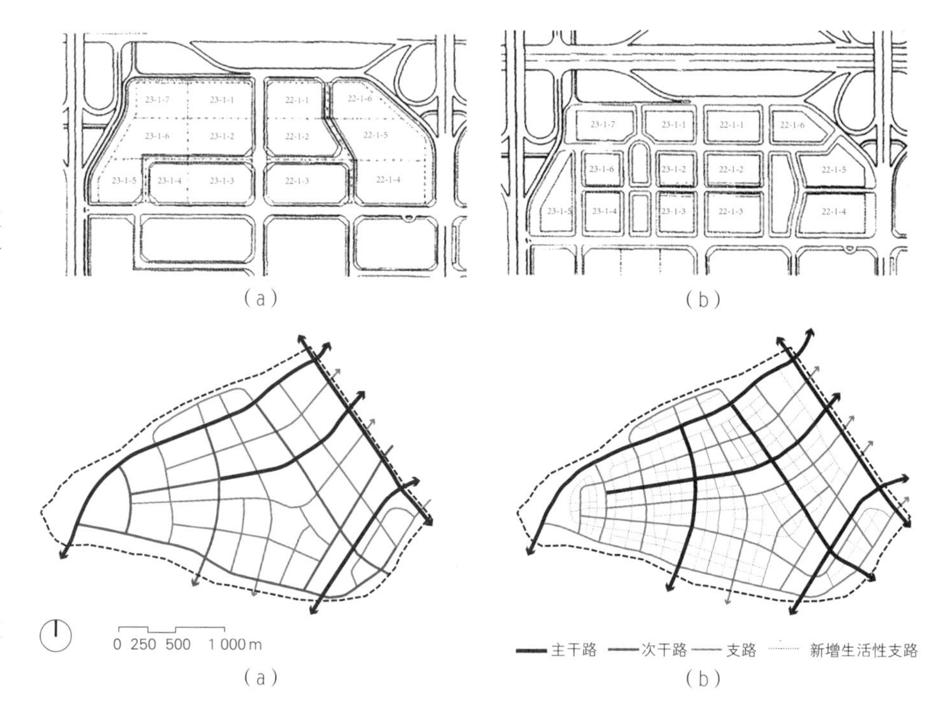

▷ 图 3.8 (a) 1998 年 8 月深圳市法定图则中的街区划分方案；(b) 1998 年 10 月 SOM 公司最终规划设计方案

▷ 图 3.9 (a) 南京河西新城区南部地区原控详路网；(b) 城市设计路网

新型功能组织模式相适应，采用刚弹性结合的路网策略，创造小尺度、开放式、多功能复合和人性化环境。

在某新区大学城城市设计研究中，笔者团队着重探讨了“校—产—城”融合的共享模式与运维方式，提出“校—校”“校—城”“城—校”三种共享模式，鼓励学校功能溢出，设置校际共享的多功能服务带或利用城市建筑承载部分学校功能，继而有助于促成开放、公共的小型街区群和密集路网。设计增设支路总长 48.14 km（图 3.10），形成 150 m × 150 m、250 m × 200 m、300 m × 300 m 三种差异化的主导街区尺度，以适应不同功能组织模式需求。为进一步提高街网密度，在规模较大的街区内设置多条弹性道路，预留未来可向城市开放的道路空间，保障其跨街区的连通性和系统性（图 3.11）。

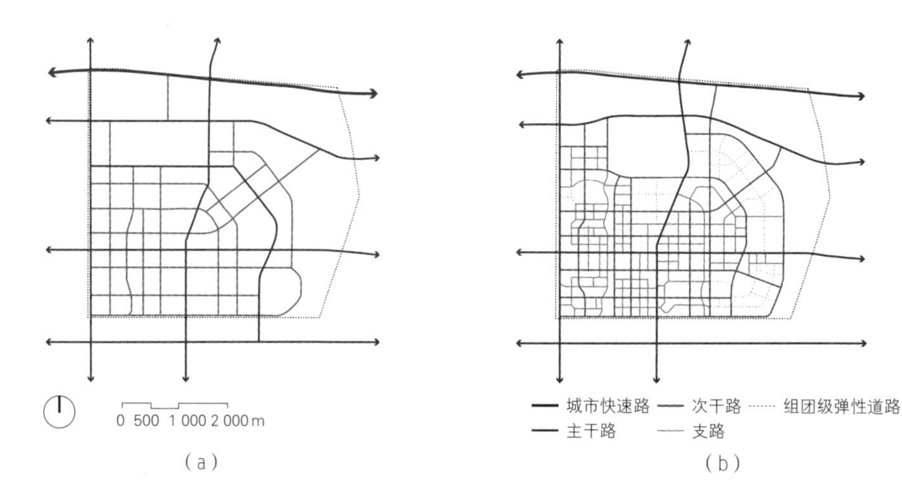

▷ 图 3.10 某大学城规划路网 (a) 和城市设计路网 (b) 比较

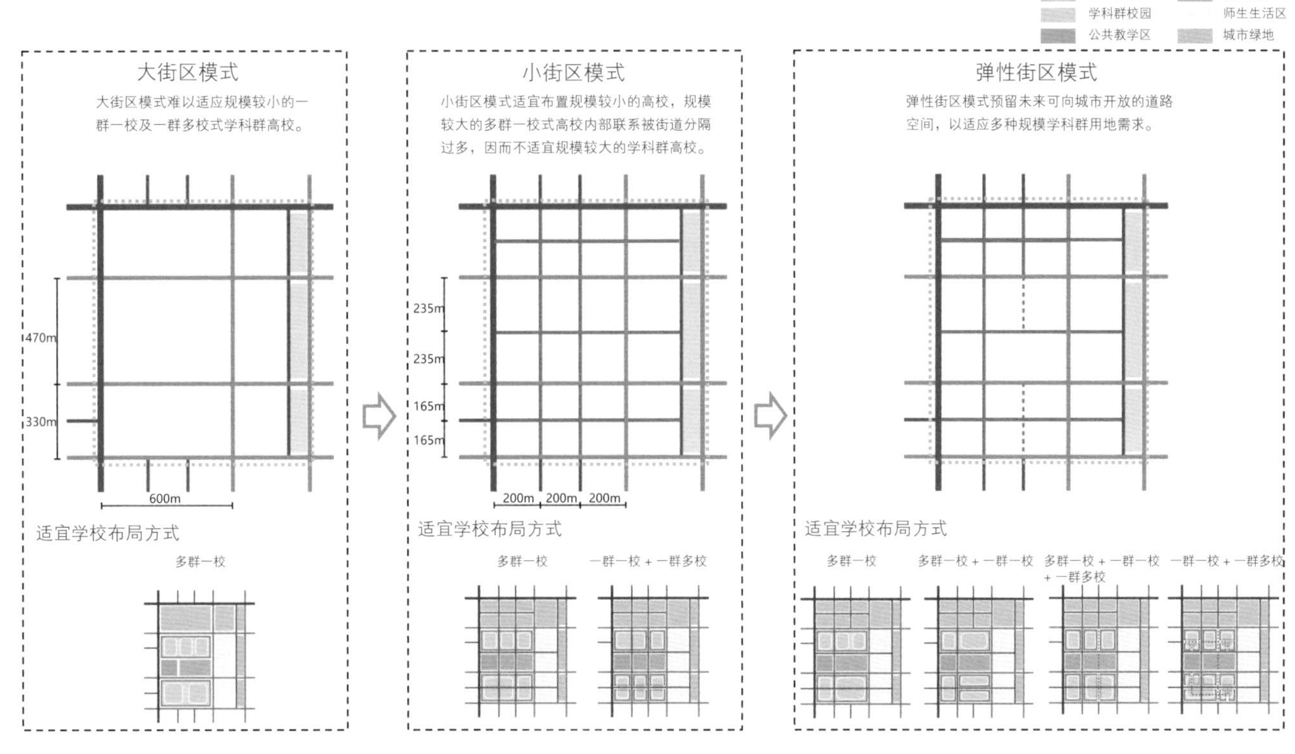

△ 图 3.11 弹性街区模式及其适宜学校布局方式示意图

既有环境更新中路网加密的多元策略

基于我国许多城市的道路级配不均衡的现实情况，既有环境更新中加密的对象主要为承载慢速交通（自行车、步行交通为主）的支路和地块内的公共通道。

· 研究和寻求开放超大街区的法规依据和技术途径，例如将大型封闭式住区、校园、单位大院内的主路公共化，土地性质转变为城市道路用地。

· 当超大街区向机动交通开放困难较大时，优先考虑对公交、自行车、步行交通开放的可能性；当土地性质转变困难较大时，可作为建设用地内公共通道进行使用和管理。

· 打通城市中的断头路、T 形路，新增道路线形尽可能沿现状用地边线设置，避免穿越功能要求比较完整的地块，避免干扰现有生活单元，减少拆迁量及土方量 [1]。

· 合理利用公园、绿地等公共空间内部通道，向步行和骑行交通开放。

墨尔本中心区规划设计长期致力于通过旧城空间结构的更新改造，提升慢行网络连接性和街道活力。《墨尔本中心城区设计指南》提出利用地块内部通道，完善城市步行网络的设计策略（图 3.12），通过增加人行通道的方式，控制街区长度在

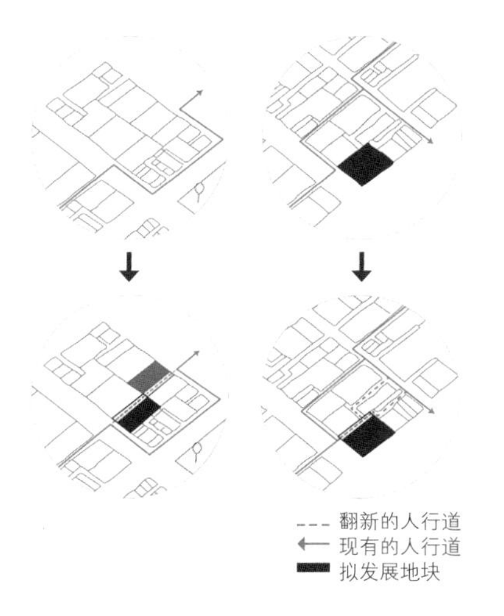

△ 图 3.12 《墨尔本中心城区设计指南》中利用地块内通道优化的城市步行网络

1 张妲，王小凡，徐国兵．旧城区城市道路的有机更新：以长沙市红旗区支路网规划为例 [J]. 规划师,2006(1): 40–42.

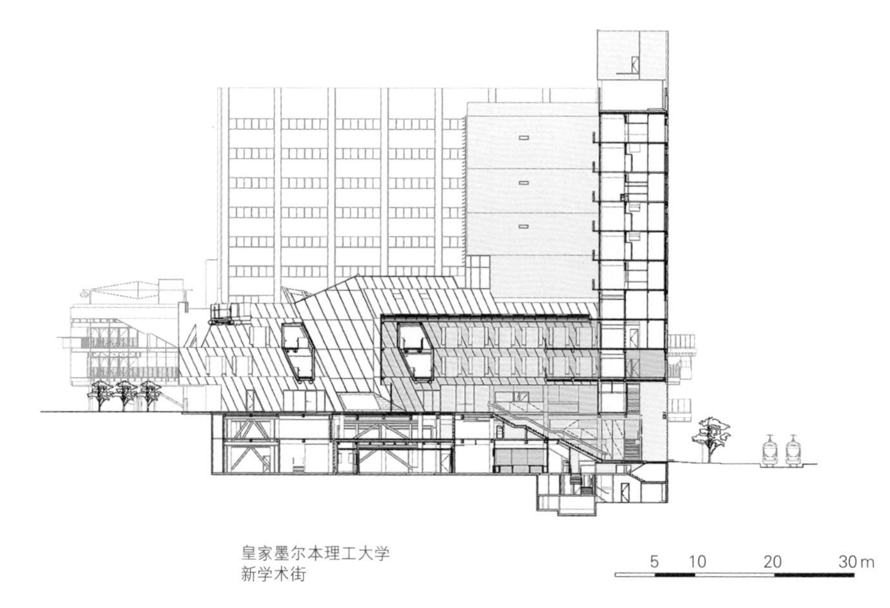

△ 图 3.13 皇家墨尔本理工大学的新学术街

70~100 m 范围内，开敞式步道、拱廊、建筑内公共通道均可纳入这一体系[1]。以皇家墨尔本理工大学（RMIT）新学术街（NAS）项目为例，该项目所在街区沿街面长度达到 180 m，设计在建筑内部植入向公众开放的立体廊道，消解了大街区对公共步行体系的阻隔，也打破了传统校区的封闭性，将大学教育带入城市空间（图 3.13）。

南京立力煤矿机械厂区周边地段城市更新，是典型的单位大院分解与重构的案例。随着轨道交通的发展，厂区所在地段转变为换乘站邻近地段，大院地块的超级尺度和过低的路网密度（不足 5 km/km^2）对地段发展构成制约。同时，该厂区被列为工业遗产类历史地段，有若干历史保护建筑留存（图 3.14）。街区格局的重构需要在历史保护、交通可达与土地利用效率之间综合权衡。规划要求增设东西向支路，以提高该地段道路密度。原控规新增的通直道路忽视了厂区现存的路网格局，与历史建筑发生碰撞。UAL 工作室在保护厂区整体格局及历史建筑的前提下，依托厂区林荫道进行单侧拓宽，形成 18 m 宽的东西向城市支路。“通而不畅”的线型有利于限制机动车穿行速度，营造慢行优先的场所氛围，原林荫道的一列树木自然形成了路中绿岛。另一南北向林荫道则转变为 7 m 宽的人车混行道路，允许单向机动车通过，加强了厂区与周边的联系（图 3.15~ 图 3.17）。

“小街区、密路网”模式下的量形匹配

在理想情况下，路网密度（km/km^2）× 道路平均宽度（m）/1 000= 道路面积率（图 3.18）。在提高路网密度以增强区域连通性的同时，若红线宽度未与道路密度进行匹配

1 Melbourne(Vic.). Council. Central Melbourne Design Guide [S/OL]. (2021-4-1) [2024-11-24]. https://nla.gov.au/nla.obj-3070903958/view

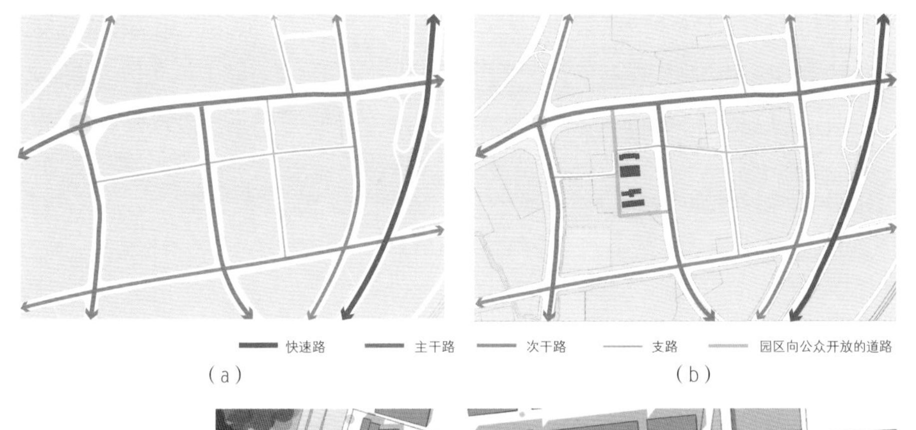

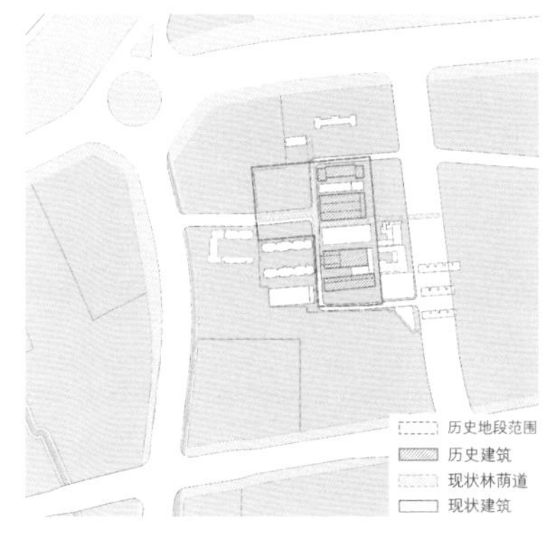

△ 图 3.14 制约路网设计的厂区历史建筑和既有林荫道

◁ 图 3.15 （a）原规划路网；（b）更新设计中的路网优化

南京立力煤矿机械厂区地块城市设计范围
一般历史地段保护范围
推荐历史建筑
推荐风貌建筑
保留林荫道
保留工业构筑物
现状厂区范围
近期新建建筑
其他原有建筑（远期可适度更新）

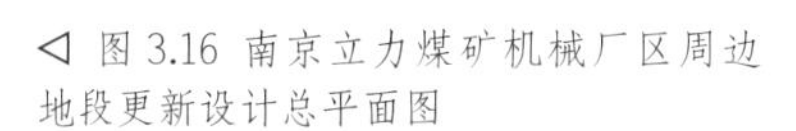

◁ 图 3.16 南京立力煤矿机械厂区周边地段更新设计总平面图

◁ 图 3.17 鸟瞰效果图

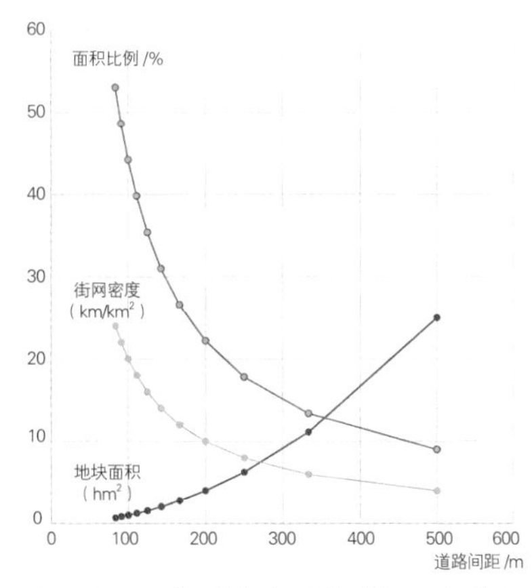

△ 图 3.18 格网状态下街道间距与街区面积、路网密度的关系图

修正，不仅未能有效解决交通拥堵，反而容易出现“宽马路、密路网”的更糟情况 [1]。

对比上海和东京中心城区，东京路网密度为 18.8 km/km^2，上海路网密度仅为 3.38 km/km^2；上海平均道路宽度约为东京的 2~3 倍。尽管两个城市的道路面积率相近，但由于细密的路网在同等道路面积率下能容纳更大的交通运输量，东京的“窄路密网”模式在通行能力上具有明显优势。因此，加密路网时应相应压缩红线宽度，在不显著增加道路面积率的情况下，提升路网的整体通行能力和连通性，具体措施包括：通过单向交通组织减少机动车车道数量；缩减机动车道宽度（表 3.2）；借用街道两侧地块内建筑后退空间作为人行道等。

表 3.2 中国城市与部分其他国家的车道宽度数据对比（单位：m[2]）

等级		国家				
		中国	美国	日本	英国	德国
城市快速路		3.75	3.6~3.9	3.5	3.65~3.7	3.5~3.75
城市主干路	大或大小车混行	3.5~3.75	3.3~3.9	3.5	3.65~3.7	3.5
	小车专用道	3.5	3.3~3.6	3.25	3.35	3.25
城市次干道与支路		3.5	3.3	2.75~3	3.35	2.75~3.25

“小街区、密路网”模式下街区尺度得到精细控制，建筑和场地布局与大街区模式相比受到更为严格的制约，街区指标与空间形态的量形统筹关系成为难点。1990 年代深圳福田中心区第 22、23-1 街坊的规划编制中，SOM 公司将街区面积由原规划的 2~4.5 hm^2 缩小至平均 0.55 hm^2，同时颠覆了传统规划中建筑覆盖率 45% 的上限限制，将其提高至 90%，容积率从原先的 5.3 增至 5.7，从而提高了小街区的土地利用效率。此外，还将原先分散在各地块内的建筑外部空间集中起来，形成属性明确、界线完整的绿地广场，明显提高了地块价值。

南京市江北新区中心区是践行“小街区、密路网”理念的典型案例，其中央商务区商办地块面积平均约 1 hm^2。项目由境外公司赢得城市设计方案竞标，但在实施过程中遇到了不少障碍，后由 UAL 工作室负责设计优化。

首先是在中心区控详指标配置中，出现了商办地块高度与容量匹配问题。部分用地容积率偏低，难以达到城市设计预期的建筑高度，也不易形成裙房或满足贴线率要求；部分地块容积率偏高，导致场地密度过高而难以组织。究其原因，原规划为地块指标赋值时，沿用粗放化时期大街区大地块模式下的经验值。当地块缩小、土地集约利用程度提高时，原有指标经验不再普遍适用。小地块指标的合理取值应综合多方面

1 吴天帅，沈一华 . 紧凑城市的路网结构指标研究：路网密度与道路面积率的关系与取值 [C]// 中国城市规划学会，重庆市人民政府 . 活力城乡美好人居：2019 中国城市规划年会论文集（06 城市交通规划）. 中国城市规划设计研究院深圳分院；深圳市蕾奥规划设计咨询股份有限公司 ,2019:12.DOI:10.26914/c.cnkihy.2019.003389.

2 王德蜜，姜迪 . 城市道路机动车道宽度取值探讨 [J]. 城市道桥与防洪，2013(8)：6−8+382.

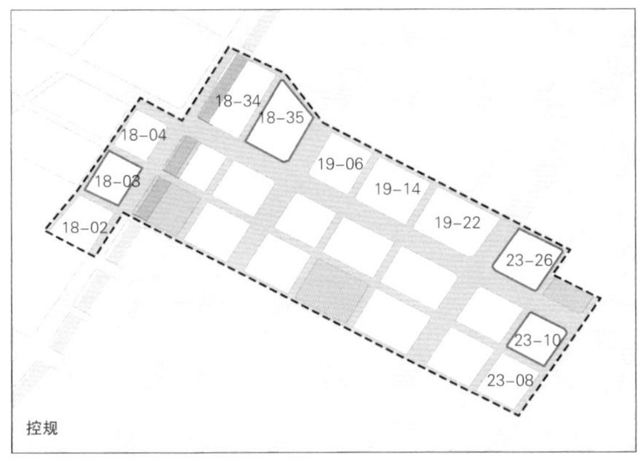

街区各地块原始控规数据

地块编号	控规高度 /m	控规容积率	地块面积 /hm²	可容纳建筑面积 /m²
18–02	150	6.4	1.11	71 040
18–03	350	14.0	0.93	130 200
18–04	100	6.1	0.83	50 630
18–34	150	6.5	1.17	70 650
18–35	150	3.2	1.65	52 800
19–06	100	3.4	1.22	41 480
19–14	100	3.5	1.54	53 900
19–22	150	4.0	1.83	73 200
23–08	60	3.4	1.06	36 040
23–10	205	8.0	0.98	78 400
23–26	300	10.0	1.34	134 000

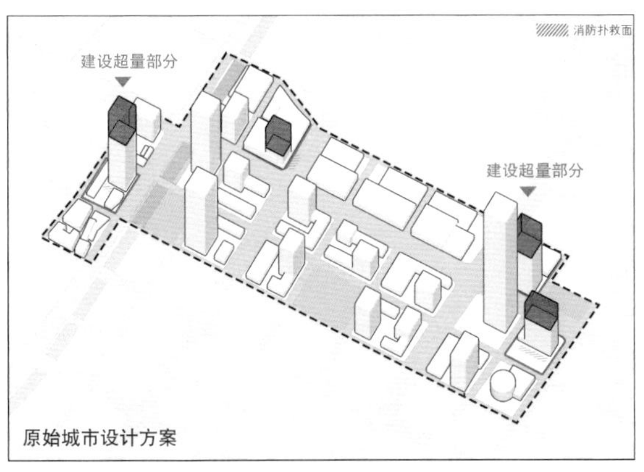

原始城市设计方案在控高条件下的建设数据

地块编号	控规高度 /m	实际方案容积率	标准层面积 /m²	超量建设面积 /m²
18–03	350	20.9	2 500	64 244
18–35	150	5.6	2 000	40 200
23–10	205	9.6	2 000	15 790
23–26	300	14.2	2 500	57 085

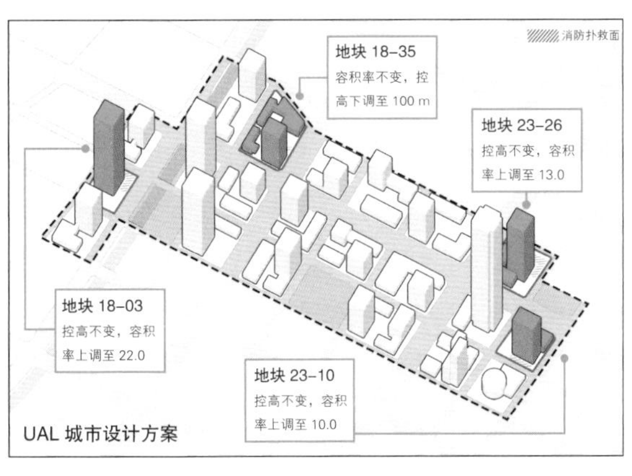

UAL 方案调控后地块指标数据

地块编号	修订控高 /m	修订容积率	修订塔楼标准层面积 /m²	总建设面积 / 可容纳面积 /m²
18–03	350	22.0	2500	204 047 / 204 600
18–35	100	3.2	1600	53 352 / 52 800
23–10	205	10.0	2000	99 190 /98 000
23–26	300	13.0	2400	174 814 / 174 200

◁ 图 3.19 江北新区中心区城市设计中小地块控制指标的量形修正对比

约束因素。地块内部空间组织受交通、消防、建筑设计等多专业领域技术规范的约束。此外，还需在地块层面回应城市设计提出的整体控制与引导要求，对裙房与塔楼布局、街道职能与街墙控制、退界距离、地块人车出入口等进行统筹（图 3.19）。其次是均质小尺度街区与特殊功能的矛盾。均质单一的小街区尺度难以适应居住、医疗、大型商业综合体、文化娱乐、中小学等功能空间的需求，如居住街区受日照和地块几何特性的双重制约，街区过小或边界与南北向夹角较大，会显著影响居住建筑的布局效率，不利于节约土地。医疗、教育以及商业综合体用地，都有其特定的组织逻辑，如果街

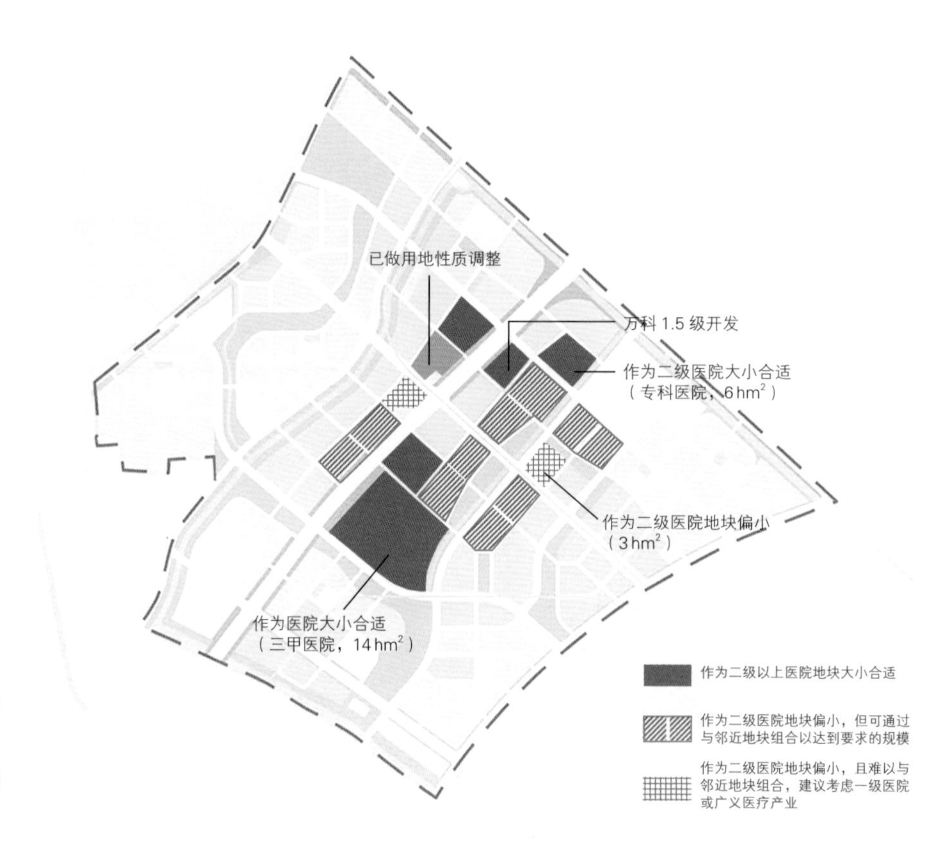

▷ 图 3.20 江北新区部分地块尺度与用地功能的匹配修正

▽ 图 3.21 空间形态与用地指标的量形互动及其生成技术

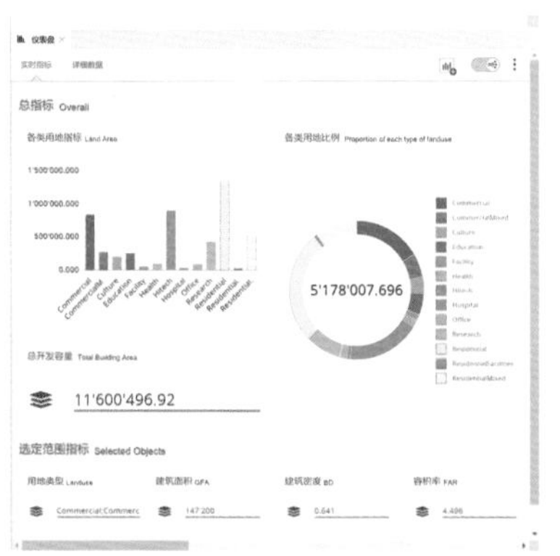

区规模和边界方位与之不匹配，就会违背土地高效利用的初衷（图 3.20）。在这些设计实践中，UAL 工作室针对小尺度街区，综合研究了合理的指标配置体系，在地块几何特征与功能属性之间建立匹配关系，也由此引向空间形态与用地指标的量形互动及其生成技术的相关研究（图 3.21）[1]。

街道网络的立体化设计

在高密度街区组织中，当地面连接难以满足人行和车行的多重需求时，跨街道的地下和空中通道成为增加街区细密连接的重要手段。它们为建筑空间的连接增加了新的路径，以满足快捷通达及商业洄游活动的需求。

纽约洛克菲勒中心由六个小街区组成，每个小街区内的建筑均为塔楼与裙房的基本组合。小街区之间通过地铁通道、地下商业街和下沉式广场，在地下连接成网，从地下和地面层均可直接进入商场和办公塔楼，使街区之间的交互行为更加高效便捷。香港金钟地区的连接网络则分布在空中。作为轨道站点的上盖物业，金钟廊更似一个建在天桥上的商场，在水平方向伸出大量“触手”与周边商业、办公物业相连。东京的汐留站和大阪站也是在地下和空中形成细密连接的集约型公共街区的典例（图 3.22）。

1 韩冬青，董亦楠，刘华，等．关于城市地块格局的机理认知与设计实践 [J]. 时代建筑，2022(4):30−37.

纽约洛克菲勒中心

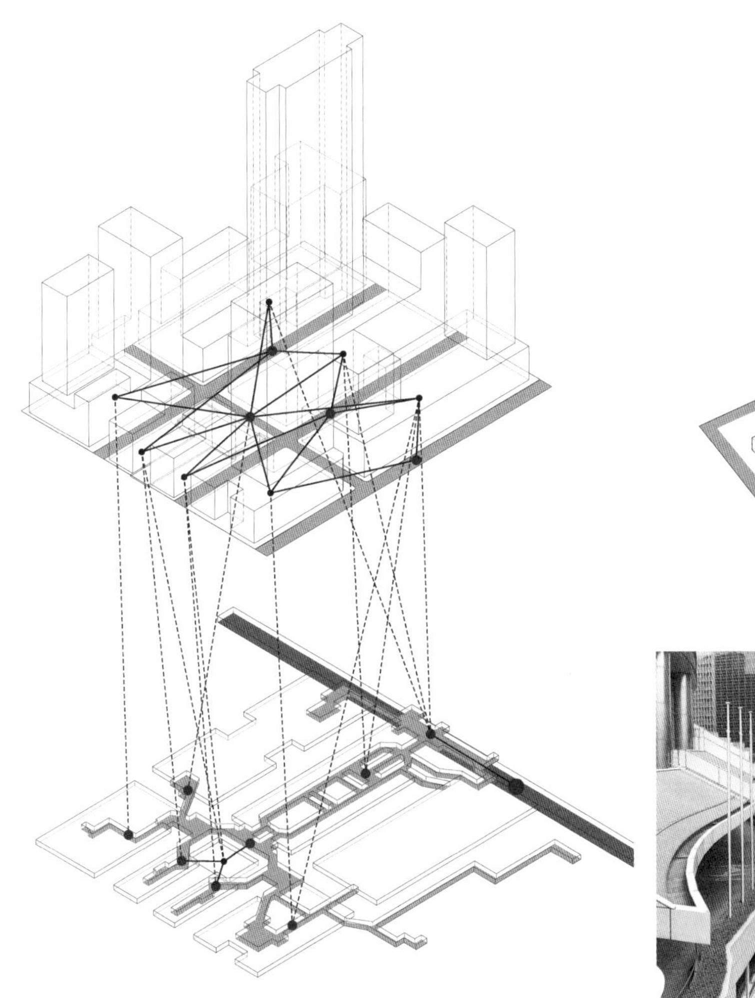

香港金钟廊

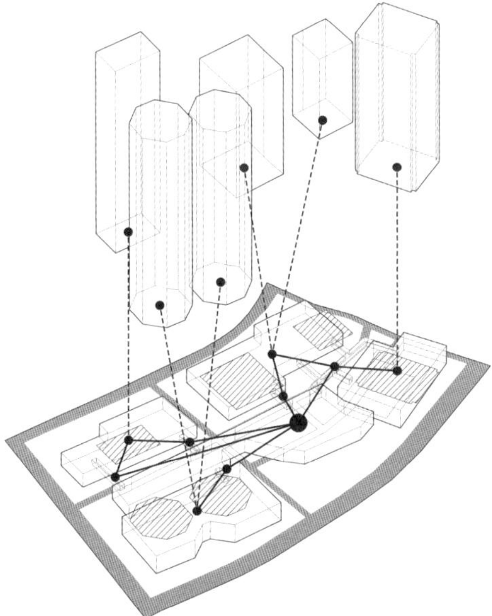

东京汐留站

大阪站

△ 图 3.22 跨街区地块的立体化连接示例

3.2.2 街道与地块

1）规律与特征

地块是城市建筑形态研究中的重要组成部分，也是规划设计与建筑工程设计的交合节点。地块与街道的构型关系对空间集约化具有重要作用。在康泽恩提出的平面格局三要素中，地块（Plot）是指边界限定的一宗土地，代表持有产权（Property Holding）的土地使用单元（Land-use Unit）；地块格局（Plot Pattern）是一系列地块的排列布局，作为一种形态框架（Morphological Frame）对城市形态的演变具有比建筑更持久的影响力。对比传统城市与现代城市，可以发现两种不同的“地块—街区”模式（图 3.23）。

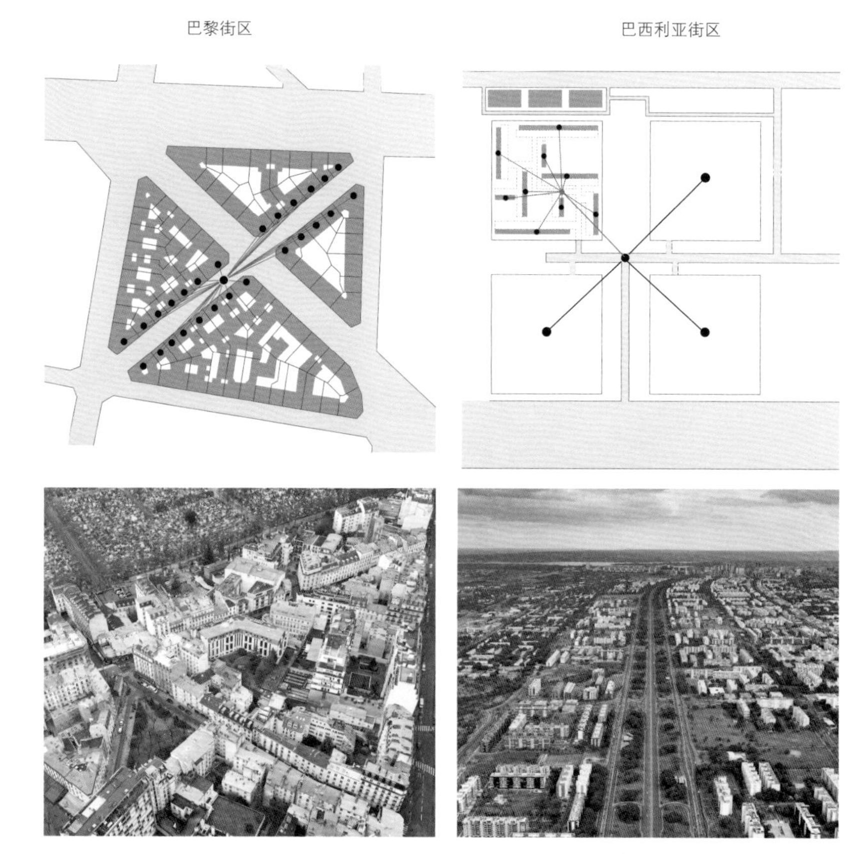

▷ 图 3.23 “街道型”巴黎街区与“区块型”巴西利亚街区的构型比较

▽ 图 3.24 面向街道的地块和出入口数量与街道活动的关系

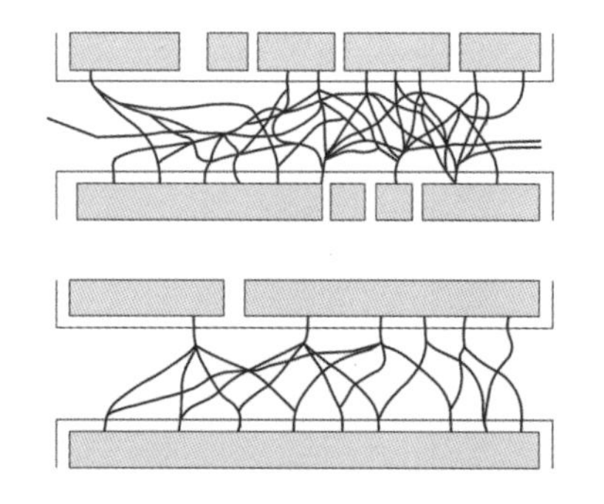

街道型：地块沿街道两侧布置。街道两侧的一连串地块群构成街道的“腹地”。街道为其提供出入口及其与其他区域的连通，地块群及其中的建筑构成街道的界面、场所氛围和业态功能，两者相互依存。类型学派将与同一条街道关联的地块群定义为一个地块序列，街区则由多个地块序列相加或叠合而成。

区块型：街道与街区和地块的关系趋于简单。若干条街道切割出街区，街道仅作为运输通道，其场所特征式微；一个街区可能仅包含一个地块，即地块和街区的层级发生重合；地块四面临街，建筑形体却被孤立地搁置在地块中央，与街道失去联系。

街道与地块、地块与地块之间构型链接的解体，是现代城市公共空间割裂和活力衰退的重要原因之一。

“街道型”地块组织模式导向细密的地块划分和小颗粒的地块尺寸，这意味着一条街道可与更多的地块相连，形成更多面向街道的出入口，以及丰富多样的界面和细密的尺度。既有研究表明，这样的街道通常更具有活力（图 3.24）[1]。荷兰 MVRDV 建筑事务所基于实践研究发现，当地块尺度较大时，规划对于地块内建筑布局的控制相对乏力，而当地块被有序细分并控制在较小尺度时，建筑的排布方式被限定，就能较好地实现城市设计预想的建筑空间布局及外部空间形态，及外部空间形态[2]。由于地块具有相对稳定性，它对城市形态的影响也已成共识。例如，东京老城区内住宅用地一直以 240 m^2 的模数发展，即便居住建筑类型发生多次迭代，但城市仍能极大程度地保持传统“印记”和宜人的街区氛围（图 3.25）[3]。

◁ 图 3.25 延续既有地块模式的东京住宅更新

有关地块划分的规定，每个国家和城市都不尽相同。美国的区划法和土地再分法中一般包含地块朝向、形状比例、尺度、临街面最小长度等几个方面内容[4]：尽量使地块的正面朝向良好的景观，避免朝向不利的土地利用和开发形式；尽量避免一个地块有两个方向的沿街面（Lots with Double Frontage）；居住地块不宜面向城市主要道路；位于街区角部的地块（Corner Lots）应比内部的地块宽，以满足建筑从两条道路的合理后退；避免出现进深过大的地块，比如弗吉尼亚州的法兰克林郡规定，地块深度不大于地块宽度的 3 倍；为保证尺度适宜的临街面，并满足地块出入交通的需要，规定总面积小于 2 300 m^2 的地块，最小临街面长度应为 27 m，总面积大于 2 300 m^2 的地块，最小临街面长度应为 36 m 等。

尽管美国在后续的城市发展过程中，因功能结构和建筑类型变化引发了一系列地块合并活动，但以小尺度和精细化为导向的初始地块划分模式（例如 19 世纪曼哈顿初划地块尺寸约为 7.6 m × 30.5 m，芝加哥为 21 m × 65 m），在一定程度上保证了合并后地块的合理尺寸和内部建筑的紧凑布局（图 3.26、图 3.27）。

1 Appleyard D, Lintell M. The Environmental Quality of City Streets: The Residents' Viewpoint[J]. Journal of the American Institute of Planners, 1969(35): 84−101.

2 刘敏霞 . 地块尺度对于城市形态的影响 [J]. 山西建筑 ,2009,35(1):31−33.

3 北山恒，塚本由晴，西泽立卫 . Tokyo Metabolizing 东京代谢 [M]. 台北 : 田园城市 , 2013.

4 沈娜 . 关于土地再分问题的研究 [D]. 大连理工大学 ,2005.

▷ 图 3.26 纽约两个地区的地块尺寸分布：（a）麦迪逊广场周边；（b）布鲁克林地区［40%（麦迪逊广场周边）和80%（布鲁克林地区）的地块仍保持原始面积。在市场作用下，地块尺寸遵循城市大小和财富的帕累托分布规律，符合空间经济分布规律］

▷ 图 3.27 曼哈顿上东城临中央公园一组街区地块划分的历时性演变

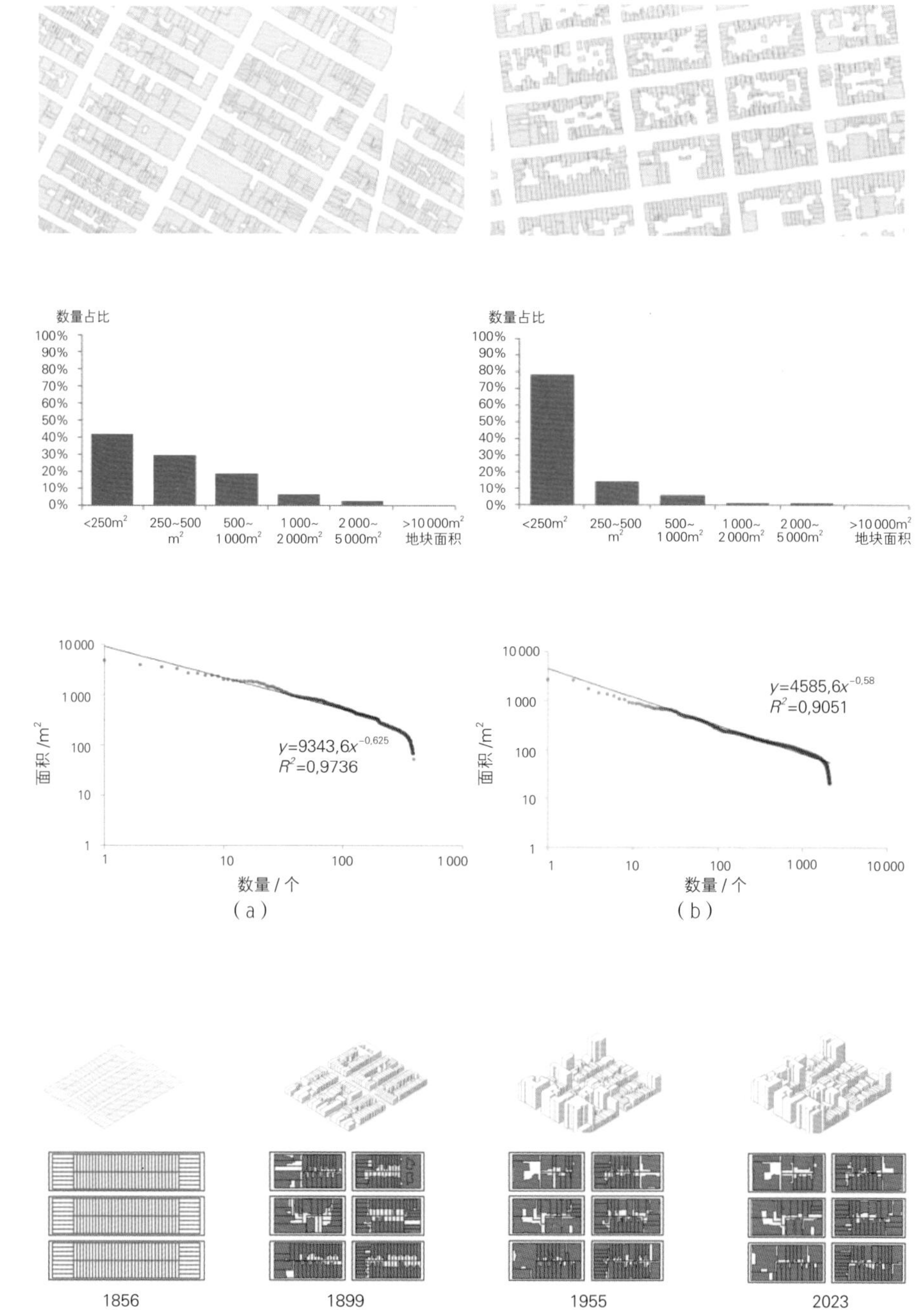

我国一些地方法规中局部有对某类性质地块的面积控制值规定（表 3.3），《上海市城市规划管理技术规定》中，分别规定了低层、多层、高层居住建筑以及高层公共建筑的建筑基地最小值；《苏州工业园城市规划管理技术规定》中也对地块的意向性划分进行了尺度限定，包括地块的面积范围、平均面积和最小面积等。但从总体看，我国城市设计对地块控制内容和方式的认知仍比较薄弱。

表 3.3 我国地块相关控制值

文件名称	控制内容
福建省城市控制性详细规划编制导则	地块划分规模可按新区和旧城改建区两类区别对待，新区的地块规模可划分得大些，面积控制在 0.5~3 hm^2，旧城改建区地块可在 0.05~1 hm^2
上海市城市规划管理技术规定（土地使用建筑管理）	建筑基地未达到下列最小面积的，不得单独建设： 低层居住建筑为 500 m^2； 多层居住建筑、多层公共建筑为 1 000 m^2； 高层居住建筑为 2 000 m^2； 高层公共建筑为 3 000 m^2
苏州工业园城市规划管理技术规定	平均地块面积 2~2.5 hm^2；地块面积范围 0.5~6 hm^2；最小地块面积 0.5 hm^2；地块的长宽比例应达 2：1
嘉兴市南湖新区控制性详细规划	一般商业地块细分至 1 hm^2 左右

笔者团队基于长期的实践和研究，初步探索了地块功能与尺度的关联规律，如：高层商务办公地块以 1 hm^2 为主尺度，多层商办地块最小可控制在 1.5 hm^2 左右；居住地块控制在 2~4 hm^2；研发地块规模相对弹性，为 1.5~3.5 hm^2，其内部可再划分次级开发单元等（图 3.28）。

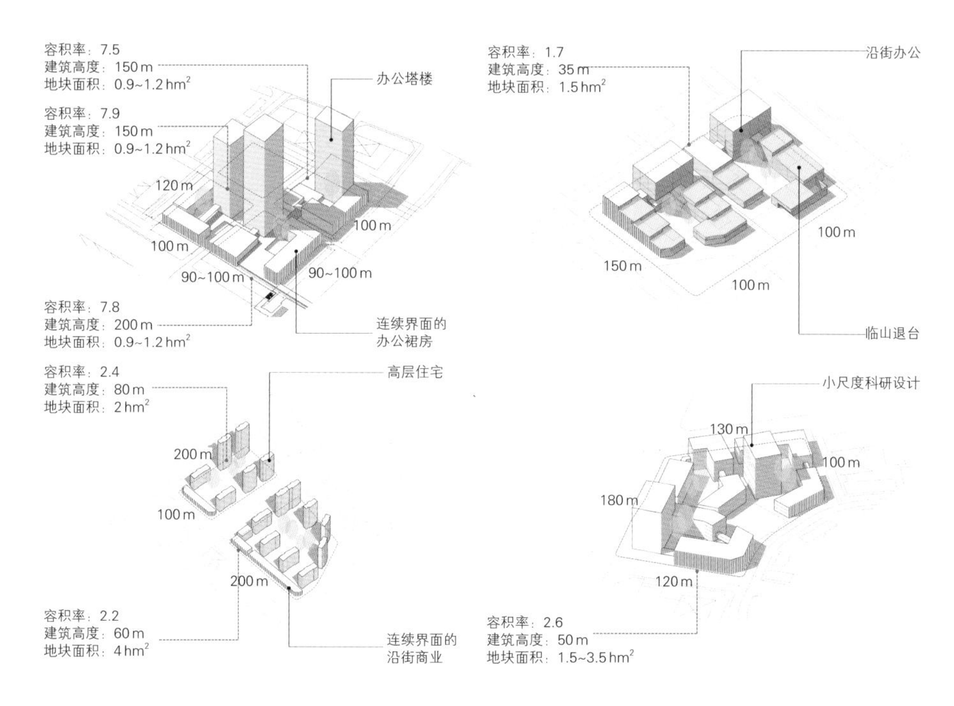

◁ 图 3.28 典型地块类型与模数控制

2）设计策略

地块的划分和组织是微观尺度城市设计中的重要环节。基于街道和街区组织的地块设计，需要把握尺度控制及其与街道的构型组织类型，也需要适应不同建筑开发的功能属性和几何特征。

不同场景中沿街地块划分的尺度控制

基于传统城市和现代城市街区构型的对比和反思，街区地块与街道的紧密关系的建构，可借鉴传统城市的“街道型”构型范式，重点控制沿公共活动频繁的商业性和生活性街道的地块面宽。以南京为例，针对三类地段——历史街区、一般性历史城区、新城区，提出三种地块划分的基本尺度控制标准（图 3.29）。

▷ 图 3.29 不同场景下地块细分方法：（a）历史街区；（b-1）大地块隐藏在街区后方或内侧；（b-2）后侧大地块与重要街道界面保留尺度严格受限的接口［（b-1）（b-2）为一般性历史城区的两种典型模式］；（c）新城区

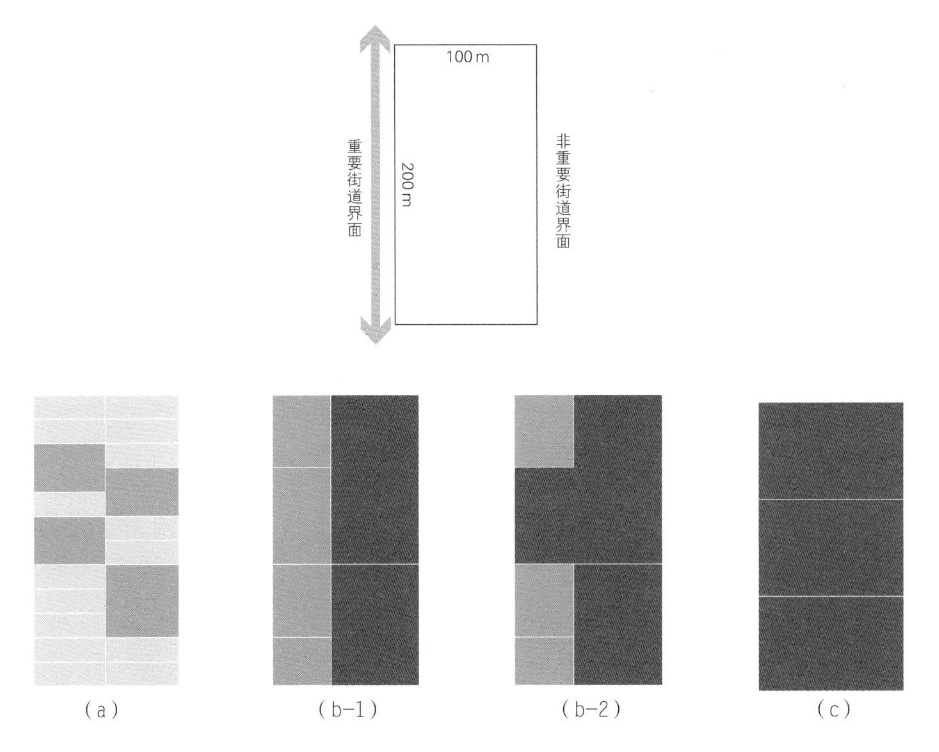

在历史街区内，尽可能延续传统地块面宽尺寸 10~16 m[1]，允许小幅度的地块合并，合并形成的新地块面宽约为 30 m，最大不超过 50 m。

在一般性历史城区内，大部分地块经过了重划，但依旧保留了地块细分这一历史城区的基本形态特征。重划的地块大多以中尺度为主，典型的地块面宽约为 50 m，最大不超过 70 m。大地块应优先排布在街区内部，从而释放临街面产生更多的细分。

在新城的高密度建设区域，为塑造街区活力和多样性，推动土地集约利用，典型公共地块面宽宜设置在 70~100 m，居住、医院、学校等地块面积适当放宽，以适应其特定的空间组织需求。

将借鉴传统街区的地块细分模数作为创造城市性的设计策略，在欧洲城市的新城建设中普遍运用。荷兰阿姆斯特丹波诺 – 斯彭贝格（Borneo – Sporenburg）港区更新计划，通过建立沿运河带状街道网络和窄面宽、长进深的地块肌理（地块尺寸 5 m × 15 m），

1 刘鹏在《精明的地块划分——一种基于地块的历史城区空间修补政策》中通过分析得出，南京老城南传统地块的面宽通常在 10~16 m 之间。

再现了传统的运河联排住宅（Row House）肌理，形成多样、紧凑和连续的街区景观[1]（图 3.30、图 3.31）。

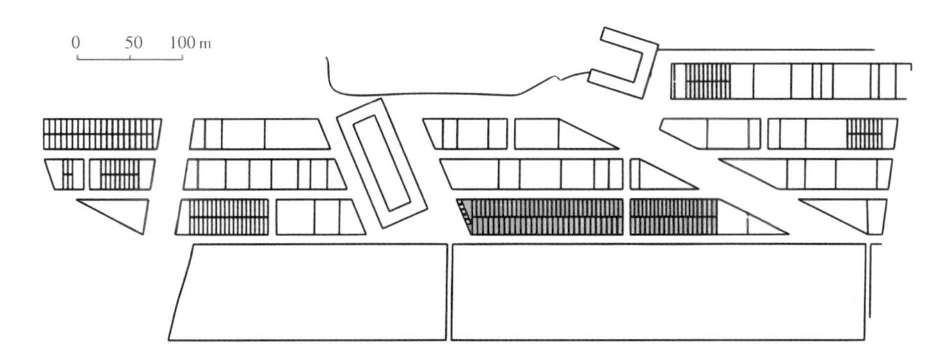

◁ 图 3.30 阿姆斯特丹波诺－斯彭贝格（Borneo-Sporenburg）港区更新计划（采用模拟内城的小尺度地块划分）

◁ 图 3.31 阿姆斯特丹波诺－斯彭贝格（Borneo-Sporenburg）港区更新后的鸟瞰照片

笔者在主持的南京河西新城中央区一期工程（2002 年）和二期工程（2006 年）城市设计中，通过连续数年的观察分析，发现中央商务区地块划分的尺度不仅与土地集约化利用程度相关，也影响了城市风貌、品质和活力。一期工程的地块划分直接沿用原控规，120 m × 300 m 或 120 m × 150 m 的街区为一个地块。一期建成后，该地段呈现出肌理疏松、场地空旷，土地利用效率偏低等问题。二期工程的城市设计中，将原有沿街 300 m 长的地块切分为面宽分别为 100 m 和 200 m 的两个地块单元，其中 200 m 面宽的单元可进一步分为 2 个并列小地块。单个商办地块面积由原先的 1.5~2 hm^2 缩减为 1~1.2 hm^2，有效提高了土地利用效率。二期建成后，呈现出更为紧凑连续、更具活力的城市空间（图 3.32）。

1 刘崇，郝赤彪 . 当代荷兰废弃港口区的改造：以阿姆斯特丹 Borneo － Sporenburg 项目为例 [J]. 现代城市研究 ,2010,25(8):52−55.

南京河西新城中心区一期

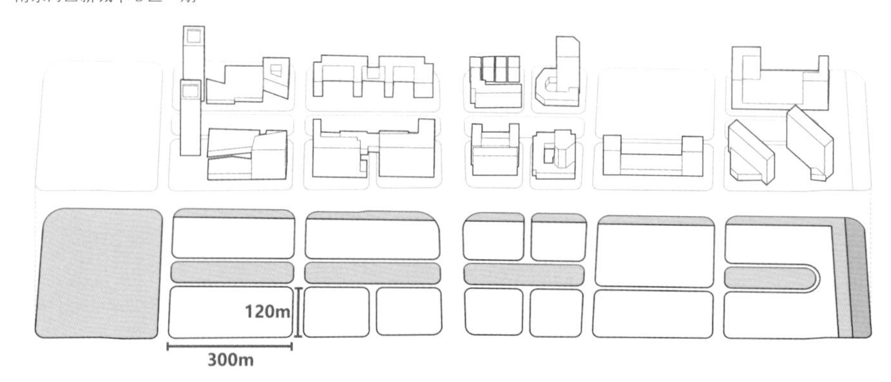

南京河西新城中心区二期

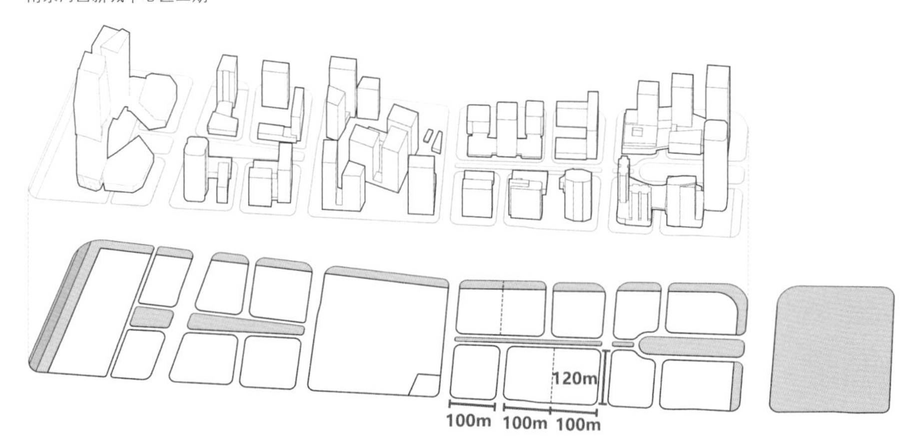

▷ 图 3.32 河西新城中心区一期、二期工程地块划分、形体颗粒尺度对比

针对街道与地块相隔绝的立体化衔接方法

在某些特定情况下，地块与街道无法连通。在城市基础设施复杂化、立体化的当代，这类地块已越来越趋于常态。通过建筑与城市一体化设计，建立地块与道路的立体衔接是一种有效的方法。

南京站东铁路办公用房项目场地位于南京火车站站区内。地块南北两侧被京沪铁路和沪宁城际铁路线包夹，西侧城市道路高架于站区之上，东侧城市道路从铁路线下方穿越（图 3.33），因与城市道路的隔离，成为典型的低效用地。设计采用紧凑的建筑形体，通过立体化交通组织、功能组织、景观设计等综合手段，实现建筑与城市的链接。其中，最关键的组织结构就在于如何建立建筑与城市道路的衔接。设计利用距地面 15 m 高的高架道路作为主要出入口，平接进入建筑五层屋顶平台，从这里可直接进入建筑主门厅。五层屋顶平台实质上成为地块衔接城市的场地，机动车由此通过环绕建筑体量的坡道到达地面层。在场地北侧，地下机动车车道和非机动车车道下穿铁路线与街道连通；在场地东侧，设置连通城市隧道的次入口，供消防车和行人出入（图 3.34、图 3.35）。本案例中，道路与地块的构型关系，本质上依然是一种区块构型。

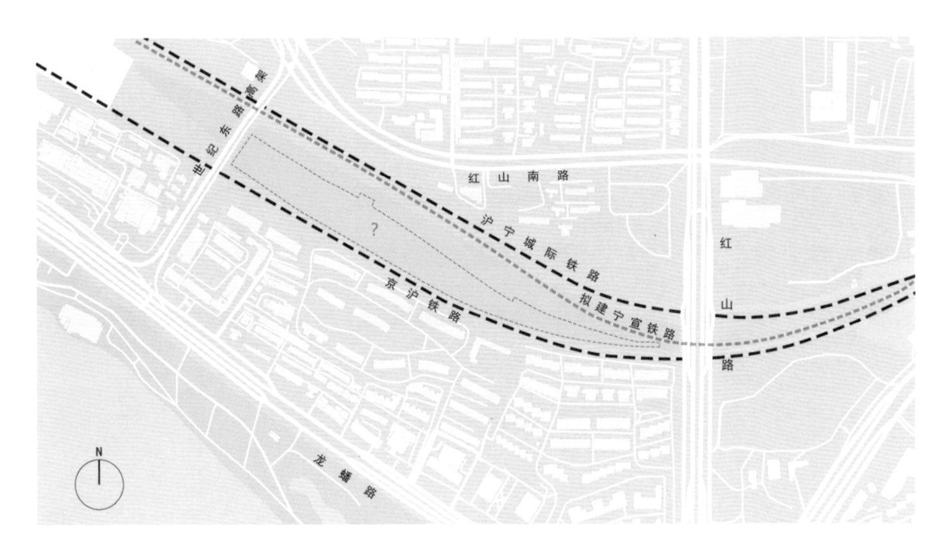

△ 图 3.33 场地周边环境及交通条件

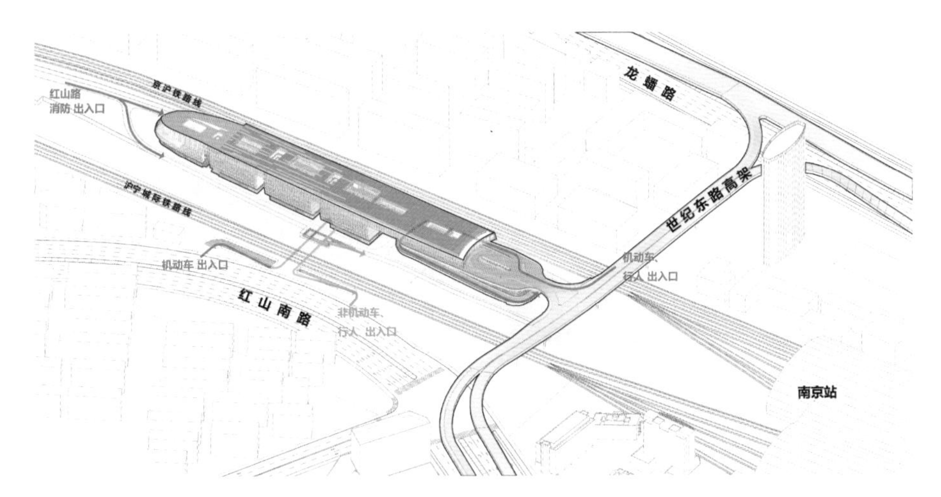

◁ 图 3.34 高架交通平面示意

△ 图 3.35 从高架路看向建筑的效果图

3.2.3 地块与建筑

1）规律与特征

地块建筑的集约性过去常以容积率为度量，即容积率越高，则集约度越高，这一观点已受到广泛质疑。莱斯利·马丁（Leslie Martin）和莱昂内尔·马奇（Lionel March）指出相同容积率可以由不同的建筑类型获得（图 3.36）[1]；大卫·西姆 (David Sim) 亦指出传统的密度指标无法表达建筑形态的集约化特征，例如土地使用最优性、建筑与街道的连接密度、开放空间的有效使用程度等[2]。

图 3.37 显示了两种具有相同建筑覆盖率、高度和容积率的建筑类型——亭式建筑和院落式建筑布局，其中院落式建筑的组织方式能获得更多明确且有限定的开放空间。在三维层面，对比相同容积率和进深的亭式建筑和院落式建筑，覆盖率相等情况下，院落式建筑的高度仅为亭式建筑的三分之一。

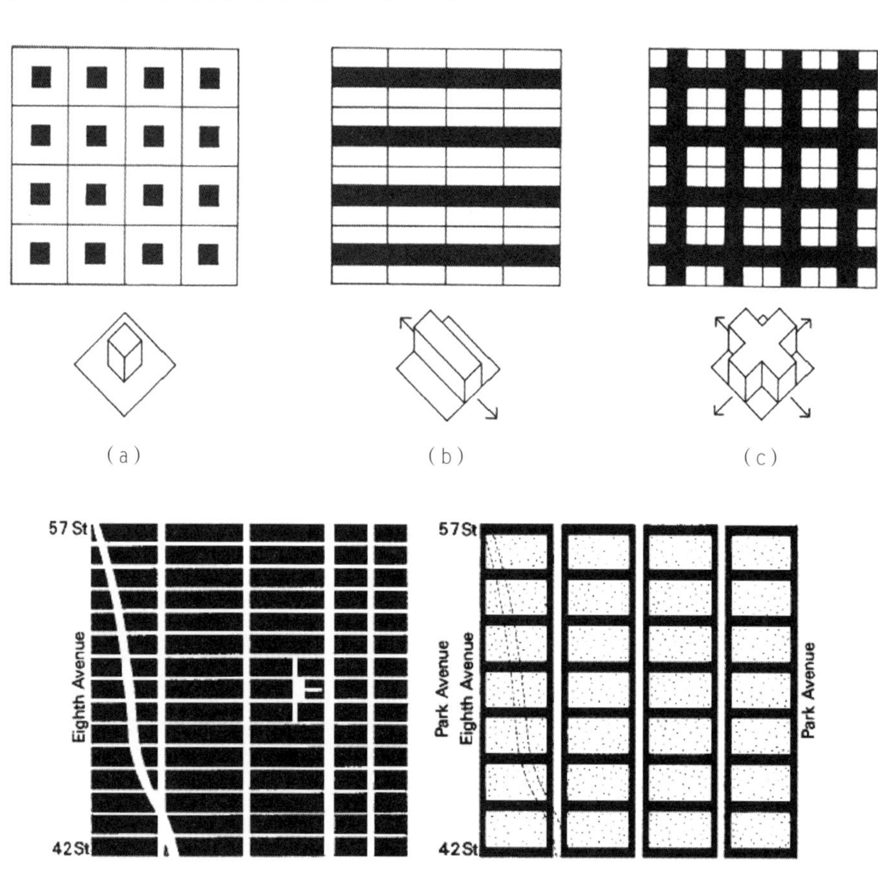

▷ 图 3.36 具有相同密度的三种基本建筑类型：（a）亭型（Pavilion）；（b）板型（Bar）；（c）院落型（Courtyard）

▷ 图 3.37 莱斯利·马丁 和莱昂内尔·马奇提出的以大型庭院取代部分曼哈顿中心区的建议（该建议方案提供相同的建筑面积，同时创建大型开放空间，并将建筑平均高度从 21 层降低到 7 层）

1 Martin L, March L. Urban Space and Structures[M]. London: Cambridge University Press, 1972.

2 西姆 . 柔性城市：密集 · 多样 · 可达 [M]. 北京：中国建筑工业出版社，2021.

莱昂·克里尔 (Leon Krier) 认为，高楼构成了庞大且垂直的尽端路，由于其连接性和毛细作用为零，极易造成网络堵塞和活力丧失，其本质与美国郊区的“尽端路、棒棒糖”模式没有区别[1]（图 3.38）。行列式建筑的山墙面由于连续性不足和相对封闭，不利于塑造连续的街景和街道活力。英国、荷兰、丹麦等国家围绕“如何在没有高层建筑的情况下实现高密度”话题展开研究和实践，认为在相同容量的前提下，中低层高密度围合式建筑有利于形成较长的、具有高经济价值和吸引力的沿街立面及较大的首层空间，有助于加强街道与建筑底层的关联，为街道提供充分的内外交流点，提升公共空间活力和经济价值（图 3.39）。

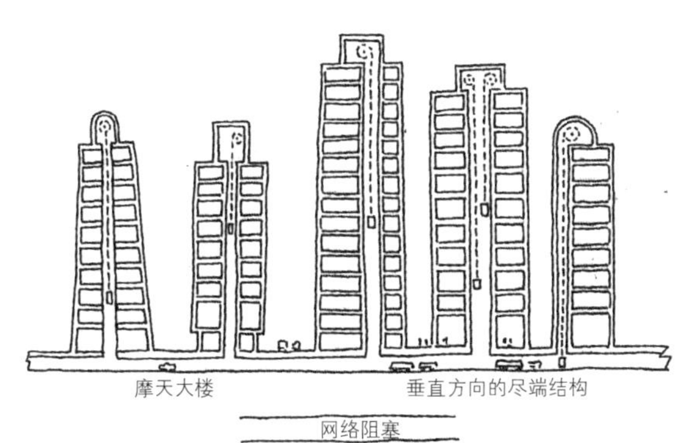

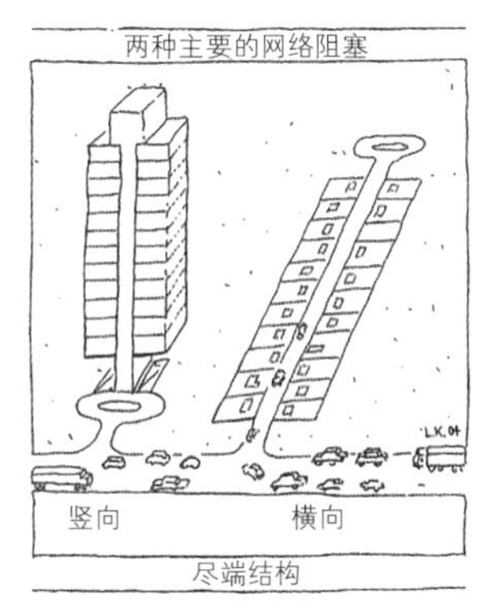

◁ 图 3.38 摩天大楼构成了垂直方向的尽端路结构

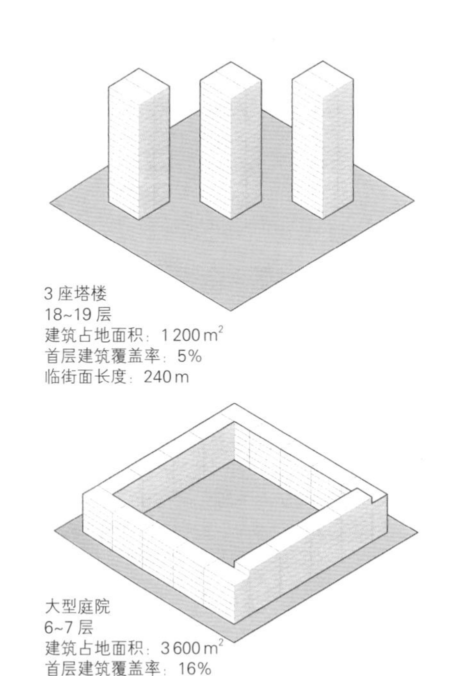

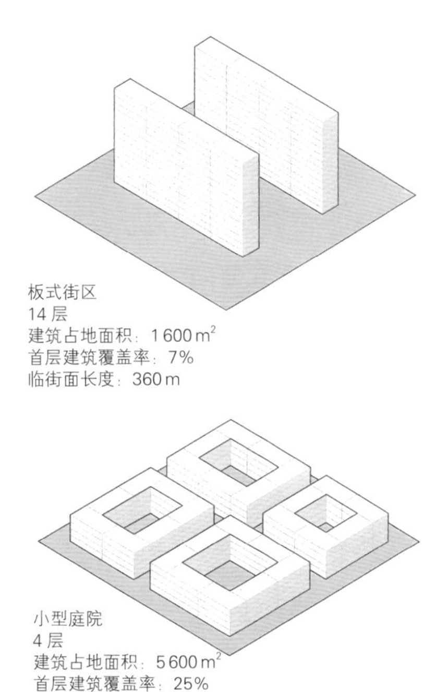

◁ 图 3.39 四种相同开发强度的建筑形态与城市肌理比较

1 克里尔 . 社会建筑 [M]. 北京：中国建筑工业出版社，2011.

综上可见，地块建筑的集约性，不仅是容积率的高低，还需将建筑与街道和场地间的连接能力纳入评价。建筑的几何类型特征很大程度地影响了其与街道的构型关系，从而形成了不同的集约化成效和场所品质。

2）设计策略

地块是建筑设计与城市相联系的基本节点。地块建筑的设计不仅仅要考虑自上而下的规划约束，还需要主动建构建筑与街道及街区环境的积极联系，从而提升集约性的内涵品质。地块临街面的利用、地块内公共步行路径与街道网络的联系，以及建筑地面层的开放性等等，都是提升建筑与城市连接度的有效策略。

响应和建构沿街界面

城市设计对地块格局的控制，与建筑对城市设计中地块导则的执行，构成了引导与反馈的关系。南京河西新城中央商务区一期和二期，对街墙控制做了明确的导则指引。建筑最大限度地占据地块沿街界面（图 3.40）。以宋都大厦为例，基地位于河西新城中央商务区内，一侧面向主干道，另一侧面向商务区带状绿地，地块面积 1.177 hm^2，是集商业和 SOHO 公寓为一体的综合性建筑（图 3.41）。设计采用满铺裙房模式，对外形成完整的街道界面，内部形成院落。高层部分同样响应街廓控制线，朝向城市绿地一侧采用塔楼，利于争取好的朝向和景象（图 3.42）。

▷ 图 3.40 南京河西新城中央商务区的街廓控制

一期工程

二期工程

◁ 图 3.41 宋都大厦总平面图

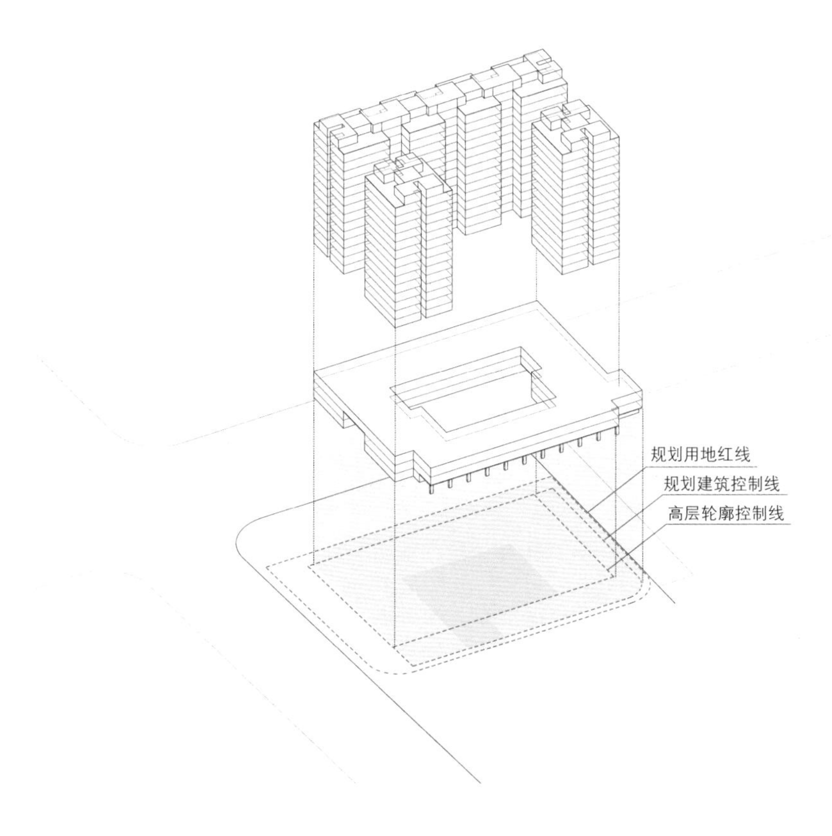

◁ 图 3.42 宋都大厦面向商务花园一侧的分解轴测图

△ 图 3.43 英国伦敦多尼布鲁克区福利住房项目总平面图

通过地块细分创造公共空间

当地块规模较大时，对地块再次细分并植入公共通道，可以改善地块与周边区域的步行联系，创造新的街面，有利于在建筑与场地、街道之间形成更密集的连接。英国伦敦多尼布鲁克区（Donnybrook Quarter）福利住房项目位于老福特路与帕奈尔路交会处。设计在地块中引入丁字形 7.5 m 宽的步行内街，作为城市公共开放空间。因此，建筑首层沿街面长度增加一倍以上。低层高密度布局形成了步行环境良好、尺度宜人的社区（图 3.43~ 图 3.45）。35 套公寓也因此全部拥有独立面向街道或内街的出入口：底层沿街开门，直通二层住户的楼梯也与街道直通；二层以上采用“工作室＋居住”模式，入户层设置露台[1]。

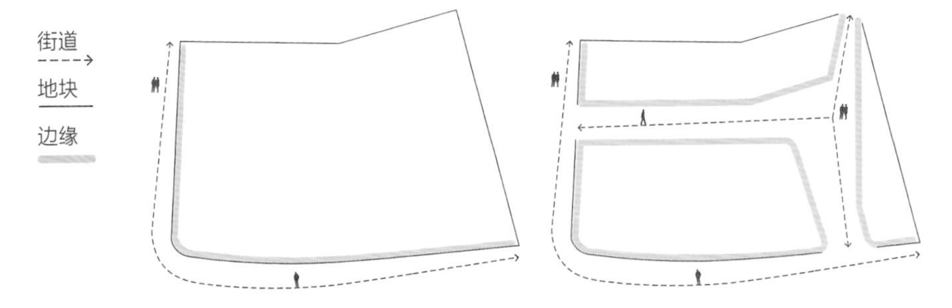

▷ 图 3.44 英国伦敦多尼布鲁克住宅区福利住房项目中新增的地块内部街道和边缘界面

▷ 图 3.45 英国伦敦多尼布鲁克住宅区福利住房项目鸟瞰图

1 胡润芝 . 新内城住宅：浅析伦敦多尼布鲁克住宅 [J]. 华中建筑 ,2009,27(2):14-16.

南京仙林社区服务中心项目也采用了地块细分的设计策略。地块面积 2.7 hm^2，主要功能是为社区居民及周边高校师生提供生活配套设施。地块内遗留的林荫道从不同方向斜切地块，暗示了穿越街区的捷径（图 3.46）。设计保留了其中的两条路径，以此为参考线将地块切分为多个区块。建筑布局形成与外界具有丰富联系的一组群落。院落、建筑内部中庭等空间面对周边景观，形成层次丰富的开放空间。细分后的建筑功能空间在运营使用上既相互独立，又彼此连通（图 3.47、图 3.48）。

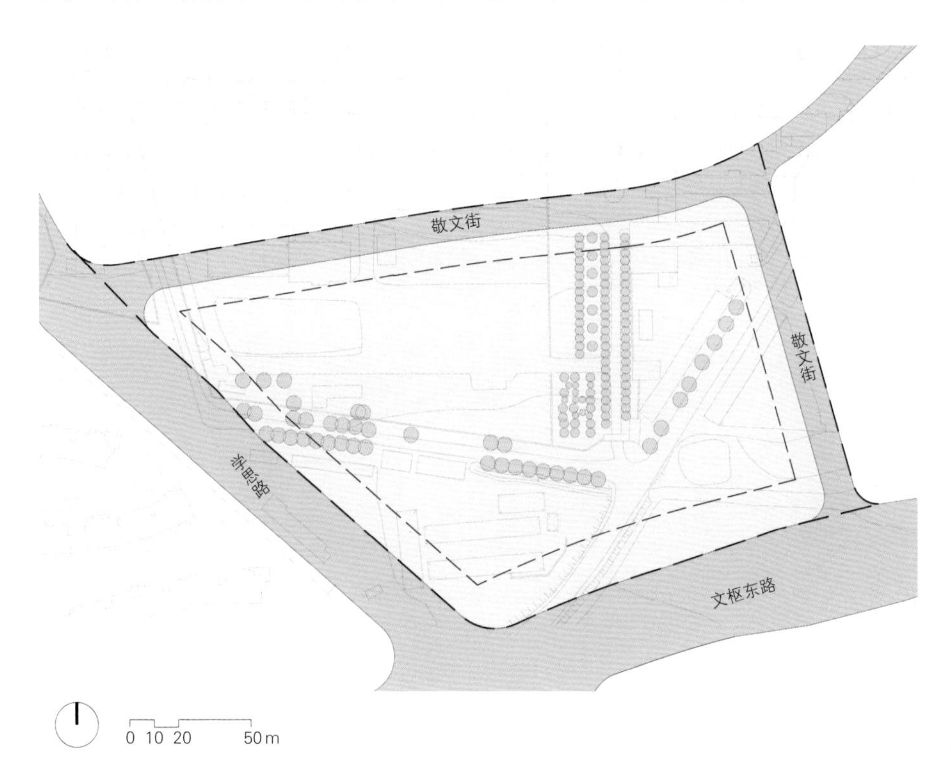

◁ 图 3.46 仙林社区服务中心基地现状

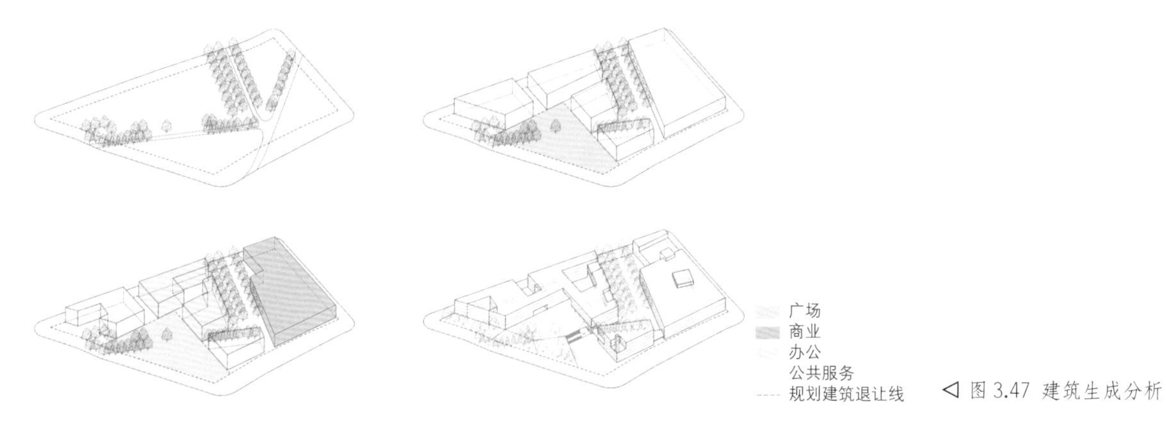

◁ 图 3.47 建筑生成分析

(a)

(b)

△ 图 3.48 (a)仙林社区服务中心鸟瞰图;(b)广场与内院的连通

地面层空间的开放化利用

建筑地面层是与城市公共空间交互最密切的区域。在充分占据街廓的基础上，建筑功能单元布局及其进入方式，需要街巷活力导向的精细化设计。首层空间利用方式与其功能占据的进深和面宽有关。大卫·西姆提供了各类功能占据首层空间的尺度清单，按空间进深由小到大分为六档[1]：

① XS—25~60 cm：相当于一个货架或橱柜的尺寸，可以用于存放和展示商品，可支持摊贩在户外经营的小商铺。

② S—1~2 m：可以作为“墙上开洞”式的经营窗口，服务户外的顾客，比如咖啡摊、修鞋店或报刊亭等。

③ M—4~6 m：可以容纳允许顾客在室内活动的小型商店、作坊或办公室，通常只占据临街一侧。

④ L—10~12 m：在深度上贯通建筑首层，可形成“窄面宽和大进深”格局，这类零售并排布局，形成高密度多样化的购物街。公共空间可向后院延伸，赋予建筑从临街到背街不同程度的公共性。

⑤ XL—12~20 m：某些首层的建筑空间纵深可能大于其上方楼层，以供需要更大平面的功能（尤其零售）。另外，大型首层空间可为上方楼层提供露台或屋顶户外空间。

⑥ XXL—20 m 以上：最大的首层空间可能占据整块用地。这类超大型空间可以支持超市等用途的场所入驻。

对于大尺度功能单元或内向性功能空间，可在其边缘布置小尺度公共功能，形成多样化业态，提高建筑与街道及社区的连接。例如，在大教堂或市政厅的边缘布置小型店铺（图 3.49）。私密、日常、商业性的活动与官方、正式、具有仪式性的公共机构并存，体现了街道与建筑之间的紧密互动关系。

△ 图 3.49 慕尼黑玛利亚广场市政厅边缘连续的小型商铺

南京小西湖街区控制中心的设计在地块细分的基础上，在设备用房的沿街一侧设置小尺度店铺，不仅提高了土地利用价值，也为社区创造了公共交往场所（图 3.50）。

KPF 公司设计的花卉庭院项目（Floral Court）在欧洲老城环境中通过老建筑更新和部分新建筑的植入，精细化塑造首层空间功能布局和流线组织，使其融于老城细密肌理，激活街巷活力。该项目位于伦敦老城区科文特花园广场西北侧，占据花卉街两侧的两个小型街区，基地面积仅为 2 700 m^2。设计从重塑公共空间系统入手，植入贯穿街区的廊道，将街区内部与街道联系起来，临街商业界面长度增加一倍以上。有限的首层面积和临街面被充分利用起来，几乎所有功能单元均为“窄面宽、深平面”形态。不同规模的功能单元被紧凑地组织在一起，其中：最小的零售单元仅 5 m × 10 m（单侧临街）；中等尺度的零售单元约 8 m × 20 m；较大尺度的餐饮单元围绕幽静的庭院布置；尺度最大的百货单元呈不规则平面形态，沿街面宽度仅为内部宽度的 2/3，余出 1/3 宽度用于容纳小零售单元，以丰富沿街界面（图 3.51、图 3.52）。

1 西姆. 柔性城市：密集 · 多样 · 可达 [M]. 北京：中国建筑工业出版社，2021.

▷ 图 3.50 小西湖街区控制中心的边界小店铺

△ 图 3.51 花卉庭院项目内庭院景观和街道景观

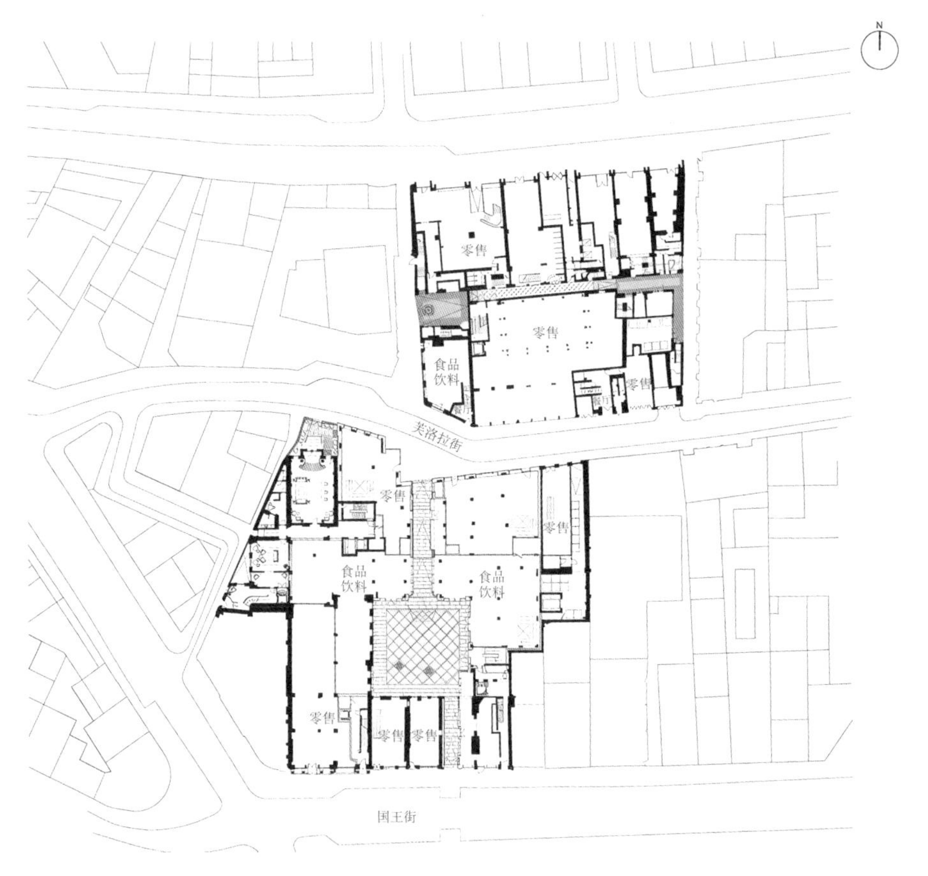

▷ 图 3.52 花卉庭院项目平面图

3.3 构型的多层级组合

3.3.1 街道组合

1）规律与特征

20 世纪初，机动车交通的快速发展，引发了以交通干道和内向大街区为特征的现代主义设计思潮，先后出现了多种层级化道路网络设计理论与模型。克拉伦斯·佩里（Clarence Perry）的“邻里单元”（1929 年），意在发达的车行交通条件下建立一种适合居民生活的、舒适安全的、设施完善的社区[1]（图 3.53）。同时期，斯泰因（C. Stein）与赖特（H. Wright）提出“大街坊”概念，并运用于美国新泽西州的雷德朋（Radburn）新镇规划中（图 3.54）。1963 年，道萨迪亚斯（C. A. Doxiadis）从人类聚居学角度阐释邻里空间的规划，提出未来邻里单位模型[2]（图 3.55）。柯布西耶在印度昌迪加尔的超级街区实践、“雷德朋规划”带动下的欧美田园城市社区规划、欧洲和苏联的围合式公共住宅，各自在其地域背景下展现了独特的规划理念和建筑形式[3]（图 3.56）。

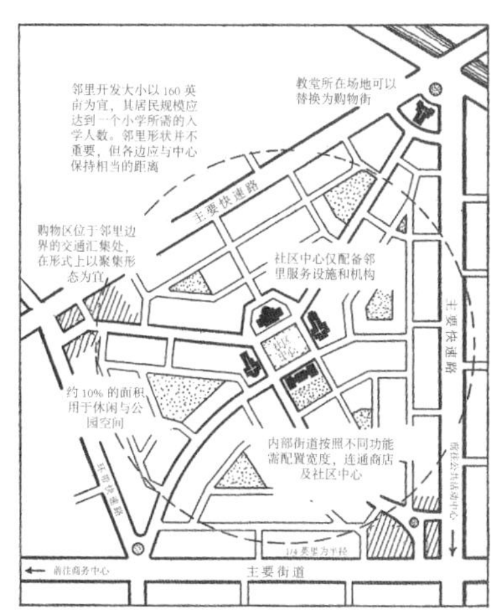

△ 图 3.53 克拉伦斯·佩里的邻里单元模型

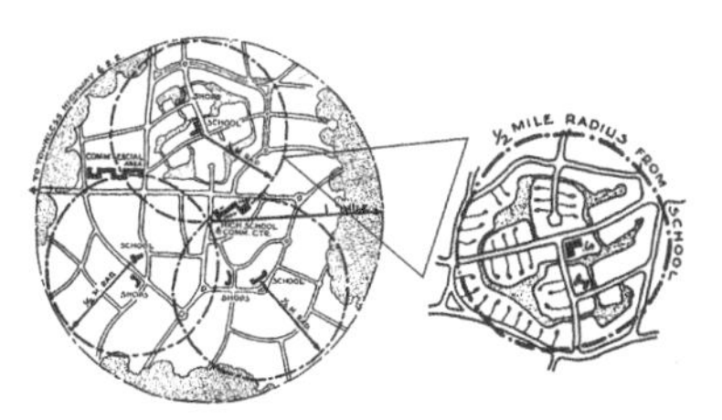

△ 图 3.54 斯泰因的邻里单元图解

△ 图 3.55 道萨迪亚斯提出的未来邻里单位模型

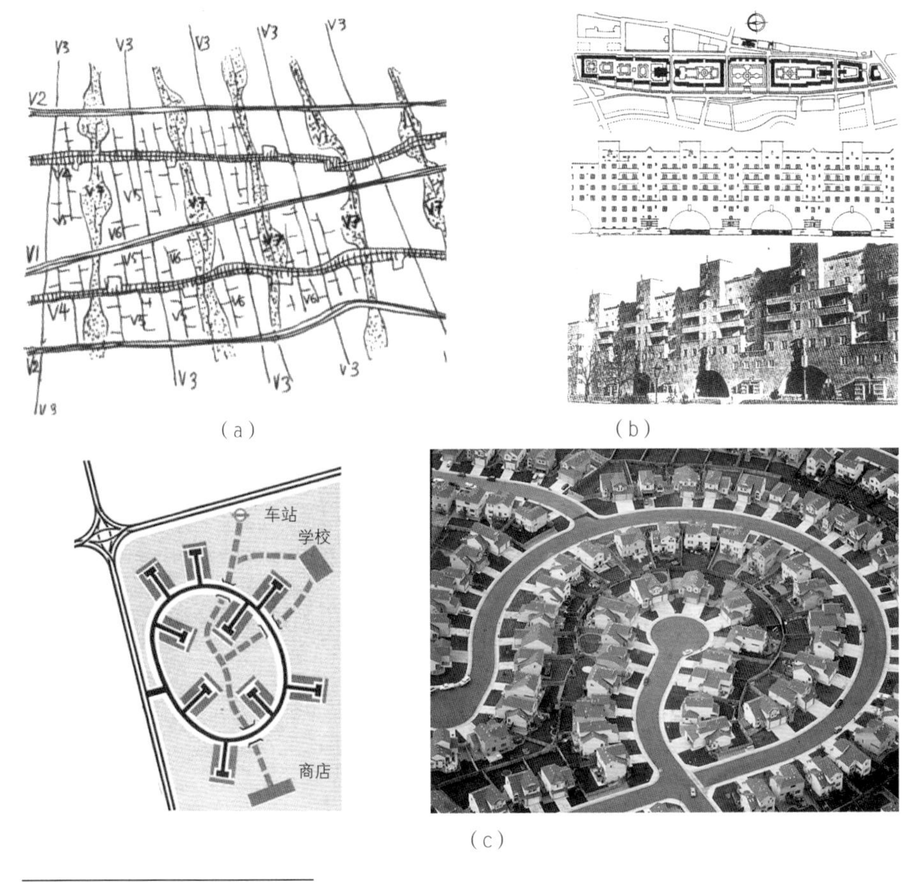

◁ 图 3.56（a）柯布西耶规划设计的昌迪加尔路网结构；（b）维也纳的卡尔·马克思大院（Karl Marx-Hof，1927—1930）；（c）美国郊区的“圈圈和棒棒糖”（Loops and Lollipops）模式

1 罗宾斯，埃尔．塑造城市：历史·理论·城市设计 [M]．熊国平，曹康，王晖，译．北京：中国建筑工业出版社，2010.

2 Doxiadius C A. Buildings Entopia[M]. Athens :Athens Publishing Center, 1975.

3 Sonne W. Dwelling in the Metropolis: Reformed Urban Blocks 1890−1940 as a Model for the Sustainable Compact City[J]. Progress in Planning, 2009, 72(2):53−149.

等级化大街区模式在东亚城市被普遍采用。这类大街区的形成并非一次性规划设计的产物，而是历经长期自上而下的交通快速化与自下而上的逐步更新的双重磨合，形成的一种兼顾流动性与稳定性的结构，被认为实现了城市全局性甚至全球性的快速发展和局部性、本地传统生活的延续，值得西方学习和借鉴[1-4]（图 3.57）。在这些具有多样化道路构型的老城街区中，高连接性和低深度的街道具有更高的交通便利性和商业价值，沿大路常设医院、购物中心等大型公共建筑，两侧首层通常设有连续店铺，形成公共性强、人流量大的主街。藏匿于街区深处的路段，则具有较高的私密性和本地生活氛围，居民们在此碰面、交流和活动。一些高深度路段常与院子、小广场结合，成为住宅内部空间的外延（图 3.58）。这些等级化的大街区利于在街区内部形成服务设施聚集的局部中心，适宜的深度确保了居住场所的私密性和安全性。

▷ 图 3.57 首尔江南、南京老城南、东京原宿的街道网络

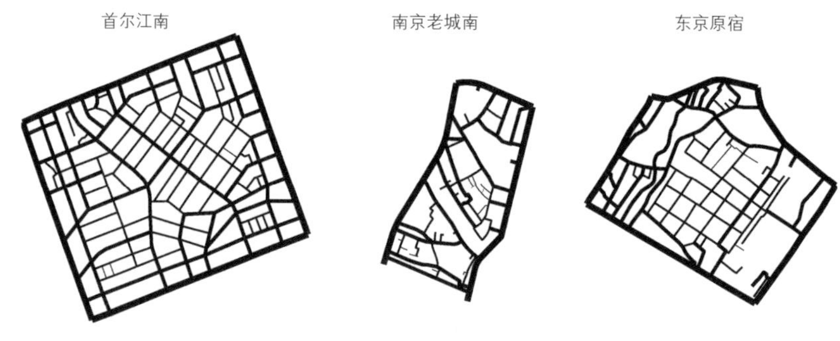

▷ 图 3.58 南京老城大街区内的街道场景（展现出从公共到私密的梯度）：（a）深度为 0 的干道；（b）深度为 1 的支路；（c）深度为 2 的支路；（d）深度为 3 的巷道

以均质网格著称的巴塞罗那仙柏莱地区，2003 年起开启名为“超级街区计划”的街道结构的改造。它是通过对街道构型的等级化操作实现的：原本相互独立的 9 个街

1 Peponis J, Park J, Feng C. The City as an Interface of Scales: Gangnam Urbanism[M]//Kim SH, et al. On the Front Line – The FAR Game – Constraints Sparking Creativity. Seoul: Space, 2016:102–111.

2 皮珀尼斯，封晨，朴，等．超大街区设计的多样性与尺度 [J]. 城市设计 ,2017(5):30–41.

3 Shelton B. Learning from the Japanese City: Looking East in Urban Design[M]. New York: Routledge, 2012.

4 Chen X F. A Comparative Study of Supergrid and Superblock Urban Structure in China and Japan, Rethinking the Chinese Superblocks: Learning from Japanese Experience[D].Sydney: The University of Sydney, 2017.

区合并在一起，形成 400 m × 400 m 的大街区，其边界为机动车快速通行干道，内部街道仅供私家车、救护车以每小时 10 km 以内速度通行（图 3.59）。街区内部尽可能缩减机动车道和停车位，并建造地下停车场，将地上空间归还给步行、购物和举办户外活动的场所。道路转角处开发为广场，曾经的车行道被重塑为绿色街道，曾被快速交通抑制的手工作坊、零售商业等随即出现在超级街区内部，构成了内外差异显著、内部关联紧密的整体结构（图 3.60）。改造后的双重尺度的路网模式改变了车行和人行空间的分配关系。2014 年超级街区计划实施前，约 73% 的公共空间给了汽车；改造后，预计到 2050 年将有 77% 的公共空间被转化给行人使用，减少约 26% 的机动车出行，进而减少空气污染、碳排放和噪声污染[1]。仙柏莱地区改造实践表明，街道构型设计与街道尺度、断面控制及管理制度的结合，不仅重塑了街道的等级差异，也可以创造出多样的城市空间场所。

▽ 图 3.59 巴塞罗那超级街区计划：（a）原状（所有道路都允许 50km/h 的车速）；（b）阶段一（城市车流被限制在边界道路上，绿色线路仅允许 10km/h 以内速度通过）；（c）最终形成的超级街区（内部绿色部分为市民公共空间）

◁ 图 3.60 巴塞罗那圣安东尼区道路交叉口改造：（a）改造方案；（b）改造前的场景；（c）改造后的场景

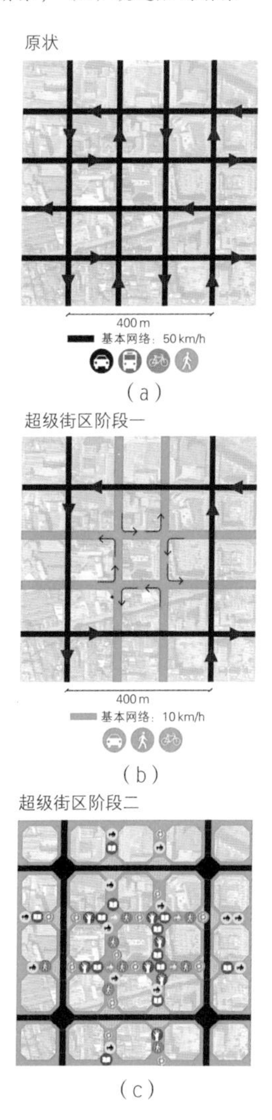

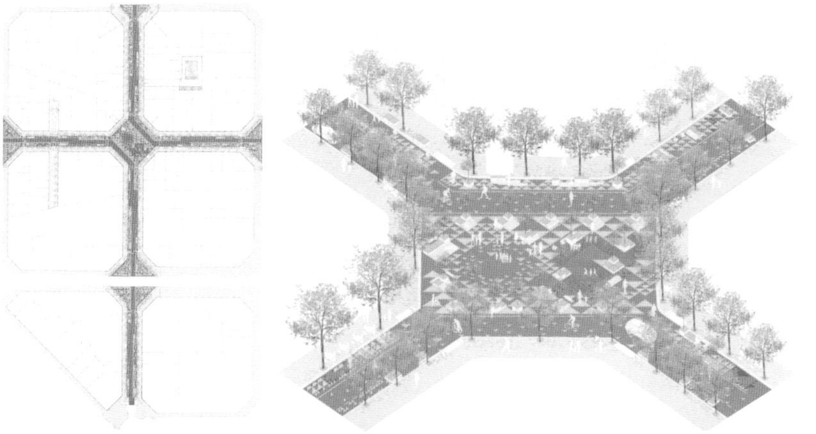

（a）

（b） 　（c）

1 Mueller N, Rojas-Rueda D, Khreis H, et al. Changing the Urban Design of Cities for Health: The Superblock Model[J]. Environment International, 2020, 134(1): 105-132.

上述案例及其设计理念产生于不同的背景，但在理论内涵上具有一致性，旨在创造一种兼顾流动性与稳静性的“外动内静”结构[1]。从街道系统看，超级街区的边缘干道在更大范围内形成高效流动的格网，内部街道则强调慢行与交流；从用地布局看，外缘地块开发强度相对较大，承担更为公共的城市级功能（图 3.61），街区内部用地开发强度较小，与社区日常生活的关联更为紧密。在超级街区内部同样存在多样化的构型特征，从中涌现出的社区层级连接度中心，与作为城市和片区层级连接度中心的边界干道紧密联系，确保每个人从住所到达中心，或在各级中心之间切换的距离均在合理范围内[2]。

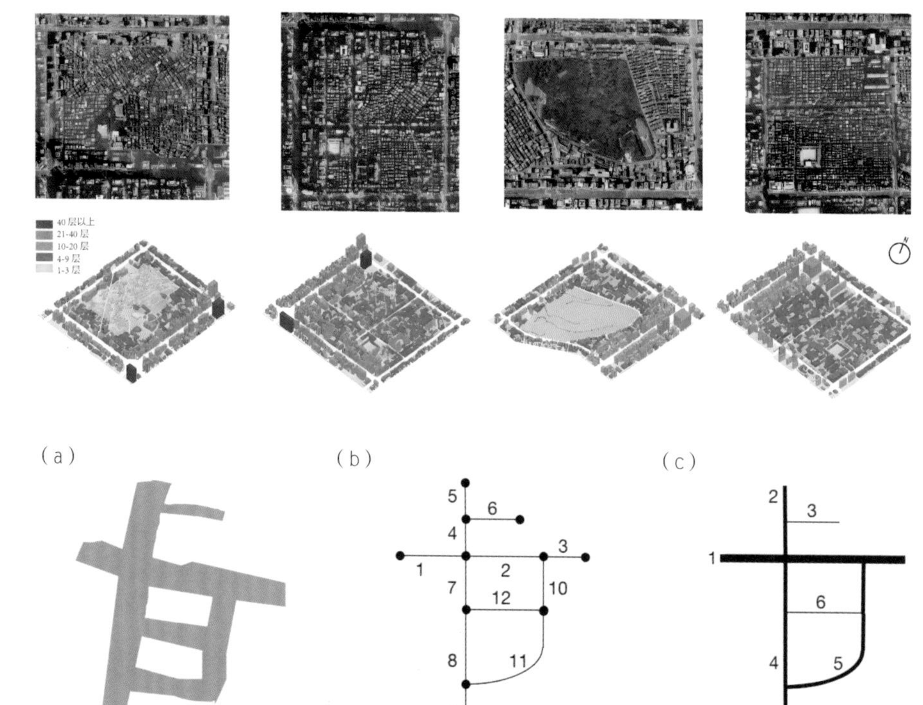

▷ 图 3.61 韩国首尔大街区内的建筑高度差异化分布

▷ 图 3.62 马歇尔提出的路径结构分析方法：（a）道路几何形态；（b）节点－连接图（包含 12 个连接）；（c）路径结构图（包含 6 条路径）

街道网络构型分析方法为认知多样化街道组合规律提供了科学途径。其中，马歇尔（Marshall）提出的路径结构分析方法更适用于等级化超级街区。该方法将街道等级视为前置条件，超级街区的边界街道（根据交通规划及实际使用状况判断）被首先确定，以此为参照，内部街道的属性被依次确定（图 3.62）。基于路径结构分析方法，将历史街网模式和现代规划的街道网络按连接度和复杂度[3]两个象限进行分类，可以发现常见

1　宋亚程，韩冬青，庞月婷 . 超级街区形态结构的认知框架及其测度方法研究 [J]. 规划师 ,2023,39(4):66–72.

2　Hillier B. Spatial Sustainability in Cities: Organic Patterns and Sustainable Forms[C]//Koch D, Marcus L, Steen J. Proceedings of the 7th International Space Syntax Symposium. Stockholm: KTH, 2009.

3　路径结构分析法提出三个节点（路径）构型指标，分别为深度（其距离基准节点的拓扑距离）、连续度（组成节点的路段数）和连接度（与其连接的路径数）。三个节点构型指标界定了节点类型（全部指标相同即为一种类型）。继而，整体街道网络的连接度指其中每个节点连接度的均值，复杂度指街道网络中所含路径类型总数减去街网最大深度值后与路径总数量的比值。

于历史古城中心的特征型（或称“半格型”）路网反映出高水平的连接性与复杂性，受到大众和学界的青睐；支流型和网格型则分别位于连接性的两个极端，多数出现在人为规划中，是以牺牲复杂性为代价的极度简化形式[1]。

UAL工作室对路径结构分析方法进行了改进，通过深度、连接度和三种连接占比（r_1, r_2, r_3）确定街道构型等级。深度描述某一节点与基准节点（通常为超级街区边界干道）间的拓扑距离；连接度描述与某一节点相连的节点数量；三种连接占比分别表述某一节点与低深度、同深度、高深度节点的连接占该节点总连接数的百分比（图3.63）[2]。从南京老城区活力较好的超级街区路网样本中提炼其构型规律，这些规律对于主动建构具有多样性和活力的特征型路网具有重要的参考价值（图3.64）。

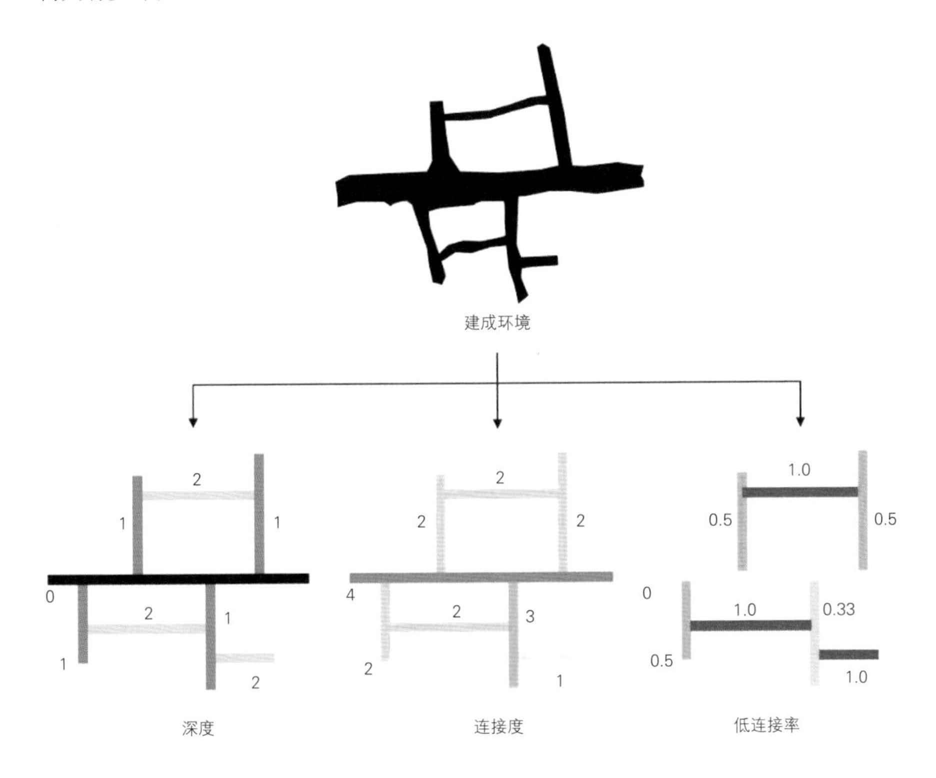

◁ 图3.63 UAL 工作室提出的街道构型指标（低连接率描述的是某街道与深度较低的街道的连接数占其总连接数的百分比）

1 Marshall S. Streets & Patterns[M].London: Spon Press, 2005.

2 Ge X, Han D Q. A Sustainability-oriented Configurational Analysis of the Street Network of China's Superblocks: Beyond Marshall's Model[J]. Frontiers of Architectural Research, 2020(4): 858-871.

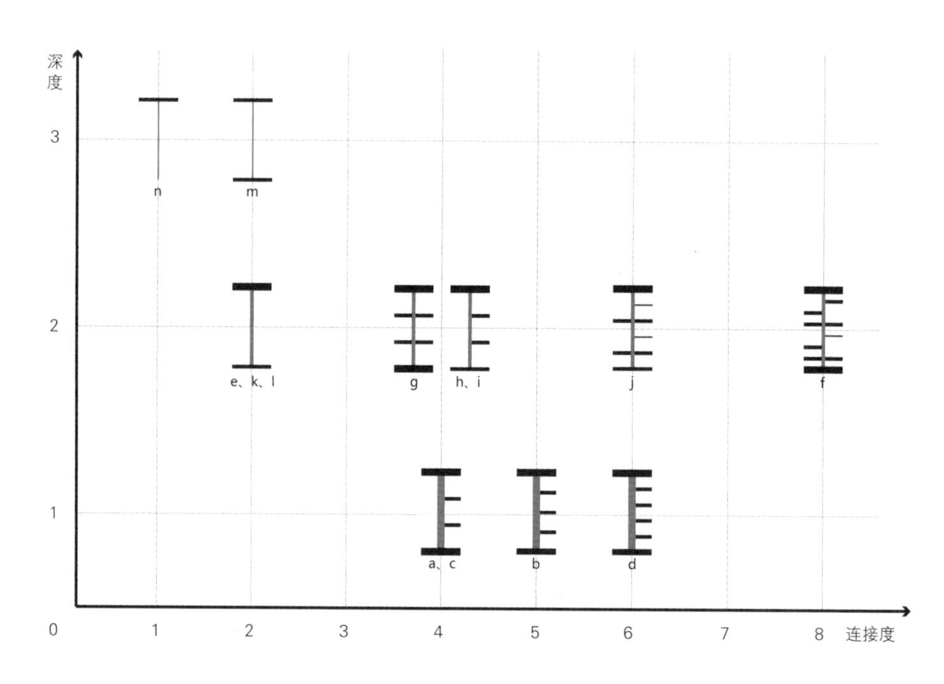

△ 图 3.64 南京红庙超级街区路网及其构型谱系

假设一个典型的边长约 600 m 的超级街区内包含纵横向各 2 条贯穿性支路，相互形成 X 形交叉口，构成路网结构的骨架。贯穿性支路一般具有较低的深度和较高的连接度，因此具备成为生活性主街的潜力。在两横两纵的主框架内，其他街道组织遵循以下原则：

①为减少穿行人流，一般不再增加贯穿性道路；

②为强化主街的连接度中心角色，其他道路应尽可能与主街连接，直至主街的连接度达到 5~8；

③与主街的交叉口形式以 T 形为主，X 形为辅；

④尽量避免出现尽端路及深度大于 3（即从边界干道转折两次仍不可达）的道路，这类低等级和尽端式路径宜纳入地块内部 [1]。

2）设计策略

格网的变型

老城常见的特征型路网兼具连接度和复杂度特征，相比均质格网具有构型多样的优势。对老城街道网络形态的研习不能浮于表面模仿或复制，而是要探索使其容纳多样活动和激发活力的底层原则，以启发新城建设和旧城更新中的路网构型设计。大多数中国老城中的微观街巷网络基本采用正交格网或这种格网的变体。以均质格网为起点，通过有组织的逐步变形，可以生成兼具连接度和复杂度的街道网络构型。

1　葛欣 . 面向集约化的中国超级街区路网构型及其表述方法研究 [D]. 南京：东南大学 ,2021.

参考旧城超级街区的面积和道路密度，以内部包含三条水平和三条垂直街道的超级街区作为初始模式，其规模约为600 m × 600 m，道路密度约为133 m / hm^2[图3.65（a）]。变型操作在街区形状、面积和总道路长度不变的情况下进行，其目标是在较少降低连接性的同时，提升路网的复杂性，实现中心与背景道路的构型差异化。

如图3.65所示，从（a）到（b）移动局部街道段落来打破道路沿Y轴的连续性，仅此操作就使拓扑类型数增加一倍；从（b）到（c）打断道路沿X轴的连续性；从（c）到（d）继续移动局部街道段落，形成深度为2（不与边界干道相交）的道路，形成更丰富的道路类型。在此过程中，超级街区内部两横两纵共四条道路的构型等级得以强化，其他道路则成为背景型道路。从（d）到（e）展示了另一种特征型路网组织的可能性，即经过对（d）模式的人为干预，形成“环形＋鱼骨形”路网构型。其因圈层特征和多样化的构型优势而被广泛运用。

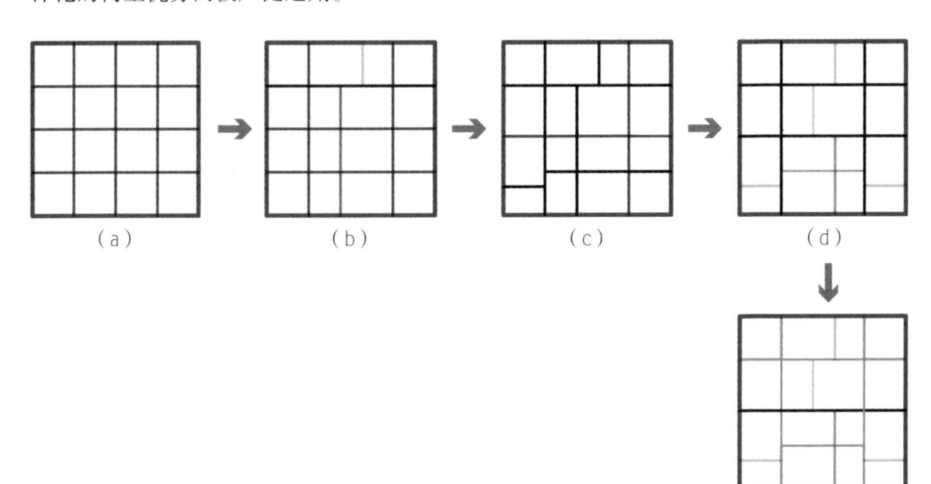

◁ 图3.65 以超级街区为单元的特征型路网设计路径

▽ 图3.66 （a）“人车共网—立体分离”模式（站点位于干路交叉口、人车矛盾集中、被迫采用高成本立体分离措施）；（b）“人车双网—平面分离”模式（站点位于街区中心、大量人流与车流分离、采用地面化的低成本步行空间）

人车双网的平面分离

长期以来，默认步行道附属于车行道边缘，形成“人车共网”的道路骨架，这种布局将车行与步行交通交织在一起，造成人车矛盾，在干路交叉口处尤为突出，进而不得已采用立体过街方式分离车行与人行，即“人车共网—立体分离”模式。这种模式并不能从根本上改变“人的空间”从属于“车的空间”的核心症结。近年来，欧美旧城更新和日本、韩国的新城区规划开始采用低成本且更具普适性的“人车双网—平面分离”模式，将步行和车行网络在平面上进行分离，使其各行其道（图3.66）。

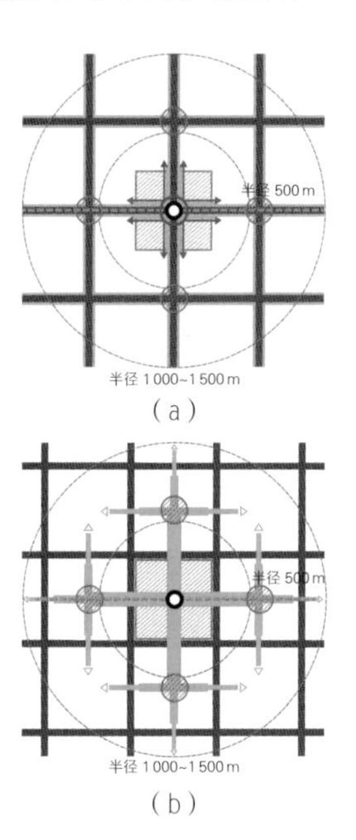

旧城更新中，“环形车行＋鱼骨形人行”是人车双网平面分离模式与既有路网结合的有效策略。大洋洲布里斯班市按照“宜车—宜人”导向，重新划定道路的职能等级，将其分为6个等级。女王街、阿尔伯特街是传统商业主街，人流量大，不应让大量快速机动车穿过，其道路等级调低至V6级，实现步行化改造；以商业主街十字路口为中心，越向外步行交通量越少，道路等级调整为V5级（单向单车道支路）和V4级（单向次要支路），最终形成“口”字形车行道和鱼骨形步行道的分离模式（图3.67）。

商业等服务设施和轨交站点出入口沿着步行街布局（图 3.68）。

韩国板桥新城规划中，人车双网平面分离模式与轨交站点布局紧密结合。轨道线路规划尽可能将站点设置于街区内部，以站点为中心的主要步行路径布局于车行干路围合的街区中部，构成错位布局的“两张网络”（图 3.69）。规划将“步行专用道”设立为独立用地，使其与市场主体开发的私有产权住宅小区分离，站点周边步行专用空间的关键性规划设计前置到法定规划的编制审批阶段，大大减少了政府部门对已出让土地的建筑设计方案审查、协调等后期管控工作[1]。

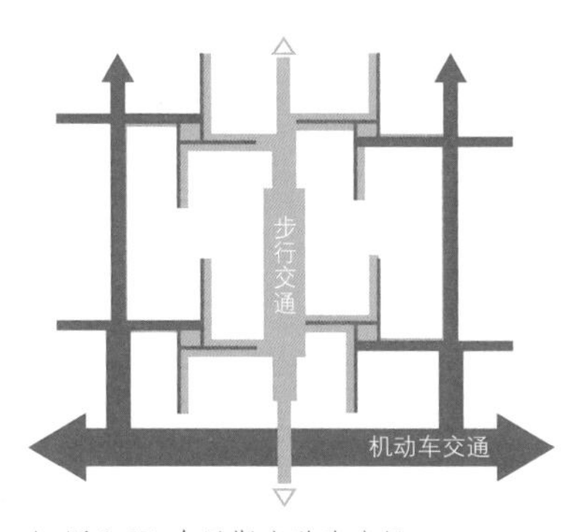

△ 图 3.67 布里斯班道路分级

▷ 图 3.68 改造后的女王街 – 阿尔伯特街十字路口

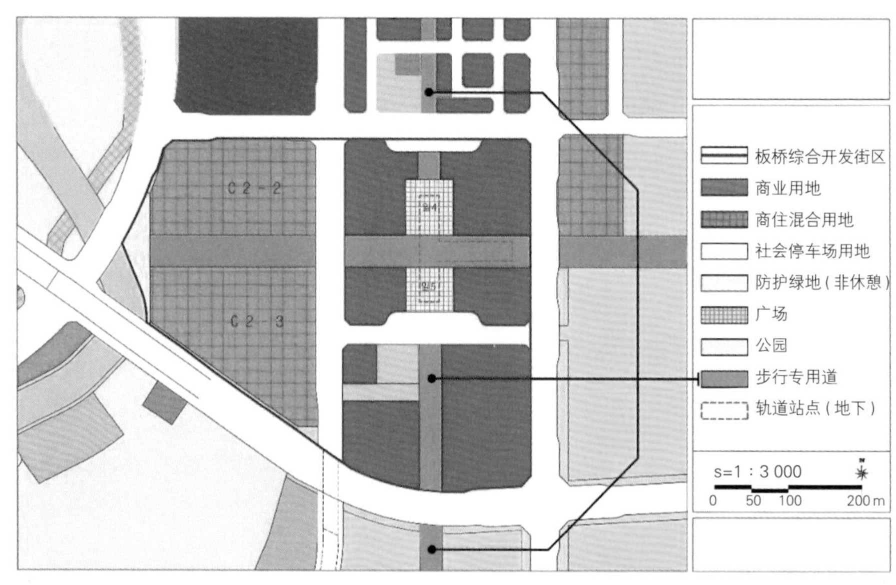

▷ 图 3.69 韩国板桥站地段规划（公共服务设施和轨交站点出入口沿着步行街布局）

1 张震宇，李建智，武虹园，等．韩国轨道站点 TOD 地区步行空间规划的经验与启示 [J]. 规划师，2022,38(11): 138–146.

功能空间与街道构型的适配

希列尔提出的“出行经济”理论诠释了城市的形态与功能和自然人流（Natural Movement）的复杂交互关系。城市的空间组构影响自然人流的分布，而自然人流则影响着城市功能的安排，进而影响到空间使用效率。因此，功能空间布局需要与街道构型等级相匹配，形成正向的“倍增关系”（Multiplier Effect）[1]。在新建或改造项目中，通过街道构型分级的研究，引导各类功能的差异化布局。

UAL 工作室承担了某大学城科创组团设计，其规模约为 400 m × 500 m。上个层级的规划设计已明确了超级街区模式，外围道路承担干道交通，内部街道组织科创社区生活，促进城、产、校的公共设施共享，并形成高度混合的立体化功能组织。设计首先确定圈层式功能布局：核心圈布置集中组团共享设施；中间圈层布置办公研发；外圈以居住公寓为主。因原均质格网与上述圈层式功能布局不匹配，故提出“十字 + 半环”的骨架。连接度最高的环形支路串接各居住组团，沿线布置口袋公园和生活服务设施；连接性较弱的支路为服务性道路，两侧布局货运装卸等后勤服务功能；临生态廊道的支路作为景观性街道；核心圈层中的步行街定义为支持商业和科创交往活力的林荫道等。生态廊道、科创广场、社区绿地等不同尺度的公共空间，通过慢行路径连接成网，保障各街坊到达公共空间的便捷性和均好性（图 3.70~ 图 3.72）。

△ 图 3.70 物质空间形态轴测图

△ 图 3.71 鸟瞰效果图

在南京紫东地区核心区城市设计中，为打造功能混合、慢行友好、场所多样的街区群落，UAL 工作室在科创街区设计中将特征型路网与人车双网模式结合，使功能空间类型与其邻接道路的构型等级相适配。该地段被主次干道环绕，快速过境交通限制在外围。内部保留东西向贯穿的次干道，将中心部位的高密度公共服务街区与周边次级中心相连，形成互通的公共设施链。支路网采用以中心环为核心的变形格网，形成小街区单元。结合中央绿带设步行主街，细密的步行道以主街为起点向周边延伸，与街心绿地连接成网，形成与车行系统分离的绿色步行系统（图 3.73）。

从构型视角看，中心环路具有高达 8 的连接度和较低的深度，能组织和串联群落内各街区单元的交通流动；贯穿的次干道具有适中的连接度，与外围主次干道共同将该地段与周边有机联系起来；步行主街的连接度达到 6，具备集聚人流、承载公共活动的潜力；构型测度表明，该地段未出现深度过大的道路，验证了这一街区群落具备良好的可达性（图 3.74）。

1　Hillier B. Cities as Movement Economics[J]. Urban Design International, 1996, 1(1): 41−60.

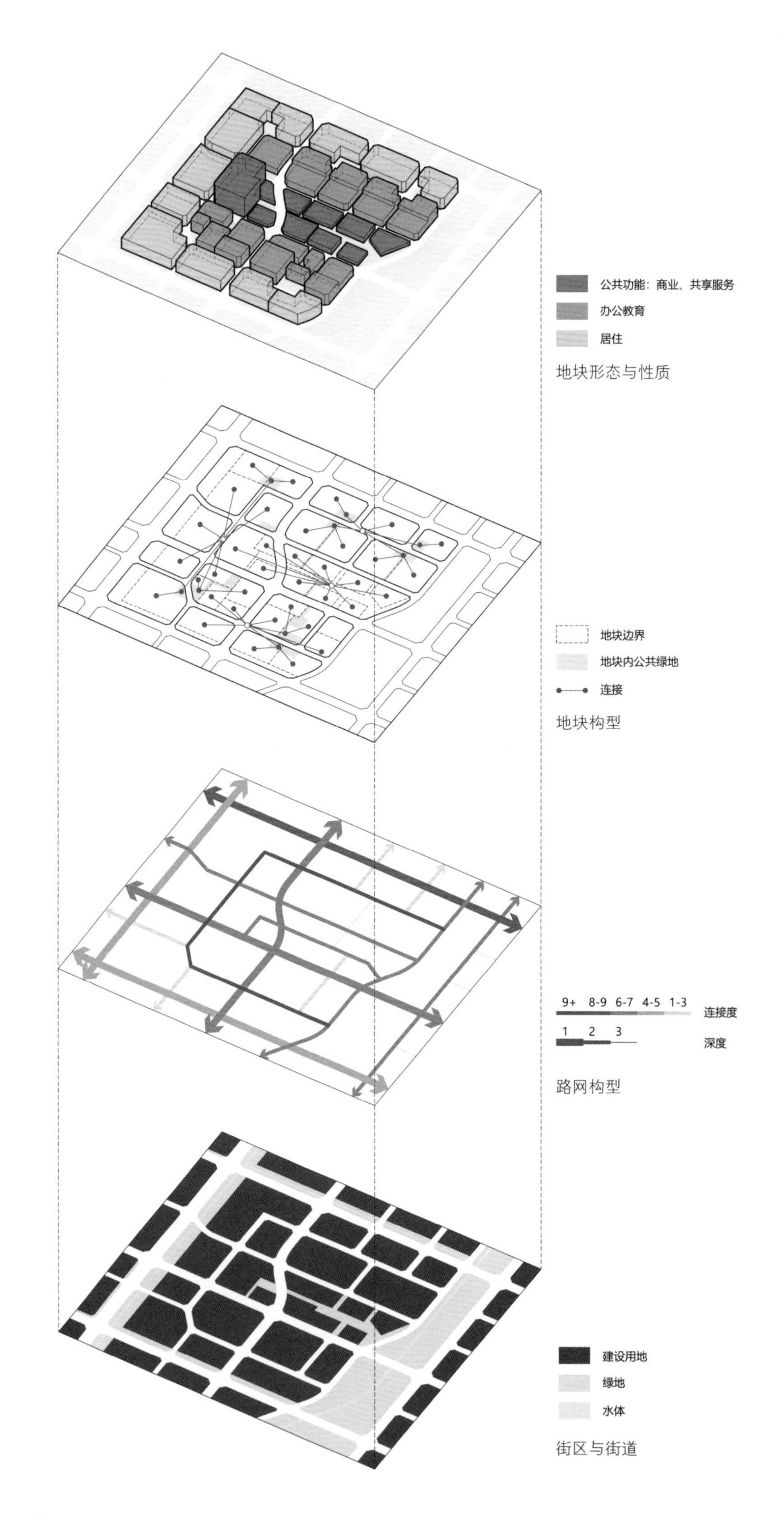

▷ 图 3.72 某大学城科创组团形态分析

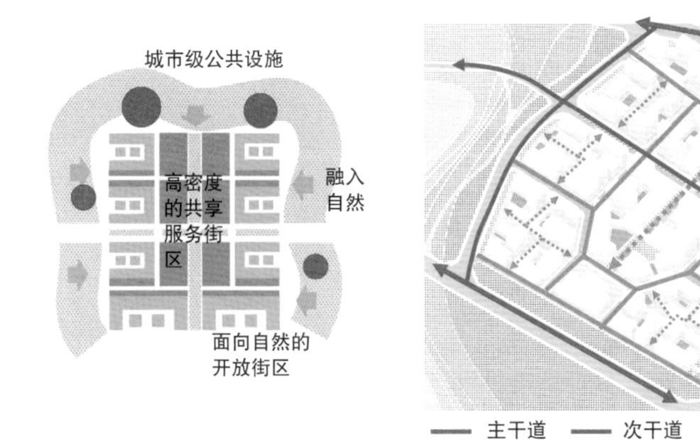

◁ 图 3.73 南京紫东核心区科创街区混合、慢行、多样的街区群落模式

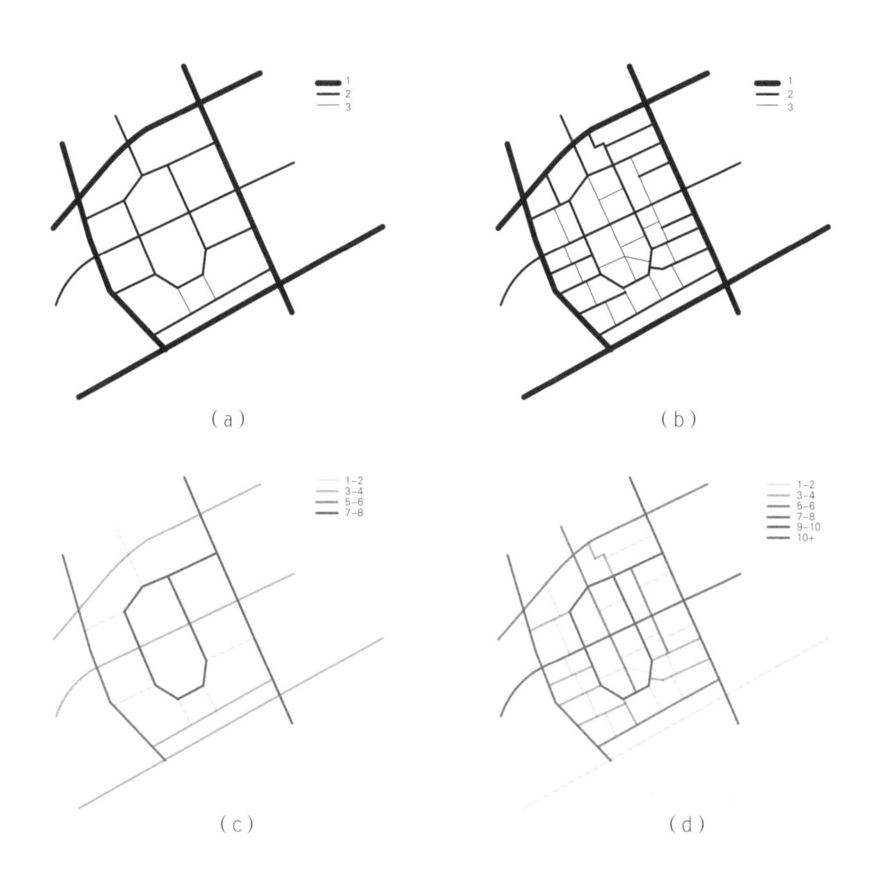

◁ 图 3.74 南京紫东地区核心区科创街区路网构型分析图：(a)路网深度图；(b)加入步行通道后的路网深度图；(c)路网连接度图；(d)加入步行通道后的路网连接度图

层级化道路构型催生出多样街区单元和立体复合的功能布局（图 3.75）。核心圈的共享中心由商业、办公、文化及公寓复合而成，沿步行街设置科技孵化、学术交流、综合集市等组成的共享功能链，提供集中服务；环形路外侧的开放住区单元采用商住混合的建筑类型，沿街形成连续公共界面，单元内设生活巷道，配以超市、健身房、洗衣房等设施；联合办公单元采用“U”形多层办公建筑，朝向景观带，内部生活巷道设餐饮、健身、休闲等功能设施（图 3.76）。功能高度混合的街区单元及其在群落中的差异化配置，形成了多层级的公共服务体系，促进科创街区办公与生活娱乐的交融。

▷ 图 3.75 立体复合的功能布局

▽ 图 3.76 南京紫东地区核心区科创综合街区中三个典型街区单元类型的功能配置：（a）共享中心单元；（b）开放住区单元；（c）联合办公单元

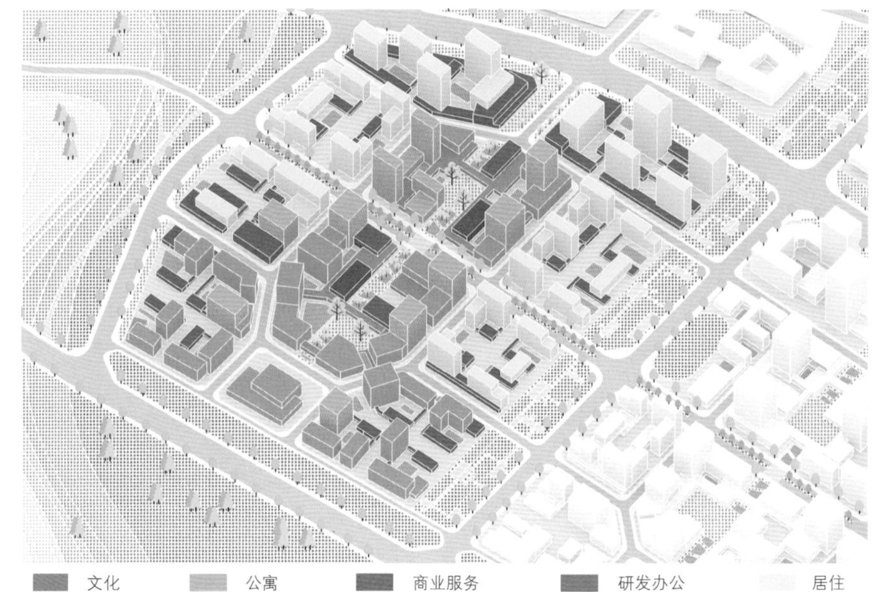

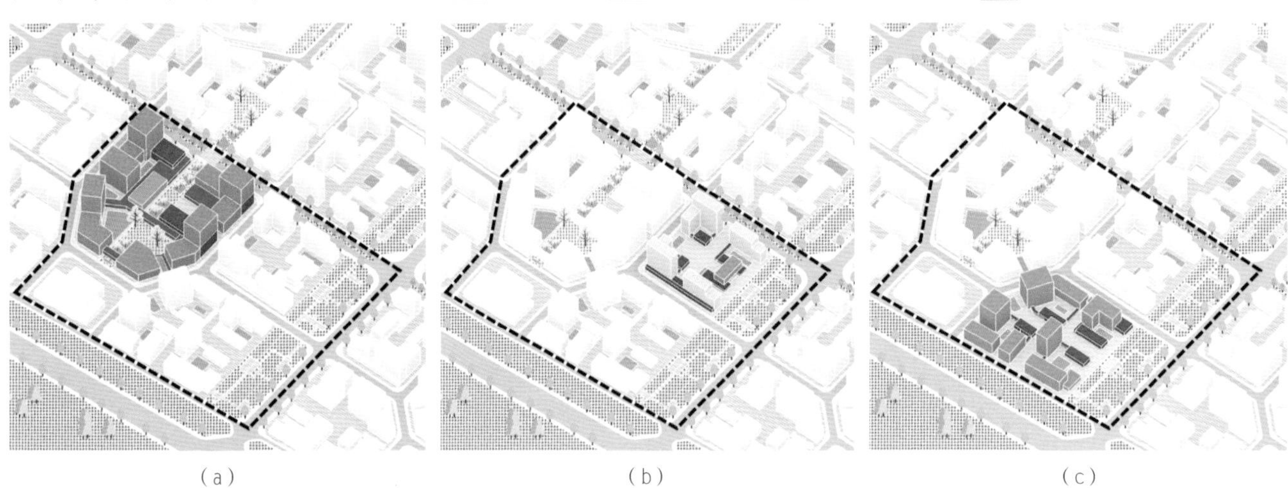

（a） （b） （c）

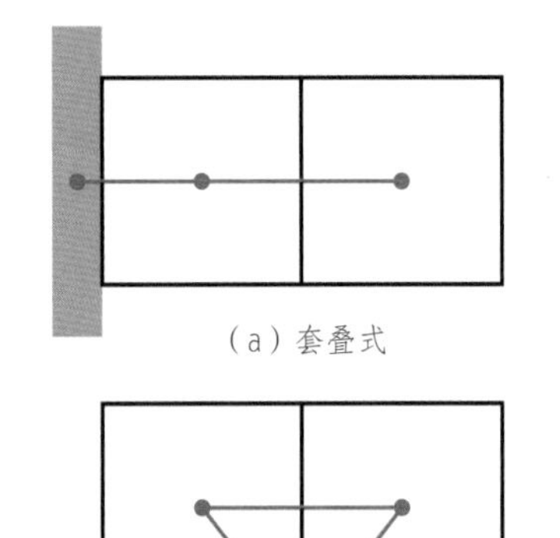

（a）套叠式

（b）共享式

△ 图 3.77 两种地块组织的复杂模式

3.3.2 地块组合

1）规律与特征

单一地块可分为场地和建筑两部分。街道—场地—建筑，逐级连接进入，构成街道与地块建筑的基本关系。在一般规划模式下，相邻地块间通常只是并列关系。地块间的独立并行关系，保障了使用上的独立性，避免了管理的复杂性，但也造成消防线路重复、土地利用效率低下、与集约化目标不相适应的问题。

在对老城地块格局的研究中，我们发现在构成一个街区的多个地块之间存在细腻而复杂的关系[1]，图 3.77 显示了其中两种典型模式。

1 Song Y C, Zhang Y, Han D Q. Access Structure[J]. Environment and Planning B: Urban Analytics and City Science, 2021(9): 2808–2826.

套叠式地块组织

“套叠”地块序列与街道之间存在前后关系，后面的地块需穿越前面的地块场地或建筑底层架空空间，才能与街道建立连接关系，即临街地块贡献出部分场地供后侧地块所用。临街地块通常具有较强的公共性；其背后的地块则具有较高的构型深度，呈现出幽静的场所氛围（图 3.78、图 3.79）。

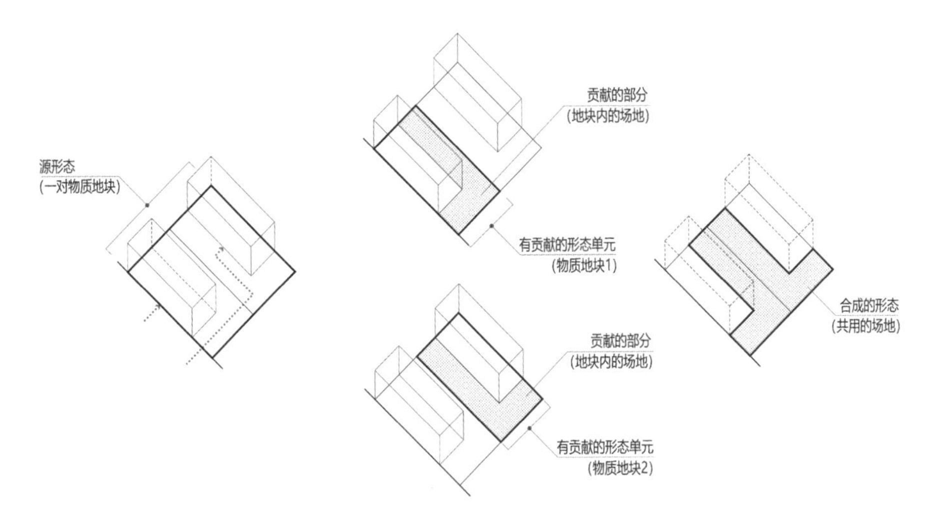

◁ 图 3.78 套叠模式示意图

△ 图 3.79 南京新街口金轮街区内的套叠式地块组织

共享式地块组织

共享式地块组织是指多个地块各自贡献一部分场地，共同形成公共或半公共的广场、绿地或通道。与套叠式地块组织不同，共享的地块之间构成了对称的构型关系（图 3.80）。

共享式地块组织呈现出两种典型的空间现象：

其一，共享通道。相邻地块之间的围墙被拆除，地块各自的步行通道串联起来，形成连续的步行通道与外部街道相连。沿步行通道往往会形成公共业态自发性的集聚，产生独立于建筑而朝向通道的出入口。共享通道还可兼作服务性机动车道，避免在一墙之隔的极近距离内重复建设。一条机动车通道往往连接多个地块的后场区域，并兼顾消防通道（图 3.81）。

其二，共享院落。由于老城中地块面积普遍偏小，为形成具有一定规模的开敞空间，一些相邻地块之间的界线在使用过程中被消解，不同权属的场地相互拼合形成共享院落。院落的公共性可通过控制其与街道的接入方式和数量进行调节。

老城中历经长期演化而自发形成的智慧，揭示了地块之间套叠、共享等复杂关系在行为活动、功能组织和土地集约利用等方面所具有的积极意义：套叠模式有利于组织对公共性需求不同的地块群，既保障了沿街面连续的公共属性，也省去了尽端路占据的土地；共享模式通过有限资源的集中，提高场地利用效率，并因交互行为的集聚而形成新的触媒，催生新的功能业态集聚。

类似的现象并非一地一城所独有。在巴塞罗那拓展区，伊尔德方斯·塞尔达（Ildefons

▷ 图 3.80 共享模式示意

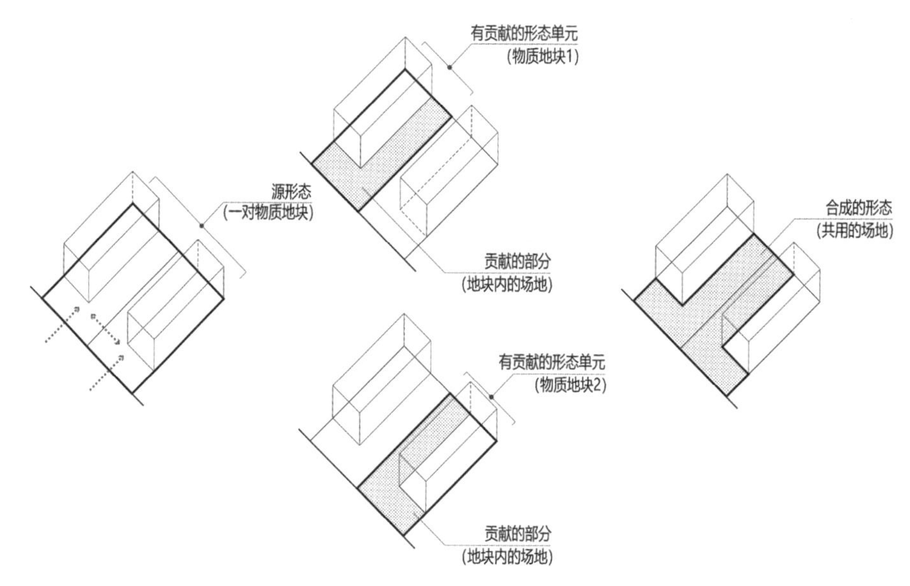

▽ 图 3.81 南京红庙街区内作为服务性机动车通道的共享通道

Cerdà）创立的街区地块原型衍生出多种地块组织方式。如图 3.82 所示，模式 a、b、c 都可以形成沿街围合式建筑和内部庭院的空间形体组合。由于地块间的构型关系不同，对多地块整合设计和管控水平的要求及其所展现的集约程度也各不相同。

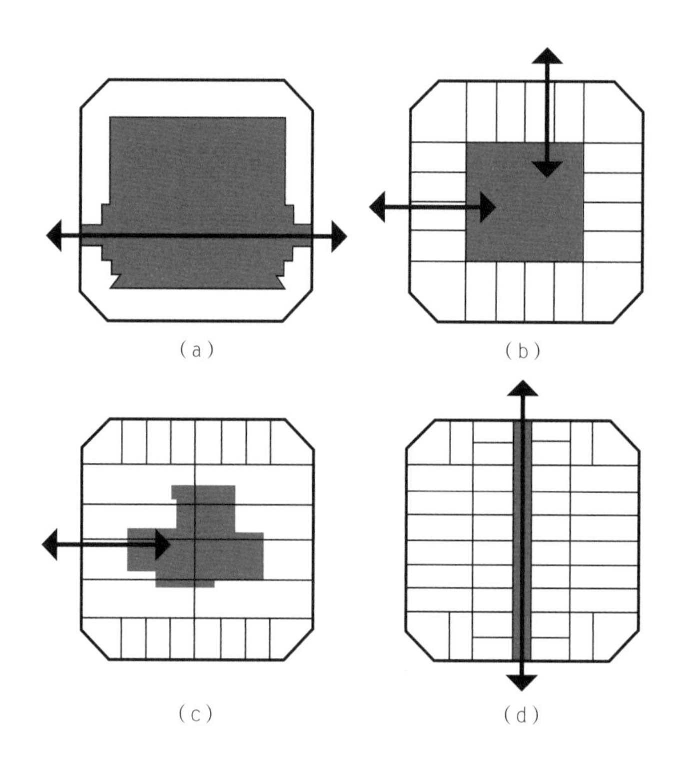

▷ 图 3.82 巴塞罗那拓展区内四种具有代表性的建筑地块组织模式

模式 a 代表了一种简单模式。街区内部庭院作为一个独立地块与街道直接相连；模式 b 中，庭院地块套叠于临街地块之后，从街道进入庭院需借助临街地块内的半公共通道；模式 c 中，庭院不再是一个独立地块，而是由多个地块中的场地拼凑而成，地块之间形成了共享关系，与模式 b 一样，进入庭院需借临街地块内的通道，该模式是共享和套叠关系的综合；模式 d 代表了更为特殊的地块组织方式，即利用贯穿街区的步行道增设一组朝向通道的地块序列。

从实施难易程度看，当公共地块被清晰地界定出来，并由单一主体负责实施时（模式 a、b、c），其执行相对简单。如果公共空间的创建需要多主体的协作，尤其是各个开发项目还有先后（模式 c），其实现难度会显著增大。

从土地集约利用看，开敞空间独立占地时，周边地块需要遵循覆盖率限制和建筑退线要求，会导致地块内出现较多空地，进而形成疏松的肌理。而共享式的组织模式（模式 c），可将各地块内的空地置于街区中心集中使用，各地块剩余区域的覆盖率可大幅提升，这意味着更多建筑面积可在有限的土地上实现，同时维持甚至提升社区的开放性和绿化率。与模式 a 相比，套叠式（模式 b）可利用建筑架空空间设置进入庭院的通道，有助于沿街界面的完整性及高效利用。模式 d 鼓励了差异化的地块开发，如居住街区内面向外围（沿车行道）的 U 形多层居住建筑与面向通道的联排别墅住宅[1]（图 3.83），以及科创街区中面向外围的中大型企业与面向通道、规模较小的初创类企业（图 3.84）。

◁ 图 3.83 Maria Llimona 街区影像图：(a) 总平面图；(b) 街区外围街景；(c) 内部步行街街景

1 宋亚程 . 城市街区形态复杂性的表述方法研究 [D]. 南京：东南大学 ,2019.

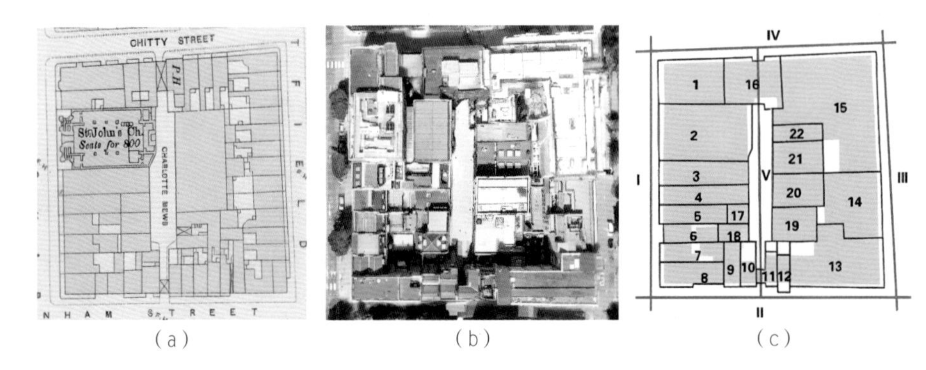

▷ 图 3.84 伦敦知识区（Knowledge Quarter）中的一个街区：（a）1890—1900年产权图；（b）现状影像图；（c）现状产权地块划分

综上，运用共享式、套叠式及其组合的地块组织模式进行公共空间配置，或结合公共空间增设地块序列，相比纯粹独立并行的地块组织模式，能更好地实现土地资源的集约高效利用，并形成丰富的公共空间形态和功能布局。

2）设计策略

基于对上述简单或复杂地块关系的认识及综合运用，以两个地块为例，可以建构包含多样化地块组合模式的谱系（图 3.85）。按地块共享形成的公共空间位置，可分为中心型（共享模式 1）和临街型（共享模式 2）。中心型共享空间指在街区中心形成共享的户外空间，其不仅提供了日常交往和休闲娱乐的场所，还能有效隔绝来自外部街道的各种干扰，营造宁静舒适的环境。这一类型的共享空间在不同的气候和文化背景下都有其历史痕迹，如中国传统住区中的各种非正式公共空间、德国与荷兰的“院落”（Hof）、西班牙的“帕提欧”（Patio）等。临街型共享空间通常包括口袋公园、连续的开放式店铺前区等。这类空间能够吸纳来自街道的活跃度和吸引力，增强城市界面的互动性和可停留性。

根据共享空间的几何形状，可分为广场型（共享模式 1/2）和通道型（共享模式 3）。广场型共享空间适宜举行集会、文化表演或体育活动。既有研究表明，面积在 0.1 hm^2 以下的广场能营造出亲切宜人的空间氛围，0.1~0.5 hm^2 的广场仍然让人感到舒适，0.5~2 hm^2 的广场则给人以宏伟壮观的感受。通道型共享空间多呈现为步行街、巷弄或廊道等，除了作为交通路径外，还兼具商业、文化展示等功能。

根据参与套叠关系的地块数量，套叠模式可分为单侧套叠 (套叠模式 1)、双侧套叠 (套叠模式 2) 等类型。单侧套叠是指位于街区深处的公共空间仅能通过一个临街地块进入，常见于街区内的花园、庭院或小型社区活动空间。这些公共空间位于公共步行路径的尽端，保持相对的宁静和私密性，通常服务于附近的居民或特定群体，有助于形成紧密的社交网络。双侧套叠模式的公共空间可以通过多个临街地块进入，这类空间更倾向于作为穿越性公共空间存在，更易融入城市公共空间网络。

根据增设地块（序列）与外部街道的连接方式，其可分为贯通型（增设地块模式 1）和内置型（增设地块模式 2）。内置型增设地块仅在内街设置出入口；而贯通型增设地块不仅可以通过内街进入，还可直接从外部城市道路抵达。两者在公共性和可达性方面表现出明显差异。

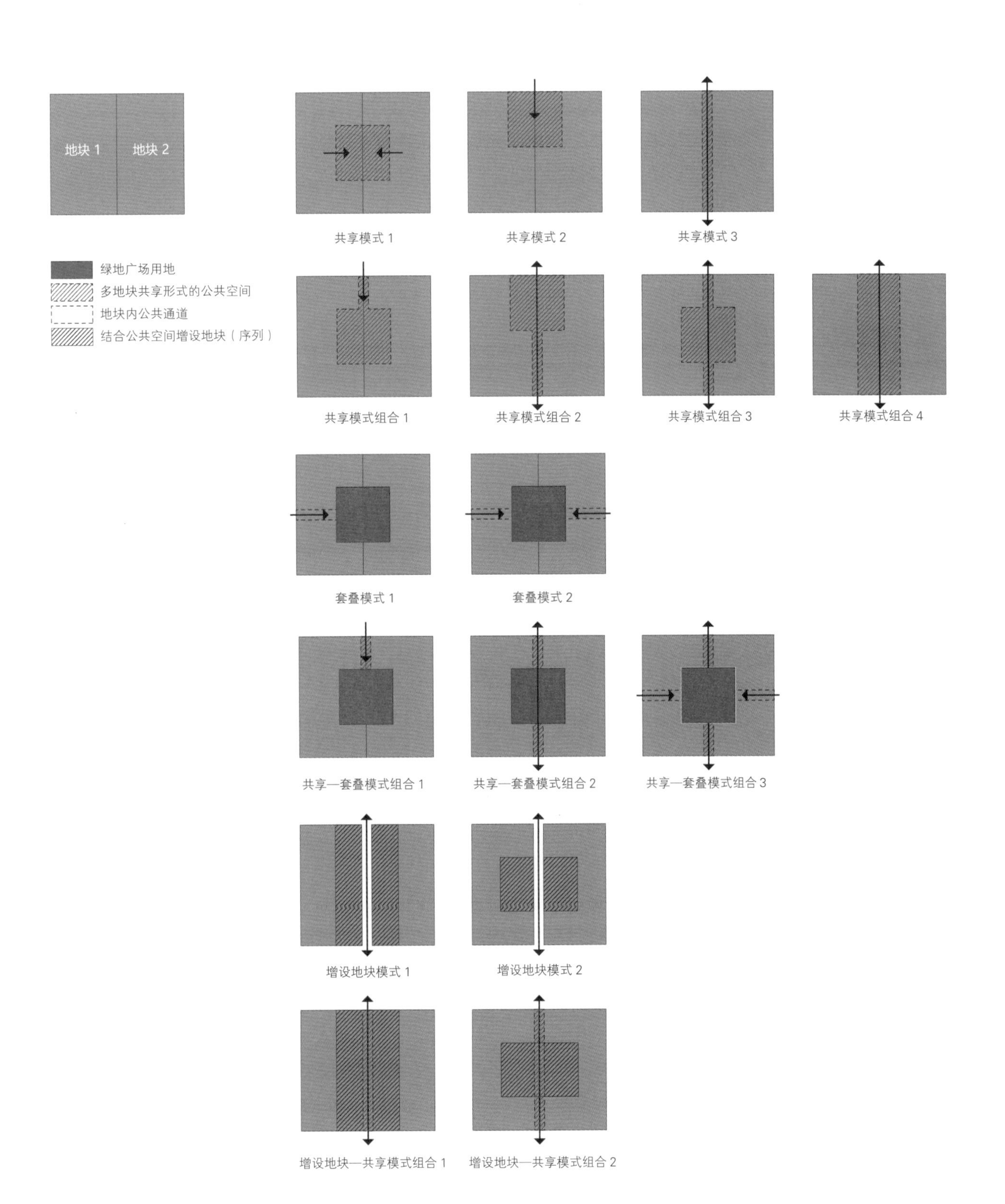

△ 图 3.85 多地块组织模式图谱

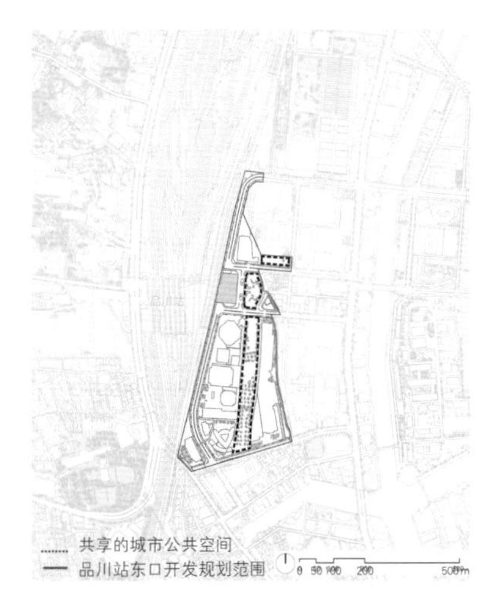

△ 图 3.86 品川站东口开发项目及周边区域

上述基本类型的组合与变形，可进一步创造出丰富的地块组织形式。这些衍生类型丰富了城市空间的层次与体验，提高了土地集约利用效率，满足了公众对开放性功能组织的多元需求。

东京品川站东口地区开发项目是通道型共享模式的典型案例。品川站是 JR 山手线、京滨东北线与中距离列车东海道本线、横须贺线的交汇点，承担大量的换乘客流。为了改善其交通状况和提升周边环境，20 世纪 80 年代后期启动了品川站东口的开发计划。该项目覆盖总面积达 16 hm^2，分两期进行：一期占地 4.6 hm^2，通过招投标出让给民营地产企业日铁兴和不动产进行开发；二期占地 11.4 hm^2，最初由国铁清算事业团持有，规划方案确定后分割为若干地块，出让给不同的开发者（图 3.86）。

在制定方案的过程中，针对两期开发用地衔接问题的讨论，主要集中在城市公共空间——两期之间是否设置道路，或在面向分界线的部分设置公共空间。考虑到项目的综合效益，确保城市公共空间并实现高容积率建设是重点问题。一方面，为保证项目开发的合理盈利，开发主体均提出必须实现容积率 9 以上的诉求。另一方面，按照当时的综合设计标准，如果按常规方式在各地块内单独设置公共空间，则无法达到该容积率目标。为此，国土交通省制定《再开发地区规划》，引入容积率奖励机制，根据开发项目对城市的贡献度，对其进行容积率奖励。该机制提供了同时解决公共空间品质和建设容量的途径。

政策激励下，经多主体多轮协商，确定两期开发用地内的所有地块都需提供不低于下限的公共场地，并将其集中于街区中心，形成供一、二期开发项目共享的中央公园。该公共空间南北贯通，宽约 45 m，长约 400 m，总面积近 2 hm^2，绿树繁茂，为相连的各个地块提供了安全舒适的步行环境及优质的采光、通风条件，该项目的容积率达到一期的 9.1 和二期的 10.1[1]（图 3.87、图 3.88）。

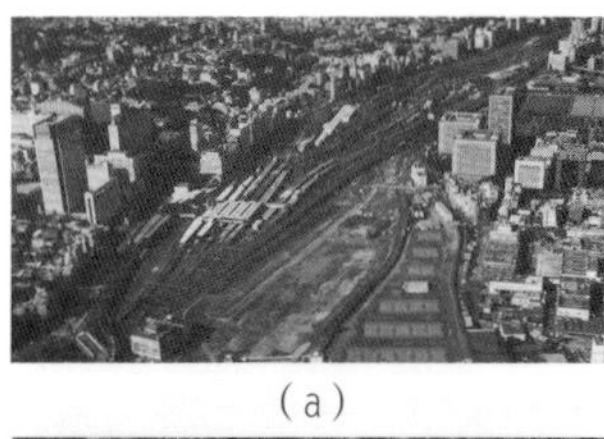
（a）

（b）

（c）

▷ 图 3.87 品川站东口开发项目照片：（a）品川站东侧仓库旧址（1994）；（b）建设竣工后；（c）地面公共绿地

1　同济大学建筑与城市空间研究所，株式会社日本设计 . 东京城市更新经验：城市再开发重大案例研究 [M]. 上海：同济大学出版社，2019.

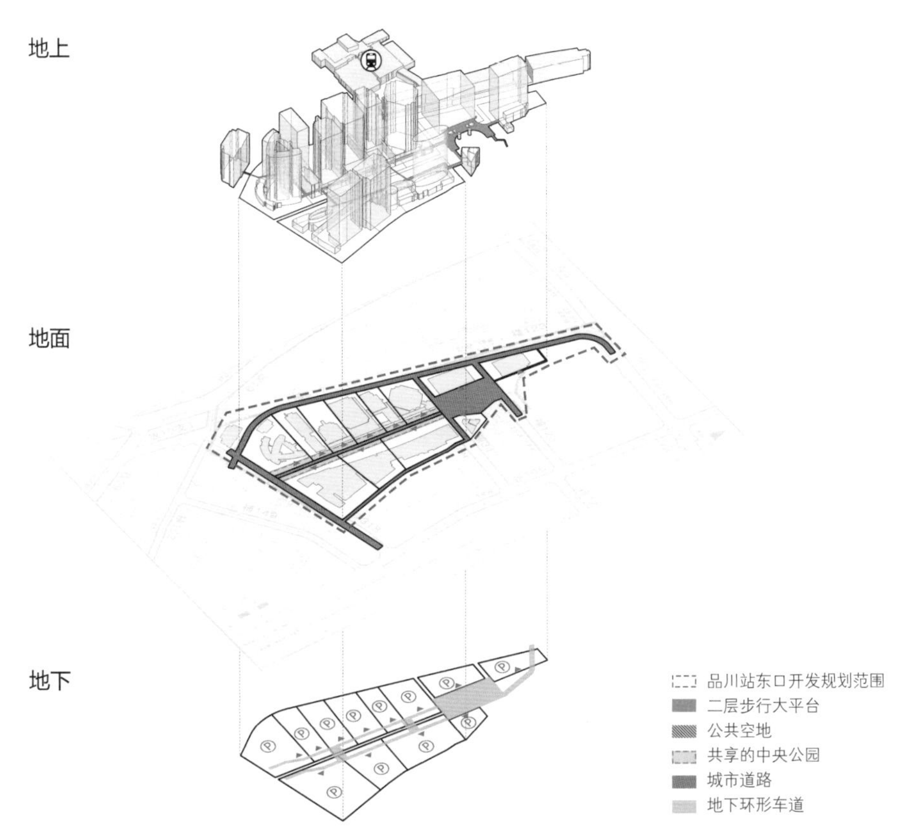

◁ 图3.88 品川站东口地区一体化开发示意图

南京市基督教圣训堂与妇女儿童活动中心位于同一个街区。在设计初始，具体的地块划分尚未落实，而是结合方案来确定。在梳理周边环境后，设计团队确定了一条从东南侧公共停车场及地铁一号线站点直达北侧景观步行桥的最短步行路径，并顺应该路径在场地中部形成斜插的步行广场。基于该路径，地块划分出现了三种可能性：

① 将步行广场作为独立用地，余下两翼分别为两个公共建筑用地；

② 遵循常规正交的地块划分方式，将街区均分为二，再通过地块图则界定公共开敞空间范围；

③ 利用最短步行路径的斜线作为地块划分线，形成两个梯形地块。

经过综合考量，最终选择了方案三。通过地块间的共享组织，将公共步行广场纳入两个建筑用地之内，继而新建筑与既有的河流、步行桥、地铁站联结为新的步行场所，实现了地块划分、行为动线、公共空间布局和建筑形态的有机结合，提升了土地资源效率。

设计将各地块内部通道进行连接，形成穿越两个建筑的公共步行路径。在妇女儿童活动中心地块内，该路径以“峡谷”为意象穿破建筑形体，将活动中心分成南北两部分，使城市人流可以从四周不同的方向汇集到这个区域，并与南北向的步行广场连接，构成便捷的“X”形步行系统（图 3.89~ 图 3.92）。

(a)

(b)

△ 图 3.89 (a) 鸟瞰图；(b) 从妇女儿童活动中心的通道看向教堂

▷ 图 3.90 方案生成过程

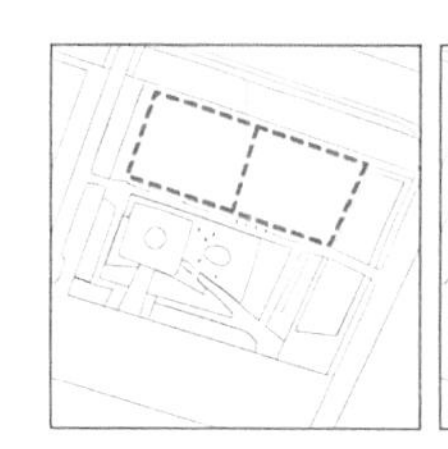
原地块划分

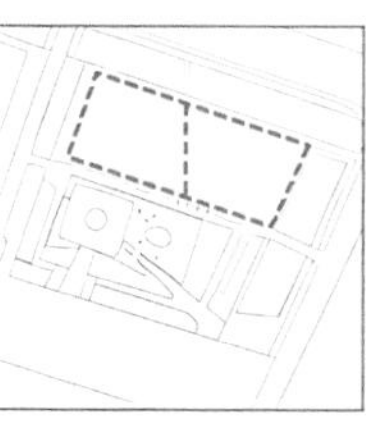
新的地块划分

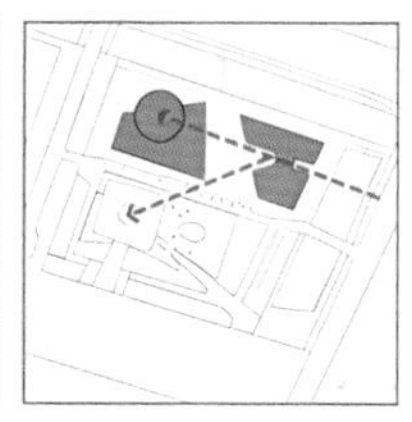
空间关联

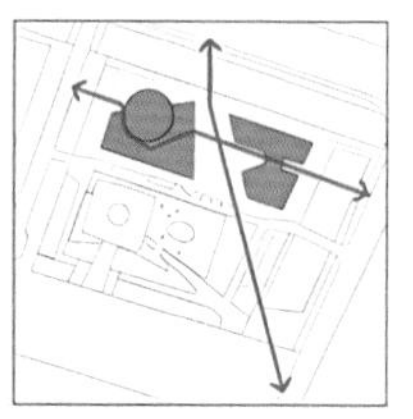
公共步行体系引导

▷ 图 3.91 总平面图

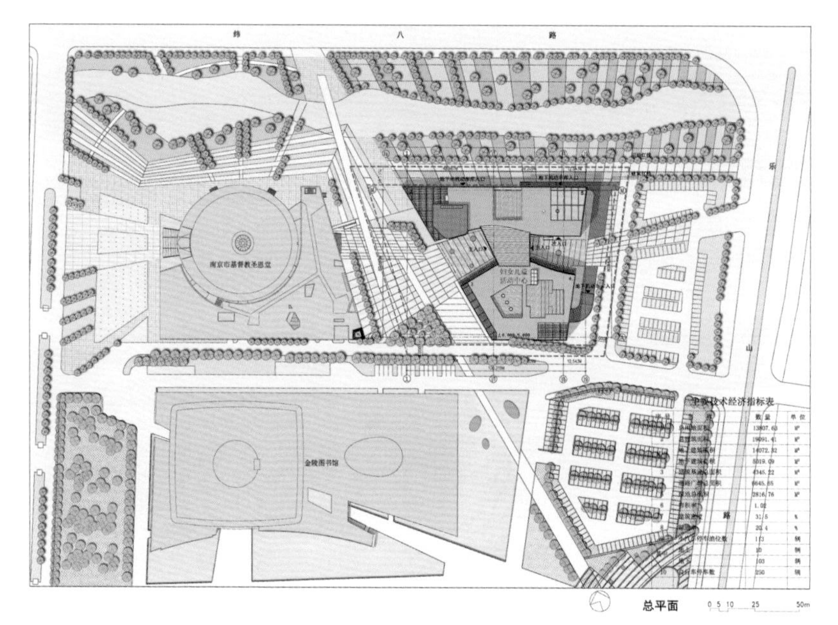

▽ 图 3.92 一体化的公共步行体系

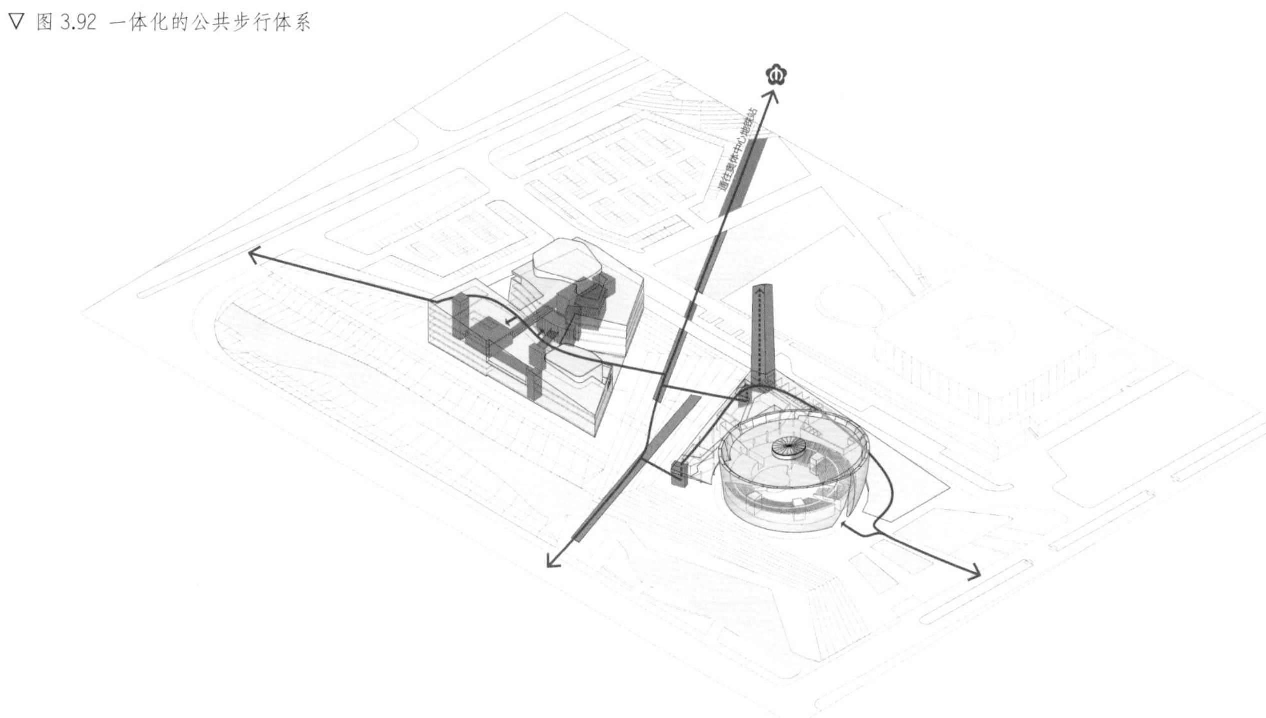

雄安创新研究院科技园区项目设计体现了等级化街道构型与地块组合的综合运用（图 3.93）。基地由三个地块组成，地块之间通过一条东西向和一条南北向的支路分隔，规划用地总面积为 6.64 hm^2（图 3.94，图 3.95）。为打造一个内部紧密联系，对外开放共享的科技创新环境，设计从街道构型优化和地块组合共享两方面切入总体布局，将三个原先相互独立的地块联结成一个立体化整体。

（1）街道构型调整：基于对分隔地块的两条支路的交通功能评估，将南北向 18 m 宽的支路尽端段调整为步行优先通道，在构型上改变了网络的节点构成和关系组织（图 3.96）。步行路段采用广场化的铺装，与两侧建筑前区融为一体，并向城市开放（图 3.97）。

（2）地块共享关系建构：依托局部路段性质调整，东西两侧地块实现了场地共享，与步行道共同构成宽敞的中轴广场。为促进各地块建筑之间的便捷交流，结合寒冷地区的气候条件，构建了连通三个地块建筑的环形暖廊。环廊沿建筑组团的内圈设置，路径最短，在地下层穿越城市道路，串联起组团内的公共服务功能（图 3.98）。

◁ 图 3.93 雄安创新研究院鸟瞰图

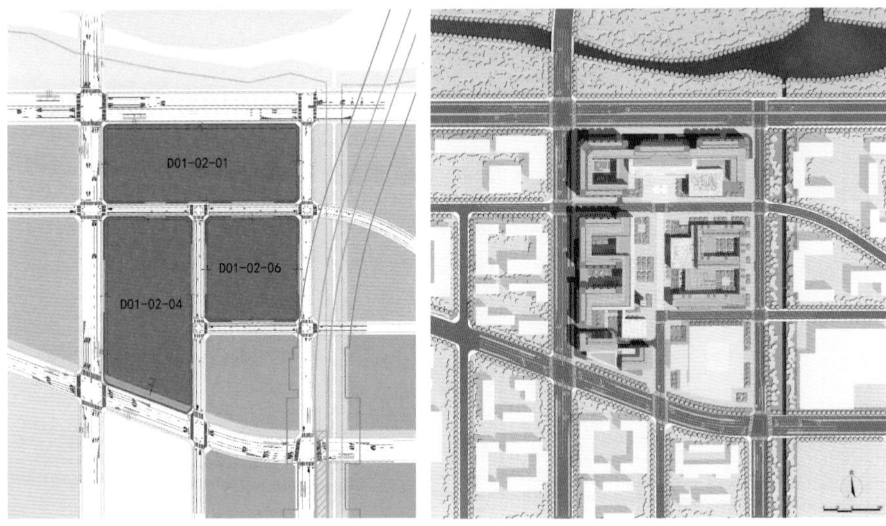

◁ 图 3.94 上位规划路网和用地性质

◁ 图 3.95 雄安创新研究院总平面图

▷ 图 3.96 雄安科技创新园区调整前后的路网构型变化

调整前路网方案

1
4
5
2
9
7
8
3
6
深度 1
深度 2
深度 3

▽ 图 3.97 通过地块共享实现的中心广场

调整后路网方案

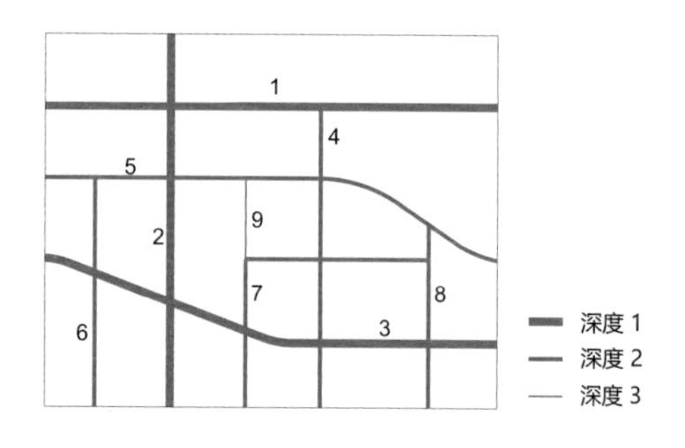

▷ 图 3.98 由地块共享关系形成的地上地下一体的公共空间系统

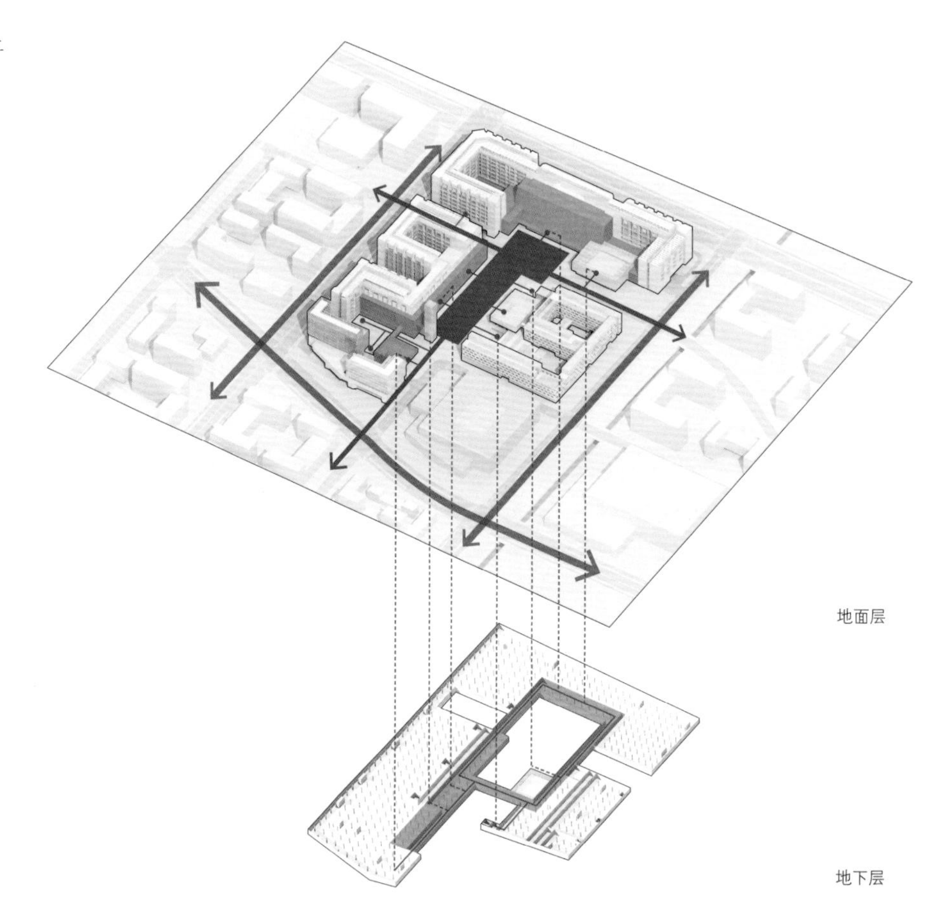

3.3.3 建筑组合

1）规律与特征

相对的高密度和功能有序混合是实现土地资源集约化利用的重要策略，建筑形态的集约化组织是其秩序建构的关键。通过功能单元细分，并依据各功能单元的特征及功能之间的相关性和相容性进行重组，形成具有高密度混合利用特征的形态组织。其实质是对传统功能分区模式的一种扬弃，是紧凑型城市建筑的重要特征。

功能单元的颗粒度很大程度上影响着连接的数量和多样性。一些大型综合体建筑如果只是一个孤立的与城市环境缺乏联系的巨型单体，即使其内部具有丰富的功能活动，也依然是城市中的一个"孤岛"。反之，将综合体细分为多个相对独立运行的功能单元，各单元根据其特定的运行特征与城市建立紧密和多样的联系，相互间也可以形成多种活动的交叉和融合，从而使建筑真正融于城市的日常生活之中。功能单元分类与重组的原则需要从功能类型与城市的接口及建筑不同使用时态的组合与互补两个方面进行把握。

建筑功能类型与城市的接口

基于建筑功能与城市公共环境的交互程度、商业价值与公共属性需求的平衡，可将这种交互程度分为高、一般、低三类（表 3.4）。这种分类体系导向建筑各类功能空间的差异化布局，是紧凑型组织的重要基础。其中，高交互型功能宜布置在地块临街面、入口附近或贴近交通枢纽；低交互型功能往往需要私密和安静的环境，通常利用地块的纵深空间布置。从建筑与街道的关系看，街墙建筑深度最浅，临街亭式建筑深度次之，非临街亭式建筑深度最高，分别适合对应不同交互程度的功能（图 3.99）。

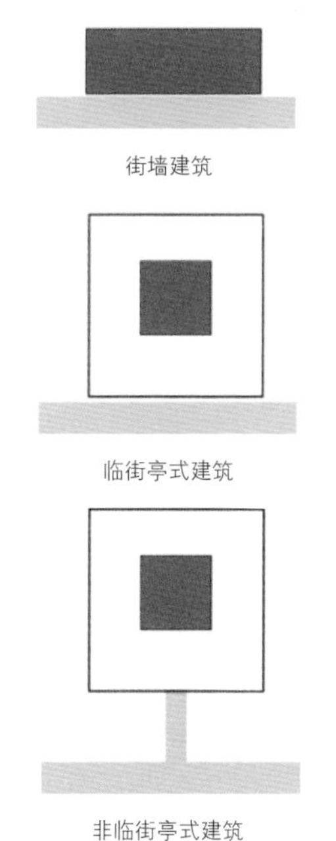

△ 图 3.99 不同构型深度的建筑类型

表 3.4 建筑功能与城市的交互程度分类

	高交互	一般交互	低交互
功能类型	零售、餐饮、展示、文体设施、娱乐、社区服务、交通枢纽或站点等	办公、酒店、医疗、学校、公寓等	居住、生产、仓储等

功能群组的配伍是以城市生活和运作的组合规律为基础，研究各建筑功能单元之间内在关联的可能性，并创造出积极的使用效应的功能组合关系。一般而言，建筑功能群组的配伍方式有下面几种类型：

（1）竞争型。同类功能单元的并置，因相互竞争而产生集聚化效应。如百货商店、购物中心、超市、专业商店因选择的多种可能性而形成竞争，从而催生多样特色，提升整个区段的商业效益。

（2）主从型。这是一种主次分明且协配的组织方式。如城市商务中心区通常以办公、金融为主，配以适量的商店、餐饮、休闲和停车设施等以保证系统协调运作。

（3）互补型。功能单元之间相互补充构成整体。如购物与休闲、诊所与药店、商务与旅馆等，因互为需要且相互匹配而构成更完善的整体。

（4）系统型。对具有相通性和延续性转换关系的功能单元进行组合，以促进系统的便捷和高效。如对不同交通性质的站点（火车站、汽车站、地铁等）进行组合，形成集约高效的交通枢纽中心；又如将购物、餐饮、娱乐、展示等功能单元结成商业综合体，形成激发效应；等等。

使用时态的组合与互补

不同性质的功能活动集中发生的时间区段和峰值时间不尽相同（图 3.100）。运用全时化功能组织（Twenty-four Hour Design Cycle），将发生在不同时段的功能活动按照其空间位序的不同要求组织成整体，减轻潜在的白昼“钟摆式流动”与夜间“死城”的现象，大大提高了城市土地开发和空间营运的容量。利用不同功能的能耗负荷峰值的时间分布规律，合理调配能耗分布，降低技术系统的负荷压力，减少整体性的能耗负荷[1]（图 3.101），促进城市建筑节能减排。

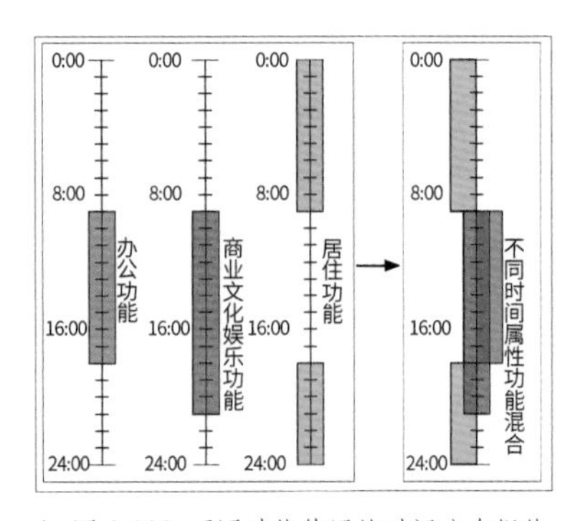

△ 图 3.100 不同功能使用的时间分布规律

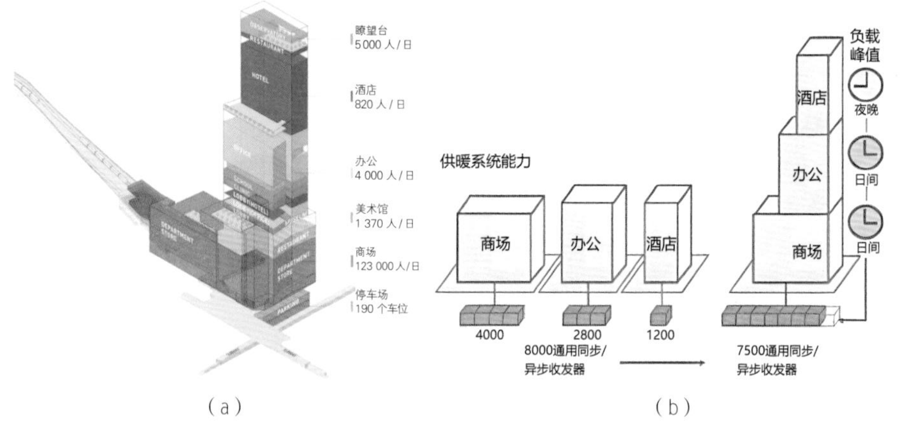

▷ 图 3.101 大阪“阿备野 HARUKAS”通过立体功能组织降低能耗：（a）立体功能分区；（b）整体能效管理策略

2）设计策略

建筑与街道的多元连接、建筑功能单元的多种组合，是通过紧凑布局促进集约化建设的有效策略。

建筑与街道的多元连接

地块建筑与街道的连接方式的设计操作，可分为平面与立体两种基本模式：

平面模式通过建筑临街和场地临街两种布局实现。建筑直接与街道相连，适用于交互程度高的功能业态，如商铺、餐饮等；通过场地连接建筑与街道，提供了相对私密和安静的环境，适用于一般交互和低交互的功能业态，如办公、住宅等。两种布局的组合可以形成丰富的变化。例如，商办或商住类地块中，沿街设置商铺，在地块的纵深空间布置办公或住宅。结合建筑连接的道路构型属性的不同，形成建筑与城市接口关系的多样建构（图 3.102）。

1　陈崇文 . 高密度下高层建筑近地空间的立体化策略研究 [D]. 广州：华南理工大学 ,2022.

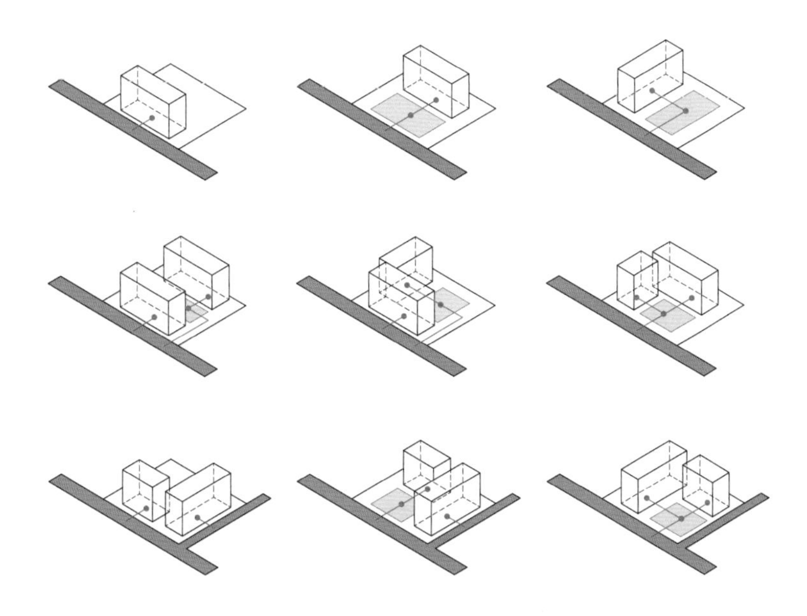

◁ 图 3.102 建筑与街道连接的平面模式图谱

在垂直方向，地下、地面、地上空间与城市连接的便捷程度和成本有差异，其独立性和开放性也随之变化。立体模式通过调节建筑功能空间与地面层的距离，实现不同功能的垂直叠加。如表 3.5 所示，以地面层为 0 序，向上正序，向下负序，可分为 9 个层次。

表 3.5 立体区位分层及适配功能

	地下深层区	地下中层区	地下浅层区	地表层	地面层	近地面层	中层区	高层区	超高层区
标高	−20 m 以下	−20~−10 m	−10~−5 m	−5 m	0	+2~4 层	+5~8 层	+9 层~+100 m	+100 m 以上
公共性	极弱	弱	一般	较强	强	较强	一般	弱	极弱
适配功能	地铁交通	地铁交通为主，兼零售	零售、娱乐、停车和行人交通	地面功能的延伸、市政设施、停车	商业、娱乐、社交、公共、交通	地面功能的延伸	办公、商贸、居住、旅馆、商业	办公、居住、旅馆	办公

越接近地面，空间特性就越趋向于开放和密集，区位价值也越高，更适合发展高交互型的功能业态。随着城市空间立体化发展，通过立体街道和广场，非地面层建筑在空中或地下与城市公共空间直接相连，在垂直方向上形成多重“地面层”，打破了地面层公共性最强的传统认识。多重“地面层”使城市公共性在建筑的垂直方向上得以延展（图 3.103、图 3.104）。

立体模式显然更具集约性，并形成了更丰富的空间体验，其本质是“街道—场地—建筑”入径方式的立体化（图 3.105）。

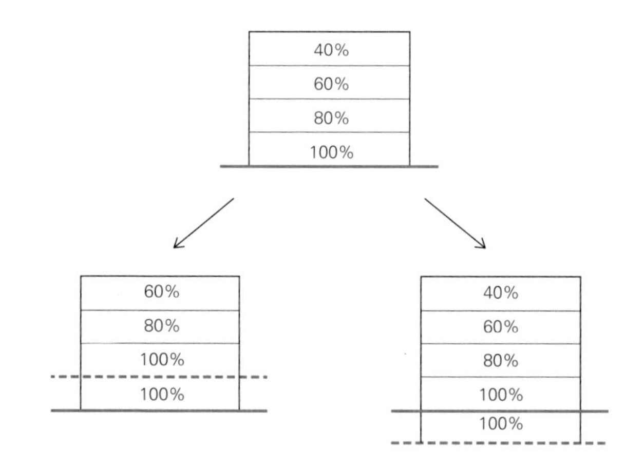

▷ 图 3.103 多“地面层”对建筑公共性在垂直方向上变化的影响

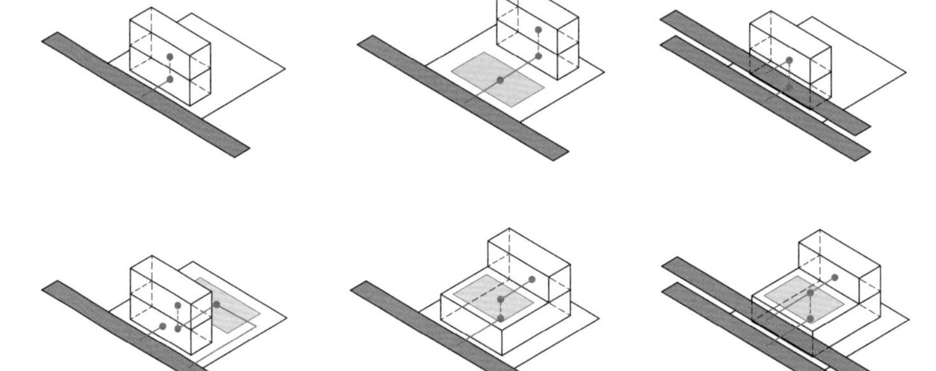

▷ 图 3.104 建筑与城市连接的立体组合图谱

▷ 图 3.105 建筑与城市连接的“平面—立体”组合图谱

日本建筑师槙文彦设计的代官山集合住宅，是在单一地块内创造丰富而流动的城市空间和功能组合的典例。项目位于东京涩谷区，贯穿该区域中央的旧山手大街宽 22 m，是该区域少见的大道。基地形状不规则，仅沿街一面较整齐，地势向内逐渐倾斜（图 3.106）。项目包含住宅、店铺、办公等功能，设计建设周期长达 25 年，从 1967 年到 1992 年分阶段建设。各时期的平面和构造方法不断变化，但设计思想贯穿始终，即多层次和多样性的“奥”空间[1]（图 3.107）。

代官山集合住宅的构型组织是水平向的沿街式与庭院式、垂直向与街道广场的多元有机组织（图 3.108）。从构型和几何视角看，其设计策略可归纳为以下三点：

（1）在水平向，沿街一侧的建筑贴线率达 80% 以上。街墙贴临非机动车道，无退界，形成连续、紧凑、高颗粒度的街道界面；运用地域性设计语言，沿街空间与半公共庭院连续组合与渗透，创造出多层级的小尺度空间序列。

1 槙文彦，松隈洋 . 槙文彦的建筑哲学 [M]. 南京：江苏凤凰科学技术出版社，2018.

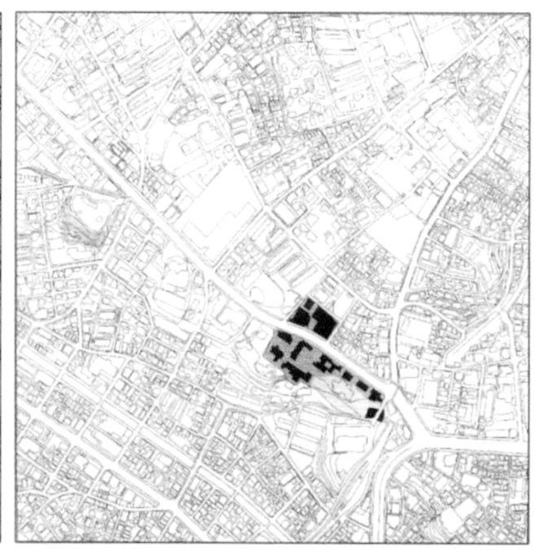

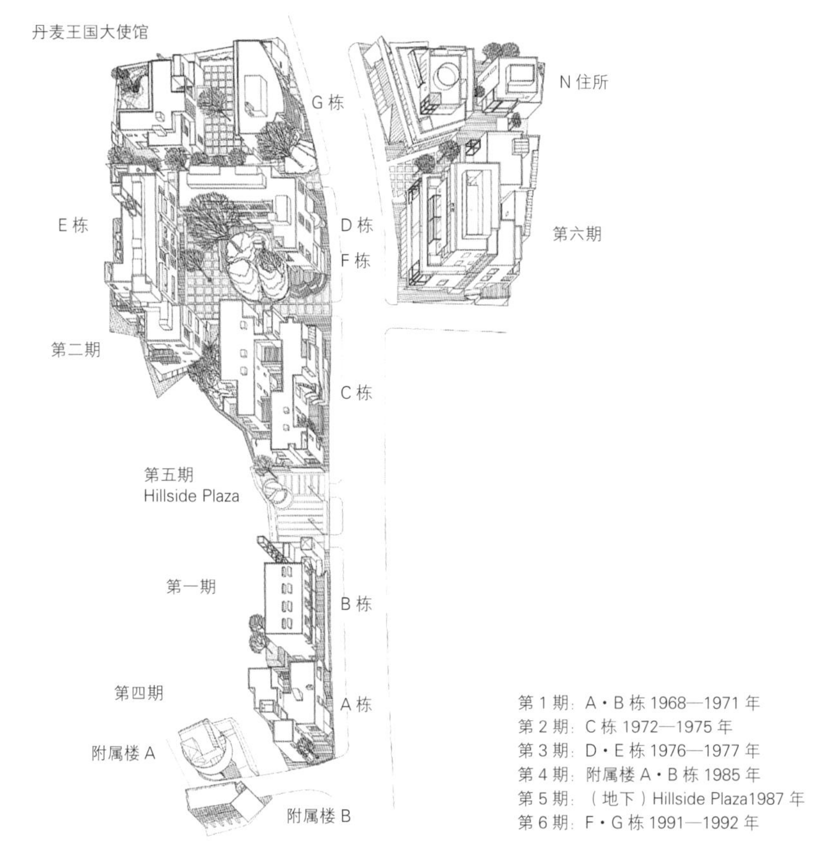

△ 图 3.106 代官山的城市区位及历史演化

◁ 图 3.107 代官山集合住宅分期建设图

（2）在垂直向，一层和部分二层大多为商业、餐饮等高交互型功能，面向街道敞开，具有较高的可视性和可达性；上层为办公、居住等低交互型功能，入口背向街道或置于内庭院中。

（3）在场所塑造上，微地形的巧妙运用进一步塑造了外部空间的场所感。例如，通过局部下沉庭院，塑造私密性的居住建筑入口空间；通过高差变化分隔不同功能属性的庭院空间等（图 3.109）。

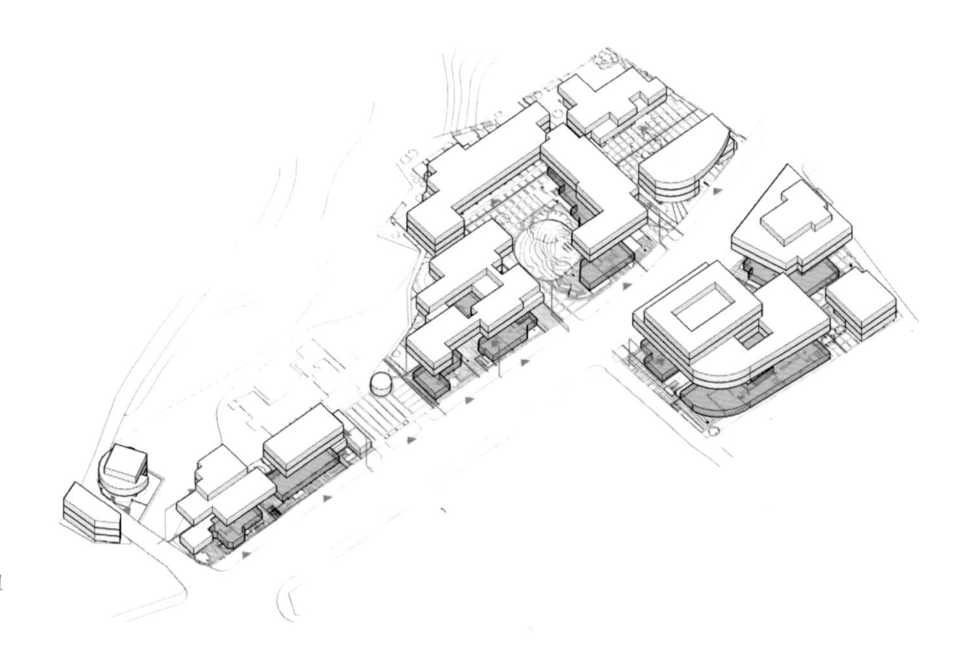

▷ 图 3.108 代官山集合住宅功能单元组合及其入径方式

▷ 图 3.109 代官山集合住宅照片

（a）一期街角广场

（b）二期 C 栋连续的沿街面

（c）二期静谧的内部庭院

（d）三期庭院入口

（e）六期外部街景

项目一期位于街角，地块进深仅够布局单栋建筑，利用街角空间设置公共广场[图3.109（a）]；在两个建筑的空隙间形成内向静谧的庭院，商业外廊使庭院与喧闹的道路分开。在二期及其后，由于旧山手道路交通量日益增大，不适合沿街布置公共空间，转而置于街区内部，保持沿街面的连续性，并为地块后方的建筑提供缓冲庭院，形成多层级的小尺度空间序列场[图3.109（b）（c）]。二期与三期具有多层次、多尺度的公共庭院渗透与连通关系。三期的设计，结合古迹设置了包含古迹和山丘的大院落。三期的院落与街道的连接更为开放和直接[图3.109（d）]。它由二期和三期共同组成的“U”形建筑群限定，与二期庭院连接，通过不同标高暗示其公共性差异，从而形成公共与半公共庭院的多样并置和交融。项目六期的用地性质和规划要求发生了很大变化，前期的10m限高被废止，容积率提升到2。设计采取上下分层和错位叠加，将10m以下的商业空间贴临街道红线布置，10m以上居住、办公混合体量后退，使街道尺度感与周边协调，并为上层功能提供室外露台[图3.109（e）]。

功能单元的立体布局

功能单元的组合有分散和集中两种。分散式布局有利于各功能的独立使用与管理，但必然占据较多场地。集中式布局有利于场地的充分利用，更具集约性，但设计难度也相应增加。集中式具体可分为水平聚集、垂直聚集及两者的组合。其中，水平聚集和垂直聚集代表了相对简单的功能单元构型关系。

水平聚集，是各功能单元在水平向的排列形式。在各单元都有独立出入面的前提下，压缩重复的交通空间。该布局中，每个功能单元与交通空间的关系是均质单一的。垂直聚集，是多个功能单元在竖向的排列形式。通过立体集成减少建筑占地面积。该布局中，功能单元的构型组织呈简单线性——构型深度随建筑高度增加而递增，且各单元流线的独立组织存在一定的困难。综合以上两种的组合聚集，更具构型多样性，适中的建筑密度、流线独立、自然通风采光等效能。

深圳海上世界文化艺术中心（日本槙综合计画事务所设计）采用水平和垂直两种聚集方式，三个体块由一个基座联系整合。剧场、多功能发布厅、餐饮各占据一个体块，独立运营；展厅及零售位于共享基座内，避免公共空间与配套的重复设置（图3.110）。日本关西第一高楼“阿备野HARUKAS”采用垂直聚集，集艺术馆、写字楼、酒店、观光台、购物中心于一体。地下为直通关西机场的轨交换乘站，建筑下部大型购物中心内的自动扶梯有效连接地下、地面与近地面公共楼层；公众可通过专用电梯直达屋顶花园和空中艺术馆（图3.111）。

▷ 图 3.110 深圳海上世界文化中心

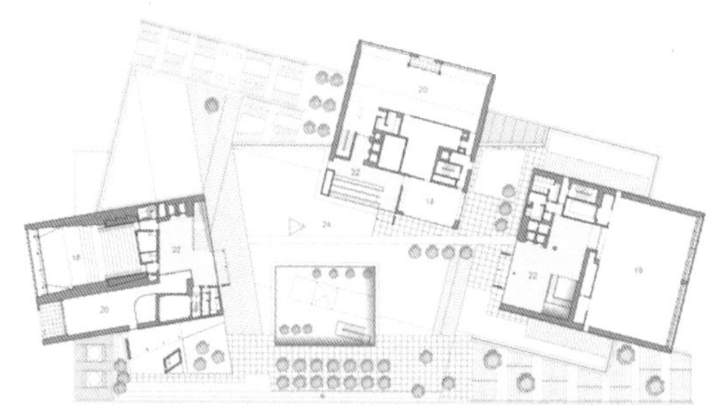

▷ 图 3.111 大阪“阿备野 HARUKAS”

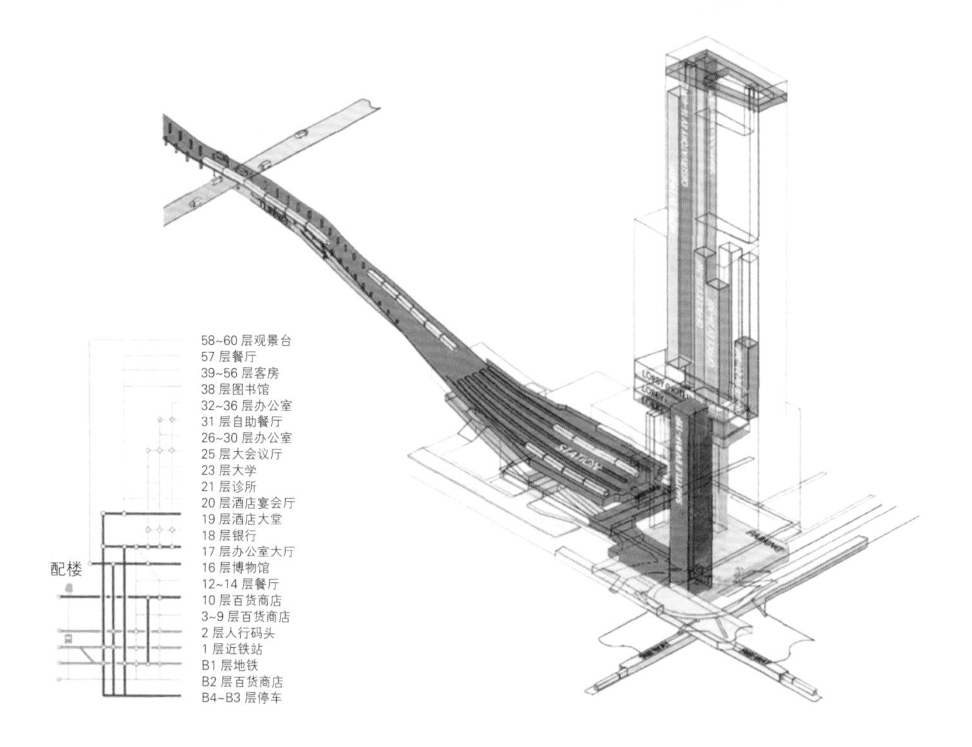

南京市工人文化宫是一座坐落在老城中的多功能建筑群。其所在地段建筑密度高，肌理、尺度变化大。基地内原为南京市委党校，包含教学和生活等多栋建筑。项目包含文化、体育、综合服务和职工之家四大功能单元。在复杂的老城环境中，建筑与城市公共空间体系相融合、与街区肌理相协调、保障周边居住建筑日照，是该项目主要的城市关切（图 3.112）。在内部，四大功能单元在使用和管理上应可分可合。设计在整体功能组织上采用环绕的水平集聚，在各单元层级上则选择垂直集聚，以此形成紧凑、开放的城市建筑格局。

场地与街道相连，形成贯通的“L”形公共步道。建筑群由开敞空间分成四个区块单元。根据日照评估结果，“职工之家”塔楼布置于场地东南角；体育健身中心和包含剧场、影院的文化中心均沿街布置；西北侧既有建筑改造后作为综合服务中心。二层共享平台和公共大厅将四个功能单元在空中联系起来，各功能单元的主要出入口设置于二层。地面层主要供商业和展厅等功能使用，以形成积极的街道界面。各区块单元内部的功能组织采用垂直集聚（图 3.113）。多种功能通过立体化布局模式，与街道、既有建筑及周边环境形成有序联系，立体分布的室外公共空间展现出建筑的城市性（图 3.114、图 3.115）。

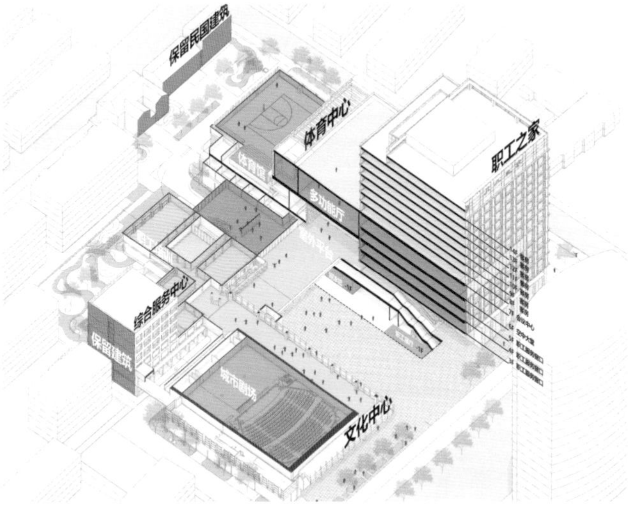

△ 图 3.112 南京市工人文化宫鸟瞰图

▷ 图 3.113 功能立体布局

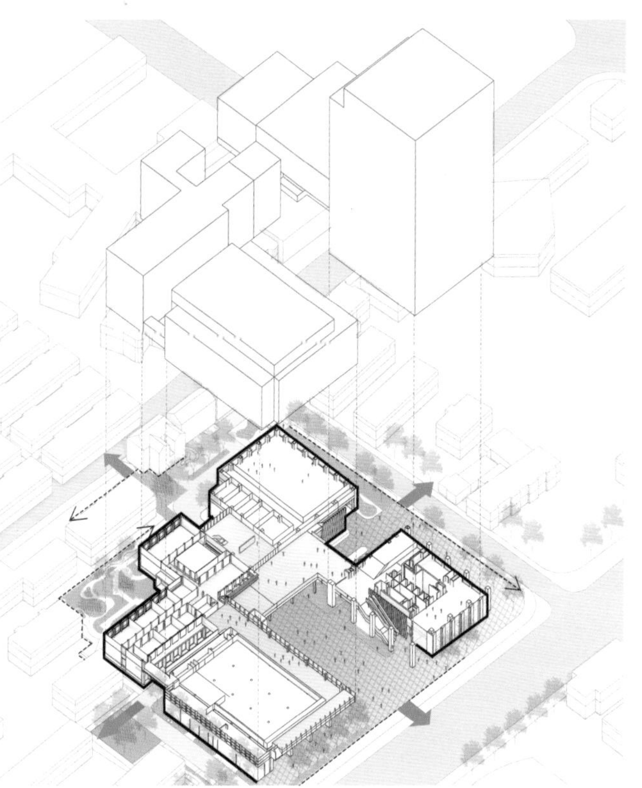

▷ 图 3.114 向城市开放的公共空间

▽ 图 3.115 二层共享平台

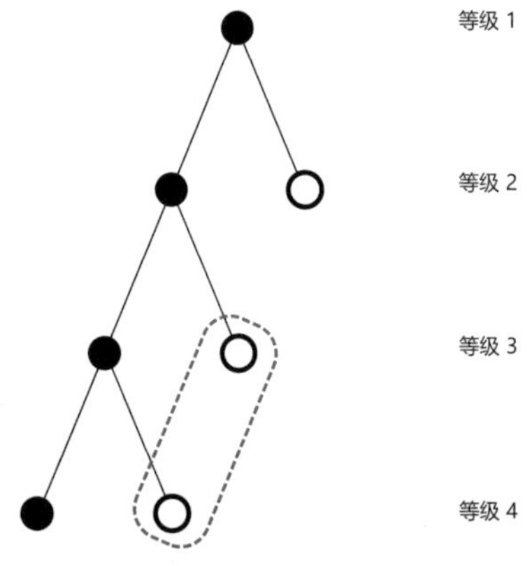

△ 图 3.116 交叠的空间构型等级（红框内为发生交叠的不同尺度要素）

3.4 建筑与城市的跨层级交叠

建筑与城市的跨层级交叠，是指建筑不仅作为占据城市空间的个体，还主动发见和回应与城市结构和功能的关联，并作为城市组织化空间中的一个环节[1]（图 3.116）。建筑除了完成自身特定的功能外，还以提供城市职能并对它进行综合设计处理为其重要职责，是城市建筑集约化的重要表现之一。

建筑与城市的交叠具有以下特征：第一，建筑与城市的交叠与城市物质空间的层级性相关，交叠所涉及的不同层级范围影响了建筑与城市的关联程度，关联的强弱不一定取决于建筑的规模等级，而在于其功能和空间形态在城市关系网络中所起到的作用；第二，建筑与城市的交叠有其具体场景条件下的适宜性，并不需要一味追求交叠程度，而在于适度；第三，这种交叠具有动态性，建筑与城市交叠的位置、形式和程度可以做出适应性调整。

建筑与城市的交叠现象普遍且由来已久。中国城镇建筑中的“檐廊”和“骑楼”（图 3.117）、盛行于欧洲的拱廊街、日本传统建筑中的“缘侧”（Engawa）都是建筑边缘

△ 图 3.117 厦门思明东路的骑楼

△ 图 3.118 香港汇丰银行以架空方式形成连接皇后大道与德辅道的灰空间

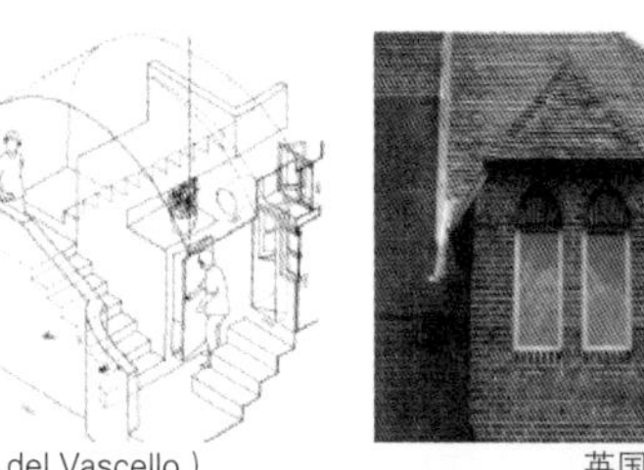

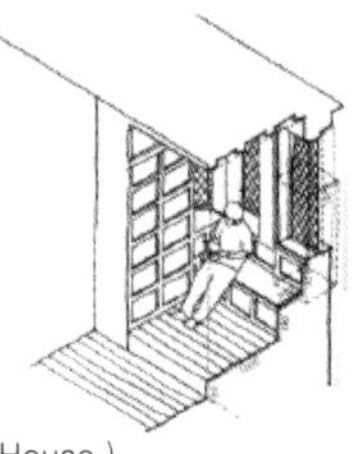

意大利・瓦契罗村（Casale del Vascello）　英国・红屋（Red House）

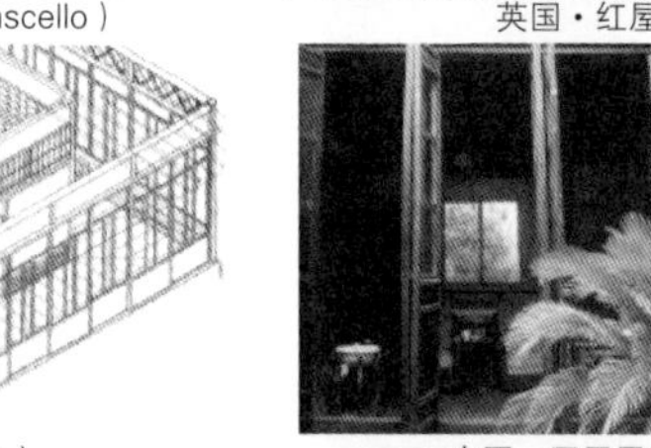
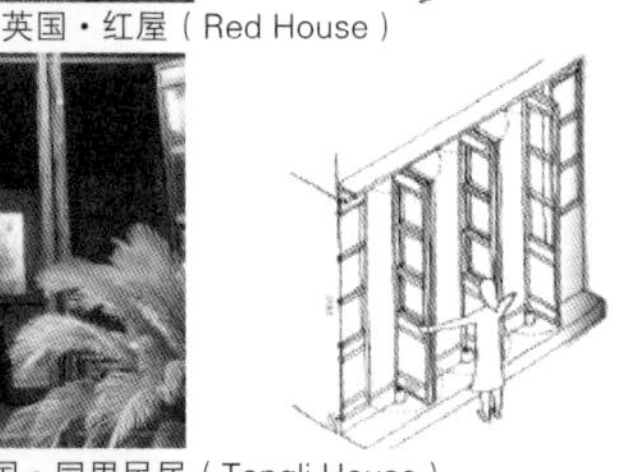

日本・临春阁（Rinshunkaku）　中国・同里民居（Tongli House）

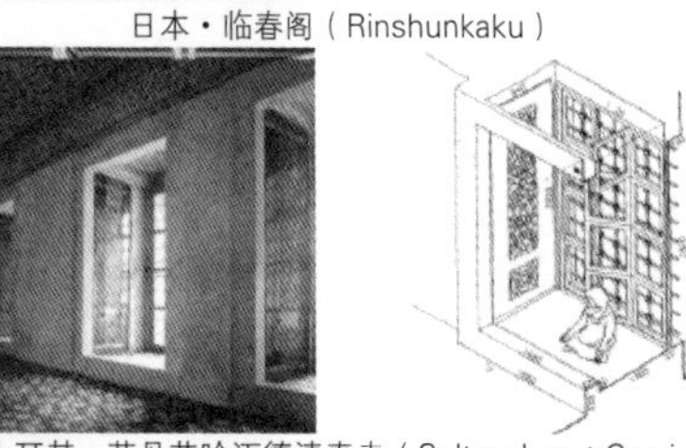
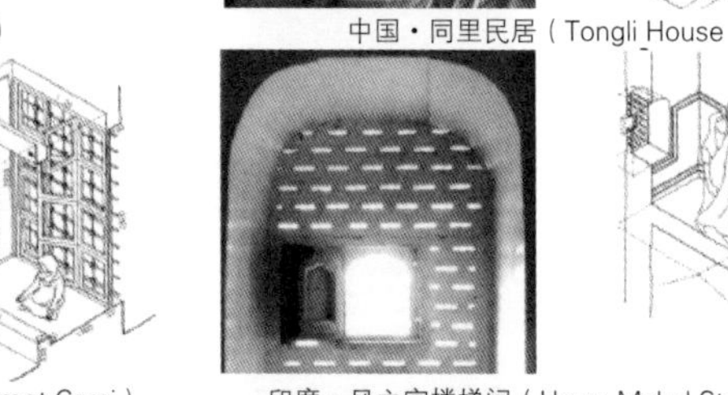

土耳其・苏丹艾哈迈德清真寺（Sultanahmet Cami）　印度・风之宫楼梯间（Hawa Mahal Stair Hall）

斯洛维尼亚・国家图书馆（National Library）　希腊・维德薄饼屋（Verde）

▷ 图 3.119 类型多样的中间领域

1　韩冬青，宋亚程，葛欣．集约型城市街区形态结构的认知与设计 [J]. 建筑学报，2020(11):79-85.

灰空间的代表，其与城市公共空间的交叠，为人们穿行、停留提供便利，并具备商业、社交、文化等多种城市功能。现代主义盛行的底层架空（图 3.118）、后现代主义所主张的“中间领域”（图 3.119）、融入城市公共空间体系的建筑中庭、连接体建筑，乃至各种城市建筑复合形态（图 3.120），将建筑与城市的跨层级交叠延伸至更大、更复杂的进阶中。

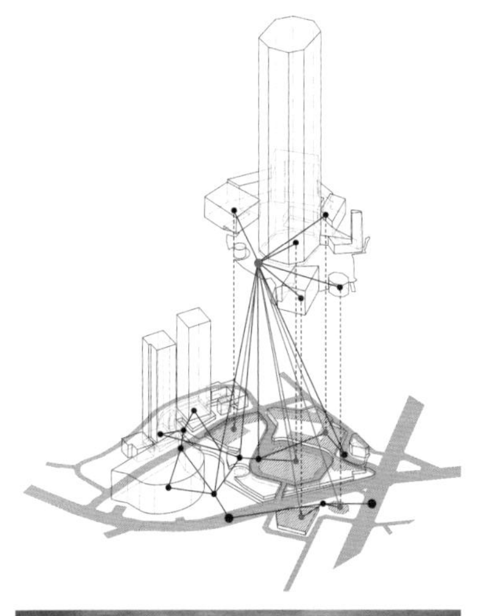

△ 图 3.120 东京六本木街区呈现出的城市建筑一体化复杂构型

3.4.1 建筑的城市化

建筑的城市化，是指建筑室内空间或灰空间作为城市空间的重要组成部分，延续城市空间的结构秩序，与周边环境融为一体。当代建筑因容纳或参与多种功能的连接和复合，而趋向于复杂化和巨型化。城市设计的空间操作也在向立体化和室内化方向延伸。建筑空间和城市公共空间的界限和包含关系变得模糊、渗透和交叠，其发生器从建筑的边缘、架空、中庭和屋顶等进一步向网络化延展，甚至形成关系倒置——建筑化身为微型城市。

1）建筑城市化的模式

融入街道的“边界空间”

边界，指在三维空间中通过直线或平面划分形成的界限。当其具备某种行为功能时，便形成了三维的空间，可称为“边界空间”，它是日常生活行为的重要载体之一。

融入街道的建筑“边界空间”常常表现为骑楼、檐廊等类型。依托沿街建筑界面所形成的公共空间通常是开敞的，与周围环境的接近度高，视觉上易于感受，使用上可达性强，因而自然成为私有与公共领域之间的过渡带或缓冲带，可以改善拥挤的城市步道，提供小型广场或口袋公园（图 3.121）。

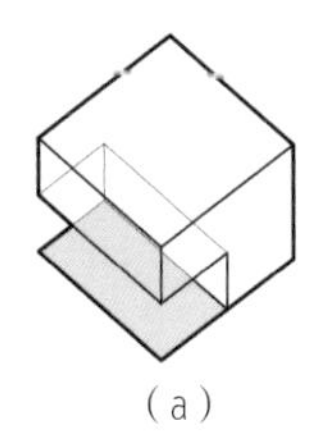
(a)

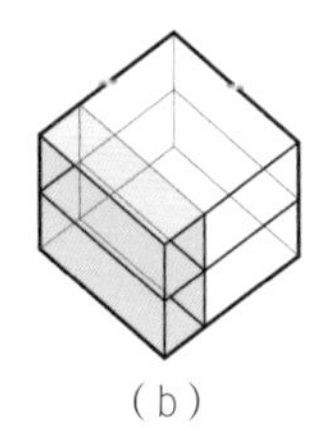
(b)

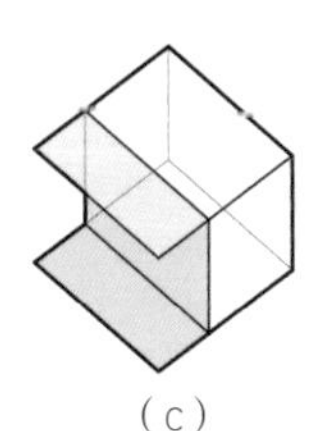
(c)

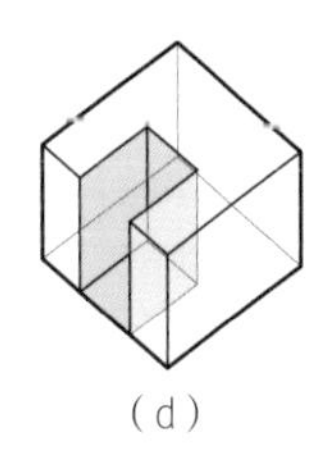
(d)

◁ 图 3.121 四种典型的边界空间：（a）骑楼；（b）多层檐廊；（c）单层檐廊；（d）口袋广场

公共化的架空空间

高密度的本质原因，源于有限的土地资源与人口及空间需求的矛盾。高密度城市建设中，需要最大限度地释放地面空间，作为城市公共空间的有效补充。底层架空设计去除了垂直的围合界面，而具有通透、延续的特性。一些发达的国家率先提出“底层架空公有化”法定机制，如美国通过放宽容积率等鼓励政策，号召高层建筑底层架空作为公共开放空间，我国部分城市（如深圳等）也相继推出类似政策。

在曼哈顿、新加坡市、香港等高密度城市的中心区，城市建筑通过底层局部或全部架空、体量悬挑等方式，将地面空间解放出来，作为城市公共空间或服务于周边的交通集散功能。香港汇丰银行通过扶梯将主要功能入口提升至二层，底层则采用架空的方式，形成连接皇后大道与德辅道的灰空间，平时支持公共人流步行，周末吸引人们来此聚会；底层架空也为建筑本身提供了入口的缓冲空间[1]（图 3.122）。

底层架空有利于避免不良气候的干扰（图 3.123）。在城市交通日益发达的今天，越来越多的交通枢纽地段以建筑综合体的形式出现，交通通行和商业等不同的职能类型组合叠置，其建筑空间上也多表现为架空形式（图 3.124）。

▷ 图 3.122 香港汇丰银行所在的城市空间剖面

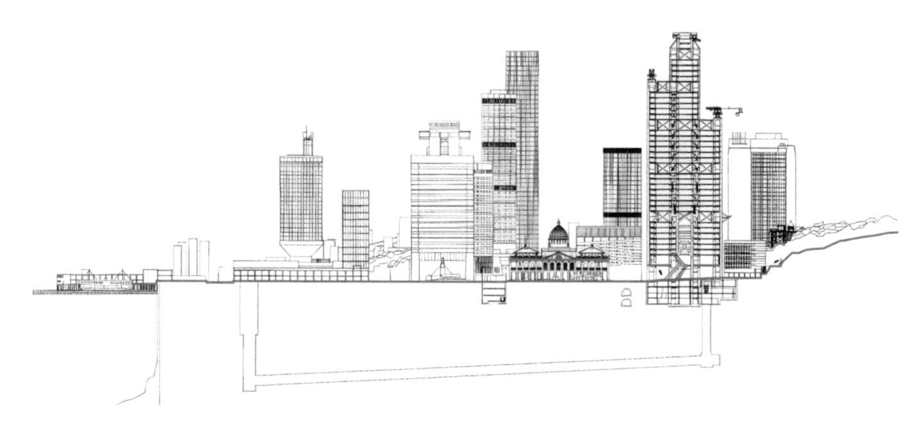

▷ 图 3.123 曼谷 The Commons 商场

▷ 图 3.124 东京火车站地段 Kyobashi Edogrand 中心的底层架空空间

融入慢行系统的建筑贯穿空间

贯穿空间，通常表现为建筑内部通过线性切割形成的有遮挡的城市公共通道。其将城市生活和人流引入建筑深处，最大化利用建筑首层的空间潜力，并作为街道的补

1 李俊果，李朝阳，王新军．香港大型公共建筑底层架空及启示 [J]. 华中建筑 ,2009,27(12):25-29.

充融入公共慢行系统。

贯穿空间布局需充分考量与周边城市道路、广场和重要节点建筑的衔接，以增强步行开放性，避免形成城市空间的阻隔或安全死角。视线的通透性、空间的可识别性和方向性，以及自然采光通风，也是贯穿空间布局的重要因素。在此基础上，有节奏地布置一些环境宜人的广场空间或中庭空间，可供人们短暂停留、休息聚会并兼具交通疏散。

1986年瑞典房屋博览会上，在马尔默Vastergatan社区“吉姆的小屋”项目，提供了一种通过穿越建筑底层进入庭院空间而实现的双庭院设计。从外观看，吉姆的小屋和一般的围合式街区建筑没什么不同，但其建筑底层设置了可直通庭院的入口通道。庭院被一座附属建筑分为两部分：靠近通道的部分为外部庭院，为餐厅提供户外就餐区；私密的内部庭院绿树成荫，为街区居民带来乐趣[1]（图3.125）。在增强连接关系的同时，该地块显然具有功能交叠特性，既承载了地块内部建筑，又将街区内庭与城市街道空间也连接了起来。

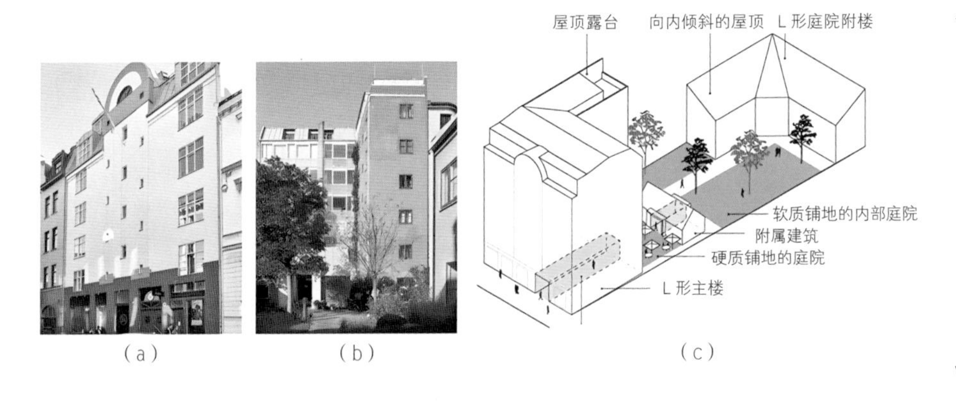

◁ 图3.125 吉姆的小屋（Jim's House）：（a）沿街面；（b）庭院；（c）轴测分析

▽ 图3.126 伦敦金融城购物中心的贯穿空间

在伦敦金融城购物中心设计中，建筑师努维尔面临的难题是：新建筑如何在空间结构上与毗邻的圣保罗大教堂建立对话。从米兰埃马努埃莱二世走廊、伯灵顿及皮卡迪利等拱廊中提取了十字路口的理念，将四周的街道进行连接，便于人流进入购物中心内部。十字廊道的南侧连接花园，西向通道被局部放大以强调与圣保罗教堂的视觉关系（图3.126）。十字交叉口为通高的节点广场，作为建筑内部的视觉中心，并容纳垂直交通。该案例中，贯穿空间在地面层形成细密的路径编织，成为城市系统的有机组成部分，并起着延续地区历史文脉的作用（图3.127）。

1 西姆．柔性城市：密集·多样·可达 [M]. 北京：中国建筑工业出版社，2021.

▷ 图 3.127 （a）米兰埃马努埃莱二世走廊；（b）伦敦金融城购物中心概念图和首层平面图

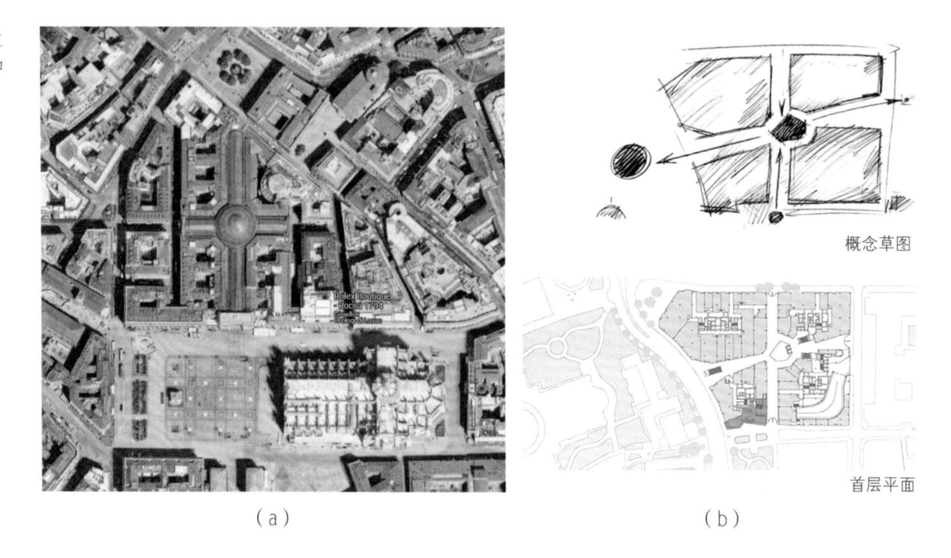

开放的建筑屋面

在高密度区域，占城市土地面积约 25% 的建筑屋面利用不失为开拓空间资源的有效策略。开放式屋顶的设计实验从现代主义就已开启，如柯布西耶的马赛公寓的屋顶被设想为儿童玩耍的空间，以及意大利马特 · 特鲁科（Giacomo Mattè –Trucco）设计的都灵菲亚特工厂的屋顶高速测试跑道（图 3.128）。建筑屋顶不仅仅是围护结构，而已成为建筑内部功能与城市公共空间的重要组成部分。利用屋面开辟城市公共空间，不仅作为内部功能的延伸，而且与城市环境相契合，可促进建筑积极介入城市环境，并提升城市空间的多样性。

△ 图 3.128 马特 · 特鲁科设计在都灵的菲亚特工厂的屋顶高速测试跑道

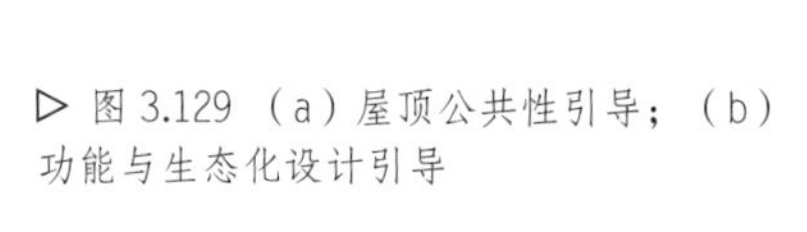

▷ 图 3.129 （a）屋顶公共性引导；（b）功能与生态化设计引导

开放屋面设计应注重其可达性，以及功能与生态化设计引导。巴黎协议区的开发管控文件对此提出了详细要求[1]（图 3.129）。在可达性上，开放屋面可作为地面的延伸，或城市空中步道的组成部分。作为地面延伸的开放屋面可采用斜坡或退台，从地面缓伸到建筑顶面，便利行走。荷兰阿姆斯特丹科技展览中心，其倾斜的屋面广场可直接从地面沿大台阶登临，向南遥望阿姆斯特丹老城区。科技展览中心地面广场、楼面平台和屋面广场，通过垂直交通和大台阶组成立体的城市生活空间（图 3.130）。日本东京新宿西口集散广场在地面 7 m 标高处设城市高架步道，将周边所有商业建筑的一层裙房屋顶与新宿站在空中连为一体，形成完整连续的步行体系（图 3.131）。在生态化上，建筑师埃米利奥·安柏兹（Emilio Ambasz）提出"绿质覆盖灰质"（Green over Gray）的新型建筑、绿化复合模式。屋顶也是城市生态景观的延伸（图 3.132）。

△ 图 3.130 荷兰阿姆斯特丹科技展览中心倾斜的屋面

△ 图 3.131 1967 年西口广场地上 7 m 标高的高架层及周边商业建筑

△ 图 3.132 福冈县立国际中心的绿化复合式屋顶

有些建筑屋面可作为公共基座和上部塔楼之间的转换层，为上层物业提供半公共的社区共享花园。例如，香港黄埔花园在规划之初，因项目周边配套不完善，开发商将其开发为自给自足的社区，于裙房顶部设置半公共开放空间，作为居住塔楼的入户花园，其上设置庭院、健身设施和球场等休憩空间，部分庭院连接商场、餐厅和学校，与高度商业化的地面功能相互补充，形成多标高、多层次的开放式环境（图 3.133）。

融入城市公共体系的中庭

中庭是一种起源于罗马时代的古老建筑形式。20 世纪 60 年代，波特曼将中庭广泛运用于商业、交通、公共机构等公共建筑，使建筑中庭具有室内城市广场的属性，成为聚集人气并进行各种公共活动的场所。亚特兰大海亚特摄政旅馆中庭是其早期代表作。

按空间围合程度的不同，中庭可分为全围合和半围合（边庭）。全围合中庭空间通常位于建筑的居中位置，与室外空间难以直接连接。其优势在于隔离室外气候和景观的影响，能够均好地改善建筑通风和采光，并可作为视觉和公共活动的中心。边庭至少有一侧界面直面室外，通常结合入口形成敞厅，具有良好的可达性和景观优势，更易实现室内空间室外化的场所特征。美国圣·安东尼市凯悦酒店是典型的边庭空间案例。设计将运河水系引入中庭，并将滨河散步道与通往广场的人行步道连接起来，使酒店中庭成为城市景观通廊的有机组成部分，流动的水景创造了独特的室内外融合体验，还提供了自然的通风和降温（图 3.134）。日本京都火车站大厦拥有一个宽 28 m，高 60 m，长 470 m 的复合型中央大厅，与室外站前广场构成了连续的城市公共空间。中央大厅整体用箱型玻璃和金属膜覆盖，给人一种开放、室外化的感受。东西两翼建筑呈台地状堆叠向上，通过自动扶梯联系。台地状的建筑屋面、地面与通透的围护结构共同构成了具有城市尺度、连续的、立体的公共空间（图 3.135）。

1 1 Cai S, Han D Q, Zha J. Empirical Research on Vertical Greening and Energy Saving Technology in the Range of Architectural Boundaries[J]. Journal of Southeast University (English Edition), 2023, 39(1) :33–48.

▷ 图 3.133 （a）黄埔花园屋顶平台；（b）鸟瞰图（1990）

▷ 图 3.134 美国圣·安东尼市凯悦酒店：（a）总平面图；（b）中庭照片

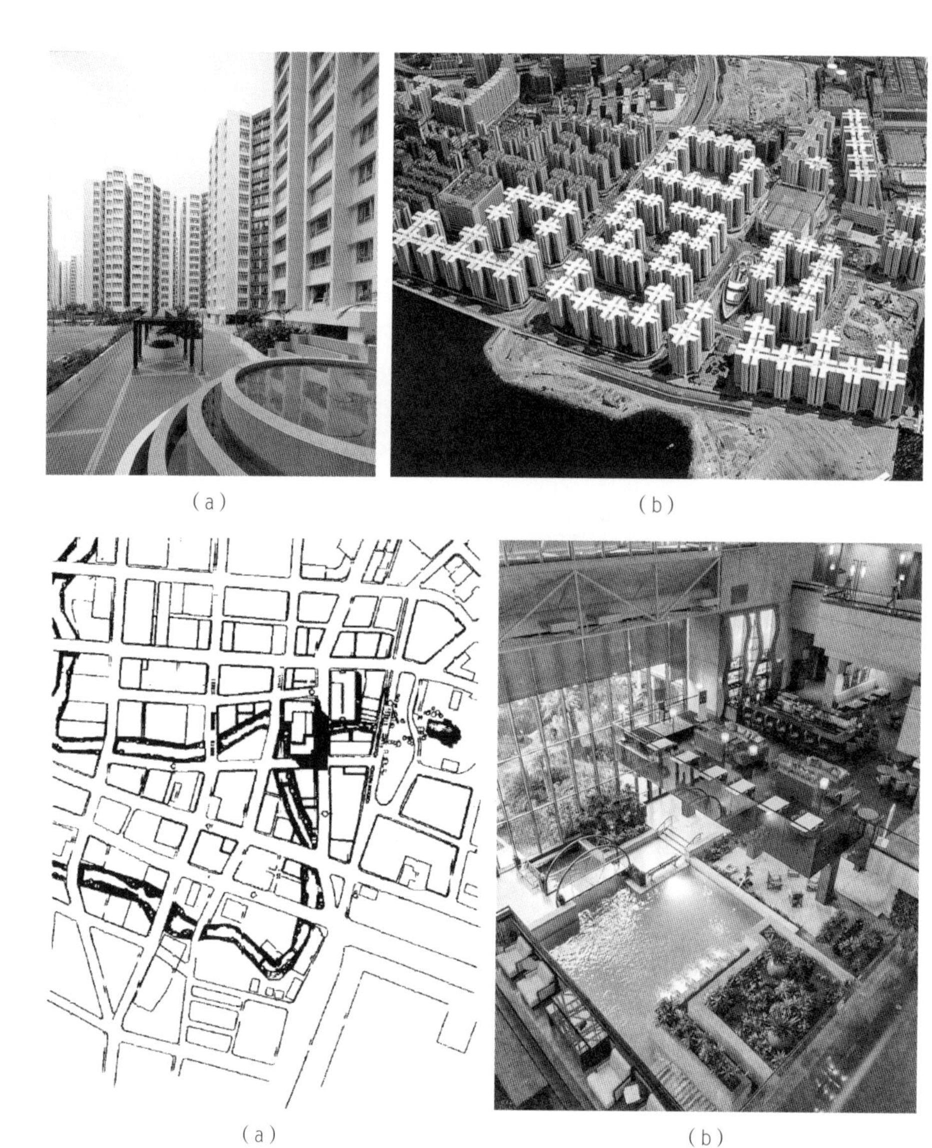

（a） （b）

（a） （b）

在东京、大阪等轨道交通发达的高密度城市，为高效引导人流从车站到城市各部分，城市开发提出“城市核”（Urban Core）概念——由自动扶梯、直梯和人行步道构成的节点空间，连接轨道交通换乘平台、商业综合体设施、广场等不同标高的区域，在物质空间上呈现为通高的中庭。它强调各区域的入口空间，形成复杂立体环境中具有标示性的节点，并为地下空间带来自然通风和采光，消除地下的沉闷气氛[1]（图 3.136、图 3.137）。

1 日建设计站城一体化开发研究会．站城一体化开发Ⅱ：TOD46 的魅力 [M]. 沈阳：辽宁科技出版社，2019.

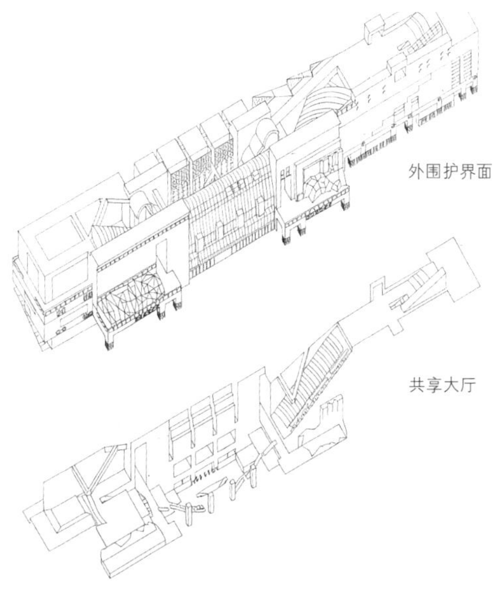

◁ 图 3.135 日本京都站的城市广场

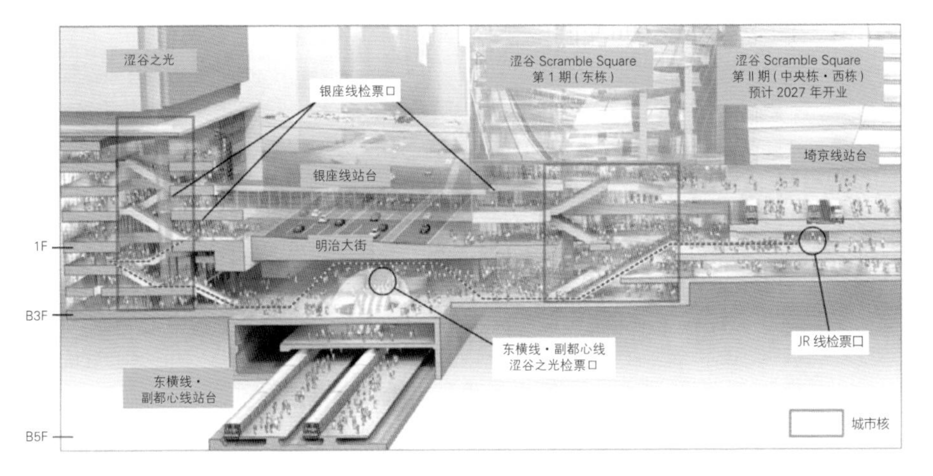

◁ 图 3.136 东京涩谷站的城市核

△ 图 3.137 涩谷之光的城市核

作为连接体的建筑

在香港和东京，已普遍出现建筑或裙房整体作为连接体的创新实践。对这类城市建筑而言，商业、办公等功能对于建筑空间的需求，已不再是决定其形态的主要因素，其设计更侧重于如何衔接多个交通站点，如何引导人流便捷快速地进入周边各类功能设施。建筑的几何形态往往与其所构筑的动线网络紧紧扣接，通过空间形态组织，对移动行为进行系统引导与调控。

作为港铁金钟站的上盖物业，金钟廊坐落在一群 20 世纪 70 年代末开发建成的塔楼丛中。为消解周边高速路造成的割裂，在地铁站点、公交总站、停车楼与塔楼群之间建立安全、快捷的步行联系。金钟廊设计为一个具有商业功能的连接中枢，在水平方向伸出大量“触手”，将周边商业、办公、公园绿地连接成网，将行人从喧闹的地面机动车道旁释放出来。其建筑形式是在多向廊道交汇处放大的扁平体量（图 3.138）。

汤姆·梅恩在曼哈顿世贸中心重建概念设计中，提出了用低层带状建筑替代高层塔楼的设想。带状建筑作为城市流动的载体，清晰、真实地展示活动内容，增强城市水平方向上的组织联系，最大化地给事物提供了相互关联的机会。建筑师在西线高速路上方立体叠加了“L”形带状建筑，缝合了原先被高速路切割的人行系统，并为曾经荒废的区域注入新的城市功能（图 3.139）。

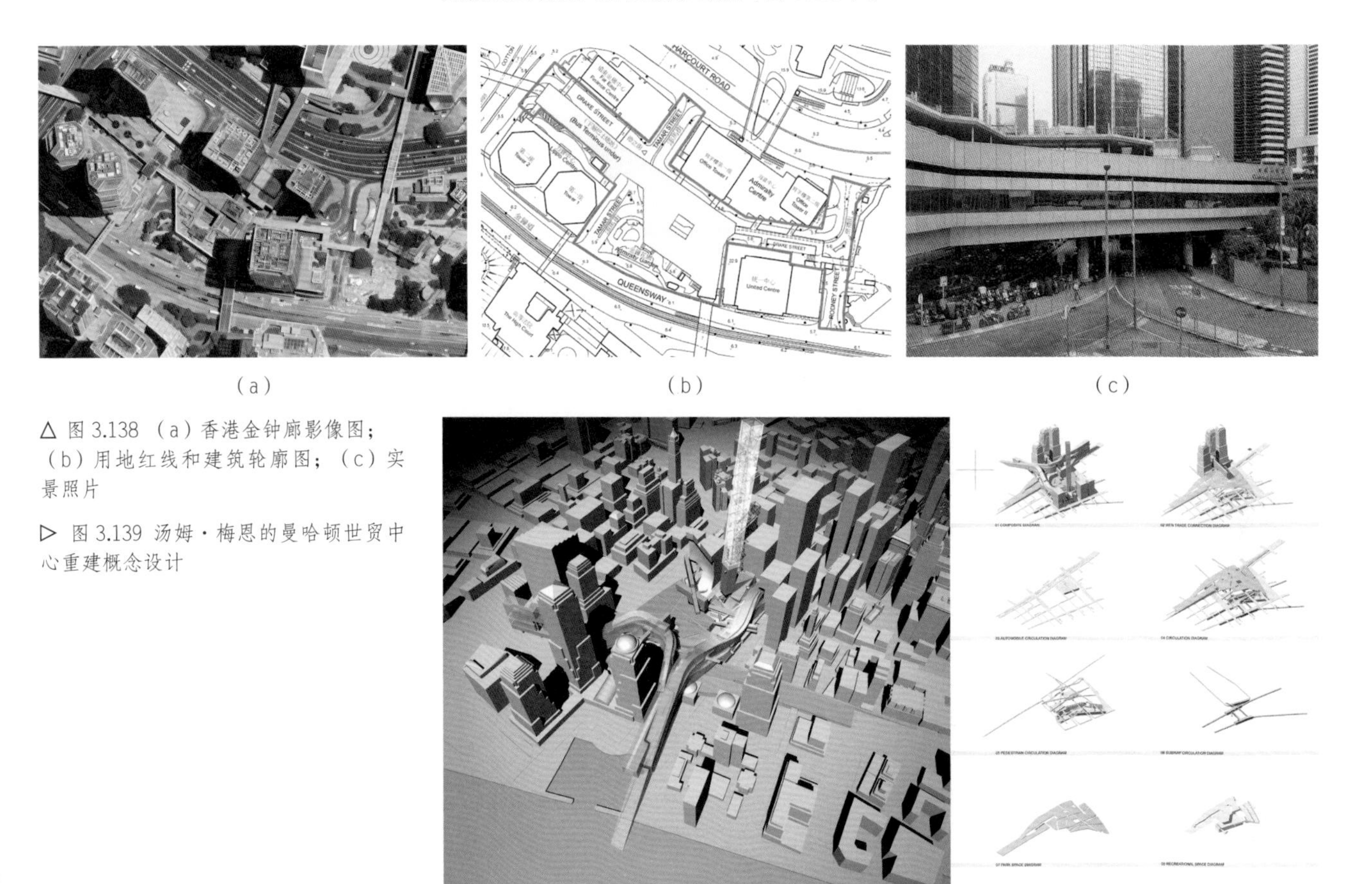

（a）　（b）　（c）

△ 图 3.138 （a）香港金钟廊影像图；（b）用地红线和建筑轮廓图；（c）实景照片

▷ 图 3.139 汤姆·梅恩的曼哈顿世贸中心重建概念设计

作为微型城市的建筑

建筑在城市系统中不但承担了部分城市功能，甚至在建筑空间内形成了相对完整独立的类城市系统，因此成为一种微型城市，这是对城市传统层级结构的一种颠覆。这种范式多见于巨型交通枢纽中心或城市建筑综合体中。

从空间构型的层面看，传统建筑中交通空间和功能空间有明确的界定。交通空间通常呈现线性或树状特征，以明晰的组织方式连接功能空间，有助于用户快速理解和导航建筑内部，但也限制了空间使用的灵活性。而容纳微型城市的建筑借鉴了自然城市中街道和广场的构型，形成一个立体网络状的公共空间系统，可容纳多样化的行为活动，促发丰富的场所体验和密集的交互机会。

从形体几何的层面看，在公共建筑中常将门厅、中庭等公共空间视为“虚”，将受功能要求相对封闭的空间视为“实”。在尺度上，虚体和实体空间有所不同，但都属于建筑单体层级的一部分。而容纳微型城市的建筑将多个建筑尺度的功能实体置于城市尺度的虚体空间中。大与小的空间嵌套的交叠部分，既属于大空间又属于小空间，因而产生模糊性和多义性，使建筑内部的人产生置身于城市街道和广场的体验（图 3.140）。

△ 图 3.140 大小空间嵌套的体块占据模式

以阿布扎比卢浮宫为例，建筑师让·努维尔以大型屋顶覆盖建筑群落，塑造出与历史和当代文化深度融合的城市建筑。直径达 180 m 的硕大屋顶形象鲜明。在空间布局上，聚落化形态将不同尺度的功能空间组织在小巷和广场之间，以此连接建筑物及其所处的土地、历史，甚至气候。“就像阿拉伯的城市建筑，这个博物馆建筑群之间离得很近，近到从它们中间穿梭而过的行人甚至可以完全位于建筑阴影之中。”（图 3.141）[1]

◁ 图 3.141 阿布扎比卢浮宫

1 Nouvel J. The Museum is an Island [J]. Interni, 2018 (5):44–51.

2）设计方法

界定建筑所关联的城市物质空间层级

建筑在城市系统中始终与其他元素相互关联，这种形态关联具有层级性，既是对周边环境也是对更大城市地段的反馈。建筑的影响域一方面受建筑自身的性质所限，另一方面也由其所处的空间层级所决定。判断建筑与城市的契合程度，就要看建筑的影响范围，对相应的城市环境做出分析，确定其在各种关联结构中的恰当定位。

街区影响域

建筑与街区的相互影响关系是最普遍的。以泸州市市民中心设计为例，该项目与规划中的体育健身公园共处一个街区。街区东侧为连通中心城区的重要干道，也是到达用地的主路。用地整体从东侧山体向四周降低：山体最高高程高出东侧大道 30 m，西部地势低，起伏相对平缓。用地适建性分析表明，建筑宜布置在用地西部，而东部山体阻断了主路与市民中心建筑的视觉联系（图 3.142）。鉴于此，设计放弃了视地形为建筑基座的常规思路，转而将建筑的影响域扩大为建筑与山体所构成的整体，形成

▷ 图 3.142 泸州市市民中心：（a）场地原始地貌；（b）GIS 适建性分析

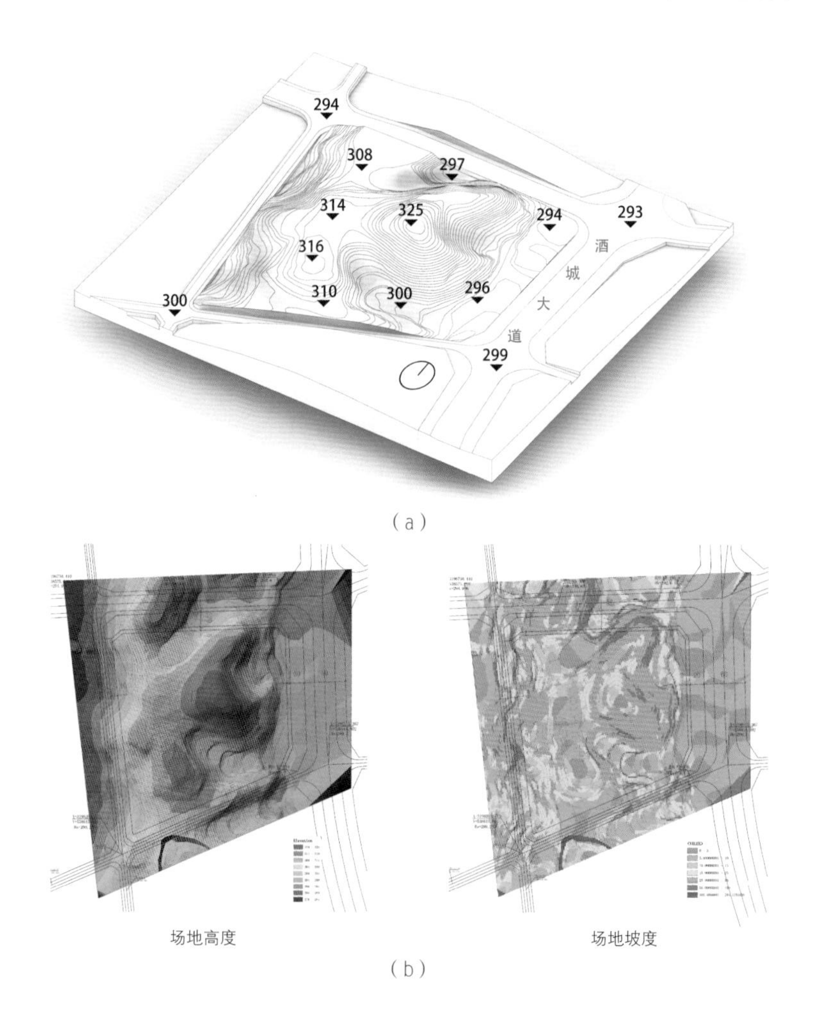

一种互嵌关系（图 3.143）。其实质是打破市民中心与健身公园两个地块的并置关系，而将两者都纳入街区整体的营造中。

◁ 图 3.143 泸州市市民中心西南侧鸟瞰图

地段影响域

有些建筑的影响波及更大的城市地段。钟山风景名胜区旅游服务中心位于南京玄武湖东岸、紫金山西南侧。基于“山—水—城”格局及现状区位分析（图 3.144），该地块是紫金山与玄武湖相互衔接的地段，是钟山风景名胜区最具交通优势，也是环玄武湖景区唯一直接滨湖且有建设腹地的地段。设计应置于紫金山、玄武湖构成的整体山水环境中进行考量，探究其连接山水、融合城市的整体营造策略（图 3.145、图 3.146）。

◁ 图 3.144 南京的“山—水—城”格局

▷ 图 3.145 基地影像图

▷ 图 3.146 自紫金山顶看向基地

▽ 图 3.147 （a）从基地旁的卧虎山顶看向东北方向；（b）石家庄美术馆项目区位和城市关系

（a）

（b）

影响域的多重尺度

有些建筑的关联影响甚至超越地段，而影响到更大的尺度范围，是对设计视野的更大考验。石家庄美术馆位于主城区与正定古城、滹沱河与太平河交汇地段。设计不仅要处理地块与相邻道路、河道及城市界面的连续性等问题，还需置于太平河景观生态带及两岸重要文化建筑节点的格局中，并呼应与东北侧 2 km 外正定古城的关系（图 3.147）。建筑与城市在不同尺度上发生的多层级关联必然影响设计决策。该项目最终以大地景观的姿态，地面屋顶互连的立体化网络连通城市步道、滨河动线。近察远观皆得趣意，建筑与不同尺度层级的环境都能相得益彰（图 3.148、图 3.149）。

建筑与城市的构型交叠

建筑与城市在交通、功能、空间、景观等方面具有多重联系。从城市物质空间形态的认知架构看，建筑师对物质对象及其认知视角中的几何问题通常比较熟悉，而对构型问题则在认识程度上有所差异。构型的形、量、性，是联系空间与行为的核心线索，是隐藏于几何形式背后的重要组织机理。基于此，本书着重从构型视角讨论建筑与城市的交叠设计策略。

基于对建筑相关影响域内城市物质空间的构型解析，探寻建筑与城市发生关联的关键议题，构建跨层级的一体化组织结构。结合项目自身的特点，探寻这种跨层级构型与建筑功能、流线组织、空间秩序的整体布局，这是建筑与城市一体化设计的关键策略之一。

◁ 图 3.148 石家庄美术馆设计鸟瞰图

△ 图 3.149 连接四方的立体化屋面广场

以钟山风景名胜区旅游服务中心为例，该项目承载交通集散、旅游服务、市民游憩等功能。影响域分析表明该地块不仅是重要的交通换乘节点，也是紫金山与玄武湖之间的视廊节点。场地处城市道路交叉口，是两条地铁线及各类旅游交通的换乘枢纽，具有汇聚人气的潜力。设计在地段城市设计的基础上（图 3.150），从山水、城市、交通关系出发，构筑了一个向城市全时开放的地面地下立体廊道，连通地铁换乘站、旅游巴士停车库、滨湖步道，同时在景观上联系紫金山与玄武湖。地下广场两侧布置商业服务设施，并通过一系列的下沉庭院，连接更多的地下公共服务空间和相邻地块的地下空间。与地下紧凑的集中式布局相反，地面以成片的绿地为基底，街道布局与分散的亭式建筑相结合，形成园林式公共空间（图 3.151、图 3.152）。从该项设计的构型图解可以看出建筑与城市的跨层级连接及其交叠关系（图 3.153）。

△ 图 3.150 玄武湖东岸城市设计总平面图

◁ 图 3.151 地面空间景观

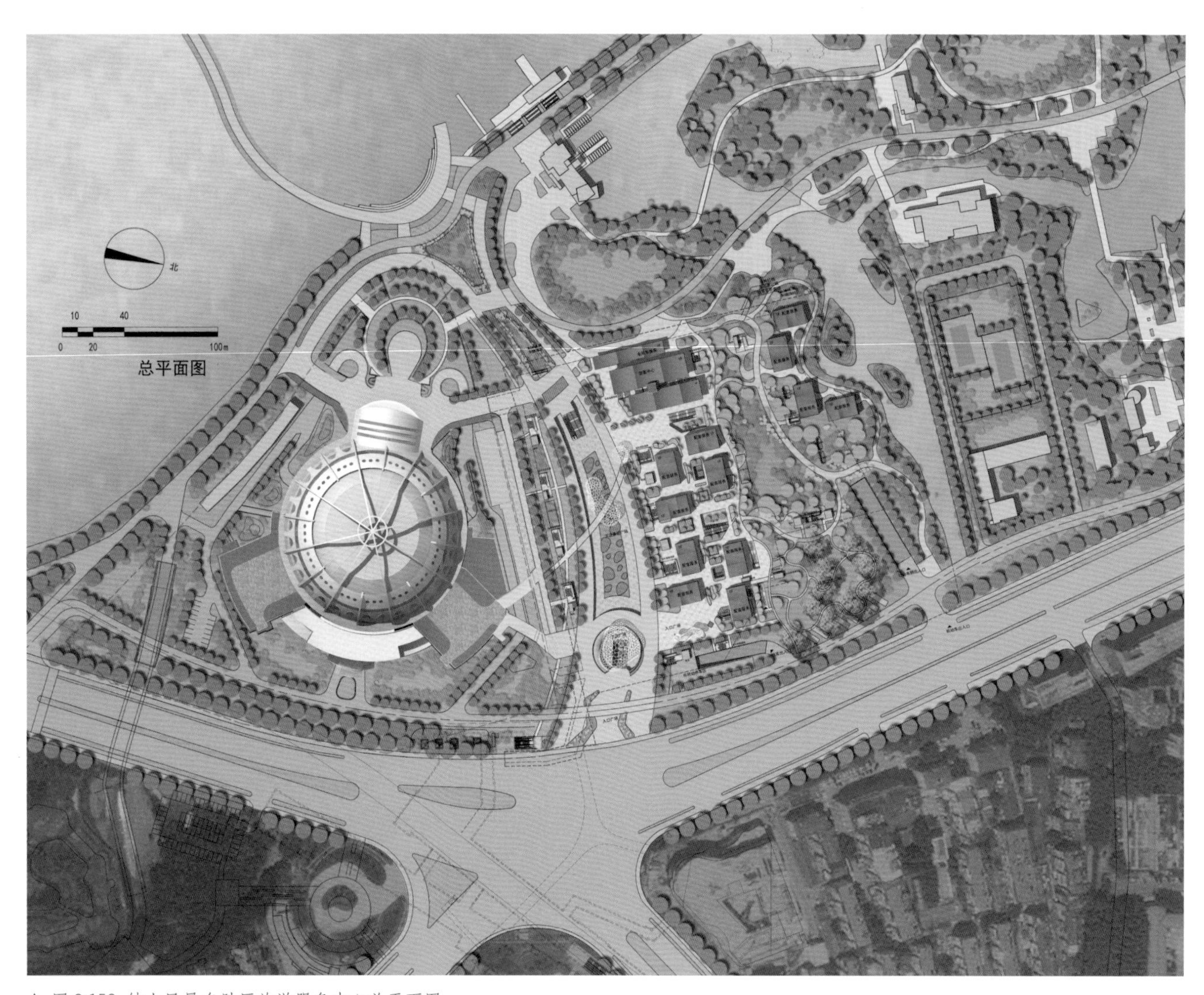

△ 图 3.152 钟山风景名胜区旅游服务中心总平面图

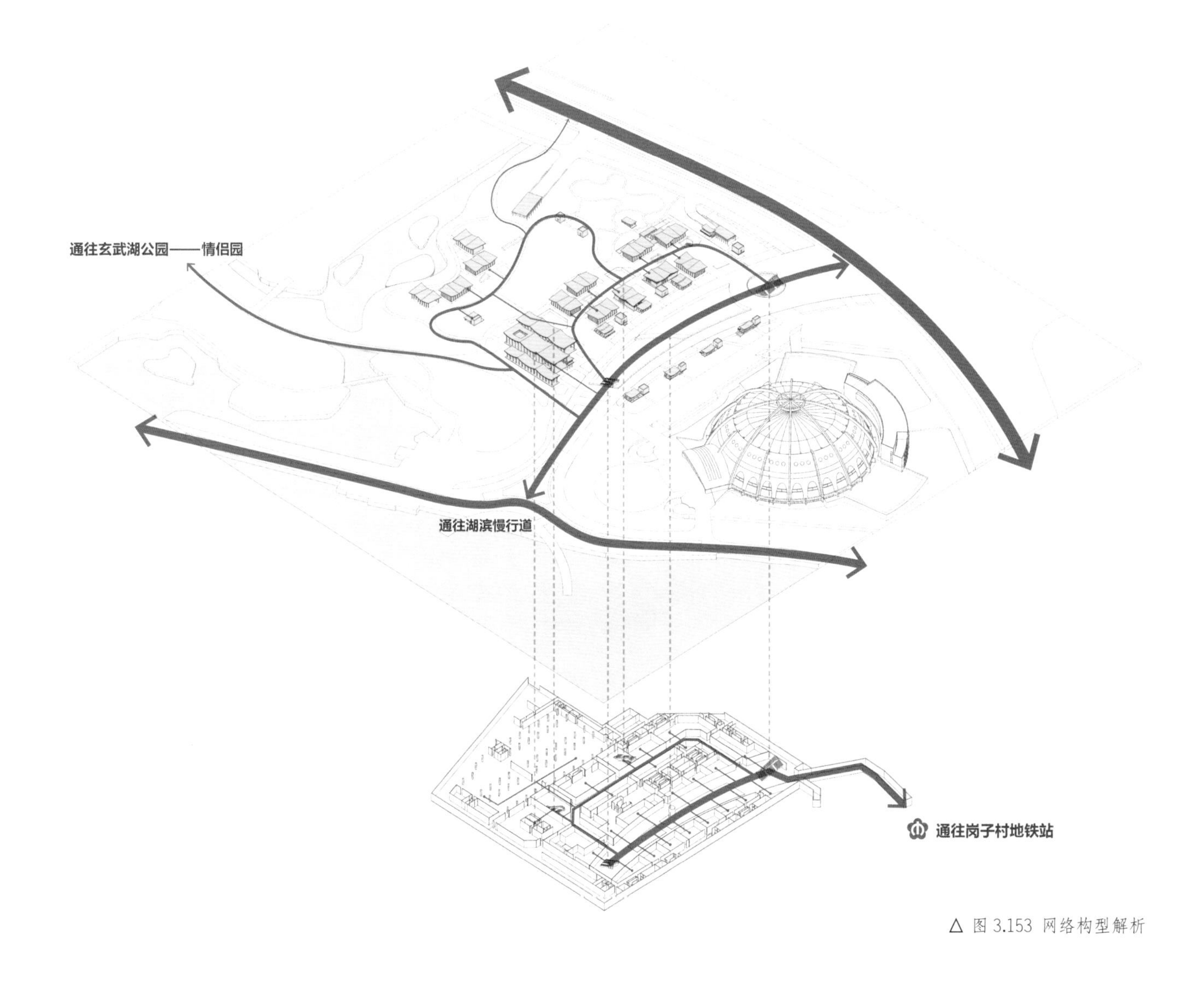

△ 图 3.153 网络构型解析

泸州市市民中心项目设计的难点在于建筑、运动公园及城市之间的关系(图3.154)。如何在市民中心落成后，继续保持整个街区作为运动公园的全天候开放，成为本设计的目标之一。因此，设计尽力压缩建筑的封闭门栏区域，使市民可以自由穿越场地；山林健身的行人通过空中连桥可径直到达市民中心的屋顶花园（图 3.155）。不同高程的场地、屋顶平台、健身场所、城市道路、山林绿地，通过链接和交叠形成了一体化的网络和区块关系（图 3.156）。

项目包含隶属不同部门的四个功能组群（青少年、妇女儿童、群艺与非遗、职工之家）。通过对各功能组群的开放性和共享度的类型梳理，结合山地高程变化，集中设置厅堂等共享空间，与室外立体化步道体系紧密衔接、整体串联，实现建筑与城市、人工与自然的一体整合（图 3.157）。

▷ 图 3.154 方案构思草图

▷ 图 3.155 外部公共步行动线与室内公共空间的关系

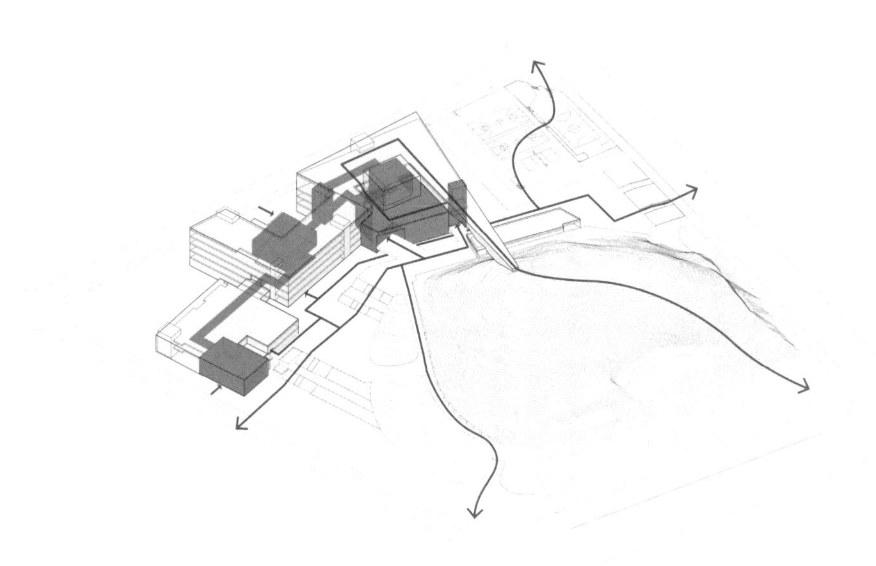

▷ 图 3.156 空中鸟瞰图

▽ 图 3.157 北侧外景

3.4.2 高度交叠的城市建筑复合形态

复合形态是城市建筑一体化设计中交叠程度最高的类型，多个开放节点与立体交通网络交汇渗透，模糊了城市与建筑的空间边界，形成连续且高度整合的空间体系。因其多种功能的高度集聚，且与城市密切交织而区别于一般的建筑综合体或单纯的立体步道。这种复合形态常具有如下特征：在区位分布上主要出现于城市综合功能区的重要节点部位（如城市或片区中心），尤以交通换乘枢纽为甚；在功能组织上表现为较大规模的综合群体，不同功能区块依据自身的属性及其与网络连接深度的适应性，而形成高度集聚的功能群落；在空间组织上表现为城市空间的立体化综合利用，通常呈现多层基面与形体的组合形式，多层基面（又称立体基面）相当于一个个人造“地面”，在不同高程提供街道、广场、花园及建筑场地等功能；在交通组织上表现为地块内部交通与城市地上、地面、地下三维交通动线连接成网，其中不乏各种穿堂入室的室内步道或中庭。密集的网络支撑着高度集聚的功能，成就了高度集约化的城市建筑一体化形态。

1）城市建筑复合形态的三种模式

城市建筑的复合形态依然是由不同区块与网络组构而成，不同的区块与网络关系适应了不同权属的参与方式和程度。因此，可以区别出三种基本模式：区块并联型、区块串联型、核心区块主导型。区块并联型中，复合形态的核心结构载体为街道、广场、绿地等公共产权用地，不同产权的区块单元通过公共网络实现连接；区块串联型中，不同产权的区块单元通过共同奉献，彼此串接，形成网络链接系统，这种由非公共产权奉献的网络空间被称为私有公共空间（Privately Owned Public Space，POPS）；核心区块主导型中，以公共交通站点等共享核心立体叠加或链接不同的权属区块（图 3.158）。

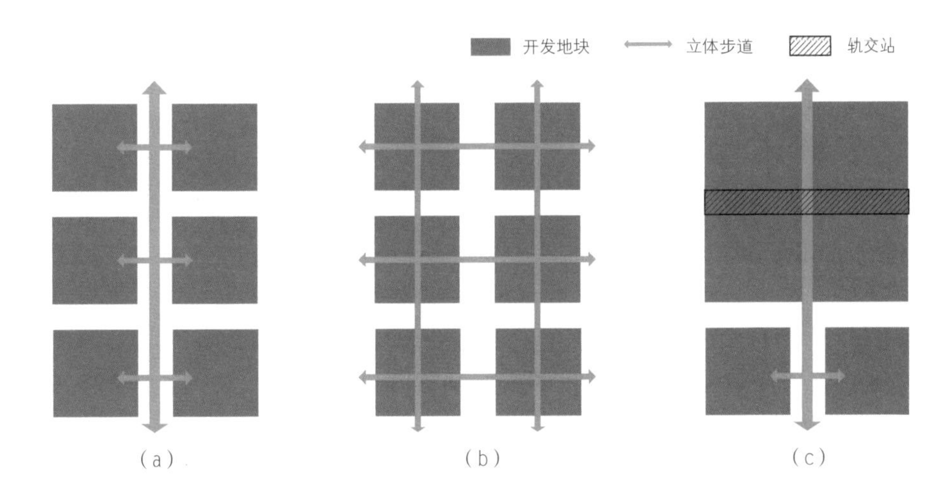

◁ 图 3.158 城市建筑复合形态的三种模式：（a）区块并联型；（b）区块串联型；（c）核心区块主导型

区块并联型

不同权属的建筑单元分别与城市立体公共步行体系相连接，在保持其相对独立的同时，构成了彼此相通的关系。建筑单体在区段范围内通过交通网络形成并联的建筑群组，这是一种相对传统的城市空间组织方式，作为联系媒介的公共空间网络通常是地上、地面或地下的街道、绿地和广场。

日本东京新宿的地下街以地铁车站为发展轴，在城市道路下方呈线性扩散，通过地下商业街与相邻地铁站、地块及城市空间相连，继而通过步道连接距离更远的地铁站，形成覆盖面积庞大的整体，成为人流集散的重要通道，是沿线伊斯丹、小田急等大型百货的商业界面和人流导入口（图 3.159）。

在中国，深圳华强北、上海人民广场、哈尔滨金街等地下开发实践均以并联式为主；香港湾仔、荃湾地段的空中步道体系与其所连接的各建筑单体，也都选择了并联式组织方式（图 3.160）。这些案例中，步行空间大都沿建筑外围发展，并在垂直方向上与城市道路等公有用地重叠。

△ 图 3.159 东京新宿地下步行街系统

◁ 图 3.160 香港荃湾立体步行系统

区块串联型

不同归属的建筑空间单元通过连续的步行路径相互串联起来，放弃严格的空间分割，保持彼此流通、延续、渗透的状态，在建筑内部构成连续的城市空间网络。一般而言，这些在产权上具有不同归属的空间单元均具有局部的开放性，其功能之间存在密切、相近或互补关系。

气候寒冷的北美明尼阿波利斯，于 1959 年发布了第一个关于中心区的规划草案，提出城市空中连廊的设想，以缓解城市交通。中心区建筑业主莱斯利开始投资建设城市空中连廊。在其带动下，周边建筑业主也同意建设空中连廊以连接毗邻建筑，这成为城市空中步道体系建设的一个里程碑。该系统总长 13 km，共连接 80 个街区，主要采取多地块交互的组织模式，将城市的重要设施相互连接，例如地铁站、汽车站、市政厅、公园、城市会展中心、城市滨水区、图书馆及大型购物中心等（图 3.161）。

加拿大蒙特利尔的地下步行商业城，公共投资主要通过地铁线位和站位的确定为城市地下空间奠定了长远的发展可能。在站点周边，旅馆、饭店、商店等纷纷资助政府修建地铁，同时要求与地铁车站出入口相连接。通过政府收储再出租多个地块，继而由开发商建设承载公共步行网络的大型城市建筑，如地下商业中心、室内商业广场、植物园等，从而以地铁为主动脉，多条与车站相通的地下通道连接各大建筑，历经 30 多年形成蒙特利尔地下城骨架，带动了该区域地下空间系统性建设。为防止地面经济和商业活动的衰退，通过主街两侧密集的出入口、地块之间的地下水平联系、下沉空间、光线引入、大型中庭等多种方式，形成与地上空间的密切联动[1]（图 3.162）。

此外，加拿大多伦多地下城的 PATH 人行系统、多伦多火车站地区二层步行系统，以及美国巴尔的摩的二层城市室内步行系统，都是通过不同产权单元联动形成的跨街区地块立体步行系统。上海五角场地区地下空间则是国内较为成功的案例（图 3.163）。

▷ 图 3.161 明尼阿波利斯二层人行步道系统

△ 图 3.162 蒙特利尔地下城

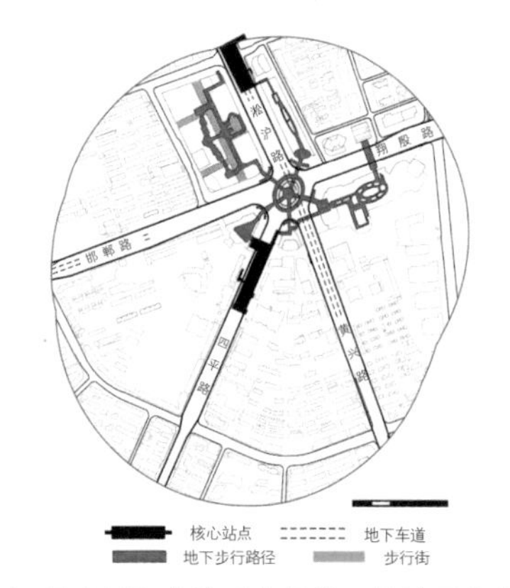

△ 图 3.163 上海五角场核心区地下步行体系

核心区块主导型

当轨交和其他业态开发在平面上重叠、在垂直向叠加时，往往形成规模较大的城市轨交综合体。综合体一般独立占地，通过立体交通系统向外蔓延辐射，成为驱动周边地块开发的核心。该类复合形态的基座一般容纳大型综合功能，如购物中心、轨交站点及换乘设施；塔楼包含办公、酒店、居住和公寓。在基座内部和顶部均可设置独立的内部交通系统为各类功能提供支撑。

1 庄宇，周玲娟．由下至上的结构性城市地下空间中的“形随流动”[J]. 时代建筑，2019(5):14–19.

香港九龙站街区是该类型的典型案例。其建筑面积达 106 万 m^2，包括 16 座住宅楼、2 座酒店、国际贸易中（ICC）和购物中心，是一个巨大的城市轨交综合体。轨道交通位于地下：地下 1 层是机场快线；地下 2 层是东涌线地铁站。车行交通安置在三个主要的公共楼层：地面层为环绕基地及车站的公共道路系统，容纳了的士、巴士及公交站；地上一层是通往车站上盖屋顶平台的车道；裙房屋顶层则为办公、住宅等开发项目提供本地交通网络。人流路线设于两个主要楼层：地上一至二层以商场为核心架设人行网络，由车站一直延伸到整个西九龙地区，实现人车分流；在裙房屋顶上，行人经由室外有盖人行道、花园及广场，在高楼间穿梭往来。

这个超大型的城市轨交综合体，通过所有权平面分区和垂直分层实现，在平面上分为：A 区——建设车站及铁路线的土地，屋顶平台设花园广场，是综合体的核心区块；B 区——建设公交站和道路的土地，其上方也有建筑物；C 区——远离中心地带，用于建设私人及住宅区的土地（图 3.164）。在垂直方向，地铁公司拥有底部的交通运输部分，包括地铁和机场快线车站及隧道；港铁与新鸿基的合资公司拥有元素商场的商业平台；九龙仓、新鸿基、永泰等是住宅楼的私人开发商。地铁与商业广场组成的裙楼一次性浇筑完成，而物业开发涉及多个项目主体，不同主体的开发方案均不相同（图 3.165）。

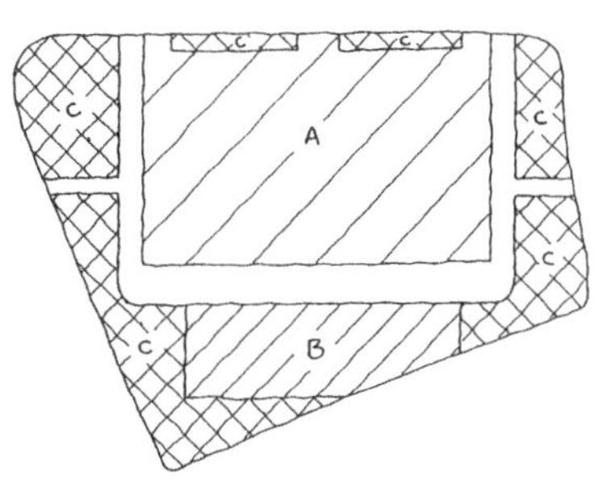

A 区——建设车站及铁路线的土地
B 区——建设公交站和道路的土地
C 区——建设私人及住宅区的土地

△ 图 3.164 香港九龙站街区平面分区

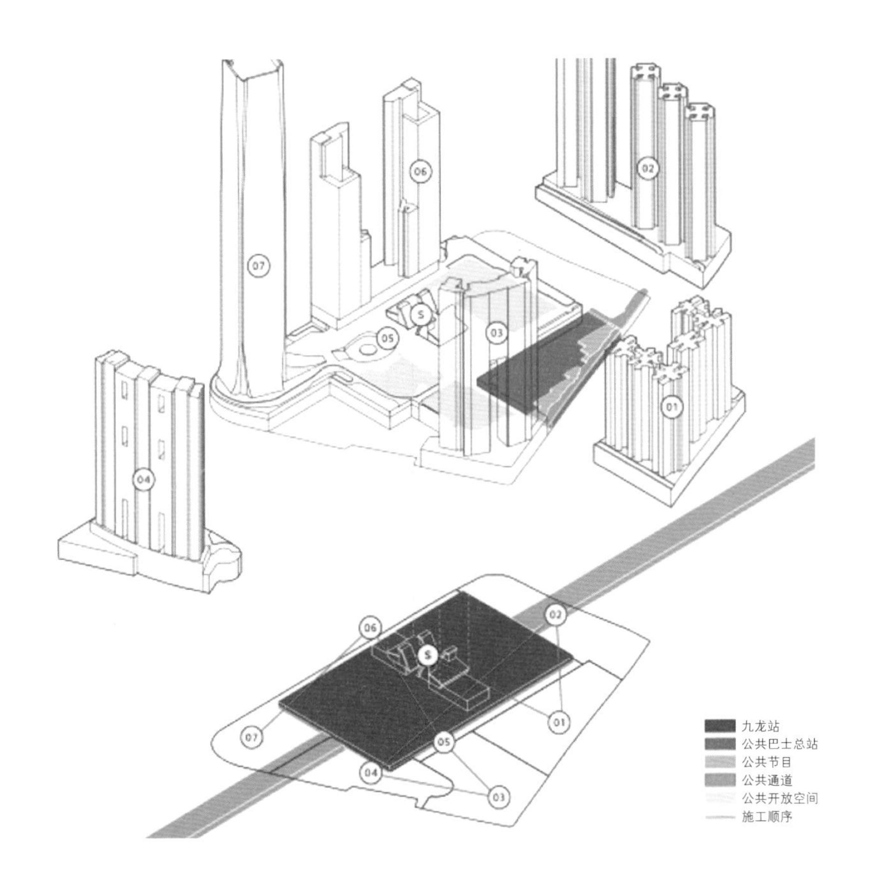

◁ 图 3.165 香港九龙站街区多地块构成

因此，裙楼的结构网格尽可能固定和单元化，以模数化设计为变化创造条件。塔楼和车站等作为巨构插入体，不能被随意更改。这个过程需要开发商与轨道交通在前期方案阶段做好设计融合和结构预留，精细的一体化设计成为九龙站设计工作的重要特点（图 3.166）[1]。

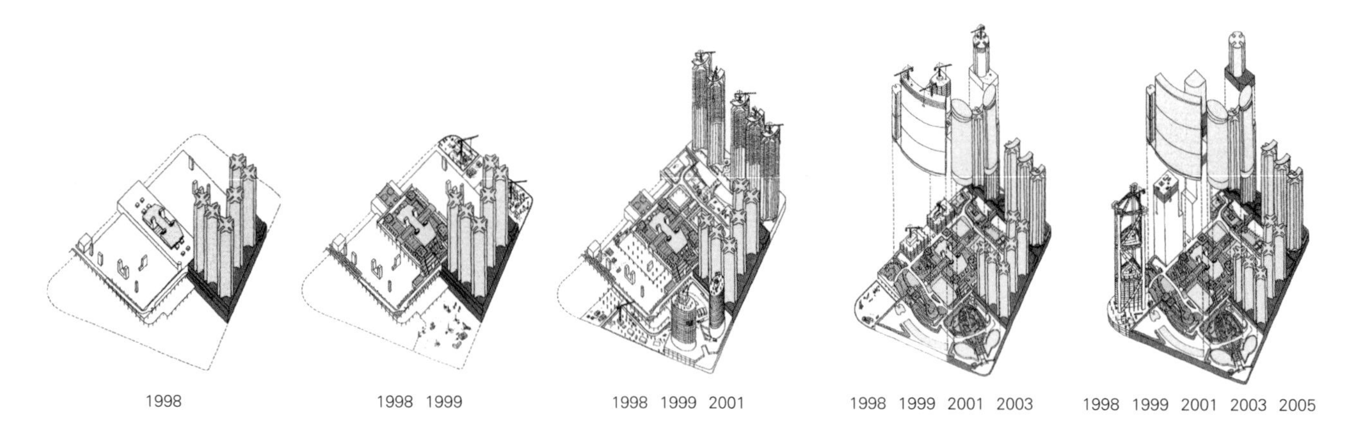

△ 图 3.166 香港九龙站街区的分期建设时序

三种模式的比较

一般来说，并联型和串联型的车站主体是在公共产权用地红线内规划建设，与相邻地块或街区开发项目形成垂直切割，成为可以独立建设、快速成型、独立管理的单元，以达到在短时间内建成地铁线路和车站的目标。

并联型往往在城市道路等公有用地下方生成线性空间形态。该模式要求政府先期投入较多开发资金。如珠江新城的梭形绿地公园及其下方的商业、停车、APM 等，通过预留标高和接口与紧邻的宗地开发相衔接[2]。与另两种模式相比，其人群步行轨迹对各单体建筑具有更大的选择性和灵活性。各空间单元的归属感更为明确，也方便管理。并联型具有广泛适应性，但其线性为主的构型特征对周边地块的带动作用，相比另外两种较弱。

串联型中，除车站以外的连接通道，主要均由产权单位用地提供。该模式通过有限的公共资金投入，引导和激励民间资本打造“利益共同体”，能够缓解城市轨道建设中的资金问题；与并联模式相比，串联模式带来的高可达性和高连接度产生的流动性，给各产权用地带来了商业机会和社会活力，有助于形成回游性的步行网络，实现整体效益的提升。由于公私界面的模糊性和轨交周边宗地的建设时序不同，需要成熟的协商、空间权划分及利益补偿机制。长期发展的弹性需要城市设计作为支撑。其弊端在于有可能将人流完全吸引至地块内部，使街道丧失活力；如缺乏有效的整体控制引

1 Farrell T, Partners. Kowloon Transport Super City[M]. Hong Kong: Pace Publishing Ltd., 1998.
2 庄宇，陈杰．探索高密度下的立体城市 [J]. 时代建筑，2023(2):6-13.

导，过度依赖自下而上的力量，缺乏中心性、主次性与方向感的网络，易使顾客迷失方向[1]。

核心区块主导型往往涉及公共区域与其他开发区域的水平切分。如上海西岸传媒港由西岸集团统一建设整体地下空间部分（包括地下车库、商业、能源中心等），其上部通过约定，交由开发企业来完成。涉及众多的工程问题如结构对位、荷载预留以及建设和运管问题，特别是涉及地上地下分层产权和使用权等问题时，需要更多的解决方法和创新路径。该模式赋予车站和其他开发同步的可能，避免土地和空间浪费，缩短功能点之间的步行距离，最大限度地实现轨交站点的溢出效益。但其庞大的体量和自给自足的功能，可能使其与外部环境的关系薄弱，形成城中孤岛，因而更需要创造与城市周边公共空间的必要联系。

三种模式由于各自不同的特征，可以综合运用、相为补充，从而增加其广泛的适应性。例如，香港中环的城市建筑复合形态呈现三种类型的有机组合：① 北侧步道沿区域主干道路架设，沿途接入建筑二层空间（并联）（图 3.167）；② 南侧步道与建筑内部形成穿插关系，在街道上方以垂直于街道的方向，将多个室内公共通道和建筑中庭进行串联（图 3.168、图 3.169）；③ 地铁香港站地块上盖一体化开发项目——国际金融中心作为核心节点，进一步将立体公共系统向北部海滨和西部城区扩展（图 3.170）[2]。

Mile-long pedestrian bridges for Central District

CONCENTRATED development in city centres has brought about congestion not only in roads but also pedestrian ways. As motor-cars climb on elevated roads, town planners see no reason why pedestrians cannot do the same.

The alternative is, of course, to build tunnels instead, but they are susceptible to flooding in heavy rain. Moreover, as an architect observes, "People usually like walking up rather than stepping down." Despite the drawback of taking up road space, bridges are comparatively easy to build and to maintain.

For Hong Kong's congested commercial hub, the Central District, the choice seemed obvious. On the drawing board currently is a network of pedestrian bridges, which, if all of them materialize, will form tentacles totalling about a mile in length and knitting together at least half a dozen prestigious commercial buildings in the area.

Part of the network is already completed, starting from the mezzanine level of the new 52-storey Connaught Centre, spanning 653 ft at a height of 16'9" over Connaught Road, touching at Union House, and then running over Pedder Street.

In fact, the bridge can be considered as an integral part of Connaught Centre, for the developers were required by the Government to provide pedestrian accessibility, understandably because of the fact that the site of Connaught Centre is located on a plot of reclaimed land which was not interwoven with the "traditionally developed" areas further inland. The covered pedestrian way, linked to Star Ferry Pier Concourse, also serves to lure westbound pedestrians away from the existing heavily-trafficked pedestrian subway leading to the overcrowded crossing on Chater Road.

But the section over Pedder Street is Government-provided, and so is the small protrusion over the northern footpath of Connaught Road, which may be lengthened at a later date.

The bridges were designed by Palmer & Turner and constructed by Gammon (Hong Kong) Ltd (the same architects and contractors as for Connaught Centre); building costs amounted to HK$3 million.

The reinforced concrete bridges,

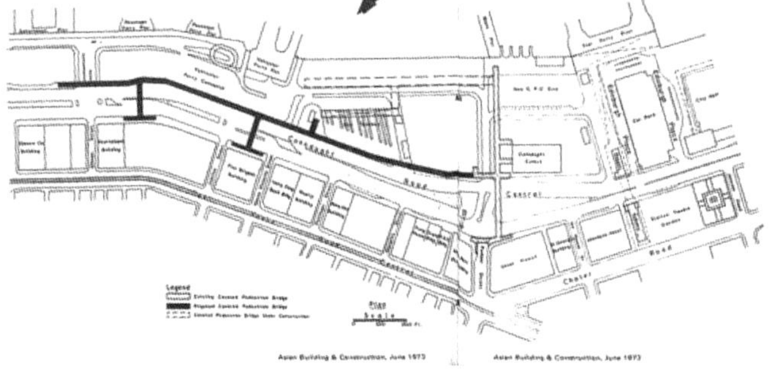

◁ 图 3.167 1973 年的中环地区人行天桥平面图

［显示当时中环现有的（白色）和拟议的行人天桥（黑色），该时期的行人天桥依附街道空间建设。］

1 徐永健，阎小培．加拿大蒙特利尔市地下城规划与建设 [J]. 国外城市规划，2001(3):25-26+1.

2 Tan Z, Xue C Q L. Walking as a Planned Activity: Elevated Pedestrian Network and Urban Design Regulation in Hong Kong [J]. Journal of Urban Design, 2014, 19(5): 722-744.

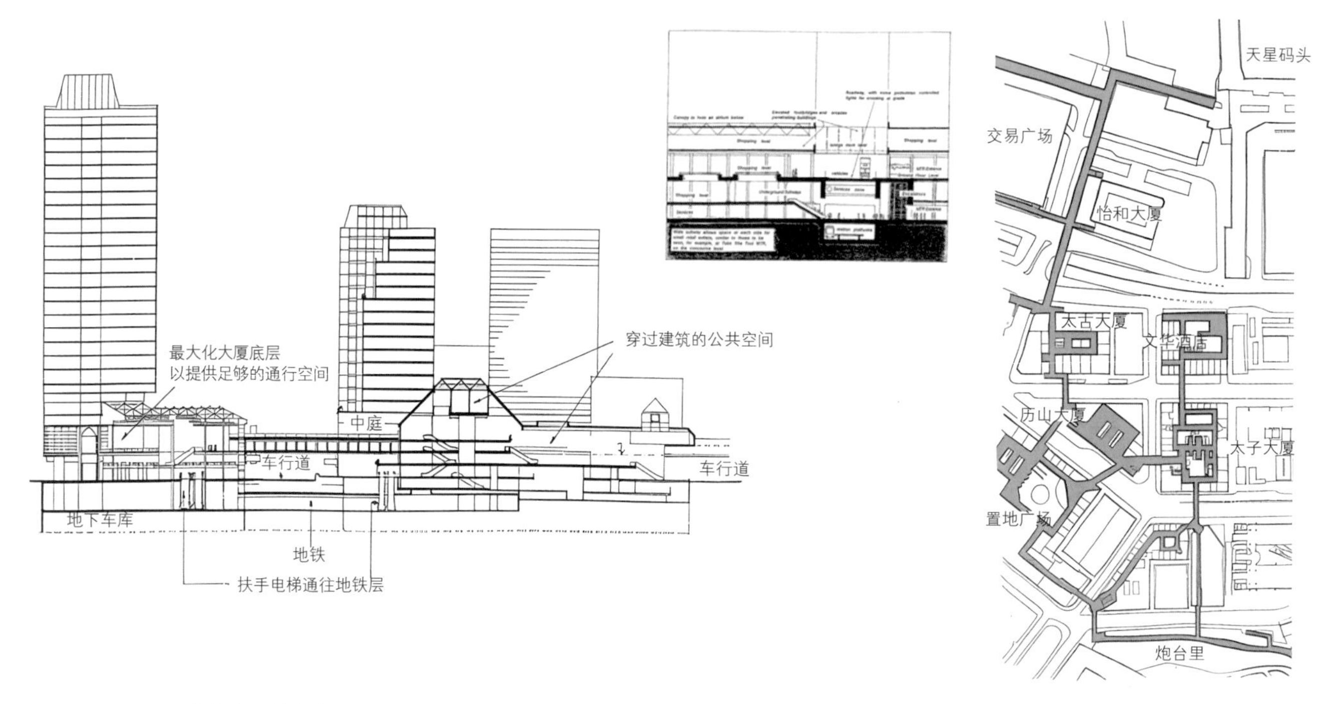

△ 图 3.168 1991 年城市设计指南——以太古广场为例对建筑物中的公共步行空间进行管控

(a)

(b)

△ 图 3.169 （a）太古广场室内中庭作为多栋建筑与天桥的过渡区域；（b）太古广场室内人行天桥

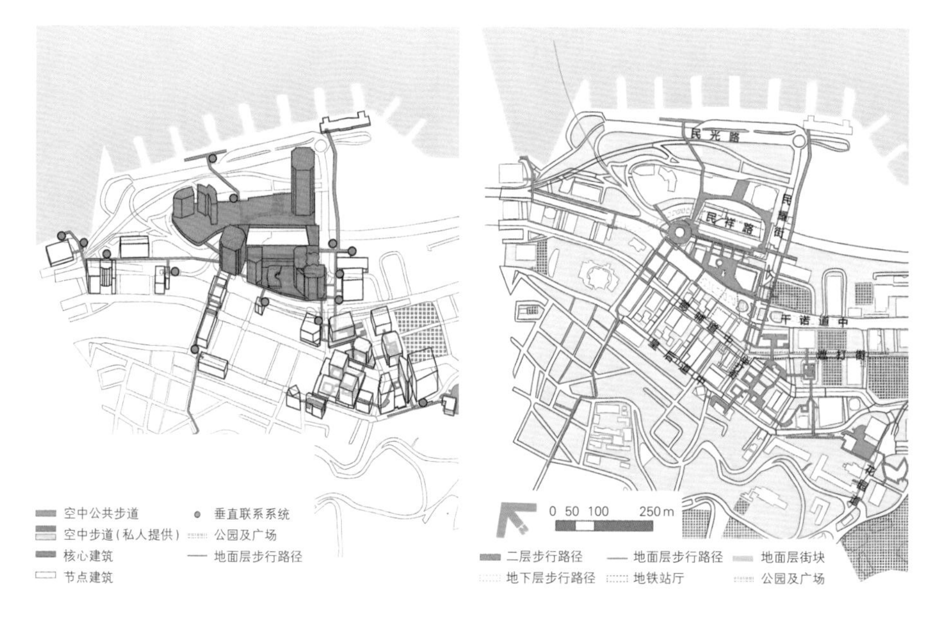

▷ 图 3.170 香港中环空中步行系统形态构成及要素

2）设计方法

立体基面与功能分层组织

“基面”是承载建筑及相关公共活动与功能的基准面。在平面城市中，地面层是唯一的公共基面，地面层上的建筑空间具有最高的公共价值。在城市建筑复合形态中，除地面作为基面外，还可衍生出空中与地下等多层基面，即立体基面，在垂直方向上增加公共活动的承载面积，激发出更多的公共价值潜力（图 3.171）。

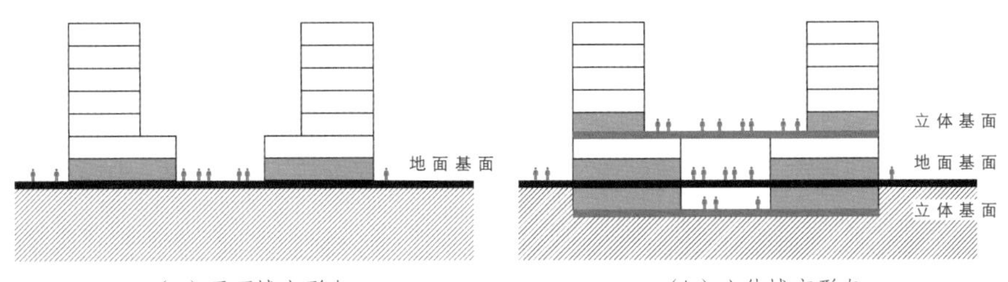

◁ 图 3.171 地面基面与立体基面

立体基面包含空中基面和地下基面。空中基面主要依附于以城市地面以上的空间资源为主要利用对象的城市建筑综合体，如大型商业中心、办公综合体和空中轨道交通综合体，其致力于解决城市综合体空中部分与城市之间的功能整合问题。在香港黄埔花园、九龙站街区等“基座 + 塔楼”案例中，裙房屋顶平台成为居住和办公塔楼的入户层，并设置社区公共设施，形成服务于社区的半公共层，与地面形成互补。地下基面多应用于城市地下轨道交通综合体，通常辅以地下商业、娱乐等功能。地下基面系统的设置可以减少对地面环境的影响，也为城市居民提供了更多便利的服务[1]。

在地下轨道交通站点集聚区域，通常优先选择地下基面。地下基面宜设置在与地上结合较为紧密的地下浅层空间（-10~-5 m），统筹协调不同基础设施与开发项目的关系。当区域内有大量商业设施、办公大楼或其他高密度建筑群，或地面、地下空间不足以支撑区域公共活动时，借助空中基面可有效连接这些设施，减轻地面交通负担。由于核心区块主导型以城市空中和地下空间资源综合利用为多，“地下—地面—空中”立体基面系统是应用最为广泛的一种模式，用于整合核心区块地上、地面与地下之间的功能关系，以及综合体与城市之间的系统关联。

“竖向协调”是确保立体基面系统顺畅运转的关键。南京河西新城鱼嘴地区城市设计中，作为“小街区、密路网”模式开发的高集约度地段，也是城市基础设施的汇集地段（图 3.172）。受地下车行环道、综合管廊、有轨电车线路与车辆段、地铁线路与站点、河道等不同标高基础设施的综合影响，地下公共步行层的设置受到显著制约。城市设计对鱼嘴核心区未来的地面上下部建设进行协调和整合，控制和引导重要基础设施的基准标高与浮动范围，并针对特殊交叉节点开展立体的精细化设计，以取得整体优先原则下的综合效能最大化。

1 董贺轩，卢济威. 作为集约化城市组织形式的城市综合体深度解析 [J]. 城市规划学刊 ,2009(1):54-61.

▷ 图 3.172 南京鱼嘴地区城市设计鸟瞰图

以 9 号线站厅为基准标高，规划场地标高约为 8.0~9.0 m，三个站台层位于 –11.0~5.0 m 标高区间内，站厅层位于 –6.0~0.0 m 标高区间内，其中 2 号线和 9 号线换乘站厅位于 0.0 m 标高。基地内现存 3.5 m 河底标高、5.5 m 水面标高的市政河道，共同构成了地下基面设置的制约条件。为了在竖向上避让河道及其涵管，2.1 km 长的双环结构的地下车行环道（平接地下车库层）设置于 –4.5~1.15 m 标高范围内，在其上方标高 1.5~5.5 m 范围内设置人行公共通道，平接建筑负一层公共空间。公共人行通道需在平面上与市政河道及设置在 1.5~6.0 m 标高区间内的综合管廊错位布局，从而压缩地下空间的开挖深度（图 3.173~ 图 3.175）。

空中基面的标高设置主要受轻轨站台和站厅标高、市政道路净空高度、建筑公共层标高、裙房屋顶标高等因素制约。在鱼嘴地区城市设计中，空中基面在市政道路上方的连廊设置在高于地面道路标高 9 m 处（场地地面道路标高 8 m，空中连廊标高 17 m），为下方有轨电车留出充足的空间。与连廊错层相连的建筑二层和三层均定义为公共层，标高分别设置在 15 m 和 19 m。

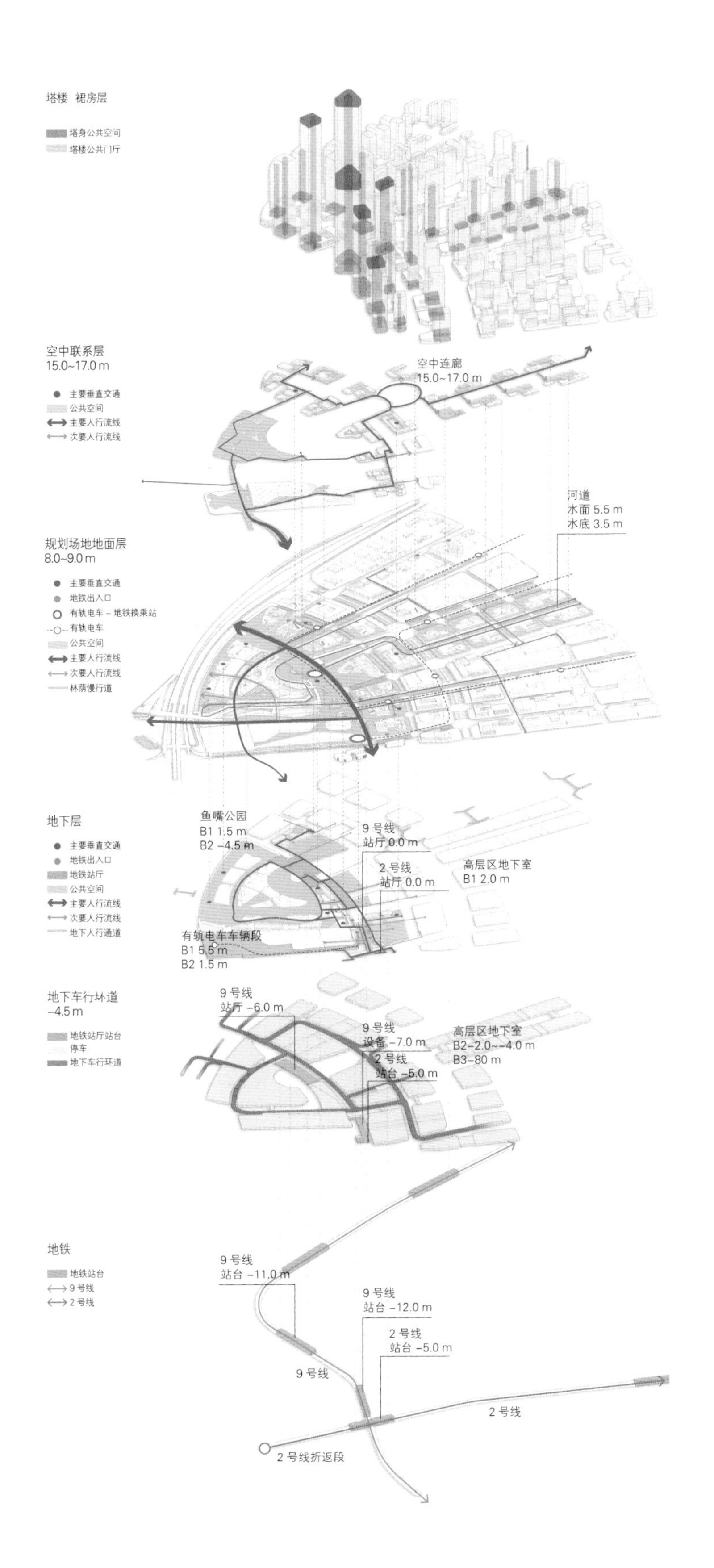

◁ 图 3.173 鱼嘴地区公共空间系统分解轴测图

▷ 图 3.174 鱼嘴地区的主要基础设施标高关系

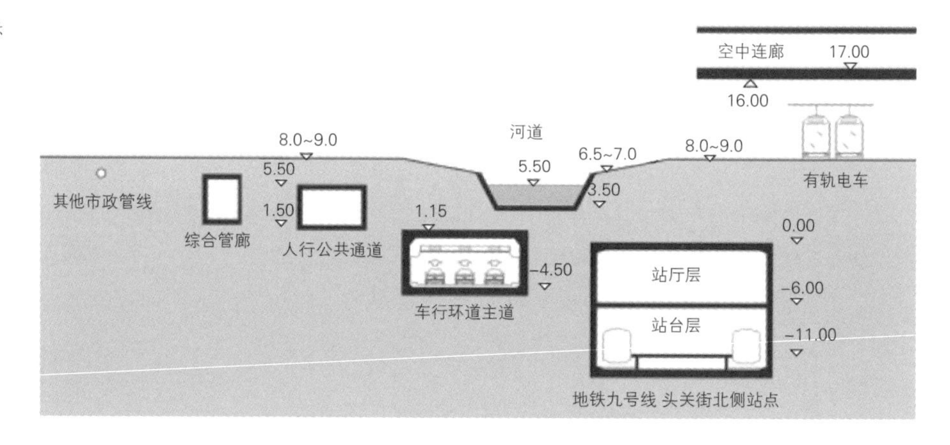

▷ 图 3.175 典型剖面设计

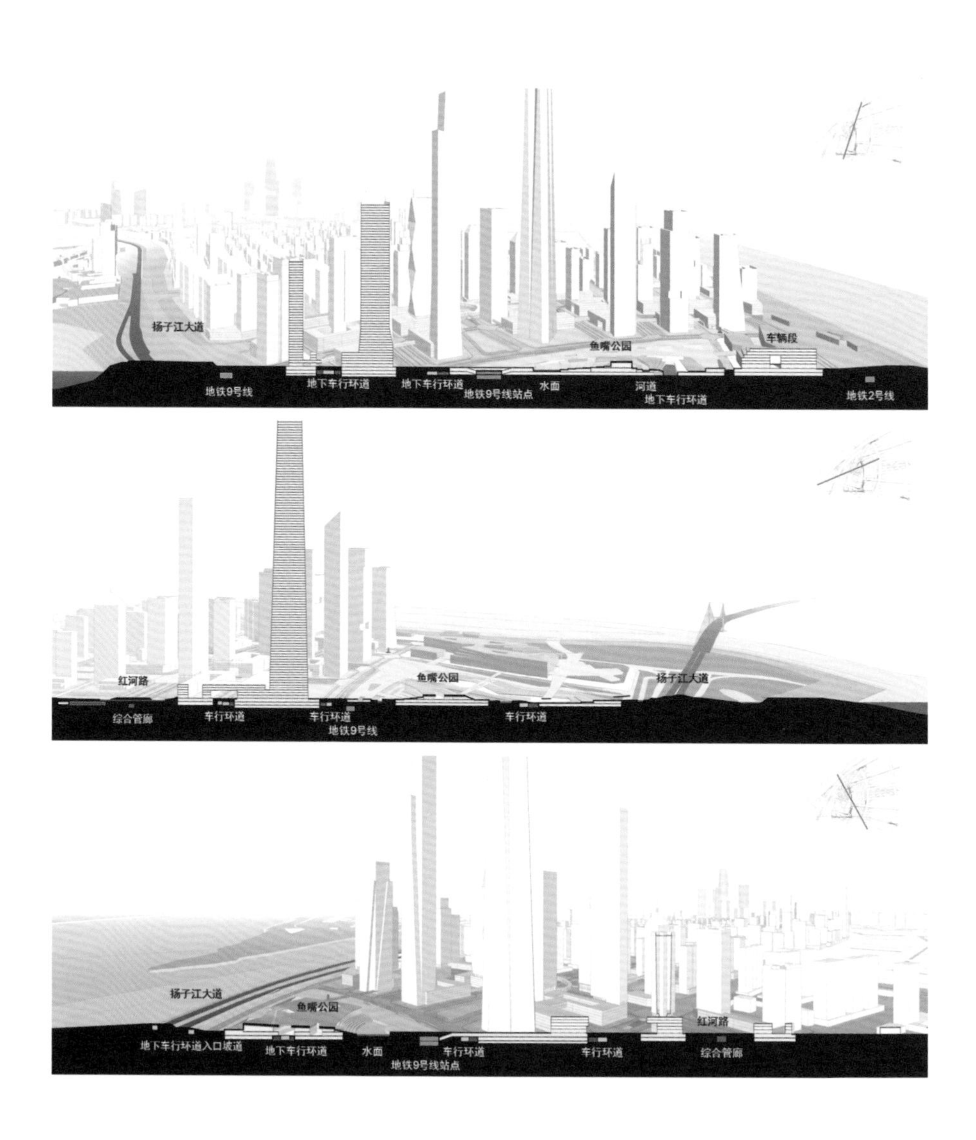

平衡公共空间密度与可达性

公共空间密度（PSD）和公共空间可达性（PSA），是评估立体化街区中公共空间的供给强度和连接能力的核心指标。前者度量的是立体化街区范围内的公共空间面积与立体化街区占地面积之比，以反映立体化街区范围内公共空间供应的强度；后者描述的是立体化街区中公共空间增强各建筑空间、地块与街区的可达性和连接效率的能力。这两个指标存在一定的关联性：假如以公共空间可达性越大越好为主要导向，则公共空间密度可趋近无限大，这明显违背高密度建设的集约目标；假如以最高开发强度为导向，则公共空间密度趋于无。基面公共空间效能衡量的是投入（建设面积）与产出（可达性）的匹配和平衡关系，因此，公共空间可达性与公共空间密度的比值——公共空间连接效率比（PSER）能够作为衡量公共空间效能的核心指标，并用于指导复合形态中立体基面和步行网络的构型与几何形态设计。

通过上述指标对巴黎拉德芳斯、东京涩谷、香港沙田和金钟、深圳福田中心等案例进行评价，发现拉德芳斯、福田等案例具有高公共空间密度和低连接度的特征，而沙田、金钟和涩谷具有较小的公共空间密度和较高的公共空间连接度。从公共空间连接效率比的角度看，后者比前者在公共空间配置和组织方面更为高效和适度。城市建筑的三种复合形态中，串联型和核心区块主导型的公共空间主干系统从产权地块内部穿过，或者由中心向四周辐射，在相同的公共空间面积之下，其公共空间网络的连接性更强、效率更高，是复合形态的优选之策。

以下三种策略对提高城市建筑一体化复合效率也具有重要意义。

轨道站点与建筑物业一体化开发

轨道站点及枢纽与建筑物业的联合开发，可避免分地块红线退让造成的建设用地浪费，缩短连接线路，可获得更高的公共空间连接效率，也大大便利了使用者（图3.176）。

南京的宁句城际线麒麟镇站综合开发特定规划区城市设计中，如果采用传统的独立开发模式，依照30~50 m的地铁安全距离建退，将形成进深过小难以开发利用的地块。设计提出“轨道 + 物业”一体化开发模式，将轨道站点线路与商办地块立体叠合，地下空间与轨道站点无缝对接，充分利用车站换乘动线激发综合体内部和周边的商业机会（图3.177、图3.178）。设计划定同步建设区，以促进落实（图3.179）。

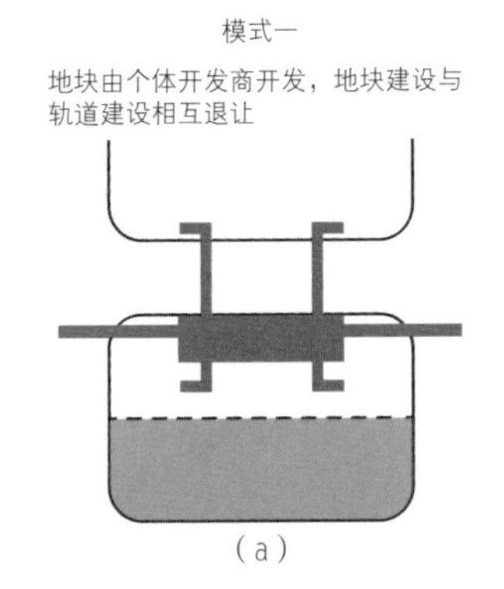

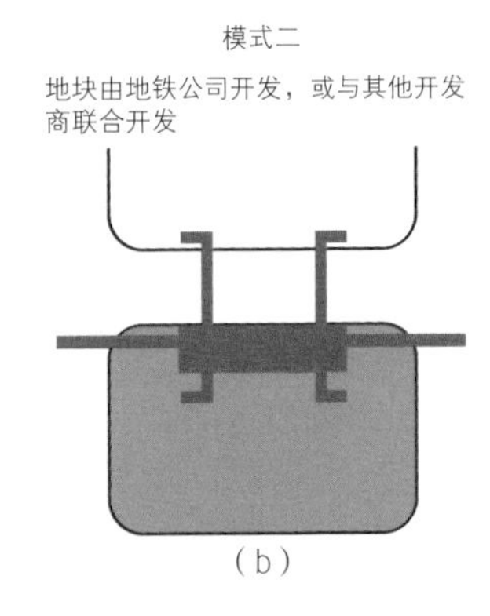

◁ 图3.176 轨交站点在用地红线内的两种开发模式：（a）站点独立占地；（b）站点与建筑一体化开发

▷ 图 3.177 宁句城际线麒麟镇站开发模式对比：（a）常规开发模式；（b）一体化开发模式

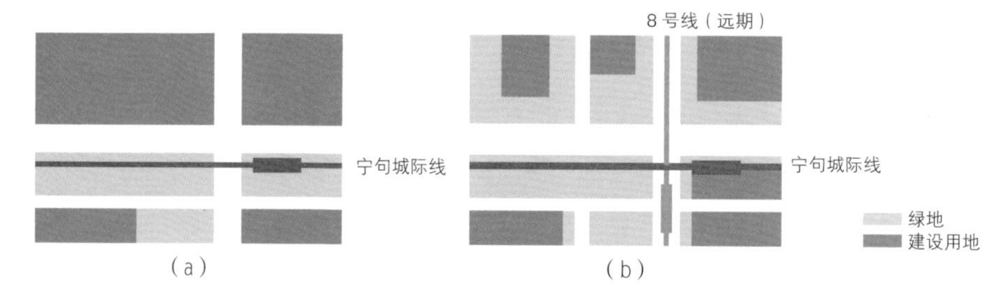

▷ 图 3.178 宁句城际线麒麟镇站城市设计总平面图

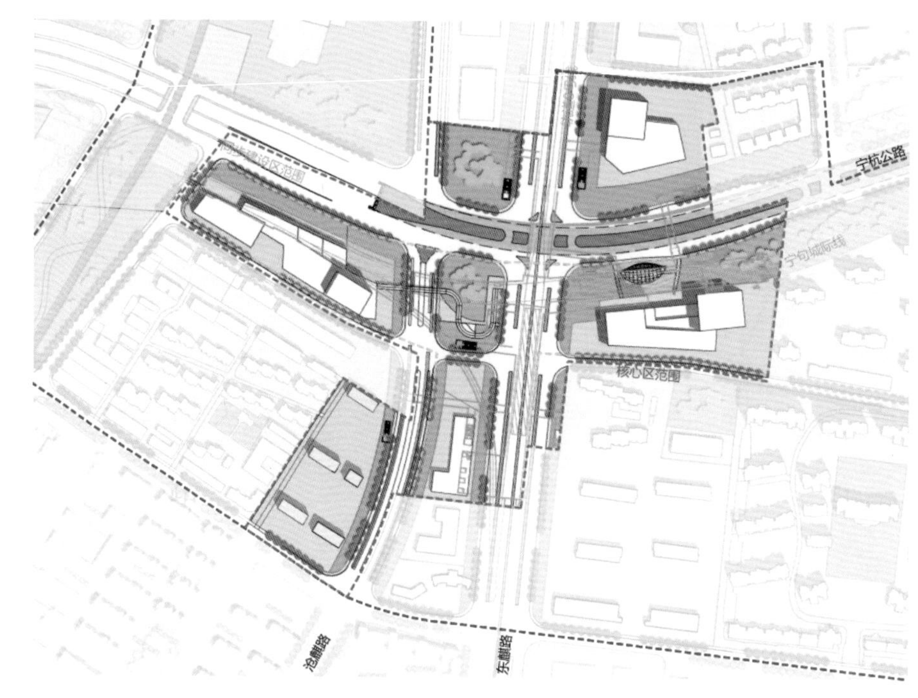

▷ 图 3.179 宁句城际线麒麟镇站用地一体化设计中的分层示意图

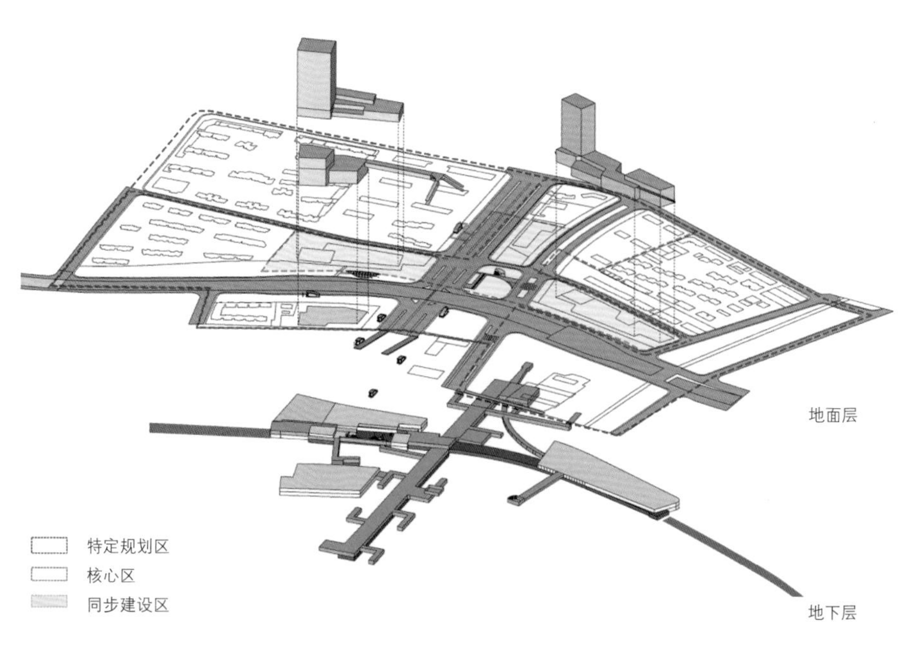

轨道站点区域一体化开发对建筑布局和结构设计提出了更高要求。香港九龙站街区项目中，路轨铺设方向构成了穿越基地的轴线，大型地基及塔楼结构均避开铁路线；人行通道以 90 度与路轨轴线垂直，塔楼远离该轴线，在车站核心区腾出一个开放的高大空间，对适宜布局塔楼的平面区域形成了明确限定（图 3.180、图 3.181）。

△ 图 3.180 香港九龙站街区的无柱大厅

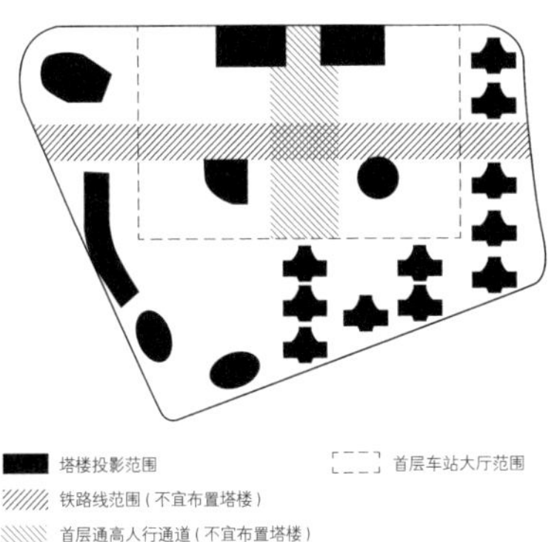

▽ 图 3.181 基于铁路线和首层通高人行通道范围限定出的不适宜布局塔楼区域

城市公共空间引入建筑内部

拉德芳斯等案例的经验教训说明，规模过于庞大的室外公共空间对复合系统的可达性具有消极影响。因此，需要关注城市公共空间可达性与其规模的匹配关系，优化公共空间的规模配置和尺度，避免浪费。城市公共空间以适宜的尺度进入建筑内部，形成更紧凑、与公共行为功能结合更紧密的城市建筑复合化空间动线，是提升效率的有效之策。图 3.182 中香港中环公共空间的多基面系统，展现了城市公共空间室内化、商业化、立体分布的复杂图景[1]。

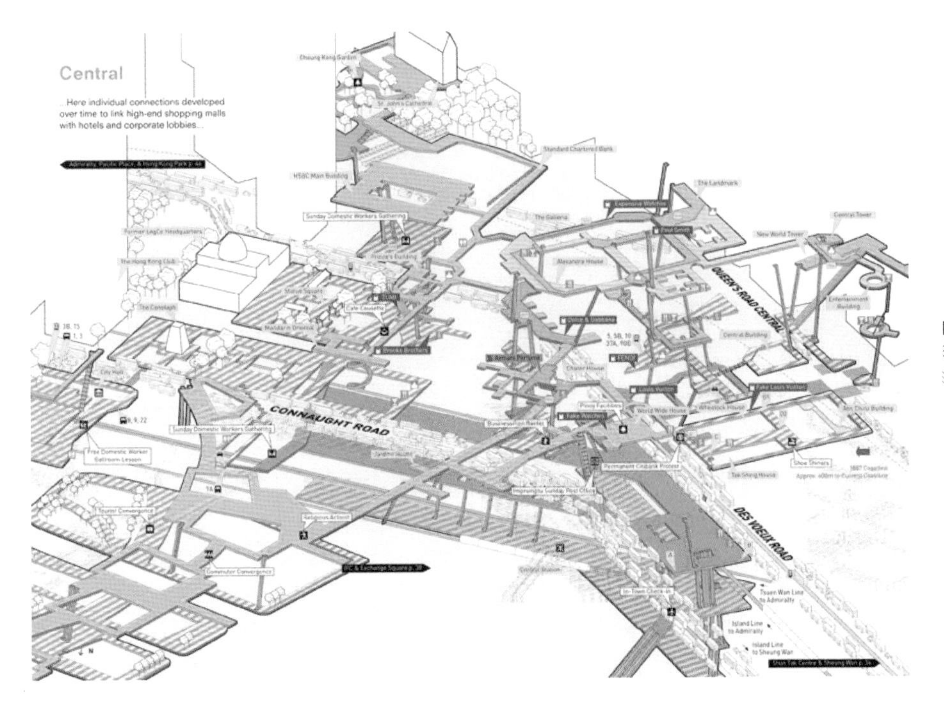

◁ 图 3.182 肯尼思·弗兰普顿（Kenneth Frampton）表达的香港中环公共空间系统

整合多元连接

建立不同基面之间的连接和基面内的要素连接，是组织和加强复合系统中功能和空间联系的重要手段。通过有序的整合连接，加强公共动线交通的利用效率，加强动线的方向识别，显著提升连接的空间性能。设置“城市核”（Urban Core）是整合多元

1 Frampton A，Solomon J，Wong C. Cities without Ground：A Hong Kong Guidebook[M]. Hong Kong：ORO Editions, 2012.

连接的典型方式。“城市核”作为枢纽核心，将水平和垂直动线汇聚于某个明确的点位，实现不同基面及其功能区块的动线衔接和转换。“城市核”宜布局在相关基面连接网络中可达性最强、竖向人流最密集的位置，通常为城市建筑综合体的核心位置或多个综合体相互连接的沿街位置。

中心型和临街型是两种典型的“城市核”布局部位。前者适用于较大的街区尺度；后者适用于小尺度街区，可结合建筑主入口布局于临街位置。香港九龙站项目的“城市核”位于街区中心，也是轨交换乘站厅的正上方，人流可直达 18 m 标高的屋顶花园，进而通达办公、酒店和居住塔楼。其顶部天窗使自然光直达地下站厅层，使乘客在复杂的换乘系统中获得明晰的方向指引（图 3.183）。东京涩谷中心（Hikarie）的城市核贴临大街设置，在纵向联系了地下三层的副都心线检票层与地上四层的功能空间；横向通过二层空中平台连通了明治大街到青山大街的流线，强化了各类设施的连通性，也是激发城市活力的入口空间（图 3.184）。

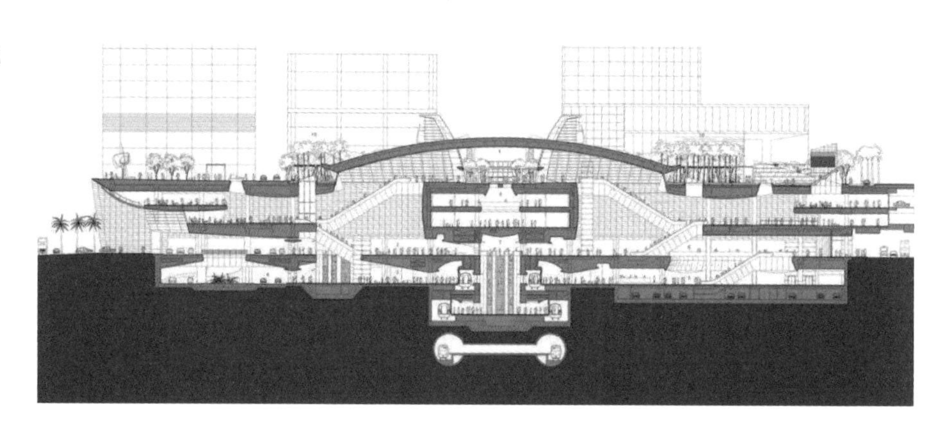

▷ 图 3.183 香港九龙站街区项目中的“城市核”

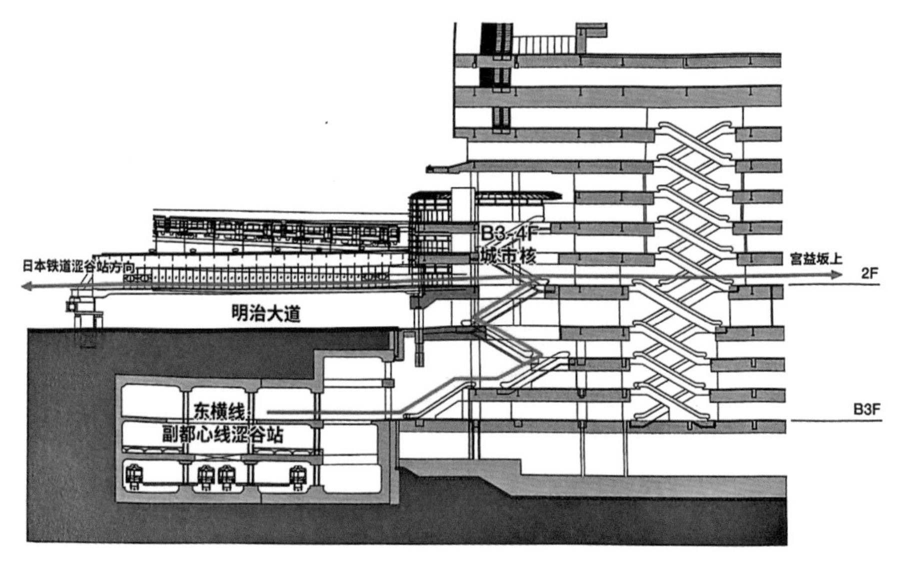

▷ 图 3.184 东京涩谷中心（Hikarie）中的“城市核”剖面图

基面折叠是另一种整合连接的设计策略，它模糊了水平与垂直的区分，通过连续折叠的坡面把不同高程的基面统一在一个连续的人工地表，方便复合系统中行为活动的自然过渡。东京六本木新城项目位于丘陵用地，利用城市的垂直空间进行高强度开发。项目在竖向上分为多个基面，从高至低分别是 66 广场层、六本木大道层、榉树坂大道层与各商业设施楼层。基面之间的联系采用折叠方式，通过微型山地公园——毛利庭院和一组呈退台状的屋顶庭院，以及连续扶梯柔软地化解了不同高程的阻隔，形成了富有特色的立体化城市公共空间环境（图 3.185、图 3.186）。

立体基面上的小尺度组合

以立体基面为核心特征的城市建筑综合体，经历了从超级尺度的宏阔工程逐渐转向颗粒度更细的小尺度集合的趋势。始于 20 世纪 70 年代的巴黎拉德芳斯片区，通过多层巨型架空层板建设立体化城市，形成了尺度宏大的超级巨构，因其与周边环境割裂、缺乏人性化空间体验，而遭遇广泛争议。后期由政府主导的多次更新改造计划，均是围绕其公共空间的连接效率和人性化活力问题而展开。

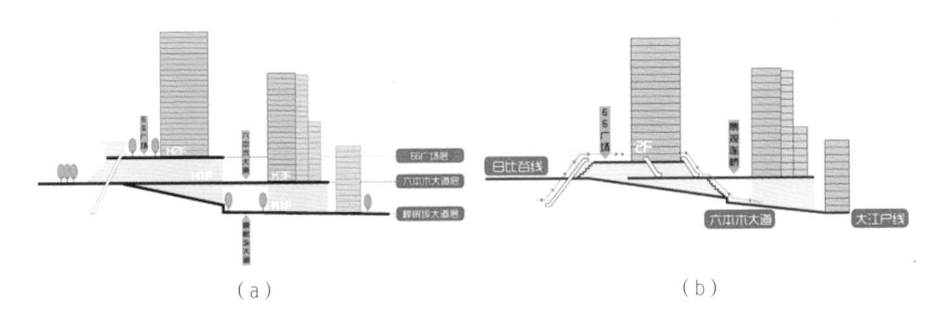

(a)　　(b)

◁ 图 3.185 （a）分离的基面；（b）连续折叠的基面

◁ 图 3.186 东京六本木新城中不同标高的开放空间

起始于 1980 年代的左岸地区（Rive Gauche）更新呈现出截然不同的形态特征。左岸地区更新是 1980 年代“巴黎东部发展计划”的代表作之一，项目所在的铁路编组站上空被平台所覆盖。“再造基面”上分 4 个区块段开发，建设了道路、广场、办公楼等，连接河岸与城市内部（图 3.187、图 3.188）。规划设计摈弃了拉德芳斯的巨构形态，采用回归传统、近人的街区尺度；其功能业态的混合从大板块组合转向更具互利性的动态交织；公共步行体系从壮丽的轴线广场转向更细密的路径编织（图 3.189）。2021 年完成建设的巴黎瑟甘 – 塞纳河岸协议开发区更新，采用多主体合作开发模式，促进了分工和管控的进一步精细化，从而形成尺度更细微、混合度更高的城市街区[1]（图 3.190）。

△ 图 3.187 左岸协议开发区的人工基面示意图

△ 图 3.188 人工基面上的小尺度街区

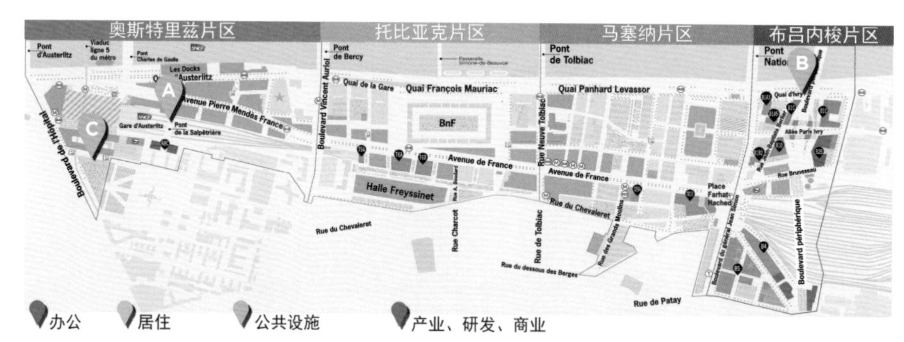

▷ 图 3.189 左岸协议开发区人工基面上的小颗粒混合功能布局

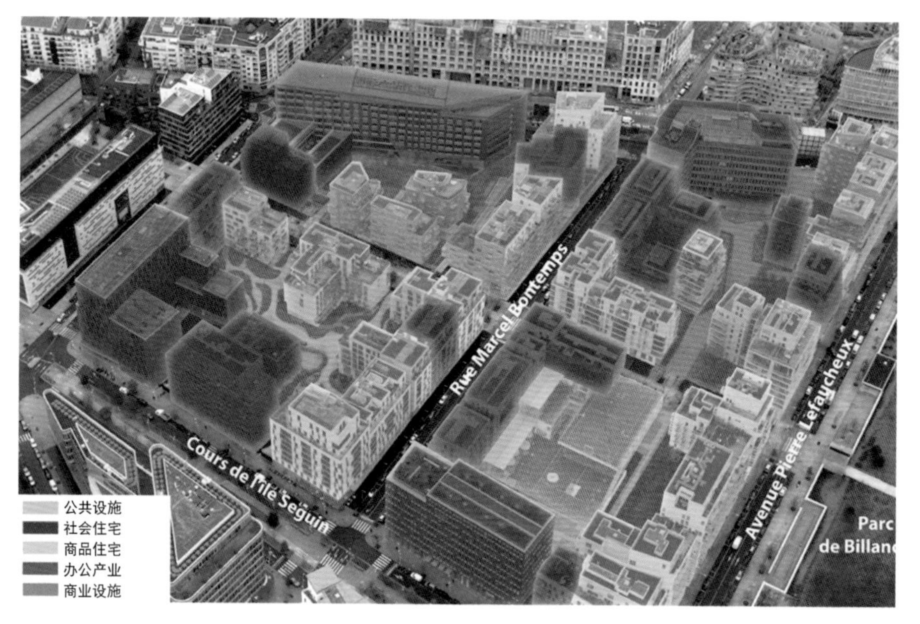

▷ 图 3.190 瑟甘 – 塞纳河岸协议开发区的街区肌理及混合功能示意图

1 韩冬青，宋亚程，葛欣，等．城市建筑立体复合形态演变及机制：以巴黎为例 [J]. 东南大学学报（自然科学版），2024,54(5):1053–1065.

尽管巨构形态具有很强的视觉感染力，但大尺度形式偏好未必产生有说服力的实际功效。支持紧凑布局、功能混合、鼓励步行的内在形态规则，比形式本身更为重要。立体基面是自然地面的延伸和拓展，是城市空间开发的基本资源。宜人尺度的街区、街道、地块、建筑，及其跨层级的高效连接和细腻组合，是城市建筑一体化设计的基本线索。

绿色设计创造宜人场所

自然采光和通风，对城市建筑立体化复合形态尤为重要。尤其是地下公共空间系统，应力求空间性能的地面化，以缓解其沉闷阴暗。巴黎快线新建的车站要求日光直达地下站厅层，中庭等枢纽核心空间需要充分的阳光（图 3.191）；东京涩谷的“城市核”，利用列车风自然通风换气系统，靠风压差带动新鲜空气进入，改善地下空间自然通风（图 3.192）；苏州科创新城中心区城市设计中的交通枢纽广场，地下四层采用通高设计，高出地面的部分四向敞开，覆盖透光顶棚，结合跌水和绿植设计，使自然景观能深入换乘共享大厅（图 3.193）。

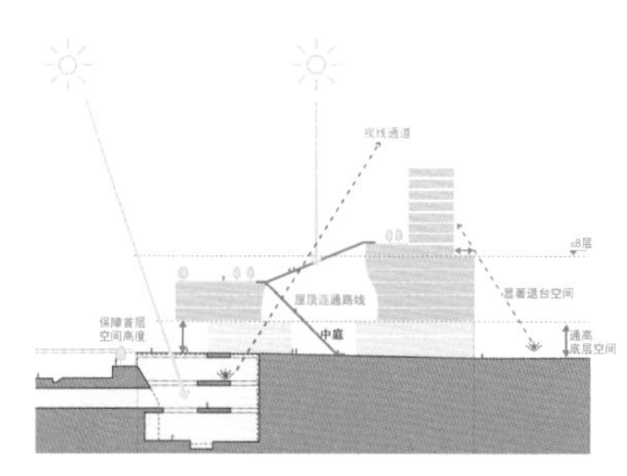

△ 图 3.191 巴黎快线车站设计导则中公共空间的日照、视线及可达性管控

△ 图 3.192 东京涩谷之光“城市核”采用列车风自然通风换气

◁ 图 3.193 苏州科创新城中心区的开敞式交通枢纽剖透视图

4 低碳导向的一体化设计

Low-carbon-oriented Holistic Design

4 低碳导向的一体化设计

进入 21 世纪以来，绿色城市的研究在我国得到了广泛关注和发展。随着双碳目标的提出，低碳城市成为新的前沿热点。绿色低碳城市并非绿色建筑和低碳建筑的简单相加，而是涉及城市系统多尺度的复杂关联。就城市物质空间而言，城市碳排放的相关研究大致包括两类：一类是关注宏观尺度的土地开发模式和空间结构对碳排放的影响；另一类则从微气候和居民生活方式的角度探讨中微观街区尺度对碳排放的影响[1]。从宏观尺度看，紧凑型城市因避免了低效的长距离交通而更趋近于低碳城市，这一点已成共识；中微观尺度物质空间形态的碳排放机理研究仍呈现分化状态，尚未形成一致的认识，城市建筑对碳排放的整体作用机理及其设计策略亟待探索。

本书从源头降碳与系统降碳出发，基于城市建筑学的视野，讨论低碳导向的城市建筑一体化设计系统方法。“源头降碳”就是在保障城市与建筑功能正常运行的基础上，尽量减少新建与改造工程造成的碳排放；“系统降碳”则是通过加强要素之间的协作来提高运行效率，降低建筑与交通的碳排放。

集约化是建构低碳城市的前提和基础。集约导向的一体化设计通过城市与建筑的结构优化、资源共享与复合利用，构建紧凑的物质空间形态，从而促进系统降碳和源头降碳。在此基础上，本章本着从源头出发、系统建构和良性循环的理念，从城市微观物质空间形态的适变性、气候适应性和基础设施的循环复合利用三个方面，构建低碳导向的一体化设计系统策略和方法。“形态适变”针对需求的动态性，探寻能适应

1 冷红，赵妍，袁青．城市形态调控减碳路径与策略 [J]. 城市规划学刊，2023(1): 54–61.

变化的物质空间形态结构，减少大规模的轮番建设和结构性颠覆；“气候适应”通过物质空间的层级化气候适应性设计，为建筑的绿色低碳设计创造良好前提；基础设施的循环复合利用，旨在落实循环城市理念，推动基础设施的复合利用设计。

4.1 城市建筑形态系统的适变性

具有良好适变性的城市建筑形态系统可以持续支撑不断变化的外部环境和内部需求。维持关键结构的稳定性，通过局部的形态结构和物质要素的更替，避免大拆大建，这为从源头上减少碳排放奠定了基础。城市建筑形态系统由街区、地块、建筑三个层级构成，三者的形态设计对适变性的影响既有差异又相互关联。

城市物质空间与社会、文化、经济活动的动态性具有不同的变化周期，由此产生的矛盾为许多学者所关注。维尼丘斯·内托（Vinicius M. Netto）提出了与城市效能密切相关的四个系统，并按其持久性和稳定性从高至低排序：道路、建筑、功能、行为活动（图 4.1）[1]。由于城市物质实体的持久性和应对变化的滞后性，理想中的系统聚合（Convergence of Patterns）状态永远无法达到，但这四个系统会在不断地应对外界变化和相互作用中无限趋近聚合点，即“空间—功能—行为活动”相互适配的稳定态。这种自发聚合的规律对理解和处理城市建筑形态系统的适变性具有启发意义。

生命有机体是以复杂结构组织起来的，因此具有较为持续的应变能力。机械城市结构中脆弱的应变能力一直饱受质疑。要素和连接系统的建构如果只遵从简单的机械逻辑，就难以面对城市发展和变化带来的风险和挑战。探寻具有适变性的形态结构组织策略尤为重要。

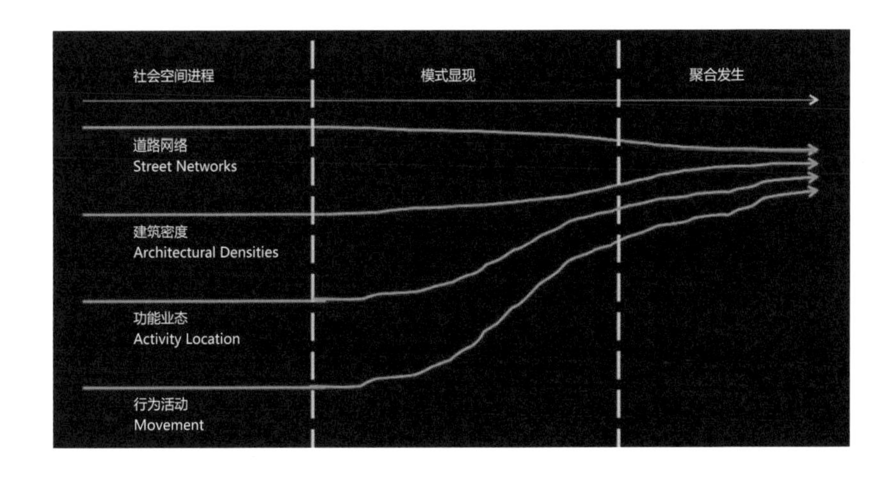

◁ 图 4.1 随着时间相互聚合的四个城市系统——道路、建筑、功能、行为活动

部分历史城市能够在不断变化中保持其基本结构。从具有历史延续性的城市区域中，学者们探索出了适变的形态构型可能具备的两种基本特征。

1 Netto V, Saboya R, Vargas J, et al. The Convergence of Patterns in the City: (Isolating) the Effects of Architectural Morphology on Movement and Activity[C]. The 8th International Space Syntax Symposium. Santiago de Chile, 2012.

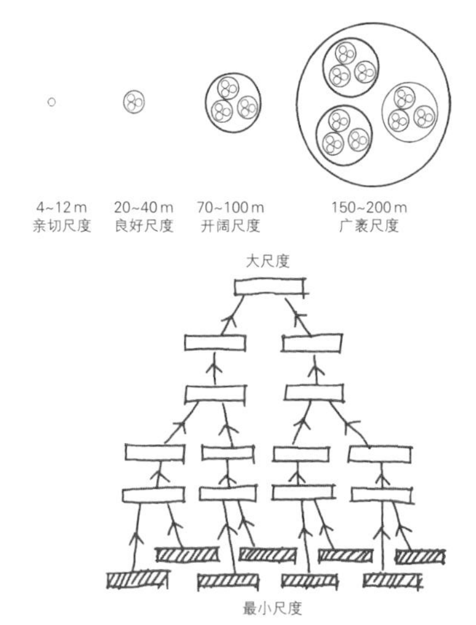

△ 图 4.2 逆幂律分布示意图

等级化的逆幂律分布特征

费利乔蒂（Feliciotti）等学者从弹性理论（Resilience Theory）的角度对城市形态网络进行诠释，认为可持续的城市是复杂自适应系统（Self-organising Complex Adaptive System），越低等级的元素应当更具弹性，从而无须变动高等级元素即可应对外部环境或内部发展的变化[1]。在《连接分形的城市》中，尼科斯·塞灵格勒斯（Nikos A. Salingaros）提出，凡有生命、有进化、有竞争的城市空间形态都会出现不同程度的逆幂律分布（Inverse Power-Law Distribution）现象，即大多数个体的尺度规模很小，而少数个体的尺度规模又很大（图 4.2）[2]。呈逆幂律分布的个体催生出具有冗余性的连接，即当一部分连接被切断，其他连接仍然能发挥作用，保障整体网络的有效运行。

去等级的标准化特征

1950 年代中期，荷兰建筑师凡·艾克提出了结构主义建筑观，其通过一种类似于细胞间的扁平组织关系来对抗功能主义对建筑等级强制性的统筹。凡·艾克主张消除形式中的等级关系，认为建筑元素之间应当具备同等地位的关系。建筑中的各项功能通常采用体量相似的“原始形式”，通过类型性空间单元之间“相互关系”的建构，形成部分与整体、开放与封闭、私人与公共等多样关系的系统组织（图 4.3、图 4.4）。

▷ 图 4.3 阿姆斯特丹孤儿院的平面分区

▽ 图 4.4 阿姆斯特丹孤儿院的庭院与走廊

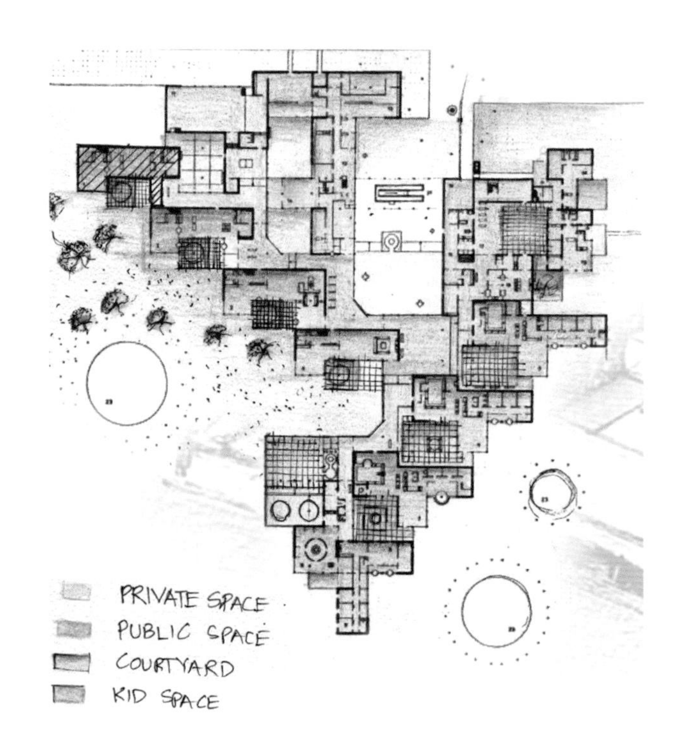

1 Feliciotti A, Romice O, Porta S. Design for Change: Five Proxies for Resilience in the Urban Form[J]. Open House International, 2016(4): 23–30.

2 塞灵格勒斯 . 连接分形的城市 [J]. 国际城市规划 , 2008, 23(6): 81–92.

在街区尺度，古老且被广泛运用的城市格网体系满足了规模化发展的要求，并具有较强的共时和历时适应能力，如巴塞罗那扩展区、纽约曼哈顿等。既有的大量实例样本和研究表明，格网不一定导向机械僵化的空间布局和单调的空间景观，反而在时空适变性方面具有优越性（图 4.5），如城市规模与街区开发强度的弹性、土地再分的定义及其等级的再造等。巴塞罗那扩展区的街区层级化改造，并不需要推翻一切而重新开始，在维持街区建筑等基本要素不变的情况下，街道组织结构的调整，已产生令人信服的活力场所成效。城市生活是复杂而多样的。城市物质空间形态的适时演变顺应了城市需求的变化（图 4.6）。

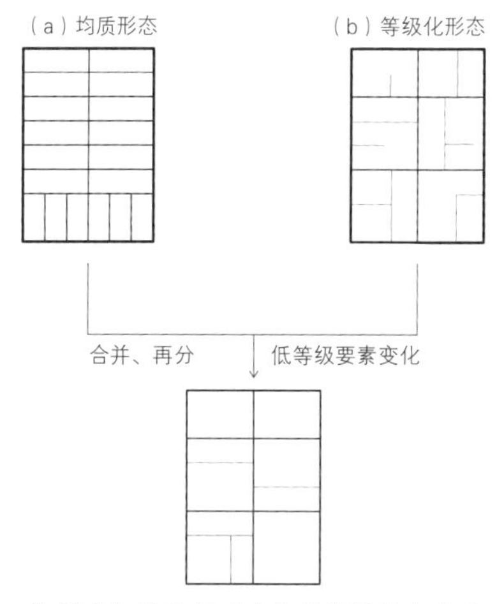

◁ 图 4.5 通过标准方格网街区的组合重构而形成的等级化街区群

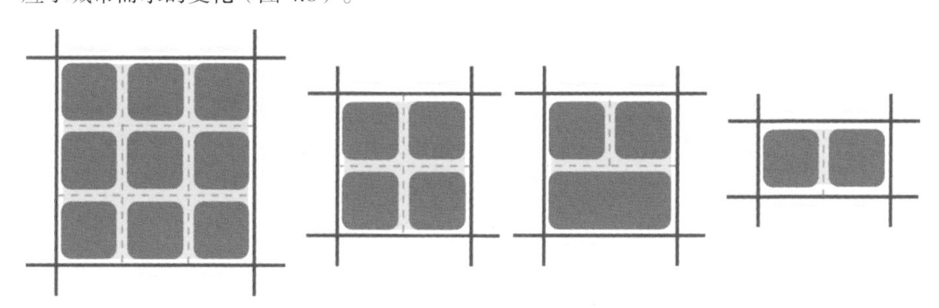

△ 图 4.6 均质形态和等级化形态均可导向具有适变性的城市形态

4.1.1 街区与街道的适变性

街区与街道的稳定性与适变性的辩证关系与街区规模及形态层级中的街道构型等级密切相关。

据《管子》和《墨子》所载，早在春秋战国期间，各国都城就有以“闾里”为单位的居住方式。《周礼·考工记》中记载了中国古代都城规划制度：“匠人营国，方九里，旁三门。国中九经九纬，经涂九轨，左祖右社，面朝后市，市朝一夫。”都城中有南北和东西大道各九条，每条可容纳九轨，由这些大道框出九个边长约 510 m 的“里”，每个里容纳不同的城市功能或不同的社会阶层（图 4.7）。

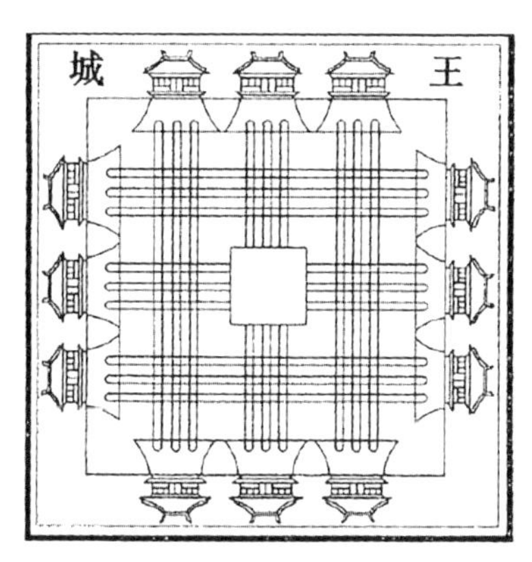

△ 图 4.7 《周礼·考工记》中理想王城示意图

汉唐时期，里坊制已趋成熟。作为中国古代城市空间的基本单位，里坊内部路网由约 15 m 宽的大十字街和约 2 m 宽的“曲”组成。其中，大十字街是在规划和建设管理下形成的，具有笔直规则的几何特征；而“曲”是自发生长形成的，呈现出有机自由的形态特征（图 4.8）。里坊可以被理解为由两套级差明确的格网组合而成的超级街区系统：里坊外是宽阔笔直的官道，里坊内是由规划和自下而上作用共同形成的街巷。高等级的官道尺度大而数量少，设置里门与市门以便统治者管理，具有长期的稳定性；低等级的坊内街巷尺度小而数量多，自下而上的生成机制使该系统具有极大的弹性和适变性。正是这种基于层级的构型适变性，使得源于里坊制的超级街区模式几乎贯穿了中国城市形态的发展历程，并广泛且深刻地影响了东亚历史城市的形态结构（如日本京都、名古屋和韩国首尔等）（图 4.9）。自上而下的高层级大尺度格网与自下而上的低层级小尺度自由网络的组合，是兼顾城市形态结构稳定性与适变性的重要策略。

以南京老城区内红庙和游府西街两个典型的超级街区样本为例，红庙和游府西街

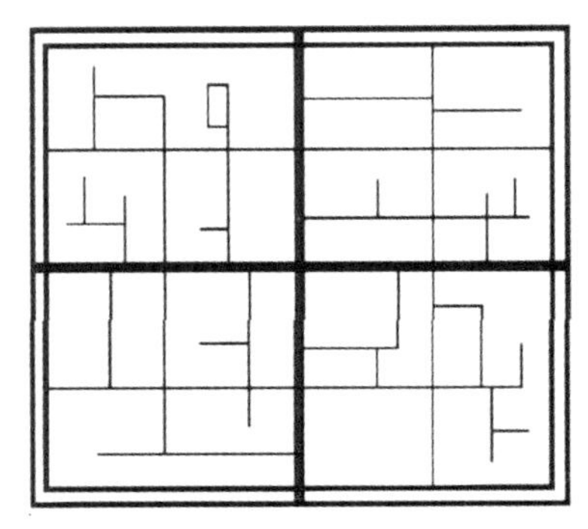

△ 图 4.8 唐长安城里坊内部可自由生长的网络

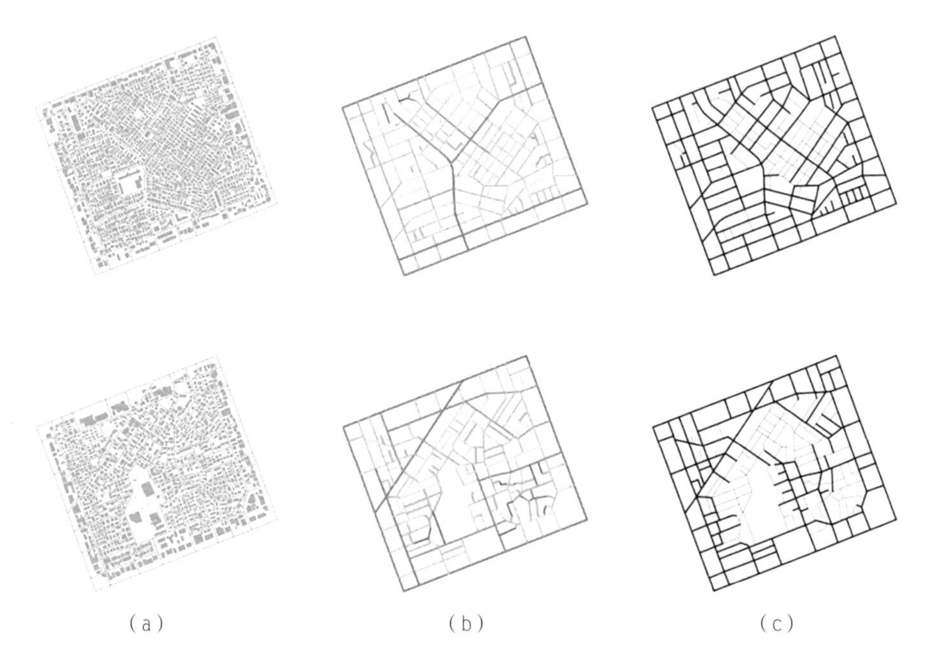

▷ 图 4.9 韩国首尔江南区的两个典型超级街区：(a)道路轴线与建筑物轮廓；(b)集成度图(线条颜色从蓝至红表示集成度从低至高，边界干道呈红色，与内部路网紧密连接；内部红色道路为局部集成度中心，一般为本地商店、服务设施聚集地点)；(c)距离边界干道两个拓扑深度以内的道路(黑色)与超过两个深度的道路(浅灰)

街区位于明清时期形成的建成区内。从 20 世纪 70 年代末起，两个街区经历了街道拓宽、地块合并重组、建筑拆除重建等更新行为，但原始街巷格局得以保留(图 4.10)。两个样本边界干道密度约为 3 km/km^2，内部支路、巷道密度约为干路密度的 4.5 倍；在超级街区内部，具有高连接度和低深度特征的高等级主街密度约为 6.3 km/km^2，其余低等级街道密度为 9 km/km^2，约为前者的 1.4 倍，符合从大尺度到小尺度要素的逆幂律分布规律(表 4.1)。

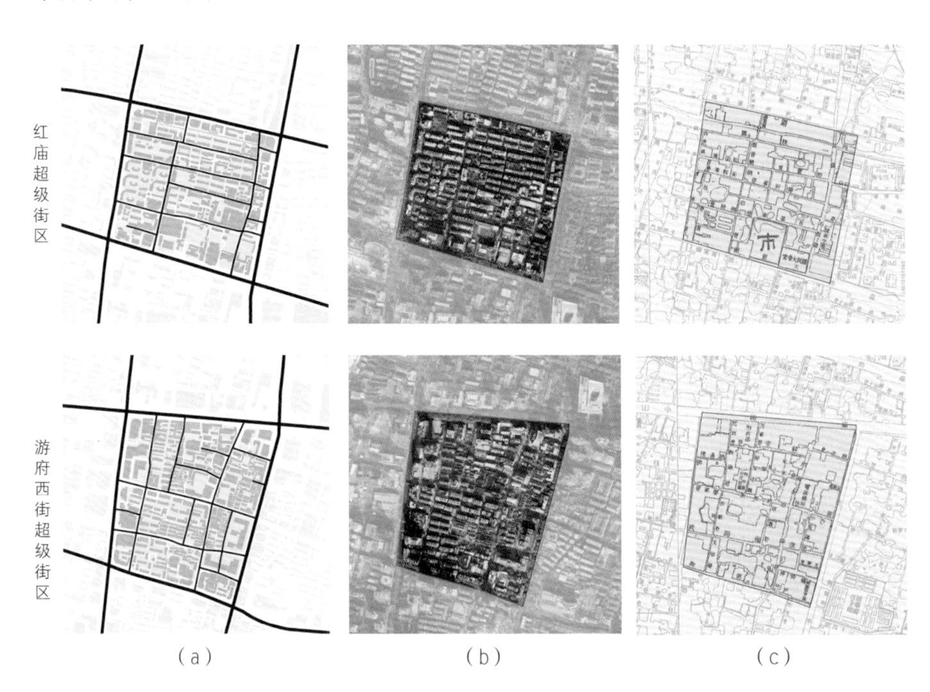

▷ 图 4.10 红庙超级街区和游府西街超级街区：(a)道路轴线图；(b)影像图(2022)；(c)历史地图(1933)

表 4.1 超级街区样本基础数据汇总

编号和名称	面积 / hm^2	干道密度 / (km/km^2)	支路与巷道密度 / (km/km^2)	主街密度 / (km/km^2)	非主街密度 / (km/km^2)
红庙	36.21	3.33	15.66	6.34	9.32
游府西街	40.04	3.19	14.84	6.28	8.56

这类超级街区不仅在历史演变中显示出结构的稳定性，在应对疫情防控等特殊情况时也具有明显的优势。通过对部分低等级支路和巷道实行临时封闭化管理，易于将平时开放的超级街区转变为规模适宜、功能构成合理的防控单元。可见，依据形态要素的等级差异，设置从刚性到弹性不等的分级管控方式，有助于城市街区在保持整体秩序的同时，具备足够的灵活性来应对多样化的功能需求和发展变化，从而促使街区形态效能达到最大化。

巴塞罗那拓展区规划初期、致密化时期和去机动车化时期的形态演变体现了标准化方格网街区模式的适变优势。在塞尔达（Cerda）的规划中，街坊统一采用 113 m × 113 m 模数和 45° 切割的街角，街廓内部建筑呈对称两分或 U 形和 L 形等形体类型，或变化间距，或改变朝向，进而在两个、四个甚至更多的街区中进行组合。看似简单的排列赋予每个街区以不同特色，形成了有序的城市肌理和丰富多变的空间组合，同时创造出丰富多彩的庭院绿地系统（图 4.11）[1]。

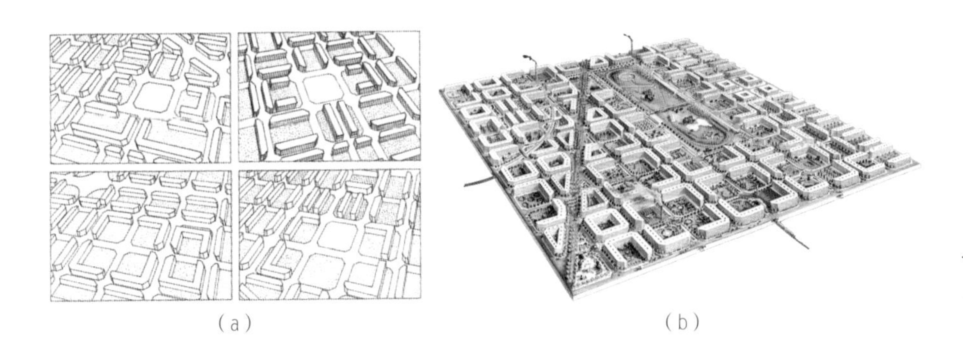

（a）　（b）

◁ 图 4.11 塞尔达规划中巴塞罗那拓展区的形态

1942 年至 1975 年间，随着城市密度迅速增大，在保证街区轮廓的前提下，街区形态从开放转向封闭，其进深、高度均不断发生变化。单一街区建筑物体积从最初设计的 67 000 m^3，增长到了约 300 000 m^3，拓展区在整体结构基本不变的前提下实现容量的大幅提升（图 4.12）。

1 梁江，沈娜．方格网城市的重新解读 [J]．国外城市规划，2003(4): 26–30.

▷ 图 4.12 巴塞罗那塞尔达街区建筑的演变

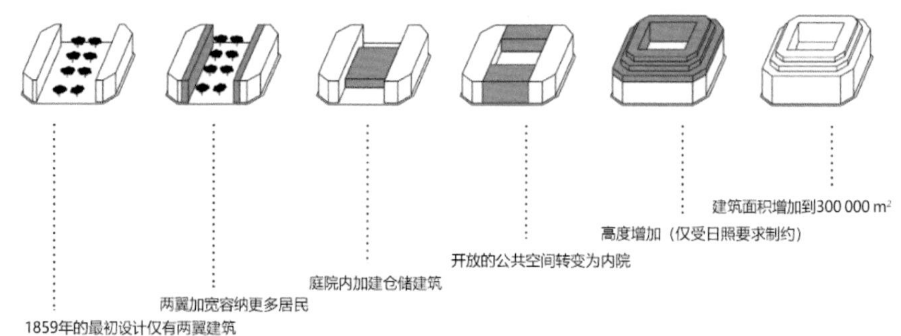

▷ 图 4.13 波布雷诺超级街区方案变更前后的交通组织

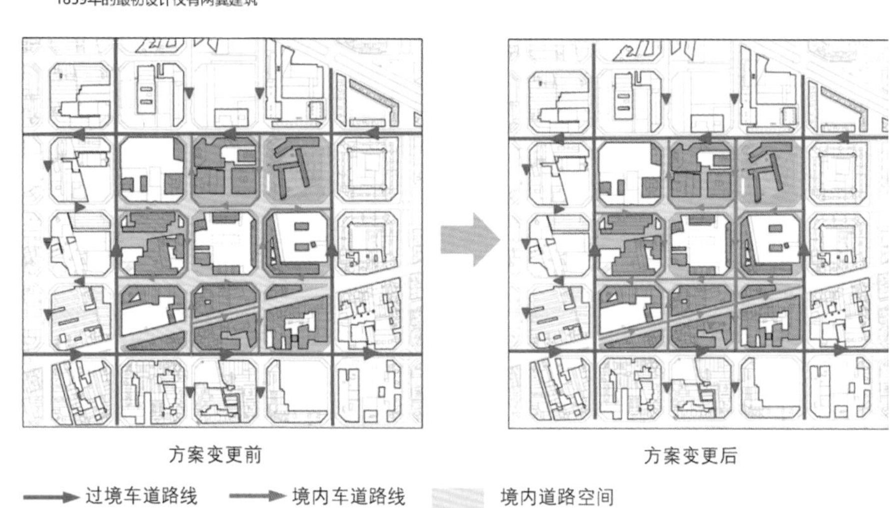

自 2015 年开展超级街区计划试点以来，其进程可以分为两个阶段。第一阶段是带有实验性的超级街区改造。计划在此阶段将原本 9 个 130 m × 130 m 的小街区单元合并为 1 个约 400 m × 400 m 的超级街区单元，单元内部进行慢行系统化改造。该模式下，实施了 5 个街区单元试点改造。由于空间策略还停留于概念层面，最大化公共空间的原则导致了一系列问题，例如规划调整后，区域内部机动车网络的承载力是否满足社区需求？释放后增加的 2 万 m^2 公共空间与社区内仅有的 1 800 名居民使用需求是否匹配？因此，第二阶段主要针对交通和公共空间网络进行混合设计，优化超级街区计划的改造模式，完成了以圣安东尼为代表的 10 个社区单元的试点改造（图 4.13）。均质路网等级化改造的整个过程中，标准化小街区提供了交通组织的多种可能性，以便于结合实际情况和居民反馈，不断调试交通网络。在物质空间层面，该模式无须对建筑进行大规模拆除重建，仅通过对现有路面和人行道采取微小举措，即可改变人们对街道空间的使用，并在短时内产生明显效果[1]（参见图 3.60）。

以标准化方格网街区为模式的城市区域中，有些区域街道与街区格局在百余年间没有发生显著变化，而在另一些区域可能短短 20 年就有巨变。街区的初期规划尺度对

1 王润娴，毛键源．活力街区的改造模式和实施路径研究：以巴塞罗那“超级街区”计划为例 [J]. 国际城市规划 ,2024,39(1):117−126.

其日后的结构稳定性和适变性有着重要影响，即存在一个临界数值范围，大于这个范围，街区日后极可能发生再分，小于这个范围则可能发生合并。

从街区合并与分解的历时性观察中，可以捕捉到相对稳定和适宜的街区尺度。根据对美国多个城市中心区街区尺度演变的研究发现，那些最初尺度较大的街区在发展中大都经历了进一步的细分[1]，例如在阿德莱德，原来的长条形街区（554 m × 155 m）被增设的巷道切分成四至五个小街区（图 4.14），类似的珀斯街区也被划分成两至三个小街区（图 4.15）。被划分后的街区尺度一般在 70 m × 70 m 到 150 m × 150 m 之间，对应路网密度为 15~20 km/km^2。基于西安、深圳、上海、沈阳等城市中心区街廓尺寸演变研究，梁江、孙晖提出街区边长在 100 m 上下、街区面积约为 1~1.5 hm^2 的形态结构适变性和稳定性最好，可以作为我国中心区街廓规划的推荐尺寸[2]。

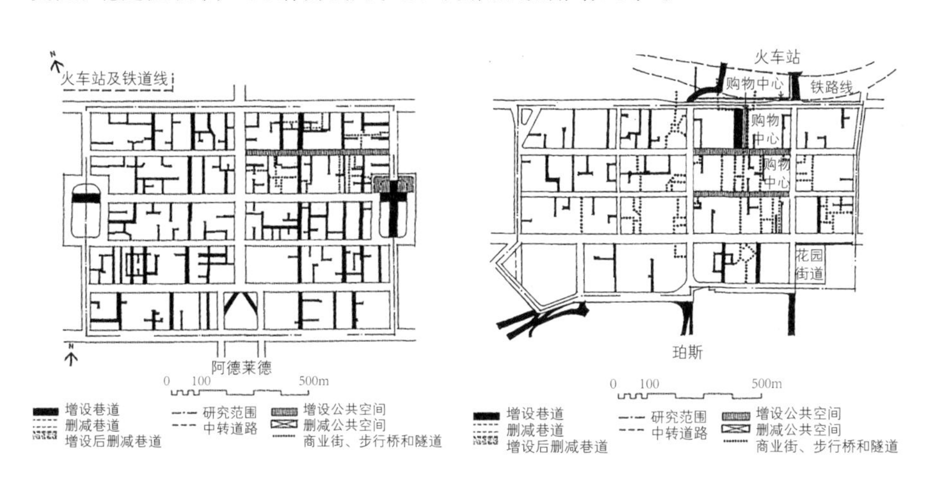

◁ 图 4.14 阿德莱德街区中增设的巷道

◁ 图 4.15 珀斯街区增设的巷道

4.1.2 地块的适变性

地块划分与土地经济、用地性质、交通组织和建筑类型具有密切的内在关系。地块尺度及其临街面宽与进深的差异是决定地块适变性的两个主要因素。

街道型地块序列中，小尺度、窄面宽的地块序列往往具有更好的适变性。以西雅图为例，在城市发展早期，50 英尺 ×100 英尺（约 17 m × 33 m）的地块刚好可以建一座 2~3 层独立式住宅；在中期，随着中心区商业办公建筑的增加，部分开发建设逐渐占据了 2 到 4 个并列地块，而 100 英尺的进深仍可以满足中型建筑的要求；到了 1950、1960 年代，有高层建筑开始占据整个街区，而 200 英尺 ×200 英尺（约 66 m × 66 m）的小街区在建筑设计和投资开发上也是比较理想的尺寸（图 4.16）[3]。在珀斯和阿德莱德，初划地块面宽在 30 m 到 65 m 的地块，通常被均匀地细分为两三个或

1 Siksna A. City Centre Blocks and Their Evolution: A Comparative Study of Eight American and Australian CBDS[J]. Journal of Urban Design, 1988, 3(3): 253−283.

2 梁江，孙晖．城市中心区的街廓初划尺度的研究 [C]// 中国城市规划学会．规划 50 年——2006 中国城市规划年会论文集（中册）．大连理工大学建筑与艺术学院，2006: 4.

3 梁江，孙晖．城市土地使用控制的重要层面：产权地块——美国分区规划的启示 [J]. 城市规划，2000(6):40−42.

更多的小地块。进深较大的地块通常会被再次划分为两个背靠背的地块，或通过植入巷道，进而细分为更多地块[1]。梁江和孙晖对中国城市中心区作了类似比较，并推荐最小地块面积 0.25 hm^2 作为单个建设地块。

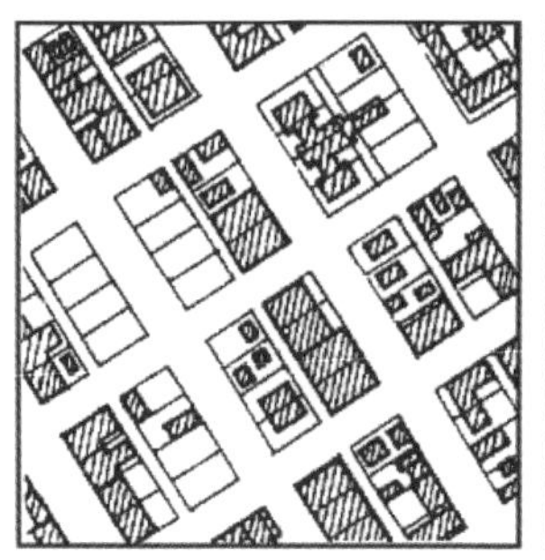
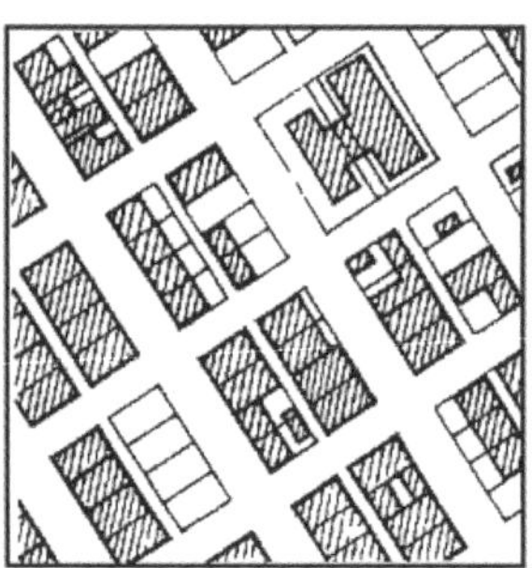
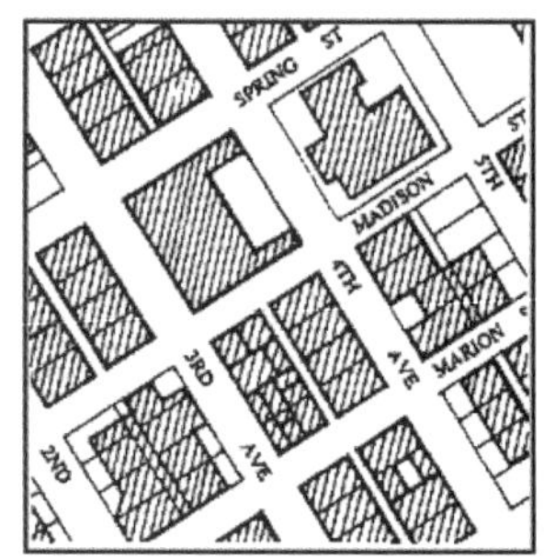

▷ 图 4.16 西雅图地块系统的变迁示意图

▽ 图 4.17 南京河西新城中央商务区二期工程中的地块：（a）初划地块；（b）再次划分后的商办地块

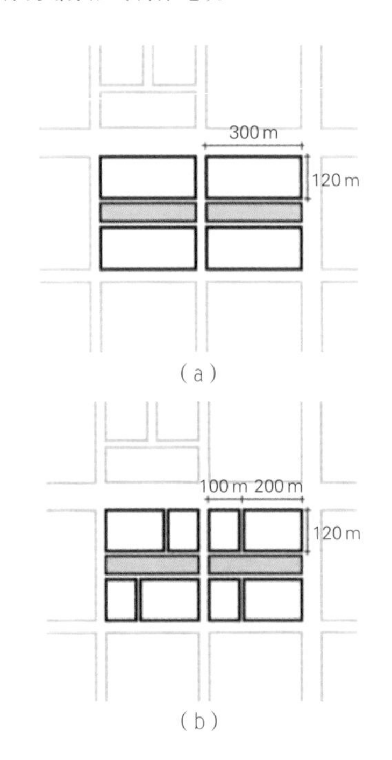

新城开发中，地块设计需要为后续开发建设留有弹性以适应市场及功能需求的变化。在南京河西新城中央商务区二期工程城市设计中，上位规划确定了规模为 300 m × 120 m 的商办街区，其长边分别临城市主干道和公共绿轴，地块机动车交通依靠短边相邻的支路解决。基于商办用地 1 hm^2 的基本尺寸，设计将 300 m × 120 m 的街区划分为 100 m × 120 m 和 200 m × 120 m 的两个地块，其中后者可进一步拆分为两个 1.2 hm^2 左右的地块细分单元，也可作为一个单独地块容纳规模较大的商办建筑综合体（如大型购物中心）。设计在每个街区中植入一条背街，以保障地块再分后的每个地块均有一面可设机动车出入口的道路（图 4.17）。

地块的临街面和进深遵循不同的逻辑规则。在诸多中外历史城市中，地块临街面密集，且受到严格控制，是一种交互性场所和规范支配下的展示性界面。相反，进深空间是隐藏的，由松散的规则塑造，并适应不断变化的使用需求。菲利普・巴内瀚（Philippe Panerai）在《都市方案》（*Project Urban*）中提出，密度的增长是地块进深方向填充的结果；卡尼吉亚针对中世纪城市形态演化提出了区隔化（Insulization）的类型学过程，具体指在庭院内建造独立建筑物以充分利用地块进深（图 4.18）[2]。继而，地块中临街与进深这两种邻近空间，通过前后并置实现了公共空间与私人空间之间的过渡，由此形成了整合多样行为活动且适应变化的系统，这对于街区结构的长期稳定性至关重要。

多个窄长形小地块组成的围合式街区能最大限度地发挥地块临街和进深的差异性优势。巴塞罗那于 1980 年代组织的旧城“特殊内部改革计划（PERI）”，其对街区的干预正是通过清除地块进深区域的搭建进而植入公共性建筑和场所而实现的。这种物质空间的形态更替很少从沿街面表现出来。

1 Siksna A. City Centre Blocks and Their Evolution: A Comparative Study of Eight American and Australian CBDS[J]. Journal of Urban Design, 1988, 3(3): 253−283.

2 Caniggia G, Maffei G L. Architectural Composition and Building Typology: Interpreting Basic Building[M]. Firenze: Alinea, 2001.

随着街区形态从围合转向条板再转向点式塔楼的复制，每排或每栋建筑前后左右的空间都呈现出均质、无差异的状态。这种被菲利普·巴内瀚（Philippe Panerai）称为“去结构化”的发展过程中，产权地块的结构性作用不断弱化以至消失。建筑与城市的交互面只能通过主入口来定义，空间的差异性随之不断退化、中性化甚至反转（图 4.19）。其最终导向的形态，不会因为空间的均质性而实现适变性的提升，反而会因为层级的简化、形态的均一、外部空间的弥散以及公私关系的模糊而难以适应新的改造和再利用。

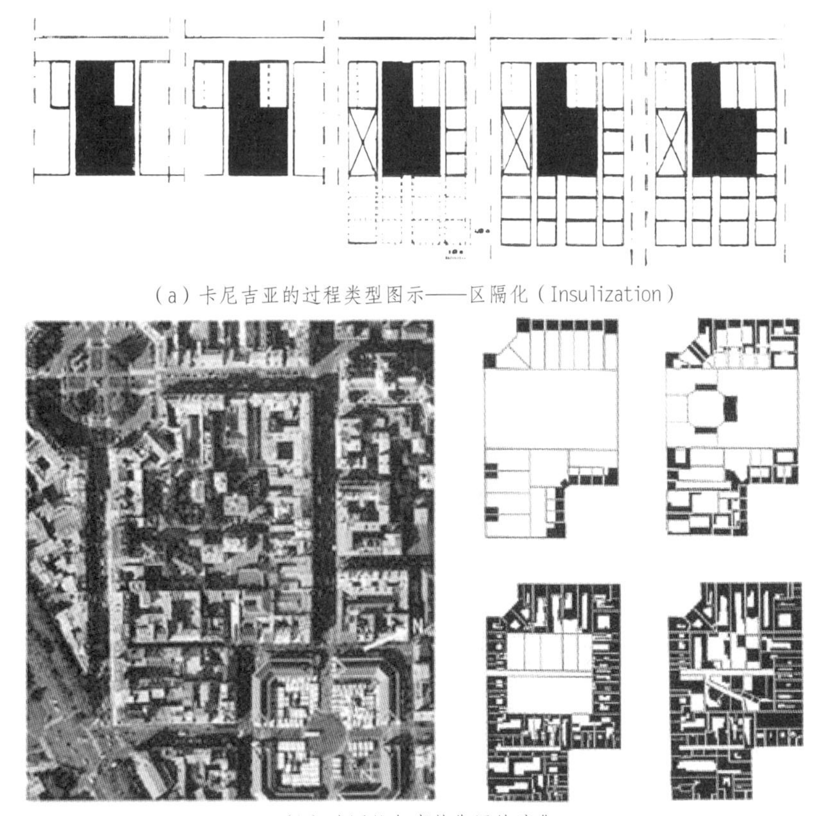

（a）卡尼吉亚的过程类型图示——区隔化（Insulization）

（b）法国凡尔赛某街区的演化

（a）

（b）

（c）

（d）

（e）

◁ 图 4.18 中世纪城市街区形态演化的普遍特征——在庭院内建造独立建筑物

△ 图 4.19 城市街区的解体——一个连续的过程：（a）巴黎奥斯曼街区；（b）英国霍华德田园城市；（c）阿姆斯特丹南拓区；（d）法兰克福联排住宅；（e）光辉城市

4.1.3 建筑的适变性

布兰德（Stewart Brand）通过建筑的适应性分层模型提出了更新周期的六个梯级：场地、结构、表皮、设备、空间、内装家具。各层级根据其功能与损耗特征，以不同的速率发生变化[1]（图 4.20）。场地即建筑所处的城市环境。场地与结构是建筑适应性模型中相对稳定的层级，结构所承载的表皮、设备、空间、家具随功能需求的改变而改变。场地即地块，是建筑与城市交互的环节；结构则形成了支撑建筑物质体系的架构，并具有比之更久的生命周期。富有远见的结构与场地的关系设计可以避免隐含碳占比

▽ 图 4.20 布兰德的建筑适应性分层模型

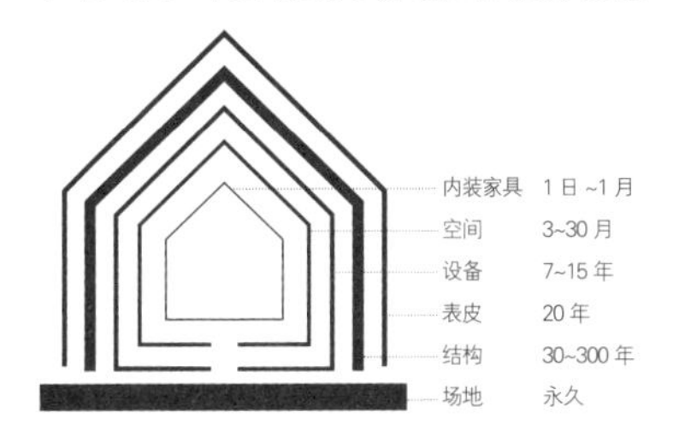

1 Brand S. How Buildings Learn: What Happens After They're Built[M]. New York: Penguin Group, 1994.

最大的承重结构的废弃，从而减少建筑结构寿命的提前终结。

建筑设计中，有两种基本策略可以获得建筑的适变性：其一，采用普适结构，结构与场地都保持不变，但能够包容各种功能空间的更迭；其二，采用可拆解的装配结构，结构与场地都发生改变，通过拆解—迁移—重组，来适应新的功能空间与城市环境。

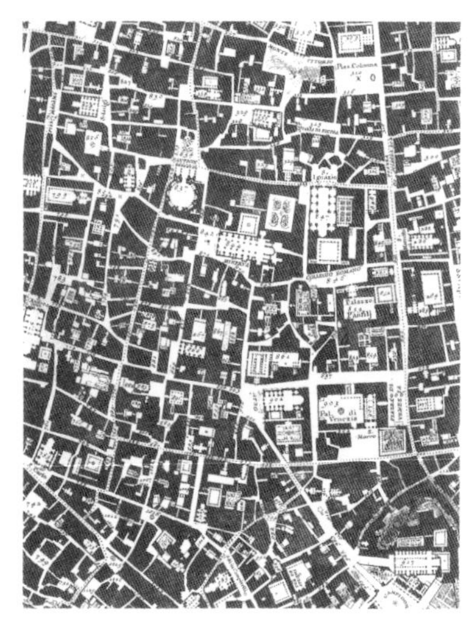

△ 图 4.21 诺利的罗马平面局部

1）普适结构

诺利平面（Nolli Plan）描绘了建筑结构的渗透性及其在城市公私空间组织上的作用，诠释了永久性的建筑结构如何适应不断变化的城市生活（图 4.21）。普适性结构可以跨出建筑层级有限的生命循环，而融入更长久的城市空间更迭。

柯布西耶的“多米诺体系”（Domino）、密斯提出的“通用空间”(Universal Space)、日本的新陈代谢主张[1]、约翰·哈布瑞肯（John N. Habraken）的支撑体体系[2]都是现代主义以来出现的普适性结构模型。层级性、均质性、通用性是普适性结构的共同特征。

在普适结构中，寻找不同功能空间的共同模数是设计的关键，使基本结构可以兼顾不同属性、不同尺度空间的组合或置换（图 4.22）。

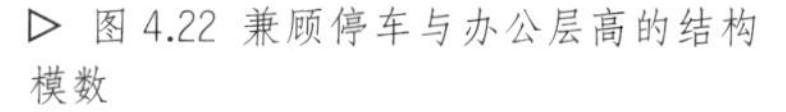

▷ 图 4.22 兼顾停车与办公层高的结构模数

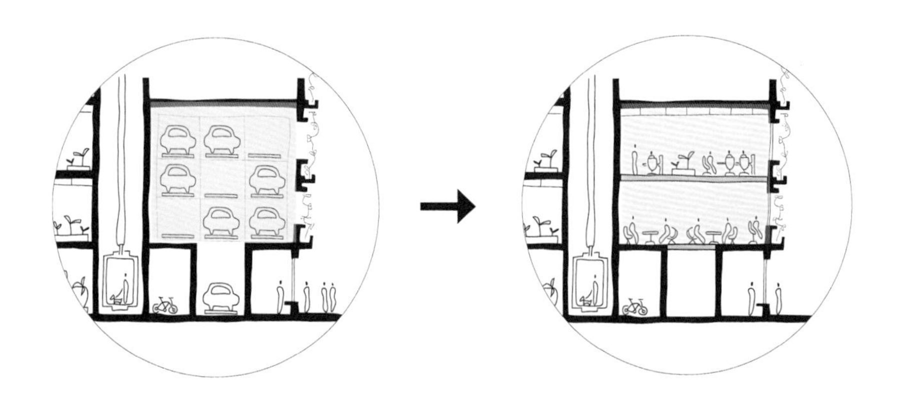

△ 图 4.23 江苏省绿色建筑与生态智慧城区展示中心

2）可拆解结构

可拆解结构是“为拆解而设计”（Design for Disassembly）的理念。其目的是在建筑的使用寿命结束时，依然具有重新使用这些构件的机会，以尽量减少新建筑中的材料消耗，从而减少隐含碳。拆解再利用也可帮助建筑实现场地迁移，使建筑获得在城市中的再生机遇。例如江苏省绿色建筑与生态智慧城区展示中心，在设计之初就被定为临时建筑，以便于地块的再开发。建筑设计之初就决定由可拆解的空间单元组合而成，空间单元由可拆解的伞状钢结构单元拼合而成，构件的标准化设计便于结构拆解与重组（图 4.23）。每个空间单元为 9 m × 9 m，当该建筑被拆除时，这些小尺度的空间单元，既可以独立用作小型公共服务与商业设施，也可以迁至城市其他场地进行重新组装，

1 尹培桐 . 黑川纪章与“新陈代谢”论 [J]. 世界建筑 , 1984（6）:115.

2 The support represent the most permanent parts of the building, like the structure and can be seen as a bookcase. The infill represents the adaptable part of the building, or in other words the books. — John N. Habraken (1961)

作为凉亭、车站、小型餐饮建筑等功能，从而延续构件的使用寿命（图 4.24）。

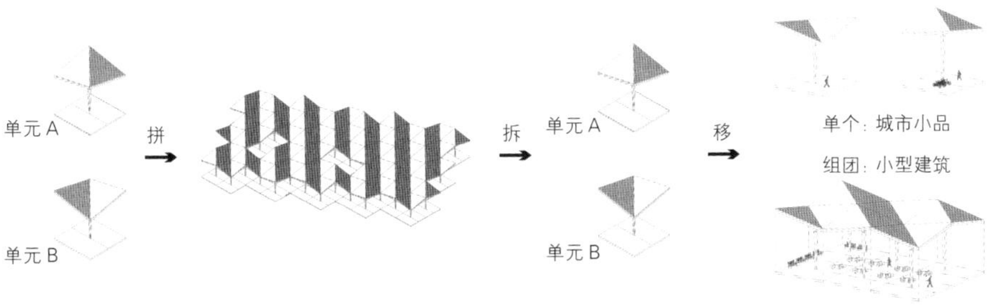

单元 A
拼
拆
单元 A
移
单个：城市小品
组团：小型建筑
单元 B
单元 B

◁ 图 4.24 空间单元的重组与再利用

4.2 城市建筑形态系统的气候适应性

人对其所置身环境的气候舒适性要求，与自然气候表现具有不同程度的差异。建筑空间营造为克服这种差异而采取的技术方法，不仅对自身能耗及排放产生影响，也影响了更大的空间环境范围，并由此加剧了建筑内部舒适目标与周边环境的差异。这种互馈循环表明，应当着眼于城市建筑的整体形态系统，通过多尺度层级的连续驾驭，提升城市建筑的气候适应性。对于自然气候，有利则用，有害则阻。利用与调节的辩证施策是各层级气候适应性设计的策略共性，不同层级又有对象和方法技术的差异性。

从古代城市的选址营城到传统建筑的设计建造，中国都曾在有限的技术条件下展现出适应自然气候的智慧。快速城镇化扰动了既有的生态系统，对城市气候环境产生难以忽视的影响。在绿色低碳发展导向下，城市形态与物理环境研究领域逐渐关注城市物质空间形态与城市微气候之间的关联性，探索改善城市通风、缓解热岛效应等“城市病”的策略方法。随着物质空间形态与物理环境两个领域的交互合作，城市微气候环境的分析评估与设计实践中的气候适应性探索正在相互接近。

城市气候是地域自然气候与城市中人的活动和城市建筑交互干预的结果。城市建筑的材料生产、运输、建造、运营等过程所产生的能耗和碳排放造成气候变暖。城市物质空间的形态特征对不同尺度的微观气候均具有不容忽视的影响，它构成了建筑所置身的微气候环境，由此对建筑使用运维过程中的能耗和碳排放产生直接影响。因此，仅从城市宏观尺度和微观建筑尺度研究气候应对方法，难以形成完整的架构。从微观尺度看，街区、地块、建筑构成了城市建筑形态的系统层级，也是大尺度城市气候与微尺度建筑气候的中介环节。本节基于城市建筑学的视野，尝试从两个方面展开城市建筑形态系统的气候适应性讨论。其一，从形态层级与微气候的关联机理出发，探讨多层级气候应对的传导路径；其二，以风廊网络和建设区块为主要线索，提出城市建筑形态系统的气候适应性设计策略。

4.2.1 形态层级与微气候的关联机理

气候学与城市形态学各自根据不同的研究精度而划分其尺度层级。一般而言，气候学分宏观气候（500 km 以上）、中观气候（10~500 km）和微观气候（10 m~10 km）。

△ 图 4.25 《城市气候》封面

城市形态学一般则分为宏观（区域、城市）、中观（片区、地段）和微观（街区、地块、建筑）。两者并不能直接对应。随着对人类活动和城市建筑与微气候相互作用的重要性认识的提升，城市气候学的研究也正在向微观尺度逐渐深入。2017 年，被誉为"城市气候之父"的蒂莫西·奥克 (Timothy R. Oke) 的经典著作《城市气候》出版 (图 4.25)。相关领域的交融也越加密切。过去 50 年来，众多学者涉足城市物质空间的聚集方式与气候环境的交互影响，在不同尺度发展出多样的研究方向。城市尺度的研究聚焦于空间结构、冷源保护、绿地水体占比、城市风廊等方面；街区尺度开始关注街道层峡等三维空间形态对局域微气候的影响；地块建筑尺度在建筑肌理类型与微气候的交互影响等方面着力开拓。

本书聚焦于街区、地块和建筑三个尺度层级，建立城市建筑形态系统与风热环境的多尺度关联框架（图 4.26），针对各层级的关键要素和问题展开初步探索。开放空间是城市中气候流动的主要介质，也是物质空间的结构性要素，其结构组织和几何形态在各个尺度层级上，在风热环境与形体空间的相互作用上，具有重要的链接作用。尺度层级之间的研究信息传递，沿风热环境和形体空间两条线索进行。风热环境方面传递的主要信息为迎风面相关参数，以便收缩模拟测算范围，提高研究效率。形体空间信息传递的主要线索则是由组团轮廓到建筑形体的转化。

▽ 图 4.26 风热环境与城市微观形态的多尺度关联

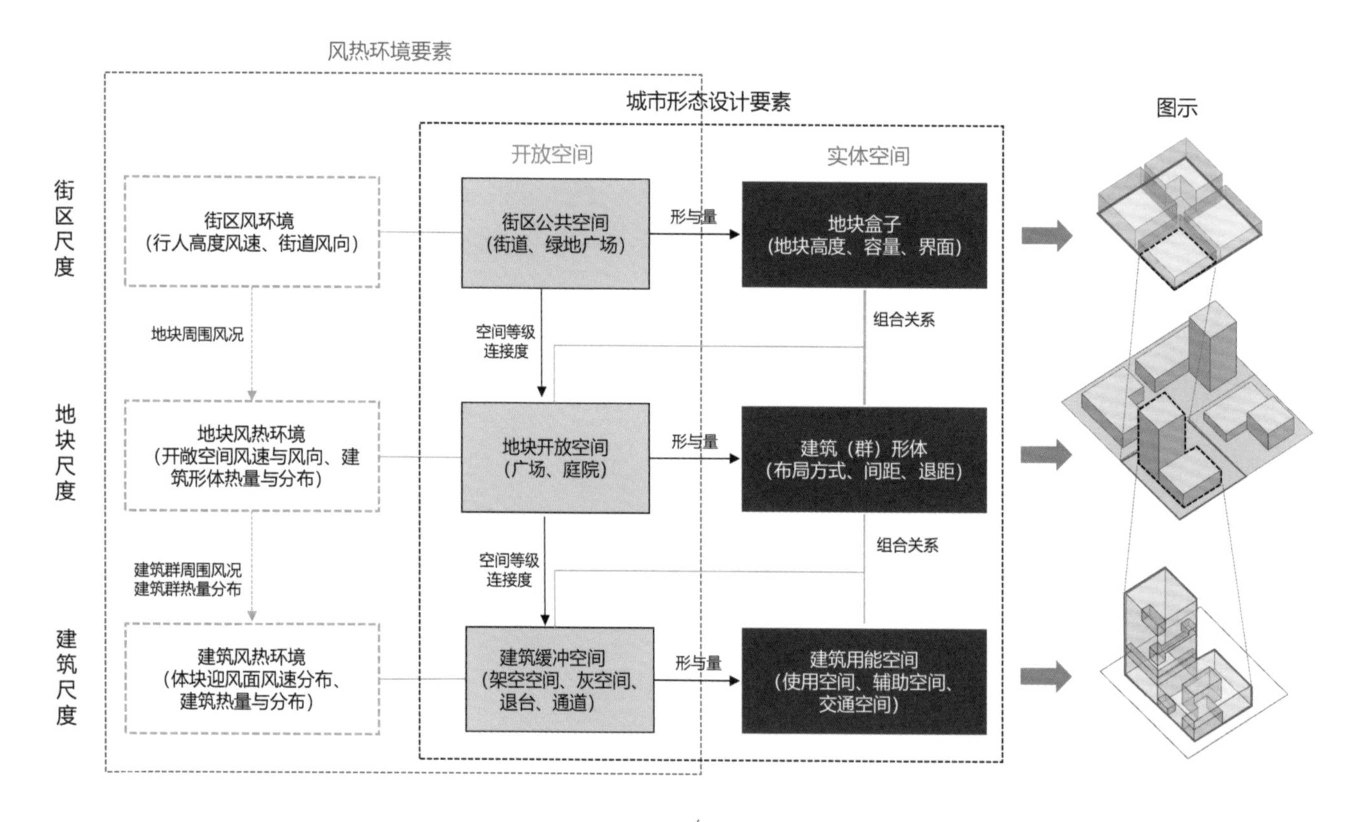

不同尺度下关注的开放空间和实体空间具有颗粒度差异。从街区、地块到建筑，随着空间尺度的深入递进，所依托的形体空间模型精度逐步提升。上层级中的实体空

间在逐级进入下层级的视野之后，将细化为下层级的开放空间与实体空间。因此，上层级基于风热环境优化的空间形态信息，向下传递为下层级的开放空间与实体空间之间的边界信息，从而实现多尺度贯通的绿色性能[1]。

在街区尺度，从城市片区尺度上研究风廊与街区轮廓条件。通过构建街区级的通风系统，优化地块的三维轮廓，降解热岛区域，努力营造舒适的气候环境。该尺度下，形态设计中的实体空间主要指向“地块盒子”，包含地块的平面边界、高度容量配置及界面特征。开放空间主要指向街区公共空间，包括街道和绿地广场布局等。风热环境评估主要聚焦于街区风环境，以街区公共空间中测量获取的行人高度风速与街道风向为关键指标。通过风环境特征评估，形态设计将重点优化路网格局、水绿布局、地块高度密度及容量分布、建筑退线、界面高度与连续度等（图 4.27）。

在地块尺度，深入地块的风热环境研究，优化地块内部开放空间与建筑（群）形体布局。形态设计中的实体空间主要指向建筑（群）形体或肌理特征，包括建筑群布局、间距、退距等。开放空间主要指地块内部开敞空间，包含地块内的广场、庭院和地块内部通道等。地块风热环境重点关注地块开敞空间的风速与风向、建筑形体热量与分布等（图 4.28）。在形态优化上，重点关注公共活动区域的舒适性，强调建筑及相关构筑物与周边微环境间的关系。

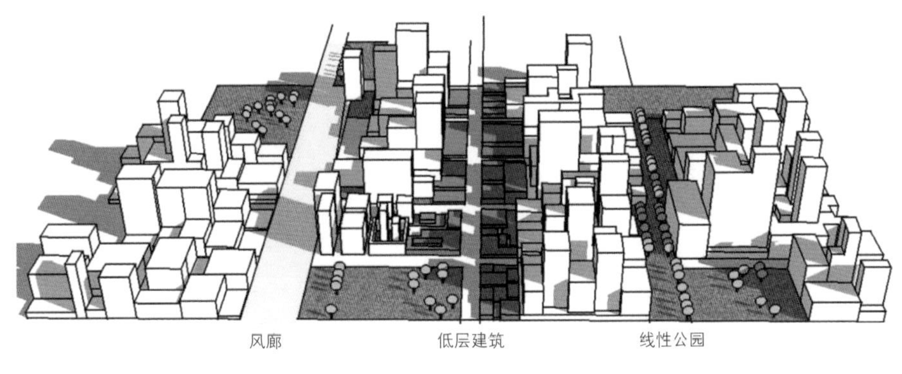

◁ 图 4.27 街区风廊与开放空间的联动

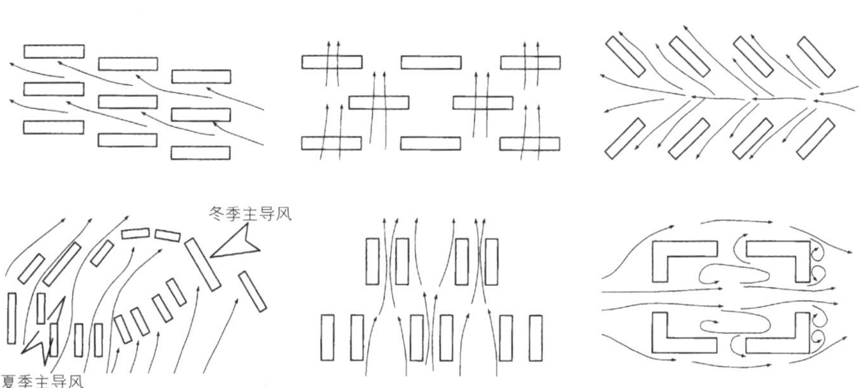

◁ 图 4.28 不同建筑群体布局方式的建筑风场影响

1 Liu H, Zhou X, Ge X, et al. Multiscale Urban Design Based on the Optimization of the Wind and Thermal Environments: A Case Study of the Core Area of Suzhou Science and Technology City[J]. Frontiers of Architectural Research, 2024, 13(4): 822−841.

△ 图 4.29 南京金陵中学生态科技岛校区艺体楼的气候过渡空间

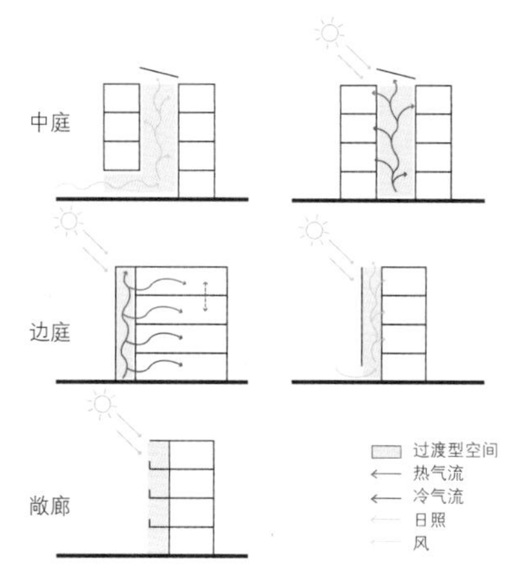

△ 图 4.30 气候过渡空间布局

在建筑尺度，基于风热环境分析，通过合理组织建筑开放空间与实体空间，可以优化气候边界的节能效率，进而提升建筑的绿色性能。形态设计中的实体空间指向建筑用能空间特征。开放空间主要指建筑中的气候过渡和缓冲空间，如架空空间、灰空间、露台等（图 4.29）。风热环境重点关注建筑迎风面风速、建筑内部空间热量与分布等。基于风热环境分析，注重建筑缓冲空间布局（图 4.30）。

以瑞典马尔默的 Bo01 街区的气候适应性设计为例，该项目通过街区、地块、建筑三个层级的连续塑造，形成了舒适的微气候环境。设计在传统的矩形街区基础上，对局部进行扭曲变形，形成阻挡海风的界面，同时为内部开放空间提供更多的光照。通过控制地块建筑高度、界面及覆盖率，营造舒适的开放空间。该项目对街区西侧和北侧的建筑高度与界面进行了明确控制，外围为中等高度建筑（4~6 层），内部为低层建筑（1~3 层）；外围界面连续而密实，为内部社区公园形成风屏障；内部界面相对松散，为街区内开放空间阻风挡雨。街区中每个地块均需以 50% 的用地作为开放空间，所形成的庭院朝向街区内主要通道，形成有序的开放空间系统（图 4.31）。街区的微气候评估表明，在平均温度为 9 ℃的三月，街区内部绝大部分温度高于自然温度[1]（图 4.32）。

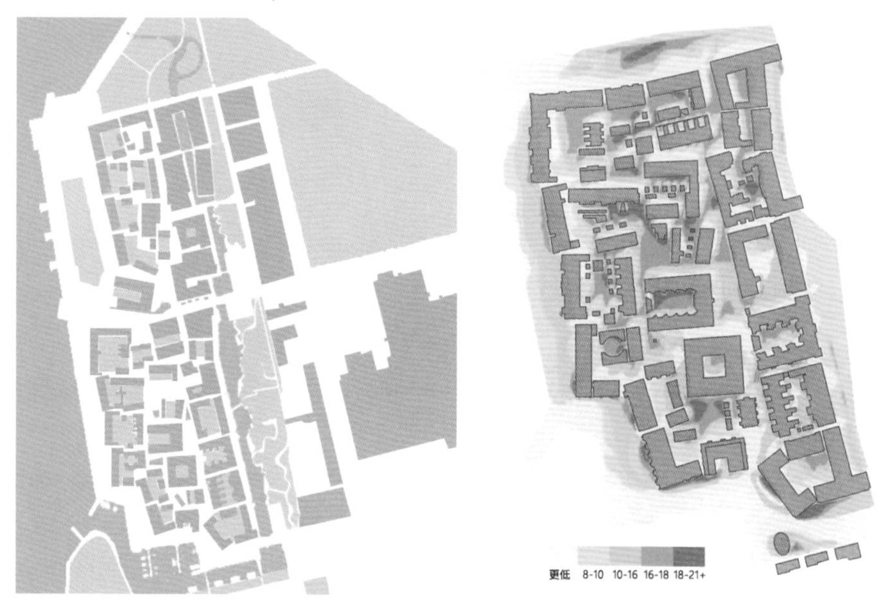

▷ 图 4.31 Bo01 街区的平面肌理

▷ 图 4.32 Bo01 街区的热环境分析

4.2.2 多层级之间的传导与响应

现实中的物质空间是环环相扣的。不同层级的微气候相互影响、连续和叠加。物质空间的气候适应性设计需要在跨层级的整体评估中才能得到综合体现。从形态设计的层级性操作看，上层级的气候适应性空间形态特征的组织建构必然约束下层级空间形态的组织建构，下层级随之做出响应，并适配上层级的形态诉求，才能实现通风网

1 西姆．柔性城市：密集・多样・可达 [M]. 王悦，张元龄，等译．北京：中国建筑工业出版社，2021.

络的有效性和区块布局的合理性。通过多层级的连续传导，形成“街区—地块—建筑”整体连续的气候适应性形态结构。在自下而上的反馈中，局部形体空间因优化微气候而作出的空间布局，对更大空间范围的气候环境可能产生积极作用，但也有可能产生负面影响。只有放大视野，关注局部与整体之间的气候交互作用，才能做出兼顾局部与整体的形态设计决策。

1）规律与特征

从气候与物质空间形态的多尺度关联机理可以推导出“街区－地块－建筑”三个层级的形态传递路径（图 4.33）。从空间组合关系看，由于各层级观察精度的差异，上层级的实体空间分解为下层级的实体空间和开放空间；从形态结构逻辑看，基于气候适应性设计的开放空间构型，一方面影响了同层级的实体空间布局，另一方面也对下层级开放空间的构型提出了引导和约束。气候性能在层级间的传递主要依赖形体空间的“形”与“量”的特征。这些形量特征与规划设计及管理中的控制指标或建筑设计中的经济技术指标息息相关。如建设用地占比、开放空间占比、地块绿地率、容积率、贴线率，及建筑形体的几何参数等。城市建筑形态系统的气候适应性成效取决于多尺度层级间的有效联动，因此自上而下的传递与管控和自下而上的反馈与优化是关键。

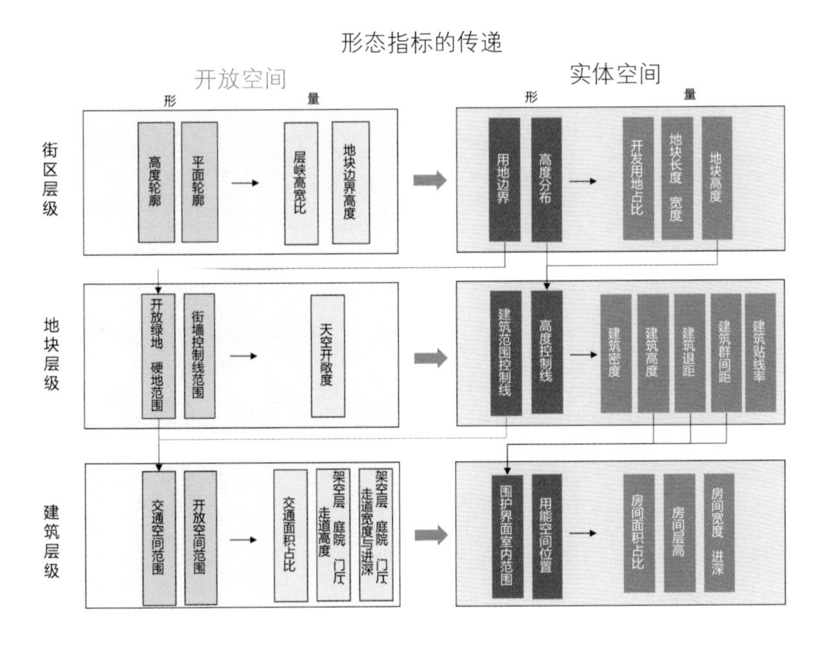

◁ 图 4.33 与气候适应相关的多尺度“形”与“量”的指标信息

风、光、热、湿是气候环境表现的主要要素，且彼此关联。例如，良好的自然通风有利于降温除湿，太阳光的辐射不仅可能造成眩光，同时也会转化为热。气候区划描述了不同地域气候的差异，在相对稳定的地域气候环境下，城市建筑形态对不同微气候要素的影响机理是不同的。既有的研究已经揭示了不同的建筑形态对气候要素的影响机理及设计的原则和策略。从物质空间形态系统的整体看，微气候中的光环境和热环境主要是通过各种局部物质要素（如建筑、植被等）的反映和积累产生的，而风环境却在物质空间形态的不同尺度层级之间具有突出的连续性和连锁性，每个层级的风环境对其上下层级都有不容忽视的影响。也可以说，物质空间形态中风环境的传递作用最具整体特征和网络特征，是城市建筑形态系统的气候适应性设计中的全局性关键问题。

自上而下的传递与管控

从自然风环境的利用和调节看，不同地域不同季节对主导风向是导还是阻，这是前提性的判断。下文主要侧重于自然通风的有效利用。同一层级中的开放空间为实体空间提供自然通风的基础，基于开放空间的风廊特征，向实体空间传递关于“形”与“量”的控制引导内容；在上下层级中，上层级的开放空间与实体空间特征进一步向下传递，其要旨在于为下一层级的开放空间网络提供形态控制的要求。下层级的实体空间则需要响应上层级实体空间“形”与“量”的要求，并逐级深入细化，由此形成层级间的网络关系（图 4.34）。

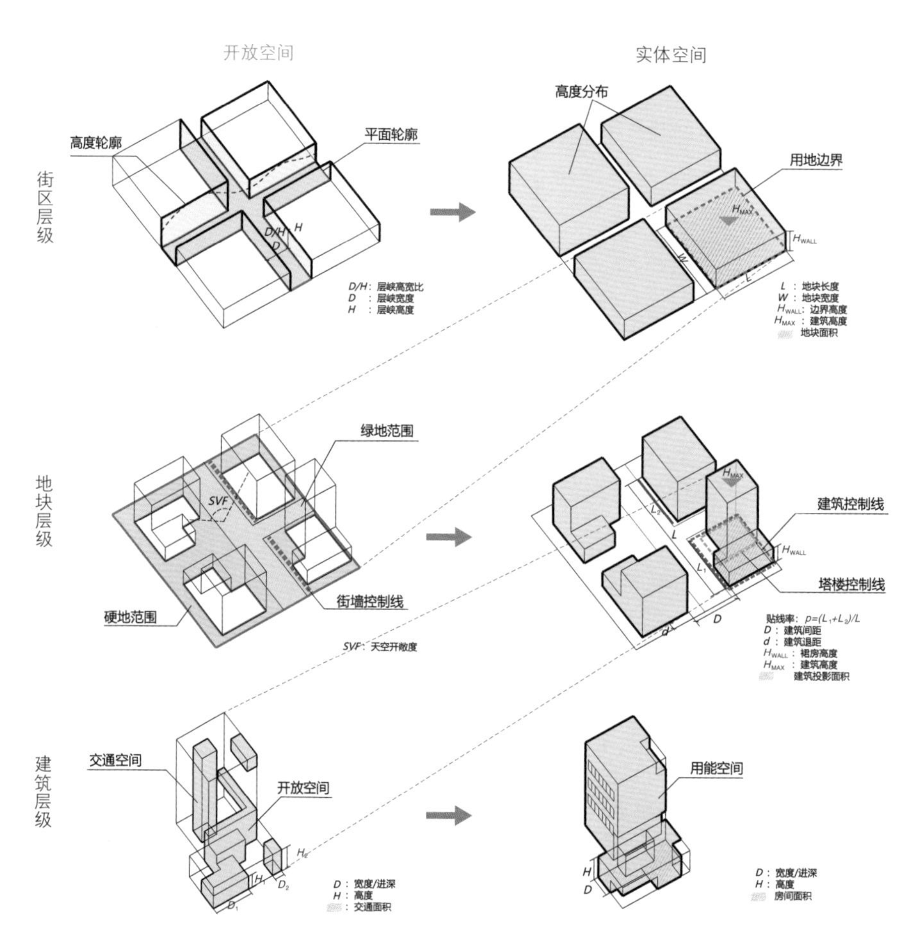

▷ 图 4.34 城市风廊相关形态的控制与传递

从“形”的角度看，建构多层级风廊网络是气候适应性设计的重要途径。在多层级形态设计的逐级传递和深化过程中，描述开放空间网络和实体区块的边界形态，并建构不同层级的开放空间之间的连接关系，是实现城市建筑的风环境整体向好的关键。例如，在构建街区（群）层级的夏季主风廊的基础上，地块层级需要继续构建地块内的开放空间与主风廊的连接关系，以充分利用街区（群）风廊对地块建筑的通风散热作用。在建筑层级，进一步构建建筑内部开放空间与上述通风网络的连接关系。这是一种层层传递和落实的关系。

对城市风廊的“量”的研究，国内外既有研究普遍关注于“街道层峡”。街道空间是城市公共开放空间的重要构成，不仅承载城市交通和街道活动，也是城市通风廊道的重要载体。街道层峡（Street Canyon）指街道或地块内两侧连续建筑所形成的相对狭长的线性开放空间，其空间比例、边界形态、边界连续度等几何特征很大程度上决定了日照、气流、湿度、热量等微气候要素在街区空间中的分布及变化，对风热舒适度产生重要影响。

从街道层峡的平面形态上看，一般可分为等宽型、漏斗型与错动型（表 4.2），各类型对风速作用不同。等宽型即街道两侧界面连续平齐，有促进街道通风的作用；漏斗型即街道两侧界面因排列成锥形而产生狭管效应，当锥形收缩方向与风向相同时具有提高街道风速的作用，反之则有降低风速的作用；错动型即街道两侧界面连续而前后错动，易于形成涡流，具有降低风速的作用。

表 4.2 街道层峡的平面形态类型与通风效能示意

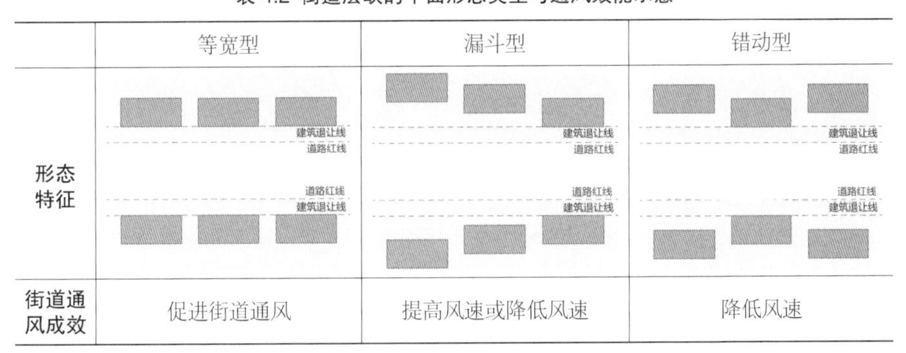

	等宽型	漏斗型	错动型
形态特征	建筑退让线 道路红线 道路红线 建筑退让线	建筑退让线 道路红线 道路红线 建筑退让线	建筑退让线 道路红线 道路红线 建筑退让线
街道通风成效	促进街道通风	提高风速或降低风速	降低风速

从街道层峡的剖面看，其高宽比显著影响街道的风速、温度分布、太阳辐射、污染物扩散等特性。高宽比较小的街道有利于促进流动风从上空进入街区，带走城市热量与空气污染物；高宽比较大的街道有利于在夏季提供遮阳，降低能耗，如夏季炎热地区的冷巷，当高宽比在（3~4）：1 时，冷巷通过自遮阳方式减少太阳辐射，具有蓄热隔热作用[1]（图 4.35）。有研究表明，街道层峡的高宽比在 0.4~0.6 时，有利于形成较优的微气候环境[2]（图 4.36）。

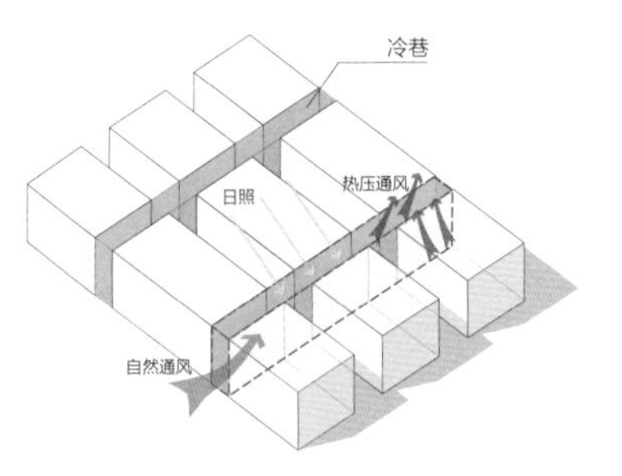

△ 图 4.35 冷巷具有良好的蓄热隔热效应

1 吴志刚 . 闽东南传统民居聚落气候适应性研究 [D]. 广州：华南理工大学 ,2020.

2 Oke T.Street Design and Urban Canopy Layer Climate[J].Energy and Buildings, 1988, 11(1/2/3):103−113.

▷ 图 4.36 适宜的层峡空间高宽比

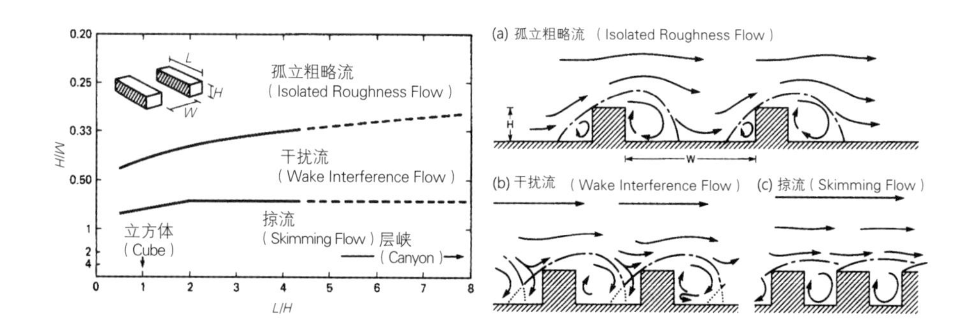

此外，对街道空间界面进行局部调节也能有效改善微气候：增加沿街界面底层退让，有利于局部扩大风廊并为人行空间提供遮阳；在沿街界面上层形成退台，有利于扩大夏季风廊范围，降低冬季行人高度的风速（图 4.37）。

▷ 图 4.37 层峡空间局部调节

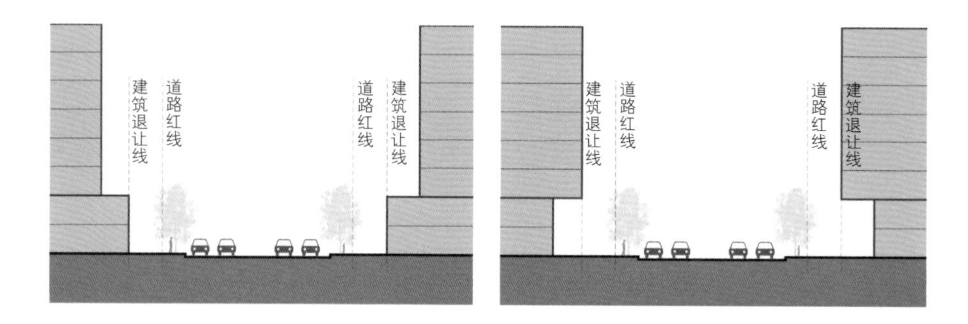

通风网络的通风散热能力受到其物质载体的影响。一般而言，风廊载体主要有绿地水体型、道路广场型、建筑型三类。绿地水体型，指以城市各类绿地或河湖水系为主作为风廊载体；道路广场型，以铺设硬质地面的各类道路、广场、建筑前区空间等作为风廊载体；建筑型，指利用高度与密度较低的建筑屋面或大型建筑体量的孔洞作为风廊载体。从优化微气候的效能上看，以绿地水体作为风廊载体时，其通风与散热的效能最优；道路广场型是构建城市风廊网络的主要载体，但硬质地面具有反射与辐射作用，会因道路过长或广场尺度过大而弱化通风散热作用，甚至加剧热岛效应，采用海绵铺装在一定程度上具有缓解作用；以低矮建筑的上空或多层高层建筑孔洞作为风廊载体，具有增强风廊网络效应的价值，但其通风散热的成效相比前两类较低，当建筑密度或尺度过大时，会引起风环境复杂化或热岛加剧等情况（表 4.3）。对上述不同类型载体进行选择、优化并整合利用，形成立体的风廊网络，对提升城市建筑形态系统的微气候品质有重要价值。

表 4.3 风廊载体主要类型及其气候适应效能评价

类型	特征	气候适应效能评价	
		正	负
绿地水体型	城市各类绿地、河湖水系等	① 利于夏季通风散热 ② 利于冬季纳阳集热 ③ 利于防噪声、空气污染物扩散等	—
道路广场型	城市各级道路、广场、建筑前区等	① 利于夏季通风散热 ② 利于冬季纳阳集热 ③ 利于空气污染物扩散	道路过长或广场尺度过大，可能引起夏季风速衰减，形成热岛
建筑型	低矮建筑屋面、大体量建筑的底层架空或中部孔洞等	① 利于夏季通风散热 ② 利于冬季纳阳集热 ③ 利于空气污染物扩散	建筑密度或尺度过大，可能引起复杂风环境或局部热岛

自下而上的优化与补充

城市中的建筑，在构建自身形态的同时，也在与周边环境的相互作用中延展形成更大的环境形态。局部要素形态的气候响应是否有利于其周边的气候环境，需要在一定尺度范围的整体评估中找到答案。

从气候环境的特性看，城市的局部与其周边在风、光、热环境上相互关联，彼此作用。进入城市建设区的风受到城市下垫面的影响，会产生复杂的风场变化，一是因为不同朝向的建筑和不同走向的街道影响着太阳辐射能的接收，在盛行风微弱或无风时产生热力环流；二是由于盛行风吹过不同高度与密度的建筑群时，风场和风速因垂直方向的建筑阻碍而产生变化，即上风向的下垫面情况直接影响下风向的风场[1]。城市近地面及局地温度因下垫面特征不同而存在差异，而城市内部大气温度在一定范围内相互影响。城市内部的光环境也存在明显的相互影响，设计对象受到周边建成环境的日照影响，

1 司马晓，李晓君，俞露，等. 城市物理环境规划方法创新与实践 [M]. 北京：中国建筑工业出版社，2020.

同时也将在建成后影响周边。对于居住区、中小学、幼儿园或老年人服务设施等对日照有严格要求的用地和建筑，其布局尤其需要考虑与周边的光环境交互作用。

从建设时序和建设主体上看，城市在不同的发展阶段对建筑界面的连续度和退距要求不尽相同，地块建设主体对如何处理建筑界面与城市街道的关系，也有着各自的认知。在具有一定历史积淀的城市地段，同一街道的不同侧或不同段落，其界面可能是不连续甚至是无序的，形成了复杂的街道层峡。如南京市新街口地段经历了近百年的建设，各地块的建设时期不同，其主要街道与开放空间的界面在水平向和垂直向都缺乏连续度。新街口街道层峡的相关研究发现，新街口夏季地表低温区域的分布相对松散而破碎，街区重要的开放空间存在高温区，微环境舒适度不足[1]（图 4.38）。

▷ 图 4.38 南京新街口典型街区夏至日地表温度模拟

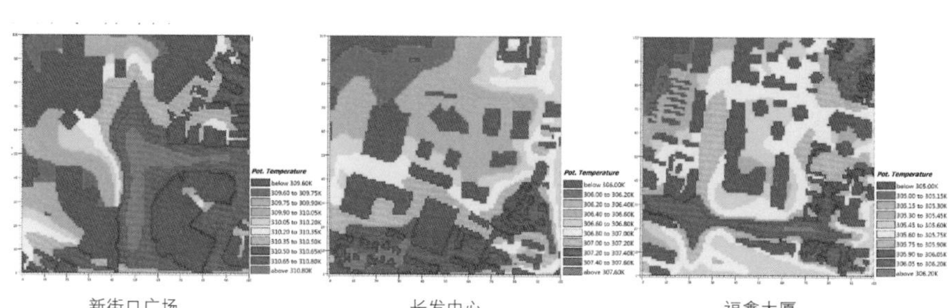

城市建设过程中，局部物质空间要素的积累过程不仅改变着城市物质空间形态的形与量，也同时改变其气候属性。随着这种改变的逐步积累，地段乃至城市的整体气候极可能发生明显乃至巨大的变化。正反两方面的经验和教训表明，自下而上的气候适应性主动优化与补充十分必要，与自上而下的传递与管控共同构成了城市建筑形态系统气候适应性设计的完整性和持续性。

2）设计策略

街区、地块、建筑三个层级物质空间形态的连续建构，是城市建筑形态系统气候适应性设计的总体策略。其关键在于建立分层级连接的整体风廊网络，以综合提升城市的通风散热成效。这种连续的建构过程集中体现在多级联动的街道层峡一体化设计中。风廊网络载体要素的形、量、性优化方法是提升风环境利用和调节的重要补充。与此相对，地块建筑等局部环境的形态设计，则需要置于更大的空间环境范围内加以分析和评估。

风廊网络的多层级连续建构

风廊网络所依托的开放空间（层峡）是由各层级的区块边界所限定的。低层级的开放空间需要与高层级开放空间建立恰当的连接关系，才能形成整体连续的风廊网络

1 邓寄豫. 基于微气候分析的城市中心商业区空间形态研究：以南京为例 [D]. 南京：东南大学，2018.

系统。物质空间的形态设计在同层级界定网络与区块的空间边界，继而向低层级传递其连接的指引（图 4.39）。

街区依据地段规划设计提出的建设边界要求建立三维的街区区块范围，即所谓的“街区盒子”。基于地段层级的风热环境分析，分解出街区内部的开放空间与实体空间。其分析过程以风环境指标[1]作为优先考虑的气候条件。根据地段层级的主风廊位置，判断街区在各季节的迎风面情况，结合主次干道、蓝绿空间及建设现状，选择街区风廊的布局模式，进而完善风廊的密度和宽度等。街区风廊可以根据多季节风况进行叠加与优化。街区风廊需要与地段主风廊加强连接。

地块承接街区设计中提出的地块边界、高度分区、容量配置及界面形态等要求，建立“地块盒子”。通过对街区层级的通风、日照和热工的分析，分解出地块内的开放空间与实体空间，两者构成图底关系，其中实体空间是进一步明确建筑布局的基础范围。根据在地气候特征，结合地块功能特点，引导建筑群布局方式，如围合式、点式、板式布局等，形成适应气候与建设合理性的建筑肌理。地块风廊需与街区风廊加强连接。

建筑承接地块层级提出的建筑形体边界条件。根据地块层级的微气候特征，分析建筑界面的迎风面和日照辐射的分布情况，结合地块出入口、交通流线、功能空间排布等需求，判断建筑内部开放空间位置与尺度。进一步优化建筑中开放空间形态与界面类型，如建筑底层空间采用悬挑或架空，促进建筑内部的自然通风。建筑开放空间需与地块风廊加强连接。

在城市开发建设的过程中，建设用地的选择和布局对地段微气候具有全局性的影响。利用山体、水体、植被等自然要素的气候调节作用，协助对建设用地的区位及边界的分析和决策是十分重要的环节。基于冷岛价值评估形成适建范围的系统分级，在适建性分析的基础上优化建设组团的三维边界，进而基于风光热环境模拟优化街区的物质空间形态，再逐级向地块和建筑层级深化推进，如此就形成了连续递进的城市建筑形态系统的气候适应性设计方法。

▽ 图 4.39 街区、地块、建筑的风廊网络的连续建构

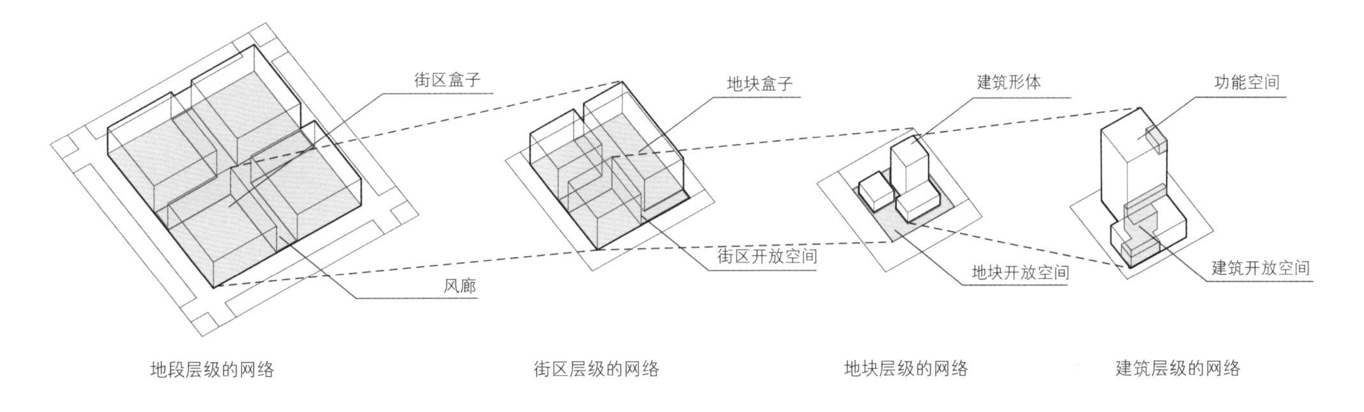

1 张雅妮 . 风热环境关联的城市空间形态评价方法研究 : 以广州为例 [D]. 广州 : 华南理工大学 , 2020.

笔者团队为此研发了一系列技术工具，以提升分析与设计效率。如：发明专利《基于冷岛价值评估的适建范围分级方法》对植被、水体进行冷岛价值评估，弥补了既有适建范围分析精度的不足，对规划设计中关于冷岛保护的精准决策具有切实的实用价值[1]（图 4.40）；《基于多因素叠加评估的适建范围精细分级方法软件》可为适建性分析生成可视化、可编辑文件，为指导用地布局奠定了基础[2]；发明专利《基于日照、风、热环境的街区形态综合优化方法》在设计中得到应用，可进而转换为精细化的管控指标，以引导街区的建设与改造（图 4.41）[3]。

▷ 图 4.40 基于冷岛价值评估得到的适建范围分级与应用开发建设用地布局

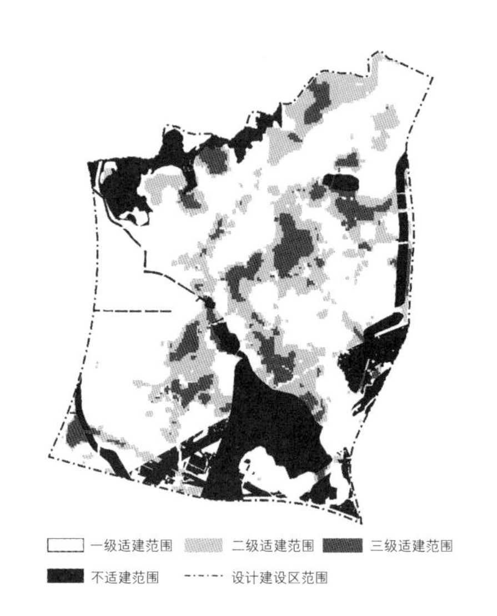

应用适建范围分级图后的开发建设用地布局

▷ 图 4.41 多要素叠加下反馈规划管控精细化的街区盒子三维模型与图文内容

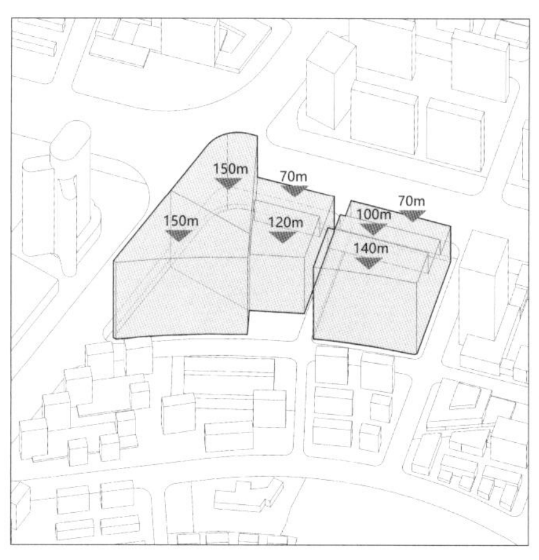

1 刘华，周欣，唐滢，等．一种基于冷岛价值评估的适建范围分级方法：ZL202310286119.9[P]. 2023-12-01.

2 东南大学建筑设计研究院有限公司．基于多因素叠加评估的适建范围精细分级方法软件 V1.0：2024SR0415886[P]. 2024-03-20.

3 刘华，周欣，庄惟仁，等．基于日照、风、热环境模拟的街区形态综合优化方法：ZL202311193350.X[P]. 2024-06-14.

以苏州科创新城核心区城市设计为例。项目所在片区山水冷岛资源丰富，中心区以集约化高强度方式承载办公、商业、文化等科技服务相关功能（图 4.42）。设计基于地段风热环境的模拟与评估，顺应夏季风走向，于南部山体和北部湖面之间建立贯穿核心区的主风廊道；依托河道和干道，建立次级风廊。主次风廊结合道路网络划分出核心区的街区群边界范围（图 4.43）。

◁ 图 4.42 苏州科创新城核心区城市设计总平面

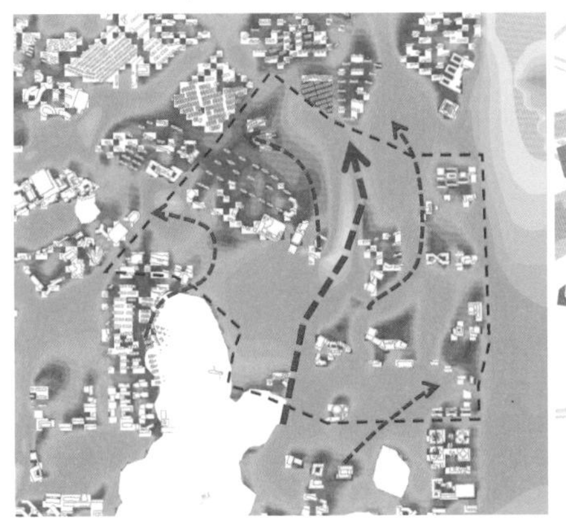

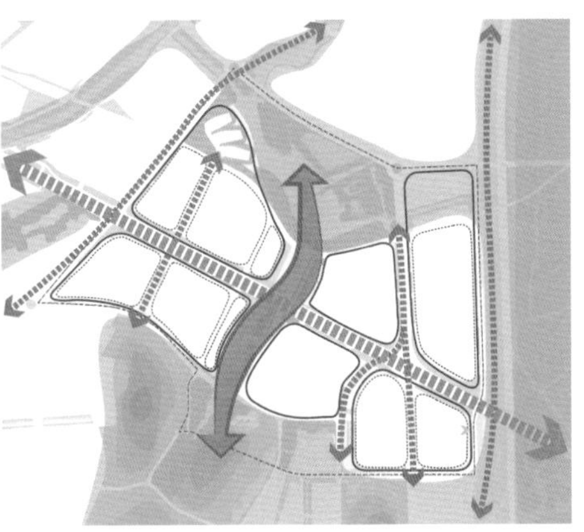

◁ 图 4.43 地段风环境分析与主次风廊建构

在街区层级，顺应夏季与春秋季主导风向，对接主次风廊和周边冷岛资源，建立街区内的次级风廊系统。地段微气候受山体和既有建成区影响，未必与宏观尺度的风环境一致。如地段西侧的科创街区，其夏季风向主要为西南方向，过渡季主要为东西向，冬季主要为东北向。由于夏季与冬季主要风向相对，设计提出“Y”形的街区次级廊道网络，与南部山体绿地及东西两侧的地段风廊连接，利于引导夏季及过渡季自然风；北侧则尽量不设风廊接口（图 4.44）。在风廊网络的交汇处设绿地广场，进一步优化街区微气候。街区级风廊网络的构建影响了地块组织及其划分。经过街区风廊网络的调节，在夏季、过渡季和冬季都显示出较好的风环境，尤其在夏季引风作用明显（图 4.45）。

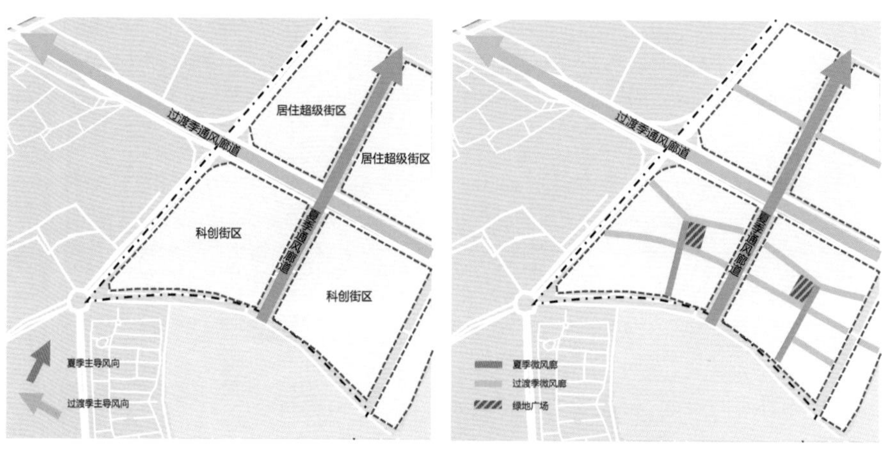

▷ 图 4.44 在科创街区内建立的“Y”形次级风廊

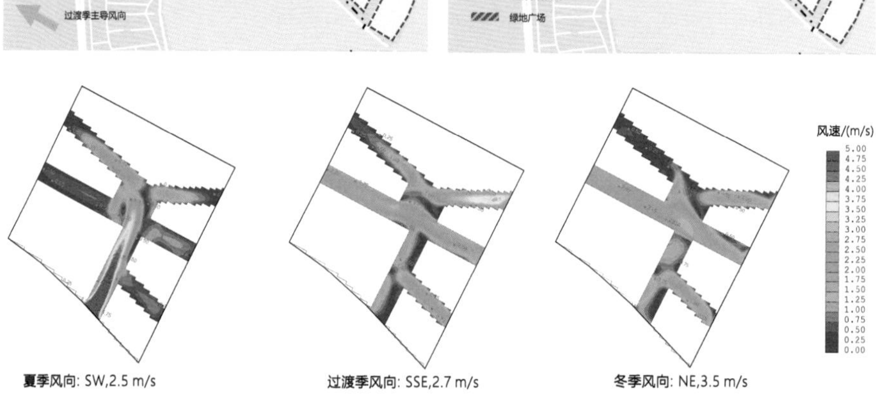

▷ 图 4.45 科创街区风廊网络的验核

在地块层级，需要建立地块内部开放空间与街区风廊网络的连接。同时需根据用地功能属性及区位条件判断地块的尺度规模，并结合功能需求与微气候条件选择建筑群组布局模式。在建筑组群布局上，围合式肌理适应于紧凑型街区，也有利于形成良好的微气候环境[1]（图 4.46）。地块采用塔楼与裙房组合的围合式布局。为建立地块内部开放空间与街区风廊的连接，设计对紧邻南部冷源（山体绿地）同时迎向夏季风的

1 Natanian J, Auer T. Beyond Nearly Zero Energy Urban Design: A Holistic Microclimatic Energy and Environmental Quality Evaluation Workflow[J]. Sustainable Cities and Society, 2020, 56(4): 102094.

地块，降低了建筑密度、高度及界面连续度；对街区北侧与街区风廊相邻的地块，兼顾建筑功能与廊道层峡需求，控制界面高度与廊道宽度比例约为 1.0，同时通过建筑开口、底层架空、中部孔洞或顶部退台提高地块内外通风网络的连接度（图 4.47）。

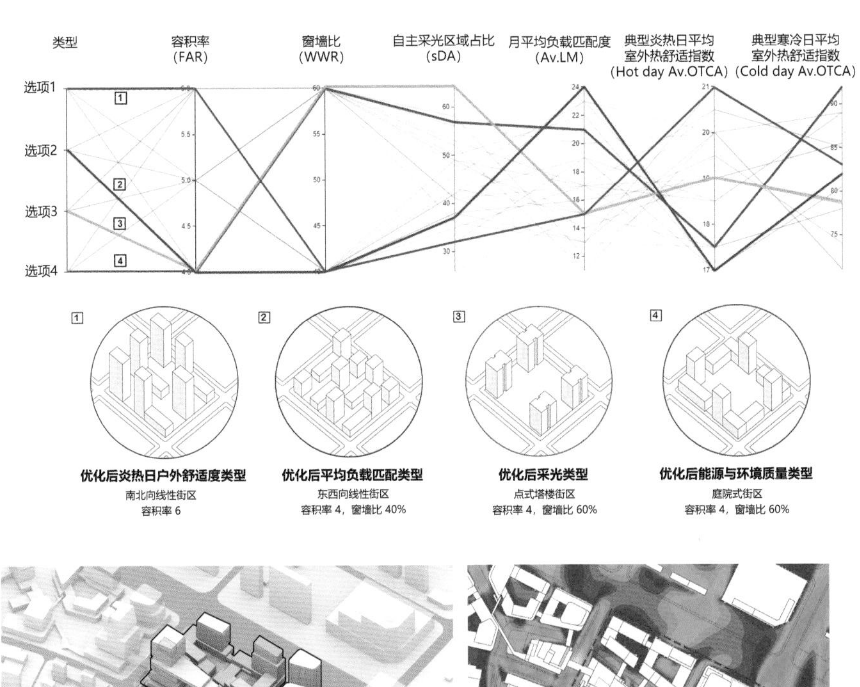

◁ 图 4.46 不同肌理类型的气候效能（日照与户外舒适度）对比

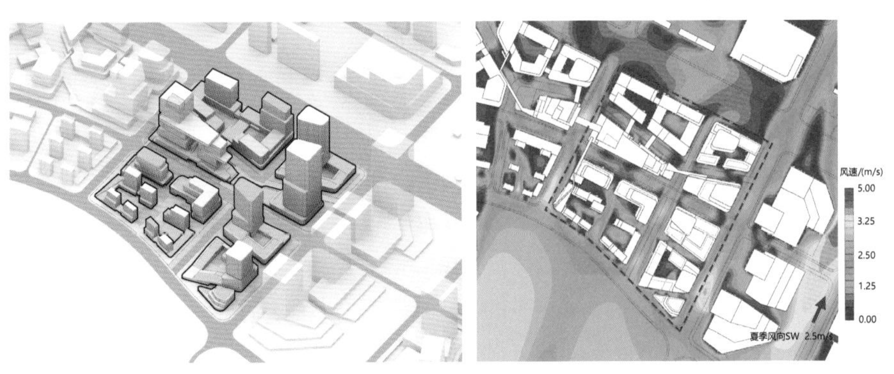

◁ 图 4.47 科研地块的肌理深化与风环境分析

在建筑层级，需要建立内部公共动线空间与外部通风网络的连接。例如，位于街区内口袋公园东侧的建筑是为周边科创地块提供多样化共享服务的设施，公共属性较强，设计建议设置室外或半室外的立体化公共空间，并优先布局在与风廊网络连接的迎风面，将室外自然风引向建筑内部（图 4.48）。

基于跨层级气候分析的区块形态构建

与网络相对应，街区、地块、建筑是城市建筑形态系统中的三个基本区块层级。任何一个层级区块的气候适应性设计都需要置于更大的层级尺度中进行观察和评估。设计起始就需要把握设计对象所在环境的微气候条件，设计成果也需要再次置入周边环境中进行评估。其目的是确保局部与整体气候的双向趋好。为此需要建立“扩展范围—搭建模型—比较验核—权重优化”的设计研究过程。在相对整体的视野下，对扩

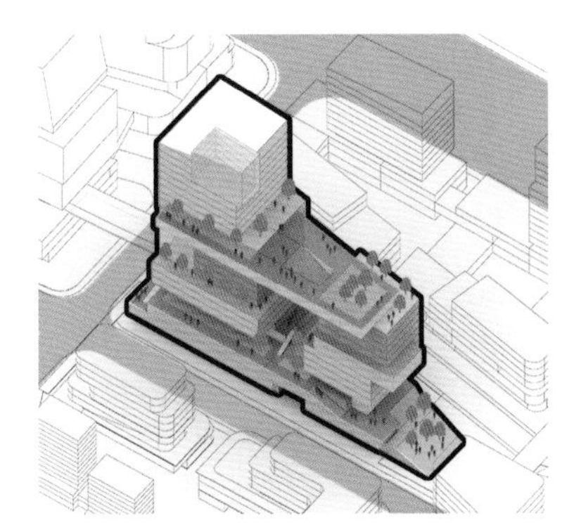

△ 图 4.48 对建筑形体空间的引导

展范围的气候条件进行模拟分析，观察上下层级中局部与整体微气候环境的交互作用，通过多方案比较和验核，择优决策。

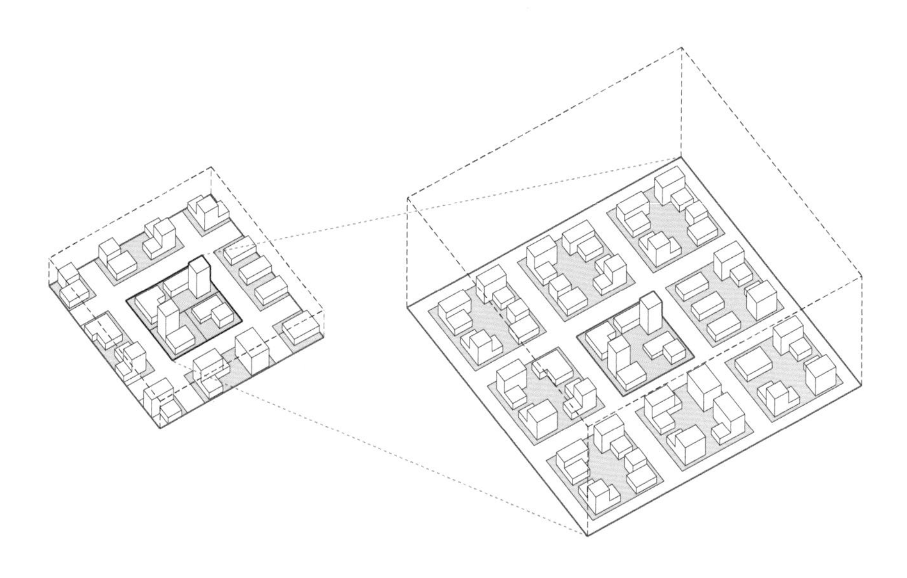

▷ 图 4.49 街区放大至地段范围分析示意图

街区层级的气候影响分析范围一般至少需要放大到 3 倍（图 4.49）。例如 200 m × 200 m 街区至少需置于 600 m × 600 m 的范围。在分析周边气候环境对街区的影响时，需要扩大到更大的地段范围。根据项目建设条件和上位规划要求，搭建地段空间模型，对地段的风、光、热等气候要素进行模拟分析，推导适宜的建设范围，优化街区轮廓与布局（图 4.50）。地块和建筑层级的气候适应性分析、设计、评估依此类推。《建筑环境数值模拟技术规程》（DB31 / T 922—2015）提出，气候环境的分析需要根据气候要素对象选择合适的范围，并通过环境分析结果的分级分类来寻找设计规律。以风环境分析为例，模拟分析的计算范围在水平方向一般放大为分析对象的 4~6 倍，垂直方向放大为分析对象的 3~6 倍。当模拟重点关注建筑物后部的风况时，应扩大下风方向的长度尺寸至 6 倍以上[1]（图 4.51）。

▷ 图 4.50 南京金陵中学生态科技岛校区在设计前期的气候环境分析：（a）夏季风环境模拟；（b）冬季风环境模拟

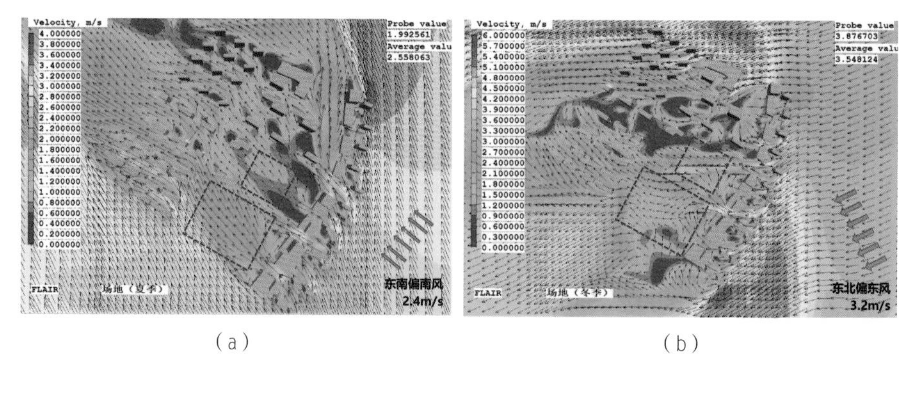

▽ 图 4.51 建模域与计算域的确定原则示意图

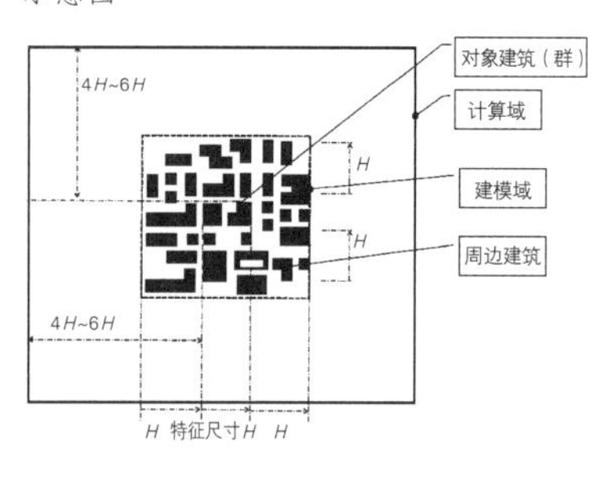

1 上海市质量技术监督局 . 建筑环境数值模拟技术规程：DB31 / T 922—2015[S]. 北京 : 中国标准出版社 , 2016.

以厦门滨北超级总部城市设计中的滨湖建筑群设计为例，场地南临筼筜湖，北邻狐尾山，城市设计需要解决如何在自然本底环境中满足现代化超级总部的高强度建设需求。南侧临湖第一排地块的景观与交通资源最好，通过高强度开发可充分实现其经济价值。从地段尺度的风环境分析发现，超级总部周围的城市建成区具有良好的通风廊道基础，主要道路与绿地系统形成较为连续的通风网络。但是，临湖地块的高强度开发与夏季风向存在冲突，如果处理不当将降低整体地段夏季风环境的舒适性，尤其是位于夏季室外温度较高的闽南地区。

设计从开发效率与风热环境双重因素出发，对超级总部临湖建筑的布局方式进行比选（图 4.52）。如果采用周边建成环境普遍存在的低矮塔楼与临街裙房的布局方式虽然也能顺应夏季风方向，但无益于改善整体环境。如果降低建筑密度，进一步提高建筑高度，即采用无裙房的高塔模式，可以进一步利用地块场地空间，与城市街道结合形成更宽阔的风廊。通过软件模拟可以发现引风疏热效果明显增加，较好地改善了北侧街区的微气候环境，以此确定总体布局策略（图 4.53）。

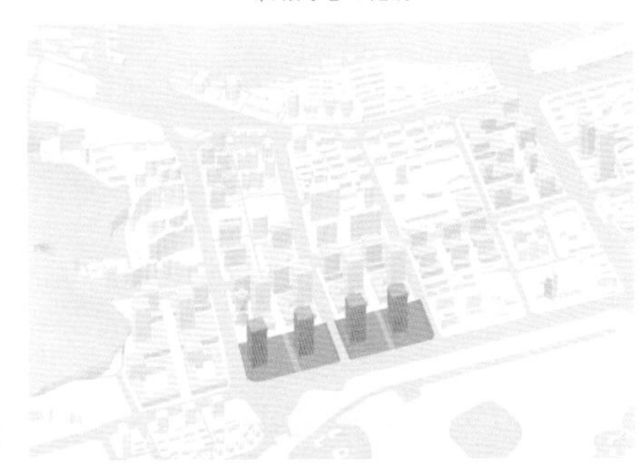

◁ 图 4.52 厦门滨北超级总部一期方案比选

△ 图 4.53 厦门滨北超级总部一期城市设计效果图

以南京金陵中学生态科技岛校区校园建筑设计为例（图 4.54），不同层级尺度的气候分析为校园的建筑和场地布局提供了极其重要的支持。该校园用地被城市支路分为两个街区（图 4.55）。设计起始，结合上位规划建立了地段的形体空间模型，分析评估了校园所在地段的气候环境。风环境模拟评估表明，校园场地受周边建筑影响，其东北部夏季风速低，冬季风速高；光环境评估中，紧邻校园东南侧的地块将建设

▷ 图 4.54 南京金陵中学生态科技岛校区鸟瞰

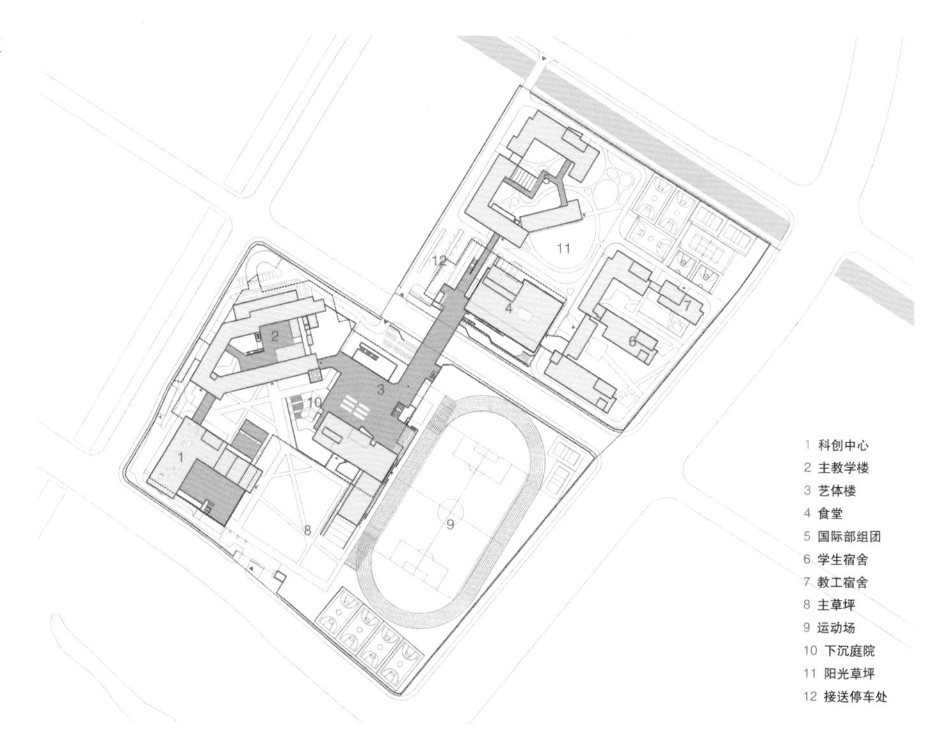

▷ 图 4.55 南京金陵中学生态科技岛校区校园规划总平面

100 m 高层建筑，遮挡了校园南部场地的日照（图 4.56）。为此，项目组建议规划中的东侧地块中高层建筑向北移动，同时推导校园规划布局的初步思路：场地东南部日照受高层建筑影响，不宜布置教学区；东北部不宜布置运动区和使用频率高的建筑，并需加强冬季防风处理。经过多方案比较和深化（图 4.57），校园布局得以稳定，教学区和运动场地等主要活动区得到各自适配的良好气候环境（图 4.58）。

教学楼是学生使用最频繁的场所，对日照有较高要求，其方位选择和布局方式应与日照条件相适应。校园所在街区与正南北方向形成近 45° 夹角，因此在教学楼布局中，

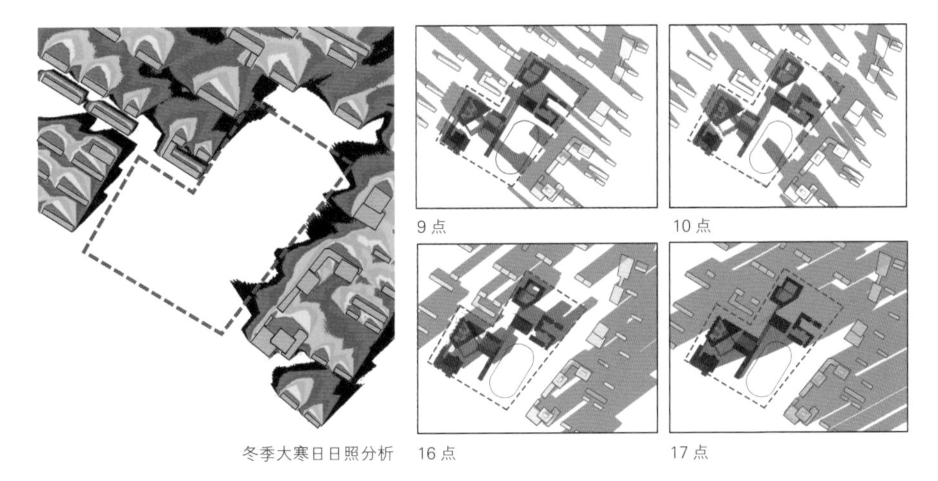

◁ 图 4.56 日照阴影模拟分析

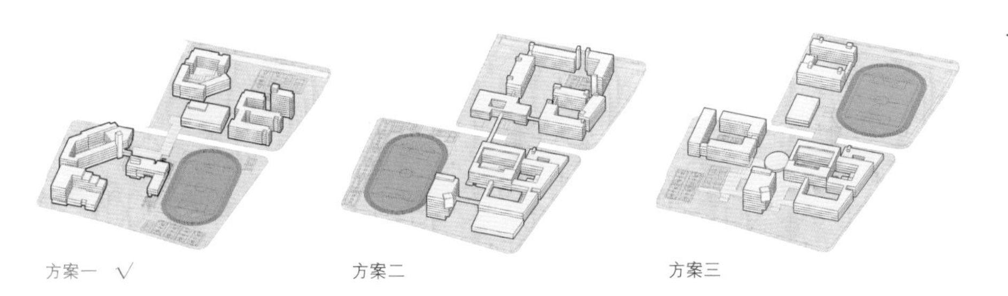

◁ 图 4.57 总体布局方案的选择

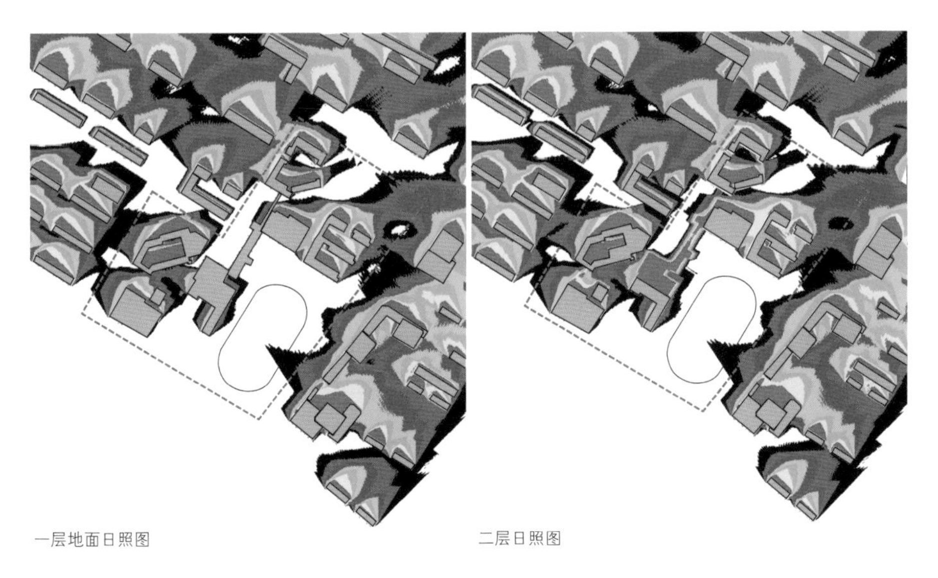

◁ 图 4.58 优化后的校园布局与日照模拟

普通教室采用南偏东 15° 方向布局，位于其南侧的综合楼以退台形体进一步保障了教学楼充分的日照和通风条件。教学楼中的办公室和卫生间等辅助空间顺应街区边界，形成非正交建筑形体（图 4.59）。在校园各建筑布局稳定后，各单体设计，从建筑内部空间组合（图 4.60）至围护构造体系（图 4.61），层层递进，形成完整的气候适应性设计体系。

▷ 图 4.59 教学楼建成照片

▽ 图 4.60 教学楼底层平面

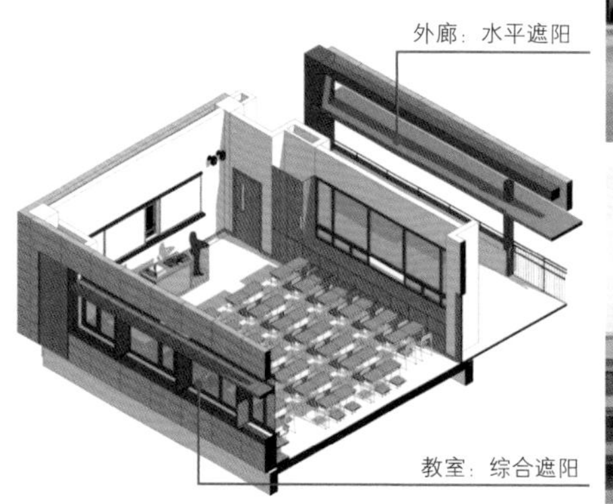

▷ 图 4.61 教学楼外维护体系设计

4.3 城市基础设施的循环性和复合性

现代城市的运行需要巨量的多种资源支撑，城市成为各类自然资源和人工资源的消耗巨兽。资源在城市中流转和消耗的机制，不仅极大影响了城市能源的储存和消耗，也极大影响了城市与自然的依存关系。曾经的“雾都”伦敦和在全球范围内频繁发生的极端气候事件都为人类敲响了警钟。基础设施是城市资源流转和废弃物排泄的基本载体。资源循环利用的新理念，改变了基础设施的网络和布局模式，由此也影响了城市建筑形态系统的存在形式；基础设施的复合利用进一步催生了城市建筑的新类型。这些新的形态和类型为城市建筑的源头降碳和系统降碳提供了新的策略和实践方法。

4.3.1 构建循环城市的新形态

1）规律与特征

二氧化碳作为最主要的温室气体，来源于人类对化石能源的利用，实现碳中和是扭转气候变暖趋势的关键。城市中的建筑单体受限于场地和技术条件，其提高碳汇的潜力受到较大限制，降碳主要通过降低建筑运行能耗、选择清洁能源和低碳材料、尽力扩大产能资源等手段。城市包容了更多更复杂的设施和物质空间要素，是远比建筑复杂的系统。城市的节能减排存在更多的可能途径和场景。此外，还可以通过城市系统产能进一步平衡城市总体能耗。

资源流循环促进市政基础设施布局从城外集中转向城内分散

“资源流”（Resource Flows）分析方法可以呈现各种资源要素进入城市系统后的运动关系。资源流是指自然资源从源到汇的空间流动，“源”是资源端，“汇”是消费端。城市的资源流涵盖了食物、建材、水、阳光、风、电 / 热 / 冷、燃油、燃气等。新鲜资源从外部输入城市，利用完毕后作为废弃物排出城市。通过对城市各种资源流进行梳理优化，可以发现大部分资源不会被一次性完全利用，其废弃物通过处理后仍有利用价值。通过资源在城市系统内部的循环利用，可以减少对外部资源的依赖，降低城市能耗，减少排放。以哈萨克斯坦阿拉木图市为例，每年需要约 3 278 万 t 净外部资源输入，同时有 494 万 t 资源是来自城市内部废弃资源的循环利用，约占城市需要总资源的 13%，具有很大的增长潜力（图 4.62）。

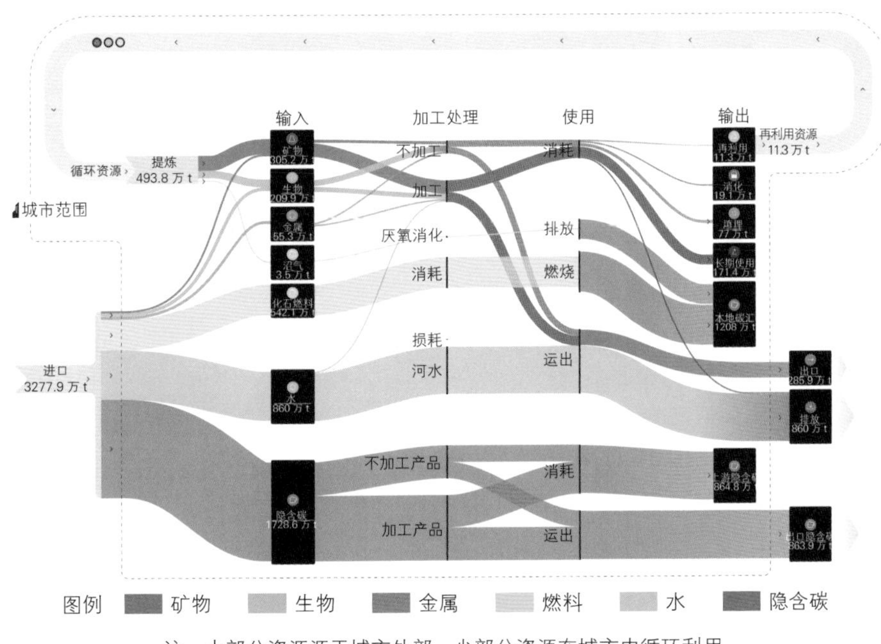

注：大部分资源源于城市外部，少部分资源在城市内循环利用。

◁ 图 4.62 阿拉木图市的资源流图示

要实现资源流在城市内的循环，从源到汇的距离是关键因素。所有资源传输都有损耗，距离越长损耗越大，能耗也越大。当距离增长到一定程度时，由于传输代价太大，资源的利用就会丧失经济价值。控制与压缩源与汇的距离，对实现资源流的城市内循环具有重要意义（图 4.63）。

▷ 图 4.63 可持续城市的资源流模型

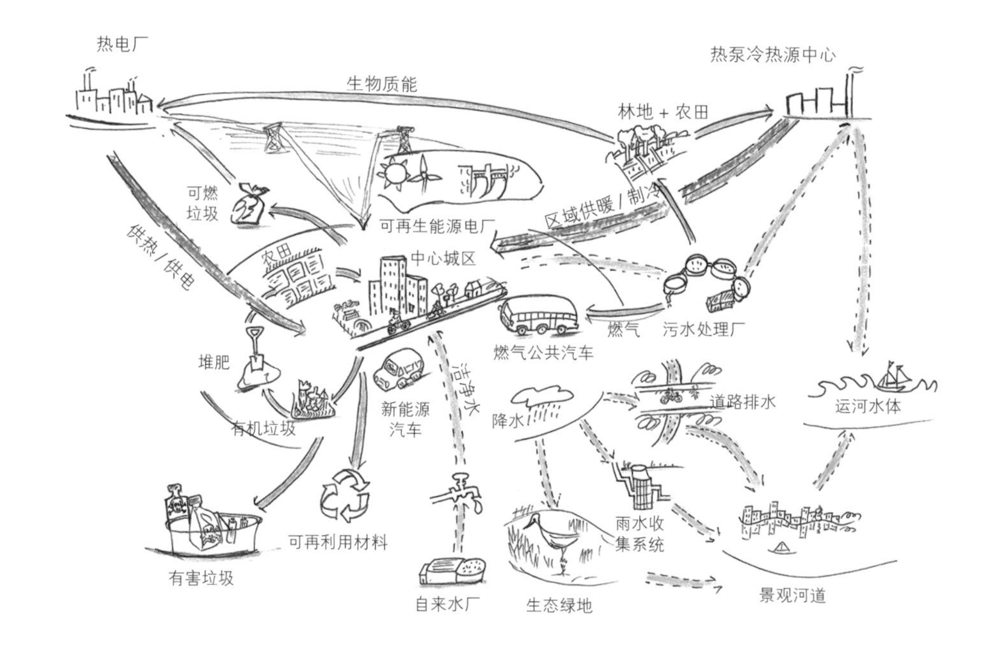

▷ 图 4.64 东京首都圈外围排水道

▷ 图 4.65 暴雨后积水严重的校园

传统城市通常把市政建筑设置在城市郊区，从外部引入物资和能源，消耗后的废弃物再排出城市进行处理，最终排入自然环境，这是一种典型的线性资源流方式。采用集中式市政基础设施的城市，一旦资源传输中断，城市系统就会运转不畅甚至崩溃。建筑作为资源的消费端，通过用地周边的市政管网接入城市基础设施。为了服务大量的建筑，就需要超大规模的市政管网（图 4.64），城市规模越大，市政传输的压力越大，对于特大城市来说，即使建设了大规模的市政管网，仍然不能保证在突发情况下的城市安全（图 4.65），同时，维持大规模市政管网的运行成本也居高不下。

与集中式相反，分布式市政基础设施网络是一种创新模式。分布式市政设施分散在城区内部，可大大降低对传输系统的需求和能耗，也就减少了碳排放。更重要的是，由于缩短了传输距离，为资源流在城区内部的循环提供了更多可能，其本质是从线性城市转向循环城市。以低碳城市为导向，使市政设施规划回到城区，回到社区，从而可以在更小的规模尺度上实现部分资源的循环利用（表 4.4）。

表 4.4 线性城市与循环城市的市政系统结构差异

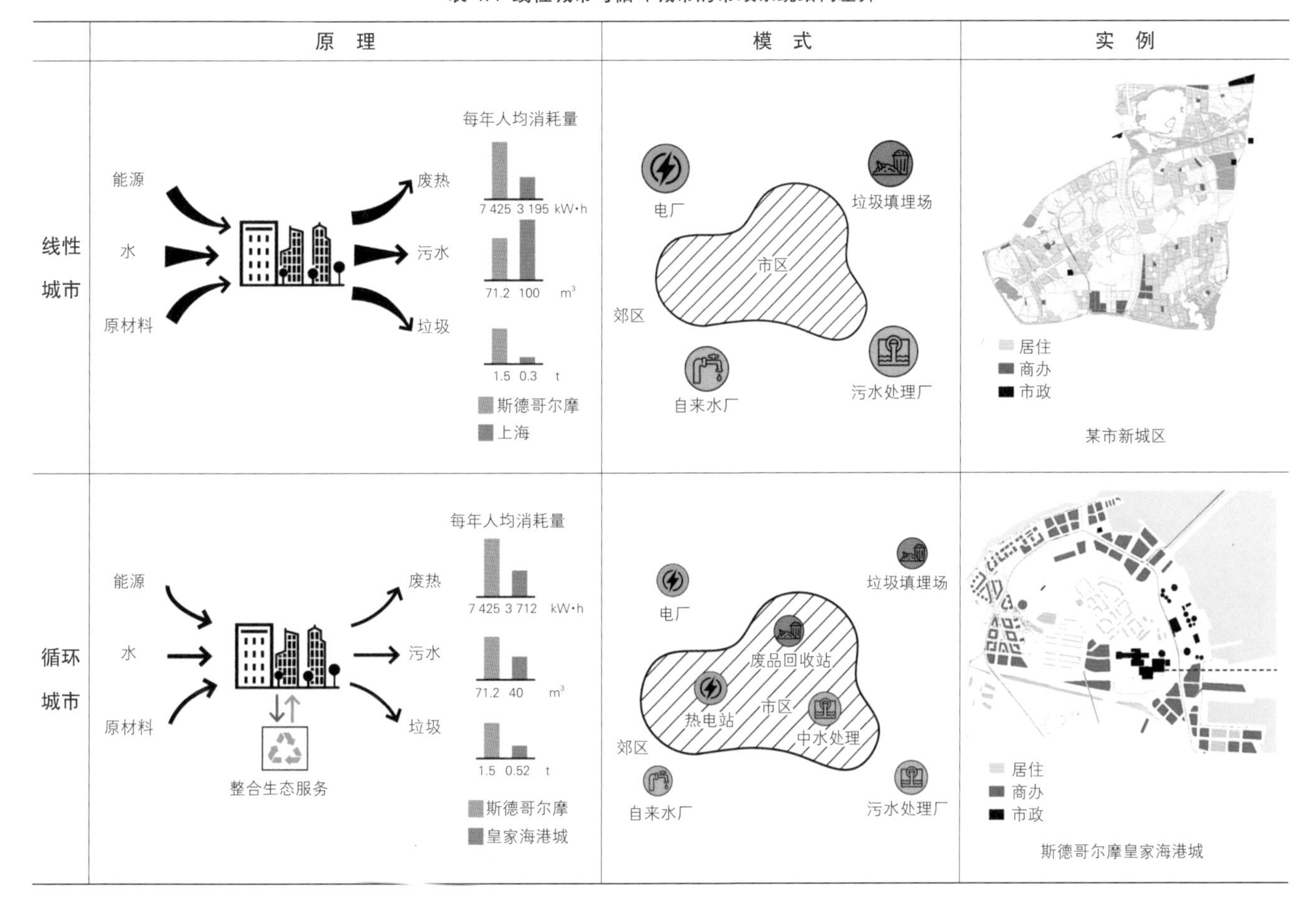

分布式系统面临的最大问题在于邻避效应。邻避效应是指一些市政建设项目周边的业主担心这些项目对身体健康、环境质量和资产价值等带来负面影响，激发出厌恶心理，继而采取反对甚至人为破坏的过激行为，或者干脆搬离。传统的城市基础设施，如垃圾发电厂、污水处理厂、变电站等，都可能产生明显的邻避效应。因此在规划中通常设置独立用地，并且与其他民用建筑用地保持距离。例如，城市的垃圾焚烧发电厂往往布局在人迹罕至的远郊，虽然规避了邻避效应，但也造成了资源流线路的拉长，有碍节能降碳。随着现代技术的快速发展，已经可以有效应对邻避效应。在严格的空气、水、土壤、声、光、电磁环境标准规范下，市政建筑周边的环境可以达到甚至优于普通城市环境质量（图 4.66）。

△ 图 4.66 丹麦哥本哈根 CopenHill 垃圾发电厂

资源循环利用的新理念促使城市级市政基础设施点的布局从城外集中转向城内分散。这些进入城市内部的大型基础设施项目如何进入物质空间形态中的网络和区块组织结构，又将有怎样的场所表现，成为城市建筑形态系统设计中的新议题。

城市建筑布局对太阳能利用效率具有明显影响

城市的地理区位和城市建筑的几何形体特征对太阳能资源利用具有明显影响。北京大学赵鹏军等[1]对城市形态的总体太阳能自给率进行了研究，选取了全球32座城市为样本，分为四种形态类型：塔楼城市、混合1型城市、混合2型城市和花园城市。其中，低容积率的花园城市的太阳能自给率最高，高层塔楼城市自给率最低。这一现象在低纬度地区尤其明显，花园城市的太阳能自给率甚至可以超过0.5。而高纬度地区由于光照资源缺乏，太阳高度角比较小，太阳能自给率较低（图4.67）。

▽ 图4.67 四种城市形态以及32座城市中不同形态的太阳能自给率

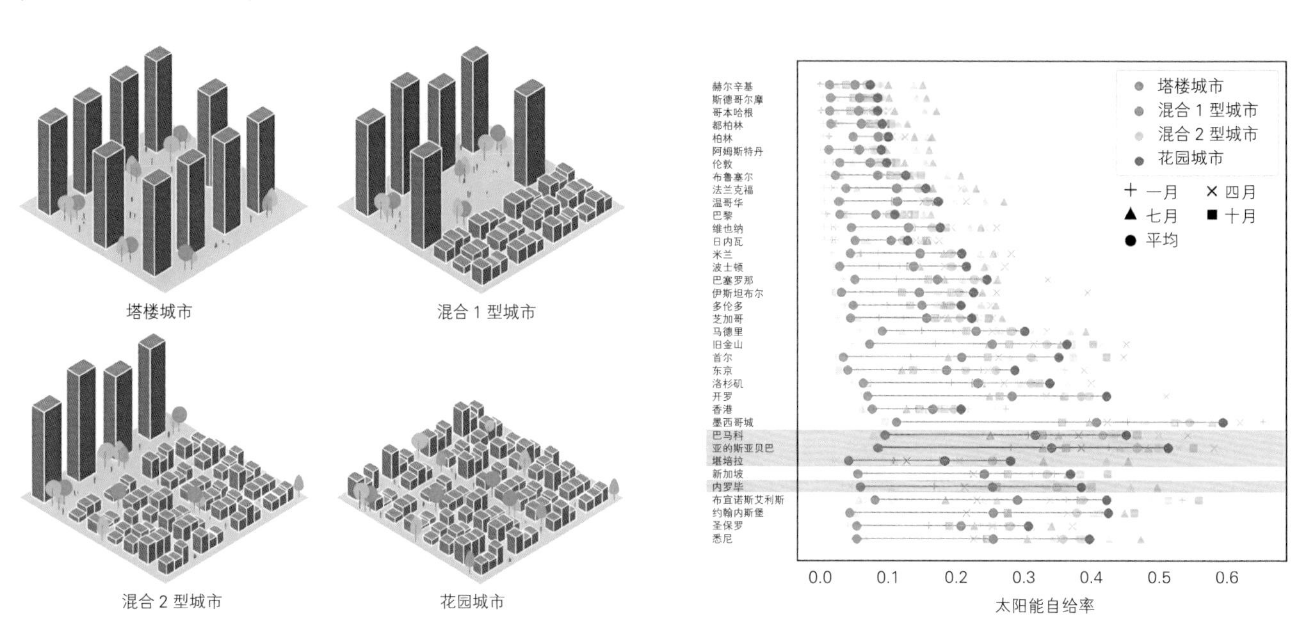

瑞士佩雷勒（Perera）等对点式、长板式、短板式、H形、口字形和井字形六种建筑平面类型的可再生能源利用价值进行了比较研究[2]（图4.68）。点式建筑的采暖和空调能耗最高，但其太阳能自足潜力也最大，其他五种差别较小。随着容积率的增加（即建筑层数的增加），单位面积的能耗逐渐下降，当容积率达到0.5后下降趋势就不再明显。通过对建筑逐时能耗和太阳能发电数据的拟合，佩雷勒评价了不同建筑类型的净现值（Net Present Value, NPV），净现值越低代表运行成本越低。其中，2层H形和3层口字形建筑比6层短板建筑造成约20%的发电浪费，需要提升较高的电网集成水平，即把多余的发电回输到电网，才能把这些浪费的发电利用起来，而这些额外投资可能超过发电效益。佩雷勒的研究结论是：6层短板形态是综合了低能耗和可再生能源利用的最佳城市建筑形态（图4.69）。

---

1 Zhao P, Jin Y X, Zhang H R, et al. Shaping Urban Form for Solar Energy Self-sufficiency City. 10 April 2024, PREPRINT (Version 1) available at Research Square.

2 Perera A T D, Coccolo S, Scartezzini, J L. The Influence of Urban Form on the Grid Integration of Renewable Energy Technologies and Distributed Energy Systems[J]. Scientific Reports, 2019, 9: 17756.

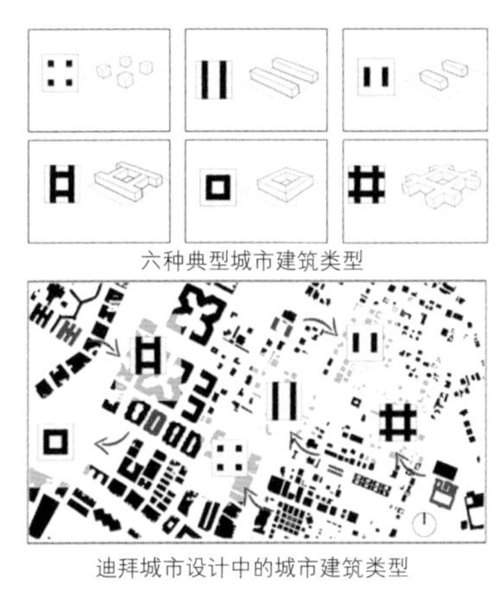

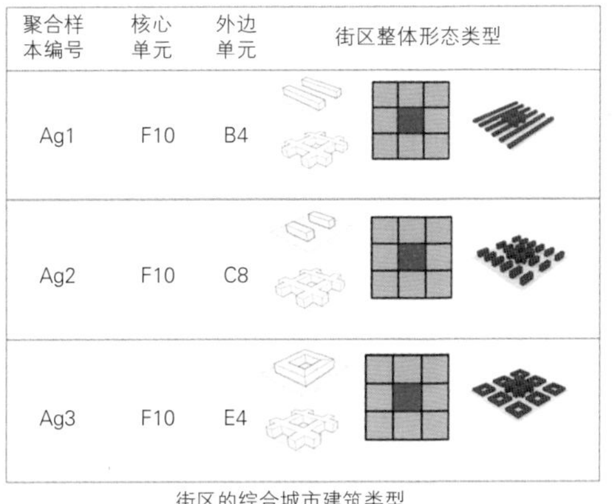

◁ 图 4.68 六种城市建筑类型以及形成的街区形态

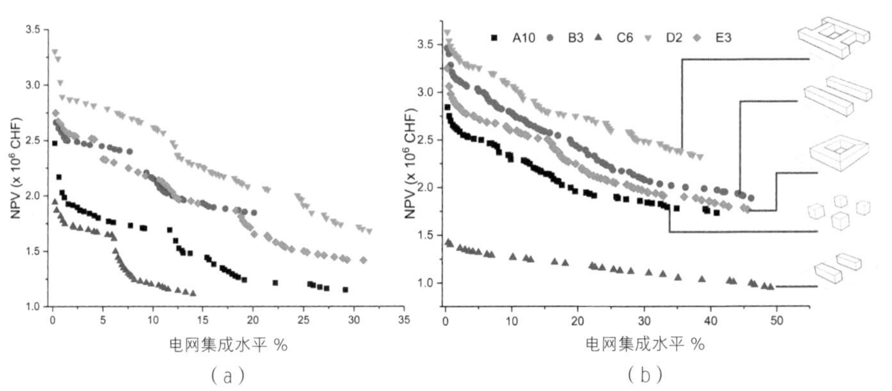

◁ 图 4.69 五种建筑形态类型在两种气候区的能耗净现值（NPV）比较：（a）瑞士亨贝格（Hemberg）；（b）阿联酋迪拜（Dubai）

太阳能作为最重要的可再生清洁能源，其利用成效很大程度上取决于接收太阳能的表面面积与建筑用能空间的占比。建筑存在于群体之间，建筑界面接收太阳能的效率不仅取决于其自身的几何和方位，也受制于建筑群体的组合方式，由此为城市建筑的肌理生成逻辑注入了新的内涵。

2）设计策略

控制从源到汇的距离

通过对不同资源流的分析，可以根据传输损耗和储藏需求的差别来优化资源管理。固体态的物质传输距离相对较远，存储方式多样。流体态的能源传输距离可以比较远，如燃油、燃气，也可以比较近，尤以热、冷为甚，对储存方式也有特殊要求（表 4.5）。因此，在规划层面需要控制相关功能用地，供热站和供冷站与使用单元的距离尤其需谨慎控制，为城市内资源流的循环创造良好的条件。

随着城市空间集约化利用理念的普及，混合功能用地越来越受到关注，如普遍推行的商业、办公、居住功能的混合，但市政功能用地往往还是独立设置。在城市规划建设实践中，基础设施与民用建筑的整合存在两种方式。其一，在同一个地块内包含市政建筑与民用建筑功能；其二，在更高的尺度层级，把不同功能的用地以更有机的方式进行组织设计。选择何种方式，需要根据不同的市政设施性质和规模及用地条件进行综合判断。

表 4.5 不同资源流的传输损耗和规划要求

类别	传输距离	储存需求	规划要求
食品	对传输距离不敏感，对传输时间和温度敏感，冷藏运输距离可以长达数千千米	普通食品较易储存，生鲜食品需冷藏储存	通过道路输送，储藏用房选址应靠近快速道路或铁路站点，保证货运交通便捷
自来水	取决于泵站和消毒剂，通常不超过 30 km	较易储存，通常通过水池、水塔储存，需要根据水质水量不定期更换	输送管线需直接位于地面下以便于检修，通常在道路、绿地、广场下。水池可与建筑合建
污水	有充足泵站的情况下距离不限	较易储存，污水池储存	输送管线需直接位于地面下以便于检修，通常在道路、绿地、广场下。水池可与建筑合建
燃油	对传输距离不敏感，罐车运输距离不限	较易储存，独立油罐储存	燃油管线两侧需设置保护距离，储存独立用地，并与人员密集区保持距离
天然气	管道运输损耗很低，距离不限	不宜储藏，独立气罐储存	天然气管具有危险性，两侧需要根据不同压力设置保护距离
垃圾	真空管道运输最大距离为 2 km，垃圾车运输距离不限，通常限定在城市范围内	需要密闭储存	真空管道可与建筑合建，转运站需独立用地
电	根据电压不同而不同，35 kV 供电距离可达 20~50 km，10 kV 供电距离为 8~15 km，但终端用户只能使用降压后的低压电，380 V 供电距离仅有 250~350 m	储存受限，需要独立设置用房放置电池储存	中低压可与建筑合建，高压输变电需要设置独立用地
热	蒸汽供热距离 3~4 km，大型热电厂供热水距离可达 40~50 km，换热站供热水距离不超过 0.5~1 km	储存受限，通常采用水或相变材料储存	供热站需靠近使用单位，蒸汽、热水管位置相对灵活，可与建筑合建
冷	最远距离不超过 2~3 km，单个站点的最大传输距离 0.5 km	储存受限，通常采用冰或相变材料储存	供冷站需靠近使用单位，冷水管位置相对灵活，可与建筑合建

民用建筑与市政基础设施的集成式组织布局，需要改变传统开发建设“策划规划—建筑设计—专项设计”的线性结构，转向多专业协同的扁平结构，将市政设计、建筑设计、生态景观设计工作前置，参与城市规划设计的过程，以新的组织结构适应新的需要（图 4.70）。集约高效的市政系统也对建筑设计专业提出了新的要求，即在意识上需要主动配合规划、参与规划，在技术上需要强化对新型基础设施设备技术的理解和认识。

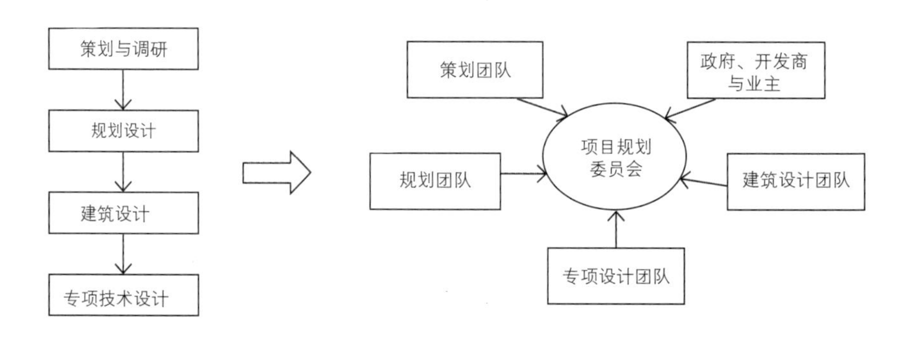

▷ 图 4.70 从传统线性流程转向扁平的协同式组织结构

以瑞典斯德哥尔摩皇家海港城（又名北港区 Norra Djurgårdsstadens）为例，作为2008年开始建设的城市更新重大项目，该项目是继哈玛碧湖城（Hammarby Sjöstad）后又一贯彻可持续发展理念的重点建设片区。项目制定了高标准的环境目标和有效策略，致力成为“世界级可持续发展城区”。皇家海港城位于斯德哥尔摩市区东北，原本是该市最大的工业港口区。随着城市规模的扩大，工业迁出，城市居住需求不断增加，北港区被计划改造为生态新区，项目占地236 hm^2，规划建设12000套住宅，60万 m^2 商业区。皇家海港城采取多样的城市功能、绿色的交通脉络、循环高效的资源利用、生态环保的蓝绿体系四大策略，形成高度集约化的城市形态。在规划之初就提出从根本上减少人们对于交通的需求，密集、功能齐全且便利的城市结构为绿色交通奠定了基础。高密集型公共设施诸如零售、服务、学校等设置在公共交通节点附近，并通过人性化设计确保步行体验的舒适与安全（图4.71）。

◁ 图4.71 斯德哥尔摩皇家海港城规划总平面

Värtaverket 区域能源中心位于皇家海港城的中心位置，距离近期建设区域最远点不超过1km，距离远期发展区的最远点不超过2.4km。其前身是1903年落成的Värtaverket热电厂。随着城市的发展，该电厂降级为片区的能源中心。由于其优越的地理位置，新区在规划阶段就确定保留这一能源中心。2016年，在既有厂区西南侧建成KVV8生物质能热电联产机组，采用森林工业回收的有机垃圾再生能源为燃料，以满足新区新建住房的供电供热需求（图4.72）。

Värtaverket 区域能源中心内有多栋历史建筑需要保护，原本就不宽敞的厂区留给KVV8热电站的建设用地十分紧张。南侧是斯德哥尔摩的环城快速路，北侧、东侧均为现有厂房，西侧是变电站，北侧紧邻 Hjothagen 丘陵，场地南北高差达9m。热电站的装料高度在 10 m 高空，建筑师利用场地的南北高差，将进料口设在北侧，车辆可进入直接卸料，南侧连通建筑一层装走废料。在三层标高与北侧原有厂房设连廊，便于巡检并支撑设备管道（图 4.73）。建筑南侧边界与保留的老办公楼平齐，延续了历史文脉，也完善了街区的城市界面（图 4.74）。

▷ 图 4.72 Värtaverket 区域能源中心

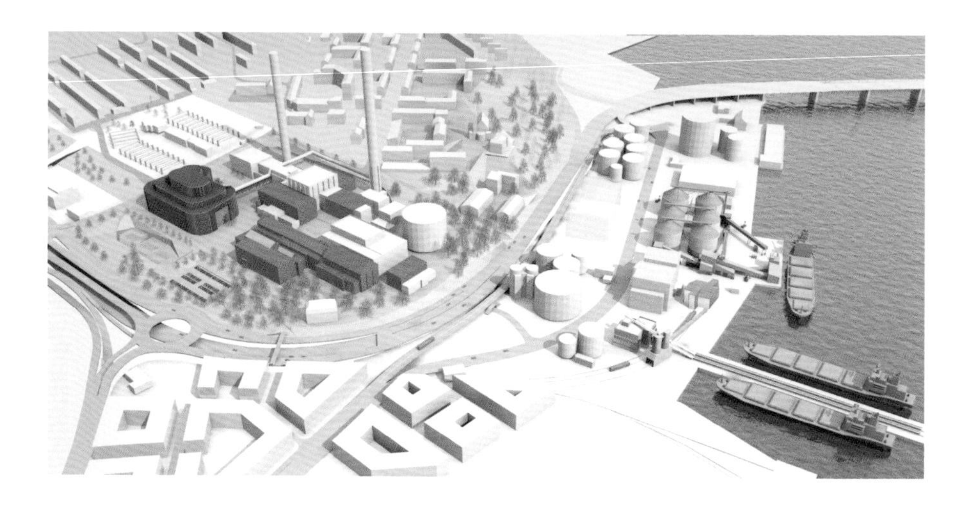

▷ 图 4.73 KVV8 热电站剖面图

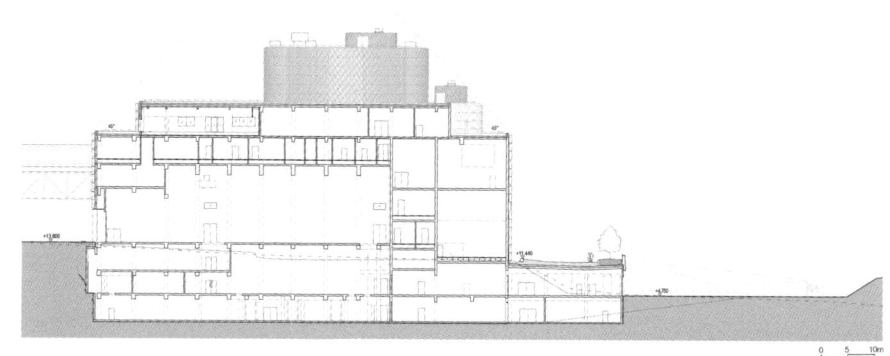

▷ 图 4.74 KVV8 设计模型与建成外观

皇家海港城一系列闭合的循环系统不仅减少了资源的浪费，还有效控制了垃圾废物在本地区的产生。污水通过循环系统的处理，使营养物质返回北侧国家森林公园绿地，

从而减少了对湖泊和海洋的污染。雨水就地处理，通过雨水花园、地漏、过滤装置等对其进行循环过滤，而不经过排水管网和污水处理厂，有效缓解了市政排水系统的运行负荷。垃圾处理系统通过真空管道来实现垃圾的分类回收利用。

循环系统的实施，客观上也为城市建筑形态系统走向紧凑发展赋予了新的动力。皇家海港城整体采用了层级化街区与密集的小地块组织形态，与资源循环网络的建构相辅相成。Bobergsgatan 大街是贯穿 Hjothagen 启动区的主干道，开发项目沿该街道两侧自西向东逐步展开，市政干管沿该道路地下铺设。Norra 2 是道路北侧较早开发的居住组团，分为东西两个小街区，东侧街区尺寸为 105 m × 105 m，西侧街区尺寸为 130 m × 62 m。由于街区建筑贴临道路，保证了市政支管长度不超过 100 m，支管末端到每栋建筑最远点管线长度不超过 150 m。组团内采用满堂地下室，各类市政管线一旦进入建筑用地后就在地下室内走线，便于后期的检修维护（图 4.75）。这一案例提供的经验是，居住组团后退城市道路不宜超过 80 m，街区边长最大尺寸不宜超过 200 m，才能保证满足管线长度的控制要求。

▽ 图 4.75 皇家海港城 Norra 2 组团

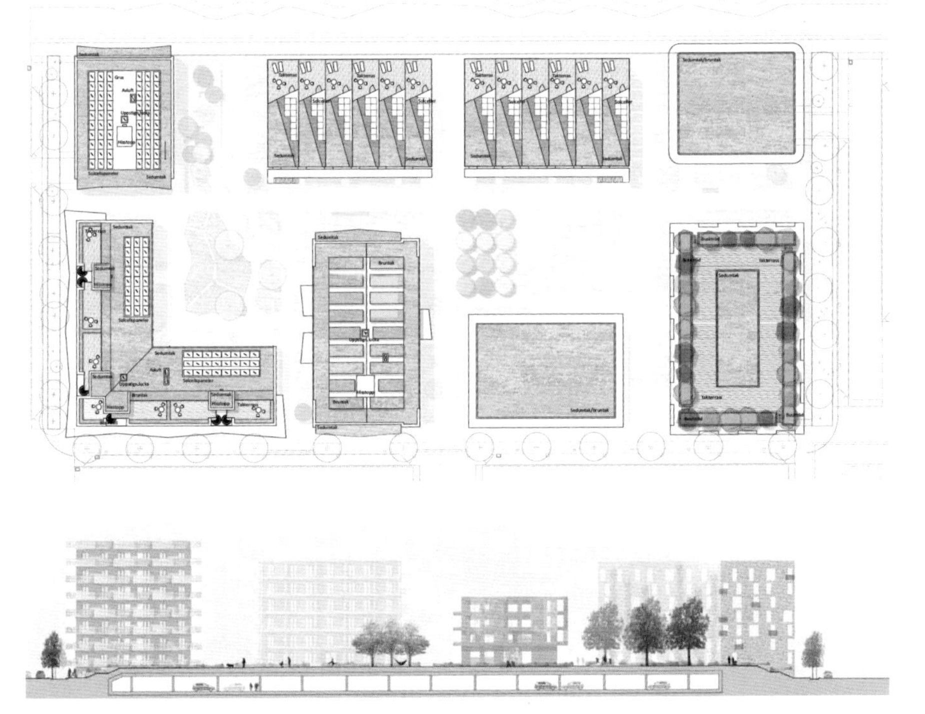

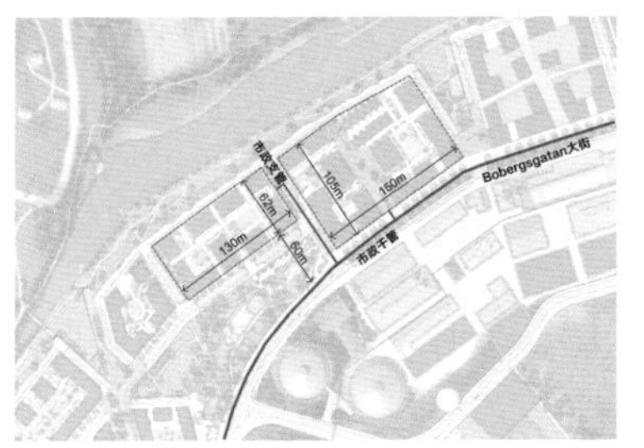

基于循环理念的跨专业协同整合

为了实现集约低碳的规划目标，皇家海港城采取了一系列创新方法。在项目可行性研究阶段，成立了包含所有利益相关人的项目委员会，负责协调策划、规划、设计、施工、运营等各项工作。规划成为一个动态过程，每个阶段的成果在网站定期公布，征集公众意见再进行改进。例如新近建设的 Kolkajen 组团，对比 2016 年和 2023 年的规划图，新版规划调整了道路网络和地块组织，增加了更多的市政条件，建筑布局更为具体明确。事实上，这些建筑工程设计与规划设计调整在程序上是交织互动的。规划不仅是建筑设计的前提条件，更是将各类相关信息进行集成以展示该区域未来开发的结果（图 4.76）。

这一组织构架和工作方式为集约式规划提供了可能。经过哈玛碧湖城的应用检验，真空垃圾收集系统在技术上已经成熟（图 4.77）。哈玛碧湖城的垃圾收集系统设置在道路广场等公共用地下，住户倒垃圾仍然存在不便，同时管线较长，增加了运营成本和故障率。皇家海港城的垃圾收集系统与住宅组团高度融合，建筑师直接参与规划工作，在设计方案阶段就预留垃圾管线和机房的空间，保证市政管道系统在平面的落位与建筑设计协调一致。最终，垃圾收集口可以设在建筑的架空层或一层外墙，缩短了管线距离，提升了系统效率，降低了能耗，也便于住户使用（图 4.78）。

▽ 图 4.76 皇家海港城 Kolkajen 组团 2016 年和 2023 年规划设计比较

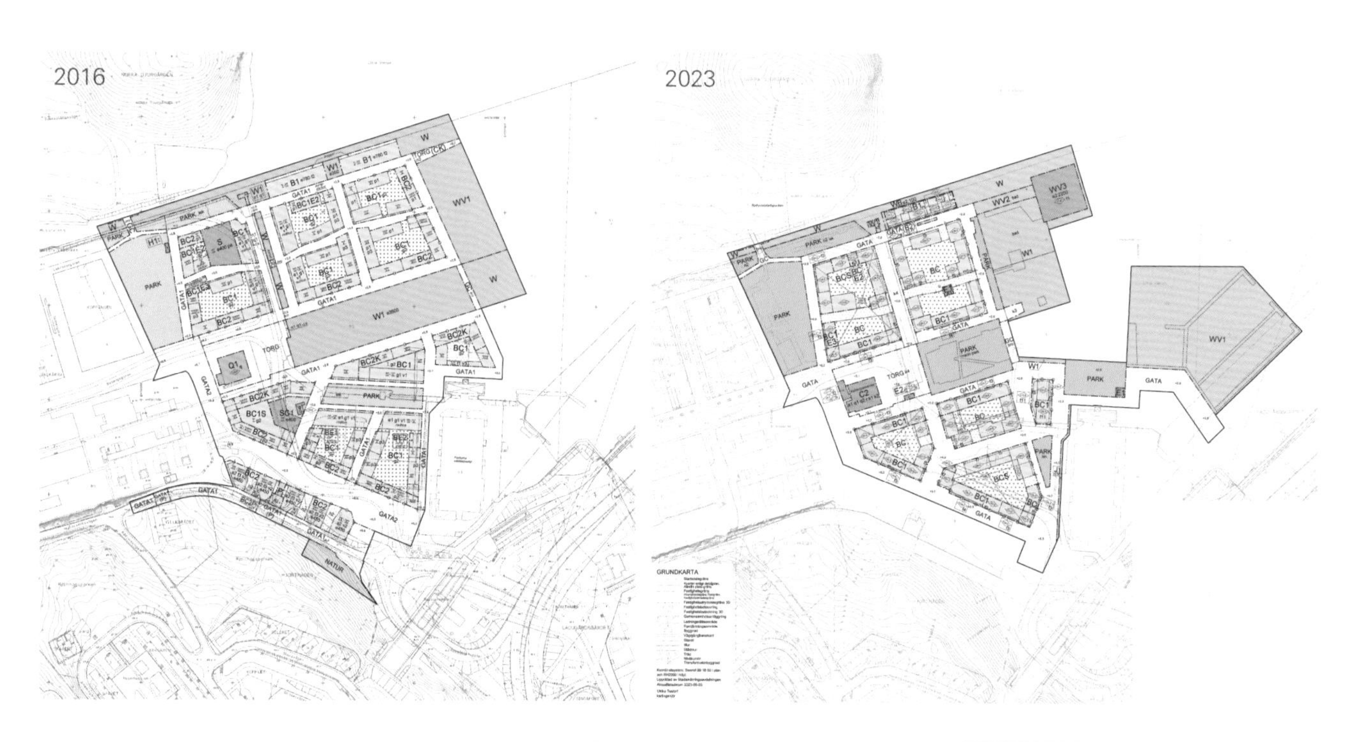

▷ 图 4.77 哈玛碧湖城的独立真空垃圾收集系统

▷ 图 4.78 皇家海港城结合住宅楼整体建设的真空垃圾收集系统

皇家海港城的建筑普遍采用光伏发电、雨水收集等绿色技术。为了提升系统效率，需要接入市政系统。由于日照、降雨的不稳定性，直接接入市政管网会对市政系统造成冲击，因此在建筑中需要留出空间，设置本地的储能储水系统作为缓冲，降低对城市管网的不利影响。这些空间与建筑的有机结合，对建筑师提出了新的要求。在Brofästet组团的产能住宅中，建筑师利用坡屋面安装光伏发电板，坡屋面下的空间布置空调机组，半地下室布置热泵和储水池，实现了形式和功能的高度统一（图4.79）。

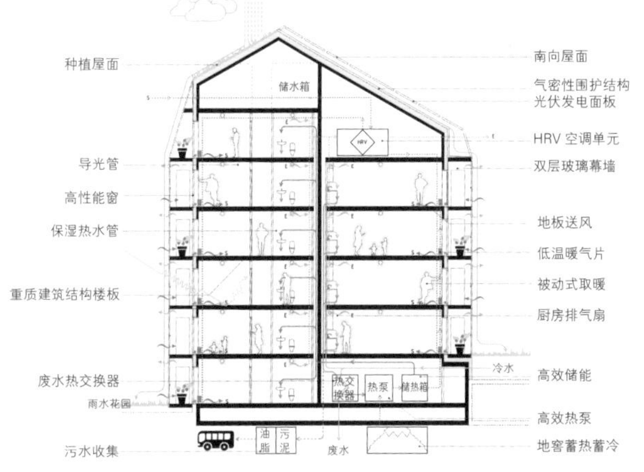

▽ 图 4.79 Brofästet 组团的产能住宅

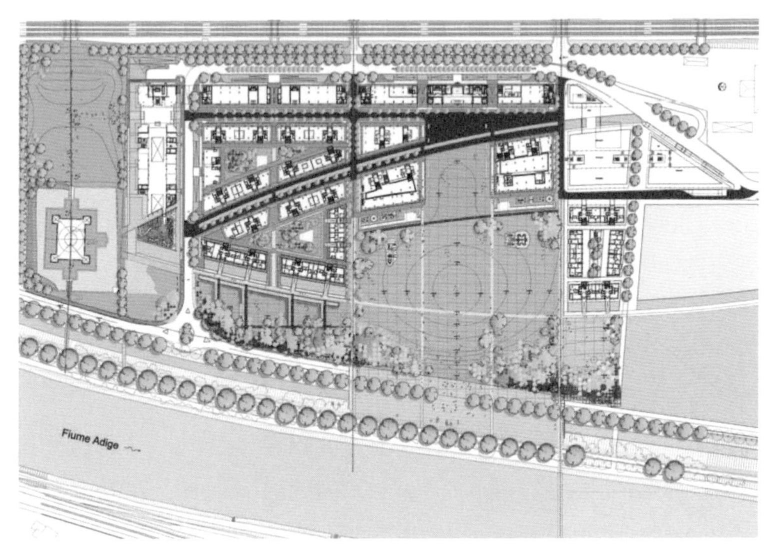

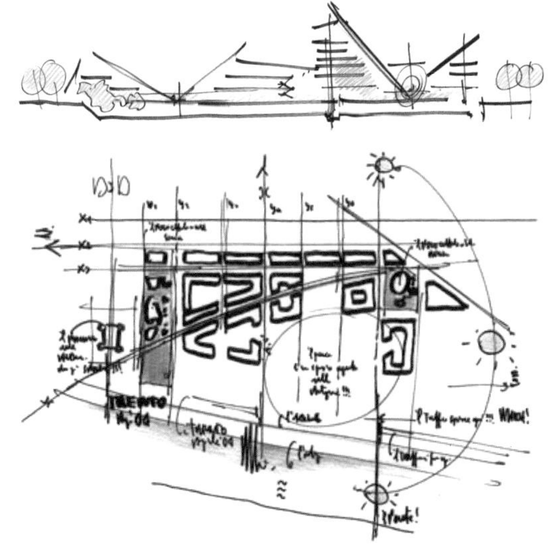

◁ 图 4.80 勒阿尔贝雷城市再开发项目总平面图

△ 图 4.81 皮亚诺手绘设计概念草图

勒阿尔贝雷（Le Albere）是意大利特伦托（Trentino）的一个城市再开发项目，用地东临铁路，西侧临河和一条水渠，总面积为11.6 hm^2。1998年，米其林轮胎制造公司的工厂停产后，投资者提出城市混合功能区建设方案，并将其重新连接到城区，恢复区域生态环境。2002年，伦佐·皮亚诺建筑事务所被委托进行规划设计，项目包括

350 个居住单元的住宅楼、办公楼、MUSE 科学博物馆、特伦托大学图书馆和 5 hm^2 的城市公园。该项目在规划之初就将可持续目标作为首要诉求。设计将公园场地标高抬升到与河道堤顶平齐，沿河道路和水渠下穿场地，实现了公园与滨河绿带的连接。建筑设计把最大化利用太阳能发电作为核心目标，建筑屋顶和立面集成了光伏发电系统。这一能源战略是业主方的自主选择。2008 年开始建设，2016 年项目建成后迅速成为特伦托市的公共活动中心（图 4.80、图 4.81）。

为实现光伏发电量最大化，该项目一反常规的南向倾斜屋面，采用了偏东西向倾斜的屋面，以便最大化利用全时日照。设计采用了几种 BIPV 光伏发电系统，集成于每幢建筑物，总额定功率为 279 kW。不同方向和倾角的玻璃模块根据其位置进行了专门设计。它们被集成到立面和屋顶或用作 PV 遮阳装置。光伏发电满足了办公室、公共区域、泵房和地下室照明的电力需求。设计突出强调了太阳能系统的形态，通过暴露光伏模块而非隐藏或伪装，表明了绿色能源美学观，也由此成为城市的标志性建筑（图 4.82、图 4.83）。

▷ 图 4.82 MUSE 科学博物馆剖透视

▷ 图 4.83 标志性的巨大光伏发电板

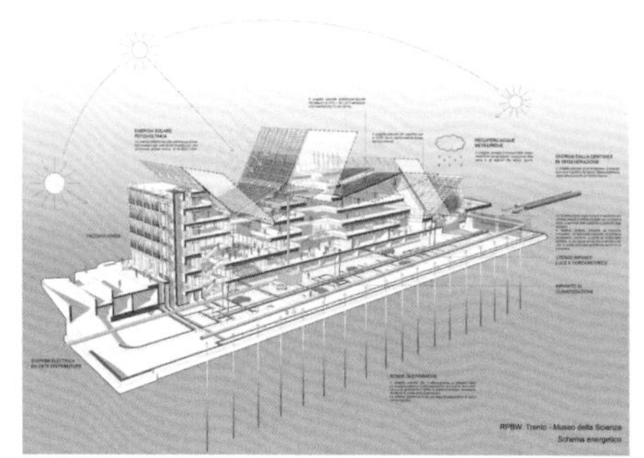

卡萨诺瓦（CasaNova）生态住区是意大利博尔扎诺（Trentino Alto Adige）的社会住房项目。该项目由市政府于 2001 年发起，2014 年建成使用，为低收入阶层提供租赁住宅，同时保证低生态足迹。项目占地面积 1 hm^2，北侧为现有社区和乡村，南侧为铁路和埃伊萨克河。荷兰 Frits Van Donen 事务所赢得规划竞赛，规划将用地划分为 8 个小街区，每个街区由三到四栋建筑围合成院落，共提供 950 套公寓（图 4.84）。随后，8 个地块被委托给不同的建筑机构设计。

政府对该项目提出最高的建筑节能认证标准，建筑采暖能耗为 30~50 kW · h/(m^2 · a) [当时意大利国家能源政策规定的最高值为 90 kW · h/（m^2 · a）]。为此，建筑不但要采用适应生物气候条件的被动策略，还要充分利用光伏发电和智能控制系统。设计采用开放式庭院建筑，较高的建筑位于北侧阻挡冬季北风，每个住宅单元都设玻璃房温室，每套公寓都有向阳的敞廊。设计根据地理位置调整建筑高度，以减少阴影（图 4.85）。部分建筑配备了热回收通风系统。

光伏发电和地源热泵系统满足了建筑日常能源需求。冬季的采暖和热泵的预热主要由区域热电站的供热网络来保证。夏季空调制冷由受控通风系统来实现，空气由地源热泵预冷后送入建筑。与传统社区相比，该项目可以减少 65% 的能源消耗。

◁ 图 4.84 卡萨诺瓦住区

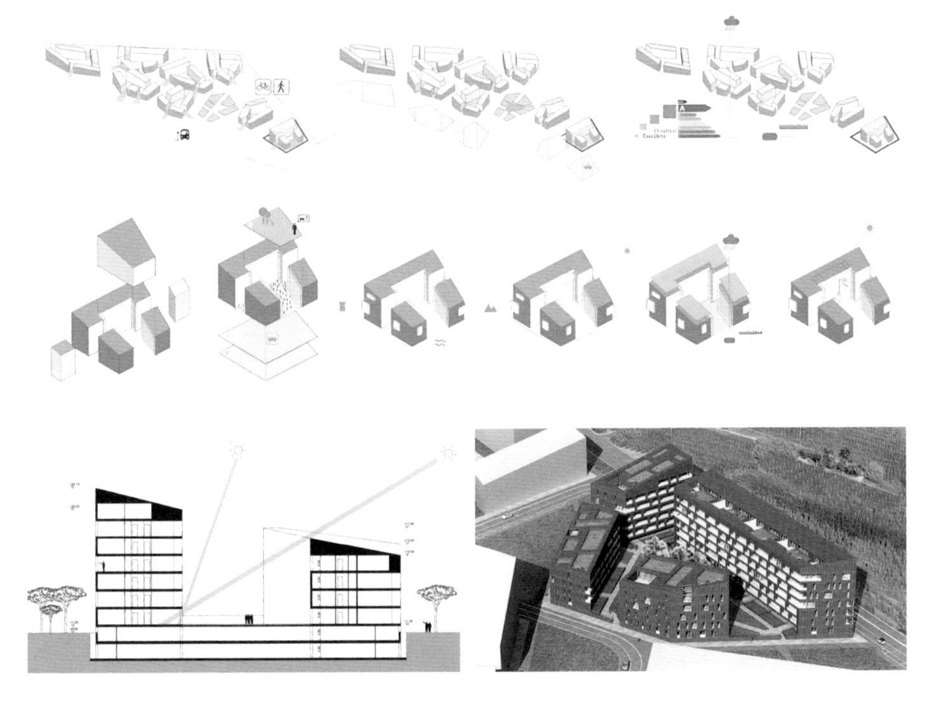

◁ 图 4.85 卡萨诺瓦住区 EA2 组团

4.3.2 城市基础设施的复合利用

1）规律与特征

城市基础设施是为物质生产和市民生活提供基础条件的公共设施，是城市赖以生存和发展的支撑性、安全性硬件保障。广义的基础设施包括城市工程性基础设施和社会性基础设施两大类。狭义的城市基础设施主要指城市工程性基础设施，包括交通、水、能源、通信、环境、防灾六大系统。本节所讨论的城市基础设施指狭义的工程性基础设施。城市基础设施的复合利用是指设施除了满足本身承载的城市功能外，还兼具其他服务功能，这些复合功能可能是利用基础设施自身的空间，也可能是为其他城市功能提供空间条件（图 4.86）。城市基础设施的复合利用，其动力主要来自两个方面。一是提高城市土地的集约化利用程度，促进紧凑城市的发展；二是改变基础设施冷冰冰的传统形象，推动城市活力塑造和品质提升。随着城市的高密度发展和循环城市理念的推广，基础设施在城市内部的分布将进一步密集化。这一新的发展趋势与人们对基础设施的固有认识形成很大反差。

△ 图 4.86 高架桥下的日本小金井学生公寓

基础设施复合利用在推行过程中遭遇困境，其壁垒或需要着力解决的问题主要有如下几个方面：在政策上，大部分城市基础设施属于公共事业，土地规划与划拨一旦决定了使用功能性质，便不能再增加其他功能，尤其是商业经营性的功能，这是复合利用项目难以落地实施的重要原因；在观念上，基础设施的运营单位大多关注各自行业领域，复合利用功能被认为是“非核心功能”，本着多一事不如少一事的心态，相关单位对此往往并不积极，如何推动转变观念是一大难题；在安全保障上，基础设施是维持城市正常运转的必要条件，安全性是需要首先考虑的问题，而复合利用可能会带来复杂的外来人流，造成安全隐患；在使用运维上，基础设施服务于城市，作为公益性资产，本身具有很强的公共性，复合利用强化了这一属性，如何处理公共性与安全性的矛盾，成为关键问题；在技术措施上，每一类基础设施都有自身独特的工艺专业技术要求，例如电力系统的安全防护和电磁环境，水处理系统的水质和空气质量，高架桥梁的振动和噪声控制等，而复合利用的功能也需要考虑这些专业要求的影响，这对建筑技术提出了更高的要求。

为了突破这些障碍，需要从几个方面综合着手，转变观念、推动改革，创新技术。包括但不限于转变用地单一功能的规划理念，允许基础设施进入混合用地，鼓励或弹性控制单一功能用地中的复合功能比例；推动社会科普教育，提升市民和管理部门的认识水平；精细化设置安全防护规定和规范，为功能复合利用提供更大空间；提高城市管理智能化水平，通过智能设备辅助运营管理，降低建筑使用管理难度；加强行业专业培训，把握新技术发展进程，提升相关专业设计人员的认知和技术水平。

2）设计策略

复合功能的类型选择

市政基础设施的复合利用从功能上可以分为以下几类：利用建筑屋顶或下部空间建设公园绿地或体育运动场地，提供城市公共活动空间；结合市政建筑的工艺流程，提供科普教育功能；结合公共艺术创作，提供艺术展示空间；结合城市社区需求，设置社区商业、托幼、办公等服务功能（表 4.6）。不同的功能组合均有利弊，需要权衡决策。互不干扰排斥、保障安全、与城市环境有机结合是最基本的原则。

基础设施建筑的复合利用

基础设施建筑的复合利用在空间分区与组合模式上可分为垂直、水平、互融三种（图 4.87）。垂直组合，即利用设施下部或屋面外部空间。设施采用架空或埋地方式，这样可以形成外部场地直达的地面或屋面空间，通常两种功能只有视线上的交叉，流线各自独立，互不干扰，便于管理。这种模式的实施难度小，但整合程度也较低。水平组合，即紧邻设施一侧并置设置扩展功能。扩展空间与基础设施核心功能空间相对独立，通过连廊联系，可分可合，可兼顾管理和使用的灵活性。互融组合，即基础设施功能

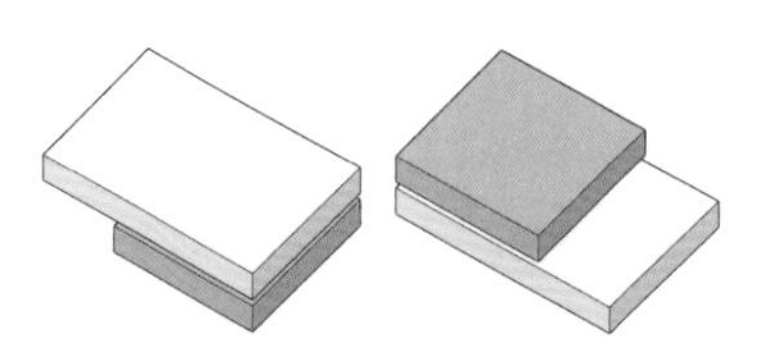

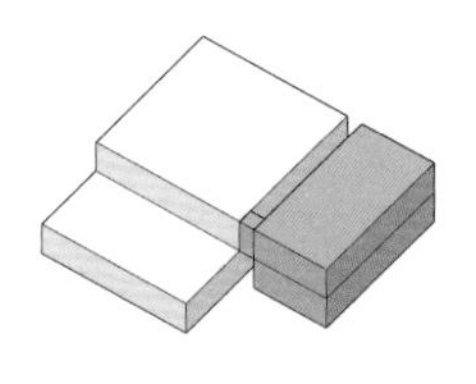

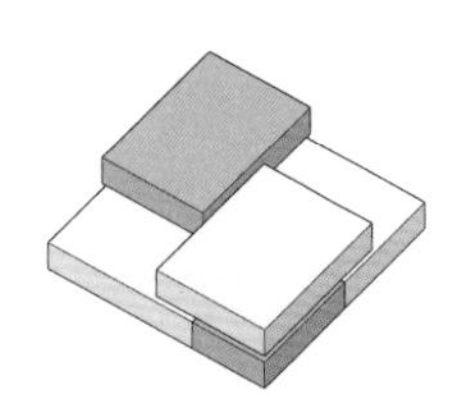

▷ 图 4.87 市政基础设施的空间复合利用模式

和扩展功能完全融为一体，空间上高度整合，可以实现最高效率的空间利用，但也可能增加管理难度。

表 4.6 市政基础设施的功能复合利用

类型	优点	缺点	实例
利用建筑屋顶或下部空间建设公园或体育运动场地，提供城市公共活动空间	政策难度小，建设阻力小； 功能适应性强，设计难度低； 建设和维护成本低	功能较为单一； 受天气影响大，影响使用率； 后期运营依赖于公共资金补贴； 安全管理难度大	 丹麦 Solrødgård 水处理厂
结合市政建筑的工艺流程，提供科普教育功能	政策难度较小，建设阻力小； 提供普通科普教育难以现场展示的内容和体验； 室内环境不受天气环境影响	专业的科普展示空间建设成本高； 与市政建筑交织在一起的参观流线对安全性提出了较高的设计要求	 北京菜市口输变电站综合体
结合公共艺术创作，提供艺术展示空间	政策困难适中，建设阻力较小； 环境品质较好，功能更完善； 室内环境不受天气环境影响； 经济上有一定自主维持能力	功能相对单一； 和城市功能的关联度较低； 一次建设成本较高	 吉首美术馆
结合城市社区需求，设置社区商业、托幼、办公等服务功能	城市对功能需求高，填补城市功能空缺； 提升区域人气活力； 便于经营，具有较强的经济造血能力	商业性开发政策突破难度大； 安全、防火、噪声等问题突出，需要协调问题的复杂； 后期营运专业性要求高	 东京“中目黑高架下”桥底空间

以江南生物能源再利用中心为例。该项目所处的环保产业园位于南京西南部，用地面积为 6.5 hm^2，周边为丘陵地形，生态环境优良。该项目设置了对公众开放的科普馆，将生产、生活、科普教育三大功能融于同一建筑。总体设计通过结合地形的建筑形体，创造良好的微气候环境，以院落空间形态为建筑的低能耗运行创造条件（图 4.88）。

△ 图 4.88 江南生物能源再利用中心鸟瞰图

生物能源再利用中心的处理对象为餐厨垃圾和废弃食用油脂，处理规模为 660 t/d，其中餐厨垃圾 600 t/d，废弃食用油脂 60 t/d。采用“机械预处理 + 三相分离提油 + 湿式厌氧消化＋沼气净化发电＋余热利用＋杂质沼渣外运处理”技术。沼气经脱硫处理后热电联产，沼渣经脱水后外运焚烧，沼液进入新建渗滤液处理站处理后达标排放，油脂经预处理分离提取毛油外售（图 4.89）。

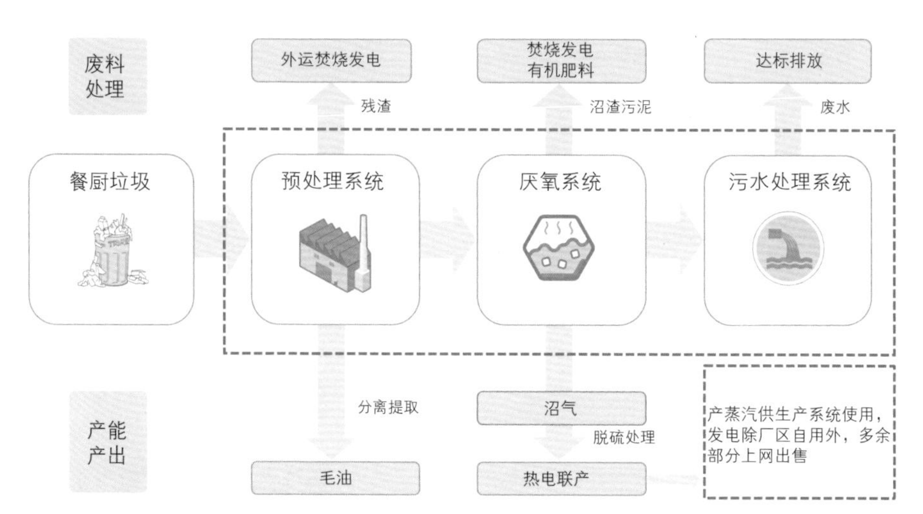

▷ 图 4.89 江南生物能源再利用中心工艺流程

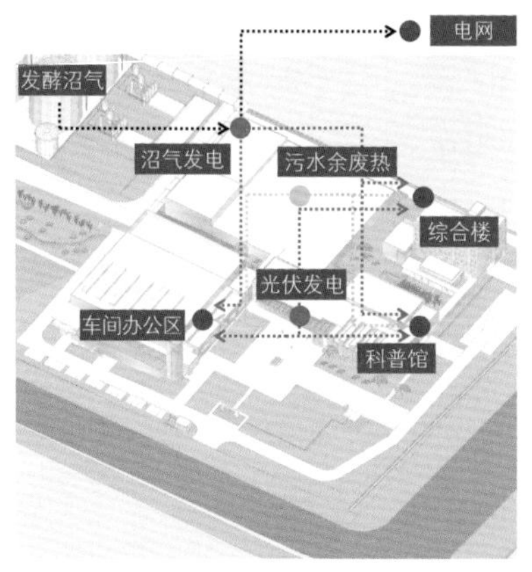

△ 图 4.90 江南生物能源再利用中心的能源利用系统

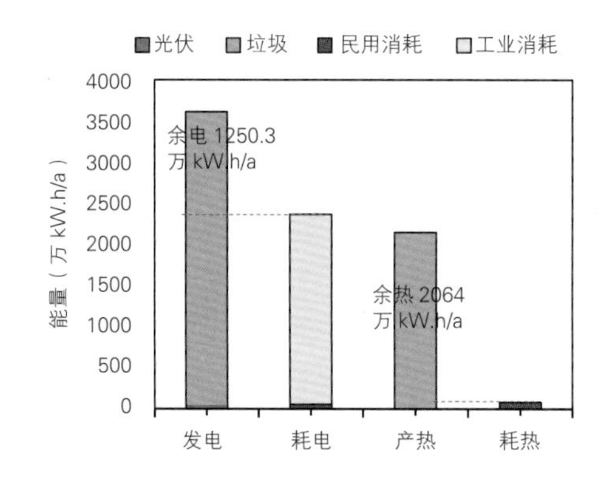

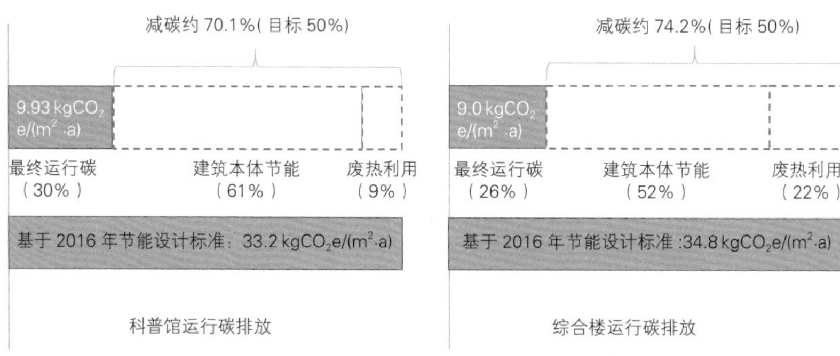

△ 图 4.91 江南生物能源再利用中心的能耗产出和利用情况以及建筑碳排放情况

▷ 图 4.92 江南生物能源再利用中心的建筑碳排放情况

科普馆利用厂区废热在冬季供暖，实现能源梯级应用，取消暖通空调设备供热要求，简化设备系统；屋顶设置太阳能光伏系统。综合楼利用废热供应生活热水、提供采暖热源，取消太阳能热水系统，精简设备系统，提高能源利用效率（图 4.90）。整个厂区可产生余电 1 250.3 万 kW · h/a，可供约 5 158 户三口之家使用，可产生余热 2 064 万 kW · h/a，冬季可供约 2 876 户采暖使用。发电每年减少碳排放约 8 796 tCO_2e，余热每年减少碳排放约 7 017 tCO_2e，园区每年共可减碳约 15 813 tCO_2e，相当于减少 50 万 m^2 超低能耗办公建筑（按 60 kW · h/a 计）每年的运行碳排放（图 4.91、图 4.92）。

科普馆采用并置扩展功能的方式。紧邻一体化车间东侧设置相对独立的科普馆，通过二层连廊与一体化车间相连（图 4.93）。在一体化车间内借助内部走道参观，设计利用屋面高差设置天窗，为内走道提供自然采光，优化公众参观的体验（图 4.94）。

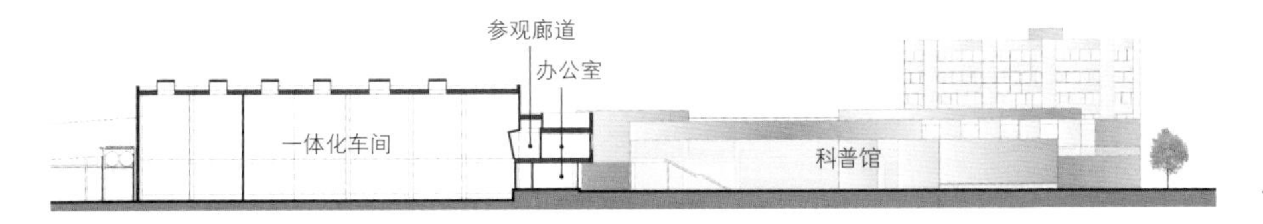

◁ 图 4.93 江南生物能源再利用中心剖面

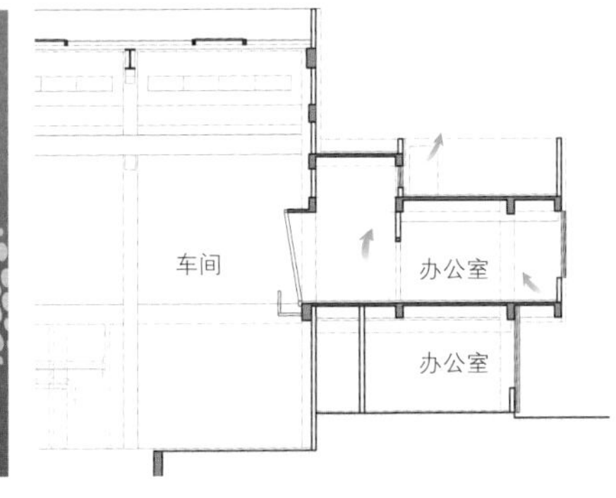

◁ 图 4.94 参观走廊的剖面设计

基础设施与城市网络和区块的分离与衔接

在基础设施功能复合的尺度层级上，可分为同一地块内的建筑单体、多地块组合、立体基面组合等。不同的尺度层级意味着其与城市形态网络和区块的不同交互程度和交互方式。基础设施的复合利用不仅提高城市用地效率，同时也把资源流的“源—网—荷”模式转变为更加高效的“源—荷”模式，减少对基础设施网络距离的压力，使资源的供给与消纳关系更为直接。

以南京紫东地区核心区规划研究为例。基于资源流模型的能源、水和固体废弃物流程的优化，结合现有的变电站和地铁车辆段，规划了一组生态市政公园（图 4.95）。该区域是市政设施密集区，建有 500 kV 龙王山变电站和地铁 4 号线青龙车辆段，东西向高压走廊穿过用地南侧，同时又是从北部进入核心区的门户地段。通过清流水务公园将这两大市政设施进行整合，创建以生态技术研创、环保教育和极限体育运动为主题的新型城市活力区，同时为进入核心区的民众树立鲜明的城市意象。

公园北侧规划建设固体废弃物处理厂和垃圾焚烧热电站，处理核心区生活垃圾的同时为城市供电供热。利用生物技术进行生态化水处理，形成湿地景观。开发利用车辆段车库屋面，建设极限运动主题公园，配置精品酒店和生态技术研创中心，提供面向青少年的研学旅行、极限运动和环保教育功能。公园内的市政设施不是独立于环境之外的技术设备集成，而是和环境紧密结合的有机组成部分。通过闭环的物质流和能源流，充分利用本地资源，化解废弃物的环境压力，提升生态环境质量。新型生态市政整合了多种城市功能，集环保、科研、教育、商业、服务、体育、交通、旅游等功

▷ 图 4.95 紫东核心区的资源流关系图

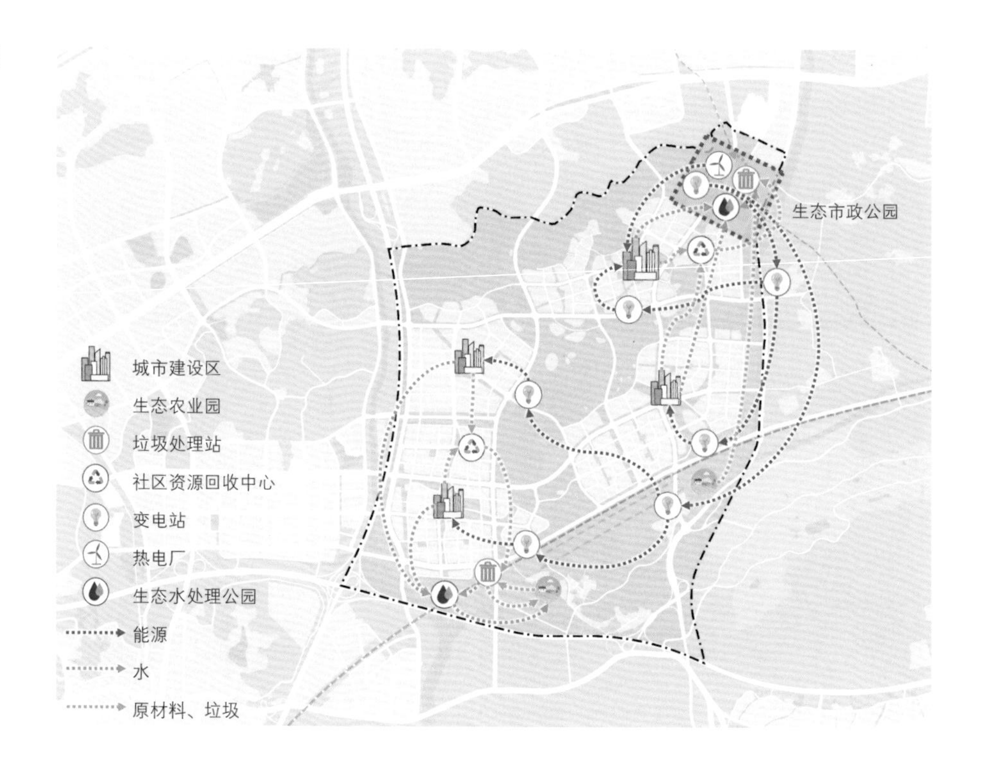

能于一体，是面向可持续城市的积极探索（图 4.96）。

宁马城际线滨江车辆段项目作为南京市郊铁路车辆基地综合开发项目，探索了大型基础设施与城市空间的一体化设计策略，变城市轨道基础设施为复合了生态景观、创智社区、特色商街于一体的城市 TOD 社区。政府和建设平台以城市设计为抓手，组织多家设计团队参与项目设计。设计中系统整合了宁马城际线盛安大道站点设计、滨江车辆段盖下工程设计、盖上综合开发建筑设计，以及相关的周边交通、水系、管线综合等要求，并修编反馈控制性详细规划，相关研究成果也对 2022 年政府颁布的《南京市轨道交通车辆基地上盖综合开发利用规划管理办法》起到了重要推动作用。

作为南京滨江新城中部中心，该地段面临城市功能效率与空间形态整合的矛盾。原始场地高差复杂，除轨交车辆段外，还需解决 P+R 停车、地块配建停车、不同标高层的快慢行到达、不同交通方式的便捷换乘等问题。一体化设计中，系统梳理了错综复杂的要素关系，重构复合集约的地块关系，塑造舒适宜人的公共环境，最终提升了地段整体效益（图 4.97）。项目设计集整体城市设计研究、控详单元图则调整、地块城市设计图则编制、盖上建筑与景观于一体，有效衔接了规划管理与建设实施。

（a）

（b）　　（c）　　（d）

△ 图 4.96 紫东生态市政公园；（a）鸟瞰图；（b）总平面图；（c）资源流关系图；（d）提供的多种城市功能

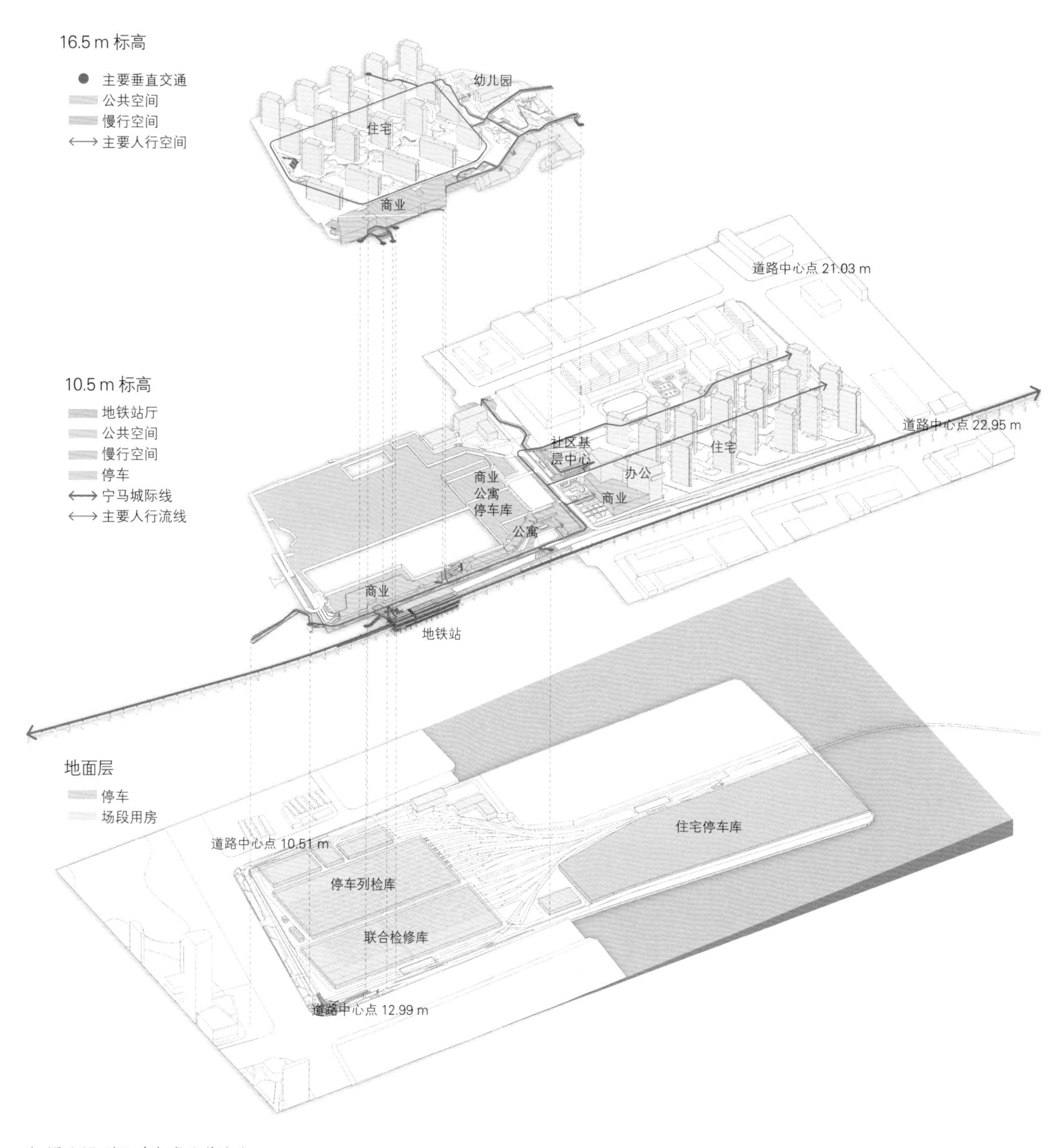

△ 图 4.97 滨江车辆段公共流线

5 再生导向的一体化设计

Regeneration-oriented Holistic Design

5 再生导向的一体化设计

“再生”（Regeneration）源于生物学，原意是指机体的某部分丧失或受到损伤后的重新生长。这种生长源于过去，但不是对过去的重复，而是生命的再次激发。20 世纪中后期的欧洲，随着城市人口和工业向郊区迁移，旧城中心区逐渐衰败，面对交通、房屋、环境和治安等一系列问题，开始探索城市更新的政策和措施。其过程大致经历了 1950 年代城市重建（Urban Reconstruction）、1960 年代城市复苏（Urban Revitalization）、1970 年代城市更新（Urban Renewal）、1980 年代城市再开发（Urban Redevelopment）和 1990 年代城市再生（Urban Regeneration）的过程[1]。“再生”成为欧洲城市更新政策的核心内容之一。英国学者彼得・罗伯茨（Peter Roberts）和休・赛克斯（Hugh Sykes）将城市再生定义为“一项旨在解决城市问题的综合性、整体性的城市开发计划与行动，其目的是寻求某一亟须改变地区的经济、物质、社会和环境条件的持续性改善”[2]。城市再生不仅涵盖物质空间的更新改造，也将历史、文化、经济、社会等纳入考量，通过对既有空间结构、经济功能、社会网络的修复或优化，综合性处理城市建筑问题。

中国传统城市建筑在长期发展演进中逐渐形成独特的规划和设计理念及技术体系，呈现出和而不同的城市建筑形态。近现代以来，随着社会经济的变革，不同时期的城市建筑积淀与拼贴，形成复杂的城市机体。进入存量时代后，历史文化保护与城市更新

1 朱力，孙莉．英国城市复兴：概念、原则和可持续的战略导向方法 [J]. 国际城市规划，2007(4):1−5.

2 Roberts P. The Evolution, Definition and Purpose of Urban Regeneration[M]. Urban Regeneration: A Handbook, 2000.

行动的关系更为密切。如何认识城市建筑演变的年轮特征，又如何使其融入当代生活，已成为一种普遍的关切。城市建筑的年轮特征，在于其不断积淀形成的层积性和多样性。再生设计需要妥善处理不同时期积淀下来的物质要素，在呈现历史年轮痕迹的基础上，优化空间结构和场所活力。为此，需要批判性揭示城市与建筑在历时演变过程中的相关性及其背后动因，从而使新的建设活动能有机嫁接于历史的脉络。本章重点讨论历史环境的保护再生和需求牵引的改造再生两个议题。城市是一个有机体，“再生”需要置于城市建筑形态系统的内在关联中，在时间和空间的一体经纬中找到设计的根基和方向。

5.1 历史环境的保护再生

中国历史城市的规划设计和营造中，城市与建筑的分形结构特征是其风貌连续一体的内在形态机理。傅熹年曾这样论述中国古代城市建筑的组织特征：“以间为房屋的基本单位，几间并联成一座房屋，几座房屋围成矩形院落，若干院落并联成一条巷，若干巷前后排列组成小街区，若干小街区组成一个矩形的坊或大街区，若干坊或大街区纵横成行排列，其间形成方格网状街道，最后形成以宫殿、衙署或钟、鼓楼等公共建筑为中心的有中轴线的城市。”[1] 从中可以看到三个主要特点：“城市—坊（大街区）—小街区—院落—建筑—间”构成了城市物质空间的层级关系；街区和院落（以地籍为基础）是城市与建筑衔接的重要环节；重要公共建筑参与城市轴线的建构。

历史环境是历时性积淀和变化的结果，具有特定价值的历史遗产与不适应时代需求的衰败和无序共时并存。保护与再生，始终是历史环境中城市建筑一体化设计的双重目标。本书将从网络、区块、地层三个视角展开历史环境中城市建筑的设计议题：其一，自然和人工网络是历史城市最重要的结构性特征，节点建筑与网络的协配进一步凸显了城市结构的意义。对历史网络的发见，并赓续这种网络与节点建筑的一体关系，是一体化设计的关键策略。其二，不同时期和类型的区块拼贴构成了历史城市微观形态的斑块特征。地块格局是斑块肌理背后的隐性秩序，建筑类型在此基础上进一步强化了肌理特征。识别地块格局演变对城市和建筑的双重影响，对历史环境的一体化设计具有重要影响。其三，同一空间领域的历时性营建活动构造了历史城市的地层垒叠。不同时代遗存下来的文化地层构成了当代设计新的历时性起点。

5.1.1 历史网络的叠合与延续

1）规律与特征

网络是城市形态最重要的结构特征之一。理解历史城市及其演变，首先需要研究其网络结构的特点。中国传统城市基于礼制观和自然观建立网络结构，重要的节点建筑则在城市网络中扮演了关键角色。

1　傅熹年．中国古代建筑概说 [M]．北京：北京出版社，2016.

中国古代城市建设深受儒家思想影响，形成了独特的“礼制”观念。古人选址营城，“存在着一种古老而烦琐的象征主义，在世事的沧桑变迁中却始终不变地沿传下来”[1]。《周礼·考工记》记载了王城营造的规则，地方城市参照王城制度，规模等级逐级递减。至明清时期，进一步规范城市建设的等级和构成要素。如《钦定大清会典·工部》规定：“凡建制曰省，曰府，曰厅，曰县，皆卫以城。而备其衙署，祠庙，仓廒，营汛。”古人营城，基于礼制规则构建了一个由城墙、街道、重要节点建筑等要素及其相互关系组成的理想模型：城市坐北朝南，由城墙围合，城门四向而开，街道纵横相交，宫殿、衙署、祠庙各安其位。当这种理想模型落位到具体的地方及其自然山水形势中，也会因形就势，呈现出丰富的变化。

礼制网络

中国传统城市在确立城墙边界的同时，轴线与高等级路网奠定了城市网络的几何和构型特征。北京古城经历了金中都、元大都、明清北京的叠合与演变，是世界都城中礼制网络的典型案例。

金中都位于今天的北京市西南部。城市布局规整，中轴对称。城墙四周设城门。宫城位于城中部偏西，皇城在宫城之南，与宫城相连。宫城正南的应天门外设千步廊，两侧分列三省六部和太庙等职能建筑。元大都是在金中都离宫大宁宫的基础上修建而成，三重环套的大都城同样采用中轴对称布局，在此基础上形成了九经九纬的干道网络。干道之间设胡同，将居民区分为五十个坊区。明清北京城在金中都和元大都的基础上进行了大规模的扩建和改造，延用元大都城市中轴线。整体平面呈凸字形，由外城、内城、皇城和宫城环套组成。皇城位于内城中部偏西南，西部为园囿池塘，东部与北部为官署作坊等。紫禁城位于中央，取“前朝后寝、左祖右社”的布局。外城位于内城以南，天坛和山川坛分列中轴线两侧。纵贯南北的中央轴线、规制严整的道路格网、层层深入的宫殿和一系列礼仪建筑，共同奠定了举世无双的都城范式（图 5.1）。

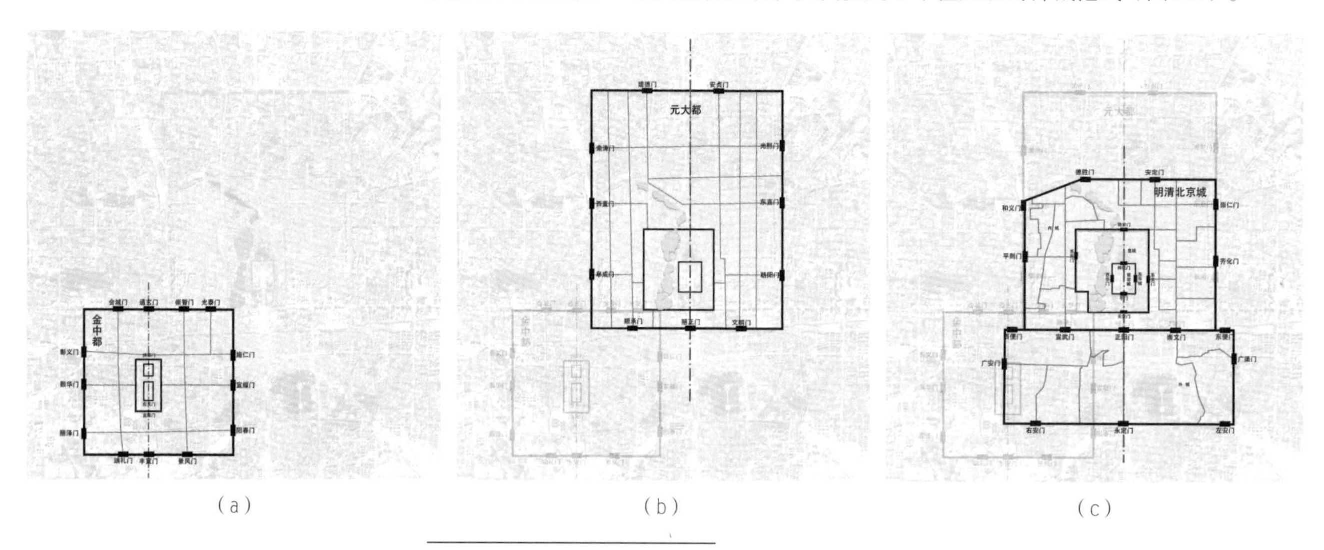

(a) (b) (c)

▽ 图 5.1 不同时期的北京城市网络：（a）金中都；（b）元大都；（c）明清都城

1 Waight A F. The Cosmology of the Chinese City[M]// Skinner G W. The City in Late Imperial China. Stanford: Stanford University Press, 1977: 76.

自然网络

城市内外的山川、水系、绿带形成了城市的自然网络，其与礼制网络共同构成了古城的总体网络结构。在山水形态复杂的地理环境下，城市布局需要适应起伏的地形。在礼制的基础上，网络的几何特征也需要适应自然的结构。南京古城是礼制网络与自然网络有机结合的典例之一。

南京作为六朝、南唐、明代都城的营建过程中，一方面基于礼制规则，另一方面结合山水地理和既有建成条件，因地制宜地加以变化，造就了不规则都城格局的典例。城市整体格局顺应自然网络，而皇城宫城则遵循礼制指引。六朝时期的都城轮廓大致为方形，取中轴布局，轴线方向适应秦淮河走向，并正对城市南侧的牛首山，以牛首山两峰为天阙。南唐都城“前倚雨花台，后枕鸡笼山”[1]，以秦淮水湾与鸡笼山定位都城主轴线。明朝初期，皇城和宫城选址于城东相对荒芜的地段，以富贵山作为宫城中轴线的北端点，向南一直延伸至正阳门（今光华门）（图 5.2）。

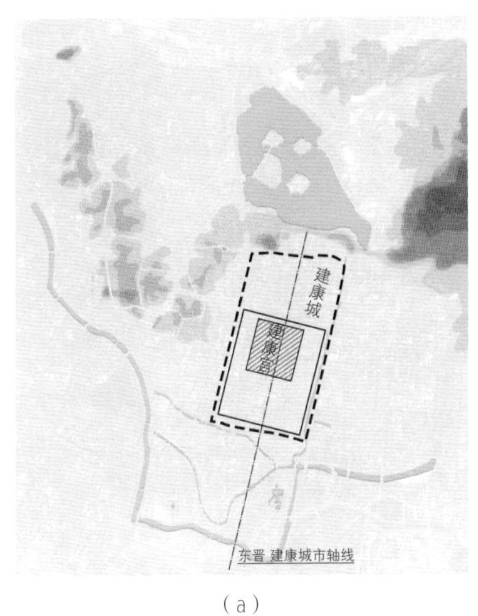

（a）

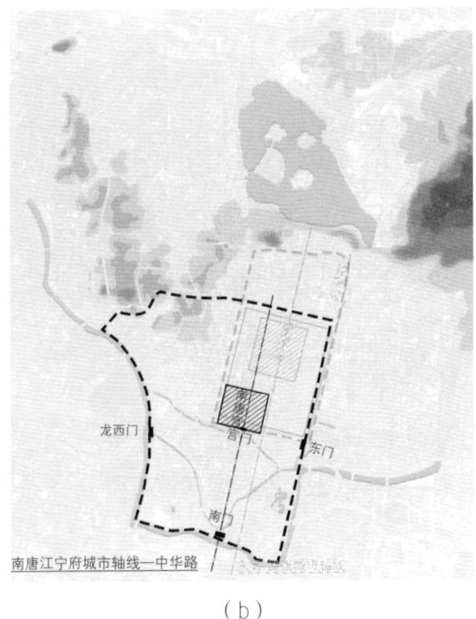

（b）

（c）

△ 图 5.2 不同时期南京老城网络：（a）六朝；（b）南唐；（c）明朝

从东吴顺应山水形势择址建城，到明代的都城建设，礼制规制与山水格局共同左右了古代南京的城市形态演化。六朝和南唐时期的城市中轴线（现中华路）极大地影响了南京老城中部和南部的城市网络，明代宫城的中轴线（御道街）决定了老城东部的网络经纬。到了民国时期，作为《首都计划》的产物，中山大道系列轴线与古城道路网络的错位交叠，产生了复杂的城市格网，进而形成大量的不规则街区和地块。

南京地处丘陵地带，河流和地形起伏对城市网络产生了明显影响，城市网络随之变形。南京老城地形的起伏变化主要由紫金山余脉向西延伸，形成富贵山、九华山、

---

1 （明）顾启元《客座赘语》卷一载：盖其形局，前倚雨花台，后枕鸡笼山，东望钟山，而西带冶城、石头。四顾山峦，无不攒簇，中间最为方幅。

鸡笼山、鼓楼岗一系列山丘，并延续至五台山、清凉山、石头城，形成天然的分水岭。城市街区为避让山体而发生扭曲变形，对老城西北部的格网方向起到决定性作用。秦淮水系的沿河街巷网络受水体走势的影响，紧邻河道的街道与河道垂直或平行发展，而在距河道一段距离后逐渐融入城市轴线影响下的网络格局（图 5.3）。

▷ 图 5.3 山、水、城共同影响下的南京老城网络叠合

城市网络与节点建筑的互动

历史城市的本土图考是观察中国历史城市形态格局的一种方便法门。中国古代自西晋始，就有裴秀等人提出“制图六体”“计里画方”等较为科学的地图测量和绘制方法。但是，大量的古代城市地图却没有“认真地”按照制图六体的要求绘制。相反，一直坚持使用一种类似“平面 + 轴测”或“平面 + 立面”的形象画法（图 5.4）。“无论是利玛窦，还是清代康雍乾时期在外国传教士协助下进行的大地

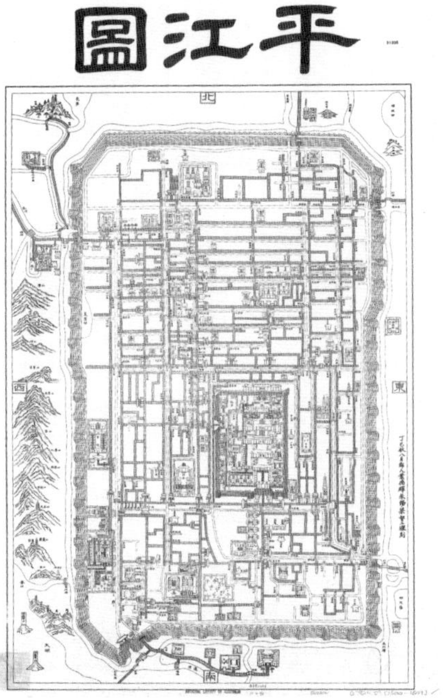

◁ 图 5.4 古代苏州城市地图：
（a）宋代平江图；（b）清同治年间的姑苏城图

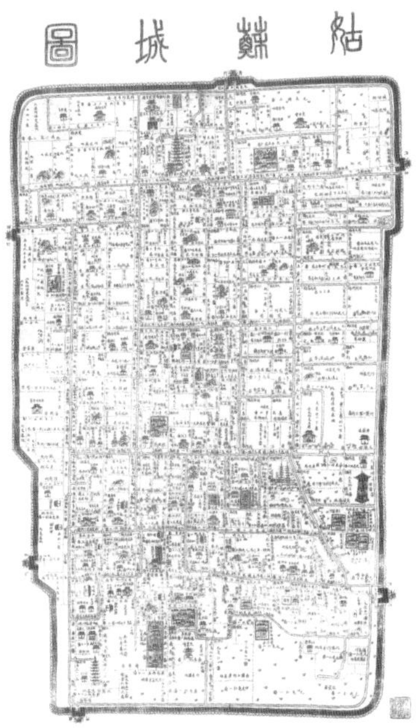

（a）

（b）

测量，都将‘科学’的测绘方法和地图传入中国，但它们的影响力又逐渐消散。”[1]这种坚持一直持续到清朝末期。

这种本土地图通常没有统一比例，以平立面结合的直观方式描绘城市的形胜，包括山体、河流、城垣、街道、重要建筑等。这些要素的绘制比例被明显夸大，并配以文字注释，其余填充区域的地块边界和建筑布局则省略不画。这种地图常常被认为是“非科学”“不精确”的。然而，“好地图不一定是要表示两点之间的距离，它还可以表示权力、责任和感情”[2]。这类本土地图着重表达了城市与周边山水及城内各要素之间的关系，可以见证历史城市格局中的结构与关键节点。

在宋代平江图和清同治年间的姑苏城图中，可以看到城墙、街坊、河网与府衙、庙观、私园的组织关系。可见，这些重要节点建筑无疑参与了城市格局的建构。一方面，对这些关键节点的阅读有益于理解历史城市的格局及其演变；另一方面，节点建筑也随山水环境的演变和城市格局的调整而互依互动。对整体城市结构的把握，结合不同时代物质遗存的考古发掘，有助于对建筑的城市性认知，从而为历史环境下的城市建筑设计提供了前提和基础。

2）设计策略

历史环境中的城市建筑设计研究必然与历史空间结构及其演变相关联。把握历史

1 成一农．“科学”还是“非科学”：被误读的中国传统舆图 [J]. 厦门大学学报（哲学社会科学版）, 2014(2): 20–27.
2 余定国．中国地图学史 [M]. 北京：北京大学出版社，2006.

网络与关键节点建筑彼此一体建构的特征是保护与再生设计的重要前提。

从城市网络到城市建筑

城市网络是全局性的，而建筑是局域性的。但对于在城市格局中占据结构性地位的建筑，却不能仅从场地周边的关系来决策其设计的布局，而应跃升到城市网络的层级，才能恰当地勾勒出其与城市的历史关联。

金陵大报恩寺遗址博物馆的设计，从遗址与城市关系的解读开始。项目坐落于南京明代城墙聚宝门外东南侧（图 5.5）。大报恩寺遗址的丰厚历史层积是千余年汉传佛教在古城南京的重要见证。从南北朝起，金陵成为佛学东渐历程中江南地区佛学传播的重要节点。从建初寺、长干寺、天禧寺到大报恩寺，其江南第一讲寺的地位始终如一。孙吴时期，大报恩寺的前身建初寺及阿育王塔建造于越城以东，寺和塔统一为南北朝向。至东晋“建康”时，背倚后湖、面向牛首山“天阙”的主轴线确立，城市建设多有变化，而建初寺位于城市南郊，并未参与城市轴线的变化。南朝建初寺改为长干寺，呈东西

▷ 图 5.5 金陵大报恩寺遗址博物馆鸟瞰图

▷ 图 5.6 金陵大报恩寺区位与城市轴线演变

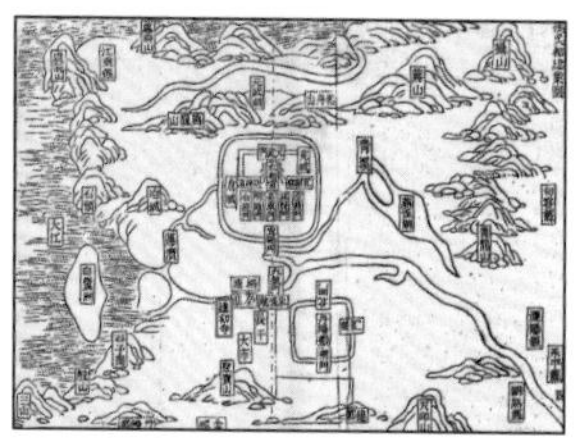

孙吴都建业图（明・金陵古今图考）

东晋都建康图（明・金陵古今图考）

南朝都建康图（明・金陵古今图考）

唐升州图（明・金陵古今图考）

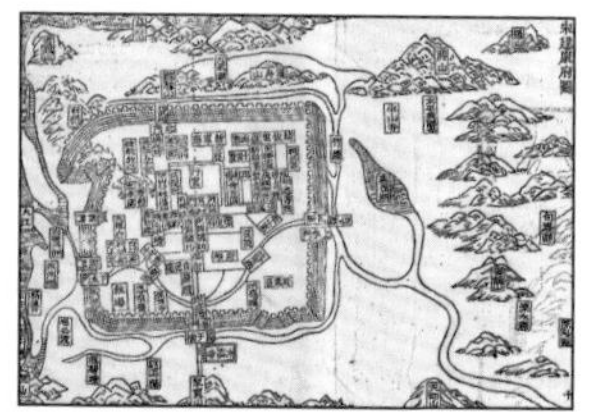

宋建康府图（明・金陵古今图考）

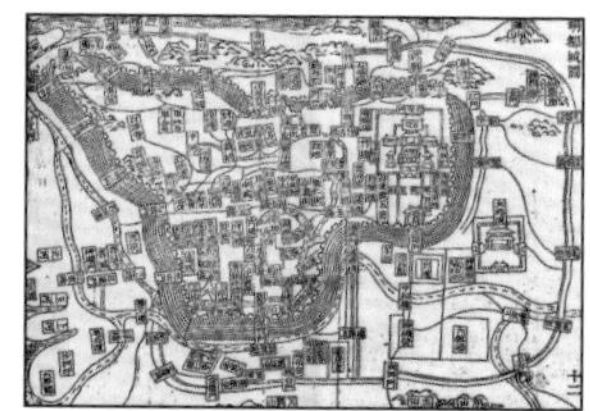

明都城图（明・金陵古今图考）

长南北短的横长方向，寺庙的边界和塔的标志性对于城市格局的确立起到了重要作用。在隋唐时期，长干寺仍是城外重要节点和标识性建筑。南唐再度定都金陵后，明确了城市西移的南北向轴线，这条轴线后来成为御街。同时，南唐以长干寺北侧为边界，开凿秦淮外河作为护城河，界定了新的城墙和城壕的范围。宋建康府承继了南唐城市格局，并在长干寺基址上建设了天禧寺，稳定了位于城市轴线东侧且保持东西长向的寺庙布局（图 5.6）[1]。

明代永乐初年，大报恩寺建造于宋代天禧寺旧址，以皇家规制超越前朝，延续了南朝以来的东西向轴线，而非常见的面北朝南之制，这体现了其借地脉之势拱卫寺庙地位的独特匠心（图 5.7）。大报恩寺的轴线与都城轴线垂直相交，进一步强化了寺庙与聚宝门城堡和护城河之间的整体张力（图 5.8）。大报恩寺因借地脉的营建之道亦可从其内部格局的铺陈中体现出来，寺庙用地处于金陵雨花山岗自南向北的余脉上，在600 m 复式画廊的环绕围合中，依寺庙形制，自西向东，山门、香水河桥、左右碑亭、天王殿、大殿、琉璃塔、观音殿、法堂沿轴线渐次展开，东西向地形落差达 5 米余，大殿和琉璃塔坐落于凸起的山岗高台上，故此处又称塔山。琉璃塔与其北侧的伽蓝殿形成了寺庙的南北向次轴线，南北画廊也随地貌起伏自西向东缓缓上升（图 5.9）。

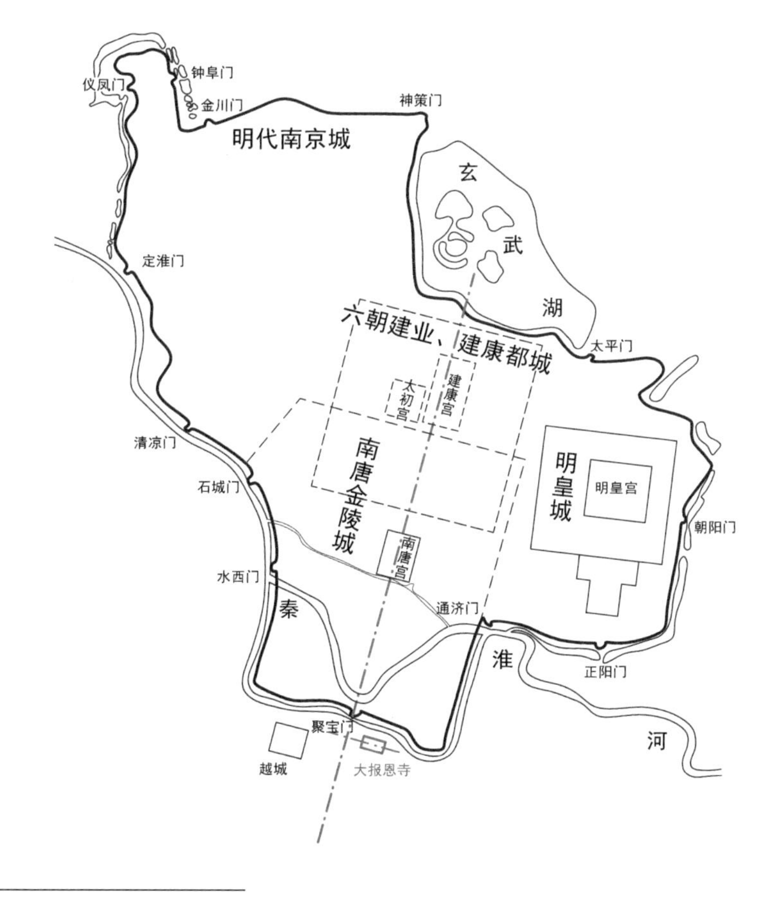

◁ 图 5.7 大报恩寺与古代都城轴线的关系

▽ 图 5.8 大报恩寺与城堡、护城河的关系

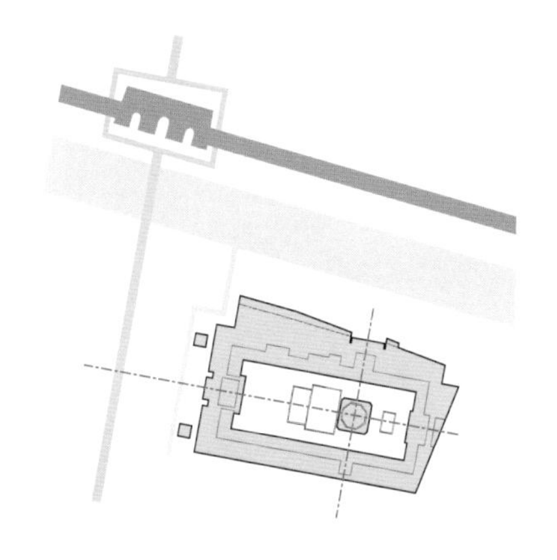

1 陈薇 . 在二重证据下考察明金陵大报恩寺前世后生的建造逻辑 [J]. 建筑学报 , 2019(10): 13-20.

▷ 图 5.9 明大报恩寺的总体格局

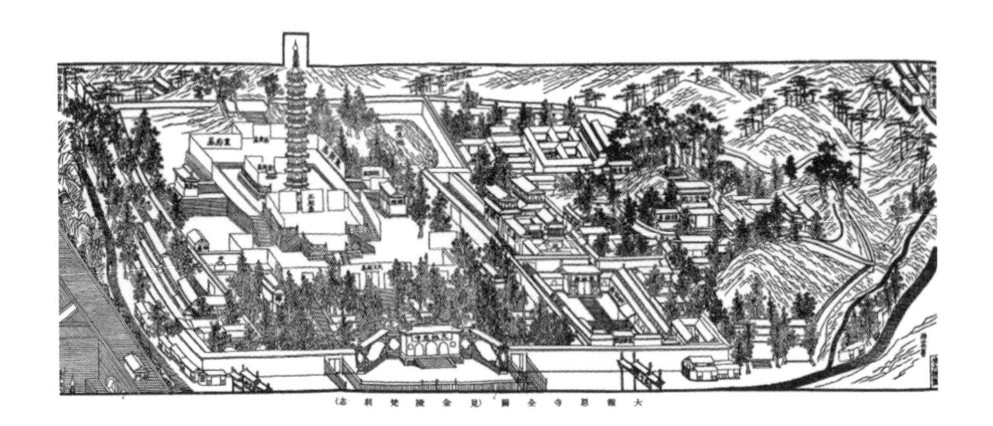

▷ 图 5.10 博物馆与明代大报恩寺形态格局的承继关系

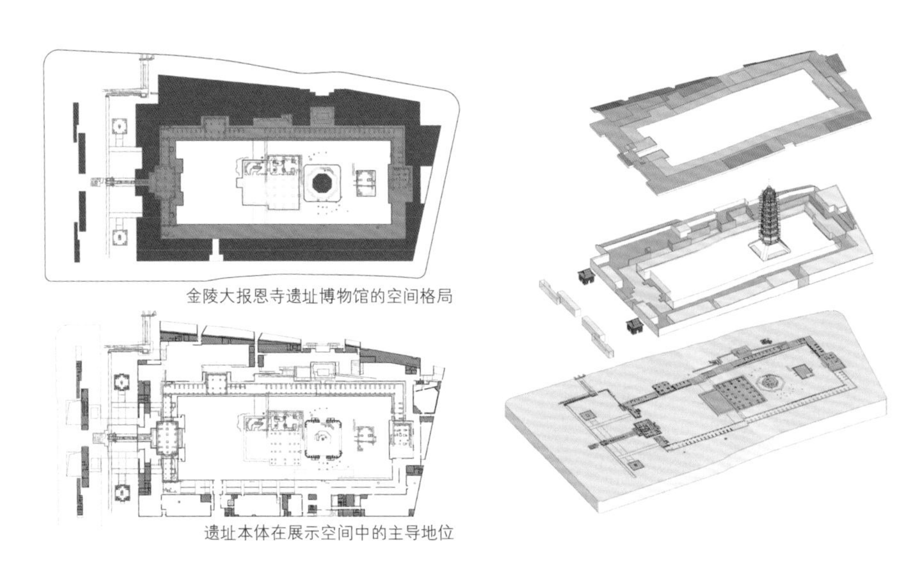

▽ 图 5.11 大报恩寺遗址博物馆北画廊遗址

▽ 图 5.12 古都轴线、明城墙与大报恩寺遗址博物馆的格局关系

大报恩寺遗址博物馆的平面轮廓东西长而南北短，中轴连贯东西，并向西面向中华路设主入口，这一设计延续了南朝长干寺以来城市轴线与寺庙的基本关系。

博物馆与明代报恩寺形态格局的因袭关系是另一个关键的设计判断。博物馆沿用了原有的寺庙轴线，以一个简洁的“口”字形平面将明代大报恩寺周环画廊以内的遗址圈护起来，形成了一个东西 210 m、南北 80 m 的矩形内院。这个遗址内院与明代大报恩寺的寺庙内院尺度相吻合，博物馆也因这一构想获得一个连续的大平面轮廓。依托这一格局，原本不完整的遗址留存重新获得其原有的组织架构（图 5.10）。寺庙遗址的地形地貌同样被严格保护，博物馆依地貌起伏而跨越不同的地形高差，将遗址的保护及其格局呈现确立为优先地位。在这种总体形态的统筹下，中国古代寺庙中规模最大的复式周环画廊以及与之相连的天王殿遗址、法堂遗址、油料库遗址和伽蓝殿遗址均被置于博物馆室内，得到了严格保护（图 5.11）。博物馆内院中的岗地高台上，经过保护整理后的大殿与月台、大琉璃塔和观音殿遗址因内院边界的再现而获得恰当的形态和尺度认知。明代大报恩寺御道虽仅遗存西端局部，但借助贯穿东西的中轴线而重获殊荣。至此，明代大报恩寺的地脉格局被清晰地勾勒出来。为使观众对此能够获得更为鲜明的现场认知，设计在各出入口将观众流线连接至博物馆的环形屋顶平台，城堡、河道、山岗、寺庙在此尽入眼帘，昔日长干里的街市细语和香火禅音意犹可闻（图 5.12）。

城市网络是动态的。随着历史的变迁，一些既有的结构会模糊甚至消失，尤其是在一些地方城镇。历史环境中的设计往往需要回溯过往的演化历程，依据价值评估，帮助找到关键的判断。南通寺街历史文化街区的保护与再生设计，其中一个目标就是

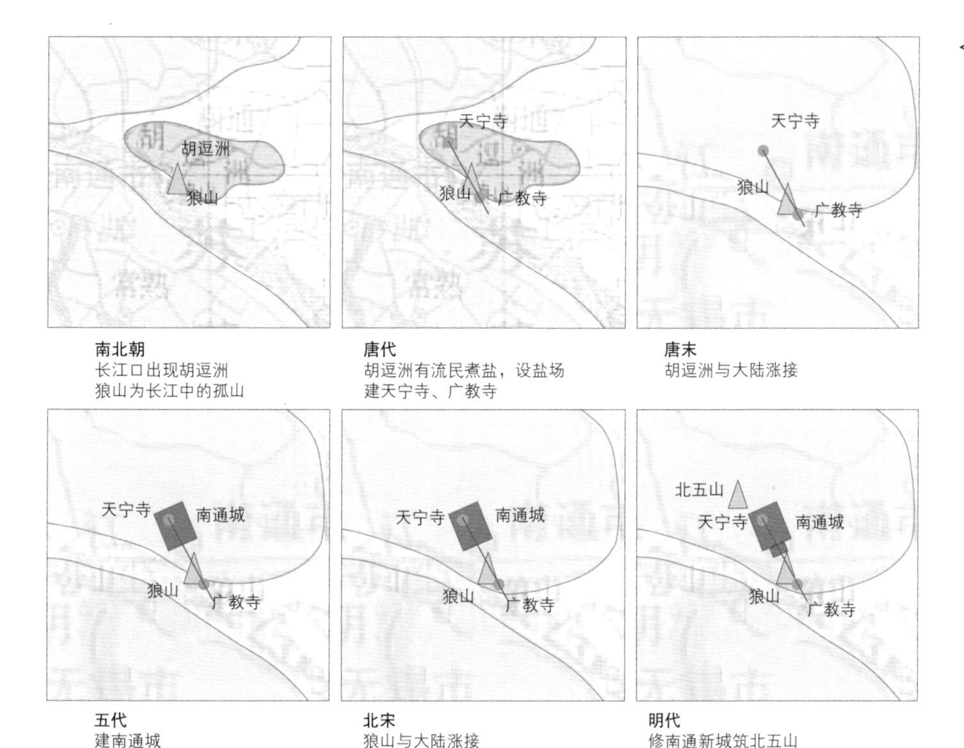

◁ 图 5.13 南通城市格局演变

要找回几乎泯灭的历史轴线。寺街位于南通老城西北象限，因天宁寺而得名。南通旧名为通州，通州古城的主要轴线和街巷网络顺应“天宁寺—狼山”轴线布置（图 5.13）。“天宁寺—狼山”轴线的出现早于城市。寺街作为天宁寺前最重要的街道，也随着寺庙的扩建由天宁寺轴线位置逐渐演变至寺庙西侧。换言之，历史上存在两条平行的寺街，从寺庙中轴线位置移动到寺庙西侧围墙外，并留存至今（图 5.14）。

在寺街历史文化街区保护再生设计中，传承和重塑了对于城市最重要的“天宁寺—狼山”轴线。通过仔细识别产权边界和不同时期建筑的加建关系，在地块中部，正对天宁寺轴线位置梳理出一条曲折有致的内部街巷，回应了明代寺街与天宁寺轴线的对位关系，也作为重要公共空间，从内而外地激发街区活力（图 5.15）。

▷ 图 5.14 天宁寺格局和寺街位置演变

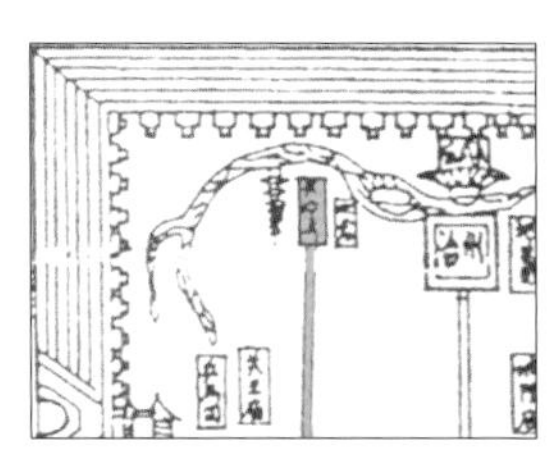

（明）万里通州成图

（清）光绪通州成图

（民国）南通县市图

▷ 图 5.15 寺街轴线的再现

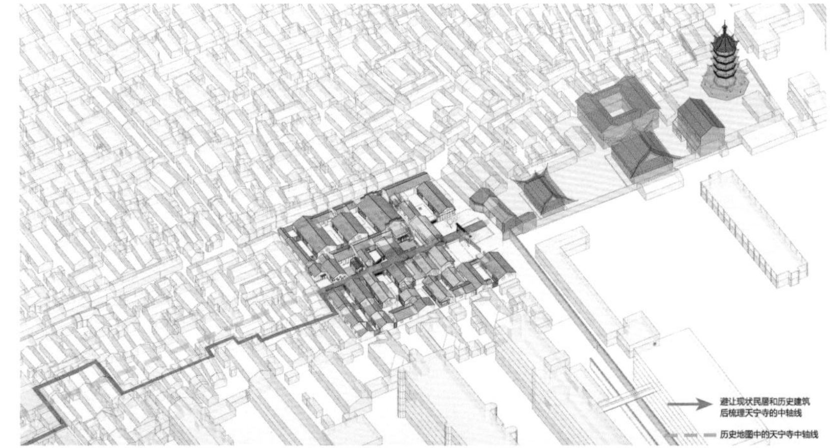

苏州剪金桥巷的保护与更新设计，力图再现已被模糊的苏州古城水陆双棋盘网络格局。剪金桥巷位于古城 32 号街坊西侧，设计范围内第一直河与剪金桥巷河街相随、水陆并行，基本延续了宋代以来的城市网络。但是近代以来的局部改造和加建行为弱化了街巷之间，以及街巷与河道的连通关系。通过对传统路网——水网格局、院落类型、河埠头类型的研究，在历史网络的再现上提出两条设计策略：其一，现状剪金桥巷与第一直河之间仅有一条巷道相通，水陆空间缺乏互动感知。设计结合区位条件、居民意愿、建筑状况等因素，选择五处节点打通，依托现有河埠头打造公共空间，加强水陆网络空间的联系，催化场所活力（图 5.16）。其二，20 世纪 90 年代，将剪金桥巷东侧的昇平小学等地块合并，建设培智学校，并占据了庙堂巷与瓣莲巷之间的南北巷道（图 5.17）。在培智学校更新设计中，结合传统街巷格局和新的市集业态，通过改造与局部新建结合的方式，重新疏通场地东侧的南北巷道，恢复庙堂巷与瓣莲巷的连通性；首层设置多处架空层，增强地块内部与周边街巷的细密连接；通过二层平台、自动扶梯和电梯等打造连续立体流线（图 5.18）。通过公共巷道和大地块内部的立体流线的引入，

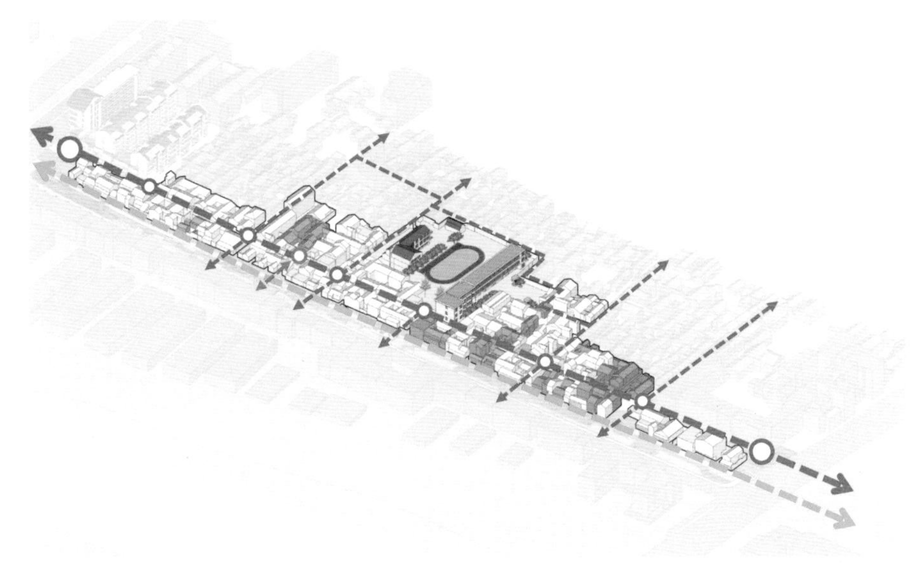

◁ 图 5.16 剪金桥巷水陆网络的连通

（a）

（b）

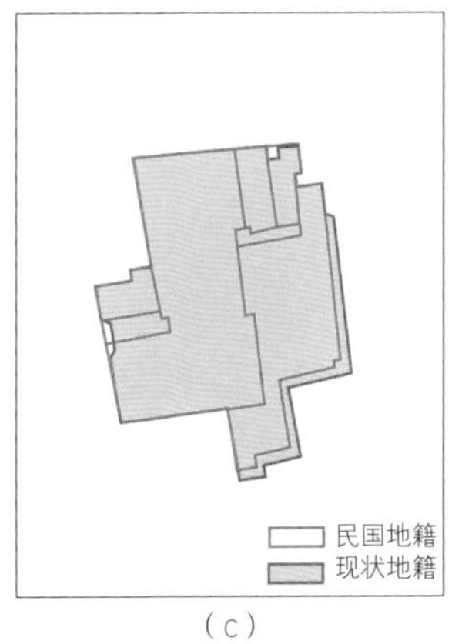

（c）

◁ 图 5.17 培智学校周边地块和街巷格局演变：（a）民国地籍图；（b）现状地籍图；（c）地籍图叠合

剪金桥巷与第一直河之间的空间联系得以增强，并向 32 号街坊内部延伸，激发了庙堂巷和瓣莲巷的活力（图 5.19）。

▷ 图 5.18 培智学校改造设计对历史网络的传承和转化

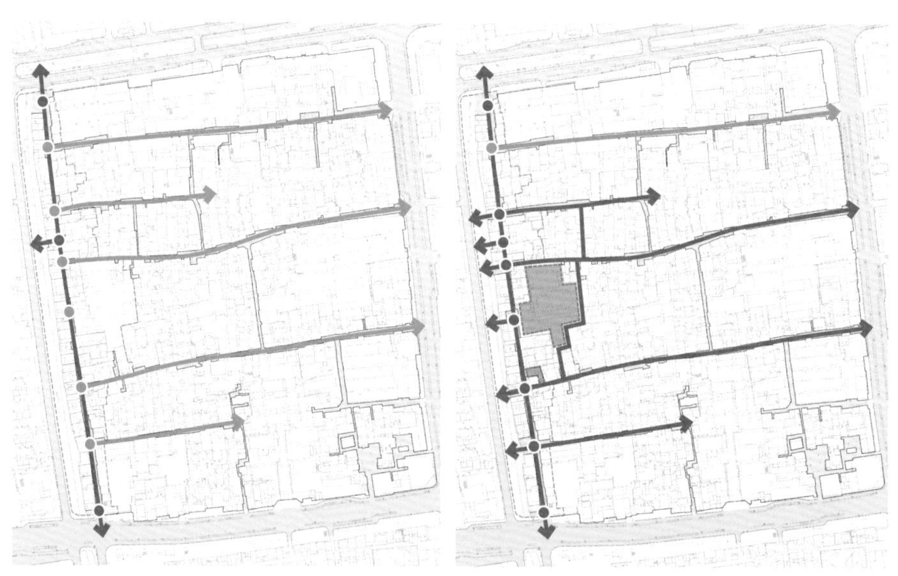

▷ 图 5.19 剪金桥巷水陆网络格局更新前后对比

从节点建筑到城市网络

在都江堰城市形态研究中，由于缺乏精准的古代城市地图，便转向通过关键节点建筑来解读城市格局的演变。现存灌县古城的图纸资料主要是清乾隆五十一年（1786年）《灌县志》和清光绪十二年（1886年）《增修灌县志》中的县治图（图5.20）。对比可见除城市南门外新增一座普济桥外，百年间城市形态没有太大改变。本土地图以轴测加文字的方式着重描绘城市内外的山体、水系、城垣以及重要节点建筑（包括县署、水利府、学署等衙署以及城隍庙、文庙、文昌宫等祠庙），城门与主要建筑间以虚线连接表示主要街道。

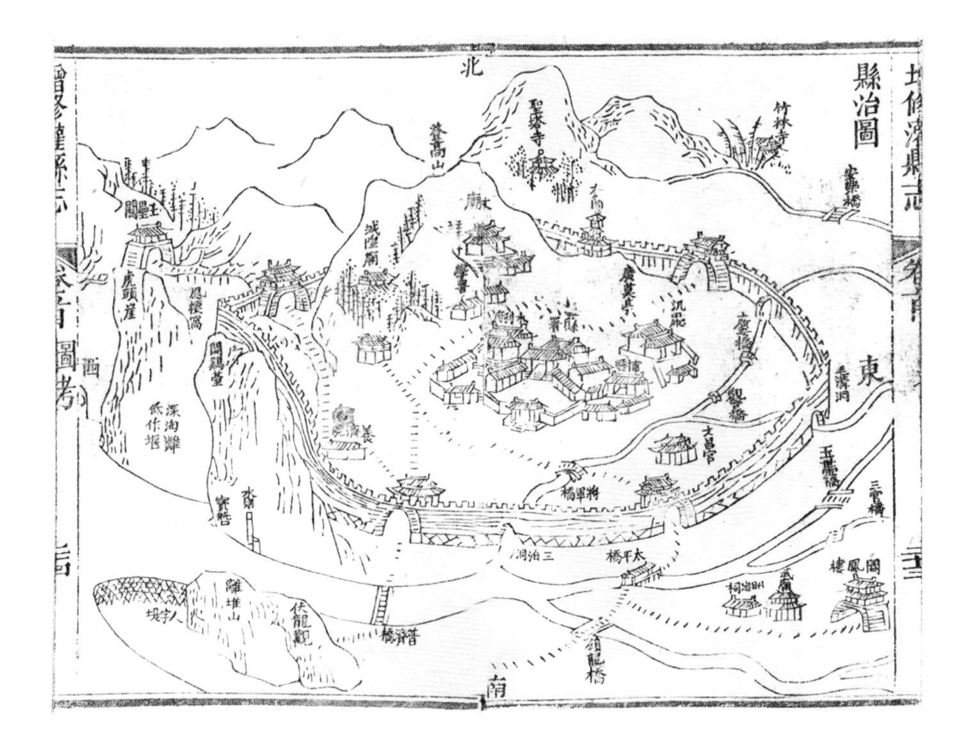

◁ 图5.20 灌县县治图

古代地方城市最重要的节点建筑通常为衙署和祠庙。衙署作为城市最高行政机构，是世俗权威的体现；而祠庙则构成了各类精神信仰的中心，其中城隍庙和文庙代表了“官方信仰的两个最基本特点。城隍是以自然力和鬼为基础的信仰中心，因而可以说是用来控制农民的神；学宫（文庙）是崇拜贤人和官方道德榜样的中心，是官僚等级的英灵的中心，学宫还是崇拜文化的中心”[1]。不同城市中衙署、城隍庙、文庙的位置和布局也具备一些共同点，进而影响城市的整体形态结构。

衙署的选址一般位于城市中部，“居中不偏、不正不戚”。明清衙署一般为多进院落式布局，前衙后邸，沿中轴线对称，四周以高墙围合。城隍庙是祭祀城隍神的祠庙，

1 Feuchtwang S. School-Temple and City God[M]// Skinner G W. The City in Late Imperial China. Stanford: Stanford University Press, 1977: 581-608.

作为阴间的地方掌吏，城隍神负责护城安民，与阳间地方长官一阴一阳，共同管理地方社会。随着明洪武二年（1369 年）“封京都及天下城隍神”，城隍祭祀作为一种完整的制度，正式出现在国家的祭祀体系中[1]。城隍庙也成为古代城市中与衙署相对的最重要的职能建筑之一，规模通常超出一般祠庙，并有统一的形制。但是城隍庙选址受到地理条件和风水观念等影响，在城市中的具体位置并不固定[2]。与城隍庙相比，文庙选址则更加审慎，宋朝以后，人们往往将地方科举的兴盛与否归咎于文庙选址。据统计，文庙“选址以东最甚，次之为东南、西，再次乃处于一个数级的南、东北、北、西南，而西北最少。再将之按不同的省份归纳，地域的差异并未明显地波及庙学选址的趋同”[3]。更重要的是，“按照风水理论，孔庙（或学校类建筑）的选址若背靠主山，面对案山，必然科甲发达”[4]。

将这三类节点建筑落位于都江堰城市空间中可以发现，在城墙范围内，三大节点建筑基于礼制、风水和自然，形成三套不同朝向的空间网格。复杂的城市形态和肌理在自然山水与人造网格的交织作用中逐渐形成、演变。

县治图中以连接关键要素的虚线表示街道，据《增修灌县志》记载，清末灌县城（今都江堰市）内共有 14 条街道和 6 条巷子，街巷的命名和方向都与上述要素密切相关。1949 年后城内街巷经过多次拓宽，但基本走向变化不大，将街巷肌理与职能建筑的空间轴线叠加，隐约可见 3 套空间网格（图 5.21）。

其一，知县署和水利同知署门前的东正街、之间的井福街、东侧的大官街和武圣街顺应衙署的轴线方向，形成第 1 套空间网格。由于衙署在功能和空间布局上的中心地位以及东正街作为城市主轴的结构性作用，这套网格也影响了东正街两侧大多数街巷走势和建筑肌理，构成城市空间形态的主要网络。

其二，文星街垂直于文庙中轴，并影响到附近北正街等街巷和肌理，形成第 2 套空间网格，主要影响城市北部片区。

其三，城隍庙顺应山势布置，轴线与东正街呈 270° 相连，也成为东正街尽头的对景。此外，自然山体和水系也影响到城市西南滨水区域以及杨柳河沿岸部分街巷走势。

通过上述方法梳理了灌县古城三大节点建筑的历时演变，并将其落位于现状城市空间中。通过其选址、轴线，以及对周边街巷走势的分析，可以指出灌县古城由基于自然和礼制的 3 套网格系统叠加而成，形成了明清古城复杂的空间结构和城市肌理，并延续至今。

1　滨岛敦俊 . 朱元璋政权城隍改制考 [J]. 史学集刊 , 1995(4): 7–15.

2　高俊飞 . 明清江南地区城隍庙建筑研究暨南京浦口城隍庙修缮设计 [D]. 南京 : 南京工业大学 , 2016.

3　沈旸 . 垂教于世 : 中国古代地方城市的孔庙 [J]. 书摘 , 2015(2): 47–50.

4　沈旸 . 东方儒光 : 中国古代城市孔庙研究 [M]. 南京 : 东南大学出版社 , 2015.

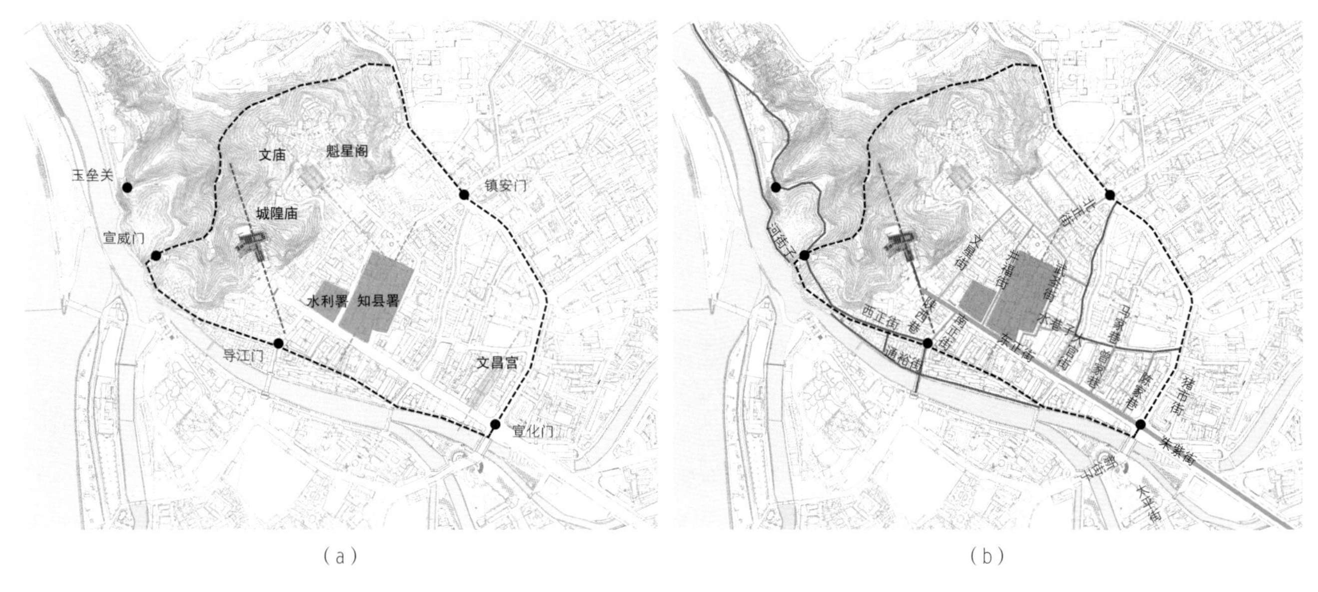

△ 图 5.21 灌县古城要素和城市网络关系：（a）节点建筑选址及朝向；（b）空间网格叠加

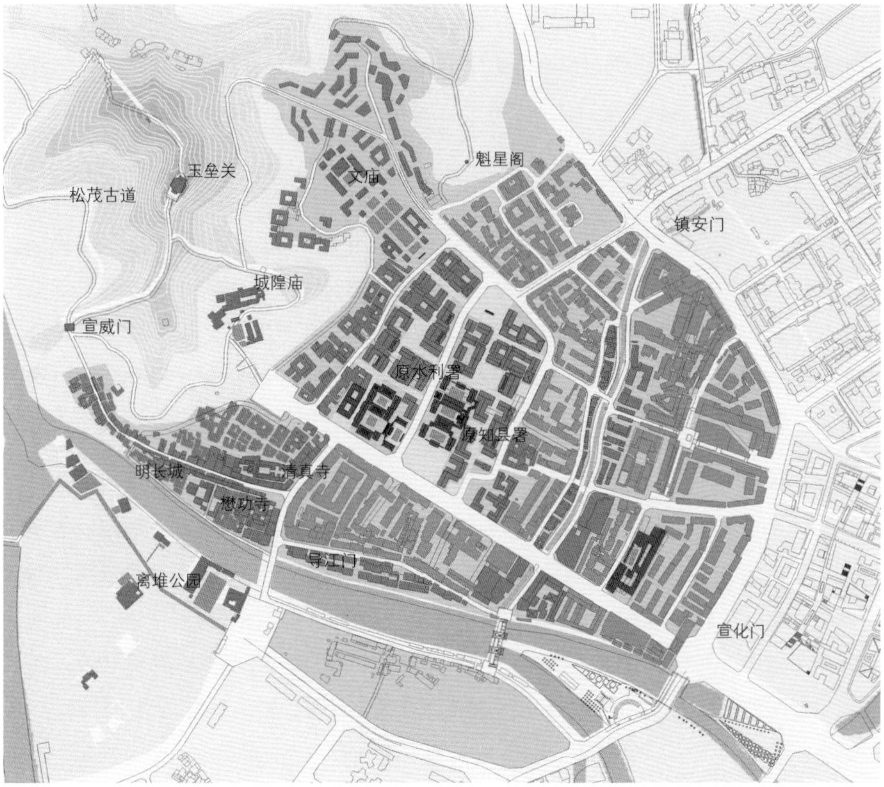

◁ 图 5.22 灌县古城再生与活化设计总图

基于节点建筑与城市历史网络的关联研究，城市设计对灌县古城再生与活化提出三个建议：一是以多元形式展示城墙历史走势，增强古城可识别性；二是重塑知县署和水利署的形态与功能地位，以节点建筑及其相互之间的联系锚固城市结构；三是疏通历史街巷，重设开水大典及城隍庙、文庙的祭祀活动路线，以点线带面域，激发古城活力（图 5.22）。

5.1.2 区块形态的保护与重塑

1）规律与特征

历史城市的区块形态特征由地块格局和建筑共同构成。地块及地块格局顺承于城市主要轴线和街道划分的街区，隐性控制建筑布局和肌理，是城市与建筑之间重要的转化环节，城市建筑的双向建构正是通过地块而转换完成。在地块格局构建的基本秩序上，一般建筑通过类型的组合形成特定的城市肌理和风貌特征。

地块及地块格局

地块是城市形态中联系街巷与建筑的中介区块。地块格局（Plot Pattern）是一系列地块的排列布局，作为一种形态框架（Morphological Frame），对城市形态的演变具有比一般建筑更持久的影响力[1]。卡尼吉亚认为地块是构成城市肌理的模块单元（Module），由建筑占据的区域和关联场地（院落）共同构成[2]。他同时还指出路径（Route）的重要性，同一路径及其两侧相同或相似的地块序列构成城市的基本肌理（Basic Tissue）。地块作为城市形态架构的基本单元以及物权属性的显性表达，具有物质空间和社会经济的双重属性。在物质空间上，地块的尺度、形状以及格局是构成城市形态和肌理的结构性秩序基底；在社会经济方面，产权是地块的一种隐藏属性，地块格局代表了土地产权的归属和分布情况。

中国传统城市中，与地块相对应的术语包括地籍、地界等。早在宋代，农业发达的江浙地区已出现登记农田边界和信息的鱼鳞图册，用于管理土地赋税。1927 年，民国政府开始组织城市土地测绘和地图绘制[3]，用于整理地籍，建立税收体系。赵辰等陆续发现民国时期南京、慈城等地籍图，认为“地界是决定中国城市发展演变的关键要素之一”，也是“控制传统肌理形态的内在秩序”[4]。地籍图是厘清人地关系、征收赋税的重要依托。同时，其格局特征与合院式建筑类型共同构成控制传统城市形态的内在秩序。

建筑类型

古代中国城市中的建筑，小至一个庭院，大到宫殿、寺观，都是由院落组成的，这是建筑到城市一体考虑的结果[5]，也体现了传统建筑格局的类型特征。传统建筑以“间”为基本单位，几间并联形成房屋，几座房屋围合成院落，遵循等级制度组合为关键节点建筑（宫殿、衙署、书院、寺庙等）和一般建筑（民居等）。这些单体和院落各不相同，然而彼此在群集过程中又显出某种重复的范式特征，即为类型。

---

1 Conzen M R G. Alnwick, Northumberland: A Study in Town-plan Analysis[M]. Transaction and Papers (Institute of British Geographers), 1969(27): iii.

2 Caniggia G, Maffei G M. Composizione Architecture E Tipologia Edilizia.I: Lettura Dell'Edilizia di Base[M]. Venezia: Marsilio,1979.

3 Gu K, Zhang J. Cartographical Sources for Urban Morphological Research in China[J]. Urban Morphology, 2014, 18(1): 5–21.

4 郭莉 . 基于地界的中国传统城市肌理认知与图示研究 [D]. 南京 : 南京大学 ,2020.

5 马继云 . 论中国古代城市规划的形态特征 [J]. 学术研究 , 2002(3): 54–58.

类型概念可以理解为事物相互之间结构模式相似性的聚合，是一种抽象系统，它隐藏在具体的环境形态之中，因此也就只能在具体的形态之中被感知。源于同一类型的建筑在形式上各不相同，这是共同的环境理解作用下的相同格局被不同的人以不同的方式落实于不同的文脉关系中的自然结果。每一个具体的建筑形态都不外乎是范式的变体，类型自身的特征在现实环境系统中产生了要素之间的连贯性和持续性，同构而不同样。一个聚落或是社区便可由此获得统一感，同时又不失却其个性和独特风采。

富有生命力的类型都有极强的适应性和开放性，类型向具体形态转换时充满了变化的机会。那种由相似性集合而成的抽象原始类型被称为原型。当原型在不同的场景中生根时，必然受到不同的人和具体条件的制约而呈现不同的形态。这种变化后的形态即为原型的变体。变体是原型被具体需求过滤后的结果，是营造者对原型的重新诠释。原型与变体能够有效承传环境与历史的双向文脉，实现文化的延续。

地块格局与建筑类型的演变

地块格局与建筑类型的演变，可以通过不同时期地籍图与建筑肌理的叠图对比而呈现。以南京为例，1936 年南京市地籍图清晰呈现了明清至民国时期地块形态特征及组织模式的一般规律：除少数公共地块外，大部分城市区域被划分为小型居住地块，大多数面宽窄，进深大，呈长方形并列排布，短边朝向主要街道或水系。内秦淮河沿线地块垂直河道布局，城墙沿线地块垂直城墙布局。这种地块格局与私有化土地制度、沿街 / 沿河地块价值、院落式建筑布局模式等因素有关，是构成传统城市特色空间形态和肌理的重要秩序性介质和要素（图 5.23）。

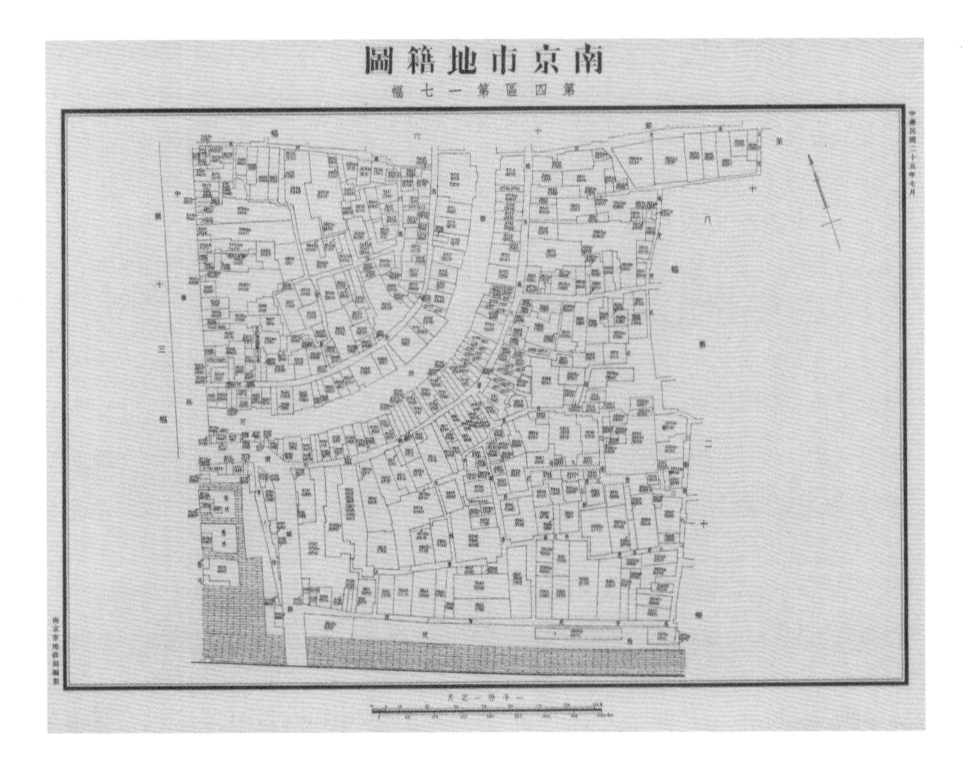

◁ 图 5.23 1936 年南京市地籍图（第四区第十七幅）

1949 年之后，中国土地制度由私有制转向公有制。随着 1956 年开始的私房改造运动及 1982 年宪法中提出的“城市的土地属于国家所有”条款，地块及其组织模式出现两种主要的变化趋势：地块细分和地块合并。

在一些历史地段内，随着城市人口密度的增加和私房改造的兴起，城市中的私有土地和房屋被细分为较小地块，小部分保留私有产权，大多则转变为国有，并以“经租”的形式出租给其他城市居民，由此导致此类历史地段中公私产权混杂，地块组织模式模糊。随着公私产权的混杂和居住人口的增多，各类违章搭建和拆除重建因为缺少地块格局这一隐藏秩序的控制而日趋混乱。这种情况在很多历史城区中出现，也是历史地段在演变过程中逐渐失去传统形态和肌理特征并走向衰败的根本原因之一。与之相对的另外一种情况是在旧城改造过程中，大量破旧的传统地块建筑被统一征收、拆除、合并，重新规划为大地块进行统一开发，传统的地块边界和产权关系完全消失。此类地块大多重建为完全不同于传统院落式住宅的多层、高层住宅或大型商业综合体。

土地制度以及产权关系的改变，极大地影响了传统地块组织模式的传承。在历史地段保护与再生设计中，地块及其组合模式并非必定被产权关系所束缚，而是可以成为保护与再生过程中一种主动的、可被操作的结构性介质。历史地段保护的主要内容之一，即是重构传统地块的形态特征和组构关系。忽略对这种关系的保护，很容易回到单纯风格模仿的老路。

2）设计策略

针对上述土地和房产制度变化导致的传统城市形态和肌理变化，规划设计团队基于不同的实践场景，提出“地块分级”和“虚拟地块”两种地块组织策略，以引导历史地段内传统肌理的保护和重塑。

地块分级

南京小西湖街区是地块细分的典型案例（图 5.24）。通过对 1936 年地籍图和 2016 年用地红线权属范围图的重绘和对比 [图 5.25 (a) (b)]，可以看出 80 年间产权地块的演变趋势及特征。

首先是地块数量，从 1936 年的 117 个到 2016 年的 216 个，几乎增加了一倍。经统计，现状的 216 个地块中有 159 个（超过 70%）是由于地块细分而出现的，另有 20 个地块因为马道街和箍桶巷的扩宽而局部缩小，新增和重新划定边界的地块分别有 11 个和 12 个，完全保持不变的地块仅有 12 个 [图 5.25 (d)]。将两个时期的地籍图进行叠合，也可以看出大多数地块边界线基本保持不变，最主要的变化出现在地块内部的细分上。

其次，地块面积差异增大，地块形状及组合方式呈现多样化和碎片化趋势。1936 年地籍图中的 117 个地块并不是相同单元的阵列，但也呈现出一定的组织规则。其中绝大部分（108 个）大致呈长方形，短边面街并列布局。地块面积最小为 27 m^2，最大为 3 825 m^2，大部分在 100~500 m^2，沿街面宽尺寸多数在 6~18 m，进深面宽比大多在 1~4 之间。另外还有 9 个地块呈现不规则形状，这种不规则地块通常在两种情况下出现：

一种是场地内部为数不多的大地块，通常是由于大户人家购买邻近地块，合并成一个不规则地块；另一种情况是由于分家或者家道中落，一个较大的地块被分割为几个长方形地块和一个L形地块，这种L形地块的出现通常是为了满足进入地块的交通需求。

◁ 图5.24 小西湖街区鸟瞰

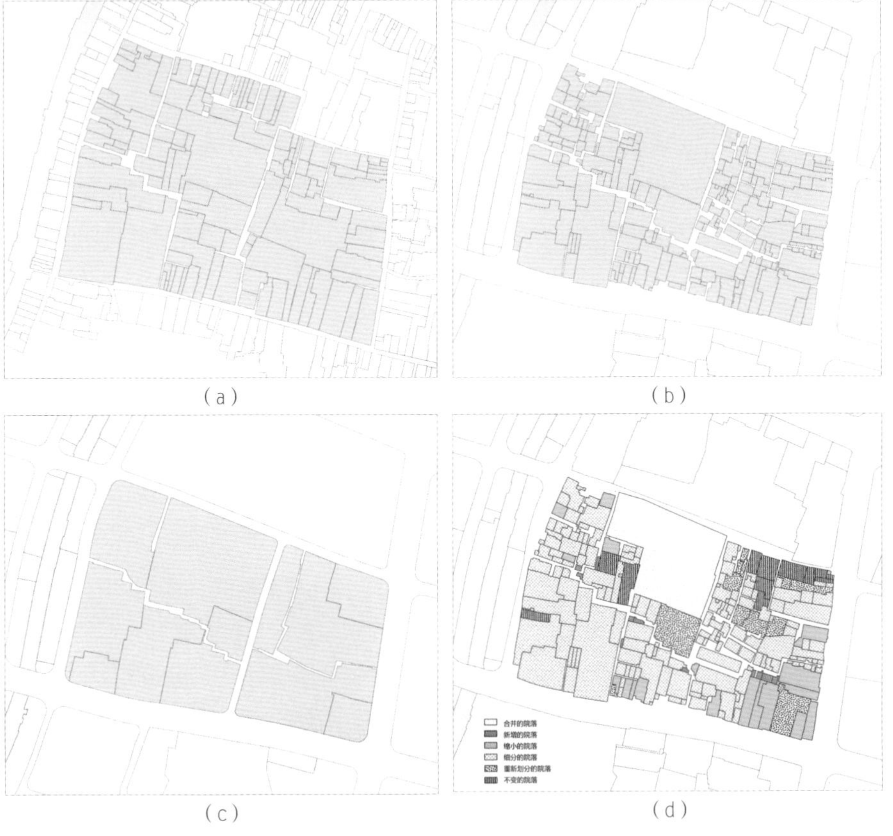

◁ 图5.25 小西湖街区地块格局的演化：(a) 1936年地籍图；(b) 2016年用地红线权属范围图；(c) 2017年控制性详细规划中的地块划分；(d) 地块变化模式分类

△ 图 5.26 地块分级和二级管控体系

到 2016 年，地块大小、形状和排列方式等更加多样化。一方面，随着产权的细分，小面积、不规则地块数量增多，最小面积仅约 10 m²；另一方面，由于土地公有化之后的统一征收、合并，出现不少用于多层住宅和公共建筑建设的大型地块，最大面积超过 7 600 m²（小西湖小学）。此外，新建筑类型如板式公寓的出现，也形成了一些面宽远大于进深的地块类型。

最后，住户密度（一个地块内实际居住的户数）增大。1949 年以前的土地私有制情况下，一个地块通常就是一户人家，住户密度基本为 1。随着土地产权和房屋产权的分离以及细分，目前小西湖街区内居住地块的平均住户密度大约增至 5~6 之间。

经过各方主体的多次商讨，结合小西湖历史地籍信息、现状土地权属分布以及居民搬迁意愿，对现有 216 个地块进行分级整合，建立起由规划管控单元、微更新实施单元构成的二级管控体系（图 5.26）。规划管控单元回应现行规划管理体系，微更新实施单元则专注于保护历史肌理并确保渐进实施的可操作性。

规划管控单元也可称作街巷单元，是指由街巷围合的、相对独立的一系列产权地块的集合。其划分方式主要基于需要保护或保留的街巷，单元数量由原控规划定的 12 个增加为 15 个。规划管控单元的主要作用是明确公共街巷与地块的界线，规定边界特征、退让要求和出入口范围等，并对历史地段整体形象提出管控要求。

微更新实施单元是设置规划指标、制定管控规则、搜索征收范围、开展项目建设的基本单元。其划分基于现状的 216 个产权地块，并且综合传统地块组织模式、居民搬迁意愿和规划管控需求，将部分无效或低效的微小地块进行合并，具体包括以下四种情况：①延续现状产权地块边界；②整合居民自愿搬迁、相邻且有条件进行联合更新的产权地块，组合方式尽可能恢复传统的地块形态和格局；③面积小于全市平均居住面积且肌理细碎的地块并入相邻地块；④多个相邻地块被同一栋建筑物占据，无法独立更新而进行合并。最终，小西湖地块合并为 127 个实施单元，并按“规划管控单元—微更新实施单元”的方式编号。

需要关注三点：第一，现状的 216 个产权地块作为最小单元和基本约束条件，内含于规划管控单元和微更新实施单元之中；第二，地块整合尽可能恢复历史地块格局，引导街区肌理的修复和重塑；第三，二级管控体系的建立需要综合考虑规划管理需求和实施可操作性。

实践表明，通过地块分级建立的二级管控体系基于地块格局的历史特征、微更新操作模式以及规划管控需求，将细分的小地块集聚成多个层级，对小宗地块构成及产权关系复杂的历史地段的征收、规划管理和土地操作模式带来积极的推动作用。其中，微更新实施单元为“自愿、渐进”的征收模式提供了依据，不仅有利于土地部门对小地块进行合并收储、划拨或出让，也是规划部门和设计团队对历史地段形态和肌理组织模式进行重塑，并在此之上制定管控规则、设置规划指标的基本单元。

小西湖街区采用“小尺度、渐进式”的保护与再生模式，不再以政府或开发单位为单一主体进行大包大揽的休克式的改造，而是鼓励居民自主更新，鼓励民间资本介入，各个地块的操作主体与改造时间并不确定。为保证不同地块在改造过程中遵循共同的规划意图和建设规则，规划设计团队根据地块城市设计图则编制办法和居住型历史地段的特殊性编制微更新图则。图则由地段总则和 15 个规划管控单元分图则两个主要部分构成。

地段总则是对各项规划成果的简要描述，并且提出总体管控要求。主要内容包括区位信息，规划设计原则与创新，街巷体系规划，地块分级体系，用地性质，建筑高度、密度及容积率控制，建筑保护与再利用，市政基础设施规划设计，公共服务设施布局和微更新流程。

微更新图则（图 5.27）为各个实施单元渐进展开的保护和改造工作提供具体的控制与引导要求，包括五方面内容：第一，对实施单元的边界、规划指标、用地性质提出明确规定，并对业态、现有建筑的处置方式提出引导。第二，边界类型，根据传统院落式建筑山墙和檐墙界面的不同特征分别提出管控要求。山墙是传统建筑肌理中重要的结构性要素，历史地段内保留和新建建筑山墙的位置和方向应与传统肌理一致，并保持一定的连续性；而檐墙界面则允许在地块红线内适当退让，同时规定连续沿街立面长度不宜超过 15 m，以形成与传统街巷相一致的尺度感；鼓励沿外部街道和主街设置活力界面，采用“前店后住、下店上住”等传统模式引入社区服务和文化功能。

▽ 图 5.27 小西湖街区 14、15 号规划管控单元微更新图则

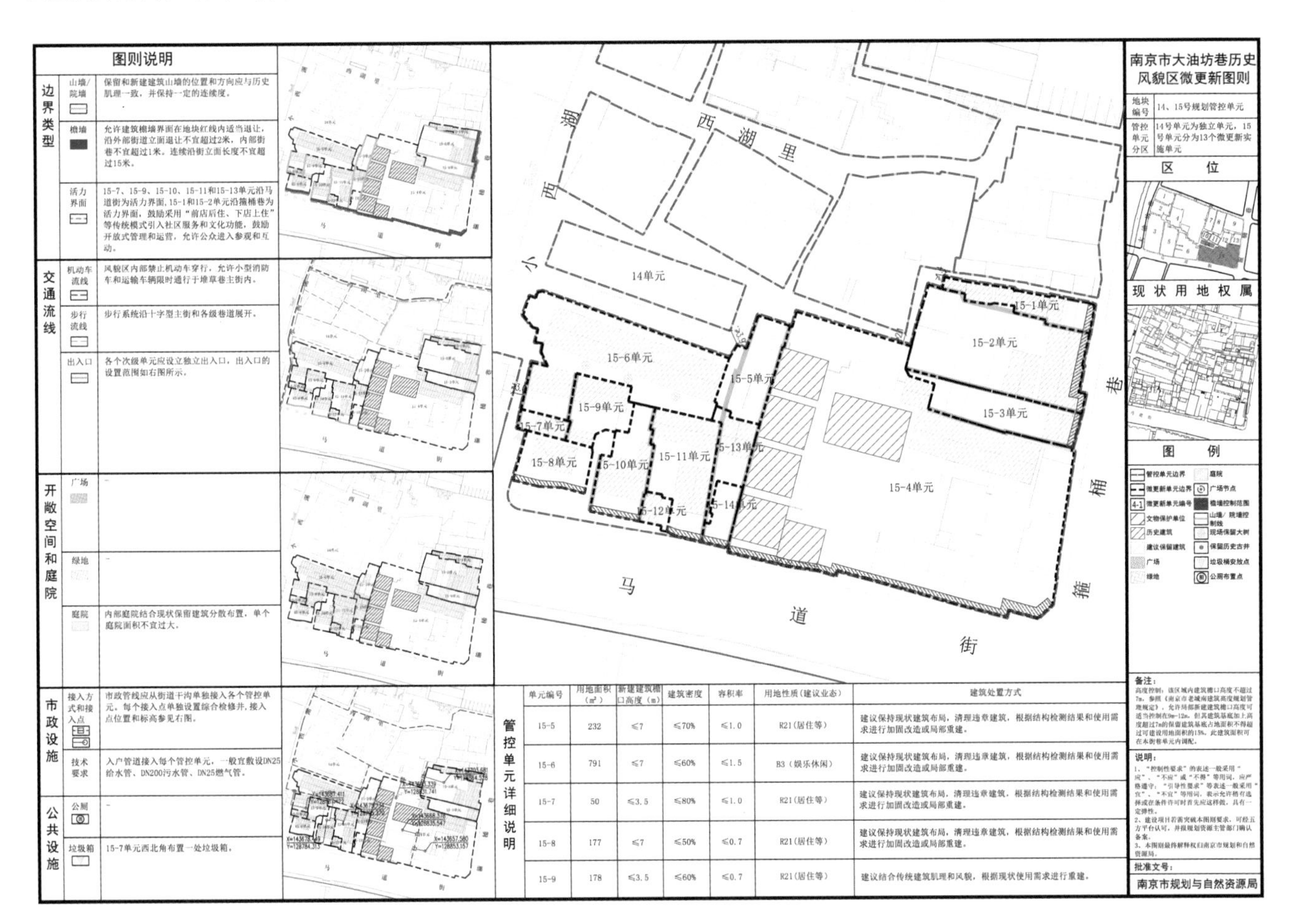

单元编号	用地面积（㎡）	新建建筑檐口高度（m）	建筑密度	容积率	用地性质（建议业态）	建筑处置方式
15-5	232	≤7	≤70%	≤1.0	R21（居住等）	建议保持现状建筑布局，清理违章建筑，根据结构检测结果和使用需求进行加固改造或局部重建。
15-6	791	≤7	≤60%	≤1.5	B3（娱乐休闲）	建议保持现状建筑布局，清理违章建筑，根据结构检测结果和使用需求进行加固改造或局部重建。
15-7	50	≤3.5	≤80%	≤1.0	R21（居住等）	建议保持现状建筑布局，清理违章建筑，根据结构检测结果和使用需求进行加固改造或局部重建。
15-8	177	≤7	≤50%	≤0.7	R21（居住等）	建议保持现状建筑布局，清理违章建筑，根据结构检测结果和使用需求进行加固改造或局部重建。
15-9	178	≤3.5	≤60%	≤0.7	R21（居住等）	建议结合传统建筑肌理和风貌，根据现状使用需求进行重建。

△ 图 5.28 许宅自主更新项目建筑肌理与周边环境的融合

第三，明确机动车和步行流线，并对各个实施单元的出入口范围进行引导。第四，根据传统院落式住宅的特征以及新的公共性和功能需求，对地块内部的广场、绿地和庭院布局的位置和尺度提供建议。第五，市政基础设施和公共服务设施，明确基础设施的接入方式、接入点坐标和标高以及技术要求，并提供公厕、垃圾箱等公共服务设施布局点位。

随着微更新图则的编制完成，更新申请得到批准的产权人或承租人将获取总则和微更新分图则。不论未来改造主体是个人、开发商还是政府平台，都可以根据图册的控制和引导要求对相应地块进行自下而上的改造活动，规划管理部门根据图则对设计方案和施工过程进行监督和指导。

马道街 39 号许宅自主更新项目基于地块分级和微更新图则进行改造设计，在维持地块边界不变的前提下，既保留了传统院落式肌理特征，又融入新的功能和使用需求。设计将改善居住条件及其空间品质作为根本目标，综合协调参与各方的诉求，如政府职能部门提出的历史地段高度和风貌控制、产权面积指标、老许夫妇的居住习惯，反租招商需求等，在协商中逐步形成设计方案。设计严格遵守地块的产权边界，延续了传统院落式建筑类型（图 5.28）。

许宅功能空间的组织首先基于地界，通过在两个地块之间设置天井分隔商业与居住功能。“前店后住”的功能布局既还原了传统城市的商住模式，也满足了老许和历保集团的共同诉求。南侧地块直面马道街，平面布置为通用空间，方便后续业态的灵活分隔；剖面呼应原有老虎窗，增大层高，在保证建筑檐口 7 m 控高的前提下，为未来增设局部夹层留有余地（图 5.29~ 图 5.31）。

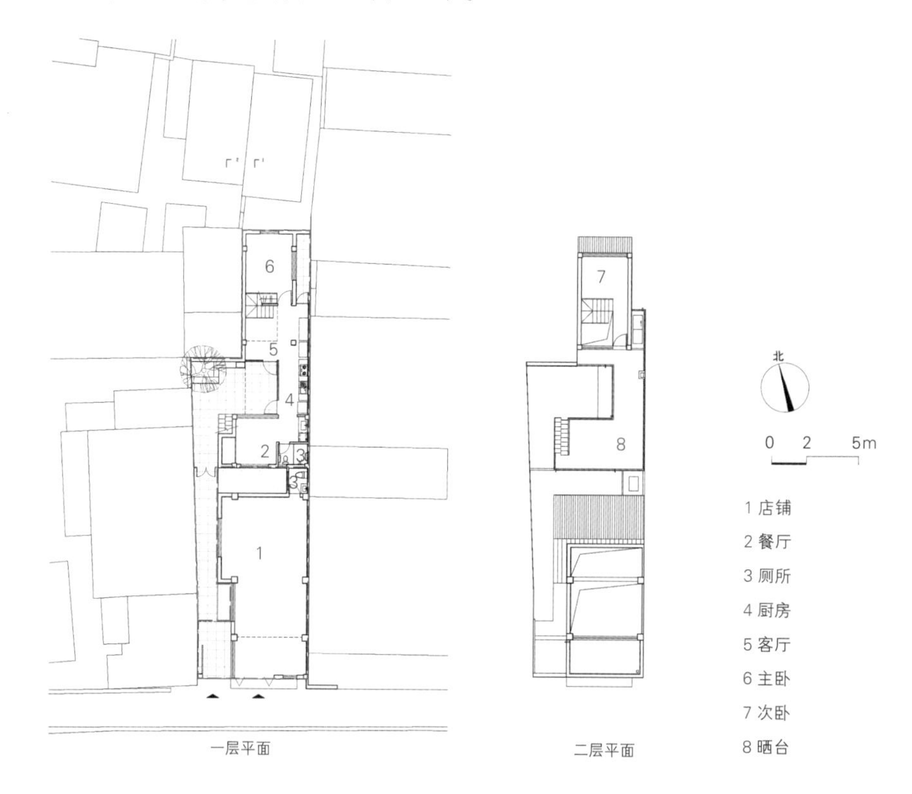

▷ 图 5.29 许宅平面图

△ 图 5.30 保留的入户大门和小弄

◁ 图 5.31 围绕中央院落的主要居住空间

虚拟地块

虚拟地块是指与产权属性并不一定直接对应的地块，其主要来自对历史地块特征的模拟，用于控制和避免因合并流转而产生的大宗地块建设中可能出现的尺度肌理失序，同时保留了地块建设方案设计的灵活性。在规划管理过程中，虚拟地块一般属于引导性设计导则。

与小西湖街区内传统地块逐渐细分的渐进式演变过程相反，一些老城中还存在另一种完全不同的突变式地块演变。在过去十几年的整体改造浪潮中，许多历史地段在"资金就地平衡"的要求下进行整体拆迁，原本的小宗地块无论公私产权，均统一征收并进行合并。

以南京内秦淮河西五华里生姜巷—徐家巷地段为例，1936 年的地籍图中可见滨河地块大多划分为长方形，短边面河，垂直河道并列排布。这种地块格局是形成内秦淮河沿岸传统肌理的内在控制准则，也是"河厅河房"建筑类型出现并繁盛一时的内因（图 5.32）。老城南启动改造计划后，内秦淮河西五华里沿岸被列入"危旧房改造计划"而

◁ 图 5.32 秦淮河沿岸的河房河厅

展开整体征收和拆迁。随着两岸地块的收储与合并，原本垂直于河岸方向的一系列小宗土地组成的地块集合突变为平行于河岸的带状建设用地（图 5.33）。

▷ 图 5.33 内秦淮河西五华里生姜巷—徐家巷地段地块格局演变：（a）1936 年地籍图；（b）2016 年用地红线权属范围图；（c）2020 年用地红线

地块尺度和方向的突变影响到新建建筑的尺度和布局模式。一些沿岸建设项目因失去了地块层级的内在控制，其肌理尺度与传统街区相去甚远，仅仅依靠粉墙黛瓦等形式风格难以再现河房的传统特征。

土地制度是城市形态演变过程中的一种重要影响因素，并不直接决定地块形态和组织模式。土地公有制度下的规划设计依然可以延续传统地块尺度和组合，只是其重要性在粗放型规划建设中被忽略了。2016 年 6 月启动的南京内秦淮河西五华里滨河地段城市设计中，笔者团队提出“虚拟地块”这一设计策略，在地块层面上对内秦淮河沿岸传统“河厅河房”建筑的传承和创新提出控制和引导。

具体操作过程如下：首先，参照历史地图确定垂直于河道方向的历史巷道位置，这些巷道连接内秦淮河畔的河埠头，是重要的功能性通道和景观视廊，需要在新的设计中得以再现。其次，根据周边场地现状条件，在小学、幼儿园等人流集中的位置设置口袋广场，根据周边街巷和建筑关系确定次一级的视线通廊。再次，历史巷道与新增的广场、视廊叠加，将滨河带状用地初步划分为大小不等的可建设用地，最大用地面宽控制在约 40 m，保证曲巷内行人对河道的感知。最后，通过对南京老城相关资料和案例的调研，传统民居建筑一般不超过三开间，开间尺寸为 2.1~4.2 m，结合传统建筑尺度和新建筑业态需求，将可建设用地进一步划分为宽度 9~13.5 m 不等的小地块（图 5.34）。

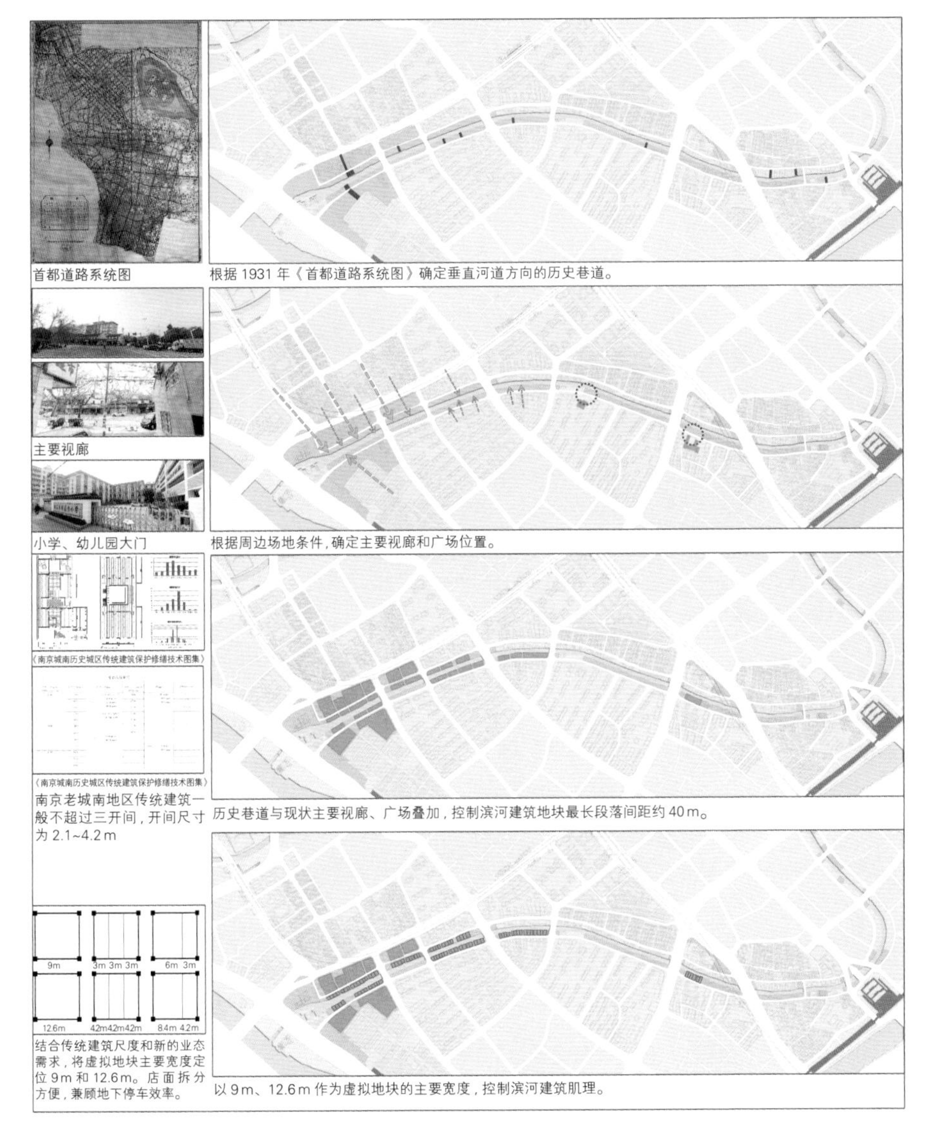

◁ 图 5.34 “虚拟地块”操作过程

最终得到的“虚拟地块”划分图与 1936 年地籍图中的地块组织模式相似，但并不直接对应土地产权，而是作为历史地段形态控制的一种手段。其主要功能是作为控制性要素对建筑设计的类型选择、尺度、组合方式起到控制和引导作用。新建建筑应在“虚拟地块”引导下体现历史肌理，同时又可以在建筑布局中打通各个地块，灵活布置各项功能。土地制度并不直接决定地块形态，而是一种影响因素。通过“虚拟地块”将大地块转化为符合传统地块组织模式的小地块序列，对未来的建筑肌理和尺度进行控制和引导。

内秦淮河西五华里滨河地段“虚拟地块”的划分被编入城市设计图则中（图 5.35），作为建设项目设计的重要依据，对河房建筑类型的再现具有引导作用（图 5.36）。在后续的建筑设计中，依据“虚拟地块”的划分，把握建筑形体的方向和尺度，验证了“虚拟地块”管控方法的可实施性（图 5.37）。

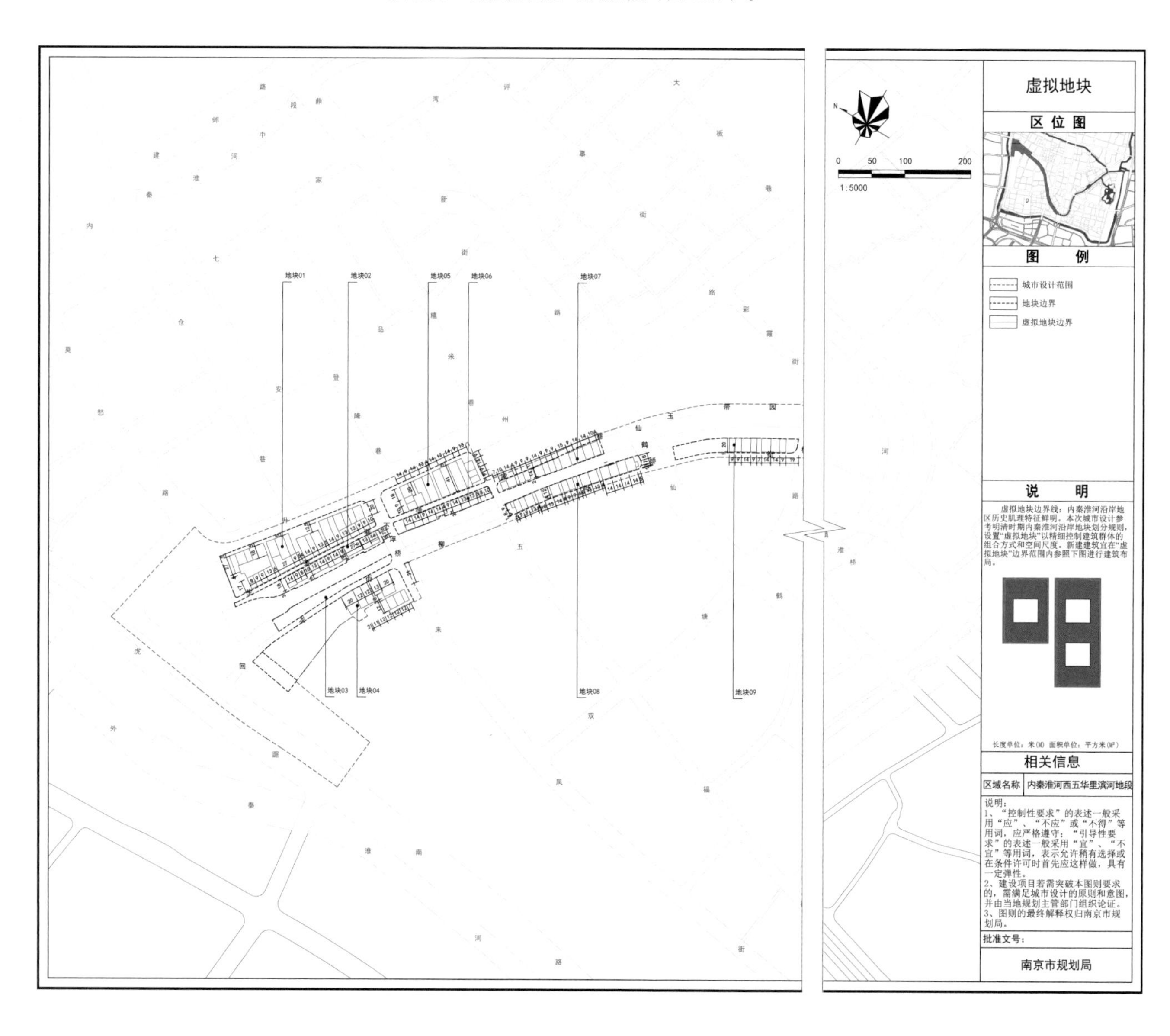

▽ 图 5.35 城市设计图则——“虚拟地块”（注：图中各地块编号内的红色线为虚拟地块划分线）

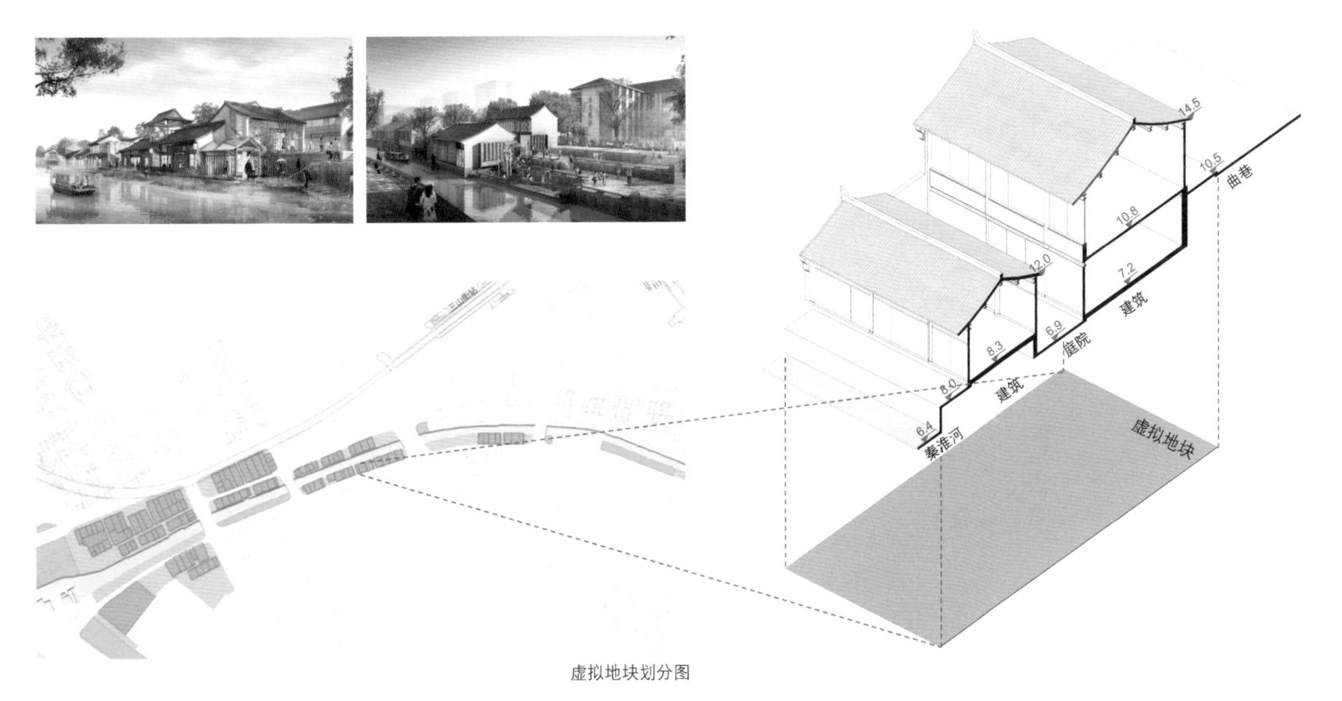

△ 图 5.36 “虚拟地块”控制下的建筑类型引导

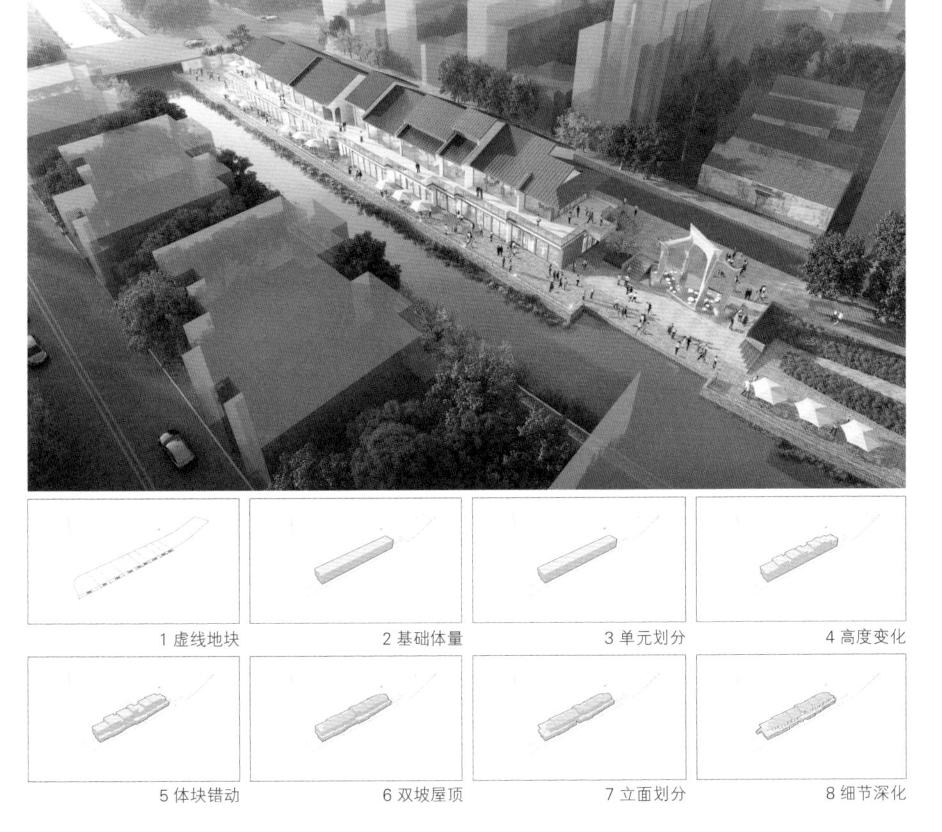

◁ 图 5.37 西五华里五号地块建筑设计

5.1.3 文化地层的揭示与呈现

1）规律与特征

文化地层是城市建筑遗产的一种重要类型。“‘地层’来自考古学，即依托地层揭示的器物承载的文化和地层土壤混杂的事件堆积，可以交叉排比建立广大时空范围的人类古代遗存演变的时空体系。”[1]英国社会地理学家多琳·梅西（Doreen Massey）认为，城市历史进程是在既有城市的历史结构上逐层叠加进行的[2]。因此，城市中建筑设计不再有全新意义的场地，场地成为携带城市历史信息的载体，即由遗迹、痕迹、消逝等所构成的层叠空间。如果我们把人类当成一个设计师，就可以看到在历史的长河当中，人类的每一次作为都是对场地历史属性的再次理解、修正甚至抹除，其文化地层随之积累或改变，并为下一次的文脉接续提供条件。文化地层的揭示与呈现是认知、诠释历史，以及在历史场地中进行城市建筑实践的重要方法。

文化地层兼具历时性和共时性两大特征。历时性体现在多个文化地层纵向层积的动态过程中，基于考古发掘的历时性研究为文化地层的价值评估提供了基础，帮助我们确定哪些“层”应该被保护、继承或是弱化；共时性则关注由历史积淀而来的不同地层共存于同一场地空间内所形成的相对关系。对文化地层的历时性与共时性及其价值的认知是历史环境保护与再生设计的重要基础。

2）设计策略

完整地保护文化地层本体是最根本的设计原则。在此前提下，揭示地层的意义并积极地呈现其形态，是设计的两个关键议题：一是要把设计建立在对文化地层充分理解的基础之上；二是要在条件允许的前提下，通过设计有效地展现这些文化地层，将历史信息融入当代的城市生活中。

揭示地层的城市性

经历了长期的岁月变迁，同时限于考古发掘的阶段性，城市中留存的可见历史地层往往是残缺的、不完整的，甚至是在城市建设的过程中被偶然发现的。文化地层的意义与其昔日的城市格局密切相关，揭示其与历史城市的空间关联，可以见证建筑的城市性在不同时代的表征。

国家罗马艺术博物馆的设计从现今的城市网络中提取方位肌理，通过与历史地层的对比和反差，揭示了不同时态下城市形态的变迁。博物馆位于罗马帝国在西班牙的最后一个重镇梅里达，紧邻罗马半圆形露天剧场与椭圆形竞技场两处重要遗迹。在博物馆建造前的考古中发现了多个时期的遗迹层，包括古墓、古罗马房屋的外墙、文艺复兴时期的房屋庭园基础、蓄水池和下水道，以及早期的教堂遗迹等。其中古罗马时期的遗

1 陈薇. 历史城市保护方法二探：让地层说话：以扬州城址的保护范围和特色保护策略为例 [J]. 建筑师，2013(4): 66−74.

2 Massey D. In What Sense a Regional Problem?[J]. Regional Studies, 1979, 13(2): 233−243.

址呈现了梅里达古城近乎格网状的输水渠和道路系统。梅里达现今的城市格网与罗马城市遗址呈 20° 的夹角，这是十分关键的结构性信息。建筑师拉斐尔·莫内欧（Rafael Moneo）巧妙利用了罗马遗址与当代城市空间的肌理反差，其设计的新建筑的结构布局延用了当代城市的格网方向，并与遗址方位叠加。新建筑的形体不仅遵循了周边的城市肌理，还在主展厅中通过拱形阵列建构出了强烈的秩序感。这一秩序与遗址产生显著的方位差异，从而表达出当代建筑与遗址之间独特的对话关系（图 5.38~ 图 5.40）。

◁ 图 5.38 梅里达古罗马博物馆建造过程

▽ 图 5.39 梅里达古罗马博物馆遗址展示层

◁ 图 5.40 梅里达古罗马博物馆一层平面和格网方向

德国科隆柯伦巴艺术博物馆从历史遗迹与城市街道的关系出发，通过对建筑遗址边界的修复，再现了历史城市街道的既有形态。该项目场地内主要的文化地层包括作为考古遗址的哥特教堂残垣及基址、古罗马及中世纪的建筑废墟、失落的中世纪古墓以及八边形现代礼拜堂。瑞士建筑师彼得·卒姆托（Peter Zumthor）修复了场地内在二战时期被炸毁的哥特式教堂的平面轮廓，将各个时代留存的地层信息覆裹在一个巨大的建筑空间之中，为层叠交错的历史文化信息提供了一个共存的场所（图 5.41）。设计选取了哥特教堂遗址的边界，在保护遗迹留存的基础上，新建筑的外墙叠加在教堂老墙上（图 5.42）。通过镂空设计，不仅减轻了部分压力，还映射出哥特教堂玲珑斑驳的光影效果。一个既有的八边形小礼拜堂被包裹在新建筑内部。北侧中世纪的古墓遗迹边界被清晰地界定出来，成为新建筑的庭院。如此设计，使得复杂的历史时空信息得以在一组共时的空间场域中呈现出来。

▷ 图 5.41 德国科隆柯伦巴艺术博物馆一层平面

▷ 图 5.42 柯伦巴艺术博物馆外观

南京小西湖街区“三官堂”遗址保护和再利用项目，基于施工过程中发现的台基遗址，以一个漂浮在遗址上的新建筑实现了遗址保护展示与公共场所再造的双重目标。“三官堂”遗址的发现始于现场留存的石砌台座和建设过程中发掘出的砖砌地垄墙，通过历史地图（1929 年南京航拍图）、文献（金陵玄观志）与实物的二重互证，确认该遗址是南京城南重要道观“三官堂”的大殿台基。

基于“三官堂”遗址的发现，笔者团队与实施主体达成以下共识：其一，这里需要一定的公共性，传承“三官堂”的公共场所价值；其二，考古发现的遗址信息不足以复原原始建筑，但传统建筑的形制和尺度可以通过新的方式再现。更新设计以一块漂浮的混凝土板作为新旧空间的界限（图 5.43）。其初衷首先是为了保护遗址，砖石遗存的大多数病害与水有关，遮雨和通风能够解决主要问题，简单有效；其次是应对上下之间非对位、不确定的联系——不是模糊的黏结，而是新建筑“漂浮”在旧基址上[1]。在混凝土板上建构新的地层，提供一定程度的公共性，融入当代城市活动。新“三官堂”建筑采用钢木结构，材料和节点构造虽与传统不同，但柱位和步架尺度依然带

1 沈旸，张旭，俞海洋，等. 作为线索和方法的“城南旧事”：小西湖实践中的历史发见与城市想象 [J]. 建筑学报，2022(1): 9-16.

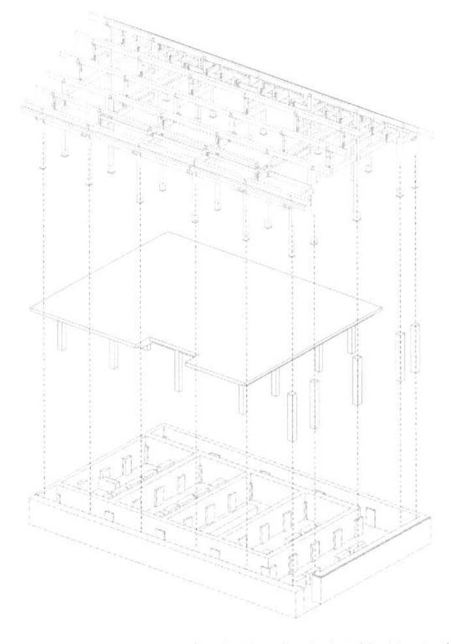

△ 图 5.43 “三官堂”遗址保护的分解轴测图

◁ 图 5.44 建成后的茶室兼“三官堂”遗址保护展示

（a）　　　　　　　　（b）

◁ 图 5.45 “三官堂”：（a）遗址层；（b）新的公共活动层

给观者一种时空的交错感，“三官堂”的传统空间尺度在这里依然是可以被感知的（图 5.44、图 5.45）。

复杂地层的空间诠释

历史悠久的古城通常都有不同时期地层的叠压，构成了复杂的地层信息。考古工作者尚且需要通过细致的发掘、检测、文献考据、鉴定等技术环节才能相对明确地判断文化地层的构成，一般公众面对这种复杂的地层场景往往是茫然的。如何克服这种理解的障碍，使普通公众能透过这些地层的堆积达成对历史城市经纬的理解，就成为设计所要面对的难题。

扬州古城南门遗址系全国重点文物保护单位，叠压了唐、宋、明、清历代城门的地层信息。2007 年的考古发掘成果显示了南门作为扬州历代瓮城和城市大门的重要历史、科技和艺术价值。由于扬州城南门在历史发展中呈现出不同朝代延续性和层叠性的特征，其遗址展示了较复杂的层叠关系和丰富的历史信息，表现出演进式历史城市的特征，在中国古代城市建设史上被誉为“城门的通史”。

扬州南门始建于唐代，为当时商业繁华的罗城水陆并置的重要门户，城门外设瓮城。经考古发掘，瓮城内道路呈直角“之”字形设置，由东南方向出城。宋代，扬州转型为军事城市，南城门以唐代城门为基础进行加厚并调整角度，形成宋代瓮城。考古发掘证实，出城道路基本和唐代吻合，仅转折角度有调整。明清时期，扬州南门因地处古运河转折处，再次成为水路交通枢纽重镇，由于南门外大街的繁荣，出城路径由东南转为西南（图 5.46）。通过南城门遗址南侧的考古发现基本可以推测出不同时期的环境特征（图 5.47）。

▷ 图 5.46 扬州古城南门入城路径演变

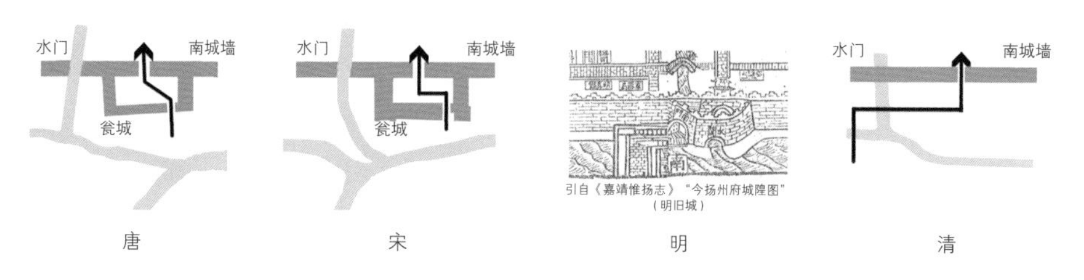

▷ 图 5.47 扬州古城南门遗址格局

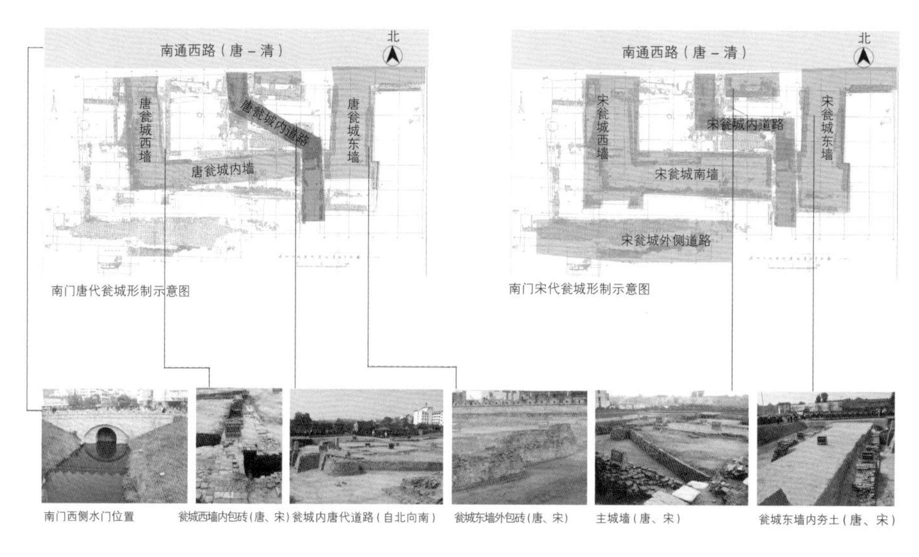

设计团队通过对南门遗址考古成果和保护规划中遗址信息的解读，选取“入城路径”这一遗址文化信息作为设计出发点，强化经洒金桥向东进入南门瓮城的通路特征，在设计的各个环节予以体现。在遗址展示馆的室外场地设计中，以步行路径和休闲广场联系古运河码头，再现南门和原有历史环境水系的关联。展示馆内部，在确保遗址本体安全的前提下，通过轻质木栈道组织参观流线。设计参观流线的起点呼应瓮城南

部入口，分为主流线（展示唐代瓮城内道路）、辅助流线（展示宋代瓮城外道路）和展厅流线。主流线位于城墙土芯之上，沿唐代瓮城城墙遗址边界；辅助流线顺应宋代瓮城城墙走势，与面向水门的次入口相联系；展厅流线通过入口门厅的钢楼梯与主流线汇合。三条功能相对独立又紧密联系的流线设计是对南门遗址层叠的历史信息的清晰解读，以立体化、多视角的方式展示遗址（图 5.48、图 5.49）。

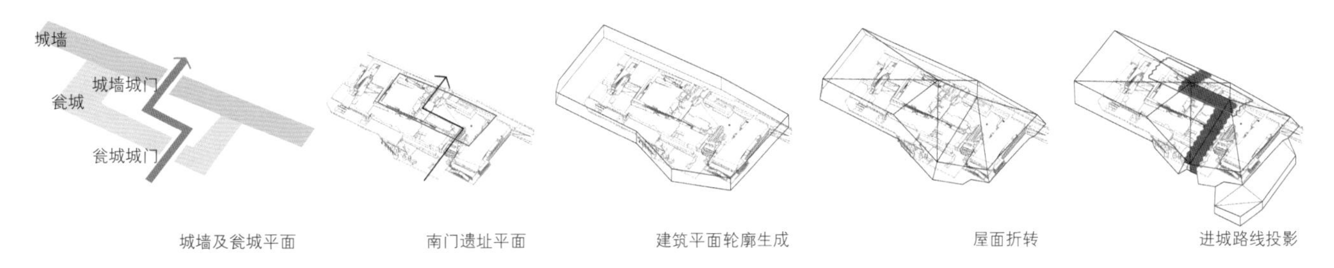

△ 图 5.48 扬州古城南门遗址方案生成过程

(a)

(b)

◁ 图 5.49 扬州古城南门遗址：(a) 展示馆室外；(b) 展厅

遗址博物馆顶部采光天棚的设计，再现了扬州南门瓮城门道的空间形态特征：进程路径的投形构成了屋面转折的几何逻辑；“之”字形采光带的位置正好与唐代的由城门南转而自瓮城东南门出的路径相呼应。顶棚设计与观览流线组织上下呼应，为公众创造了一个易于认知遗址、感受历史信息的展示场所（图 5.50）。

晋阳古城遗址保护与展示工程设计同样采用空间语言，以助力观众对文化地层的解读。晋阳古城遗址位于山西省太原市晋源区，是一座遗存丰富完整、历史底蕴深厚的城市型大遗址，总面积约 20 km^2。晋阳古城遗址于 2001 年由国务院公布为全国重点文物保护单位，2010 年被列入第一批国家考古遗址公园立项名单（图 5.51）。

二号建筑遗址是晋阳古城近年发掘的最为完整的寺庙建筑遗址，唐及五代遗址交叉叠置。遗址主体呈现南北向纵长方形三进院落布局，这样的平面布局正符合唐代以来佛教寺院的布局特征。虽然二号建筑遗址上部的建筑已被破坏，不复存在，但夯土台基保存得较好，未经大规模扰动，台基上大部分磉礅依然可见，柱网结构完整可辨，部分础石、踏道、地砖、包砖等还保留在原始位置，整体结构能够被清晰地识别出来。

▷ 图 5.50 扬州古城南门遗址博物馆采光天棚与观览流线的呼应

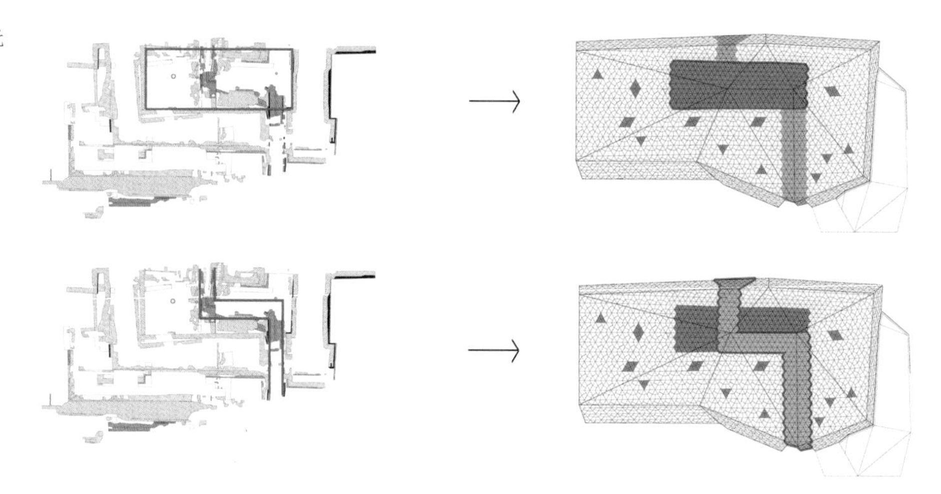

▷ 图 5.51 晋阳古城国家考古遗址公园一期规划总图

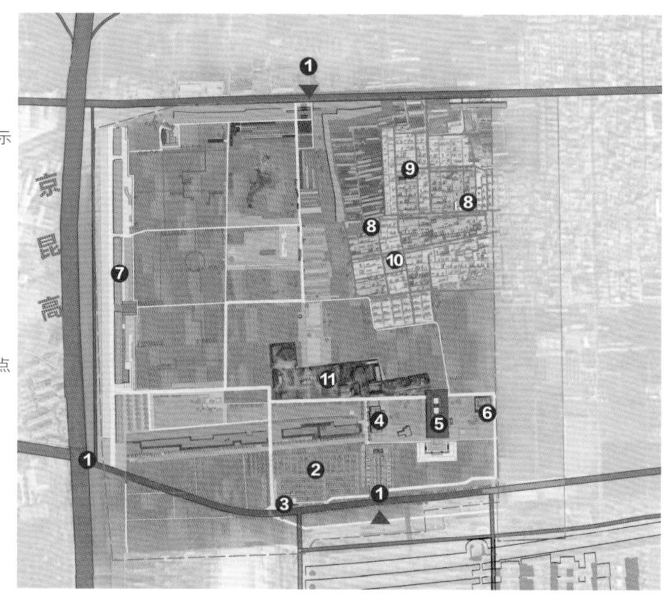

借助《晋阳古城二号建筑基址复原研究》中对寺庙的复原研究[1]，我们在设计中并再现了寺庙的多进院落形态，通过提取寺庙屋顶轮廓加强遗址保护建筑在城市尺度上的可识别性（图 5.52、图 5.53）。分解后的遗址保护大棚，能使观众联想到古代寺庙的格局。观展流线比较准确地还原了原寺庙轴线及两厢进落的空间格局（图 5.54、图 5.55）。路径与顶棚共同引导观众深入理解和体验历史文化地层的魅力。

---

1 二号建筑基址的南北长 84 m、东西宽 39.7 m，中轴线方向为 198°。该建筑主要包括四处殿址、五处廊庑、三处庭院、一处碑廊、一处龟头屋和一处门址等。整个建筑布局规整，周围廊庑环绕，内部各主要殿址间以露道连接，设计紧凑，修建考究。从基址中出土的带有"迦殿""天王堂"等字样的残碑、《金刚经》残碑、残经幢等遗物判断，二号建筑应为一处佛教寺院。结合地层叠压关系，推测建筑的建造年代不早于后唐，且不晚于北汉被北宋灭国的 979 年。

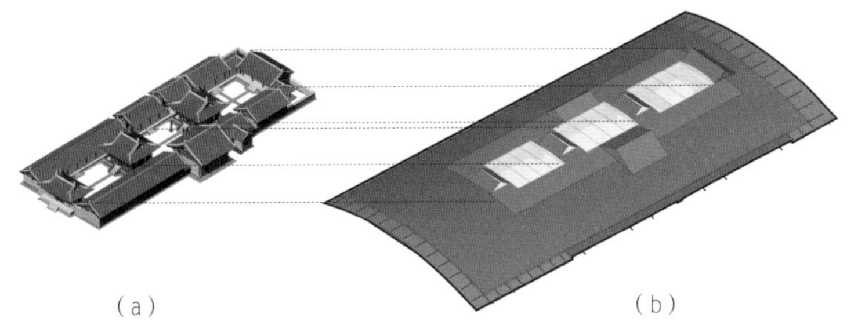

◁ 图 5.52 二号建筑遗址保护大棚：（a）寺庙屋顶轮廓复原；（b）遗址保护大棚形态

◁ 图 5.53 远望二号建筑遗址保护大棚

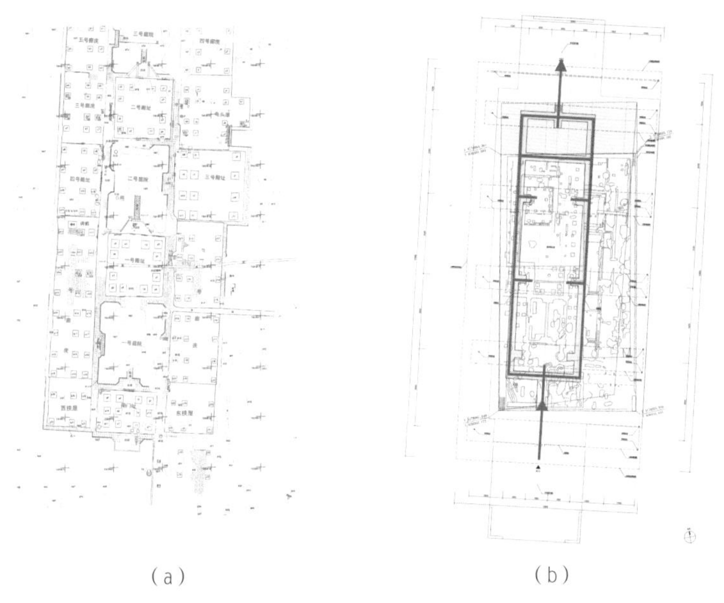

◁ 图 5.54 二号建筑遗址：（a）本体；（b）参观流线

◁ 图 5.55 二号建筑遗址保护大棚内部参观流线

四号遗址主要为内城城墙及蓄水设施遗址，包括 1 处夯土城墙遗迹、1 处蓄水设施、1 处水池、1 处房址。这些遗址充分展现了晋阳古城不同时期历史信息的叠加，反映了古城空间的历史变迁，以及北朝、唐宋时期的城市水工建设特色（图 5.56）。设计方案采用立体桁架结构，建造了封闭式保护展示大棚，以控制遗址展示区内部气候环境。为了让游客多角度、近距离地感受城墙断面、蓄水设施等遗址地层，设计结合遗址保护方式，充分利用遗址区内可进入区域，设置不同标高的连桥和栈道，形成了“日”字形立体参观环线（图 5.57、图 5.58）。

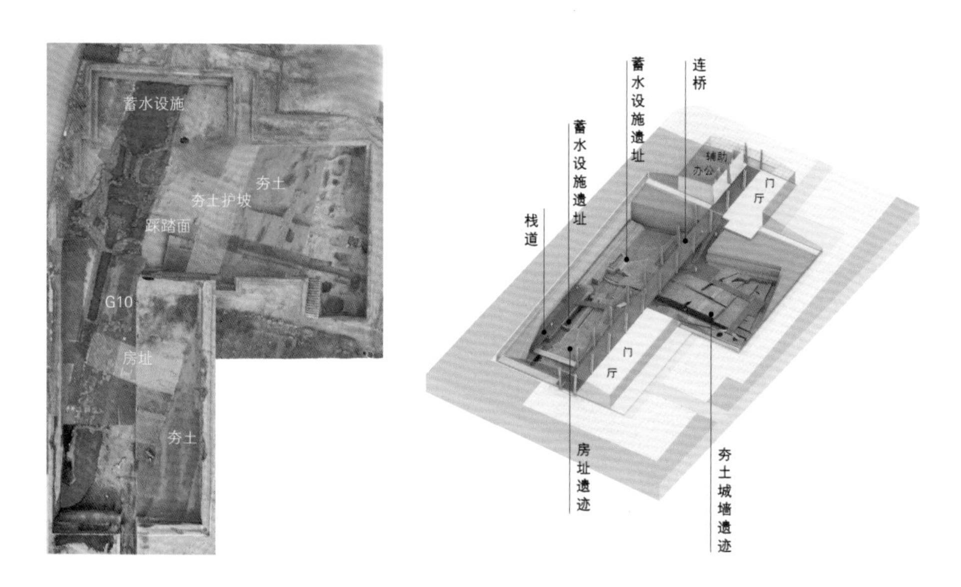

▷ 图 5.56 四号遗址本体

▷ 图 5.57 “日”字形立体参观环线

▷ 图 5.58 四号遗址保护大棚的连桥和栈道

5.2 需求牵引的改造再生

既有建成环境与新的时代需求的矛盾是城市更新的内在缘由。城市空间的改造面向新的需求变化而发生，但又是以存量环境为基底的行动，这种更新改造的本质就是存量的再生。土地集约化利用效率的提升、公共服务空间品质的提升、交通组织效率的提升，是城市建筑学视野下存量改造再生的主要关切。不同的尺度层级下，既有物质空间形态在形、量、性三方面的改造，通过网络和区块的结构重塑和几何变化，使城市建筑形态系统的机体健康得到延续和发展。

5.2.1 提升土地集约化效率

随着城市人口和功能需求密度的增长，空间增容成为城市持续发展进程中的内在需求，也是城市更新的主要动力。在土地资源供需矛盾的背景下，城市更新中必然要面对土地资源的集约化利用。空间增容的目的是创造新的产业空间、居民生活空间及公共服务空间。局部地块再开发和整体的基面再造，是存量土地实现空间增容的两种路径策略。前者主要基于既有的道路网络和地块组织，后者则涉及街区群乃至片区的大尺度操作。尽管两种增容的操作尺度大相径庭，但都需要置于建筑与城市的整体形态系统中进行一体化的综合处理。这种一体化设计，表现在化解矛盾、重新构建建筑/地块与街道/街区的整体联系、妥善处理新增容量与既有建筑的关系、在高密度开发的同时提供高连接度的城市公共空间等方面。归结于一点，就是构建高密度与高连接的紧密协配。

复杂环境下的地块再开发

当地块中既有建筑容量与土地价值严重失衡，或出于某种功能急需补充时，可以通过加建与扩建来增加场地内建筑密度，实现空间扩容，从而提高土地利用效率。但存量环境中的地块再开发往往并不是一个简单的容积率提升问题，还涉及环境及基础设施承载能力、物理环境品质、消防安全、城市建筑遗产保护、城市风貌保护等复杂问题。因此，需要在城市建筑形态系统的综合架构下，充分发掘空间资源，拓展建筑与城市的多维度联系，使地块再开发行为与城市公共品质的提升互相促进。

例如，京桥 EDOGRAND 直通东京地铁京桥站，临近 JR 东京站东片区多个地铁站，地理位置极其优越。再开发前，该地区的土地使用多为小型宅基地，无法满足城市发展需求。同时，作为区域地标的历史建筑“明治屋京桥大楼”也需维护修缮，京桥站也因过于老旧，急需进行无障碍提升等设施更新。因此，该地区的再开发课题不只是简单的建筑重建，还需要综合解决该地区所面临的诸多问题。

为提升区域的建设容量，设计将原本两个细窄的小街区整合为一个街区，在其中植入超高层办公建筑（图 5.59、图 5.60）。在对历史建筑进行修缮的同时，将超高层办公空间抬升，在其下方设置高约 31 m 的开放式空间“Galleria”，既创造了高品质的办公空间，也解决了街区合并造成的道路废止问题，确保了全天可通行的城市步行道路。

▷ 图 5.59 再开发项目前后

"Galleria" 连接两侧街道，串联地下、地上、空中三个标高的公共空间，连通车站。通过贯通空间和大台阶，将自然光和空气导入地下。低层商铺、文化公益设施和办公区入口面向 "Galleria"，延续了再开发前街道两旁路面店铺鳞次栉比的繁荣景象，还丰富了公共空间的多样性（图 5.61）[1]。

由 OMA 设计的西澳大利亚州博物馆（WA Museum Boola Bardip）改造与扩建项目[2]位于澳大利亚珀斯市文化中心区，西临图书馆，南临美术馆。场地内原有的博物馆为五个较为封闭的历史建筑组成的建筑群，全部集中分布于场地东南角，土地利用效率不足，功能单一。更新设计以撑满街廓的新体量在空中将五个既有建筑连接起来，以立体方式实现空间增容，整体轮廓与周围街区界面相协调。增容扩建的同时还利用原有老建筑之间的空隙，营造了多个大小不一且有遮蔽的半室外公共空间，其中最大的开敞城市灰空间——"城市客厅"是场地西侧图书馆与南侧美术馆之间市民广场向场地内的延续，通向博物馆的中心庭院，是博物馆与市民互动的门厅，能够承载从大型社区活动到小型团体聚会等多样活动（图 5.62~ 图 5.66）。

▽ 图 5.60 京桥 EDOGRAND 再开发后连通城市街道与地铁站的 "Galleria"

▷ 图 5.61 设计概念图解

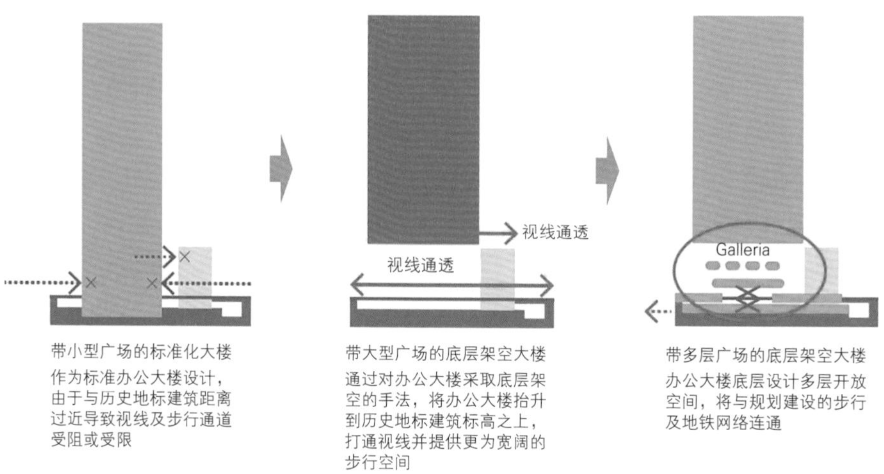

1 中分毅，牧野晓辉 . 城市更新与车站改造相结合 [J]. 建筑技艺，2020, 26(9):7-13.

2 Bennetts P. 西澳大利亚博物馆 BOOLA BARDIP 澳洲珀斯 [J]. 世界建筑导报，2022, 37(3):78-81.

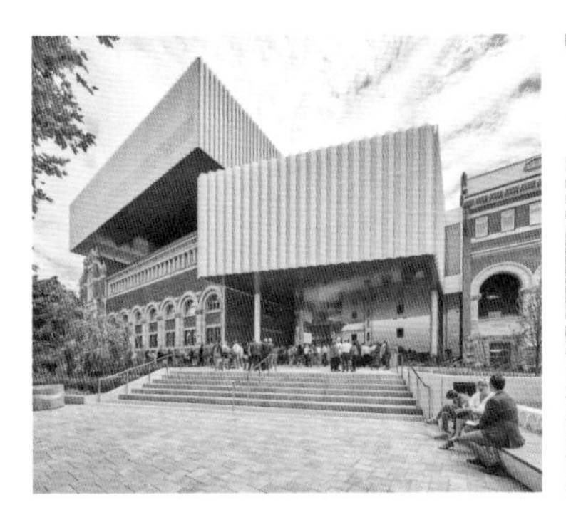

◁ 图 5.62 西澳大利亚州博物馆城市客厅

◁ 图 5.63 西澳大利亚州博物馆修复与扩建前后

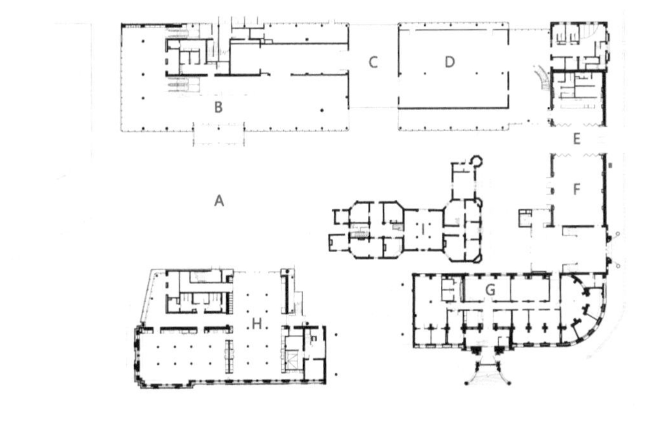

◁ 图 5.64 西澳大利亚博物馆地面层平面

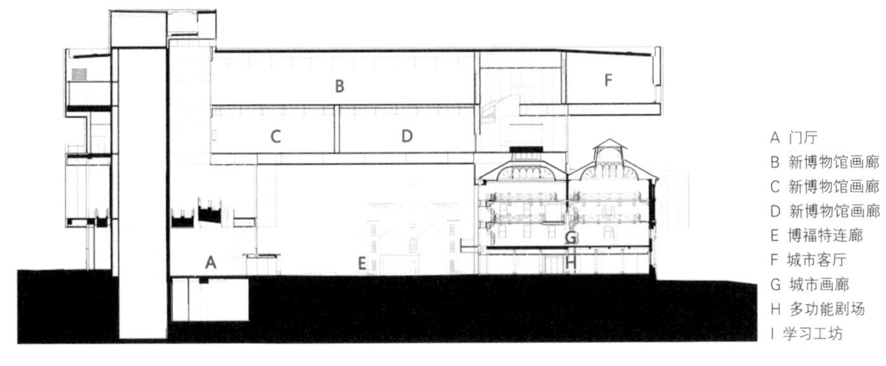

◁ 图 5.65 西澳大利亚博物馆剖面

▷ 图 5.66 改造前后的构型关系对比：（a）改造前；（b）改造后

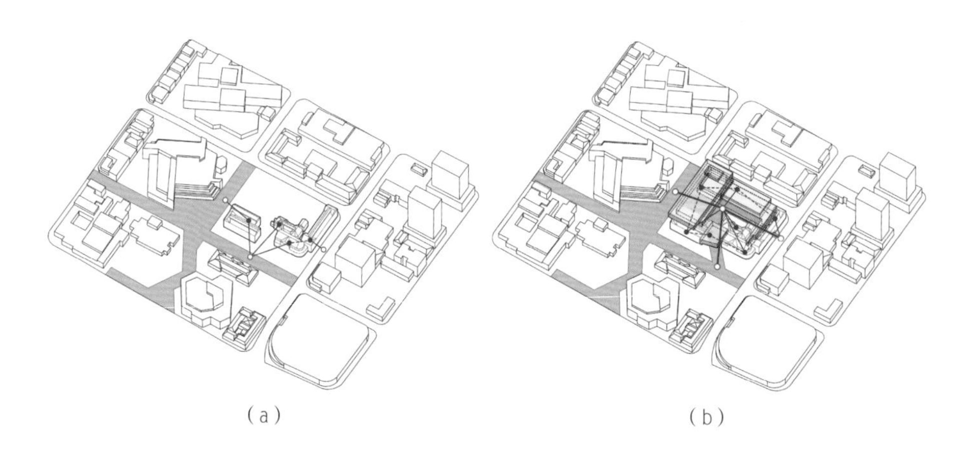

（a）　　　（b）

街区群尺度的基面再造

在传统的平面城市时代，由道路交通等基础设施网络所限定的街区是开发建设的基本单元。而基础设施对土地利用单元的切割，可以通过立体基面的再造而克服。采用立体化方式，对更新区域内承载地块和路网的主要基面进行重新塑造，一方面扩大了可建设土地规模，另一方面也利于消除因基础设施造成的区域割裂现象。巴黎左岸片区更新和东京涩谷地段改造是街区基面再造的典型案例。

左岸片区位于巴黎 13 区，北侧沿塞纳河展开，南侧至谢瓦莱特街。工业革命时代，13 区以工业用地为主，被铁路、车间、仓库所、货运站、自来水厂、冷库、邮政分拣等大尺度场地空间占据，鲜有商业和居住，堪称“无人地带”（图 5.67）。项目总规划面积约为 130 hm^2，其中占地约 60 hm^2 的铁路及附属设施将第十三老城区与塞纳河畔

▷ 图 5.67 巴黎左岸更新前的平面图

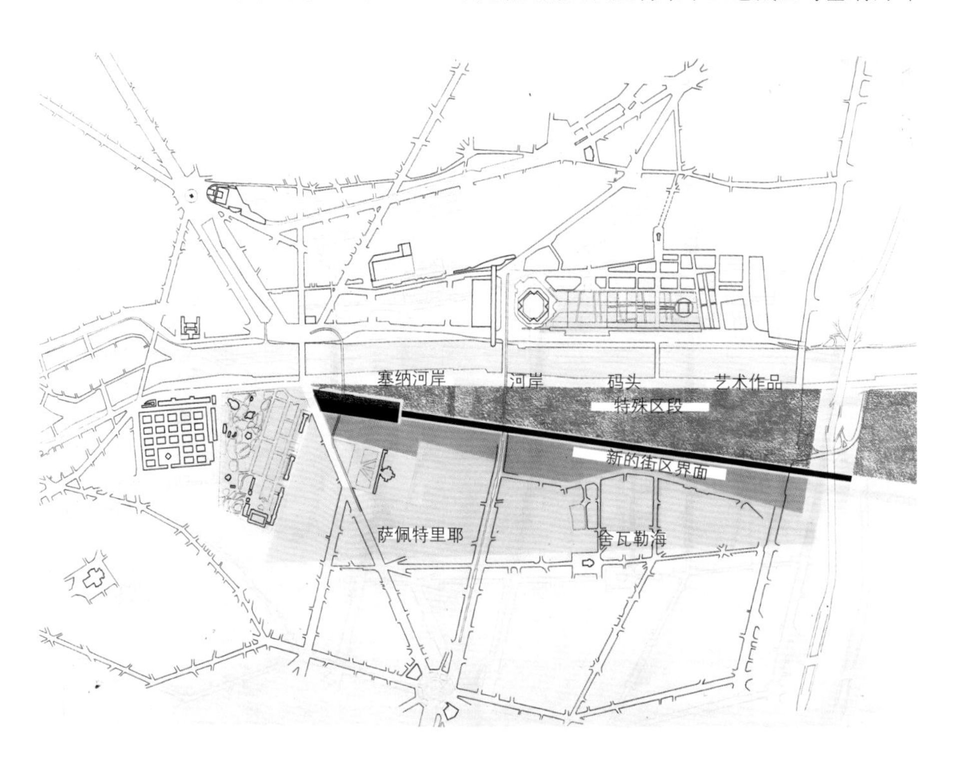

区域分割开来，阻碍了社区与河岸之间的联系。如何实现 13 区与塞纳河的有机联系，如何对工业、铁路遗存进行改造利用，使其价值得到重塑并融入新的城市发展，是规划面对的主要问题。

基地中的奥斯特里兹火车站曾经是巴黎连接东部地区的重要交通枢纽。铁轨建设阻断了周围空间的联系，对城市肌理构成破坏。针对上述问题，根据 1991 年保罗·安德鲁（Paul Andreu）提出建设轨道上盖以缝补城市空间的想法和 2013 年奥斯特里兹车站区更新计划，在改造前期为弥补铁路对城市用地的分割，改造工作首先覆盖大部分铁路编组站，建设起整体架空平台。随后在其上建设了道路、办公楼、广场等设施，将塞纳河畔与内侧城市连接起来，从而增强城市的整体连续性，形成了丰富的街道生活氛围。借助基地与塞纳河岸之间的场地高差，在建筑群体之间设置了多处朝向河岸的不同标高的广场与坡道，形成了多元的户外空间（图 5.68、图 5.69）。

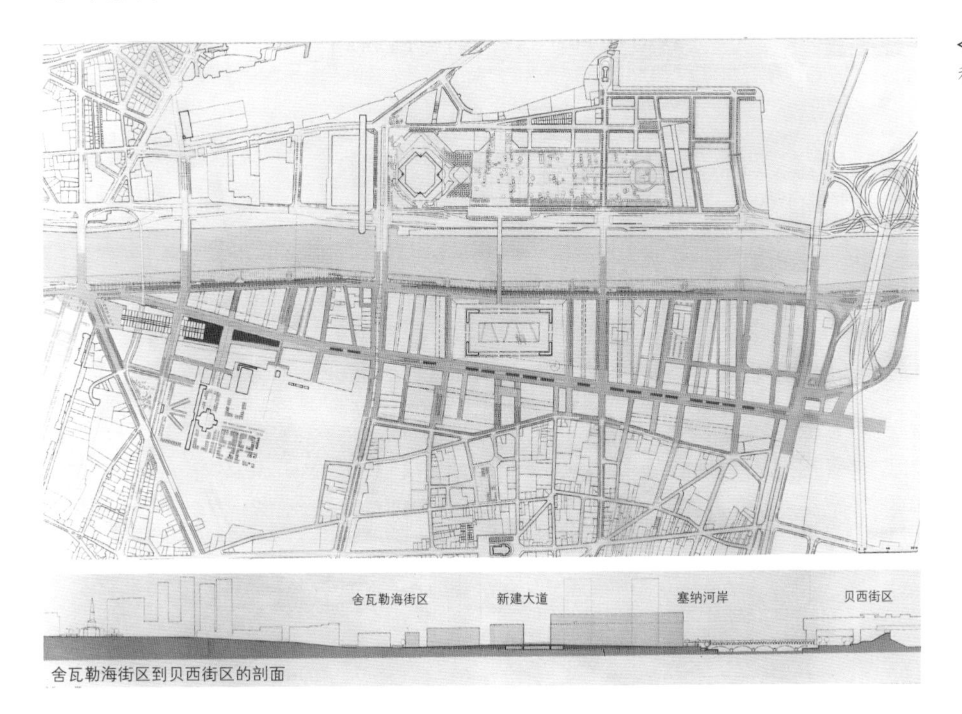

◁ 图 5.68 巴黎左岸更新中的路网平面和剖面

（a）

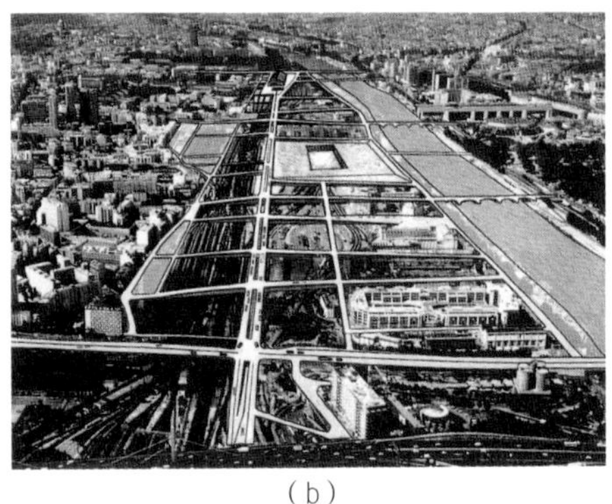

（b）

◁ 图 5.69 巴黎左岸协议开发区更新前后对比：（a）更新前；（b）建设计划的立体网络

不同于此前拉德芳斯地区超级尺度的巨构模式，左岸片区的立体化建设源于大尺度基础设施对城市用地造成的割裂和低效用地的更新动力。依靠立体层板的建设，在城市中心再造土地，这种人工创造的土地所产生的价值反哺了立体城市建设所需的经费。改造项目在再造的城市基面上，转向更柔软、更消隐的操作策略，在提升土地利用效率、消解基础设施对城市割裂的同时，注重传统近人尺度城市肌理的延续、功能的精细化混合及其与现代遗产的充分融合。

东京涩谷地区的基面再造是通过立体网络的高密度连接而实现街区基面再造的成功案例。20世纪80年代，日本城市化速度减缓，泡沫经济破裂后经济长期处于低迷状态，轨道交通建设也在高速发展后进入滞缓期。进入21世纪，面对老龄化社会带来的基础设施空置及老化，为促进经济增长，日本提出“城市再生”计划，划定不同级别的“都市再生紧急整备地区”，并通过完备的立法制度保障再开发方案的制定和执行。其中，轨道交通站点周边片区是再开发的重点关注对象。涩谷站设有6个站点，拥有8条线路并分别隶属于三家公司，导致换乘线路十分复杂，设计之初预留的站前空间不能满足日益增长的换乘流量，乘客出行的舒适度和便利性降低，致使乘车人数下降，商业销售额下滑。涩谷站是东京重要的轨道交通枢纽，“城市再生”计划将其功能定位为“集商业、办公、交通、文化、娱乐为一体的综合枢纽”。为解决办公空间不足和步行网络不畅的问题，涩谷站在四个划定的“都市再生特别地区”[1]内采用了区别于传统“车站大楼”的“车站与城市一体化”模式（图5.70）。其中，基面再造是提高空间承载力和增强交通联系的重要策略。

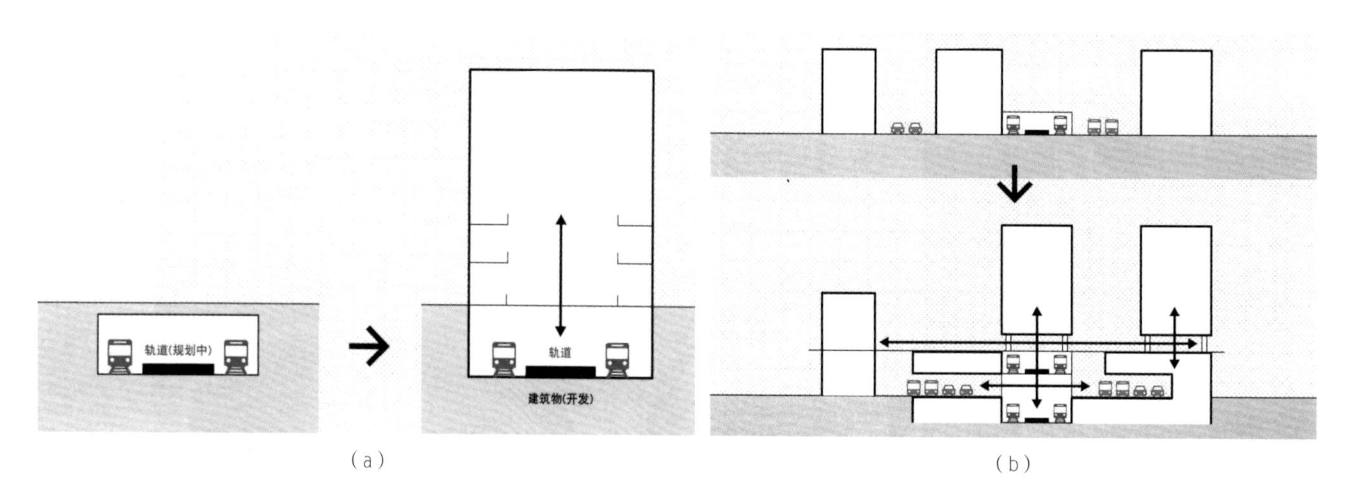

（a）　（b）

▽ 图5.70 日本TOD开发的两种模式：（a）车站大楼模式；（b）车站与城市一体化模式

以涩谷站街区SCRAMBLE SQUARE项目为例，曾经的涩谷站，在JR、东急、东京地铁各线之间的换乘非常不便，其检票口分布于地上3层至地下3层。为解决这些问题，该项目设计通过架空平台和地下空间连接整个街区，在地下一层和地上二层（JR线站台）

1　四个“都市再生特别地区”分别为涩谷站街区、道玄坂街区、涩谷站南街区和涩谷Hikarie街区。

连接邻近街区的建筑物，并设置4层高的平台网络，连接涩谷站街区和宫益坂、道玄坂，以缓解车站周边的交通拥挤，创造一个适宜步行的安全、连续的系统（图5.71）。其上方为230 m高的超高层复合设施，14层、45层至屋顶设置有展望设施“SHIBUYA SKY”，17层至45层设有办公室，15层设有产业交流设施“SHIBUYA QWS”，商业设施占B2层至14层，最大化利用涩谷站释放的交通势能（图5.72）。

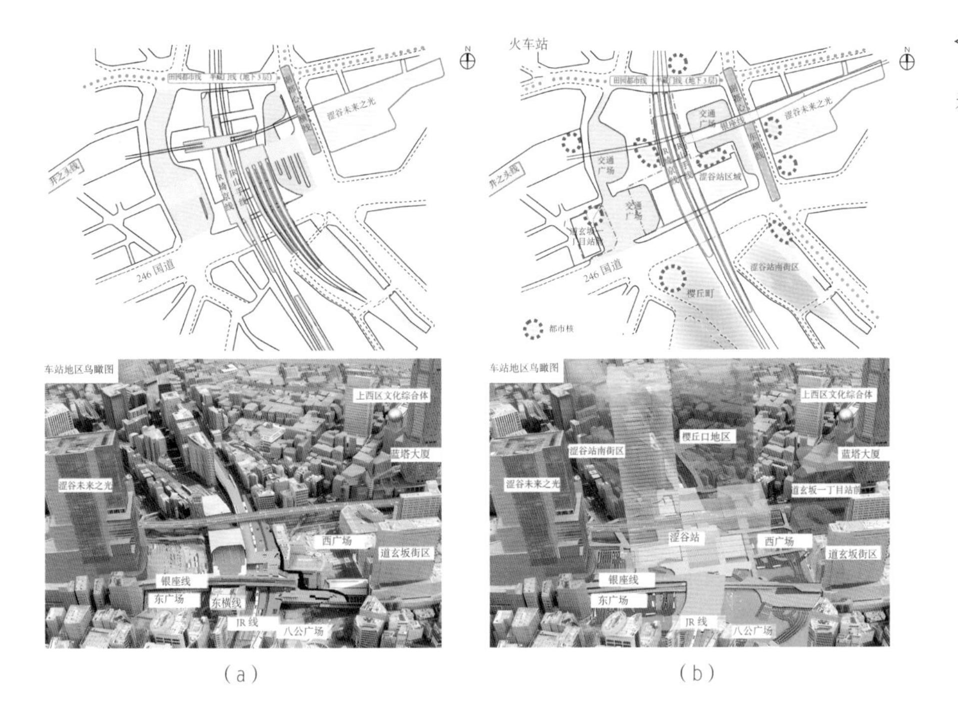

◁ 图5.71 东京涩谷地区更新前后对比：（a）2012年时的涩谷；（b）更新后的形象

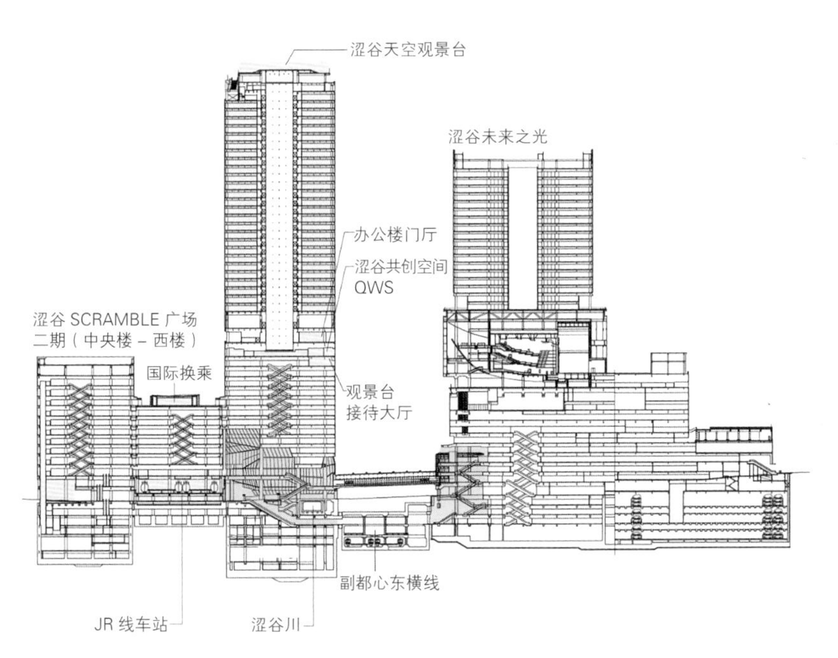

◁ 图5.72 涩谷站大厦与涩谷未来之光剖面

5.2.2 提升城市公共空间品质

后工业时代与知识生产时代的来临，对城市功能的转型和与之适应的空间更新提出了迫切需求。新型创新城区应具有开放、公共、功能混合的特质。当既有空间不能满足新的城市功能的使用需求时，可通过既有封闭街区的公共化、基础设施的公共化、建筑内引入城市公共空间等方式，实现城市建筑整体性的功能提升。

封闭街区公共化

大尺度封闭小区、计划经济时期遗留的单位大院、老厂区等，形成了规模庞大且与城市空间割裂的封闭区块。导致城市局部网络淤塞、街道活力丧失。封闭区块公共化，并非指区块内所有建筑的开放，而是将原本封闭的区块划分为若干个相对独立、尺度较小的组团，组团之间的区域转变为社区开放的公共空间与街道，形成居住生活与公共活动既分离又密切相连的空间关系。按公共空间开放程度的不同，封闭区块公共化可以分为以下两种：

一是用地性质转变。将城市中大尺度的单位大院内部主路公共化，用地性质转变为城市道路用地。以南京金城厂厂区更新改造项目为例，原厂区一直实行封闭管理，造成城市道路路网密度严重不足，周边交通堵塞。基于对现状场地的尊重，更新规划综合考虑可操作性、城市肌理和交通效率等原则，保留原厂区内呈十字分布的两条主路，并将其设定为开放的城市支路，将厂区分割为多个功能片区，被分割而成的居住区依然可以采取小组团封闭式管理，以保障居住安全（图 5.73、图 5.74）。

▷ 图 5.73 南京金城厂厂区更新改造后的用地图

▷ 图 5.74 南京金城厂厂区更新改造后总平面图

二是私有用地向城市开放。当封闭区块向机动交通开放困难较大时，可以考虑先对自行车、步行交通开放的可能性；当土地性质转变困难较大时，则可以考虑将其作为建设用地内公共通道进行使用和管理。深圳星海名城小区按封闭社区规划，在实际管理中，主出入口禁止外来车辆进入，但允许行人自由进入社区。小区内部的底层商业街和配套设施提供外向型服务，咖啡馆、亲子厨房、书吧、教育基地、健身房等设施对周边居民都有较强的吸引力，与周边社区产生良性互动[1]。

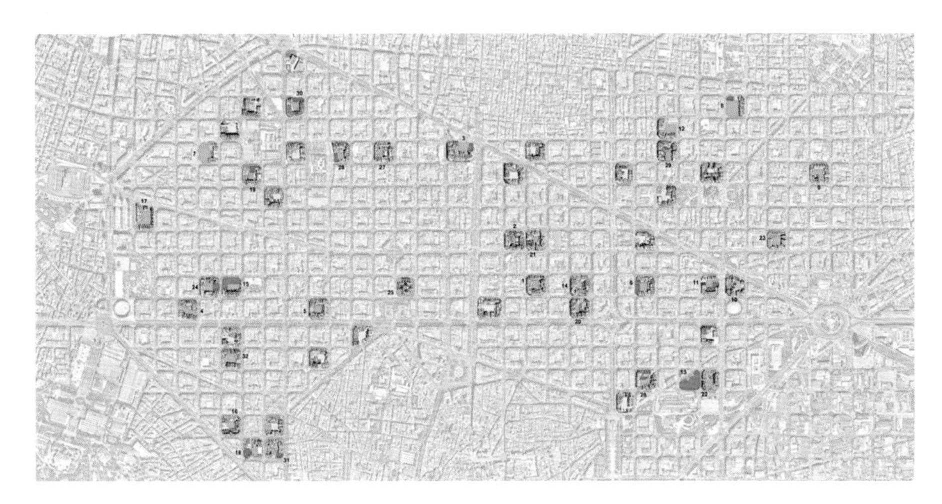

◁ 图 5.75 参与“特殊内部改革计划（PERI）”的街区

巴塞罗那政府于 1980 年代组织实施了“特殊内部改革计划（PERI）”项目，提出了封闭街区公共化的系列策略方法。为改善城市公共空间环境，项目明确了街区庭院应属于公共活动区域，规划当局倡导收回一些庭院作为公共空间。在多方联合投资及市民积极参与下，通过对“内院”的清理整顿和改造提升，将加建建筑和停车场侵占的庭院归还给市民，具体有以下四种更新类型（图 5.75）。

类型 1：环境设施优化型改造——老水塔街区。

老水塔街区是 PERI 计划中第一个实施的内院公共空间改造。改造前，街区内部空间被多个产权地块割裂，不具备公共性。在这个街区中心，一座具有 100 多年历史的水塔作为文化地标得以被保护和利用。建筑师结合水塔设计了泳池，营造出都市绿洲的图景，成为广受欢迎的公共空间（图 5.76）。

▽ 图 5.76 老水塔街区的更新：(a) 总图；(b) 使用中的泳池；(c) 改造后的鸟瞰场景

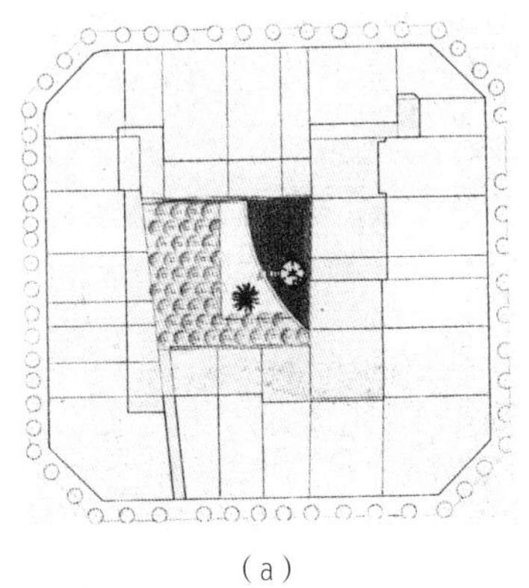

(a)

(b)

(c)

1 严文俊，厉莹霜，陈方．精细化治理背景下“非公有支路”的产生与实施路径研究：以深圳市为例 [J]. 现代城市研究，2023(11):21-27.

类型 2：植入小型公建的内院公共空间——圣安东尼图书馆及老年中心。

在清理内院拥挤的临时加建后，设计师为内院植入了两个小型公建：一个是面向街道的图书馆，通过巧妙的剖面设计，将其作为街区的门户；另一个是老年人日间活动中心。同时，内院中配置了部分公共活动设施，激发了公共活力（图 5.77~ 图 5.79）。

▷ 图 5.77 圣安东尼街区改造前后对比

▷ 图 5.78 圣安东尼街区改造总图

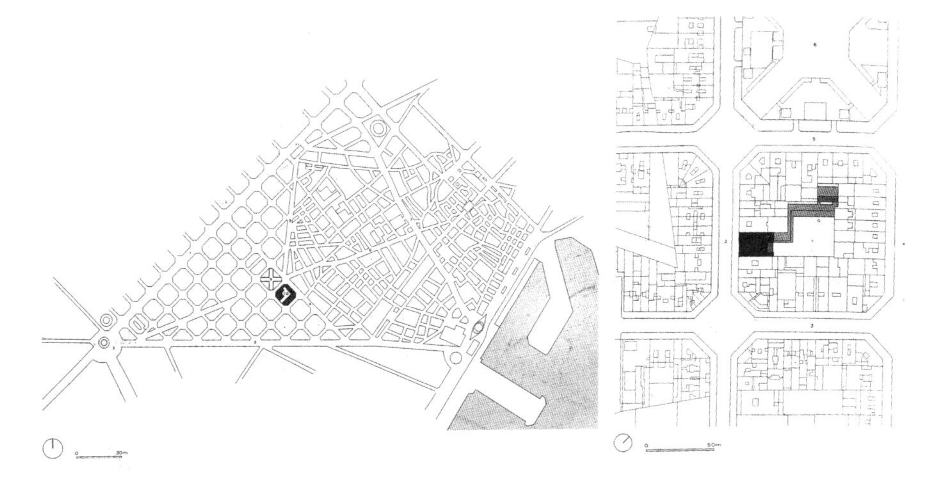

▷ 图 5.79 圣安东尼街区改造后：（a）庭院内部照片；（b）从庭院看向街道

（a）

（b）

类型 3：创造新路径——老沃塔街区。

在街区中间开辟一条新的公共路径，并连通周边街道，提高内院的可达性和在街道上的感知性。改造中新增了可对角线方向穿越的步行通道，路径两端均设有门禁，但在白天完全开放，晚上关闭以保证安全。路径两侧整合硬质铺地与绿地，作为居民休闲活动空间。较大的硬地上筑有一个小型的社会服务中心，供本街区居民使用（图 5.80）。

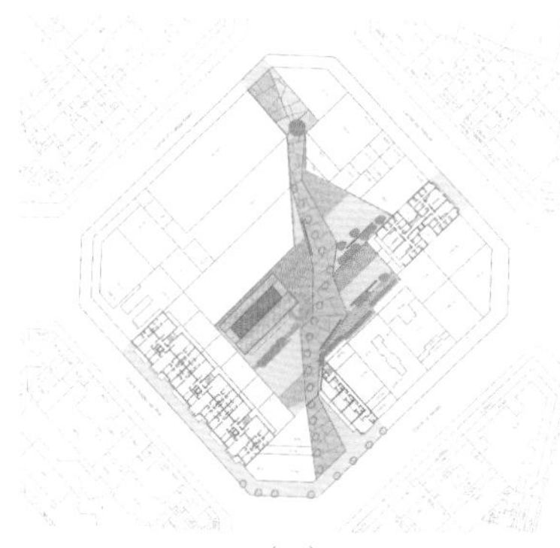

（a）

（b）

（c）

◁ 图 5.80 老沃塔街区改造方案：（a）总平面图；（b）内院场景；（c）沿街场景

类型 4：开放式广场改造——塞德塔广场。

塞德塔街区原是一个非典型街区，由两部分组成。一部分是常见的多地块组合的居住街区，另一部分是建于 1898 年的纺织工厂。1979 年，该工厂用地被巴塞罗那市议会征用并被改造为服务于市民的公共功能区域，包括学校、研究所和市政中心，街区内部也被改造为操场和公共广场。项目保留原工厂的外墙和结构，增加了新的功能。保留的外墙和结构成为内部广场与街道的分隔。在街区内部，利用相邻两条街道的高差设置大台阶，形成了一个小型露天剧场。改造后的广场可辐射周围半径 300~400 m 范围的居民区，成为邻里最重要的公共活动场所（图 5.81）。

▽ 图 5.81 塞德塔街区改造方案：（a）总平面和剖面；（b）改造前后对比；（c）改造后的鸟瞰场景

（b）

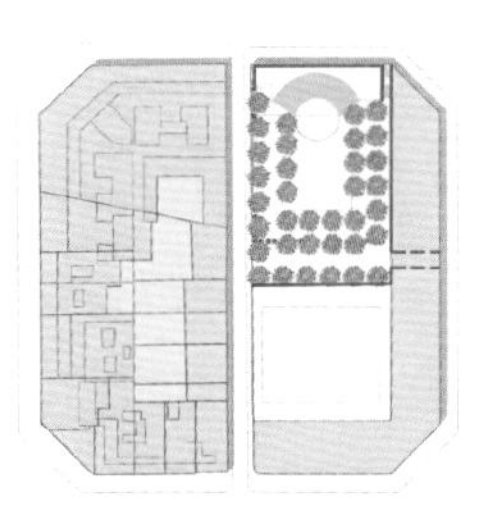

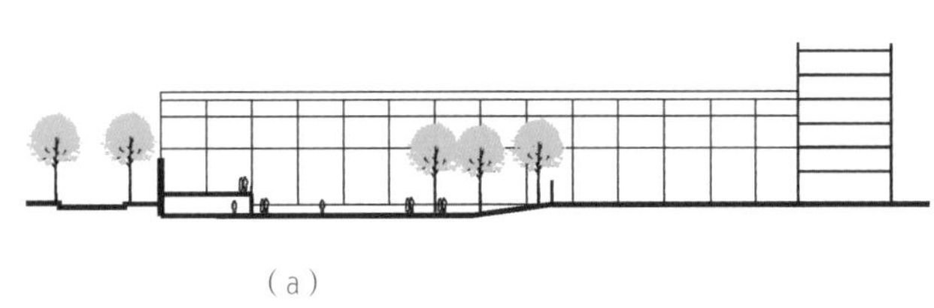

（a）

（c）

当单一建筑占据整个地块时，如大型封闭式商业综合体，巨大的封闭体量会阻碍城市公共系统的流通，因此需要对封闭的大体量建筑进行切割与公共化改造，使城市空间可以渗透到地块内部。上海国盛时尚中心商场就是一个例子，该商场在电商的冲击下失去了商业活力，成为一处废弃的低效城市空间。这一现状催生了将其改造为办公建筑的需求。日清设计用十字形步行通道将商场切割成四个多功能办公体量，满足了办公建筑的采光通风要求，又通过向城市开放的十字内街组织链接办公组团，以城市公共空间对巨型建筑体量进行瓦解重构，建立城市与建筑渗透与咬合的新秩序（图 5.82）。

▷ 图 5.82 上海长风国盛中心改造

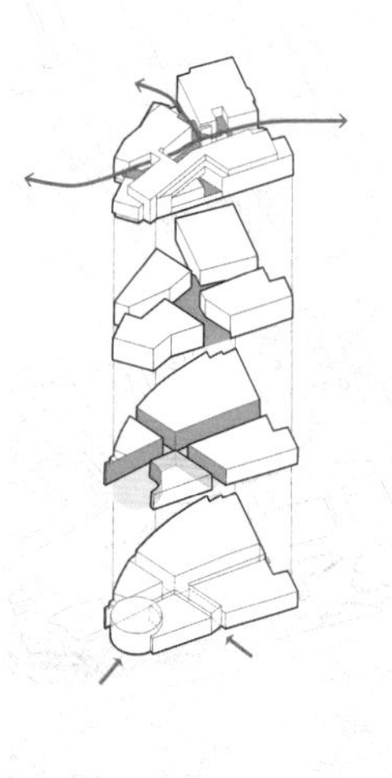

基础设施公共化

铁路、高速公路、城市干道等大型基础设施，在承担区域交通联系的同时，又造成城市内不同区块之间的阻隔，构成人们步行、视觉、心理等方面的空间障碍。20 世纪 70 年代以来，许多城市为此进行了大量研究和实践，试图通过更新改造交通设施，减轻其对城市空间的分割和对城市生态的破坏，降低其对城市功能的不利影响。一方面能够推动步行环境建设，促进绿色出行，实现城市功能再造和交通模式转型；另一方面又可以带动周边区域开发，拓展商业服务、公共设施、运动休闲等多功能的城市空间。与拆除或下地相比，保留再利用是一种更加低碳环保的策略。巴黎勒内·杜蒙绿色长廊、纽约高线公园（图 5.83）、韩国首尔路 7017 等都是代表性案例。

韩国首尔路 7017 曾是一座连接首尔火车站东侧和西侧的高架立交桥，经过景观改造后转变为城市中游客络绎不绝的空中花园。在高架桥的不同段落植入了不同功能的公共服务设施，如咖啡厅、画廊、剧院、商店、图书馆、餐厅等，并通过垂直交通将设施与地面道路连接，在维持下部地面道路连通性的同时，也提升了空中步道的可达性，丰富的服务设施满足了不同人群的需求（图 5.84）。

位于银座商业建筑屋顶上的 KK 线是连接八重洲和新桥的高架高速公路，长约

2 km，其下方的商业建筑由 KK 线的营运者——东京高速道路株式会社统一经营（图 5.85）。然而，随着首都高速公路的日本桥路段的地下化，首都高速公路与 KK 线的接续关系即将终结。KK 线作为高速公路使用的便利性将大大丧失，因此有提案建议将其改造为空中花园长廊。

◁ 图 5.83 改造前后的高线公园对比

◁ 图 5.84 韩国首尔路 7017（Seoul 7017）

△ 图 5.85 银座高速公路下部由 KK 线的营运者东京高速道路株式会社统一经营的商业设施

与高架桥下部空间的活化利用不同，东京银座 KK 线高架桥路段项目在优化立体步行网络的基础上，提供了基础设施与周边建筑物一体化综合开发的多种模式：邻近地区的开发者将 KK 线和相邻地块一同开发，从而充分利用 KK 线和道路上方的空间增加建筑面积，形成有活力的城市开敞空间；通过连廊等方式从建筑物的三层与 KK 线空中步道衔接，提升建筑空中层的可达性和公共性（图 5.86、图 5.87）。

▷ 图 5.86 KK 线现有设施上方空间重新开发的以行人为中心的空间

▷ 图 5.87 东京高速道路银座路段改造成空中绿色长廊的概念图

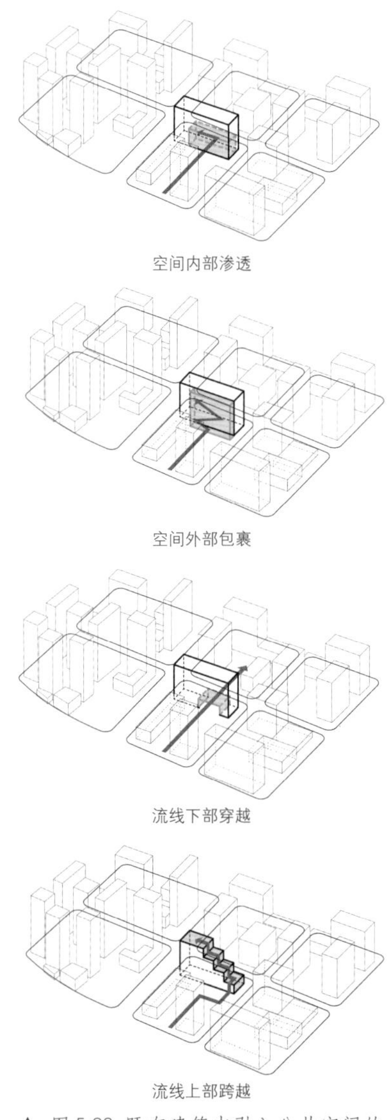

△ 图 5.88 既有建筑中引入公共空间的四种方式

建筑中引入城市公共空间

将城市公共空间引入既有建筑之内，使建筑局部转变为城市公共空间或动线系统中的组成部分。依据城市公共空间与既有建筑发生交互的部位不同，可分为内部渗透、外部包裹、下部穿越、上部跨越等方式（图 5.88）。

内部渗透是指通过建筑改造，使原本封闭的建筑内部空间变为开放的城市公共空间。例如，由赫尔佐格和德梅隆建筑事务所（Herzog & de Meuron Architekten）设计的慕尼黑“五庭院”商业综合体就是由街区内多个建筑联合更新改造而成的，该更新改造将城市公共空间向既有街区及建筑内部渗透，利用局部拆旧所释放的空间，在街区内重构了十字交叉的穿越性公共空间，将原本封闭的街区接入以考芬格尔大街和凡恩街—提亚丁南街为骨架的步行系统中，完善了老城核心区从圣母教堂广场步行区到老皇宫及巴伐利亚国立歌剧院的“津森十字”网络体系（图 5.89~ 图 5.92）。

外部包裹是指在既有建筑改造时，在立面外新增一层包裹既有建筑的腔体，用作开放的城市公共空间。一个典型的例子就是由崔愷等主持设计的重庆弹子石车库被改造为“永不闭馆”的规划展览馆，建筑的临江面新增的爬升步道与北侧山地公园步道相连，步道可爬至原建筑各层室外平台，这些平台就变为城市公共流线中的望江节点。格栅化曲面拟合的幕墙对建筑进行整体包裹，幕墙与原建筑之间的腔体空间容纳全时开放的公共步道和新增的展览等公共服务空间，使建筑成为周围城市公共景观流线的一个环节（图 5.93、图 5.94）。

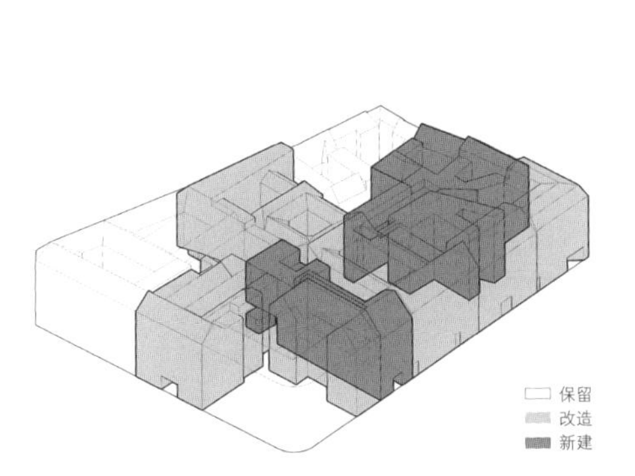

△ 图 5.89 “五庭院”综合体中的建筑更新类型

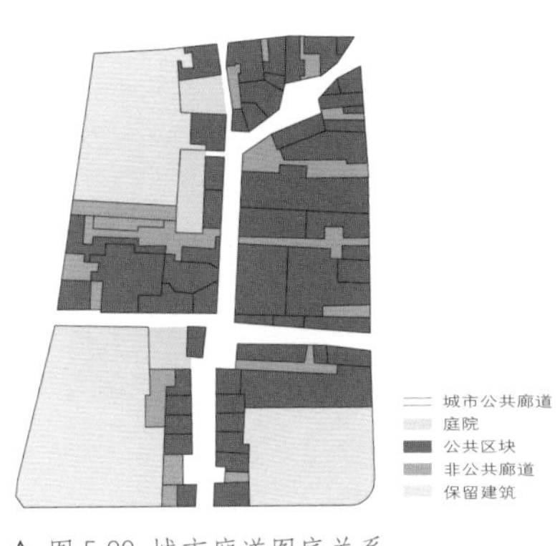

△ 图 5.90 城市廊道图底关系

△ 图 5.91 建筑与城市公共空间体系的衔接

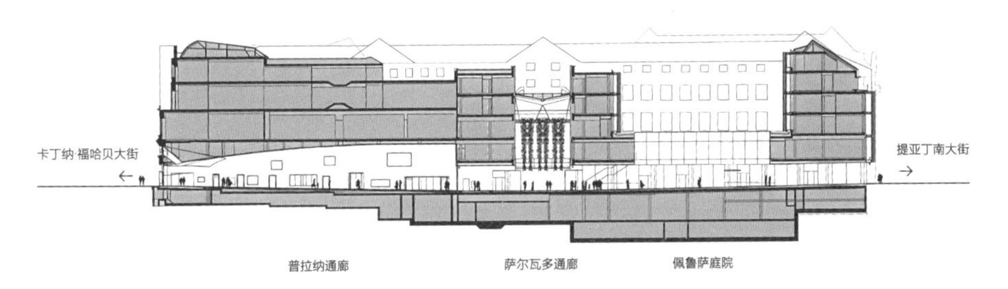

◁ 图 5.92 城市流线下穿既有建筑

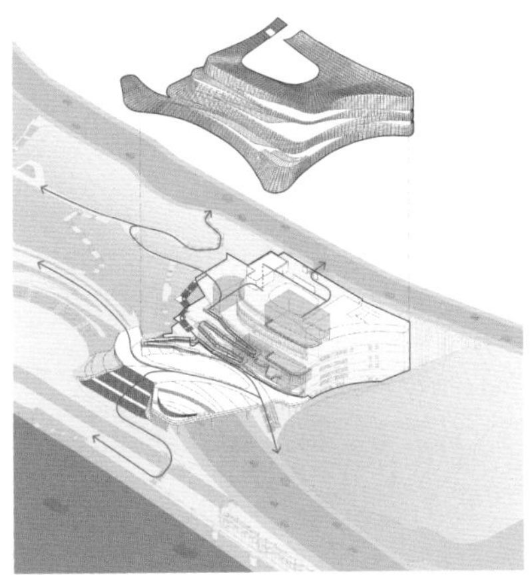

◁ 图 5.93 重庆规划展览馆的城市公共步道

◁ 图 5.94 建筑融入城市公共步行体系

上部跨越是指公共流线从既有建筑的屋面攀援跨越，建筑作为公共空间的再造地景，立体化重塑城市公共基面。MVRDV 在鹿特丹市中心的 Bijenkorf 商场、世界贸易中心两个街区的多栋既有建筑之上，增加了一条攀越多个建筑屋顶、跨越两个街区的连续城市公共步道，利用既有建筑的立面与屋面，局部重塑了立体化的城市公共步行网络，向空中扩展了城市公共空间（图 5.95、图 5.96）。

▷ 图 5.95 鹿特丹屋顶步行桥鸟瞰

▷ 图 5.96 公共流线沿既有建筑立面向上攀越

5.2.3 提升交通路径连接效率

当既有城市物质空间难以满足新的交通连接需求时，可以通过既有空间的局部改造重构网络构型关系，使原有的物质空间满足新的网络需求。在建成环境的既有条件下，着力连接网络的优化、多地块路径整合、城市流线穿越既有建筑等，是提升公共交通连接效率的有效设计策略。

优化立体基面连通性

在城市规划中，设计不当的立体基面会导致徒增高差、过渡不畅。因此必须要避免为解决人车矛盾而产生联系不畅的封闭巨构。在城市建筑复合形态的更新优化中，需重点关注基面的连接性与可达性，避免产生漂浮的“飞地”。

在巴黎拉德芳斯片区，早期规划设计形成的“千层糕”立体系统、非常规的建筑布局和不明确的标识系统共同导致了区域连接不畅的问题。2005 年后，拉德芳斯公共开发治理公司（EPAD）组织了振兴拉德芳斯商务区的设计竞赛，通过征求当地工作者和市民的意见和建议，总结出两个主要问题：一是与周边地区的关系被割裂；二是过于理性的分层系统给人们的日常生活带来不便。2006 年批准的《拉德芳斯更新规划》为了缝补割裂的城市肌理，进行了环路改造和塞纳河滨水区域更新，在保持空间特色的前提下，增强了空间的吸引力和可达性（图 5.97）。

围绕架空平台的环路是立体交通的重要组成部分，对它的改造包括：改善环路与周边路网的衔接关系，简化路径，尽可能将现有的立交改造成平交；鼓励自行车和步行交通，通过增设自行车道、人行道、红绿灯、行道树等，创造安全舒适的慢行交通环境；增设过街天桥和电梯，连接架空平台和周边地区；对环路进行车速限制。

塞纳河沿岸作为 CBD 通向巴黎的东大门，其轴线的连续性与可达性至关重要。作为唯一的滨水地带，塞纳河沿岸具有极大的空间再造潜力。规划方案之一是将原有的沿河公路改道，在公路铁路桥上方架设人行步道，连接巴黎、江心洲和拉德芳斯区。同时，重新布局沿河的建筑和公共绿地，使塞纳河的景观“渗透”到CBD内部（图5.98）。

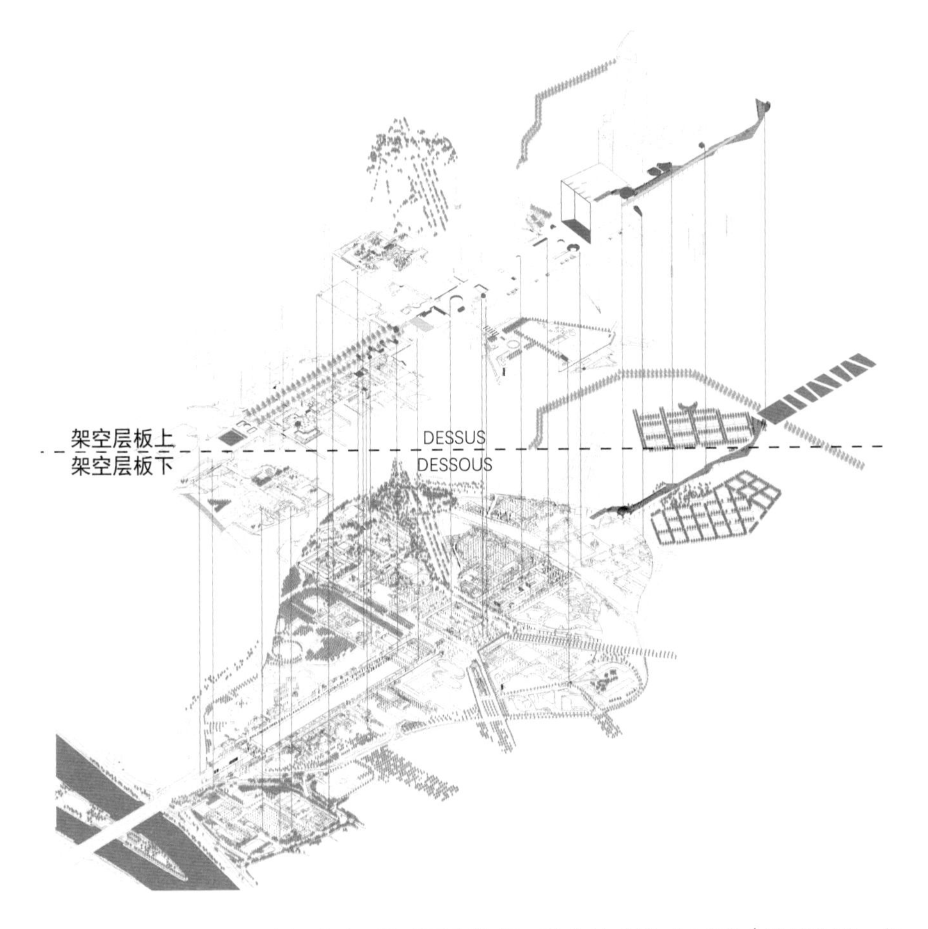

◁ 图5.97 2012年《拉德芳斯公共空间更新规划》中的立体化公共空间解析

△ 图5.98 拉德芳斯滨水区改造

为提高各层之间的纵向联系，针对原先隐蔽、狭小的“第三空间”[1]进行改造，包括城市标识系统的更新、慢行交通路径的规划等，以增强场所的吸引力、可识别性和可达性[2]。

瑟甘—塞纳河岸协议开发区位于巴黎西南郊区的布洛涅—比扬古市，原为雷诺汽车厂所有。随着雷诺汽车厂生产基地的转移，该区域逐渐释放出大量可用于城市更新的土地。2003年，瑟甘—塞纳河岸协议开发区成立，确定更新范围为74 hm^2，分为塞弗桥街区、梯形街区和瑟甘岛区，2013年第1批建成区交付，2017年第2批建筑建成，同期瑟甘岛开始建设，2021年基本完成整个区域的建设（图5.99）。

1 部分专家在拉德芳斯“城市性”研究中将拉德芳斯分为三类空间：架空平台上的步行空间为“第一空间”，地下交通专用层面为“第二空间”，除此以外的连接“第一空间”和“第二空间”的部分为“第三空间”。

2 李明烨．由《拉德芳斯更新规划》解读当前法国的规划理念和方法[J]. 国际城市规划，2012, 27(5):112-118.

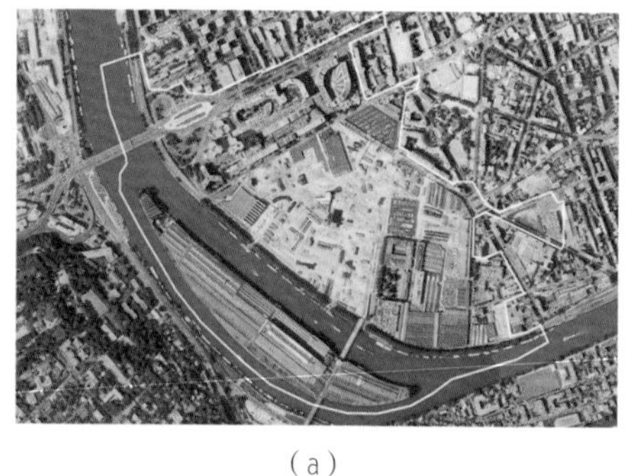

（a）

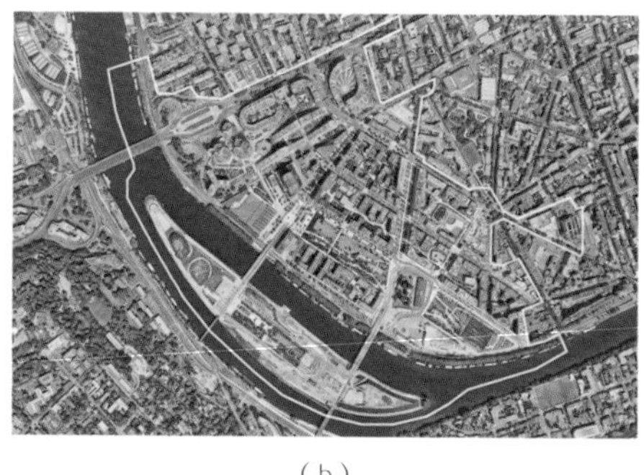

（b）

▷ 图 5.99 更新前后的瑟甘—塞纳河岸协议开发区：（a）更新前；（b）更新后

塞弗桥街区建筑始建于 1960 年代，最初是作为工厂的配套设施，当时的方案由几组形态各异的建筑组成，包括蜂窝型的巨型办公塔楼和阶梯围合型的社会住宅。受柯布西耶现代主义建筑思潮的影响，塞弗桥街区与拉德芳斯商务区一样，建筑尺度巨大，底层往往架空，主要公共空间在高架平台上，与原始地坪相差 10 m 以上，并且处于被建筑所环绕的街区内部，与周边区域沟通不畅。更新设计保留了建筑原有功能，通过“针灸式”手法，改善了街区与周边城市片区及道路的联通关系，用长步道将基面层与架高层相连（图 5.100、图 5.101）；重新整治围合公共空间，增设出入口，穿插布局休闲设施、绿化、共享种植、商业服务等功能，提升了空间利用效率，为街区注入新的活力（图 5.102）。

▷ 图 5.100 更新门户塔楼与梯形区社会住宅之间连廊的关系

▷ 图 5.101 公共通道与塞弗桥街区的架高平台相接

▷ 图 5.102 社会住宅高架广场的具体改造策略

多地块整合共享路径

当建成街区中的多个地块联合进行更新时，可以通过地块合并来整合交通空间，以共同实现同类空间的压缩，避免具有相同连接功能的交通空间在各地块重复设置，从而提高交通空间效率。合并后压缩出的空间可以用作公共空间与服务设施，以此提升街区整体的空间品质与效率（图 5.103）。

公共绿地
公共设施

◁ 图 5.103 多地块流线合并对交通空间的压缩

以北京昌平区昌盛园社区老旧小区改造项目为例，该项目将原来由围墙分隔的 21 个老旧小区整合为一个小区，通过多地块合并，重新整合内部流线，提升了通行效率，为社区公共活动节省出更多空间。同时拆除围墙，重新整合设计内部道路与出入口，将原有的 36 个出入口合并为 12 个；社区绿地与公共设施也实现了高效共享，新增绿地 1.4 万 m^2，新增环形步道、儿童乐园、雨水花园、中草药种植基地、绿色低碳智慧化设施、智能垃圾桶站等公共设施[1]，将原本逼仄的老旧小区联合改造为宜人舒适的社区（图 5.104、图 5.105）。

◁ 图 5.104 北京昌平区昌盛园改造后航片

◁ 图 5.105 北京昌平区昌盛园改造前后

1 李建忠，史洋意，张友鑫．昌平区昌盛园社区老旧小区改造 [J]. 城市设计，2024(3):12-15.

城市通道穿越既有建筑

当既有建筑阻断了新增的城市动线时，并不一定要拆除整栋建筑，而是可以引导城市道路从既有建筑的底部穿越。由章明主持设计的“绿之丘”项目在对原本阻断滨江公共空间带的烟草仓库[1]进行公共化改造时，在地面层将中部三跨打开，供城市道路穿越，从而避免了因阻碍城市道路而将整栋建筑拆除。同时，将原仓库的长方体量进行了台地化切削，既保留了建筑结构，又打开了封闭表皮，增加了内外步行垂直交通，将滨江岸线的人群引至屋面上的台地花园，与建筑内部容纳的商业与展览空间层层交互，使既有建筑的屋面成为滨江开放空间的立体化延伸，重塑城市的公共下垫面（图 5.106~ 图 5.108）。

▷ 图 5.106 “绿之丘”改造前

▷ 图 5.107 形体切割

▷ 图 5.108 “绿之丘”改造后：（a）城市流线上部跨越建筑；（b）城市流线下部穿越建筑

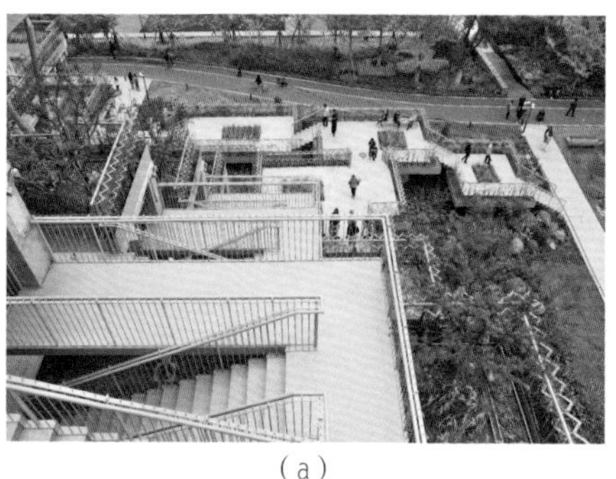

（a）

（b）

5.2.4 综合施策

当城市中连片的建成环境难以适应城市发展需求时，往往需要整体性地植入新的“网络 / 区块”体系，以提升区域的功能和品质。新的网络、区块体系一方面将具有再利用价值的既有建筑纳入其中，与新建设施相互混合、互为补充，使土地利用效率得到提升，形成新的高品质城市空间；另一方面，需要通过合理的网络规划设计，使更新改造区域与周边片区有机连接。

国王十字区域再开发项目是英国最大、最引人注目的城市复兴项目之一。该项目在国王十字车站和圣潘克拉斯车站全面提升的基础上，充分发挥交通高度连通性带来

1　章明，张姿，张洁，等．“丘陵城市”与其“回应性”体系：上海杨浦滨江“绿之丘”[J]. 建筑学报，2020(1):1-7.

的优势，开发成为城市中高效的核心片区，利用原有废弃堆货场地和厂房建成了商业、文化等功能于一体的综合城市片区，成为城市发展的新动力。

国王十字 – 圣潘克拉斯的交通枢纽聚合发展

20 世纪 90 年代的国王十字 – 圣潘克拉斯地铁站由三个车站组成：1864—1970 年建成的大都会线 / 环线车站、1906—1907 年建成的皮卡迪利线与北线车站和 1968 年建成的维多利亚线车站。这些车站由临时修建的狭窄通道连接起来，随着客流量的不断增加，在 90 年代末已严重拥堵。

为解决这一问题，国王十字的地下交通连接项目于 1999 年开始设计。项目分为两个阶段：第一阶段扩建原地铁票务大厅，并在圣潘克拉斯车站前建造一个新的西票务大厅，直接连接大都会线 / 环线站台；第二阶段包括建造一个新的北票务大厅，通过隧道直接连接皮卡迪利线，并完善了无障碍设施。这些地下工程在 2006—2009 年间陆续建设完成（图 5.109）。

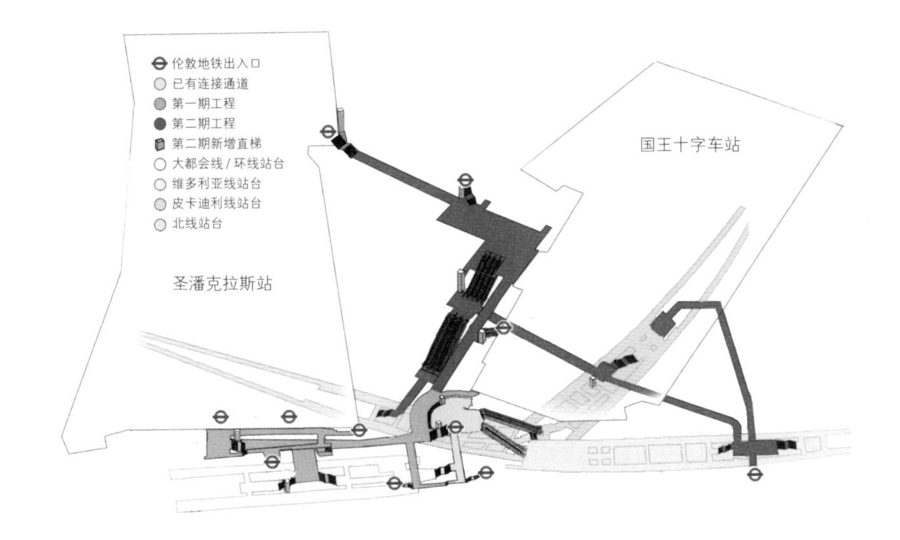

◁ 图 5.109 国王十字地下扩建图示

经过改造，该交通枢纽地下空间共有 11 个出入口，这些出入口经三个票务大厅各自连接，将六条地铁线路和两座火车站联系在一起，不仅解决了拥堵问题，也为伦敦奥运会提供了承载充足客容量的基础设施。这些改造将原本分散的多个站点集中在一起，形成多站点聚合体，提升了站点的可达性，为车站承担欧洲之星的大量客流以及站点周边中心区的大幅更新奠定了基础。

路网连接性

在更新改造前，由于轨道线对城市空间造成的割裂以及枢纽周边的工业用地布局，国王十字枢纽周边交通组织十分混乱。虽然轨道交通和公共汽车交通发达，但步行和自行车等慢行交通很薄弱，存在许多断点。因此，步行环境和连接性优化是项目成功的关键。比尔 · 希利尔（Bill Hillier）在路网规划中运用空间句法对比了规划师通常会

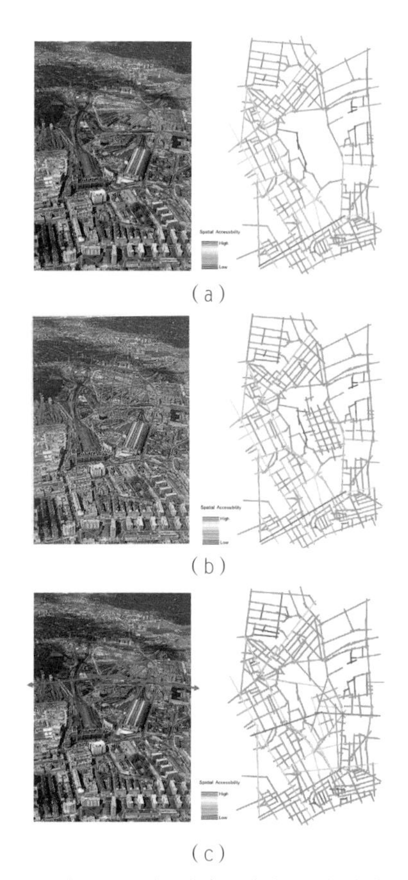

△ 图 5.110 国王十字区域路网更新方案比较：（a）更新前的场地及空间句法计算出的周边路网可达性；（b）空间句法计算出的方案 A（网格形态路网）可达性；（c）空间句法计算出的方案 B（依托周边既有道路延长线形成的改良路网）可达性

选择的格网型路网（方案 A）和依托周边既有道路延长线形成的改良路网（方案 B），证实了后者的构型具有更好的连接度，大大提高了通行效率（图 5.110）。

基于希利尔提出的概念性方案，再开发计划完成后，整个区域的交通流动性和城市功能大幅提升：① 沿河区域：沿摄政运河建设人行天桥，横跨运河船闸，连接国王十字车站。② 内部道路：创建从约克路到车站区再穿过运河到休斯敦路的清晰轴线，在东西方向上建设连接 CTRL 运河桥区与兰德尔路的路线。③ 外部道路：将约克路、货运路、卡姆里街以及潘克拉斯路正式确立为伦敦街道。除此之外，再开发计划修建完成的建筑群也形成了整洁、清晰的公共空间和路网，使整个区域形成清晰且多样化的街道格局。

容量与功能

整体规模上，方案以轨道及站场外的 27 hm^2 用地作为规划范围（图 5.111），规划建筑面积为 74.5 万 m^2，容积率为 2.76，整体属于中高密度开发。联合开发的主体国王十字中心有限合伙公司意识到最高密度开发并不一定能带来最高的经济效益，但低密度开发则根本无法平衡改造成本，中高密度、高品质的开发才是最优选择。在业态组合上，办公、住宅、零售及其他业态建筑面积比例接近 5:2:1:1，预计将有 7 000 名居民、

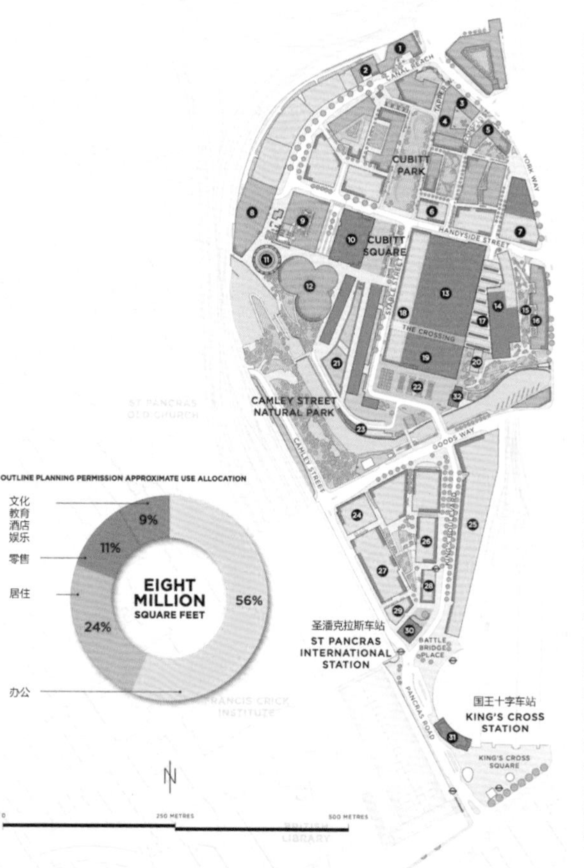

规划建筑及使用者

- ❶ 学生公寓 URBANEST
- ❷ 学生公寓 AKDN
- ❸ 住宅 SAXONCOURT
- ❹ 住宅 ROSEBERRY MANSIONS
- ❺ 住宅 RUBIOCON COURT
- ❻ 教育建筑 AKDN
- ❼ 办公 AKDN
- ❽ 住宅、能源中心及停车场 TAPESTRY
- ❾ 居住、小学、FRANK BARNES 聋人学校 PLIMSOLL 大楼
- ❿ 文化、教育、酒店 AKDN
- ⓫ 城市公园 GASHOLDER8 号
- ⓬ 住宅 GASHOLDER TRIPLET
- ⓭ 中央圣马丁艺术与设计学院
- ⓮ 商店 MIDLAND GOODSSHED
- ⓯ 公共空间 HANDYSIDE 花园
- ⓰ 住宅 AETEHOUSE
- ⓱ 活动空间 WEST HANDYSIDE CANOPY
- ⓲ 住宅售卖中心、国王十字游客中心、招聘处、办公及零售等 WESTERN TRANSIT SHED
- ⓳ 伦敦艺术大学 GRANARY
- ⓴ 艺术基金 REGENERATION HOUSE
- ㉑ 零售 COAL DROPS YARD
- ㉒ 公共空间 GRANNARY 广场
- ㉓ 办公、零售 JAMIE OLIVER 集团
- ㉔ 卡姆顿市政府办公、休闲中心与图书馆
- ㉕ 办公 谷歌
- ㉖ 办公 TWO PANCRAS SQUARE
- ㉗ 办公 BNP 地产
- ㉘ 办公 ONE PANCRAS SQUARE
- ㉙ 办公 SEVEN PANCRAS SQUARE
- ㉚ 餐饮 GERMAN GYMNASIUM
- ㉛ 大西北酒店
- ㉜ 餐饮与酒吧

▷ 图 5.111 国王十字区混合用途开发各项占比

30 000名就业人员和5 000名学生共计4.2万人进驻。在功能布局上，街区规划通过“大分工、小混合”的形式，最大化实现功能的混合多元。紧邻枢纽站点的区域以密度最高、商业性最强的用途为主，最大化流量价值。站点内，圣潘克拉斯车站在旅客流线上布局了9 000 m^2的零售空间。国王十字车站在新建的西大厅容纳了多层的商店、餐饮和酒吧等。紧邻出站口，集聚了7座圣潘克拉斯商业广场，这些广场包含办公、商业、公共休闲、图书馆等多种功能。摄政运河北部片区地块更加灵活机动，可塑性更强，主要聚集了商业娱乐、文化教育、高端居住等功能。

历史建筑与场所特色

国王十字采用“场所营造（Placemaking）”的策略，旨在提升该地区的吸引力。艺术、文化和历史遗产在此被置于重要地位。在多方协商基础上，街区内保护名录中的建筑和构筑物得以修缮和再利用，留存了场地工业发展的痕迹。新建项目与历史遗存的友好对话，不仅增强了地区的归属感与认同感，还确立了独特的地方记忆和价值。

△ 图5.112 新西部售票大厅

由于国王十字车站作为交通枢纽的地位越来越重要，圣潘克拉斯站又改为通往欧洲大陆的起点车站，国王十字车站、圣潘克拉斯车站以及若干地铁之间的联系就变得愈加重要。John McAslan联合事务所(JMP)设计的西侧售票大厅的扩建，就是实现多站点互联的重要扩建工程。大厅与邻近的大北方酒店相互呼应，高20m、跨度150m的半圆穹窿横跨现有一级历史保护建筑——国王十字车站的西立面，为车站创建了一个新的入口，从车站的最南端通向车站西广场的最北端。考虑到对原车站外立面的保护，结构勘测报告认为只有原车站外墙中部可以布置新结构基础。因此设计采用半圆形网壳结构，实现了在临车站老墙一侧300m内的单点支撑。该售票大厅的改造带来了强烈的视觉冲击，每年吸引5 000万人次的流动客流，成为国王十字变为伦敦交通新枢纽的催化剂（图5.112）。

历史保护建筑“谷仓综合体（Granary Complex）”原本是伦敦的粮仓。2011年，该粮仓通过翻修扩建，成为伦敦中央圣马丁学院的新校址。历史建筑与扩建部分通过一个开放的城市通廊连接，为学生、教室提供了面向城市的开放空间，如商店、酒吧和咖啡厅。通往学院的步行道是一条长110m、高20m的通高走道，不同文化创意的单间展示和工作室设在走道两旁，将中央圣马丁学院“创意仓库”的能量辐射至整个街区（图5.113、图5.114）。此外，大北方酒店、储气罐公园、煤堆场等也都是地标

◁ 图5.113 谷仓仓库改成的中央圣马丁艺术学院教学楼

（a）

（b）

◁ 图5.114 中央圣马丁学院教学楼：（a）新老建筑之间的城市通廊；（b）通向圣马丁学院的通高走廊

性的改造项目。

通过网络 / 区块的整体性建构，以及混合功能的适配、人性化场所的营造、文化历史遗迹的再利用等，国王十字这个曾经被废弃的工业遗迹成功转型为一个绿色、开放、充满活力的综合性城市枢纽区域（图 5.115）。

▷ 图 5.115 国王十字中心区改造前后对比图：（a）2004 年场地鸟瞰；（b）2022 年场地鸟瞰

（a）

（b）

6 协同机制

Mechanism of Synergies

6 协同机制

社会系统和自然系统都普遍存在协同现象。协同是指系统中要素与要素在整体运动过程中的彼此协调与共同合作的属性，是一个开放系统克服混乱而趋于有序的组织过程。系统的整体功能运行状态与其要素之间的结构关系密切相关，功能的目标维持或转向依赖其要素结构的匹配和支持。

城市是一种典型的复杂系统。从机器城市到城市生命体的认识转变，正是对城市复杂系统认知进步的一种体现。城市建筑学着眼于城市与建筑之间的多层级复杂联系，其目的在于克服那种单纯线性甚至割裂的认识和操作，从而通过诸要素之间的有机组织网络的构建，使城市建筑形态系统具备更健康、更可持续的强大功能。城市建筑系统的本体表现为城市中多样的物质空间，而这种物质空间系统的建设恰是由人完成的。人既是施者，也是受者，是与客观物质空间相对的主体。人们通过各种组织方式参与城市物质空间的构想和建设，同时又是这些构想和建设成果的使用者或承受者。人们通过有组织的协作进入物质空间的营建和使用过程，其受到各种规则和政策的指引和约束。规则和政策构成了人与物质空间相互作用的隐形力量。由此，空间、主体、政策成为城市建筑营建系统中的子系统，其自身内部及其相互间的结构协同特征对城市建筑综合环境的系统功能品质具有全局性的关键作用。因此，从广义上看，城市建筑的一体化设计不仅仅是物质空间本体的设计，还需要置于空间、主体和政策的协同机制中观察、构建和发展。

6.1 专业协同与社会协同

专业协同和社会协同是城市建筑营建过程中具有密切交互性的两个圈层，两者有着不同的主体要素构成（图 6.1）。专业协同是为了完成某物质空间对象的规划设计或工程设计而展开的各相关专业之间的协同关系，主要以技术理性为基础；社会协同则包含了与物质空间建设相关的更大的群体和组织，广泛触及社会、经济和文化背景下的多角色交互与博弈。良好的专业服务是实现物质空间营建的技术支撑，社会是专业工作必然面对的背景环境，也是专业服务的价值目标所在。

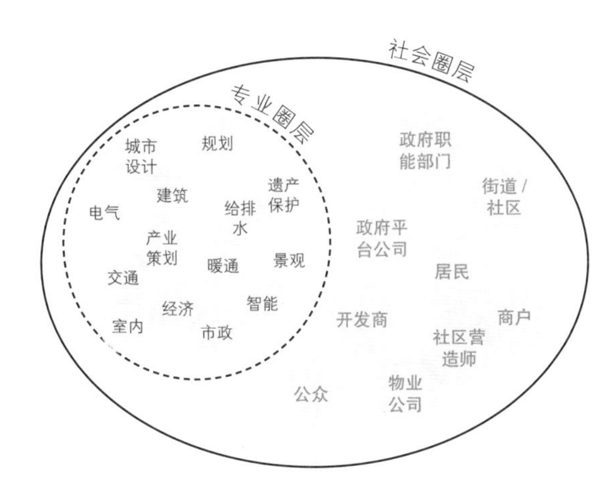

◁ 图 6.1 专业圈层与社会圈层的多重角色示意图

6.1.1 专业协同

各层级的城市规划、城市设计、建筑工程设计等都有相关的专业要素构成和程序方面的法规。城市建筑形态系统主要涉及的对象是从街区（群）到建筑这个尺度范围。无论是微观尺度的城市设计，还是建筑工程设计，都需要有城市建筑的一体化设计的思维意识、视野和协同工作方法。这其中有两个维度的关系需要重点关注和把握。

其一是从整体到局部的视野和知识的连贯性。微观尺度的城市设计通常都与具体的物质空间建设相对应，反映在对建设项目进行规划管理的控制和引导要点之中。因此，这类城市设计不仅需要理解城市物质空间形态的生成机理，还需要掌握与建筑工程和市政工程相关的技术要素和技术法规。以免“理想的”设计方案在转化为规划管理图则后，陷入难以落地的尴尬境地。与此相对，建筑工程设计则需要把视野拓展延伸到城市之中，熟悉城市物质空间形态分析的基本方法和技术，对建筑植入城市环境后可能产生的整体变化效应有必要的预期。

其二是相关专业充分且有效的协同。城市建筑的一体化设计，必然是通过团队合作完成的。设计是一个“分析 – 建构 – 评估”往复循环的开放性过程。在常规的工程设计技术要素之外，问题意识和目标判断尤为重要。设计者对物质空间对象所可能遭遇的问题及其分析和求解的方法技术要有充分的把握。由于城市物质空间系统的多维复杂性，可以说，没有任何一个建筑师单独能完全把握其中的全部要素。因此，根据设计对象、其所置身环境的具体场景、条件、矛盾，及其发展目标，组建一个能协同

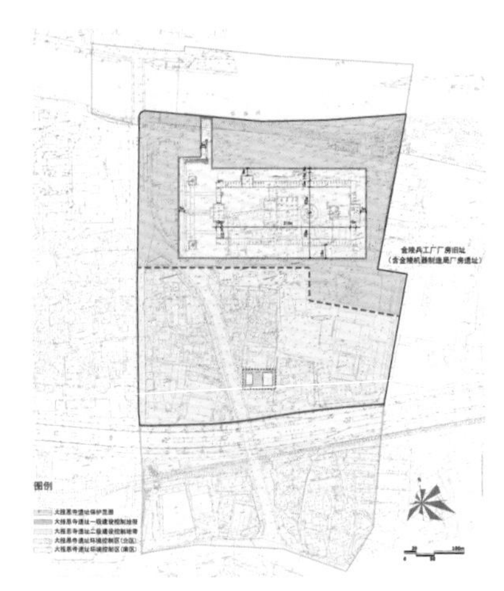

△ 图 6.2 金陵大报恩寺遗址保护区划（2011 年）

解决问题并实现设计目标的跨专业团队就尤显重要。下面列举几个跨专业协同解决问题的实例。

金陵大报恩寺遗址博物馆是金陵大报恩寺遗址公园的一期工程（图 6.2~ 图 6.5），博物馆是局部工程，遗址公园是整体工程。多专业密切协同是该项目顺利实施的重要保障。通过历史研究、遗产保护、城市设计、建筑工程设计等专业的紧密配合，实现了既符合保护法规又为当代城市文化贡献特色的目标。自 2003 年潘谷西先生带领、陈薇教授和朱光亚教授负责的“金陵大报恩寺及琉璃塔遗址公园概念规划”启动以来，该项目历经多个重要阶段。2008 年，发现内藏“佛顶真骨”的大报恩寺琉璃塔塔基和地宫，2011 年，该项目入列“2010 年度全国十大考古新发现”。此后，开展了遗址保护规划编制工作，由陈薇牵头的历史研究、王建国牵头的城市设计和韩冬青牵头的建筑设计团队赢得 2011 年“南京大报恩寺遗址公园概念性规划设计国际竞赛”和 2012 年“金陵大报恩寺遗址公园报恩新塔设计方案”，2012 年开始工程深化设计和建设，期间在建筑、结构、材料等专业进行了融合研发创新，2016 年，金陵大报恩寺遗址博物馆全部竣工完成。整个项目跨越了十余年的时间。“这个项目凝聚老中青几代人的研究成果，汇合几十人合作的工作成效，印证对于遗产保护理解以及对于历史文化传承认知的不断深化历程[1]。”没有多专业的通力协作互动和坚持，是很难想象这一地标性城市建筑遗产保护工程的成功的。

▷ 图 6.3 金陵大报恩寺遗址保护措施（2011 年）

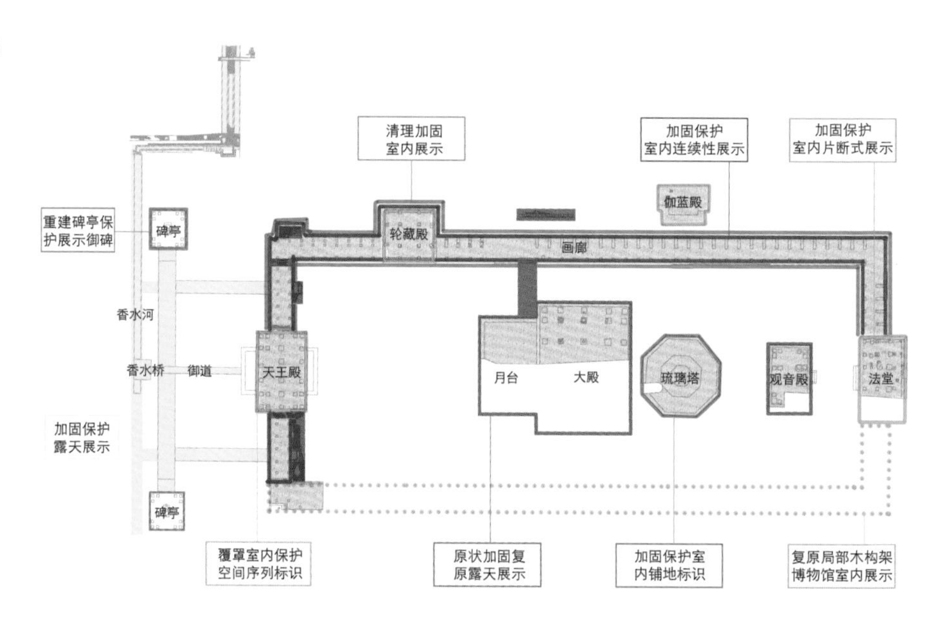

1 陈薇 . 历史如此流动 [J]. 建筑学报 ,2017,(01):1–7.

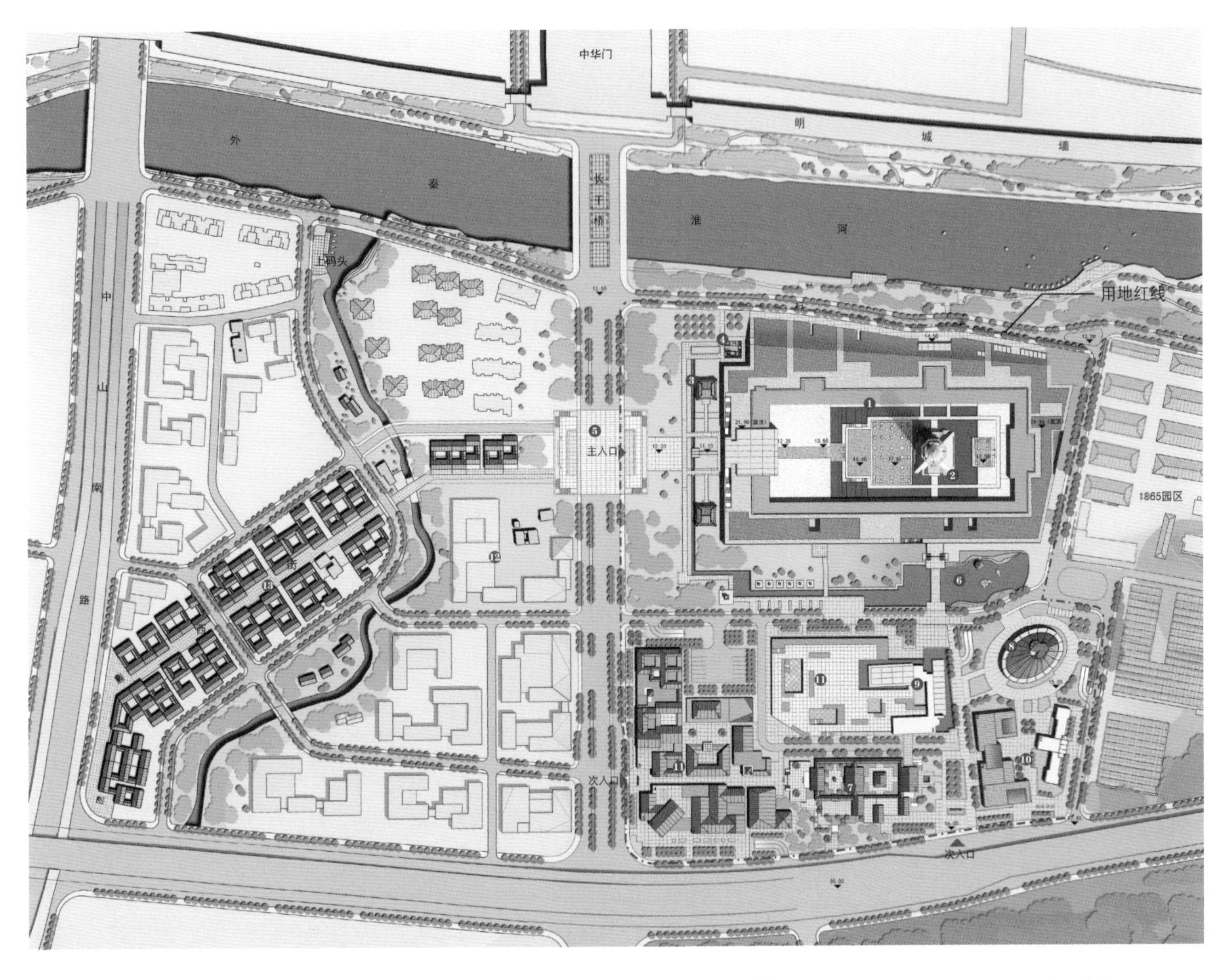

△ 图 6.4 遗址公园规划设计总平面

◁ 图 6.5 金陵大报恩寺遗址博物馆西立面

江苏南京法治园区是城市设计与建筑工程设计密切协同的案例之一。该园区集聚了全国最高人民法院第三巡回法庭，省级海事法院、知识产权法院、环境资源法院，江北新区人民法院和人民检察院等重要机构，是我国第一个集中建设的法制园区。由于项目选址及其性质的特殊性，与原控制性详细规划的要点内容难以吻合，设计必须从城市设计入手，并与建筑设计协同推进。在街区、地块、建筑和城市道路的整体格局上，对原控制性详细规划中街区地块的形、量、性做了系统性调整；在建筑布局上，结合丘陵地形特点和各法制机构的内在关系，形成了严整有序的园区整体空间格局；在土地集约化利用上，构建了海事法院、知识产权法院、环境资源法院三组建筑共享服务设施的基座平台（图 6.6~ 图 6.8）。

▷ 图 6.6 法治园区支路与地块形态调整方案

原控制性详细规划

03-03
3.68 hm²
03-05
3.37 hm²
03-07
3.02 hm²

主要问题：
1. 平行四边形地块，与法制建筑不协调；
2. 地块大小与需要容纳的建筑量不匹配。

调整地块形状

03-03
3.13 hm²
03-05
4.06 hm²
03-07
2.57 hm²

调整为直角地块，利于展现公平公正的法制建筑形象。
地块面积与需要容纳的建筑容量基本适应。

调整地块大小

03-03
3.44 hm²
03-05
4.06 hm²
03-07
2.57 hm²

根据“最高人民法院第三巡回法庭建设工程项目建议书”，补足三巡地块用地面积。

▽ 图 6.7 法治园区建筑布局：（a）园区建筑整体布局；（b）服务设施共享平台与园区建筑高程控制

（a）

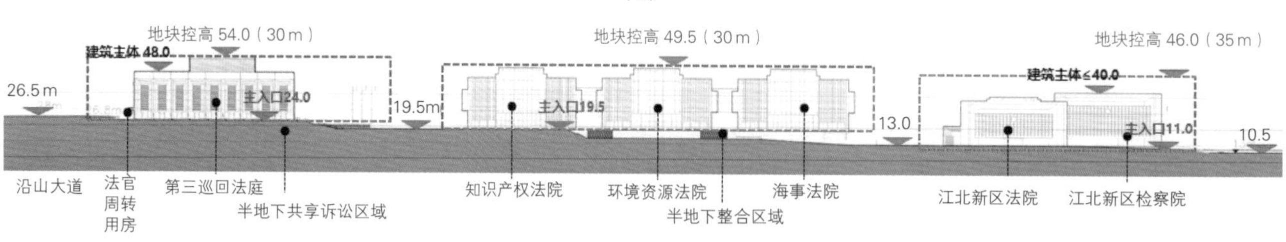

（b）

◁ 图 6.8 法治园区建成风貌：
（a）整体鸟瞰；（b）最高人民法院第三巡回法庭；（c）江北新区人民法院、人民检察院

（a）

（b）

（c）

南京江北新区新金融中心一期遇到的消防协调解决方案也是跨专业领域协同的一个典型案例。该区段采用小街区、密路网模式。如果按现行消防规范，完全在该地块内解决消防环道，不仅与土地集约化利用的诉求相矛盾，也难以实现城市设计中要求的饱满街廓（高贴线率）。在城市设计深化过程中，设计团队通过与消防和园林专家及主管部门的多次沟通，提出利用道路空间解决消防问题的建议：利用地块相邻的支路作为消防通道，作为消防通道的支路上不再强制种植行道树；在城市干道上，利用人行道与建筑退让道路红线空间作为消防环线的组成部分；主干道路人行道宽度需大于 4 m，以利用人行道作为消防环道，且铺地、地面承载等满足消防车要求。同时通过建筑设计试做，建议将建筑临街贴线率调整至 70%，并在建筑地块内设置下沉广场，其中贴主干道路一侧的下沉广场长度不超过地块边长的 30%。这一系列措施综合解决

了消防要求，并纳入了城市设计图则，有效引导后续开发（图 6.9）。这些在原先分部门管理中产生矛盾的内容，通过基于设计方案的沟通得以消解，并在市级规委会会议中得以落实，推动了城市建筑一体化设计的进行。

▷ 图 6.9 江北新区新金融中心一期消防解决方案（利用人行道作为消防环道、建筑地块内设置下沉广场等方式综合解决消防问题）

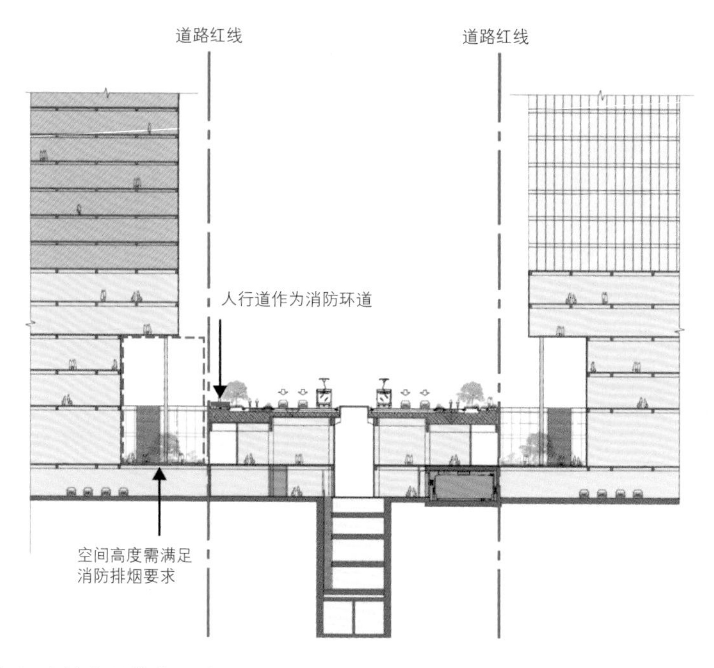

城市与建筑在整体与局部的联系中相互塑造。城市设计既贯穿城市规划全过程，又因其不同的尺度层级而具有不同的专业要素构成。在城市建筑形态系统的架构下，城市设计工作需要深入了解相关市政工程和建筑工程的形态生成机理，才能有效驾驭未来的环境。建筑师是城市建筑形态系统设计的核心角色，需要突破建筑单体设计的有限范畴，融入城市物质空间的系统之中，才能在整体视野下把握建筑的城市性内涵和表现，使建筑真正成为城市中具有公共价值的积极要素，而不仅仅是填充城市用地的资源消费者。在另一个维度上，城市建筑形态系统触及自然生态景观、城市气候环境、历史文化保护、基础设施运行等子系统，面对不同设计对象的尺度和场景类型，需要基于问题和目标及其所对应的技术要素构成，组织与此相适应的多学科专业团队，密切协同，联合攻关，以成就高品质的城市建筑。

6.1.2 社会协同

城市建设是多主体围绕具体建设目标共同参与的社会性合作过程。从建设内容的属性看，有不同规模等级的城市基础设施和公益性公共服务项目，也有与不同人群的生产生活相关的经营性项目。从建设活动的参与主体看，有规划设计机构、开发建设机构、管理部门和使用者等。管理主体可分为两类：一类是市、区政府，负责制定建设的战略方向、相关政策、资源统筹及重大规划建设项目的审议决策等；另一类为负责发展计划、规划、建设以及与此相关的专业管理部门，依据各自职能范围对规划建设的全过程实施管理。开发建设主体包括国资建设平台或市场开发商，以及产权所有人、投资商、资产运营商等，其主要负责筹资、建设实施及资产流转等。业主和使用主体同样是多样的，既有个体，也有组织，其中许多个体可以通过各自机构或基层组织代言。上述各类主体权力职责不同，并代表着不同的利益关切（图 6.10）。

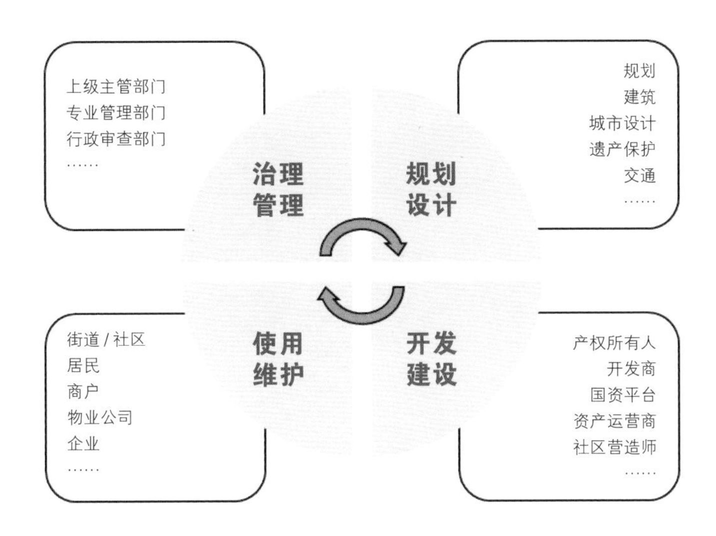

◁ 图 6.10 社会协同的主要参与主体

城市空间发展具有社会、政治、经济、文化、生态等多重价值目标。城市建筑的一体化设计实践，在管理主体的责权关系，建设主体与业主等参与方的利益关系，规划建设的管理过程、方法、技术等方面都提出了新的挑战。多部门多角色之间的分工与合作、存异与求同、妥协与平衡，考验着协同机制的有效性。在这个探索进程中，专业协同与社会协同的壁垒被打破。各国城市中各种开放的、互动的、可持续的协同机制正展现出新的生机。

斯德哥尔摩的“政府更新团队 + 平行设计”模式

1990 年代末启动的瑞典斯德哥尔摩的哈默比湖城（Harmmarby Sjöstad）是老工业区转型为现代生态新城的典型案例。一系列瑞典生态城市建设多采用其模式进行整体环境解决方案的探索[1-2]。斯德哥尔摩城市规划办公室领导成立哈默比湖城更新团队，负责整个片区战略性总体规划暨环境管理方案的制定，拥有独立的财务与规划决策权。哈默比湖城总体规划（即详细建设规划）[3] 对整个更新片区进行一体化的交通、基础设施建设的同时，将片区划分为 12 个社区，实施分期开发（图 6.11）。设计过程中引入“平行设计”

1 Iveroth S P, Vernay A, Mulder K F, et al. Implications of Systems Integration at the Urban Level: the Case of Hammarby Sjöstad, Stockholm[J]. Journal of Cleaner Production, 2013, 48: 220–231.

2 Case Study extracted from: Salat S. Integrated Guidelines for Sustainable Neighbourhood Design[R]. Paris: Urban Morphology and Complex Systems Institute, 2021.

3 瑞典开发总体规划（Master plan）是以城市设计为主的详细建设规划设计。详细建设规划是瑞典开发实践中最重要的法定规划工具。

▷ 图 6.11 哈默比湖城总体规划（2016）

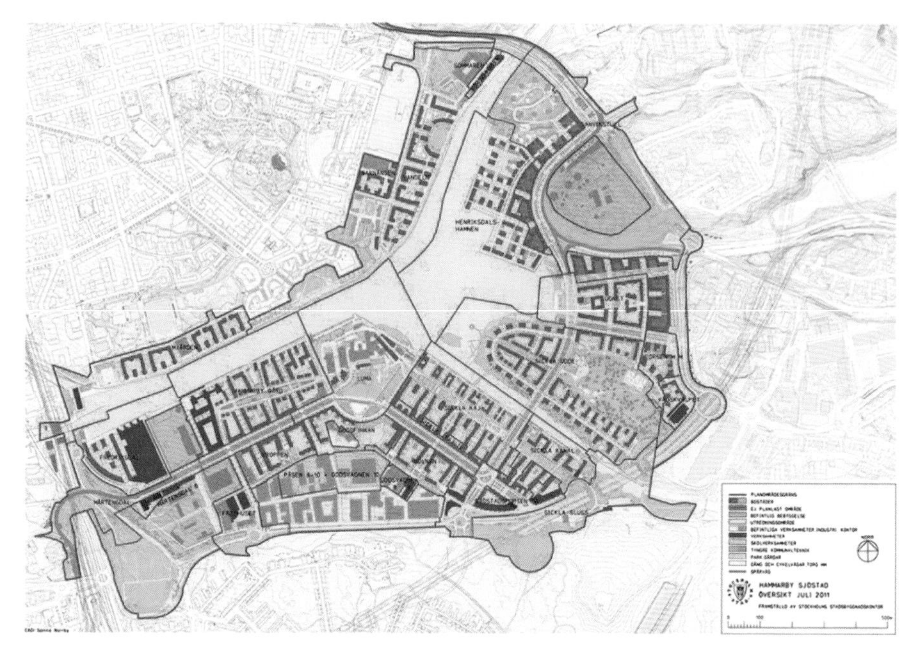

▽ 图 6.12 哈默比湖城公共空间规划图：（a）公共场所分布；（b）公共服务界面的组织结构；（c）公园绿地系统

（a）

（b）

（c）

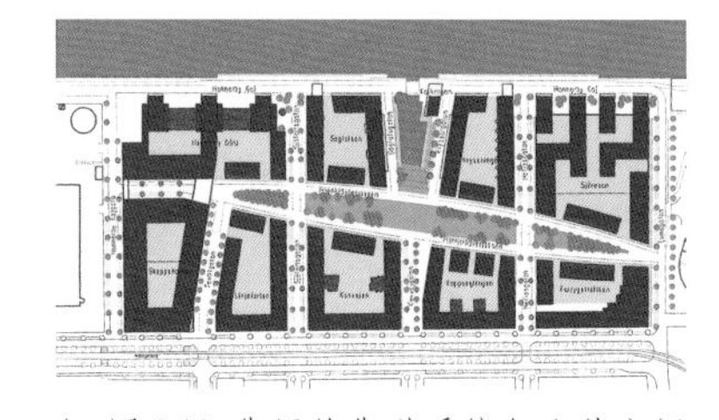

△ 图 6.13 街区的街道系统与公共空间示例

（Parallel Sketches）做法：由市政府选定多个建筑－规划设计团队，针对各社区进行详细设计；政府更新团队吸收其中的优秀成果，完成片区整体规划设计；其后根据完成的整体规划设计，更新团队为每个社区的开发制定正式的设计任务书，包含平面布局、形态、街区结构及地标建筑、公共空间与步行路网等整体设计要求[1]（图 6.12、图 6.13）。为促进建筑风貌的多样性，并实现设计与建设的有效衔接，政府更新团队以街区内部地段、地块或是建筑单体为单元，面向开发商与建筑师组成的联合体组织设计竞赛。超过 60 家联合体参与了竞赛，其中 25 家的设计方案成为开发单元的管控依据（图 6.14 为其中一例），并依此对哈默比湖城实施建设。

1　Foletta N, Field S. Europe's Vibrant New Low Car(bon) Communities[R]. New York: Institute for Transportation & Development Policy, 2011.

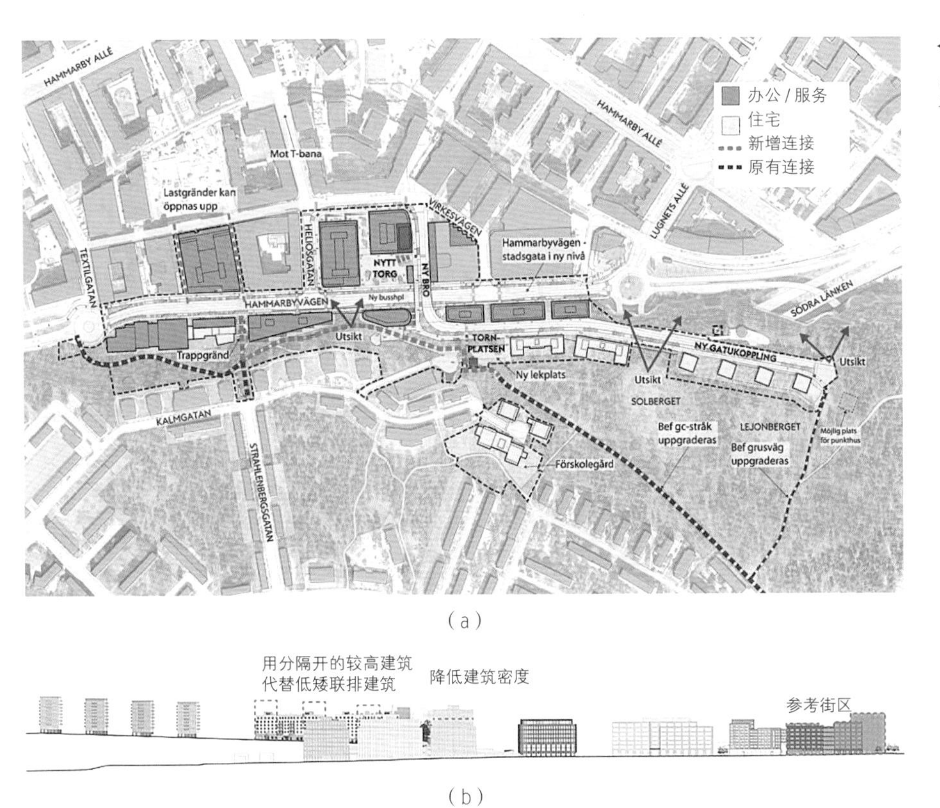

◁ 图 6.14 哈默比湖城 Sjöstadshöjden 片区住房与办公混合开发社区：(a) 节点平面图；(b) 建筑高度协调管控示意图

巴黎的“协议开发区”模式

法国的城市开发中，各级政府占据重要地位。在城市与建筑密切衔接的层面，主要通过协议开发区制度得到落实。经历分权改革后，法国形成了各级政府各司其职、分级治理管控的制度体系。其中的重要特点之一是建立了中央与地方、地方与地方之间的合作机制。城市建筑形态系统的整体控制被纳入市镇及市镇联合体层级编制的地方城市规划（Plan Local d' Urbanisme）中，以及城市（再）开发实施的协议开发区管理工具（图 6.15）。中央政府与地方政府协商建立“协议开发区”，从而消除了权属主体分割所带来的制度障碍，20 世纪 80 年代地方分权改革后，协议开发区的设立权从中央政府下放到地方。一般情况下，协议开发区由各市镇或市镇联合体主导。通过协议开发区制度，划定开发或更新范围，明确实施范围与委托开发主体，其他相关政府主体也通过这一流程协商明确其参与方式。

以巴黎左岸协议开发区为例，其开发实施主体为巴黎整治混合经济公司（SEMAPA）[1]。协议开发区的成立意味着与此对应的固定开发年限、目标明确的开发计划。出让协议开发区中的土地时，需制定“土地出让任务书”，明确规定出让土地所附属的建设

1 Semapa. Actualité Chantier, Treize Urbain No36[R]. Paris, France, 2022.

权[1]。同时，"任务书"需在总协调设计师的统领下，制定在协议开发区存续时间内具备效力的"技术、规划及建筑导则"，一般包括地块与城市的衔接关系和地块内的建筑设计管控两个部分。设计方案需回应任务书要求，并由总协调设计师审批。片区开发完成后，协议开发区流程即告结束，片区的运营通常不受统一管理，即公共平台以一级开发为主。一般来说，二级开发与运营工作交由专业的市场主体来完成（图 6.16）。

▷ 图 6.15 巴黎市及大巴黎地区城市规划管控体系分级与开发流程工具间的关系

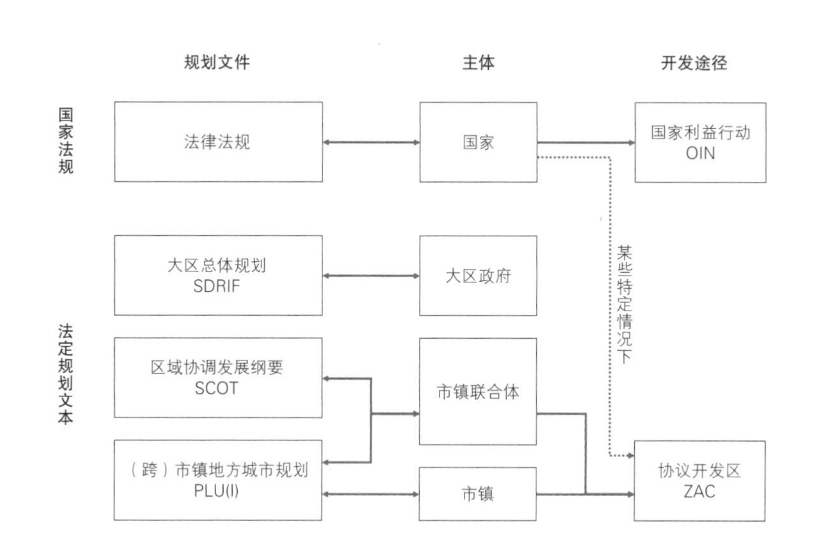

▷ 图 6.16 巴黎左岸协议开发区公共开发平台与其他项目主体的关系示意图

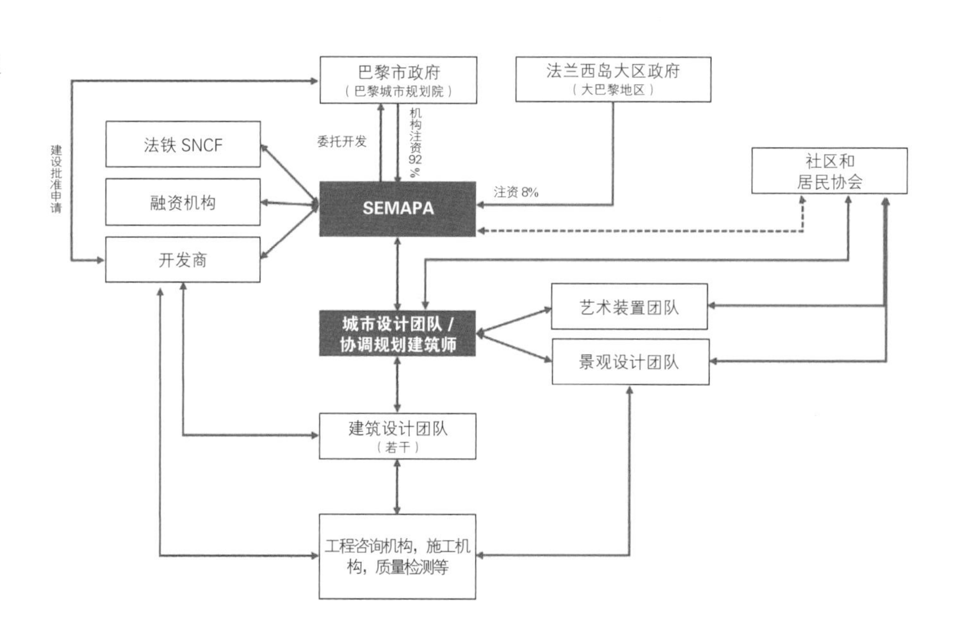

1　Cerema. Fiche Outils Aménagement opérationnel ZAC[R]. Lyon, France, 2020.

伦敦国王十字“联合开发平台”模式

英国是实行自由裁量规划体系的典型国家，其土地使用的决策权和管理责任下放到地方政府规划部门，通过项目规划许可的审定权体现。在城市现状较为复杂的重要片区，英国实行城市规划、城市设计与建筑设计共同审查的方式，实现了城市与建筑协调一致的一体化开发。

以伦敦国王十字片区再开发为例，卡姆登区开发控制委员会通过 106 法令条款，授予该棕色地带再开发规划许可。作为地方政府与片区开发主体、历史保护主管单位及社会团体的协商成果，该法令一方面规定了联合开发平台（King's Cross CentralLimited Partnership，简称 KCCLP）的最大建筑开发面积及分类功能建设上限（表 6.1），另一方面也提出了联合开发商向卡姆登议会提供地区基础设施和社区服务的现金和实物援助要求[1]。

表 6.1 106 法令条款中有关国王十字再开发片区中不同功能的最大建筑面积

用途	规划面积 /m²
混合用途开发（完全获许可）	739 690
办公	<455 510
零售	<45 925
酒店 / 公寓	<47 225
D1（非住宅机构）	<74 830
D2（集会和休闲）	<31 730
1 900 套住宅	<194 575

联合开发平台 KCCLP 由欧陆铁路公司、英运物流（后被 DHL 收购）及开发商 Argent 组建。其中，欧陆铁路公司、英运物流均为片区土地的产权拥有者，而联合的私营开发商 Argent 则是在混合功能片区开发及运营中拥有成功经验的专业机构。联合开发平台 KCCLP 拥有国王十字再开发区所有土地的产权，Argent 集团负责整个街区的物业与公共空间的管理与运营。在达成 106 法令及开工后的十多年时间里，民间团体“国王十字发展论坛”（King' s Cross Development Forum）作为代表街区和居民意见的重要组织，也积极参与了街区开发的协商，助力街区风貌、历史价值、公共环境与经济利益之间的平衡。在这一机制下，建筑与街区得以贯彻一体化设计、建设与运营管理，街区的整体风貌与氛围与单个地块、建筑（群）的互馈整合关系得以维持（图 6.17）。

1　法令规定的义务包括：通过建设价值 210 万英镑的培训中心、技能和招聘中心来创造 24 000~ 27 000 个地方就业岗位；建设 1 900 套住房，其中超过 40% 是保障性住房；提供对社区、体育和休闲设施的现金和实物捐助；开发新的绿色公共空间，包括新的景观广场和设计良好且交通方便的街道，这些空间占地块总面积的 40%；建设新的访客中心、教育设施、横跨运河连通街道的桥梁；提供现金资助以改善临近街区、公共交通站和地面公交服务（卡姆登议会，2006）。

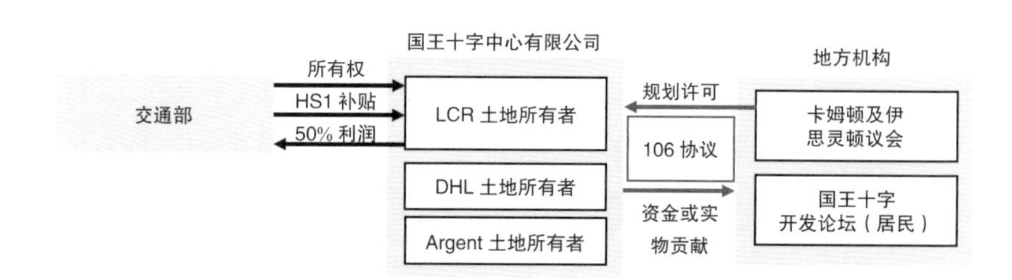

▷ 图 6.17 国王十字再开发过程中的主要协商关系示意

注：HS1= 高速 1；LCR= 伦敦和大陆铁路

东京的“都市再生特别地区”模式

日本针对复杂建成环境下的再开发地段，采用了都市再生特别地区制度。这一制度尤其以轨交枢纽核心地段的城市再生为重点。在“特别地区”内，可以免受原有功能分区及容积率等的约束，从而制定自由度较高的适应性规划制度。此外，该制度突破常规的评价要素，转而以对城市更新的贡献程度为导向进行综合评价。通过地段更新方针推动地区环境与城市基础设施建设的均衡发展。根据项目对城市再生的贡献程度给予容积率奖励。在具体的审查方式上，基于开发商的提案，不拘泥于常规标准，而是针对每个项目的特点进行个别审查。这一类更新项目涉及主体众多，需搭建多方合作的规划及运营平台，以了解、协商各参与主体的诉求。其中，政府、铁路部门和开发主体发挥核心作用，而基于土地产权私有制形成的企业联合开发经验则独具特色（图 6.18）。

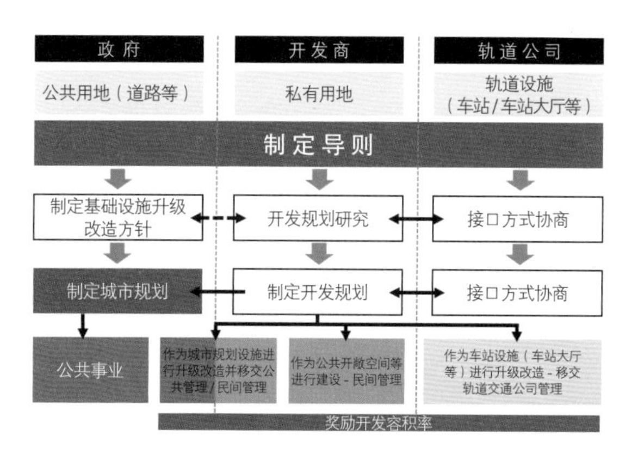

▷ 图 6.18 日本轨交枢纽周边公共设施的升级改造流程

以东京重要的城市副中心之一涩谷为例。涩谷站地段地形复杂，多条铁路建造时期及产权不同。自 20 世纪 90 年代开始，日本东急集团主导片区更新工作（业主包括东急株式会社、东日本旅客铁道株式会社、东京地铁株式会社），委托涩谷站周边整备规划共同企业体（由日建设计、东急设计顾问、JR 东日本建筑设计、METRO 开发组成）进行核心 TOD 街区的设计。东急集团以其涩谷总部为中心，通过开发和租赁各种用途和规模的建筑空间，高效利用包括铁路用地在内的资产，提供高级办公、商业、文化设施等，努力实现空间价值最大化（图 6.19）。其中，涩谷未来之光（Hikarie）于 2012 年开业，拥有 18 层高级写字楼以及由约 230 家商店组成的商业设施“ShinQs”，

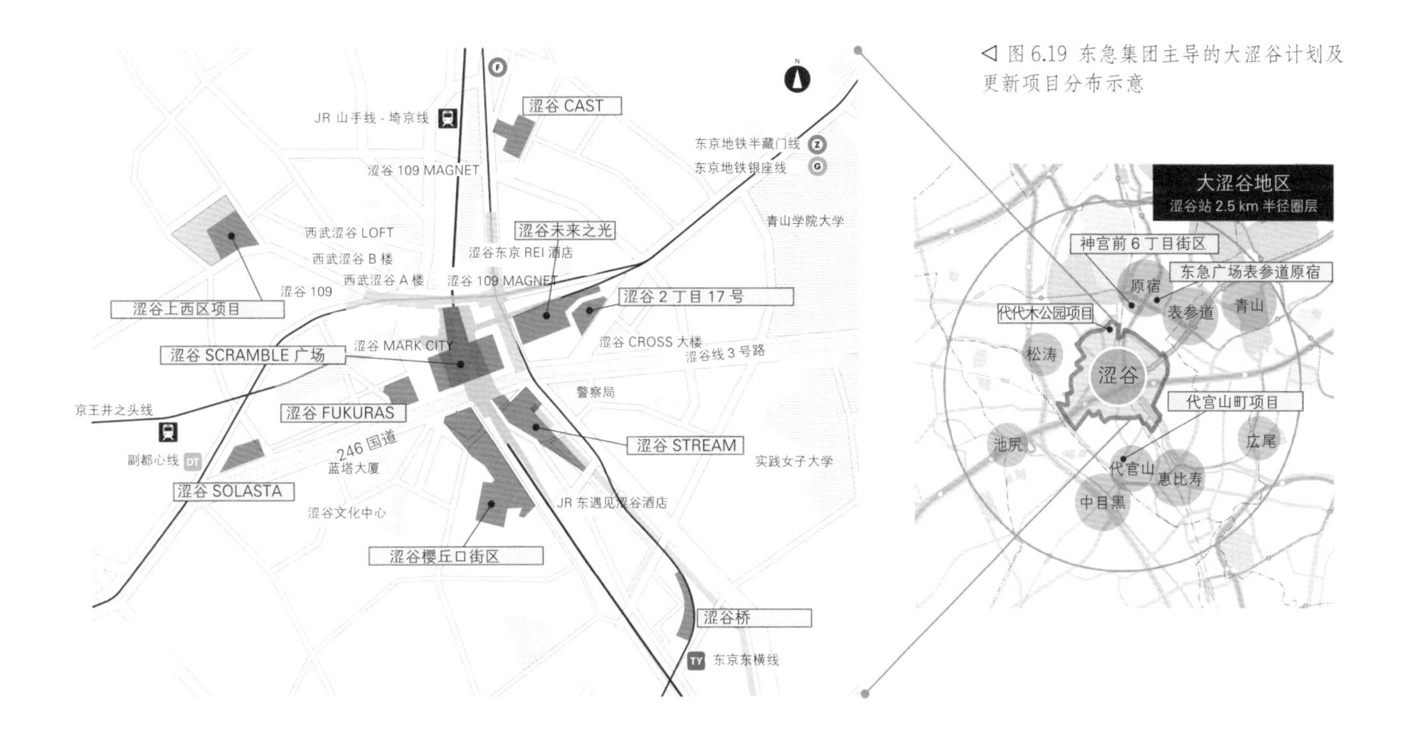

◁ 图 6.19 东急集团主导的大涩谷计划及更新项目分布示意

还有涩谷地区最大活动大厅“创意空间 8”（包含餐饮和活动场所），以及“东急剧场 Orb”等。东急集团进行涩谷更新计划后，其开发拥有的高级写字楼物业中，在涩谷地区的比例已达 44.5%。

不同国家城市的当代实践，结合其具体的条件，展现了因地制宜的机制策略，从中也可以看出以下两条共性经验：

以实施主体为核心的责权匹配下沉

紧凑集约的城市建筑空间开发，对实施主体的统筹协同能力提出了更高的要求。政府不可能大包大揽，以实施主体为核心的责权下沉成为许多城市开展多地块联合开发的共同经验。这一过程中，政府、投资主体、开发平台之间的责权利匹配关系至为重要。平衡各方利益是实现一体化价值目标的关键。以实施主体为核心的制度建设具有多种模式。瑞典采用专门更新机构，法国采用地方政府主导下的协议开发区，英国采取更为灵活的公私合作制度，日本则由龙头企业形成联合开发模式。共同开发实施主体的协同运作，有利于突破项目孤立建设的封闭性，实现城市建筑空间资源的跨层级综合利用。协商平台的构建，保障了多主体利益兼顾与整体环境高效高质的共同目标。在我国的城市建筑综合开发实践中，也出现企业平台通过与政府的协议制定获得主体地位的探索。开发企业从单纯的开发个体上升为承担或部分承担一级开发的职能主体。例如，深圳前海深港现代服务业合作区的部分街坊中，尽管开发企业仍处于二级开发的环节，但其承担的义务和职能有所变化。通过“多元主体众筹式城市设计”，推动多元企业主体在前端参与。在一级开发完成后，街区各用地主体联合协商，共同聘请

▷ 图 6.20 前海街坊整体开发多主体合作机制示意图

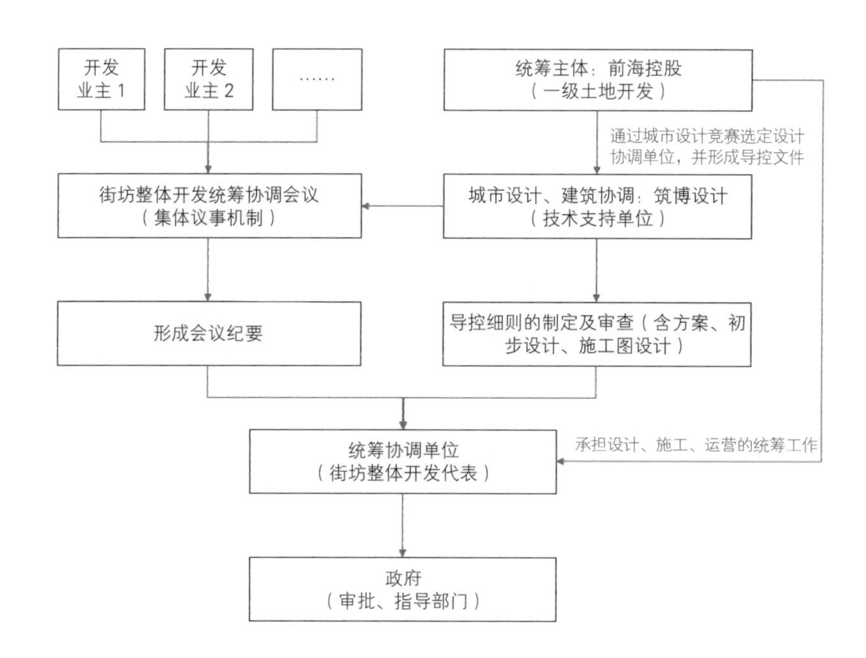

街区城市设计编制单位对街区开发进行全程统筹，保证整体开发（涵盖建筑、地下空间、公共空间、交通、景观等）的协调性和完整性（图 6.20）。同时，规划主管部门在土地出让、建设工程规划许可等各阶段，落实城市设计管控要求。自下而上的城市设计，反映了不同主体的意向叠加与平衡。在这一过程中，相关主体均发挥了重要作用[1-2]。

广泛深入的公众参与

公众参与对城市建筑综合开发具有重要意义。它不仅是公众及个体权益保障的制度性设置，对项目的顺利进行也至关重要。从公众意见征询、公众参与设计到社区规划师制度的设置，市民更多地参与到城市建设的日常过程中来。深入的参与协同过程可以使建设方案更好地融入本地文化之中，设计成果也能更好地落实到建设实践之中。在包括我国在内的许多国家和地区城市中，公众意见征询已经被列入法定的项目开发流程。在场景复杂的项目公众意见征询流程中，甚至需要指定公众意见征询特派员来搜集相关意见，并提交公众意见报告。参与式设计一般发生在项目设计过程中，通常会通过设计协调工作营、共建工作营等形式进行。如在法国巴黎南部维克多·雨果生态街区的更新设计中，设计团队组织多次参与式工作营。工作营按设定的流程开展，包括向居民讲解设计团队的设计构想、采集居民的意见、与居民的讨论与互馈，最终总结达成结论与动议等（图 6.21）。为了提高居民对街区的认同感，还创建了一系列共建工作营，主要针对片区种植园、休憩区城市家具等，由设计师与当地居民共同设计和打造[3]。公众参与的

△ 图 6.21 维克多·雨果生态街区居民参与街区更新设计工作营

1 叶伟华，于炯，邓斯凡．多元主体众筹式城市设计的编制与实施：以深圳前海十九开发单元 03 街坊整体开发为例 [J]. 新建筑，2021(2): 147–151.

2 郭军，刘劲，荆治国．深圳前海多元主体街坊整体开发模式研究 [J]. 工程管理学报，2020, 34(2): 72–77.

3 https://www.arte-charpentier.com/.

组织形式对参与效率也十分重要。例如伦敦的民间团体“国王十字发展论坛”作为一种常设性机制，对该地区的再开发进程发挥了极其积极的作用。

综合实践：南京小西湖街区保护与再生中的协同机制建设

南京小西湖街区的保护再生实践，不仅是城市建筑一体化设计的新探索，也是一个在社会协同上展开机制创新的探索过程。在这类复杂历史环境的保护与再生过程中，不同主体行为的协同性极大地影响了工作效率和目标品质。经过近10年的探索与磨合，小西湖实践逐渐形成了政府主导、设计引领，以建设平台为核心，各职能部门大力支持、街道社区和居民广泛参与、社会资本多元投入的协同工作机制。在这一协同机制的创建过程中，观念共识、多元协商、资源整合、包容共进是最基本的经验。

在规划建设实施层面，南京市历史城区保护建设集团有限公司（简称“历保集团”）作为政府平台公司，是该项目的实施主体。区政府主导了保护再生的发展方向，并负责制定一系列相关政策；历保集团负责建设过程中的征收、融资、建设、招商等全过程，并参与项目的运维和社区营造工作；规划和自然资源局作为项目发起的倡议者之一，在规划管理的创新上发挥了关键作用，并协同房产局、建设局等职能部门组织开展了一系列研讨、磋商、论证、指导及监督工作；街道和社区全力配合，协调居民参与沟通。在规划设计层面，跨学科的多专业团队密切配合。规划编制、历史研究、遗产保护、市政设计、建筑设计等专业相互融合、碰撞、互动。在汇集各类资源与约束的基础上，规划编制提出了兼具包容性和动态性的控制引导规则。一院一策的参与性设计支持了小尺度、渐进式的保护再生进程。在过程层面，机制建设的探索与实践在交互的进程中逐渐成熟。各参与主体直面问题，敢于尝试，勇于探新，在策略上由易到难，由常规到突破，不断攻坚克难。

小西湖街区保护再生项目的规划与设计是多专业一体协同探索的结果（图6.22）。历史保护与建设规划的整合，通过“二级管控体系”和“微更新图则”得到落实；市政、建筑、景观环境等设计在并进中有交织，既保障规划管理“管得住”，也助益建设和运维过程中“用得活”。历史研究和遗产保护贯穿规划与设计全过程，为历史街巷网络、地块格局和建筑类型的认知提供学理支撑，并在工程建设过程中得到灵活的落实。

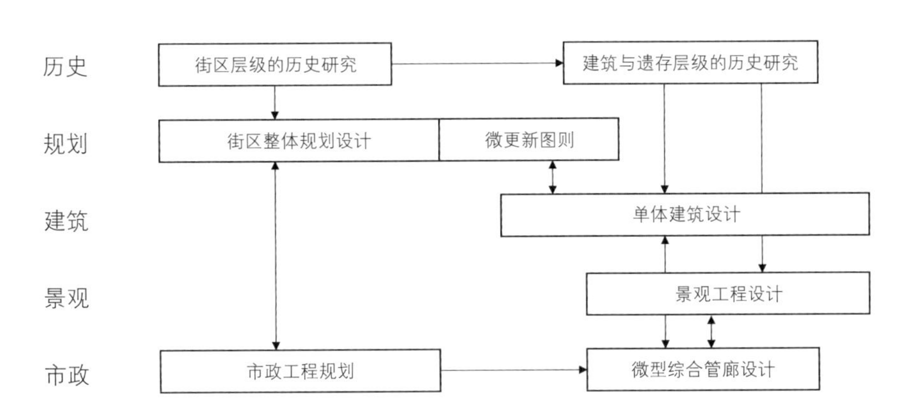

◁ 图6.22 小西湖街区保护再生中的专业协同

▷ 图 6.23 快园春水景观节点

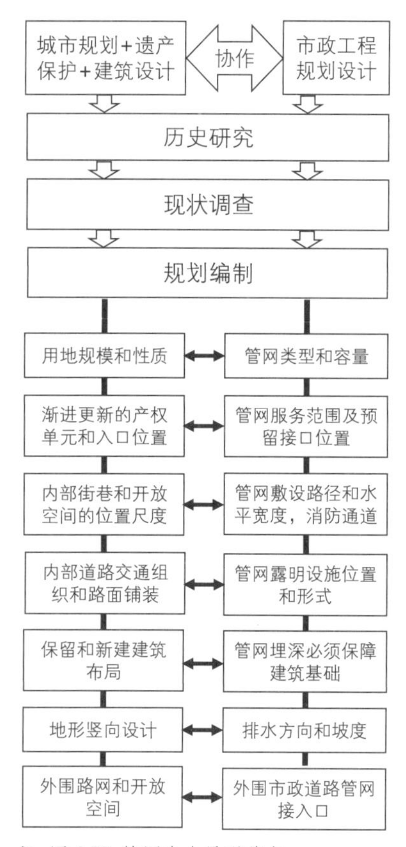

△ 图 6.24 市政管网工程规划设计的前置和全程协作

例如，历史研究中追溯了“小西湖”街区名称的来源[1]，通过历史航片的叠图明确了水体位置；规划设计根据居民搬迁意愿、街巷网络重塑和现状建筑条件，确立了可实施的用地；景观设计与建筑设计一体开展，历史景观“快园春水”如今成为小西湖街区的公共文化场所（图 6.23）。再如，“三官堂”所在的马道街 45 号在原有规划中被认定为传统民居。然而，设计团队中的建筑史论学者对现场棚户下部的高规格石砌台基产生了疑惑。这促使他们对史籍记载和现场遗迹进行对照研究，最终取得了遗址保护与活化利用的可喜成果。市政工程规划设计与规划编制研究同步启动并全程互动整合，是本项目一体化设计的重要特点之一（图 6.24）。应对高密度场地条件，规划、消防、市政等专业密切协作，基于历史街巷走势设置最窄宽度 3 m 的十字形内街，确保小型消防车辆通行，创研“微型综合管廊”，实现交通、消防、市政管线、街道活动等多种需求的集成，塑造了集约高效、与古为新的活力街巷（图 6.25）。

（a）

（b）

▷ 图 6.25 历史街巷更新与地下微型综合管廊的协同与集成：（a）更新的历史街区；（b）地下微型综合管廊

1 “小西湖”得名于明代著名戏曲作家徐霖的私家花园“快园”，自清末园林逐渐衰败后成为公共池塘，因“春水鸭栏，夹以桃柳”而得名“小西湖”，并渐渐成为街区的代名。

小西湖街区保护再生项目更是一次社会协同的成功探索（图 6.26）。在调研阶段，实施主体与设计团队协同合作，历保集团负责逐户调查居住状况、产权信息与居民意愿，设计团队负责记录物质空间形态，并研发“权属类型学地图”，作为呈现空间肌理、标识物权单元、记录居民意愿的载体工具，呈现了每一个院落地块、每一栋建筑乃至每一个房间的产权归属和搬迁意愿（图 6.27、图 6.28）。其不仅是与居民沟通的工作底图，也成为支撑规划编制的重要基础。在规划管理和方案审批阶段，建立了多主体协商平台与社区规划师制度，发布了《老城南小西湖历史地段微更新规划方案实施管理指导意见》和《小西湖微更新地块社区规划师聘用管理办法》等管理指导文件。多主体协商平台由政府职能部门、实施主体、街道和社区居委会、相关产权人及居民代表、微更新申请人、相关技术专家等主体共同参与，负责协商、咨询和审核更新申请、更新方案及竣工验收。其中，实施主体和社区规划师承担了申请人与其他各方主体之

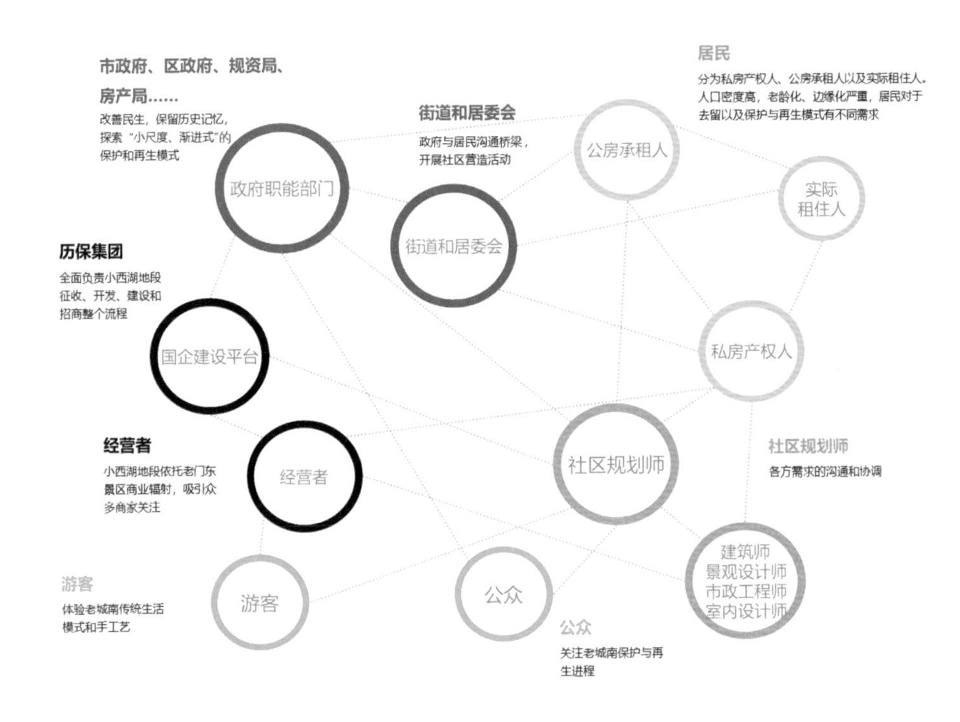

◁ 图 6.26 小西湖街区保护再生中的社会协同

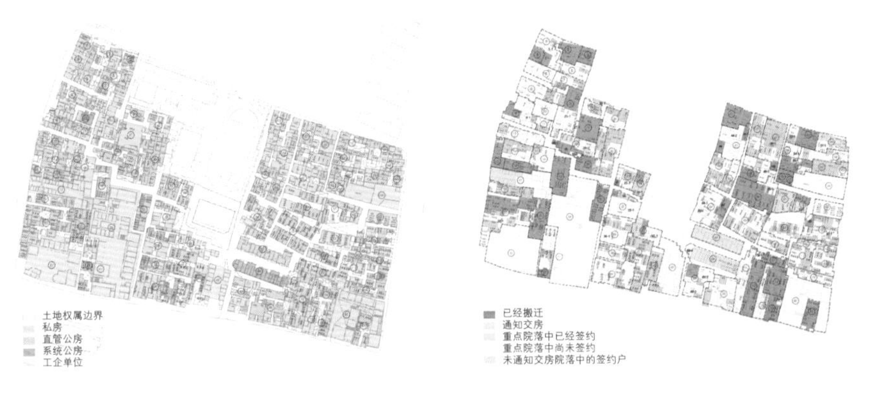

◁ 图 6.27 产权类型分布图

◁ 图 6.28 居民搬迁意愿图之一

△ 图 6.29 协商平台与社区规划师办公室

间沟通协调的核心角色。协商平台主要通过现场调研、会商协调、争论听证、协议会签等形式开展工作（图 6.29）。在实施阶段，因地制宜，一房一策，探索多元更新模式。腾迁模式：利用工企单位或公房腾迁用地，建设综合控制中心等社区公共服务和商业设施；平移安置模式：加固改造老旧公房，用于街区居民的平移安置；共生院模式：原住居民和社区规划师办公室、文创工作室在改造后的院落中互助共处，居民厨卫设施、起居空间得到根本改善；共享院模式：由实施主体出资改造私家院落，屋主自愿将院子开放，与邻居和游客共享；私房返租模式：实施主体以长期租赁形式改造居民私宅，并统一招商运营；自主更新模式：以产权人为更新主体，政府财政适度补贴，并鼓励社会资本引入，以时间换效益（图 6.30~ 图 6.33）。在此过程中，公众参与贯穿始终。规划设计成果多次面向全体居民征询意见，建筑设计团队反复与居民沟通设计方案（图 6.34），实施主体和社区共同组织定期和不定期的联谊活动，社区的凝聚力和自豪感成为自主更新的内在动力（图 6.35）。

▷ 图 6.30 小西湖街区综合控制中心

▷ 图 6.31 平移安置房

▷ 图 6.32 共生院

▷ 图 6.33 共享院

▷ 图 6.34 自主更新中居民参与设计

▷ 图 6.35 小西湖街区新春长桌宴

6.2 以“空间·主体·政策”为架构的机制探索

城市建筑的空间实践以物质空间环境建设为直接目标，是一种多主体共同参与的综合性社会合作过程。对城市物质空间形态的生成机理和设计操作的理性把握，对城市建筑的设计成果具有关键影响；而设计过程及其成果在现实场景中的落地，很大程度上取决于相关主体的合作成效；城市建设的相关制度政策则是多主体行为背后的规范性保障和约束。城市建筑是具有多尺度层级和多功能类型的空间系统，要素及其结构的组织秩序反映了空间系统的基本品质；参与建设的主体要素主要包括管理主体、实施主体、物权主体、专业设计主体四大类型，并形成社会协同与专业协同的诸多协同组织形式；管理体系、技术法规及各种鼓励和约束性的制度文件等形成了广义的政策工具系统。“空间·主体·政策”的相互匹配性，是协同机制最终能否有效支持城市建筑整体功能目标的关键所在。在集约、低碳、再生的主题下，当代城市建筑系统的组织构成日趋复杂和有机，系统的有序性和可持续性目标对协同机制提出了更高要求，由此催生了机制探索的新方向。

6.2.1 措施导向转向目标导向

城市规划与建筑设计行业现行的各种法规标准的主要目的是规范规划设计和建设的行为。为了适应各种具体的场景，法规条文也变得越加具体。由此产生的问题是，不同的法规往往出自不同的专业类型，当这些不同专业类型的法规作用于同一个空间设计对象时，通常会因顾此失彼而陷入令人尴尬的矛盾之中。例如，消防环道的设置规范可能与规划中临街建筑的贴线率要求相抵触，规划编制中的街区地块绿地率标准与高密度的现实更新环境相矛盾。这些形成于粗放式建设时期的法规体系，有很多内容既难以适应存量时代城市更新的现实场景，也与城市空间集约低碳发展和建成遗产保护利用的方向不相吻合。

各种技术措施和管控手段最终是为了达成目标。从并行甚至分裂的措施导向转向综合的目标导向，是技术法规和管控体系的积极发展方向。例如，在一些国际高密度城市再开发的规划管控制度中，地块控制要点的设置已取消内向的独立绿地，转而鼓励地块建筑为城市贡献共享的绿地或公共空间，并给予容积率补偿。例如地块内部的绿地或覆土达到一定种植深度要求的屋顶花园和农场，均可计入城市绿地率的考核指标。这种目标导向的法规变革，避免了有限资源的重复配置，促进了集约共享。例如，法国拉德芳斯商务区站前地段的图则中明确规定屋顶和露台空间的开放性与生态化设计（参见图 3.191），建议采用厚覆土方式创造屋顶花园、农庄、共享休闲空间等（参见图 3.129），在此前提下，可以替代传统的地块建筑密度指标。

目标导向的鼓励政策的实施会带来更积极的空间实践。台湾省台中市将“基地通风检讨”纳入地方自治范畴，根据《台中市都市更新建筑容积率奖励办法》，针对沿街人行步道退距、广场与街角开放空间预留、建筑密度降低、建筑体量与环境协调、夜间照明设置、公共艺术或城市家具规划、绿化美化设施等类目设置了 2%~5% 不等的容积率奖励。为缓解城市热岛效应，构建城市风廊，该办法在“建筑体量与环境协调”大类中设置基地通风率作为评估指标，并依据建筑形态设计对通风条件的优化程度给予2%~5%的容积率奖励（图6.36）。

▷ 图6.36《台中市都市更新建筑容积率奖励办法》中关于基地通风评估的内容

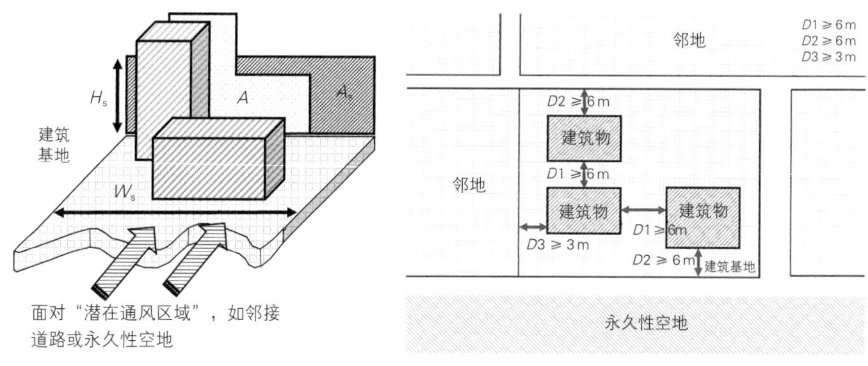

（a）基地通风率SVR计算示意　　（b）邻栋间隔管制

6.2.2 二维控制转向三维引导

对于城市一般地段的土地利用和空间形态，普遍采用城市与建筑层级分明的二维平面管控方法，具体落实在容积率、建筑密度、道路退让、建筑高度等指标项上。对于较为复杂的高密度城市地段，国内外规划设计实践中已探索形成一系列以城市设计为先导的空间管控与引导工具，以此突破城市与建筑的层级切割，通过构建资源共享、指标弹性互通的一体化机制，实现集约化、高品质的城市空间营造目标。

美国纽约最早开始运用建筑形体管控的三维规则，对建筑的高度、建筑地面投影的长度与宽度做出了最大值限定。1916年制定了初版《建筑区划则例》（Building Zone Resolution），对建筑形体进行相应规定。尽管根据规则模拟的建筑形态并不完全符合社会需求，但标志着三维管控的雏形已形成（图6.37）。1961年，纽约市进行制度改革，发布了《区划则例》（Zone Resolution），引入开敞空间率指标（Open Space Ratio）、容积率、高度与退缩等更为全面的指标化管控体系（表6.2）。我国推动控制性详细规

△ 图6.37 根据1916年区划图例进行的局部建筑形态模拟

表6.2 纽约市1961年的区划则例对三类主要不同分区的管控规则设定

	居住区	商业区	工业区
楼板面积（容积率）	●	●	●
开敞空间率	●		
密度规则	●		
后院（Rear Yards）规划	●	●	●
高度与退缩	●	●	●
单个地块内两个或多个房屋之间的最小距离	●		
庭院（Courts）规则	●	●	●
塔楼规则	●	●	●

划的初衷也是为了兼顾规划的底线控制与设计和建设中的灵活统筹。

法国在2000年推出的《社会团结与城市更新法》中提出取消容积率指标和土地利用性质规限，并以“模型图则”取而代之，以尽可能实现风貌控制与弹性管理。以法国拉德芳斯商务区站前地段为例，其“建筑、城市与景观导则”通过建筑场地外摆区与街道的连通性、地面层多方向的开放性、内部通道与城市周边道路的衔接，及建筑空间与城市公共空间的连通等引导建筑与城市空间的一体化设计与营建。同时，这一管控体系要求建筑部分内部公共空间对外开放，以保证公共人群可以在城市与建筑之间自由流动（图6.38）。此外，对于建筑风貌的保护，不仅通过建筑高度的控制，更通过精细的指标设定直接影响建筑不同方位的形态，从而满足不同城市界面与文脉秩序的要求。“模型图则”在充分考虑地块方位、周边城市环境及使用人群的基础上，通过主体建筑及附属建筑两个管控范围、建筑退台以及局部突破等原则，实现了空间尺度与城市风貌、功能的衔接（图6.39）。

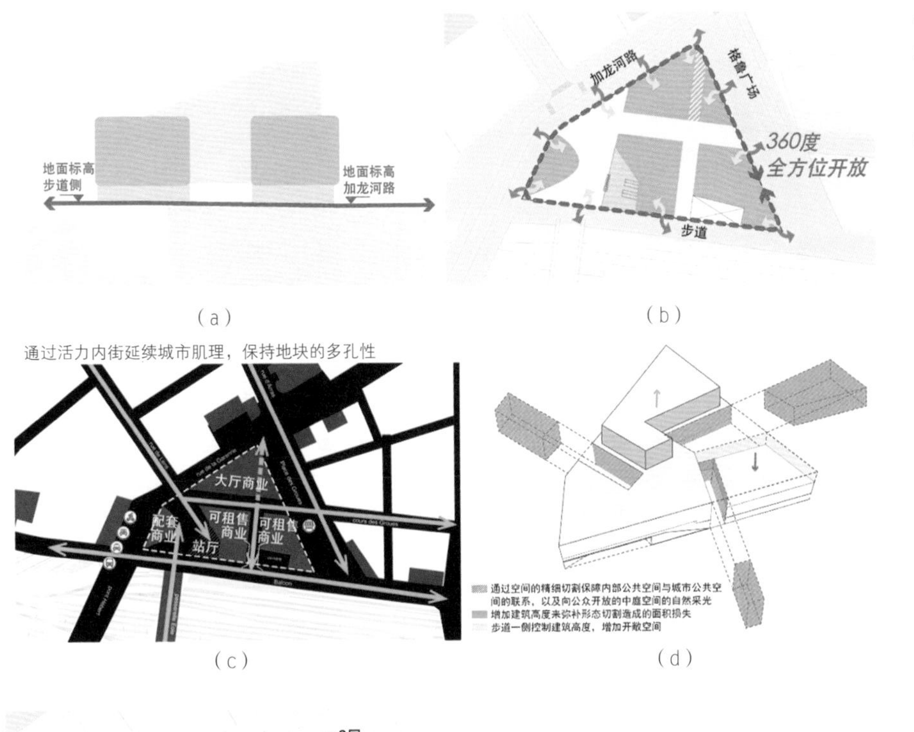

◁ 图6.38 拉德芳斯商务区站前地段建筑与城市空间渗透性的管控要求：（a）建筑场地外摆区与街道的连通性；（b）地面层360°的开放性；（c）内部通道与城市周边道路的衔接；（d）建筑空间与城市公共空间的联通

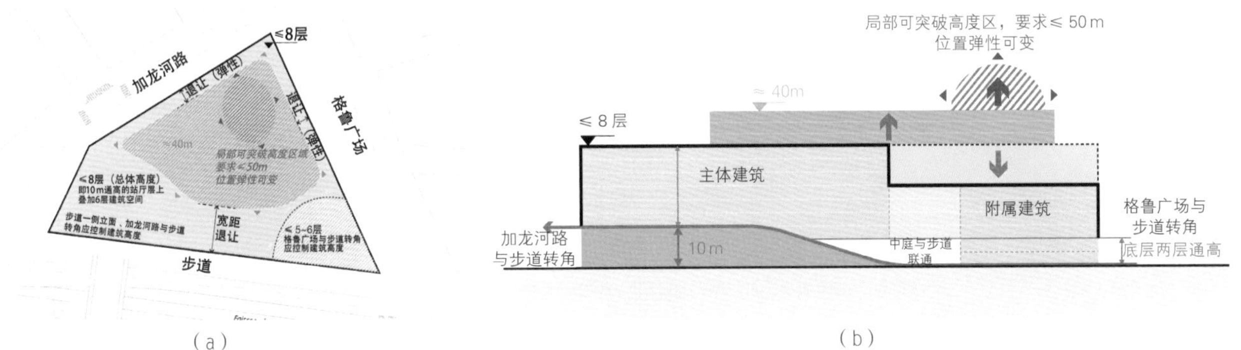

▽ 图6.39 城市建筑空间的精细化管控：（a）平面分区管控；（b）竖向管控

笔者团队在承担的南京河西南部鱼嘴地区核心区城市设计中，采用多标高分层控制方式，实现了对复杂高密度地段空间形态的有效控制。地下车行环道、市政综合管廊、有轨电车线路与车辆段、地铁线路与站点、河道等各类基础设施为该地区带来了优越的资源，同时也给地面上下部的空间开发带来诸多限制。为应对这些限制，设计团队通过不同标高的系统化分层设计，实现了多专业、多系统相协同的地上地下空间一体化（图 6.40）。通过对地块车行出入口、人行通道及垂直交通的精细化控制与引导，保证地下空间开发的整体性与步行空间的连续性。从空间效益最大化的角度出发，引导相邻地块的地下停车空间协同开发与管理，节约车道数量与占地面积（图 6.41）。同时提出了联合开发单元的建议，并在后续的土地招商阶段落实为实际开发中的土地出让单元，进一步提高了地块开发的实操性。

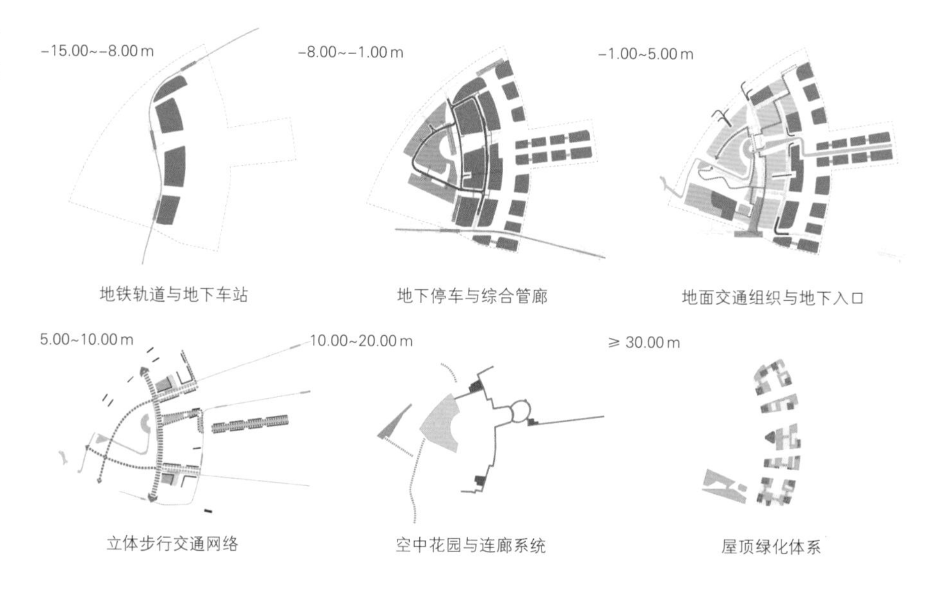

▷ 图 6.40 南京河西南部鱼嘴核心区城市设计中的立体化空间组织方式（左上角数据为标高）

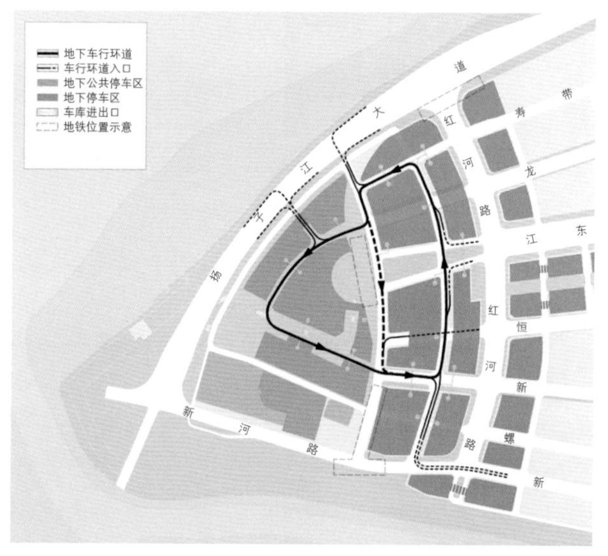

▷ 图 6.41 地下车行环道与地下共同开发停车空间的单元划分建议

三维管控引导是推动土地立体化复合利用及精细化管控的有效手段。我国部分城市已在一些重要地段采用以三维管控为导向的规划方法。但容积率、建筑高度、建筑密度、道路退让等传统的平面化指标与规范往往又同时并列执行。当两者产生矛盾时，由于传统指标与规范更具法定效应而得到强制执行，“三维盒子”由此沦为一种“弹性建议”，无法真正实现对城市建筑空间形态的整体控制。由此可见，如果没有一个先进的管理制度体系，就难以将三维管控的积极作用发挥出来。法国用“模型图则”取代土地利用规划图和平面化指标，是一个颠覆功能分区规划和传统制度体系的持续探索过程，取得了显著的实践成效，对我国城市建设由增量拓展转向存量更新的关键阶段具有重要的启示意义。

6.2.3 约束性管控转向互动性适应

在以往的一些城市建设中，规划阶段预设的约束性指标并不一定满足后期开发的需求，甚至会形成阻碍作用。针对这一问题，越来越多的城市开始探索互动适应的城市管控机制，即在符合城市整体发展意图的前提下，放松约束性的具体管控内容，根据开发阶段面临的现实问题和目标，以及实施主体的合理需求对整体规划进行反馈和调整，通过相互适应与调整，管控机制能够逐步落实到最终的城市管理中。

1962 年，我国香港地区引入地积比率指标，严格控制地块开发的“建筑密度”上限。同时，为了提高城市街道空间的利用率与公共性，《建筑物条例》规定水平高度不高于地面 15 m 的商业用途建筑可以不受“建筑密度”指标的限制。然而，在双项管控的制约之下，开发地块几乎都采用了裙房全覆盖的方式以实现经济价值的最大化，造成了香港大面积街区近地面开敞空间缺失与建筑体量单调的问题。近年来，香港特区政府作出了更为弹性化的调整：一方面，提高了一般地块“建筑密度”的上限要求，“鼓励香港成为具有吸引力和富有动感景观的城市”，尤其对创新性及可持续性的楼宇，进一步变通或豁免最大上限要求；另一方面，放宽了裙房高度限制，自 1998 年起，商住项目可向政府申请提高裙房高度到 20 m，政府通过其周边是否设有公共交通站点、是否具备美化效果等标准进行审核与批复，以保障项目的品质及城市风貌的多样性。在相对“宽松”的条件下，地块开发不再片面地以“侵占”地面空间为导向，从而创造了更为多元化的建筑类型组合模式。

香港特区设立的综合发展区也是一种互动性适应制度[1]。以九龙综合枢纽所在的西南九龙分区计划大纲为例，图则对包括西九龙站在内的三块综合发展区做出了包括用地性质、楼面面积、建筑物限制、公共空间等内容的规划指引。拥有土地权属的港铁公司作为开发主体，在指定为“综合发展区”的土地范围内提出发展申请，拟备综合

1 为了引导土地混合利用，香港在具有明确土地用途规定的农业、商业、自然保育区等土地用途地带类型之外，发展了综合发展区制度（Comprehensive Development Area）。与其他法定土地用途地带类型相比，综合发展区赋予开发更大的弹性。同时，规划主管部门对于开发保有项目裁量权，在增加管控灵活度的同时保障重要地段后续开发的方向。

发展区的“总纲发展蓝图”，呈交城市规划委员会核准。在该蓝图中，开发主体进一步细化楼宇位置、建筑高度分区、平面、剖面、立面、绿化分布、透视图、园景总纲计划以及拟发展的上盖物业计划，并对空气流通质量评估、消防、出入口、交通配套设施（如上盖物业的停车位、路边停车位）等内容进行引导[1]。经过公共管理及个体发展诉求相互适应所得到的“总纲发展蓝图”，将作为未来土地出让的开发条件，最终保证了具有高密度、高连接特征的城市建筑综合体通过多主体共建的形式得以实现（图6.42、表6.3）。

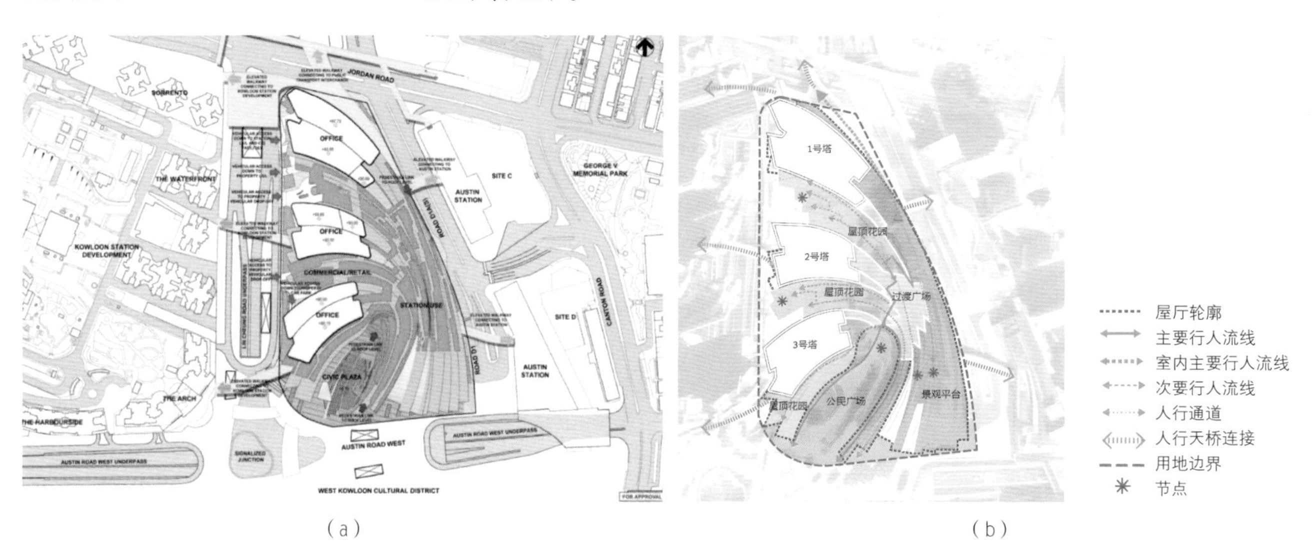

(a)　　(b)

▽ 图 6.42 2010 年批复的西九龙发展蓝图：(a) 总纲发展规划草案；(b) 景观概念规划

表 6.3 西九龙综合发展区上盖物业规划设计条件

分区规划及法定图则		《西南九龙分区计划大纲图》（S/K20/30，已批）（注：图则包括综合发展区 CDA 用地及道路用地。西九龙高铁站也位于此地块范围内，与上盖出让地块——九龙内地段第 11262 号有多个交界面）
建设用地规划设计条件（强制性规范）	用地性质	办公、商业、零售发展
	建设总楼面面积（地积比）	不小于 176 400 m，不超过 294 000 m，办公 264 600 m，商业零售 29 400 m，地积比约为 5.0
	土地出让年限	50 年
	建筑物	数量 3 幢，高度 80~125.65 m，19~28 层（包括 2 层地库），上盖面积比约为 45%
	公众休憩用地	不少于 8 900 m，每日 24 h 开发
	停车位	停车位配件指标符合道路交通法规并获得机动车停泊主管的批准，首期 1.5 万㎡空间中每 200 m 办公场所配套 1 个停车位，超过部分为每 300 m 配套 1 个。停车位共 657 个

1　徐颖，肖锐琴，张为师．中心城区铁路站场综合开发的探索与实践：以香港西九龙站和重庆沙坪坝站为例 [J]. 现代城市研究，2021(9): 63−70.

美国的开发权转移与东京的容积率弹性控制都是具有互动性特点的弹性制度。不同的是，前者可以通过土地所有者的市场交易实现，而后者更关注公共利益和城市发展的综合需求。城市处于不断变化发展的过程中，纯粹静态的约束性管控难以平衡各方主体利益。为此，有必要采取互动方式，灵活调整空间开发权，赋能城市更新的动力机制。以东京的内幸町一丁目北地区更新项目为例，该项目作为支撑都市中心重要功能的核心区域，有效空地较少，并且与周边地区的交通联系较弱。该项目通过建立公共步行体系、引入智慧设施、提供防灾支援、推进低碳建设等一系列公益性措施，成功促使规划管理部门批复其上调容积率的申请，从原先的 9.0 上调到 13.2~13.4（共三个地块），一定程度上实现了公共利益与个体利益的共赢（图 6.43、图 6.44）。

◁ 图 6.43 东京内幸町一丁目北地区更新中的有效空地法定图则

▽ 图 6.44 东京内幸町一丁目北地区更新效果图

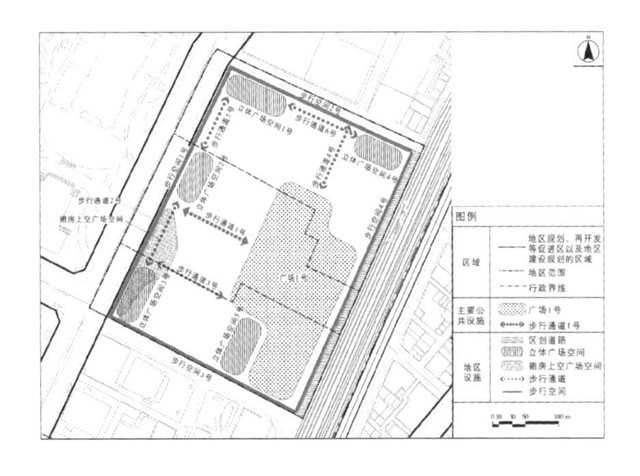

6.2.4 推动数字技术支撑的协同平台建设

城市存量更新首先建立在对建成环境的科学分析与评估基础上，更新的目标及过程往往涉及多元主体的利益及其参与的方式。尤其在复杂的历史地段中，仅仅依赖调研和规划设计的传统经验，以及终极目标式的规划蓝图，很难适应既有建成环境的复杂性和更新过程的动态性。本书在第二章中阐述的城市物质空间形态认知矩阵，为不同层级、不同视角的城市建筑对象的形、量、性解析和评估提供了基本的方法架构。在此基础上，运用数字技术，可以实现存量诊断与生成设计的有机链接，从而形成能支持渐进式城市更新行动的多主体协同平台。

在南京老城南“荷花塘—钓鱼台”历史街区的保护与再生研究中。面对复杂历史地段的形态结构难以识别、空间再生难以决策的问题，笔者团队运用构型解析的方法，对历史积淀下的街道网络结构及其与地块之间的组织结构进行了系统诊断。首先，基于深度、连接性及低连接率 3 个指标的聚类，划分街道网络的构型等级。接下来，在此基础上，结合地块与街道的结构关系，揭示了地块面域的构型等级（图 6.45、图 6.46）。由此，历史街区的形态结构特征得到了量化呈现。数字化平台依据上述学理逻辑，即时收录建成环境对象的形、量、性数据，并展开数据分析与评估诊断，进而可以针对上位规划的落实、商业服务设施的选址、社区设施补充、历史资源利用等方面的更新建设问题，做出研判和建议（图 6.47）。数字平台的运用不仅可以为居住型历史地段的形态认识和更新设计提供科学依据，还具有支持先期启动项目决策、多角色参与互动、动态连续管控等技术的潜力。在更新过程中形成的阶段性成果可以再次回归建成环境数据库，从而启动新一轮诊断评估与设计方案的优选。这种数字化平台的研发与运用将为复杂建成环境的有序动态更新提供科学高效的陪伴式技术工具，是链接专业与社会协同的积极方向。

▷ 图 6.45 南京荷花塘—钓鱼台历史街区的网络构型解析

▷ 图 6.46 地块构型等级

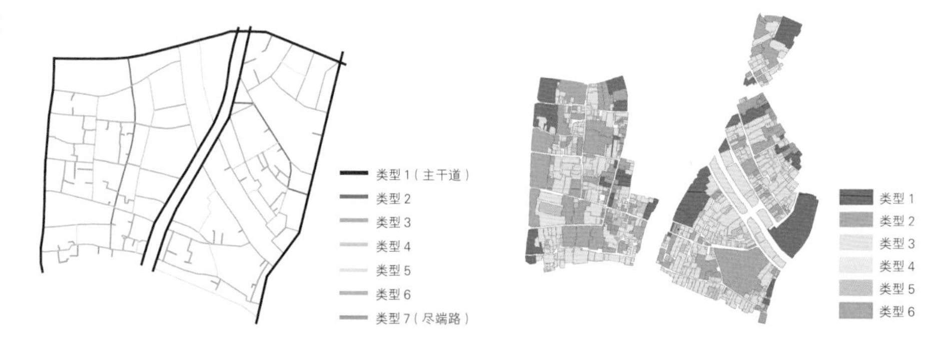

▷ 图 6.47 数字化协同平台的操作界面实例

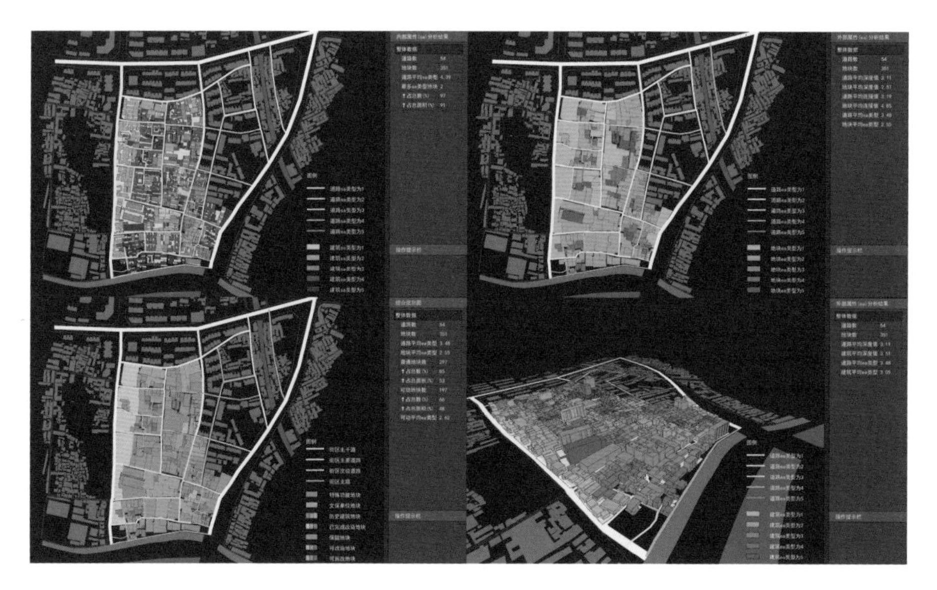

7 结语

Conclusion

7 结语

城市建筑是城市生活最主要的环境载体之一。城市建筑学主要聚焦于“建筑—地块—街区”关联层级中诸要素的组织秩序。城市建筑的一体化设计的核心内涵在于建构这种微观物质空间环境的形态结构，并把握其所赋予的场所特征。城市建筑的一体化设计是城市空间规划落实于现实营建的必然要求，也是建筑实现其城市性价值的必然要求，是城市与建筑双向建构的关键性中介环节。一体化设计既存在于微观尺度的城市设计实践中，体现了自上而下的统筹与传递，也存在于建筑工程设计实践中，体现了自下而上的链接与渗透。这两种设计实践互为补充，无论是自上而下还是自下而上，一体化设计均需要以问题和目标为指向，突破城市建设领域既有的学科和专业边界，探索系统视野下跨层级、多维度的物质空间形态建构策略。增效、提质、降碳是当代城市空间高质量内涵式发展的重要方向。紧凑集约、绿色低碳、保护再生的时代主题对城市建筑的一体化设计提出了新的更紧迫的要求。

城市建筑的一体化设计是以物质空间形态认知为基础的创造性实践。城市建筑形态系统的认知包括城市微观物质空间的组织构造及其历时演化。从形态认知到形态设计，相互转化，螺旋前行。

层级关联、对象与视角、“形—量—性”共同构成了城市建筑形态系统的共时性认知体系。“街区—地块—建筑”是微观物质空间形态的三个基本层级，各层级都存在于更高层级的统筹之中，同时又依赖于低层级自下而上的建构。“网络 / 区块”代表了物质空间对象的两大类型，“几何 / 构型”则是形态认知中两个互为补充的关键视角。

网络和区块的诸要素及其结构特征，通过几何与构型得到相对完整的描述，形态认知矩阵为此提供了解析方法的架构。网络和区块在不同层级中连续转换，几何解析与构型解析也随之深入。这些形态解析的结果通过“形—量—性”得以综合呈现。“形—量—性”共同定义了城市建筑形态系统的表现，同层级匹配和跨层级统筹对相应功效目标下城市建筑形态系统的品质具有重要影响。

演化机理、演化周期和迭代形式共同描述了城市建筑形态系统的历时演化。一定空间领域内，网络和区块的组织结构变化和既有地块内的循环生长形成了两种不同但相关的演化机理；形态的整体结构往往比局部要素具有更长的演化周期，从高层级到低层级逐渐由长久趋于短暂；在演化机理和周期律的共同影响下，不同层级中的网络与区块、几何与构型的变化产生了多样的迭代形式。兴衰与积淀形成了城市建筑形态系统的历史年轮。

设计是基于认知的创造性实践。城市建筑的一体化设计思维，首先是一种由整体到局部逐级传导的过程，同时又是一个由下而上的发现、连接和整合的创建过程。结构与场所、范式与变形、传承与演化，提示了一体化设计的策略架构。形态的结构是链接各种场所要素的核心线索，组织结构的设计是驾驭全局的关键所在；范式为具体场景下的设计实践提供指引和参考，设计的时空条件和目标变化则影响了对范式的选择、组合和具体化，设计实践的创新又孕育了新范式；历史语境下的继承、调适、更替和层叠，演绎出不同的传承与创新设计策略。

结构的集约性是城市空间集约化发展的基础，集约导向的一体化设计建立在形态结构与空间集约化的关联认知之上。在有限资源条件下，通过组织结构和要素质量的优化，实现功效与品质的提升，这是集约化的根本内涵。街区构型的集约性表现为连接性、多样性、交叠性和适配性四个关键特征，可以有效促进功能要素、空间规模和意义的增值，提升土地利用效率和城市活力。网络与区块的多层级连接、多样构型的层级组合、建筑与城市的跨层级交叠，构成了城市建筑形态系统的集约化策略与路径。

网络与区块的多层级连接策略，在街道与街区关系上表现为弹性网络与相容性功能的复合、超大街区中的路网加密、“小街区、密路网”模式中街道密度与尺度及建设指标的量形匹配、街道网络的立体化等，在街道与地块关系上表现为适应不同场景的沿街地块尺度控制、街道与地块的立体衔接等，在地块与建筑关系上表现为建筑对沿街界面的积极响应、穿越地块建筑的城市空间、建筑地面层空间的开放化利用等。

多样构型的多层级组合策略，在街道组合上表现为街道格网的变型、人行网络与车型网络的平面分离、功能空间与街道构型的匹配建构等，在地块组合上表现为套叠式和共享式地块组合及其综合运用，在建筑组合上表现为建筑与街道的多元连接、功能单元的立体布局等。

建筑与城市的跨层级交叠策略包含了多种设计方法。其一表现在建筑空间的城市化，如建筑沿街的骑楼檐廊和口袋广场、向城市开放的架空空间和中庭或屋面、融入街区慢行系统的贯穿空间、作为城市连接体的建筑，乃至建筑成为一种“微型城市”。其二是高度交叠的城市建筑复合形态，包括区块并联型、区块串联型、核心区块主导型三种主要类型。这种复合形态的一体化设计方法需要关注立体基面的功能分层组织、公共空间密度与可达性的平衡、复杂网络的连接与枢纽整合（城市核）、绿色设计等议题。轨道站点与建筑物业的一体化开发、立体基面上的小尺度区块组合成为城市建筑复合形态的新趋势。

绿色低碳城市是包含但比建筑更整体的系统目标，低碳导向的一体化设计需着眼于源头降碳和系统降碳。在集约发展的基础上，城市建筑形态系统的适变性设计、气候适应性设计、基础设施的循环复合利用成为推动低碳城市建设的重要策略。

城市建筑形态系统的适变性致力于维持关键结构的稳定性，通过局部结构和要素的调适或更替，避免大拆大建，为源头降碳奠定基础。街区与街道的稳定性与适变性的辩证关系需从街区规模和街道网络构型级差等方面权衡。高等级的稳定性与低等级的灵活性相结合，利于土地再开发中的发展变化；街道型地块序列中，小尺度、窄面宽的地块序列具有更好的适变性。土地开发中的小尺度初始地块划分更能适应市场及功能的变化，尤其临街地块的面宽控制利于街面资源的充分利用，适当宽松的地块进深则适应不断变化的空间生长；建筑的适变性一般通过普适性支撑结构和可拆解结构得以实现。

城市建筑形态系统是大尺度城市气候与建筑气候的中介环节。开放空间是城市中气候流动的主要介质，其构型和几何特征对街区、地块、建筑诸层级具有重要的链接作用。在街区尺度，热岛的降解主要应着力于片区风廊的构型和街廓控制，并形成对地块三维轮廓和开放空间的形态控制；在地块尺度，应优先着力于建筑（群）的形体肌理与地块内开敞空间的组合关系；在建筑尺度，需重点把握用能空间与气候过渡或缓冲空间的组合关系。一体化气候适应性设计需要关注多层级传导与响应，上层级的气候适应性形态建构必然约束下层级的形态特征，下层级需随之做出响应。从自上而下的传递作用看，建构多层级风廊网络的连接关系和风廊层峡的适应性形态是设计的关键；从自下而上的响应看，局部积累导致整体改变，因此需要评估局部对周边气候环境的正负影响。

循环城市的新理念改变了基础设施的网络布局机理，进而影响城市建筑的存在形式。资源流循环促进市政设施从城外集中转向城内分散，控制从源到汇的距离为紧凑型城市赋予了新动力，成为降碳关键策略之一；太阳能利用效率正在改写城市建筑的布局肌理；利用现代技术化解“邻避效应”，支持城市基础设施的复合利用及其与城市公共空间的融合，大大提升了土地立体化开发的规模潜力。

再生是城市建筑生命的再次激发。再生导向的一体化设计是对城市建筑的历史脉络和时代需求的积极回应。历史环境的保护再生与需求牵引的改造再生代表了建成环境中两种不同的场景类型，它们彼此交叠。一体化设计需要在具体的时空经纬中探寻设计的历史根基和方向。

历史环境的再生以保护为前提。其一，中国历史城市、历史城区或历史街区中，礼制网络与自然网络在交互影响中形成的网络结构具有重要的保护和传承价值。网络与关键节点建筑共同构成了城市的历史性结构。这类结构性建筑与历史轴线的一体建构，使我们能够从结构性建筑的布局逻辑中追溯历史网络，这是城市历史形态保护与再生的重要设计策略。其二，地块格局与建筑类型的组合奠定了历史形态的区块肌理特征。基于历史格局及产权属性的“地块分级”，为历史肌理保护前提下的小尺度渐进式更新奠定了基础。利用“虚拟地块”设置，有助于化解历史性地块格局与大尺度地块开发的矛盾。其三，文化地层的保护与呈现是历史场地中城市建筑设计的重要议题。将地层片段置于城市的时空经纬之中，以空间语言再现历史的陈迹是一种有效的设计策略。

城市更新以建成环境为基底，以新的需求为导向，其本质是存量的再生过程。提升土地再开发的集约化成效，可以通过不同层级的一体化设计得以实现。一是在建筑与城市的多维联系中发掘空间资源，助益地块再开发。二是构建跨街区的立体基面系统；提升建成环境的城市公共空间品质，并非都需要推倒重来，封闭街区的适度公共化、基础设施的公共化再利用、在既有建筑中引入城市步行空间等，都是有效的一体化更新设计策略；提升街道网络的连接效率，可以根据不同的场景条件综合运用不同的设计策略，如优化既有街道网络构型、整合跨地块共享路径、增强立体基面的连通性等等。上述方法的共性在于尽量保留既有的物质设施，通过跨层级网络和区块的结构性重组，使城市建筑的存量在新的形态组织中实现“形—量—性”的优化提升。

城市建筑的整体环境的实现，有赖于多角色行为的系统整合与协同。“空间·主体·政策”协同机制，使一体化设计转化为高质量空间营造的现实。专业协同与社会协同的组织构成及其互动状态决定了协同机制的运行质量与效力。

基于城市建筑的跨层级和多维度特征，专业协同涉及多专业的规划设计和人文、经济等学科。协同工作中最重要的两个维度，一是从整体到局部的视野和知识的连贯性，二是以整合设计为核心的多专业有机融合。专业设计的价值判断需要从独立专业的最优解转向整体系统目标的最优解。

社会协同涉及管理、设计、建设、运维等更加广泛的角色。破解专业与社会分工的壁垒，因地制宜地构建开放、互动、可持续的协作组织，以实施主体责权利匹配为核心，有效带动公众参与，是协同组织建制的有效经验。措施导向转向目标导向、二维控制转向三维引导、约束性管控转向互动性适应和数字技术支撑的平台建设，成为城市建筑一体化协同机制发展的新方向。

本书基于城市建筑学的视野，阐述了城市建筑的一体化设计的内涵与意义；从共时性和历时性两个维度建构了城市建筑形态系统的认知架构和一体化设计的一般策略；针对当代城市建设面临的突出问题和挑战，提出了集约、低碳、再生导向的一体化设计策略和方法；讨论了一体化设计所依托的专业协同和社会协同机制。城市建筑的一体化设计以物质空间的形态结构为核心线索，是系统统筹下，整体建构与局部渗透的统一，是保护传承与演化发展的统一。本书所述仍是城市建筑的一体化设计理论与方法的阶段性成果，其中的相关认识和方法尚需在研究与实践的互动中持续拓展和深化。

在城市建设盘活存量、做优增量，不断适应经济、政治、文化、社会和生态文明建设的新进程中，韧性城市、循环城市、智慧城市、人文经济城市等新理念对城市建筑学的发展提出了新目标。截至 2024 年末，我国城镇化率已达 67%，部分省市已超过 70%，2024 年国务院发布的《深入实施以人为本的新型城镇化战略五年行动计划》提出，再经过 5 年的努力，将全国常住人口城镇化率提升至接近 70%。我国的土地资源供给与新型城镇化发展目标决定了高密度城市的必然性，城市建筑形态系统的构造面临高密度与高品质的双重挑战；智能网络和低空经济正在催生新型基础设施的研发和建设，必将重塑城市建筑组织系统中新的网络形态和区块形态；城市建筑的一体化数据库建设和生成设计协同平台建设势在必行；优秀传统文化的创造性转化和创新性发展为城市建筑遗产的保护、传承与利用指明了方向。中国式城市建筑学的发展致广大而尽精微，其不仅是国情条件下的适应性探索，也将因其对城市建筑形态生成的新认知和新实践，为国际城市建筑学的交流与发展做出新贡献。

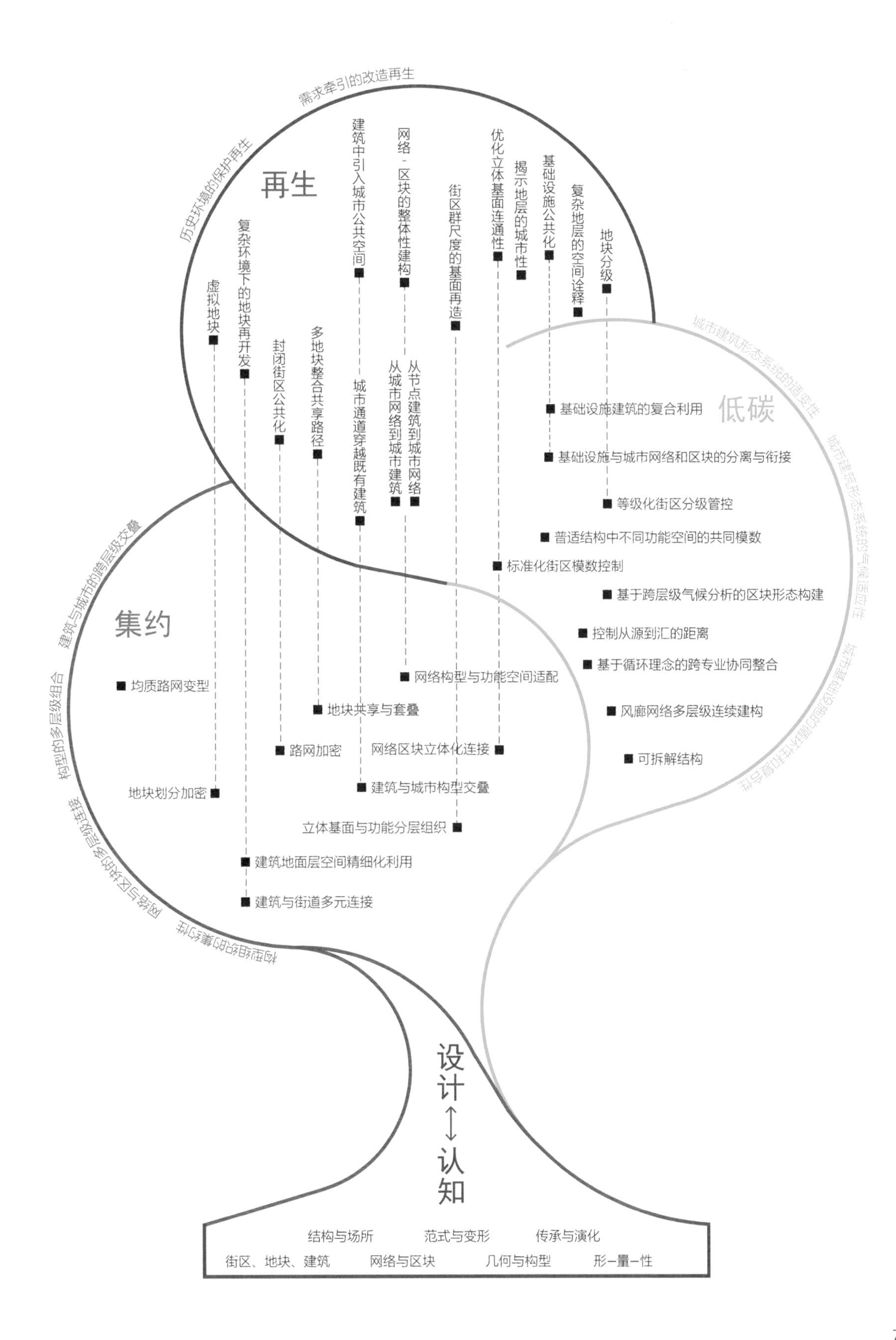

需求牵引的改造再生
历史环境的保护再生
再生
建筑中引入城市公共空间
网络-区块的整体性建构
街区群尺度的基面再造
优化立体基面连通性
揭示地层的城市性
基础设施公共化
复杂地层的空间诠释
地块分级
虚拟地块
复杂环境下的地块再开发
封闭街区公共化
多地块整合共享路径
城市通道穿越既有建筑
从城市网络到城市建筑
从节点建筑到城市网络
低碳
城市建筑形态系统的适变性
城市建筑形态系统的气候适应性
基础设施建筑的复合利用
基础设施与城市网络和区块的分离与衔接
等级化街区分级管控
普适结构中不同功能空间的共同模数
标准化街区模数控制
基于跨层级气候分析的区块形态构建
控制从源到汇的距离
基于循环理念的跨专业协同整合
风廊网络多层级连续建构
可拆解结构
集约
建筑与城市的跨层级交叠
构型的多层级组合
网络与区块的多层级连接
构型组织的集约性
均质路网变型
网络构型与功能空间适配
地块共享与套叠
路网加密
网络区块立体化连接
地块划分加密
建筑与城市构型交叠
立体基面与功能分层组织
建筑地面层空间精细化利用
建筑与街道多元连接
设计↕认知
结构与场所
范式与变形
传承与演化
街区、地块、建筑
网络与区块
几何与构型
形-量-性

图表来源

第 1 章

图 1.1：https://www.alamy.com/stock-photo-paris-haussmann-plan-nplan-of-paris-france-c1870-showing-georges-eugne-95446744.html

图 1.2：巴内翰，卡斯泰，德保勒．城市街区的解体：从奥斯曼到勒·柯布西耶 [M]. 魏羽力，许昊，译．北京：中国建筑工业出版社，2012.

图 1.3、图 1.4：Sitte C. The Art of Building Cities[M]. New York: Reinhold Publishing Corporation, 2013.

图 1.5：Wolfrum S. Theodor Fischer Atlas: Städtebauliche Planungen München[M]. München: Schiermeier, 2012.

图 1.6：柯布西耶．光辉城市 [M]. 金秋野，王又佳，译．北京：中国建筑工业出版社，2011.

图 1.7：Strauven F. Aldo van Eyck: The Shape of Relativity[M]. Amsterdam: Architectura & Natura, 1998.

图 1.8：(a) Webster H. Modernism without Rhetoric: Essays on the Work of Alison and Peter Smithson[M]. London: Academy Editions, 1997; (b) Lüchinger A. Structuralism in Architecture and Urban Planning[M]. Stuttgart: Karl Krämer Verlag, 1981; (c) Feld G. Berlin Free University : Candilis, Josic, Woods, Schiedhelm[M]. London: AA Publications, 1999.

图 1.9：Cook P. Archigram [M]. New York: Princeton Architectural Press, 1999.

图 1.10：Wigley M. Constant's New Babylon: The Hyper-Architecture of Desire[M]. Rotterdam: 010 Publishers, 1998.

图 1.11：(a) https://www.belca.or.jp/l125.htm; (b) 林中杰．丹下健三与新陈代谢运动：日本现代城市乌托邦 [M]. 韩晓晔，丁力扬，张瑾，等译．北京：中国建筑工业出版社，2011.

图 1.12：https://daikanyama.life/?p=6604

图 1.13：(a) https://en.wikipedia.org/wiki/Sven_Markelius; (b) Rudberg E. Sven Markelius, Arkitekt[M]. Stockholm: Arkitektur Förlag, 1989.

图 1.14：勒·柯布西耶基金会

图 1.15：https://www.defense-92.fr/histoire

图 1.16：Maretto P. La Casa Veneziana: Nella Storia Della Città Dalle Origini All' Ottocento[M]. Venice: Marsilio, 1986.

图 1.17、图 1.18：Rossi A. The Architecture of the City[M]. Massachusetts: The MIT Press, 1984.

图 1.19：(a) Conzen M R G. The Plan Analysis of an English City Centre[C]// Norborg K. Proceedings of the IGU Symposium in Urban Geography: Lund 1960. Lund: The Royal University of Lund, 1962; (b) Conzen M R G. Morphogenesis, Morphological Regions and Secular

Human Agency in the Historic Townscape, as Exemplified by Ludlow[M]// Denecke D, Shaw G. Urban Historical Geography: Recent Progress in Britain and Germany. Cambridge: Cambridge University Press, 1988.

图 1.20：康泽恩 . 城镇平面格局分析：诺森伯兰郡安尼克案例研究 [M]. 宋峰，许立言，侯安阳，等译 . 北京：中国建筑工业出版社，2011.

图 1.21、图 1.22：Rowe C, Koetter F. Collage City[M]. Massachusetts: The MIT Press, 1984.

图 1.23：Ungers O M, Vieths S. The Dialectic City[M]. Milan: Skira , 1999.

图 1.24：朱昊昊 . 昂格尔斯的辩证城市理念与建筑介入策略：以柏林蒂尔加滕地区城市设计为例 [J]. 新建筑 , 2020(5): 144–149.

图 1.25：Koolhaas R. Delirious New York: A Retroactive Manifesto for Manhattan[M]. Oxford: Oxford University Press, 1978.

图 1.26：https://www.archdaily.cn/cn/601019/seattle-central-library-slash-oma-plus-lmn

图 1.27：梅恩 . 复合城市行为 [M]. 丁俊峰 , 王青 , 孙萌 , 等译 . 南京：江苏人民出版社 , 2012.

图 1.28：Alexander C A. City Is not a Tree[J]. Design, 1966(206): 45–55.

图 1.29：Hillier B, Hanson J. The Social Logic of Space[M]. Cambridge: Cambridge University Press, 1984.

图 1.30：Hillier B. Spatial Sustainability in Cities: Organic Patterns and Sustainable Forms[C]//Proceedings of the 7th International Space Syntax Symposium, 2009. Stockholm: Royal Institute of Technology, 2009.

图 1.31：Marshall S. Streets & Patterns[M]. London: Spon Press, 2005.

图 1.32：Mcharg I L. Design with Nature[M]. New York: Wiley, 1992.

图 1.33：Liang Z, Wang Y Y, Huang J, et al. Seasonal and Diurnal Variations in the Relationships between Urban Form and the Urban Heat Island Effect[J]. Energies, 2020, 13(22): 5909.

图 1.34：布斯盖兹 . 多元路线化都市 [M]. 张悦 , 王宇婧 , 王钰 , 译 . 武汉：华中科技大学出版社 , 2010.

图 1.35：日建设计站城一体开发研究会 . 站城一体开发：新一代公共交通指向型城市建设 [M]. 北京：中国建筑工业出版社，2014.

图 1.36：日建设计站城一体开发研究会 . 站城一体开发 Ⅱ：TOD 46 的魅力 [M]. 沈阳：辽宁科学技术出版社 , 2019.

图 1.37：(a) https://sustainabilitytimes.hk/sdg/pioneer-mtr/; (b) Bing 地图 .

图 1.38：傅熹年 . 中国古代城市规划、建筑群布局及建筑设计方法研究 [M]. 北京：中国建筑工业出版社 , 2001.

图 1.39：王建国 . 现代城市设计理论和方法 [M]. 南京：东南大学出版社 , 1991.

图 1.40、图 1.42：韩冬青 , 冯金龙 . 城市・建筑一体化设计 [M]. 南京：东南大学出版社 , 1999.

图 1.41：齐康 . 城市建筑 [M]. 南京：东南大学出版社 , 2001.

第 2 章

图 2.3：Bing 地图

图 2.4：http://k.sina.com.cn/article_5025605895_p12b8ca90702700l8gh.html.

图 2.5、图 2.31、图 2.49：巴内翰 , 卡斯泰 , 德保勒 . 城市街区的解体：从奥斯曼到勒・柯布西耶 [M]. 魏羽力 , 许昊 , 译 . 北京：中国建筑工业出版社 , 2012.

图 2.6：Heng C K. Cities of Aristocrats and Bureaucrats: The Development of Medieval Chinese Cityscapes[M]. Honolulu: University of Hawaii Press, 1999.

图 2.7：(a) Bing 地图 ; (b) https://www.elcatalan.es/un-incendio-obliga-a-cortar-la -avenida-diagonal-de-barcelona

图 2.8：(a) 布斯盖兹 . 巴塞罗那：一座紧凑城市的城市演变 [M]. 高建航 , 陈秀名 , 李立 , 译 . 北京 : 中国建筑工业出版社 , 2016.

图 2.11、图 2.18：Marshall S. Streets & Patterns[M]. London: Spon Press, 2005.

图 2.12：(a) https://www.granviakyoto.com/zh/kyoto_station/; (b) https://www.163.com/dy/article/DR0T8VAA053819JN.html ；(c) 葛欣摄

图 2.14：(a) Detroit Future City. Achieving an Integrated Open Space Network in Detroit[R/OL].(2016-04-14) [2024-11-23]. https://detroitfuturecity.com/wp-content/uploads/2017/07/Open-Space-Report-2016.pdf; (b) National Academy of Engineering, National Research Council , Transportation Research Board. Completing the "Big Dig": Managing the Final Stages of Boston's Central Artery/Tunnel Project[M]. Waruguoshington, DC: National Academies Press, 2003.

图 2.15：(a) 根据 https://www.urbipedia.org/hoja/Ciudad_lineal_de_Arturo_Soria 改绘 ; (b) 贝纳沃罗 . 世界城市史 [M]. 薛钟灵 , 等译 . 北京 : 科学出版社 , 2000; (c) https://criticalplace.org.uk/2015/09/23/the-radical-roots-of-garden-cities/; (d) Antonio P D N, Maurici P S. Chicago - Nueva York[M]. Madrid: ABADA Editores, 2012.

图 2.16：卡伦 . 简明城镇景观设计 [M]. 王珏 , 译 . 北京 : 中国建筑工业出版社 , 2009.

图 2.17：林奇 . 城市意象 [M]. 方益萍 , 何晓军 , 译 . 北京 : 华夏出版社 , 2017.

图 2.19：Hillier B. Space is the Machine: A Configurational Theory of Architecture [M]. New York: Cambridge University Press, 1996.

图 2.32：https://mp.weixin.qq.com/s/v6grL6z70MM68cECHspE7Q

图 2.33：Jacobs A B. Great Streets[M]. Massachusetts: The MIT Press, 1993.

图 2.35：根据 Salat S. 城市与形态 : 关于可持续城市化的研究 [M]. 陆阳 , 张艳 , 译 . 北京 : 中国建筑工业出版社 , 2012. 改绘

图 2.36：Shelton B. Learning from the Japanese City: Looking East in Urban Design[M]. 2nd ed. Oxon: Routledge, 2012.

图 2.37：https://www.nikken.jp/cn/projects/transit_oriented_development/queens_square_yokohama.html

图 2.42、图 2.43：Caniggia G, Maffei G L. Lettura Dell' Edilizia Di Base[M]. Florence: Alinea Editrice, 2008.

图 2.46：https://www.archdaily.com/963774/la-samaritaine-sanaa-plus-lagneau-architectes-plus-francois-brugel-architectes-associes-plus-sra-architectes

图 2.47：Salat S. Paris/New York 1215-1811-2015. Eight Centuries of Hierarchies of Scale in Urban Land Lots[J]. Données Urbaines, 2015(15): 7-19.

图 2.48：(a) 截取自 https://www.romanticlondon.org/explore-horwoods-plan/#13/51.5081/-0.0972；(b) 截取自 https://www.romanticlondon.org/the-1819-plan/#13/51.5084/-0.0795

图 2.52：(a) https://www.tschumi.com/projects/25; (b) 韩冬青 , 冯金龙 . 城市・建筑一体化设计 [M]. 南京 : 东南大学出版社 , 1999.

图 2.53：Feliciotti A. Resilience and Urban Design: A Systems Approach to the Study of Resilience in Urban Form—Learning from the Case of Gorbals[D]. Glasgow: University of Strathclyde, 2018.

图 2.54：Busquets J, Yang D L, Keller M. Urban Grids: Handbook for Regular City Design[M]. Novato: ORO Editions, 2019.

图 2.55：Bing 地图

图 2.57：(a) Architects G, City of Melbourne. Places for People: Melbourne City 1994 [R/OL]. [2024-10-02]. https://vgls.sdp.sirsidynix.net.au/client/search/asset/1267172

图 2.58：(c) https://nbkterracotta.com/project/the-francis-crick-institute/

图 2.59：https://bealocalvalencia.wordpress.com/2017/04/07/almoina-archaeological-centre-delve-into-ancient-valencia/

第3章

图 3.1：Maki F. Investigations in Collective Form[M]. St Louis: Washington University Press, 1964.

图 3.2：Jacobs J. The Death and Life of Great American Cities[M].New York: Random House, 1961.

图 3.3：Hillier B. Cities as Movement Economics[J] .Urban Design International , 1996, 1(1):41–60.

图 3.5：Rowe P G, Guan C H. Striking Balances between China's Urban Communities, Blocks, and Their Layouts[J]. Time+Architecture, 2016, 6:2 9–33.

图 3.6：https://urbanformstandard.com/archives/86.

图 3.7：https://urbanformstandard.com/archives/89.

图 3.8：孙晖 , 栾滨 . 如何在控制性详细规划中实行有效的城市设计 : 深圳福田中心区 22、23–1 街坊控规编制分析 [J]. 国外城市规划 , 2006, 21(4): 93–97.

图 3.12：Melbourne(Vic.) Council. Central Melbourne Design Guide[S/OL].Melbourne : City of Melbourne, (2021)[2024–11–24].https://nla.gov.au/nla.obj–3070903958/view.

图 3.13：https://www.archdaily.com/948834/rmit–new–academic–street–lyons–architects

图 3.18：吴天帅 , 沈一华 . 紧凑城市的路网结构指标研究：路网密度与道路面积率的关系与取值 [C]// 中国城市规划学会 , 活力城乡美好人居：2019 中国城市规划年会论文集 . 北京：中国建筑工业出版社 .

图 3.23：(右) https://www.archdaily.cn/cn/872715/lucio–costa–gui–hua–de–ba–xi–li–ya–de–si–chong–chi–du.

图 3.24：Appleyard D , Lintell M. The Environmental Quality of City Streets: The Residents' Viewpoint[J]. Journal of the American Institute of Planners, 1972, 38(2): 84–101.

图 3.25：北山恒 , 塚本由晴 , 西泽立卫 . 东京代谢 [M]. 台北 : 田园城市 , 2015.

图 3.26、图 3.27：Salat S. Paris/New York 1215–1811–2015. Eight Centuries of Hierarchies of Scale in Urban Land Lots[J]. Données Urbaines, 2015(15): 7–19.

图 3.31： https://archjourney.org/projects/borneo–sporenburg–district/.

图 3.33~ 图 3.35、图 3.94、图 3.95、图 3.113、图 3.114、图 3.144、图 3.147~ 图 3.152：东南大学建筑设计研究院有限公司

图 3.36：Martin L, March L. Urban Space and Structures[M]. Cambridge: Cambridge University Press, 1972.

图 3.37：Ratti C, Raydan D, Steemers K. Building Form and Environmental Performance: Archetypes, Analysis and an Arid Climate[J]. Energy and Buildings, 2003, 35(1): 49–59.

图 3.38：克里尔 . 社会建筑 [M]. 胡凯 , 胡明 , 译 . 北京 : 中国建筑工业出版社 , 2011.

图 3.39、图 3.44、图 3.125：西姆 . 柔性城市：密集・多样・可达 [M]. 王悦 , 张元龄 , 谢云侠 , 等译 . 北京 : 中国建筑工业出版社 , 2021.

图 3.43：https://www.peterbarberarchitects.com/donnybrook–quarter

图 3.50：侯博文摄

图 3.51：（上）黄宜文摄；（下）https://www.archdaily.cn/cn/934911/lun–dun–gong–yu–floral–court–kpf.

图 3.52：https://www.archdaily.cn/cn/934911/lun–dun–gong–yu–floral–court–kpf.

图 3.53：李强 . 从邻里单位到新城市主义社区：美国社区规划模式变迁探究 [J]. 世界建筑 , 2006, (7): 92–94.

图 3.54：孙施文 . 现代城市规划理论 [M]. 北京 : 中国建筑工业出版社 , 2007.

图 3.55：Doxiadius C A. Buildings Entopia[M].New York: W W Norton, 1975.

图 3.56：(a) 金秋野 . 尺规理想国 [M]. 南京 : 江苏人民出版社 , 2013; (b) Sonne W. Dwelling in the Metropolis: Reformed Urban Blocks 1980—1940 as a Model for the Sustainable Compact City[J]. Progress in Planning, 2009, 72(2): 53-149; (c)(左) Charmes E. Cul-de-sacs, Superblocks, and Environmental Areas as Supports of Residential Territorialisation[J]. Journal of Urban Design, 2010(15): 357- 374. (右) https://www.bloomberg.com/news/articles/2011-09-19/the-problem-with-cul-de-sac-design.

图 3.59：(a)、(b) Mueller N, Rojas-Rueda D, Cirach M, etc. A Health Impact Assessment Study of the Barcelona 'superblock' Model[C]. ISEE Conference Abstracts. 2018. 10.1289/isesisee.2018.S03.01.39.; (c) https://www.consultancy.lat/news/275/idom-help-three-colombian-cities-with-sustainable-urban-planning

图 3.60：https://www.gooood.cn/superblock-of-sant-antoni-by-leku-studio.htm

图 3.61：Maing M. Superblock Transformation in Seoul Megacity: Effects of Block Densification on Urban Ventilation Patterns[J]. Landscape and Urban Planning, 2022, 222: 104401.

图 3.62：Marshall S. Streets & Patterns[M]. London: Routledge, 2004.

图 3.66、图 3.69：张震宇 , 李建智 , 武虹园 , 等 . 韩国轨道站点 TOD 地区步行空间规划的经验与启示 [J]. 规划师 , 2022, 38(11): 138-146.

图 3.67、图 3.68：https://zhuanlan.zhihu.com/p/584544931

图 3.82：根据 Busquets J, Corominas A M. Cerdà i la Barcelona del Futur: Realitat vs. Projecte[J]."D'UR", 2010(1): 144-145. 改绘

图 3.83：Bing 地图

图 3.84：李平原 . 老城科创街区设计中的复杂性结构方法运用 [D]. 南京：东南大学 , 2019.

图 3.86：根据同济大学建筑与城市空间研究所 , 株式会社日本设计 . 东京城市更新经验：城市再开发重大案例研究 [M]. 上海 : 同济大学出版社 , 2019. 改绘

图 3.87：(a)、(b) http://www.itdp-china.org/news/?lang=0&newid=112; (c) 葛欣摄

图 3.89：(a) 侯博文摄 ; (b) 耿涛摄 .

图 3.93、图 3.97、图 3.112、图 3.115：时差影像摄

图 3.100：陈崇文 . 高密度下高层建筑近地空间的立体化策略研究 [D]. 广州 : 华南理工大学 , 2022.

图 3.101：(a) https://architecturephoto.net/37324/; (b) 陈崇文 . 高密度下高层建筑近地空间的立体化策略研究 [D]. 广州 : 华南理工大学 , 2022.

图 3.106、图 3.107：槙文彦 , 赵翔 . 由代官山复合建筑群看社会可持续性 [J]. 新建筑 , 2010(6): 40-45.

图 3.109：(a)、(b) https://www.archiposition.com/items/ef390edcd0

图 3.110：槙文彦 , 麦子 . 城市与文化的互联：深圳海上世界文化艺术中心 [J]. 室内设计与装修 , 2018(2): 132-137.

图 3.111：(a) https://architecturephoto.net/37324/; (b) 陈崇文 . 高密度下高层建筑近地空间的立体化策略研究 [D]. 华南理工大学 , 2022. DOI:10.27151/d.cnki.ghnlu.2022.001928.

图 3.117：https://www.archiposition.com/items/20180525105530

图 3.119：东京工业大学，塚本由晴研究室 . 窗，光与风与人的对话 [M]. 黄碧君，译 . 台北 : 脸谱文化 , 2014.

图 3.122 ：https://www.architectour.net/opere/opera.php?id_opera=2476&nome_opera=Hong%20Kong%20&%20Shanghai%20Banking%20Corporation%20Headquarters&architetto=Norman%20Foster

图 3.127：(a) Bing 地图；（b）https://www.designboom.com/architecture/jean-nouvel-one-new-change-london-construction-underway/

图 3.128：https://it.escuderia.com/cento-anni-lingotto-produce-fiat-miro-ford/

图 3.129、图 3.192：Epadesa. Cahier de Prescriptions Architecturales, Urbaines et Paysagère du Pôle Gare[R]. Nanterre, 2017.

图 3.130：https://www.archiposition.com/items/20180525110951.

图 3.131：https://www.urbanmishmash.com/art-culture/exhibitions/junzo-sakakura-architecture/

图 3.132：Colombo M. I Maestri dell'Architettura EMILIO AMBASZ a cura di Monica Colombo[M]. Vanves: Hachette, 2010.

图 3.133：https://www.wongouyang.com/projects/whampoa-garden-2/?lang=zh-hans

图 3.134：(a) 韩冬青 , 冯金龙 . 城市・建筑一体化设计 [M]. 南京 : 东南大学出版社 , 1999; (b) https://www.flickr.com/photos/joncutrer/50199993358.

图 3.135：(右) https://protocooperation.tistory.com/543

图 3.136、图 3.185：日建设计站城一体开发研究会 . 站城一体开发 Ⅱ：TOD46 的魅力 [M].. 沈阳 : 辽宁科学技术出版社 , 2019.

图 3.138：(a) Bing 地图 ; (b) 香港规划署

图 3.139：梅恩 . 复合城市行为 [M]. 丁俊峰 , 王青 , 孙萌 , 等译 . 南京 : 江苏人民出版社 , 2012.

图 3.141：https://www.archdaily.cn/cn/883277/a-bu-zha-bi-lu-fu-gong-ateliers-jean-nouvel

图 3.143、图 3.156、图 3.157：侯博文摄

图 3.145：基于百度地图绘制

图 3.161：韩冬青 , 冯金龙 . 城市・建筑一体化设计 [M]. 南京 : 东南大学出版社 , 1999.

图 3.162：Zacharias J. The Dynamics of People Movement Systems in Central Areas[J].Challenges, 2011, 2(4): 94-108.

图 3.163：庄宇 , 吴景炜 . 高密度城市公共活动中心多层步行系统更新研究 [J]. 西部人居环境学刊 , 2017, 32(4): 13-18.

图 3.164、图 3.166：Steven S. Kowloon: Transport Super City [M].Hong Kong:Pace Publishing Ltd, 1998.

图 3.165: Zhou Y, Choi D. West Kowloon, Hong Kong: A Transport-oriented Development with Culture[M]// Christiaanse K, Gasco A, Hanakata N. The Grand Projet: Towards Adaptable and Liveable Urban Megaprojects. Rotterdam: Nai010 Publishers, 2019: 149-198.

图 3.167、图 3.168：Tan Z, Xue C. Walking as a Planned Activity: Elevated Pedestrian Network and Urban Design Regulation in Hong Kong[J]. Journal of Urban Design, 2014, 19(5): 722-744.

图 3.169：(a) https://www.swireproperties.com/zh-hk/portfolio/current-developments/pacific-place/pacific-place-mall/

图 3.170：吴景炜 , 庄宇 , 陈杰 . 轨交站域空中步行系统及其带动的城市发展研究 [J]. 建筑技艺 , 2020, 26(9): 46-51.

图 3.180、图 3.183：http://www.archina.com/index.php?g=ela&m=index&a=works&id=13801

图 3.182：Frampton A, Solomon J, Wong C. Cities without Ground: A Hong Kong Guidebook[M]. Novato: ORO Editions.2012.

图 3.186：(左) https://www.greenroofs.com/projects/roppongi-hills/

图 3.187：Apur. Secteur Seine Rive Gauche - Etude du Parti d'Aménagement[R]. Paris, 1989.

图 3.189：Semapa. Actualité chantier, Treize Urbain No36[R]. Paris, 2022.

图 3.190：https://www.ileseguin-rivesdeseine.fr/fr/le-programme

图 3.191： Epadesa. Cahier de Prescriptions Architecturales Urbaines et Paysagère du Pôle Gare[R]. Nanterre, 2017.

图 3.192：https://www.nikken.jp/ja/insights/corporate_history/08_01.html

表 3.2：王德蜜 , 姜迪 . 城市道路机动车道宽度取值探讨 [J]. 城市道桥与防洪 , 2013 (8): 6-8.

第 4 章

图 4.1：Netto V, Saboya R, Vargas J, et al.The Convergence of Patterns in the City: (Isolating) the Effects of Architectural Morphology on Movement and Activity[C].The 8th International Space Syntax Symposium.Santiago de Chile, 2012.

图 4.2 ：塞灵格勒斯 . 连接分形的城市 [J]. 国际城市规划 , 2008,23(6):81–92.

图 4.3 ：https://archinters.blogspot.com/2014/11/case-study-amsterdam-orphanage-aldo-van.html.

图 4.4 ：韩雨晨摄

图 4.5 ：Eggimann S.The Potential of Implementing Superblocks for Multifunctional Street Use in Cities[J].Nature Sustainability, 2022, 5(5):406–414.

图 4.7 ：聂崇义 . 新定三礼图 [M]. 杭州 : 浙江人民美术出版社 , 2015.

图 4.8：孙晖 , 梁江 . 唐长安坊里内部形态解析 [J]. 城市规划 , 2003(10):66–71.

图 4.9：Peponis J, Park J, Feng C. The City as an Interface of Scales: Gangnam Urbanism[M].//Kim S H, et al. The FAR Game: Constraints Sparking Creativity. Seoul: Space, 2016:102–111.

图 4.10：(b)bing 地图 ; (c) 江苏南京民国地图 (1933).

图 4.11：(a) https://neverwasmag.com/2019/04/unbuilt-barcelona/; (b) Hertzberger H. Lessons for Students in Architecture[M]. Rotterdam:Nai010 Publisher, 2017.

图 4.12：https://idragovic.wordpress.com/2020/11/16/ildefons-cerdas-formula-and-the-barcelona-superblocks/

图 4.13：王润娴 , 毛键源 . 活力街区的改造模式和实施路径研究：以巴塞罗那“超级街区”计划为例 [J]. 国际城市规划 , 2024, 39(1):117–126.

图 4.14、图 4.15 ：Siksna A.City Centre Blocks and Their Evolution: A Comparative Study of Eight American and Australian CBDS[J]. Journal of Urban Design, 1988, 3(3): 253–283.

图 4.16：梁江 , 孙晖 . 城市土地使用控制的重要层面 : 产权地块 : 美国分区规划的启示 [J]. 城市规划 , 2000(6):40–42.

图 4.18：Caniggia G, Maffei G L. Architectural Composition and Building Typology: Interpreting Basic Building[M].Firenze:Alinea Editrice, 2001.

图 4.19: 巴内翰 , 卡斯泰 , 德保勒 . 城市街区的解体：从奥斯曼到勒 · 柯布西耶 [M]. 魏羽力 , 许昊 , 译 . 北京 : 中国建筑工业出版社 ,、2012.

图 4.20：Brand S.How Buildings Learn: What Happens After They're Built[M].New York:Penguin Group, 1994.

图 4.21：https://commons.wikimedia.org/wiki/File:Giovanni_Battista_Nolli-Nuova_Pianta_di_Roma_(1748)_05-12.JPG

图 4.22：Melbourne(Vic.) Council. Central Melbourne Design Guide [S/OL].2021.https://nla.gov.au/nla.obj-3070903958/view

图 4.23：耿涛摄

图 4.25：Oke T, Mills G, Christen A, et al.Urban Climates[M].Cambridge: Cambridge University Press, 2017.

图 4.27：Edward Ng.Policies and Technical Guidelines for Urban Planning of High-density Cities:Air Ventilation Assessment (AVA) of Hong Kong[J].Building and Environment, 2009, 44(7):1478–1488.

图 4.28：中国建筑学会 . 建筑设计资料集 [M].3 版 . 北京 : 中国建筑工业出版社 , 2017.

图 4.29：薛亮摄

图 4.30：韩冬青 , 顾震弘 . 气候适应型绿色公共建筑集成设计方法 [M]. 南京 : 东南大学出版社 , 2021.

图 4.31、图 4.32：根据 Austin G. Case Study and Sustainability Assessment of Bo01, Malmo, Sweden[J]. Journal of Green Building, 2013, 8(3): 42. 改绘

图 4.36：Oke T. Street Design and Urban Canopy Layer Climate[J]. Energy and Building, 1988, 11(1/2/3):103–113.

图 4.38：邓寄豫 . 基于微气候分析的城市中心商业区空间形态研究 : 以南京为例 [D]. 南京 : 东南大学 , 2018.

图 4.40：刘华 , 周欣 , 唐滢 , 等 . 一种基于冷岛价值评估的适建范围分级方法：ZL202310286119.9[P].2023–12–01.

图 4.41：刘华 , 周欣 , 庄惟仁 , 等 . 基于日照、风、热环境模拟的街区形态综合优化方法：ZL202311193350.X[P].2024–06–14.

图 4.46：Natanian J, Auer T.Beyond Nearly Zero Energy Urban Design: A Holistic Microclimatic Energy and Environmental Quality Evaluation Workflow[J].Sustainable Cities and Society, 2020, 56(4):102094.

图 4.51：上海市质量技术监督局 . 建筑环境数值模拟技术规程 :DB31/T 922—2015[S]. 北京 : 中国标准出版社 , 2016.

图 4.54：薛亮摄

图 4.59：薛亮摄

图 4.61：薛亮摄

图 4.62：Hoogzaad J.Circular Economy opportunities in Almaty[R].Emerging Markets Sustainability Dialogue Challenge Fund, 2019.

图 4.64：维基百科 , https://upload.wikimedia.org/wikipedia/commons/3/34/Kasukabe2006_06_07.JPG

图 4.65：https://news.qq.com/rain/a/20210822A06CV100

图 4.66：Laurian Ghinitoiu 摄

图 4.67：Zhao P, Jin Y X, Zhang H R, et al.Shaping Urban Form for Solar Energy Self–sufficiency City, Research Square, 2024.

图 4.68、 图 4.69：Perera A T D, Coccolo S, Scartezzini J L.The Influence of Urban Form on the Grid Integration of Renewable Energy Technologies and Distributed Energy Systems[J].Scientific Reports, 2019, 9: 17756.

图 4.71：顾震弘根据相关资料改绘

图 4.72、图 4.73：Gottlieb Paludan Architects 建筑事务所

图 4.74：(左) Gottlieb Paludan Architects 建筑事务所 ; (右) Robin Hayes 摄

图 4.75：(左) Stockholms stad. Norra Djurgårdsstaden, Etapp 2, Norra 2. Kvalitetsprogram för gestaltning Dnr 2009–18084–54, Augusti 2013. (右) 顾震弘根据相关资料改绘

图 4.76、图 4.77：斯德哥尔摩城市建设局

图 4.78：顾震弘摄

图 4.79：DinellJohansson 建筑事务所

图 4.80、图 4.81、图 4.82：皮亚诺建筑事务所 RPBW

图 4.83：Alessandro Gadotti 摄

图 4.84：Frits van Donen 建筑师与规划师事务所

图 4.85：CDM 建筑事务所

图 4.86：WORKSHOP 建筑师事务所

图 4.88、图 4.96(a)：东南大学建筑设计研究院有限公司

表 4.6：丹麦 Solrødgård 水处理厂 :Jacob Due 摄 ; 北京菜市口输变电站综合体 : 姚力摄 ; 吉首美术馆 : 田方方摄 ; 东京“中目黑高架下”桥底空间 : 丹青社株式会社 .

第 5 章

图 5.4：张英霖 . 苏州古城地图 [M]. 苏州 . 古吴轩出版社 , 2004.

图 5.5：祥云工作室摄

图 5.6：根据陈沂 . 金陵古今图考 [M]. 欧阳摩一 , 点校 . 南京 : 南京出版社 , 2006. 改绘

图 5.9：葛寅亮 . 金陵梵刹志 [M]. 南京 : 南京出版社 , 2011.

图 5.11：陈颢摄

图 5.12：祥云工作室摄

图 5.14：(左) 林云程 , 沈明臣 . 万历通州志 8 卷 [M]. 济南齐鲁书社 , 1996.; (中) 沈锽 , 等 . 光绪通州直隶州志 [M]. 南京 : 江苏古籍出版社 , 1991.; (右) 凤凰出版社 . 中国地方志集成 : 江苏府县志辑 [M]. 南京 : 凤凰出版社 , 2008.

图 5.20：庄思恒 , 等 . 增修灌县志 [M], 1986.

图 5.22：中国建筑西南设计研究院有限公司城市设计研究中心 , 东南大学建筑学院

图 5.23：地图数位典藏查询系统 , https://map.rchss.sinica.edu.tw

图 5.24：侯博文摄

图 5.28、图 5.30、图 5.31：薛亮摄

图 5.38：https://issuu.com/javierherraizp/docs/tfg_javier_herr_iz.

图 5.39：https://chadschwartz.com/2020/05/12/national-museum-of-roman-art-rafael-moneo/.

图 5.40：https://www.area-arch.it/en/merida-classicanti-classic-national-museum-of-roman-art/.

图 5.41：陈彦 . 德国科隆柯伦巴艺术博物馆 [J]. 时代建筑 , 2008(3):106-113.

图 5.42：王耀萱摄

图 5.44：薛亮摄

图 5.45：侯博文摄

图 5.49：耿涛摄

图 5.54：根据韩炳华 , 石力 . 山西太原晋阳古城二号建筑基址发掘报告 [J]. 考古学报 , 2022 (3):377-422. 改绘

图 5.59、图 5.61：中分毅 , 牧野晓辉 . 城市更新与车站改造相结合 [J]. 建筑技艺 , 2020, 26(9):7-13.

图 5.60：韩冬青摄

图 5.62：(左) https://architectureau.com/articles/wa-museum-boola-bardip-opens-in-perth/; (右) Bennetts P. 西澳大利亚博物馆 BOOLA BARDIP 澳洲珀斯 [J]. 世界建筑导报 , 2022, 37(3):78-81.

图 5.63：根据 bing 地图改绘

图 5.64：Bennetts P. 西澳大利亚博物馆 BOOLA BARDIP 澳洲珀斯 [J]. 世界建筑导报 , 2022, 37(3):78-81.

图 5.67：Secteur Seine Rive Gauche. Etude du parti d'aménagement[EB OL].(1989) https://50ans.apur.org/data/b4s3_home/fiche/87/01_parti_amenagement_secteur_seine_rive_gauche_applan661_c0bac.pdf

图 5.68：https://50ans.apur.org/data/b4s3_home/fiche/87/01_parti_amenagement_secteur_seine_rive_gauche_applan661_c0bac.pdf

图 5.69：APUR.Secteur Seine Rive Gauche – Etude du Parti d' Aménagement[R]. Paris, 1989.

图 5.70：日建设计站城一体开发研究会 . 站城一体开发：新一代公共交通指向型城市建设 [M]. 北京 : 中国建筑工业出版社 , 2014.

图 5.71：https://www.nikken.co.jp/cn/insights/zadankai-shibuya-part1.html

图 5.72：https://www.archilovers.com/projects/317242/shibuya-scramble-square-the-first-phase-east-tower.html

图 5.73：南京规划局

图 5.75：波尔松 . 人本城市：欧洲城市更新理论与实践 [M]. 魏巍 , 等译 . 北京 : 中国建筑工业出版社 , 2021.

图 5.76：(a) https://www.arquitecturacatalana.cat/es/obras/jardi-de-la-torre-de-les-aigues; (b) https://lacasadelaarquitectura.es/recurso/jardin-de-la-torre-de-les-aigues/9a5d26ae-4280-4137-9a63-ed41014e27f2; (c) https://barcelonasecreta.com/barcelona-cierra-playa-eixample/

图 5.77：许赟 , 黄一如 . 巴塞罗那扩展区围合式街区的城市更新 [J]. 住宅科技 , 2017，37（10）:73-78.

图 5.78：RCR Arquitectes.RCR Arquitectes: Geography of Dreams[M].Tokyo:TOTO, 2019.

图 5.80：(a) 波尔松 . 人本城市：欧洲城市更新理论与实践 [M]. 魏巍 , 等译 . 北京 : 中国建筑工业出版社 , 2021.; (b) https://www.bcncatfilmcommission.com/en/location/carretera-antiga-dhorta-gardens; (c) https://learningfrombarcelona.wordpress.com/fort-pienc-public-space-index/calle-antiga-dhorta/

图 5.81：(a) 许赟 , 黄一如 . 巴塞罗那扩展区围合式街区的城市更新 [J]. 住宅科技 , 2017, 37(10):73-78.; (b) https://www.espaisrecobrats.cat/la-sedeta-centre-civic-la-sedeta/; (c) https://www.bimsa.cat/actuacio/millora-de-la-placa-de-la-sedeta/

图 5.82：(左) https://zhuanlan.zhihu.com/p/662713458; (右) 作者团队改绘

图 5.83：(左) https://www.thehighline.org/history/?; (右) https://dsrny.com/project/the-high-line

图 5.84：MVRDV. 首尔路 7017, 首尔 , 韩国 [J]. 世界建筑 , 2018(4):92-97.

图 5.85：https://www.ginza-machidukuri.jp/news/1133/

图 5.86：《东京高速公路（KK 线）的现有设施的存在形态提案书资料篇》, 2020 年 11 月

图 5.87：《东京高速道路（ＫＫ线）再生方针（概要版）》, 2021 年 3 月 , https://www.toshiseibi.metro.tokyo.lg.jp/bunyabetsu/kotsu_butsuryu/kk_arikata.html

图 5.89：张凡 . 新旧共生开启的内院街坊城市更新：慕尼黑“五庭院”城市综合体设计评析 [J]. 城市建筑 , 2021, 18(19):40-46+151.

图 5.91：根据张凡 . 新旧共生开启的内院街坊城市更新：慕尼黑“五庭院”城市综合体设计评析 [J]. 城市建筑 , 2021, 18(19):40-46+151. 改绘

图 5.92：根据 Herzog, de Meuron.El Croquis[M].Madrid:El Croqui, 2004. 改绘

图 5.93：李健爽 , 徐元卿 , 景泉 . 缝合山水，织补空间：重庆市规划展览馆迁建项目 [J]. 建筑技艺 , 2022, 28:89-95+88.

图 5.94：根据李健爽 , 徐元卿 , 景泉 . 缝合山水，织补空间：重庆市规划展览馆迁建项目 [J]. 建筑技艺 , 2022, 28:89-95+88. 改绘

图 5.95：https://mvrdv.com/projects/857/rotterdam-rooftop-walk

图 5.96：https://hollandinpixels.photoshelter.com/image/I00008VQ5RIs7hHc

图 5.97：DEFACTO, Plan-guide des espaces publics, 2012.

图 5.98：https://no.wikipedia.org/wiki/Tour_First

图 5.100：https://www.ileseguin-rivesdeseine.fr/fr/infos-chantiers/info-travaux-passage-des-renault.

图 5.101：https://www.drieat.ile-de-france.developpement-durable.gouv.fr/IMG/pdf/cdt_gpso_complet_partie_2.pdf

图 5.102：塞纳河岸协议开发区开发集团网站

图 5.104：https://map.baidu.com/@12942286.579077646,4869823.566720319,18.53z/maptype%3DB_EARTH_MAP

图 5.105：北京规划自然资源微信公众号

图 5.106、图 5.107：章明，张姿，张洁，等．“丘陵城市”与其“回应性”体系：上海杨浦滨江“绿之丘”[J]. 建筑学报，2020（1）:1–7.

图 5.108：(a) 葛欣摄；(b) 章明，张姿，张洁，等．“丘陵城市”与其“回应性”体系：上海杨浦滨江“绿之丘”[J]. 建筑学报，2020（1）:1–7.

图 5.109：张潇兮绘

图 5.110：https://www.slideshare.net/tstonor/tim-stonor-predictive-analytics-using-space-syntax-technology

图 5.111：https://www.neighbourhoodguidelines.org/land-value-capture-kings-cross-london-uk.

图 5.112：黄宜文摄

图 5.113：https://news.qq.com/rain/a/20220417A01GKD00

图 5.115：https://www.theguardian.com/artanddesign/2024/apr/28/the-almost-radical-rebirth-of-kings-cross-london-alison-brooks-architects-cadence

第 6 章

图 6.2、图 6.3：陈薇，朱光亚．南京大报恩寺遗址保护规划及遗址保护设施方案设计（2011）.

图 6.4：王建国．金陵大报恩寺遗址公园规划设计刍议 [J]. 建筑学报，2017(1):8–10.

图 6.5：陈颢摄

图 6.6、图 6.7：东南大学建筑设计研究院项目

图 6.8：时差影像摄

图 6.9：根据华东建筑设计研究总院 2017 年 9 月 12 日《南京江北 CBD 项目定山大街段城市设计与消防沟通会》汇报文件改绘

图 6.11：斯德哥尔摩 Växer 网站 [R/OL](2016–03)[2024–11–30]. https://vaxer.stockholm/siteassets/stockholm-vaxer/omraden/stadsutvecklingsomraden/stadsutvecklingsomrade-hammarby-sjostad/oversiktskarta-hammarby-sjostad-2016.pdf

图 6.12：Inghe-Hagerstrom J.Urban Structure[M]//Stockholms Stad. Det gröna, det sköna, det hållbara – den moderna staden.Stockholm, 2004.

图 6.13：Stockholm City Planning Administration, “Quality Programs for Design”

图 6.14：斯德哥尔摩城市规划办公室批准文档，批准人 :Monika Joelsso，批准时间 :2023–02–06，批准编号 :Ref. 2016–13579.

图 6.16：根据 Semapa. Actualité Chantier, Treize Urbain No36[R].Paris, France, 2022. 改绘

图 6.17：根据 Serge S, Gerald O. Transforming the Urban Space through Transit-Oriented Development: The 3V Approach[R]. World Bank, Washington D C, 2017. 改绘

图 6.18：根据 2024 年 1 月与株式会社日建设计学术交流中田中互分享的“站城一体化东京经验”改绘

图 6.19：根据 The Future Strategy of Urban Development in Shibuya Area, by the Tokyu Group [R].Tokyo Corporation, Tokyo land Corporation, 2021. 翻译改绘

图 6.20：根据郭军，刘劲，荆治国．深圳前海多元主体街坊整体开发模式研究 [J]. 工程管理学报，2020, 34 (2):72–77. 图 3 改绘

图 6.21：根据 Ecoquartier Victor Hugo 项目介绍资料 [EB/OL].(2019–09–14)[2024–12–01]:https://www.arte-charpentier.com/fr/projets/ecoquartier-victor-hugo/ 改绘

图 6.23：唐军摄

图 6.24：李新建绘

图 6.25：侯博文、历保集团摄

图 6.29：历保集团摄

图 6.30、图 6.32：侯博文摄

图 6.34：历保集团摄

图 6.36：台中市政府 . 台中市都市更新建筑容积率奖励办法 [Z], 2021.

图 6.37：Harrison, Ballard, Allen.Plan for Rezoning the City of New York[R].New York:City Planning Commission of New York, 1950.

图 6.38：根据 Epadesa.Cahier de Prescriptions Architecturales Urbaines et Paysagère du Pôle Gare[R].Paris–La Défense, France, 2017. 翻译改绘

图 6.42：(a) 社区通达维港：西九龙高铁站上盖发展项目 [EB/OL].(2020–09–17)[2024–12–01].https://www.hfc.org.hk/filemanager/files/TFK_20200917_item4_ppt.pdf; (b) AECOM 以 TOD 理念，为城市提质赋予“幸福加速度”[EB/OL].(2022–11–12)[2024–12–01].http://www.archina.com/index.php?g=ela&m=index&a=show&id=9048

图 6.43：卓健 , 周广坤 . 东京城市更新容积率弹性控制技术方法研究与启示 [J]. 国际城市规划 , 2023, 38(5):123–135.

图 6.47：王笑绘制

表 6.1：Gossop C.London's Railway Land: Strategic Visions for the King's Cross Opportunity Area[C/OL]. (2007–09–23)[2024–12–13].

表 6.2：周剑云 , 黎淑翎 , 戚冬瑾 , 等 .《1961 纽约区划则例》立法目的及其实施路线 [J]. 城市规划 , 2020, 44(10):102–113.

注：上面未列出的图表均为城市建筑工作室 (UAL) 提供

参考文献

专著

[1] 罗西 . 城市建筑学 [M]. 黄士钧 , 译 . 北京 : 中国建筑工业出版社 , 2006.

[2] 罗 , 科特 . 拼贴城市 [M]. 童明，译 . 上海 : 同济大学出版社 , 2021.

[3] 北山恒，塚本由晴，西泽立卫 . 东京代谢 [M]. 台北 : 田园文化发展有限公司 , 2010.

[4] 王建国 . 现代城市设计理论和方法 [M]. 南京 : 东南大学出版社 , 1991.

[5] 齐康 . 城市建筑 [M]. 南京 : 东南大学出版社 , 2001.

[6] 吴良镛 . 人居环境科学导论 [M]. 北京 : 中国建筑工业出版社 , 2001.

[7] 诺伯舒兹 , 等 . 场所精神 : 迈向建筑现象学 [M]. 武汉 : 华中科技大学出版社 , 2010.

[8] 林奇 . 城市意象 [M]. 方益萍，何晓军 , 译 . 北京 : 华夏出版社 , 2001.

[9] 槙文彦 , 松隈洋 . 槙文彦的建筑哲学 : 关于城市与建筑的思考 [M]. 赵春水 , 译 . 南京 : 江苏凤凰科学技术出版社 , 2018.

[10] 雅各布斯 . 美国大城市的死与生 [M]. 2 版 . 金衡山 , 译 . 南京 : 译林出版社 , 2006.

[11] 梁江 , 孙晖 . 模式与动因 : 中国城市中心区的形态演变 [M]. 北京 : 中国建筑工业出版社 , 2007.

[12] 西姆 . 柔性城市：密集・多样・可达 [M]. 王悦 , 张元龄 , 等译 . 北京 : 中国建筑工业出版社，2021.

[13] 克里尔 . 社会建筑 [M]. 胡凯 , 胡明，译 . 北京 : 中国建筑工业出版社 , 2011.

[14] 罗宾斯 , 埃尔 . 塑造城市 : 历史・理论・城市设计 [M]. 熊国平 , 曹康 , 等译 . 北京 : 中国建筑工业出版社 , 2010.

[15] 同济大学建筑与城市空间研究所，株式会社日本设计 . 东京城市更新经验 : 城市再开发重大案例研究 [M]. 上海 : 同济大学出版社 , 2019.

[16] 日建设计站城一体开发研究会 . 站城一体开发 Ⅱ : TOD46 的魅力 [M]. 沈阳：辽宁科学技术出版社，2019.

[17] 傅熹年 . 中国古代建筑概说 [M]. 北京 : 北京出版社 , 2016.

[18] 沈旸 . 东方儒光 : 中国古代城市孔庙研究 [M]. 南京 : 东南大学出版社 , 2015.
[19] Maki F, Architecture W U S O. Investigations in Collective Form[M]. St. Louis: School of Architecture, Washington University, 1964.
[20] Rudberg E. Sven Markelius, Arkitekt[M]. Stockholm: Arkitektur förlag, 1989.
[21] Caniggia G, Maffei G L. Composizione Architettonica E Tipologia Edilizia I: Lettura Dell'Edilizia di Base[M]. Venezia:Marsilio, 1979.
[22] Conzen M R G. Alnwick, Northumberland: A Study in Town-plan Analysis[J]. Transactions and Papers (Institute of British Geographers), 1960(27): iii.
[23] Mayne T. Combinatory Urbanism: The Complex Behavior of Collective Form[M]. Culver City:Stray Dog Café,2011.
[24] Hillier B. Space Is the Machine: A Configurational Theory of Architecture[M]. Cambridge: Cambridge University Press, 1996.
[25] Marshall S. Streets & Patterns[M].London: Spon Press, 2005.
[26] City of Melbourne. Central Melbourne Design Guide [EB/OL]. (2021-04-23) [2023-06-16]. https://nla.gov.au/nla.obj-3070903958/view.
[27] Martin L, March L. Urban Space and Structures[M]. London: Cambridge University Press, 1972.
[28] Doxiadēs K A. Building Entopia[M]. New York: Norton, 1975.
[29] Peponis J , Park J, Feng C. The City as an Interface of Scales: Gangnam Urbanism[M]//Kim S H, et al. The FAR Game: Constraints Sparking Creativity. Seoul: Space, 2016:102-111.
[30] Shelton B. Learning from the Japanese City: Looking East in Urban Design[M]. 2nd ed. London: Routledge, 2012.
[31] Steven S. Kowloon:Transport Super City [M]. Hong Kong:Pace Publishing Ltd, 1998.
[32] Frampton A, Solomon J, Wong C. Cities without Ground: A Hong Kong Guidebook[M]. Hong Kong: ORO Editions,2012.
[33] Caniggia G, Maffei G L. Architectural Composition and Building Typology: Interpreting Basic Building[M]. Firenze: Alinea, 2001.
[34] Brand S. How Buildings Learn: What Happens after They're Built[M]. New York: Viking, 1994.

期刊论文

[1] 塞灵格勒斯 . 连接分形的城市 [J]. 刘洋 , 译 . 国际城市规划 , 2008, 23(6): 81-92.
[2] 卢济威 , 顾如珍 , 孙光临 , 等 . 城市中心的生态、高效、立体公共空间 : 上海静安寺广场 [J]. 时代建筑 , 2000(3): 58-61.
[3] 陶志红 . 城市土地集约利用几个基本问题的探讨 [J]. 中国土地科学 , 2000(5):1-5.
[4] 童明 . 城市肌理如何激发城市活力 [J]. 城市规划学刊 , 2014(3): 85-96.

[5] 韩冬青，宋亚程，葛欣．集约型城市街区形态结构的认知与设计 [J]. 建筑学报，2020(11): 79-85.

[6] 孙晖，栾滨．如何在控制性详细规划中实行有效的城市设计：深圳福田中心区 22、23-1 街坊控规编制分析 [J]. 国外城市规划，2006 (4): 93-97.

[7] 韩冬青，董亦楠，刘华，等．关于城市地块格局的机理认知与设计实践 [J]. 时代建筑，2022(4): 30-37.

[8] 皮珀尼斯，封晨，朴，等．超大街区设计的多样性与尺度 [J]. 城市设计，2017(5):30-41.

[9] 宋亚程，韩冬青，庞月婷．超级街区形态结构的认知框架及其测度方法研究 [J]. 规划师，2023 (4): 66-72.

[10] 张震宇，李建智，武虹园，等．韩国轨道站点 TOD 地区步行空间规划的经验与启示 [J]. 规划师，2022,38(11):138-146.

[11] 庄宇，周玲娟．由下至上的结构性城市地下空间中的“形随流动”[J]. 时代建筑，2019(5): 14-19.

[12] 庄宇，陈杰．探索高密度下的立体城市 [J]. 时代建筑，2023(2): 6-13.

[13] 徐永健，阎小培．加拿大蒙特利尔市地下城规划与建设 [J]. 国外城市规划，2001 (3): 25-26.

[14] 董贺轩，卢济威．作为集约化城市组织形式的城市综合体深度解析 [J]. 城市规划学刊，2009(1): 54-61.

[15] 韩冬青，宋亚程，葛欣，等．城市建筑立体复合形态演变及机制：以巴黎为例 [J]. 东南大学学报（自然科学版），2024, 54(5): 1053-1065.

[16] 梁江，沈娜．方格网城市的重新解读 [J]. 国外城市规划，2003 (4): 26-30.

[17] 梁江，孙晖．城市土地使用控制的重要层面：产权地块：美国分区规划的启示 [J]. 城市规划，2000 (6): 40-42.

[18] 王润娴，毛键源．活力街区的改造模式和实施路径研究：以巴塞罗那“超级街区”计划为例 [J]. 国际城市规划，2024, 39(1): 117-126.

[19] 朱力，孙莉．英国城市复兴：概念、原则和可持续的战略导向方法 [J]. 国际城市规划，2007 (4): 1-5.

[20] 成一农．“科学”还是“非科学”：被误读的中国传统舆图 [J]. 厦门大学学报（哲学社会科学版），2014(2): 20-27.

[21] 陈薇．在二重证据下考察明金陵大报恩寺前世后生的建造逻辑 [J]. 建筑学报，2019(10): 13-20.

[22] 沈旸．垂教于世：中国古代地方城市的孔庙 [J]. 书摘，2015(2):47-50.

[23] 马继云．论中国古代城市规划的形态特征 [J]. 学术研究，2002(3): 54-58.

[24] 陈薇．历史城市保护方法二探：让地层说话：以扬州城址的保护范围和特色保护策略为例 [J]. 建筑师，2013(4): 66-74.

[25] 沈旸，张旭，俞海洋，等．作为线索和方法的“城南旧事”：小西湖实践中的历史发

见与城市想象 [J]. 建筑学报 , 2022(1): 9–16.

[26] 中分毅 , 牧野晓辉 . 城市更新与车站改造相结合 [J]. 建筑技艺 , 2020, 26(9): 7–13.

[27] 李明烨 . 由《拉德芳斯更新规划》解读当前法国的规划理念和方法 [J]. 国际城市规划 , 2012, 27(5): 112–118.

[28] 陈薇 . 历史如此流动 [J]. 建筑学报 , 2017(1): 1–7.

[29] 叶伟华 , 于炯 , 邓斯凡 . 多元主体众筹式城市设计的编制与实施 : 以深圳前海十九开发单元 03 街坊整体开发为例 [J]. 新建筑 , 2021(2): 147–151.

[30] Alexander C. A City is not a Tree[J]. Design, 1966(206): 45–55.

[31] Zulfiqar M U, Kausar M. Historical Development of Urban Planning Theory: Review and Comparison of Theories in Urban Planning[J]. International Journal of Innovations in Science and Technology, 2023(5): 37–55.

[32] Hillier B. Cities as Movement Economics[J]. Urban Design International, 1996, 1(1): 41–60.

[33] Appleyard D, Lintell M. The Environmental Quality of City Streets: The Residents' Viewpoint[J]. Journal of the American Institute of Planners, 1972, 38(2): 84–101.

[34] Sonne W. Dwelling in the Metropolis: Reformed Urban Blocks 1890 – 1940 as a Model for the Sustainable Compact City[J]. Progress in Planning, 2009, 72(2):53–149.

[35] Mueller N, Rojas–Rueda D, Khreis H, et al. Changing the Urban Design of Cities for Health: The Superblock Model[J]. Environment International, 2020, 134: 105132.

[36] Song Y C, Zhang Y, Han D Q. Access Structure[J]. Environment and Planning B: Urban Analytics and City Science, 2021, 48(9): 2808–2826.

[37] Ge X, Han D Q. Sustainability–oriented Configurational Analysis of the Street Network of China's Superblocks: Beyond Marshall's Model[J]. Frontiers of Architectural Research, 2020(4): 858–871.

[38] Tan Z, Xue C Q L. Walking as a Planned Activity: Elevated Pedestrian Network and Urban Design Regulation in Hong Kong [J]. Journal of Urban Design, 2014, 19(5): 722–744.

[39] Feliciotti A, Romice O, Porta S. Design for Change: Five Proxies for Resilience in the Urban Form[J]. Open House International, 2016(4): 23–30.

[40] Liu H, Zhou X, Ge X, et al. Multiscale Urban Design Based on the Optimization of the Wind and Thermal Environments: A Case Study of the Core Area of Suzhou Science and Technology City[J]. Frontiers of Architectural Research, 2024, 13(4): 822–841.

[41] Oke T R. Street Design and Urban Canopy Layer Climate[J]. Energy and Buildings, 1988, 11(1/2/3): 103–113.

[42] Perera A T D, Coccolo S, Scartezzini J L. The Influence of Urban Form on the Grid Integration of Renewable Energy Technologies and Distributed Energy Systems[J]. Scientific Reports, 2019, 9: 17756.

[43] Gu K, Zhang J. Cartographical Sources for Urban Morphological Research in China[J].

Urban Morphology, 2022, 18(1): 5–21.

[44] Massey D. In What Sense a Regional Problem?[J]. Regional Studies, 1979, 13(2): 233–243.

学位论文

[1] Siksna A. A Comparative Study of Block Size and Form [D]. Queensland: University of Queensland,1990.

[2] Chen X. A Comparative Study of Supergrid and Superblock Urban Structure in China and Japan Rethinking the Chinese Superblocks: Learning from Japanese Experience[D]. Sydney :The University of Sydney, 2017.

[3] 宋亚程 . 城市街区形态复杂性的表述方法研究 : 以南京为例 [D]. 南京 : 东南大学 , 2019.

[4] 葛欣 . 面向集约化的中国超级街区路网构型及其表述方法研究 : 以南京城市超级街区为例 [D]. 南京 : 东南大学 , 2021.

[5] 张雅妮 . 风热环境关联的城市空间形态评价方法研究 : 以广州为例 [D]. 广州 : 华南理工大学 , 2020.

[6] 邓寄豫 . 基于微气候分析的城市中心商业区空间形态研究 : 以南京为例 [D]. 南京 : 东南大学 , 2018.

[7] 郭莉 . 基于地界的中国传统城市肌理认知与图示研究 [D]. 南京 : 南京大学 , 2020.

附录：本书相关研究的专利成果简介

笔者团队在进行本书相关研究期间，针对城市建筑的一体化设计中涉及的物质空间形态认知，和设计实践中遭遇的各种现实问题，联合设计研究、物理环境研究、数字技术研究等力量，开展相关工具技术的研发，于近五年形成一批专利成果。因本书篇幅所限，未写入正文，特在此与各位读者分享交流。

关于城市建筑形态系统的认知

1）宋亚程，韩冬青．一种针对超级街区层级结构的测量方法：ZL202111257532.X[P]. 2023-04-07.（发明专利授权）

本发明公开一种针对超级街区层级结构的测量方法。该方法根据城市街区形态研究类别，以“构成”与“构型”为认识视角，测量对象包括“网络”与“面域”，建立由“视角”与“对象”构成的层级矩阵，将超级街区的形态特征分为四个象限，提出街区形态层级结构的指标体系及其计算方法，对超级街区进行可视化比较与分析，为探索街区形态的内在机制与规律提供科学方法，为建成环境的现状评价及其优化方向提供技术工具，对中微观层面的数字化城市设计方法具有促进作用。

2）宋亚程，韩冬青．一种针对老城街区形态的复杂性结构的测量方法：ZL202010227666.6[P]. 2022-02-15.（发明专利授权）

本发明公开一种针对老城街区形态的复杂性结构的测量方法。现有的图底方法无法实现对人的行为及活动方式的描述，街道组构分析缺失对地块及建筑的关注，本发明可同时对街道、地块及建筑之间的拓扑连接关系进行整合性分析，确立街区基本类型以及互锁、并合、套叠三种复杂结构类型的认知基础，运用“点”与“线”图论工具描述不同类型的路径结构，提出复杂性指标体系及其计算方法，实现不同结构之间复杂性特征的可视化比较与分析，为认知中国老城街区形态的内在组织逻辑提供科学的量化分析方法。

3）刘华，李力，韩冬青，等．一种基于多图像增强语义分割的产权地块识别方法：ZL202410002681.9[P]. 2024-07-16.（发明专利授权）

本发明公开一种基于多图像增强语义分割的产权地块识别方法，内容包括：获取相应图像数据；批量制作数据集；构建分割神经网络；训练并获取预训练模型权重；判断图像；输入 CAD 图像与卫星图；分割图像，从而进行预测；传入预训练网络，对每个像素点进行分类并输出为设置颜色值；合并图像，将小图像合并生成原图像大小的预测图；转换为 CAD；通过多图像增强的语义分割网络训练学习研究类似地域的多来源图像资料，通过引入计算机减少人为判断的干扰，大大增加可学习的样本数量，通过多图像增强避免了单一数据源的弊端，实现了提升产权地块识别准确性的目标。

4）韩冬青，宋亚程，葛欣，等．一种高密度立体复合城市形态特征测度方法、计算装置和存储介质：CN202411710666.6[P]. 2024-11-27.（发明专利公开）

本发明涉及一种高密度立体复合城市形态特征测度方法、计算装置和存储介质。内容包括：划定立体化识别边界，获取原始地图数据；筛选处理原始地图数据，进行识别边界内立体化建模；测算立体化特征测度指标；选取立体基面覆盖率和立体基面容积率构建坐标体系，将样本指标按照分布特性划分层次；采用层次聚类算法，不断迭代直到所有数据合并为一个类别；储存数据，搭建立体城市数据库，保持数据更新。针对高密度城市更新中立体化复合发展特征，解决现有技术对立体化形态无法精确表述、无法有效量化分析的问题。

关于集约导向的城市建筑设计

5）方榕，李力，韩冬青，等．城市设计中基于形态类型的建筑体量数字化生成方法：ZL202210969295.8[P]. 2023-04-28.（发明专利授权）

本发明公开一种基于形态类型的建筑体量数字化生成方法，内容包括：生成开发地块内建筑可建设范围的三维盒子 Vb；读取地块参数，在可建设范围的三维盒子 Vb 内进行建筑肌理形态填充，根据地块肌理形态类型生成三维建筑肌理形态体量 V1；根据肌理形态影响参数调整体量，形成地块肌理体量 V2；在地块肌理体量 V2 的基础上进行优化调整，再进行地块参数验核；输出体量 V3；对建设量进行统计。本方法有助于提高设计工作效率，贴合设计实践与工作流程，方便根据设计意图进行方案调整，并可实时进行数据统计与反馈，助力设计决策。

6）韩冬青，方榕，孟媛，等．高校校园规划设计中量性形统筹的数字化生成方法：ZL202311191285.7[P]. 2024-08-09.（发明专利授权）

本发明用于高校校园设计，包括如下步骤：导入基础数据，包括可建设范围的三维盒子 V_b、各类建筑的建设量 F_X、各类用地分区的面积 Z_X；根据所述上位规划设计管控要求布局高校内部用地分区的位置；根据城市要素干预影响范围布局高校内部用地分区的位置；根据高校自身布局设计要求布局高校内部用地分区的位置；生成用地分区布局，输出用地分区布局图形，优化的用地布局图形；选取优化用地布局图形中的一种或几种，在各类用地分区中生成三维建筑体量模型。

7）韩冬青，黄宜文，葛欣，等．一种针对城市轨道交通多站点关联片区开发现状与潜力的匹配度计算方法、装置和存储介质：CN202411796763.1[P]. 2024-12-09.（发明专利公开）

本发明提供一种针对城市轨道交通多站点关联片区开发现状与潜力的匹配度计算方法、装置和存储介质，计算方法包括：获取城市道路网、建筑、POI和公共交通数据；计算轨交站点全局网络重要度、轨交站点局部聚类系数和轨道与道路公共交通站点换乘水平，构建轨道交通站点关联指数；对轨道站点关联指数进行标准化处理和核密度分析，构建轨交多站点关联程度分布的第一数据集合；计算容积率、功能混合度和路网密度，构建建成环境聚合状态的第二数据集合；根据第一数据集合和第二数据集合，计算开发现状与潜力的匹配度。本发明可实现城市轨交关键地段动态边界的捕捉、发展潜力的评估与预测，为城市更新或开发建设范围的划定及设计方向提供了依据。

关于低碳导向的城市建筑设计

8）刘华，周欣，庄惟仁，韩冬青，等．基于日照、风、热环境模拟的街区形态综合优化方法：ZL202311193350.X[P]. 2024-06-14.（发明专利授权）

本发明公开一种基于日照、风、热环境模拟的街区形态综合优化方法，包括以下步骤：获取城市街区相关数据，建立街区盒子三维模型；进行日照模拟，根据街区日照罩面，调整街区内的高度分布，得到日照环境优化后的街区盒子；进行风环境模拟，根据街区的主导风速与风向，设置街区内的通风廊道，得到风环境优化后的街区盒子；进行热环境模拟，根据街区的生理等效温度分布，布局街区内的开敞空间，得到热环境优化后的街区盒子。根据日照、风、热环境综合优化后的街区盒子，反馈为规划管控中的指标和图文，从而在精细化管控中以物理环境多要素解耦，优化城市街区的气候性能。

9）刘华，周欣，唐滢，韩冬青，等．一种基于冷岛价值评估的适建范围分级方法：ZL202310286119.9[P]. 2023-12-01.（发明专利授权）

本发明公开一种基于冷岛价值评估的适建范围分级方法，包括以下步骤：获取研究范围内的自然生态要素相关资料，明确刚性保护范围；汇总刚性保护范围图库，基于GIS平台叠合所有刚性保护范围图，得到基础适建范围图；基于ENVI和AutoCAD平台获取不在刚性保护范围内的植被、水体斑块；基于ENVI平台对非刚性保护范围的植被、水体斑块进行价值评估，得到冷岛价值分级图；根据冷岛价值分级图对步骤二得到的基础适建范围图进一步分级，得到适建范围分级图，从而在规划建设之初有效保护高级别冷岛。

10）王伟，韩冬青，冷嘉伟，等．一种计入城市形态的城市建筑能耗模型气象输入参

数修正方法：CN202311317589.3[P]. 2024-02-06.（发明专利公开）

本发明公开了一种计入城市形态的城市建筑能耗模型气象输入参数修正方法，根据建筑足迹和道路网络对城市地块进行随机划分，生成随机数量的城市地块样本，以此降低城市建筑能耗模拟过程中的不确定性，并利用回归预测模型评估经微气候计算模型修正后的多源气象数据误差，解决现有方法中存在的气象数据受城市形态和微气候影响的技术问题，达到多样化、定制化地确定城市建筑能耗模型输入的气象数据的技术效果，为低碳城市设计提供科学性依据。

关于再生导向的城市建筑设计

11）韩冬青，王耀萱，宋亚程，等. 针对城市历史风貌保护区空间增容潜力分析方法及系统：ZL202311554299.0[P]. 2024-09-17.（发明专利授权）

本发明提供针对城市历史风貌保护区空间增容潜力的分析方法及系统，涉及风貌保护区更新领域。该方法包括：输入待研究的场地范围，并从中划定需进行增容研究的地块；确定增容研究的地块周边有影响的日照要素及视线保护要素，以地块为单位生成三维模型；根据日照要素生成场地范围的日照包络体，根据视线要素生成场地范围的视线包络体；将日照包络体和视线包络体进行交集处理，生成高度控制的平面梯度图；根据高度控制的平面梯度图，倒推潜在的肌理形态，进行量化呈现，得到调整后地块的数据指标。本方法解决了现有技术中缺乏精确化的分析方法的问题，实现了对设计地块中的日照及视线因素的有效量化分析。

12）韩冬青，刘华，李力，等. 基于 CGAN 的虚拟地块及建筑肌理生成方法：ZL202410028617.8[P]. 2024-07-16.（发明专利授权）

本发明提供基于 CGAN 的虚拟地块及建筑肌理生成方法，应用于历史风貌区更新，包括如下步骤：获取真实的产权地块的图像数据；进行条件生成对抗网络的图像数据集批量制作，获得图像数据集条件与指标数值条件；进行条件生成对抗网络的构建；结合图像数据集条件与指标数值条件进行训练，获取预训练模型权重进行模型评估；加载预训练好的条件生成对抗网络模型，将待设计的地块图像数据集条件和指标数值条件传入预训练网络模型；调节对抗损失函数与条件损失函数的权重数值与学习率、训练周期，生成符合指标要求且建筑平面布局符合设计规范的结果。本发明将大数据及条件生成对抗网络技术应用于历史风貌区更新。

13）韩雨晨，韩冬青，宋亚程，等. 一种既有民居建筑适应性再利用评估方法、系统和装置：CN202210985593.6[P]. 2022-11-11.（发明专利公开）

本发明公开了一种既有民居建筑适应性再利用评估方法、系统、存储介质和装置，属于建筑设计领域。本评估方法包括：将待评估民居的调研数据代入适应性评价体系获取评价结果，根据评价结果在再利用模式决策矩阵的区域位置确定待评估民居建筑的再利用模式；待评估民居建筑的调研数据包括现状品质数据和再利用价值数据；再利用模式决策矩阵的各个区域对应一种既有民居的再利用模式；再利用模式至少包括结构保留模式、结构变形模式、构件重组模式、材料再生模式和拆毁模式。本发明通过数学模型对既有民居建筑通过样本分析提取其适应性指标数据，从而取得适应性的评价值，再通过再利用模式矩阵确定其最适合的再利用模式。

14）宋亚程，庞志宇，韩冬青，等．一种针对居住型历史地段的空间结构分析与更新决策方法：CN202310422164.2[P]. 2023-08-08.（发明专利公开）

本发明公开了城市更新技术领域的一种针对居住型历史地段的空间结构分析与更新决策方法，包括以下步骤：首先进行城市街道与城市地块要素的确立，将公共产权区域及私有产权区域中被公共化使用的部分划定为街道，将私人拥有土地的边界划定为地块；对城市街道和城市地块进行定义后，通过深度、连接度和低连接率得到街道要素的可达性等级，城市地块的可达性等级包括外部值和内部值，外部值通过与所连城市街道的等级获得，内部值通过地块本身与街道的互锁结构、基本结构、尽端结构和套叠结构类型的划定获得；基于街道与地块的可达性等级计算结果，对上位规划、商业体系、社区系统、历史资源四个方面进行判断。

15）韩冬青，徐一品，王正，等．针对中大尺度城市建成环境中的建筑风貌规划分区方法：CN202410031778.2[P]. 2024-04-05.（发明专利公开）

本发明提供针对中大尺度城市建成环境中的建筑风貌规划分区方法，涉及城乡规划领域。该方法包括：获取目标城市区域的建筑风貌信息；对风貌信息进行分类和提炼，绘制建筑风貌现状图；对建筑风貌现状图进行分析和处理，突出要素类型的聚集特征，形成建筑风貌要素类型聚集图；提取目标城市区域的物质空间要素，形成物质边界图；将建筑风貌要素类型聚集图与物质边界图叠合，并结合上位规划进行判断分析，形成建成环境的风貌规划分区图。本发明方法能够对中大尺度城市建成环境中的建筑风貌进行有效规划分区，有利于实施具有针对性和可操作性的管控。

关于城市建筑一体化设计的协同机制

16）方榕，李力，韩冬青，等．城市设计导则中形态管控要素可行性的数字化验核方法：ZL202111255768.X[P]. 2023-04-07.（发明专利授权）

本发明公开了一种城市设计导则中形态管控要素可行性的数字化验核方法，包括：根据城市设计导则管控要素中的建筑退让用地红线距离控制线、高层建筑可建范围管控区及高度要求、屋面线及其高度要求，生成三维可建设范围；根据导则中的地块内控制性绿地和广场范围、穿越街区的公共步道，生成三维不可建设范围；生成形体的布尔运算，得到地块建筑可建设空间范围，并生成三维建筑体量；根据导则中的街墙要求，调整形体位置，验证管控要素的可行性；检验生成的形体是否满足相关建筑规范要求。本发明方法可以快速验证城市设计导则编制时设定的管控要素的可行性，帮助设计师高效制定城市形态控制与引导策略。

17）刘华，韩冬青，宋亚程，等．一种基于地块罩面的城市高度精细化管控方法：ZL202011604546.X[P]. 2021-04-02.（发明专利授权）

本发明公开了一种基于地块罩面的城市高度精细化管控方法，包括以下几个步骤：获取表现研究区域高度控制要素的地图资料；在景观目标与视觉敏感地块周边，确定重要的观景视点及其相关视域；针对视觉敏感地块，制定城市高度控制原则；在ArcGIS平台为视觉敏感地块建立建筑高度控制面模型；在建筑高度控制面模型基础上建立地块罩面模型；在地块城市设计图则中应用地块罩面模型进行城市高度精细化管控。

后记

1988 年至 1991 年期间，我跟随“正阳卿”小组钟训正、孙钟阳和王文卿三位导师攻读硕士学位。钟训正先生提出“顺其自然，不落窠臼”的建筑创作思想，其中的“自然”不仅指自然要素，还包含了建筑所处的综合环境以及影响建造行为的各种条件。1991 年起，我跟随鲍家声导师攻读博士学位，在鲍老师指导下完成题为《开放建筑的基本理论与方法》的学位论文。建筑应成为适应人与环境且不断变化的动态生命系统与进程，这是“开放建筑”（Open Building）的核心内涵。1994 年 6 月，同济大学卢济威教授专程来南京担任我的博士学位论文答辩委员。答辩结束后，卢老师推荐我到同济大学建筑与城市规划学院博士后流动站工作，并同意做我的博士后导师。那段时间，卢老师正在主持上海静安寺地段的城市设计工程，这使我直观地认识到，城市设计不仅是支持城市规划编制和管理的技术工具，也是建筑师参与城市空间系统营建的意义重大的工程设计实践。博士后期间，我参与了卢老师主持的多项城市设计和建筑设计项目，博士后研究课题也就逐渐聚焦于“城市建筑的一体化设计”。老师们的引领，不仅大大拓展了我的建筑环境观，也对我 30 余年来的建筑设计研究与实践产生了极大影响。

1997 年我从同济大学回到东南大学后，继续做这个方向的研究。1999 年出版的《城市・建筑一体化设计》以我在博士后期间的研究成果为基础，由我和同事冯金龙一起，结合当时开设的“城市建筑”选修课的教学研究共同完成。这本书基于现代以来城市微观物质空间结构与建筑的互动发展，提出了城市与建筑的一体化设计理念，从功能组织、空间组织和层次类型三个方面阐述了城市建筑一体化设计的实践方法，并选择收录了国内外 30 余个实践案例资料。该书出版后，得到学界和行业的广泛肯定，也陆续收到许多前辈、同行和学生的反馈意见，这些鼓励和建议成为我继续开拓研究的一种积极力量。

此后，结合国家自然科学基金项目“城市空间集约化及其整合设计技术（项目批准号：50178017）”和“集约型城市街区的形态生成技术及其管控机制（项目批准号：51578123）”，以及在研的“实践导向的居住型历史地段空间再生机制及预测平台（项目批准号：52278009）”等，我带领团队持续开展城市建筑的一体化设计研究。经历了 30 余年城镇化高速发展，我国的城市空间发展整体上已进入增量存量并存，并逐渐以存量为主的新时代。以增效、提质和降碳为主要内涵的高质量城市建设，迫切需要突破固有的学科和专业门槛，转向以问题和目标引领的系统性、针对性的科学研究和综合性设计实践。作为建筑学专业的大学教师，也是实践建筑师，我在自己主持的建筑设计和城市设计的教学和工程实践中，深切地感受到知识视野和问题意识对设计实践的内在影响。在参与许多规划和设计项目评审或咨询的过程中也发现，成功的设计首先在于对设计对象所置身环境的整体精准判断，而许多设计方案的遗憾，多半都源于对环境的整体性和复杂性的失察，继而导致设计决策的偏颇。其中，一些规划师漠视建筑尺度的形态机理，许多建筑师则缺乏城市形态意识，这种双向的视野和知识局限，在客观上约束了设计潜力的发挥。鉴于这些工作和学习的体认，我的研究并不着意于划分城市设计与建筑设计或市政设计的清晰界限，反而致力于其相互之间的有机联系与融合。这部《集约・低碳・再生：城市建筑的一体化设计》，没有完整采用 1999 年版本的撰写结构，而是从一体化设计实践所需的知识基础及其面临的时代议题出发，在城市建筑学的视野下定义了城市建筑的一体化设计内涵，在近 20 年研究与实践的基础上，重新架构了一体化设计的城市建筑形态系统认知基础，继而提出集约、低碳和再生导向的一体化设计策略，及其所需的专业和社会协同机制。本书的撰写工作启于 2021 年，于 2023 年 10 月完成初稿，此后经历多轮修改，于 2024 年 11 月完稿。

本书的相关科研与设计实践始终处于一种交织与互促的状态。东南大学建筑学院和东南大学建筑设计研究院有限公司是我们团队科研和设计实践所始终依托的基本平台。2006 年，我和几位志同道合的同事共同创立"城市建筑工作室（UAL）"，我们工作室的成员包括学院教师、设计院员工和硕士博士研究生，产学研一体融合始终为我们所坚持。工作室承接的各种纵横向科研项目和工程设计大部分是与学院和设计院各部门合作完成的。其中多项重大项目由王建国院士领衔和指导完成。陈薇教授和马晓东、高崧、孙逊、曹伟、高庆辉等几位都是与我们长期合作的知名学者专家。在本书相关研究期间，我有幸作为课题负责人，参与了"十四五"国家重点研发计划中崔愷院士主持的"地域气候适应型绿色公共建筑设计新方法与示范"项目和李兴钢院士主持的"'双碳'目标下的建筑城市一体化与立体化关键技术研究"项目。在参与这些工作的过程中得到诸位学界领军者的悉心指教和同行们的支持，这些经历从多个方面为我们的研究提供了富有启迪性的学术滋养。

城市建筑工作室的诸位同事和硕博研究生为本书的相关研究做出了重要贡献。书中的许多内容都建立在长期的团队合作研究的基础之上。其中，宋亚程和葛欣参与了本书第 2 章和第 3 章的相关研究，刘华、顾震弘和庄惟仁参与了第 4 章的相关研究，董亦楠和韩雨晨参与了第 5 章的相关研究，王川和吴瑶参与了第 6 章的相关研究。宋亚程、葛欣和韩雨晨等还承担了本书的大量事务组织工作。庞志宇、王耀萱、吴瑶、黄宜文、钱爱萍、刘佳浚、吴静怡、吴芷靖、丁昕、李明远、汤程棋、舒鸿达、唐滢、庞月婷、拓展、王举尚、马松源、蒋健、刘欣炜等协助完成了绝大部分图表的绘制和整理工作，李斓珺协助完成了本书的装帧设计。石峻垚、孙菲、赵卓、沙晓冬、王恩琪、艾迪、王正、方榕、谭亮、沈旸、俞海洋、张旭等为本书相关设计项目的资料整理提供了帮助。

在本书的相关研究和撰写期间，得到程泰宁院士、王建国院士、孟建民院士和梅洪元院士的指教。南京大学丁沃沃教授为本书中的许多研究议题提供了学术线索和建议。许多省市的规划与建设管理部门和众多的设计项目业主单位为本书的相关研究提供了课题资源和实践验证机会。研究期间，笔者和团队部分成员曾赴日本、法国和英国考察交流，得到日本京都大学宗本顺三教授、日本三菱地产设计东条隆郎先生和桶口幸纪先生、日建设计田中互总裁、法国波尔图大学 Carlos Gotlieb 教授、英国爱丁堡大学 Suzanne Ewing 教授和 Juan Cruz 教授、伦敦大学巴特莱特建筑学院 Peter Bishop 教授、RIBA 出版与教育总监 Helen Castle 女士等的指教和帮助。本书涉及的案例，除笔者团队直接参与的以外，还有部分案例资料来自国内外相关文献。

本书的出版得到了东南大学出版社的倾力支持，并列入“十四五”国家重点出版物出版规划项目。此外，还有众多的同行和朋友给予了笔者无私的帮助和支持，难以一一尽数。

在此，谨向为本书及相关研究和实践提供指导、帮助和支持的前辈、学长、朋友、团队同行们和参与合作的同学们致以衷心的感谢！

希望本书能对城市建筑学的发展和设计创新实践有所贡献。由于笔者的学识有限，本书定有不足，热忱地期待读者们对本书的缺陷和错误提出批评指正！

韩冬青

2024 年 12 月 11 日

于东南大学中大院